U1021196

PUTONG GAODENG XUEXIAO
JIANZHU HUANJING YU SHEBEI GONGCHENG
XILIE JIAOCAI

普通高等学校
建筑环境与设备工程系列教材

制冷技术与装置设计

ZHILENG JISHU YU ZHUANGZHI SHEJI

●主　编　张小松
●副主编　王铁军　金苏敏
●参　编　程建杰
●主　审　李连生

JIANZHU HUANJING YU SHEBEI GONGCHENG

重庆大学出版社

内容提要

本书以人工环境制冷设备的应用为主线，以制冷装置和制冷设备的设计开发为核心，使学生对于各种制冷原理和制冷方法建立一个全面的了解，并重点掌握蒸汽压缩式制冷循环和相关制冷设备的工作原理、性能特点、设计计算方法及运行特性等，同时基本掌握吸收式制冷循环和吸收式制冷装置的工作原理和设计计算方法。本书按64学时组织内容编写，每章结尾均有习题。另外，本教材将提供多媒体课件、相关制冷设备和装置的实物图片、设计图纸等。

本书内容全面、实用，可作为建筑环境与设备专业、制冷与低温技术专业本科教学用书，也可供相关设计人员参考使用。

图书在版编目（CIP）数据

制冷技术与装置设计/张小松主编.—重庆：重庆大学出版社，2008.4（2024.1重印）
（普通高等学校建筑环境与设备工程系列教材）
ISBN 978-7-5624-4368-1

Ⅰ.制…　Ⅱ.张…　Ⅲ.①制冷技术—高等学校—教材②制冷装置—设计—高等学校—教材　Ⅳ.TB6

中国版本图书馆CIP数据核字（2008）第017883号

普通高等学校建筑环境与设备工程系列教材
制冷技术与装置设计
主　编　张小松
副主编　王铁军　金苏敏
参　编　程建杰
主　审　李连生
责任编辑：陈红梅　林青山　版式设计：陈红梅
责任校对：邹　忌　责任印制：赵　晟
*
重庆大学出版社出版发行
出版人：陈晓阳
社址：重庆市沙坪坝区大学城西路21号
邮编：401331
电话：(023) 88617190　88617185（中小学）
传真：(023) 88617186　88617166
网址：http://www.cqup.com.cn
邮箱：fxk@cqup.com.cn（营销中心）
全国新华书店经销
POD：重庆新生代彩印技术有限公司
*
开本：787mm×1092mm　1/16　印张：24　字数：605千
2008年4月第1版　2024年1月第4次印刷
ISBN 978-7-5624-4368-1　定价：59.00元

本书如有印刷、装订等质量问题，本社负责调换
版权所有，请勿擅自翻印和用本书
制作各类出版物及配套用书，违者必究

前 言

制冷技术和装置的应用已经渗透到工业、农业、建筑、医疗卫生、国防及科学研究等各个领域,在促进人类文明和改善生产、生活质量方面发挥着巨大的作用。本书是为了适应科技发展的需要和新世纪教学发展改革的新形势,针对制冷与低温工程和建筑环境与设备工程等专业而编写的。

全书内容新颖、系统、完整,理论与实际并重。紧密围绕制冷技术和方法,以人工环境制冷设备的应用为主线,以制冷装置和制冷设备的设计开发为核心,并重点介绍了蒸气压缩式制冷循环和相关制冷设备的工作原理、性能特点、设计计算方法、运行特性及实验调试等。通过本书的学习,使读者对于各种制冷原理和制冷方法进行全面了解,能基本掌握吸收式制冷循环和吸收式制冷装置的工作原理和设计计算方法。

本书坚持把对基本概念、基本理论和基本计算的讲述作为第一任务,并对一些重要概念和计算按认识规律进行了深入的探讨。同时,编者根据多年来从事制冷技术研究、设计和教学的经验,将大量的计算实例和习题编入书中,以帮助读者复习有关理论和概念,掌握制冷设计各个环节的要点、工程设计计算方法和关键技术,这对读者的创新思维能力的培养和工程素质的培养起到积极作用。

随着科学技术的发展,教材的内容也进行了更新。因此,本书在编写过程中力求反映出国内外在制冷方法技术、制冷工质、设计技术等方面的最新研究成果。

本书可作为建筑类建筑环境与设备工程专业、动力能源类制冷与低温工程专业,以及相关专业的本科教学用书,也可作为相关研究生、工程(产品)技术设计人员的参考用书。

本书第1,2,9,12章及第8章部分内容由东南大学张小松教授执笔;第3,4,5,7章及第8章部分内容有合肥工业大学王铁军教授执笔;第6,10,11章及第8章部分内容由南京工业大学金苏敏教授执笔。全书由张小松教授主编,西安交通大学李连生教授主审,南京工业大学程建杰讲师参与了部分章节的编写和统稿工作。东南大学徐国英博士、白建波博士和上海水产大学万锦康高级工程师,以及南京工业大学武文彬讲师、朱永长硕士也参与部分章节的编写工作。

在本书的编写过程中,得到全国各有关院校教师的热情帮助,提出了许多宝贵的意见,在此表示感谢。

由于时间仓促和编者水平有限,书中不足之处,恳请读者批评指正。

编 者

2008年2月

目　录

1 概 述

制冷技术是为适应人们对低温条件的需要而产生和发展起来的。制冷是指用人工的方法,在一定的时间和空间内,从低于环境温度的空间或物体中吸取热量,并将其转移给环境介质,制造和获得低于环境温度的技术。能实现制冷过程的机械和设备称为制冷机。

制冷机中使用的工作介质称为制冷剂。制冷剂在制冷机中循环流动并与外界发生能量交换,实现从低温热源吸取热量,向高温热源释放热量的制冷循环。由于热量只能自动地从高温物体传给低温物体,因此制冷的实现必须消耗能量,所消耗能量的形式可以是机械能、电能、热能、太阳能、化学能或其他可能的形式。

1.1 制冷技术及其应用

制冷几乎包括了从室温至 0 K 附近的整个热力学温标。根据温度的高低,一般将制冷技术划分为以下 3 个区域:

①普通制冷:低于环境温度 ~ −120 ℃(153 K);

②深度制冷:−120 ~ −253 ℃(153 ~20 K);

③低温和超低温:−253 ~ 接近 −273 ℃(20 ~ 接近 0 K)。

在不同温度区域的制冷方法及设备差异较大,但亦有重叠交叉之处。

制冷最早是用来保存食品和降低房间温度的,随着科学技术与社会文明的进步,制冷技术的应用几乎渗透到工业、农业、建筑、医疗卫生、国防及科学研究等各个领域,并在改善人类的生活质量方面发挥着巨大作用。

1)空气调节

空气调节是制冷技术应用面最广的领域。大多数空调系统都需要利用制冷装置进行空气的温度、湿度调节,构建人们所希望达到的环境条件。根据使用场合的不同,空气调节可分为舒适性空调和工艺性空调。

舒适性空调是为人们创造适宜的生活和工作环境。例如:家庭、办公室用的局部空调装置或房间空调器;大型建筑、办公楼、车站、机场、宾馆、医院、商厦、影剧院、游乐厅等公共场所安装的集中式空调系统;汽车、飞机、火车、轮船等交通工具上的空调设施等。舒适性空调的应用不仅有益于人们的身心健康,而且可以提高生产和工作效率。

有些生产场所不仅需要为在恶劣环境中工作的人员提供一定程度的舒适条件,而且需要有利于设备工作和加工产品的工艺性空调。例如:高温生产车间、纺织厂、造纸厂、印刷厂、胶片厂、机器设备的操作控制房、精密仪器车间、精密加工车间、精密计量室、计算机房等场所需要空调系统,提供各生产环境必需的温、湿度条件,以保证产品的质量或精密设备的正常工作特性。

2)食品的冷冻和冷藏

制冷技术在冷冻与冷藏上的应用主要是对易腐食品(如鱼、肉、蛋、蔬菜等食品)进行冷加工、冷藏及冷藏运输,以减少生产和分配过程中的食品损耗,保证各个季节市场调配。采用的制冷装置有冷库、冷藏汽车、冷藏船、冷藏列车、冷藏商品陈列柜、冷柜和家用冰箱等。

3)食品加工

生产和加工某些食品,如乳制品、奶酪、浓缩果汁和其他饮料时,制冷都是必不可少的。大规模生产啤酒时,就要依靠制冷来保持8~12 ℃的发酵温度。此外,某些生物制品和粮食制品采用冷冻干燥的方法储存,能更好地保持食品或材料质量。冷冻干燥是将食品或生物材料先进行低温固化,然后运用抽空的方法使冻结的水分以升华的形式从材料中抽出。一些速溶咖啡的生产厂家就是采用这种工艺进行生产的。

4)工业生产及农牧业

制冷在化学工业中的应用有:气体液化、混合气分离、天然气的液化和贮运、燃料及化肥的生产、带走化学反应中的反应热等。机械制造中,利用制冷对钢进行低温处理(-70~-90 ℃),可以改变其金相组织,使奥氏体变成马氏体,提高钢的硬度和强度。在钢铁工业中,高炉鼓风需要用制冷的方法先将其除湿,然后再送入高炉,以降低铁水的焦化比,保证铁水质量。在材料回收中,利用材料在低温状态下的冷脆性能,可以对物料进行粉碎回收。目前,低温粉碎技术是回收含钢废旧轮胎中橡胶的最有效方法。

农牧业中,制冷用于对农作物种子的低温处理,建造人工气候育秧室,保存优良种畜的精液和胚胎等。

5)建筑工程

在建筑方面:浇制巨型混凝土大坝时,可用人工制冷方法来排除混凝土在凝固过程中析出的热量,以防坝体裂缝,并可提高混凝土的强度;在流沙地区开掘矿井或隧道时,可先将其四周土壤冻结,然后在冻土中进行施工,保证施工安全;拌和混凝土时,用冰代替水,利用冰的融化热补偿水泥的固化反应热,能有效地避免大型构件因得不到充分散热而产生内应力和裂缝等缺陷。此外,还可用人工制冷方法建造人工冰球场及溜冰场等。

6)能源与动力工程

在开发和合理使用现有能源、探索代用燃料和新能源、改善能源结构、改善环境条件等方面,制冷技术发挥着越来越重要的作用。例如:天然气开采、贮存和运输、核聚变的开发和利用、磁悬浮高速列车的运行、低温超导技术、氢能的生产和利用等。

7)国防工业

为了考核在高寒条件下工作的发动机、车辆、坦克、大炮等常规武器的性能,在研制和生产过程中往往需要进行环境模拟实验;航空仪表和火箭、导弹中的控制仪器,需在地面模拟高空低温条件进行性能实验,这些都需要利用制冷为其提供低温和低压的环境试验条件。

8)医疗卫生

一些医疗手术,如心脏、肿瘤、白内障的切除,皮肤和眼球的移植手术及低温麻醉等,都需要制冷技术。一些药物、疫苗和血浆等生物样品都需要在低温下贮藏，诸多的现代医疗器械、治疗仪、诊断仪也使用制冷技术，可以说现代医学已经离不开制冷。

除此之外，在微电子技术、大型计算机、新型材料、宇宙开发、生物技术等尖端科学领域中，制冷技术也起着十分重要的作用。

1.2 制冷技术的发展历史

早在3 000多年前，我国劳动人民就已开始在冬季采集、贮藏天然冰于冰窖中，夏季用于食品冷藏和防暑降温。1986年在陕西省姚家港秦雍城遗址，发掘出可以贮藏190 m^3 冰块的地下冰室，这说明早在春秋时期秦国就很重视食物冷藏和防暑降温方面的设施建设。古埃及出土的大约2 500年前的壁画中，画有奴隶手持棕榈去扇多孔性的陶制器皿，同时不断地在外面洒水，水蒸发吸热，使器皿内的水结冰，这是较早的人工制冰。以上只是古代人对天然冰的利用和简单的人工制冰，还不能称之为制冷技术。

现代制冷技术是在18世纪中叶开始的。

在普冷方面，1748年，苏格兰人W. Cullen观察到乙醚蒸发会引起温度的下降；1755年，W. Cullen发明了第一台采用减压水蒸发的制冷机，同时发表了《液体蒸发制冷》论文，开创了人工制冷的新纪元。

1834年，美国发明家J. Perkins获得了乙醚在封闭循环中通过膨胀制冷的英国专利；1856年，苏格兰人J. Harrison发明了压缩式制冷机，采用CO_2，SO_2，NH_3，CH_3Cl作为制冷剂；1875年，Carre和Linde用氨作制冷剂，大大减小了设备的体积，从此蒸气压缩式制冷机在制冷装置的生产和应用中占了统治地位。

在此期间，利用空气绝热膨胀的制冷机开始出现。1844年，美国医生Gorrie用封闭循环的空气制冷机为发烧病人建立了一座空调站，发明了空气制冷机。

1858年，美国人尼斯取得了冷库设计的第一个美国专利，从此商用食品冷藏事业拉开了序幕。

1859年，Carre发明了氨水吸收式制冷系统，申请了专利；1910年左右，M. Lehlanc在巴黎发明了蒸气喷射式制冷系统。

由于制冷技术及其应用的不断发展，各发达国家先后建立该领域的学术组织。1888年，英国成立了英国冷库和冰协会；1891年，美国成立了美国冷藏库协会；1900年，法国成立了法国和殖民地冷藏工业理事会；1903年和1904年，美国先后成立了美国制冷设备制造协会和美国制冷工程师协会。在此基础上，国际制冷学会(IIR)于1908年宣告成立，它是一个政府间的科技性国际组织，现在大约有60个国家会员，我国于1978年加入成为二级会员国。

到了20世纪，制冷技术有了更大的发展。1918年家用冰箱问世，并作为商品投放市场；1919年，美国芝加哥兴建了第一座空调电影院，次年开始在教堂配备空调；1930年，氟利昂制冷工质的出现为制冷技术带来了新的变革，极大地推动了制冷装置的应用。

在深冷方面，1877年，法国矿业工程师Louis Paul Cailletet在容器中充满300 MPa的氧气，然后预冷并打开阀门放气，气体迅速膨胀，得到了雾状的液氧滴；1892年，伦敦皇家研究院的化学教授 James Devar 成功地发明了杜瓦瓶，用于贮存低温液体，为低温领域的研究提供了重要条件。

1895 年，Carvon Linde 在德国申请了一项液化空气的专利，如今他创立的 Linde 公司已是低温工程行业的先导者之一；1908 年，Onnes 最先液化了氦气，获得 4.2 K 的低温。

1926 年，William Francis Giaugue 和 Peter Debye 分别提出了绝热去磁方法获取低温；到 1933 年，Berkley 大学的 Giaugue 和 Macdougall，Leiden 大学的 Dehaas、Wiersma 和 Kramers 运用此技术获得了 0.3 ~ 0.09 K 的温度，进入了超低温领域；而由 Simon 等提出的核子绝热退磁方法可达到更低温度；1951 年，H. London 提出采用 ^3He—^4He 混合液稀释制冷法，1965 年该方法的使用获得 4×10^{-3} K 的超低温。

我国制冷工业从 20 世纪 50 年代的仿制开始，20 世纪 60 年代自行设计制造，并制订了有关产品系列和标准。目前，我国制冷工业已具有品种齐全的大、中、小型制冷产品系列，产品质量、性能、技术水平都有很大的提高，并已形成有一定基础的科研、教学、设计和生产体系，研究和应用的制冷技术覆盖普冷至极低温整个范围。

1.3 制冷技术的最新发展

现代制冷工业正处于一个飞速发展的时期。在市场迅猛增长、国际竞争激烈、节能和环保迫切要求的背景下，受微电子、计算机、新型材料和其他相关工业领域技术进步的渗透和促进，现代制冷技术取得了一些突破性的进展，并具备了新的发展前景。

1）热泵技术的发展

随着人们对能源合理、高效利用的日益关注，制冷技术已不再局限于获取低温，而扩展到获取环境温度以上的热量，即热泵供热。热泵循环和制冷循环的原理、形式相同，只是循环的目的、循环工作区间的温度不同。它是从环境介质中吸取热量，并将其转移给高于环境温度的加热对象的过程。利用逆向循环能量转换不仅可以制冷，而且可以供暖，从能量利用的观点来看，这是一种有效的方法。

2）计算机的应用

计算机技术的迅猛发展，大大推动了制冷技术的发展和应用，主要在以下几方面：

①计算机辅助设计（CAD）和计算机辅助制造（CAM）开始在制冷机生产厂家普及应用。

②计算机仿真技术的应用大大减少了在制冷机设计过程中出现的失误，以及设备研制工作的试验工作量。

③微电子和计算机的应用使制冷自动控制技术产生质的飞跃，最佳运行工况调节、蒸发器供液量精确调节、压缩机能量调节、自动除霜、安全保护等过程控制更为理想化、人性化和智能化。

④计算机神经网络故障诊断系统在制冷机上的使用，使得制冷设备的操作与检修向着智能化方向发展。

⑤制冷设备的生产管理、计划管理、财务管理等也开始使用计算机。

3）新材料的应用

随着新材料在制冷领域的应用，提高了制冷产品性能、寿命和成本效益。

①陶瓷及陶瓷复合物(如熔融石英、稳定氧化锆、硼化钛、氧化硅等)具有一系列优良性质:比钢轻,强度和韧性好、耐磨、化学及尺寸稳定性好、导热系数小、表面光洁度高。将陶瓷用烧结法渗入溶胶体一次成形零件或用作零件的表面涂釉,可改善零件表面性能。

②聚合材料(如工程塑料、合成橡胶和复合材料)作为制冷产品中的电绝缘材料、减振件和软管材料;利用聚合材料的热塑性,以新工艺通过热定形的方法制造压缩机中的复杂零件(如转子、阀片等)。

4)机器、设备的发展

为满足各种制冷需要,制冷产品的种类、形式不断丰富,新品种层出不穷。例如,新型螺杆式压缩机、涡旋式压缩机、余摆线式压缩机等都具有很强的竞争力。在压缩机的驱动装置上,变频器用于空调、热泵及集中式制冷系统的变速驱动,节能效果显著。

5)新型制冷工质的研究

由于氟利昂制冷剂系列中的某一些氟利昂制冷剂对大气的臭氧层有破坏作用并会产生温室效应,1992 年通过了《蒙特利尔议定书哥本哈根修正案》,规定 1995 年底停止使用 CFCs(氯氟烃)物质,并将于 2030 年前逐步淘汰 HCFCs(氢氯氟烃)物质。目前,我国的空调、冷藏设备、热泵和其他制冷装置中的制冷剂主要是 R22 和 R134a。

当前对新型制冷剂的研究多集中在 HFC(氢氟烃)替代物的研究上,其中 R407C、R410A 及一些非共沸制冷剂的使用,收到了一定的节能效果,也满足了某些特定需要。HFC 替代物虽然解决了臭氧层的消耗问题,但产生的较高的温室效应仍然是困扰人们的一个不可忽视的问题。如果从环境的可接受性考虑,天然制冷剂无疑是解决问题最彻底而又最完满的途径。目前,在天然制冷剂中,以 NH_3 和 C_3H_8 与其他烃的混合物,以及 CO_2 制冷技术最有可能成为 R22 的长期替代物,具有良好的发展前景。

6)新的制冷理论及实践

除了制冷剂方面,新的制冷理论及实践方面也取得了一些突破性进展,代表性的有热声制冷技术的研究和运用。热声制冷是 21 世纪以来发展的一种新的制冷技术,与传统的蒸气压缩式制冷系统相比,具有相当大的优势:无需使用污染环境的制冷剂,而是使用惰性气体或其混合物作为工质,不会导致臭氧层的破坏和温室效应;其基本机构简单可靠,无需贵重材料,成本上具有很大的优势;它们无需往复运动和机构及密封或润滑组件,寿命大大延长。可以说,热声制冷技术已成为下一代制冷新技术的重要发展方向之一。

习 题

1.1 制冷的定义是什么?灼热的铁块放在空气中冷却下来,可以称之为制冷吗?

1.2 制冷温度通常分为哪几个区域?

1.3 制冷目前在人类社会中有哪些应用?

2 制冷方法

设计和选择制冷装置的首要问题就是确定制冷的方法。人工制冷的方法很多，总的可分为物理方法和化学方法两大类，而绝大多数制冷方法都属于物理方法。其中，应用最广泛的有：利用物质相变的吸热效应制冷、利用气体膨胀产生的冷效应制冷、利用帕尔帖效应的热电制冷，此外还有磁制冷、涡流管制冷、绝热放气制冷及热声制冷等新型制冷方法。每种制冷方法各有其特点，只有针对制冷对象的具体条件，选择合理的制冷方式，才能满足制冷的要求，达到良好的经济效益。因此，对各种制冷方式应有深入的认识和理解。本章重点介绍现有的各种人工制冷方法的基本原理，概述其应用领域和发展前景。

2.1 物质相变制冷

2.1.1 相变制冷的原理及特点

相变是指物质集聚态的变化。物质在发生相变时，由于分子重新排列和分子热运动速度改变，必然伴随着吸收或放出一定的热量，这种热量称为相变潜热。相变制冷就是利用物质由质密态到质稀态的相变（融化、蒸发、升华）时的吸热效应达到制冷目的。

1）固体融化制冷

制冷技术中常用纯水冰、溶液冰或冰盐的融化过程来制冷。由于这种方式都是以一定数量的固体物质作制冷剂，作用于被冷却对象，一旦固体全部相变制冷过程即告结束，所以不能利用它们的融化过程来组成制冷机的循环。

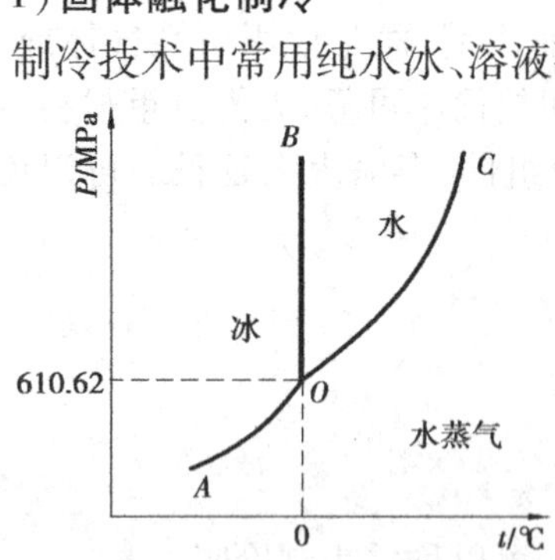

图 2.1 水的相平衡图

天然冰制冷是最早使用的降温方法，但它的来源是有限的，现代制冷技术中大量应用的纯水冰都是制冷机制备的。在标准大气压（101 325 Pa）下，纯水冰的融化温度为 273.15 K，融化潜热为 335 kJ/kg。所以，利用纯水冰融化能使被冷却的物体保持 0 ℃以上的温度。

图 2.1 为水的相平衡图，3 条相平衡线将图分为 3 个区域，即：水、水蒸气和冰。三相点 O 的温度为 273.16 K，压力为 610.62 Pa。OC 线是水蒸气和水的平衡线，即水汽化过程中的温度和压力关系曲线；OB 线是冰和水的平衡线；OA 线是冰和水蒸气的平衡线，即冰的升华曲线。可以看出，在三相点和三相点以下时，冰可以直接升华

为水蒸气，冰升华时的温度与相应的压力有关。尽管冰升华也可以制冷，但实际应用中主要还是利用冰融化制冷。

冰盐作为制冷剂可以实现0 ℃以下的制冷。冰盐是指冰和盐类的混合物，工业上应用最广的是冰块与工业食盐（NaCl）的混合物。冰盐冷却过程包括冰融化吸热和盐溶解吸热：首先是冰吸热融化，在冰表面形成一层水膜，此时的温度为0 ℃；接着盐溶解于水膜中，同时要吸收溶解热，造成盐水膜的温度降低；继而冰在较低的温度下进一步融化，并通过其表层的盐水膜与被冷却对象发生热交换。这样，当冰全部融化后，形成均匀的盐水溶液。冰盐冷却所能到达的温度与盐的种类及混合物中盐与冰的比例有关，见表2.1。

表2.1 NaCl冰盐的融化温度和单位制冷能力

NaCl和冰的质量分数/%	5	10	15	20	25	30
融化温度/℃	−3.1	−6.2	−9.9	−13.7	−17.8	−21.2
单位制冷能力/(kJ·kg^{-1})	314.3	284.8	259.8	238.8	213.7	192.7

当冰盐按一定的配比混合融化后可以形成共晶溶液，常常被用来冻结成共晶冰（也称溶液冰）进行冷量储存，然后在需要用冷的时候吸收热量而融化，使冷却对象降温。共晶冰在融化过程中温度是不变的，该温度称为共晶温度。共晶温度低于0 ℃的共晶冰通常用于无机械制冷的冷藏汽车中，共晶温度高于0 ℃的共晶冰通常作为蓄能空调系统的储能介质。表2.2列出了一些用于制冷目的的共晶溶液的物理性质。

表2.2 共晶溶液的物理性质

共晶溶液种类	盐在水溶液中的质量分数	冻结温度/℃	密度/(kg·m^{-3})	比热容/[kJ·(kg·K)$^{-1}$]		融化热/[kJ·(kg·K)$^{-1}$]	冻结时的体积膨胀率/%
				溶液	共晶冰		
$ZnSO_4$ 和 H_2O	0.272	−6.5	1.249×10^3	3.127	1.574	213.1	6.8
$BaCl_2$ 和 H_2O	0.225	−7.8	1.239×10^3	3.345	1.637	246.6	7.9
$Na_2S_2O_3$ 和 H_2O	0.300	11.0	1.312×10^3	3.182	1.536	186.3	5.2
NH_4Cl 和 H_2O	0.193	−11.1	1.148×10^3	3.307	1.729	301.0	8.1
NH_4NO_3 和 H_2O	0.412	−17.35	1.188×10^3	2.972	1.557	286.3	5.8
$NaNO_3$ 和 H_2O	0.370	−18.5	1.29×10^3	3.059	1.565	215.6	5.6
NaCl 和 H_2O	0.224	−21.2	1.17×10^3	3.336	2.005	236.1	7.9
K_2SO_4 + KNO_3 和 H_2O	0.045+0.08	−3.8	1.093×10^3	3.935	1.833	319.8	8.1
KCl + KNO_3 和 H_2O	0.19+0.035	−11.8	1.15×10^3	3.182	1.666	265.8	7.7
$NaNO_3$ + KNO_3 和 H_2O	35.9+6.2	−19.4	1.34×10^3	3.014	—	217.9	6.1

近年来，固体相变蓄冷技术在制冷空调中的研究和应用日益广泛，其目的在于缓解能量供求双方在时间、强度和地点上的不匹配，合理利用能源和减少环境污染。例如，采用传统的冰蓄冷，在冷量富足时通过制冰将冷量储存到固态冰中，到冷量需求很大的时刻再以冰融化的方式将冷量释放出来，从而解决制冷设备定常制冷量与用冷负荷起伏的不平衡矛盾。采用动态制冰技术制取冰水混合物（Ice slurry）便于输送，在食品冷藏方面更是具有得天独厚的优势。

在蓄冷空调系统的应用中，由于冷源温度的需求不是很低，若采用冰蓄冷，则系统中还需要增加中间换热装置，而且制冰过程中制冷机的效率要比正常空调工况下的低。因此，目前很多研究者都致力于研究开发融点在 4 ~ 10 ℃的相变材料作为空调蓄能用。这类材料通常叫做高温相变材料，简称 PCM。目前，这类材料的研究集中在两方面：一是共晶盐或复合盐水合物，代表性的成果是由美国 TRANSPHASE 公司与哈佛大学生化研究所在 1981 年开发成功的 T-47 型（融点为 8.3 ℃）和 1988 年调配成功的 T-41（融点为 5 ℃）型两种产品；二是氟利昂气体水合物，其融点可通过调节气体压力达到。

2）固体升华制冷

目前，使用最多的固体升华制冷剂是 CO_2，N_2，Ne，Ar。

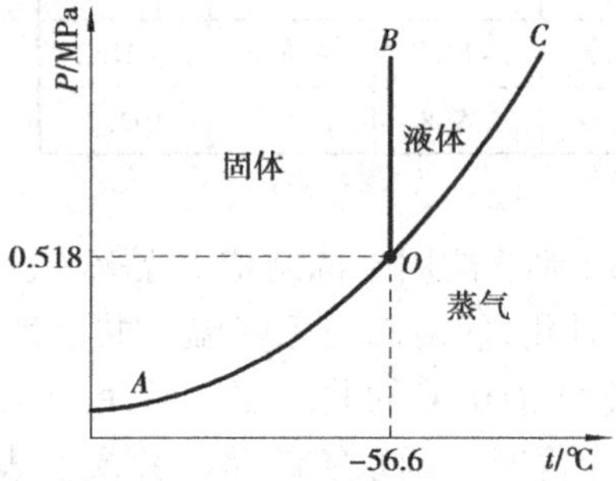

图 2.2　CO_2 的相平衡图

固体 CO_2 俗称干冰，可以由高压液体 CO_2 用降压法得到。干冰的三相点参数为：温度为 -56.6 ℃，压力为 0.52 MPa。图 2.2 是 CO_2 的相平衡图，干冰在三相点和三相点以下吸热时直接升华为 CO_2 蒸气，吸收潜热后用来制冷。常压下干冰的升华温度为 -78.5 ℃，升华潜热为 573.6 kJ/kg。升华后的低温 CO_2 仍具有显热制冷能力，若使之升温到 0 ℃，则总的制冷量为 646.4 kJ/kg。所以，干冰的制冷能力比冰和冰盐都要大，其单位质量制冷能力是冰的1.9倍，单位容积制冷能力是冰的 2.95 倍。干冰化学性质稳定，对人体无害，是一种良好的制冷剂。

早在 19 世纪，干冰冷却就用于食品工业、冷藏运输、医疗、人工降雨、机械零件冷处理和冷配合等方面。近代科学研究中，为冷却红外探测器、γ 射线探测器、机载红外设备等，采用固体制冷剂向高真空空间升华的制冷系统。它具有升华潜热高、贮存密度大、固体制冷剂具有较低温度，可提高红外探测器的灵敏度的优点。

3）液体汽化制冷

利用液体汽化过程的吸热效应来制冷的方法称为液体汽化制冷。与固体相变制冷不同的是，液体汽化制冷采用流体（液态和气态物质）作为制冷剂，通过一定的设备构成制冷循环可实现连续制冷，它的应用更加广泛。液体汽化制冷是目前最主要的制冷方法之一。

当液体处在容器内时，液体汽化形成蒸气，若此容器内除了液体及液体本身的蒸气外不存在任何其他气体，那么液体和蒸气在某个压力下将达到平衡，即达到饱和状态。如果将一部分饱和蒸气从容器中抽走，液体中就必然要再汽化一部分蒸气来维持平衡。液体汽化时需要吸收热量，此热量称为汽化潜热。只要液体的蒸发温度低于被冷却对象的温度，汽化潜热便可以通过热交换从被冷却对象中获得，从而使被冷却对象变冷，或者使它维持在某一低温，达到制冷的目的。

为了使液体汽化的过程连续进行，制冷技术中通过一定的方法把蒸气抽走，并使它凝结成液体后再送回到容器中形成循环。如果将容器中抽出的蒸气直接凝结成液体，所需冷却介质的温度比液体的蒸发温度还要低，而在实际过程中希望蒸气的冷凝过程在常温下实现，因此需要将蒸气的压力提高到常温下的饱和压力。液体汽化制冷循环的4个基本过程是：Ⅰ制冷剂液体在低温下蒸发，成为低压蒸气；Ⅱ将低压蒸气提高压力，使之成为高压蒸气；Ⅲ将高压蒸气冷凝，使之成为高压液体；Ⅳ将高压液体降低压力，使之重新变为低压液体返回到过程Ⅰ，从而完成循环。

上述制冷循环中，过程Ⅳ实现了制冷剂自身的降温，是下一步制冷的前提，该过程通常是通过节流装置实现的；过程Ⅰ是制冷剂从低温热源吸收热量的过程，实现制冷；过程Ⅱ是循环的能量补偿过程；过程Ⅲ是向高温热源排放热量的过程。实际制冷装置中，所使用的补偿能量可以有多种形式，实现能量补偿的方式也多种多样：如果过程Ⅱ以消耗电能或机械能为能量补偿，通过压缩机对低压气体做功，使之压力提高，这种制冷方式称之为蒸气压缩式制冷；如果通过液体吸收剂或固体吸附剂对制冷剂蒸气进行吸收或吸附，再利用驱动热源加热吸收或吸附工质对，来产生较高压力和温度的制冷剂蒸气，这样的制冷方式则分别称为吸收式制冷和吸附式制冷；同样使用热能作为驱动能源，但利用喷射器实现从蒸发器中抽取蒸气并压缩到高压的，称为蒸气喷射式制冷。下面将分别介绍这几种制冷方式。

2.1.2 蒸气压缩式制冷

在普通制冷温度范围内，蒸气压缩式制冷是占主导地位的制冷方式。它属于液体汽化制冷，依靠消耗一定的电能或机械能实现从低温热源吸热，向高温热源放热。1834年美国发明家波尔金斯(J. Perkins)用乙醚为工质，第一次成功地实现了蒸气压缩式制冷的闭式循环，这便是蒸气压缩式制冷机的雏形。在经历了以氨为主要制冷剂的一段时期后，于20世纪30年代，氟利昂制冷剂的发现革命性地推动了蒸气压缩式制冷的发展。近年来，随着环保问题日益严峻，氨、二氧化碳等天然工质的应用又重新得到人们的重视。

1)系统组成及工作过程

蒸气压缩式制冷系统由压缩机、冷凝器、膨胀阀、蒸发器4个基本部件组成，通过管道将它们连接成一个密封系统(见图2.3)。

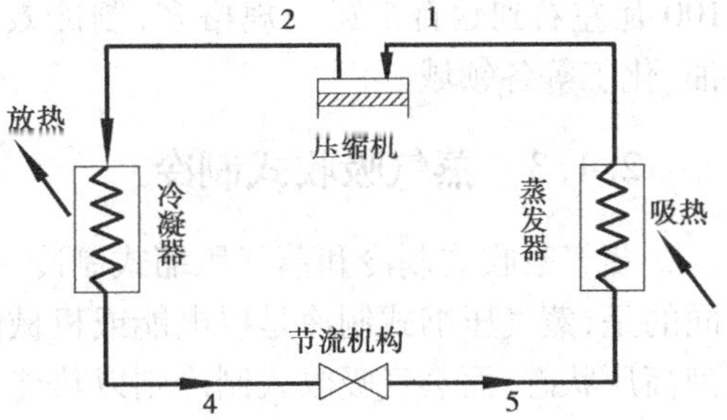

图2.3 蒸气压缩式制冷系统简图

其工作过程如下：

①制冷剂液体在蒸发器内以低温与被冷却对象发生热交换，吸收被冷却对象的热量并汽化。

②产生的低压蒸气被压缩机吸入，经压缩后以高压排出。

③压缩机排出的高压气态制冷剂进入冷凝器，放出热量传给冷却介质(一般是常温的水或空气)，凝结成高压液体。

④高压液体流经膨胀阀(或其他节流元件)节流，变成低压低温的气、液两相混合物，进入蒸发器，其中的液态制冷剂在蒸发器中蒸发制冷，产生的低压蒸气再次被压缩机吸入。如此周而复始，形成循环。

2)制冷循环在热力状态图上的表示

在制冷循环的分析和计算中，通常采用温熵(T-s)图和压焓($\lg p$-h)图反映循环中制冷剂状态的变化。图 2.4 是典型的蒸气压缩式制冷理论循环在温熵图和压焓图上的表示。具体的热力学分析将在第 4 章详细介绍。

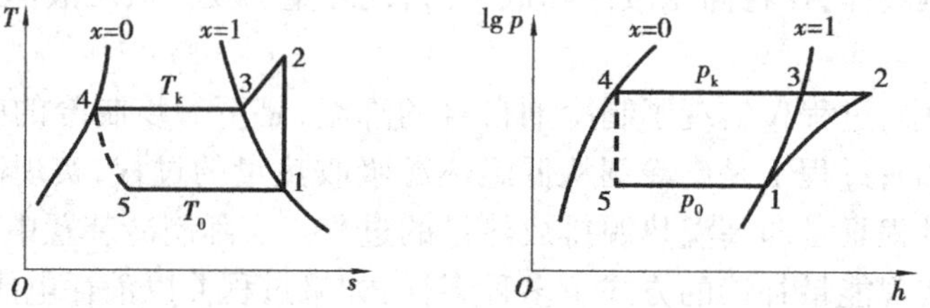

图 2.4 理论循环在 T-s 图和 $\lg p$-h 图上的表示

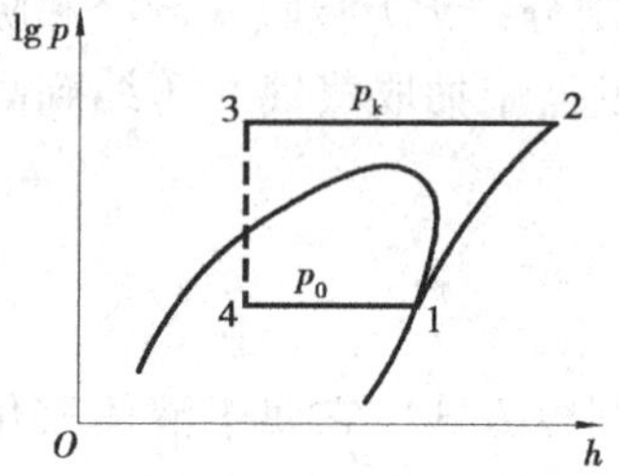

图 2.5 CO_2 跨临界循环的 $\lg p$-h 图

使用制冷剂的种类不同,制冷循环的热力状态图也相应有所不同。例如,采用非共沸混合制冷剂时,在等压下蒸发或冷凝时制冷剂的温度都会发生滑移(见图 2.4a),过程线 5—1 和 3—4 不再是水平线,而是具有一定的倾斜度。值得一提的是,一般蒸气压缩式制冷循环采用的制冷剂远离临界点,但如果采用 CO_2 作为制冷剂,则制冷循环为跨临界循环(见图2.5)。由于 CO_2 的临界点温度为 31 ℃,处于常温范围,在一般的环境冷却条件下 CO_2 制冷循环的高温侧将超过临界点,高压 CO_2 气体的放热过程是温度降低和密度不断增大的过程,而不发生凝结相变。经膨胀阀节流后,高压气体变成低压的气、液两相状态,进入蒸发器产生制冷作用。

蒸气压缩式制冷发展至今,已经达到相当完备的程度。其制冷温度范围广,从环境温度到 -150 ℃均可实现,但温度(-70 ℃以下)较低时综合性能变差;单机制冷容量范围大(从 100 瓦左右到数百千瓦)、规格多;制冷效率较高,目前广泛用于空气调节、食品冷冻冷藏、石油、化工等各领域。

2.1.3 蒸气吸收式制冷

蒸气吸收式制冷和蒸气压缩式制冷一样,都是利用制冷剂液体蒸发吸收潜热而制冷。不同的是,蒸气压缩式制冷是以电能或机械能为驱动能,通过压缩机做功将低压制冷剂蒸气压缩到高压状态;而蒸气吸收式制冷则以热能为驱动能,利用适当的溶液吸收低压蒸气,使其转变为液体,通过溶液泵升压后再以加热的方式将低沸点组分从溶液中析出,变为高温、高压的蒸气,从而实现制冷循环。

蒸气吸收式制冷系统由发生器、冷凝器、制冷剂节流阀、蒸发器、吸收器、溶液节流阀、溶液热交换器和溶液泵组成(见图 2.6)。系统中使用的工作流体通常为二元溶液,溶液中低沸点组分为制冷剂,高沸点组分为吸收剂,制冷剂和吸收剂称为吸收式制冷的工质对。吸收剂在一定条件下对制冷剂有很强的吸收能力。循环的工作过程是:从蒸发器中产生的制冷剂蒸气被吸收器中的溶液吸收,形成富含制冷剂的溶液,将该溶液用泵送到发生器,经过加热使二元溶液中的制冷剂以高压气态发生出来,送入冷凝器;另一方面,发生后的二元溶液重新恢复到原来成分(即含有较少制冷剂组分),经冷却、节流后成为具有吸收能力的吸收液,进入吸收器,吸收来自蒸发器的低压制冷剂蒸气;吸收过程中释放吸收热被冷却介质(空气或水)带走,防止吸收液温度升高,以保证吸收过程顺利进行;从发生器出来的高压制冷剂蒸气进入冷凝器,被冷却介质冷凝成高压液体,经过节流后在蒸发器中蒸发吸热而达到制冷目的。

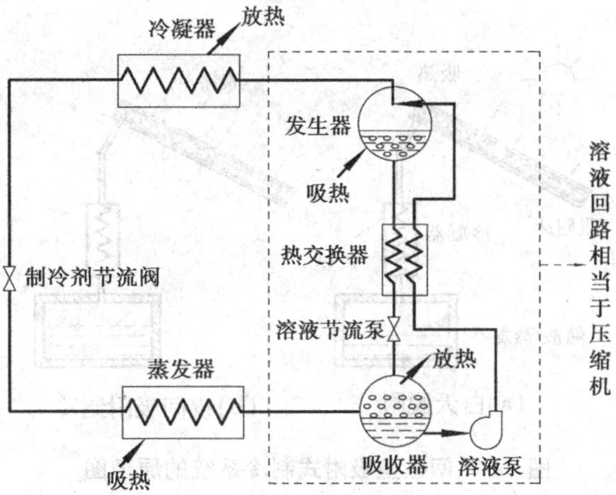

图 2.6　蒸气吸收式制冷系统图

与蒸气压缩式制冷系统相比,蒸气吸收式制冷系统中冷凝器、制冷剂节流阀和蒸发器构成的制冷剂回路部分相同,只是由发生器、吸收器、溶液节流阀、溶液热交换器和溶液泵组成的溶液回路取代了压缩机的作用:吸收器作为"压缩机"的吸入侧;发生器作为"压缩机"的排出侧;对发生器内溶液进行加热,输入提高制冷剂蒸气压力的能量。

表 2.3 为常用的蒸气吸收式制冷机工质对。目前,溴化锂-水,氨-水工质对得到了广泛的应用。溴化锂吸收式制冷机通常用于空调系统(制冷温度高于 0 ℃),氨水吸收式制冷机通常用于制冷温度低于 0 ℃的制冷系统。

表 2.3　吸收式制冷工质对

名　称	制冷剂	吸收剂	名　称	制冷剂	吸收剂
氨水溶液	氨	水	氟利昂溶液	R12	矿物质油
溴化锂水溶液	水	溴化锂	氟利昂溶液	R22	二甲替甲酰胺
溴化锂甲醇溶液	甲醇	溴化锂	硫酸水溶液	水	硫　酸
硫氰酸钠-氨溶液	氨	硫氰酸钠	TFE-NMP 溶液	三氟乙醇	甲基吡咯烷酮
氯化钙-氨溶液	氨	氯化钙			

2.1.4　吸附式制冷

吸附式制冷也是由热能驱动的,即利用二元或多元工质对实现制冷循环,这点与蒸气吸收式制冷是相同的。然而,与吸收式制冷中采用液体吸收剂吸收和释放制冷剂蒸气不同,吸附式制冷是采用固体吸附剂对制冷剂气体进行吸附和解析。其工作原理是:利用吸附剂在不同吸附温度下具有不同吸附能力这一特性,周期性地冷却和加热吸附剂,使之交替产生吸附和脱附过程。脱附时,释放出制冷剂气体,并使之凝结为液体;吸附时,制冷剂液体蒸发,产生制冷作用。

1)间歇型吸附式制冷系统

间歇型吸附式制冷是利用太阳能驱动的制冷机,如图 2.7 所示,主要由吸附床、冷凝器和

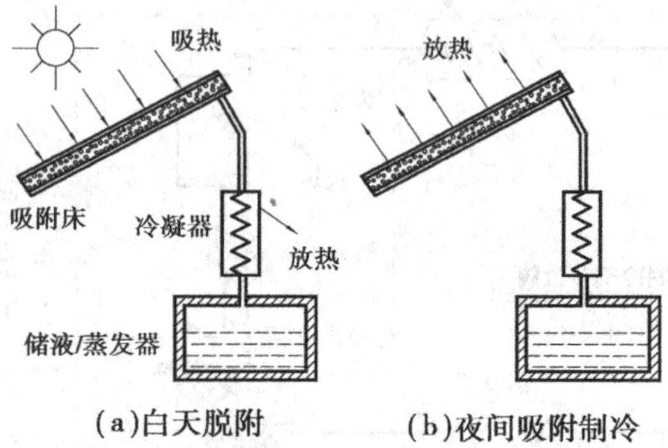

图 2.7　间歇型吸附式制冷系统的原理图

蒸发器组成一个封闭系统。白天,处于环境温度的吸附床被太阳能加热,吸附剂温度升高后开始解析,制冷剂从中脱附出来,系统内的制冷剂蒸气压力逐渐升高,当达到与环境温度对应的饱和压力时,制冷剂蒸气在冷凝器中凝结,同时放出潜热,冷凝下来的液体进入蒸发器中贮存。晚上,吸附床被冷却,吸附剂的吸附能力提高,于是开始吸附蒸发器中的制冷剂蒸气,造成系统内气体压力降低,此时蒸发器中的制冷剂便在低温下不断蒸发出来,吸收被冷却物质的热量,达到制冷的目的。如果采用其他热源,只要对吸附床间歇地进行加热和冷却,使吸附剂周期性地产生脱附和吸附作用,同样能达到制冷的目的。

由上述可知,吸附式制冷也属于液体汽化制冷。与蒸气压缩式制冷机相类比,吸附床利用温度的变化引起吸附量的较大变化,导致封闭系统中压力的较大变化,从而起到压缩机的作用。但上述吸附系统间歇性制冷,吸附器处于吸附过程中产生冷效应,吸附结束后必须有一个脱附过程使吸附剂状态还原,这时将停止制冷。

2)连续型吸附式制冷系统

由两个(或以上)吸附床组成的吸附式制冷机只需交替完成吸附和脱附过程,可以实现连续制冷。

如图 2.8 所示,假定对吸附床 A 加热,对吸附床 B 冷却,当 A 床充分脱附,B 床吸附饱和后,再使吸附床 A 冷却,吸附床 B 加热,二者交替运行组成了一个完整的连续制冷循环。同时,在两过程切换中,还可以利用脱附刚结束的热床的排热加热另一个吸附刚结束的冷床,从而使热能充分利用,提高制冷循环的效率,这样就构成连续回热型循环。

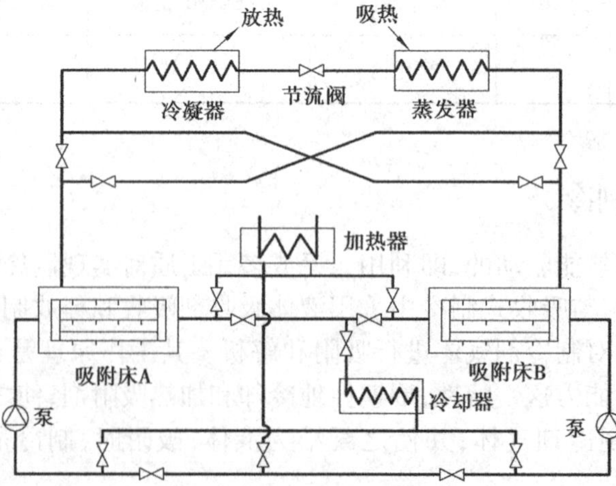

图 2.8　连续型吸附式制冷系统图

3）吸附制冷工质对

吸附剂——制冷剂工质对的选择是影响吸附式制冷机性能的重要因素之一。理想的工质对是要求在工作范围内吸附性能强、吸附速度快、传热效果好的吸附剂和汽化潜热大、沸点满足要求的制冷剂。

目前，对吸附工质对的研究正在不断深入和发展。比较成熟的有沸石-水，硅胶-水，活性炭-甲醇，金属氢化物-氢，氯化物盐类-氨等。表 2.4 列出了 G. Cacciola 和 G. Restuccia 得出的适合不同温区的研究成熟的工质对。由于水的汽化潜热比较大，而且在 0 ℃以下易结冰，所以沸石-水、硅胶-水比较适合蒸发温度为 0 ℃以上的空调系统。活性炭对甲醇的吸附容量比较大，而且吸附容量对温度变化比较敏感，甲醇的汽化潜热大，冰点低，沸点比室温高，对铜钢等金属材料不腐蚀，因此活性炭-甲醇适合太阳能或其他低温热源驱动的一般制冷系统。但由于甲醇在 150 ℃左右易分解，其工作温度应低于 150 ℃。

表 2.4　不同温度范围内比较成熟的适应工质对

名　称	温度范围	工质对
冷冻	$t < -20$ ℃	沸石-氨，氯化钙-氨
制冷	$t \approx 0$ ℃	沸石-氨，氯化钙-氨
空调	$t = 5 \sim 15$ ℃	沸石-氨，氯化钙-氨
采暖	$t \approx 60$ ℃	沸石-氨，氯化钙-氨
工业热泵	$t > 100$ ℃	沸石-氨，氯化钙-氨

4）吸附式制冷的特点

与蒸气压缩式制冷相比，吸附式制冷具有以下优点：

①可以利用各种热能驱动。除利用锅炉蒸汽、燃油燃气产生的热能外，还可以利用太阳能和各种废热、废气、废水等低品位热源。

②可以大量节约用电，削减空调季节电网的峰值负荷。

③结构简单，运行部件少，安全可靠。

④以水、氨、甲醇等为制冷剂，对环境和大气臭氧层无害。

尽管吸附式制冷具有极大的应用前景，但它的一些缺陷也大大降低了它的市场竞争力，主要表现在：吸附和脱附过程比较缓慢，制冷循环周期较长；与蒸气压缩式和吸收式制冷机相比，制冷量相对较小；热力系数一般为 0.5 ~ 0.6。

2.1.5　蒸气喷射式制冷

第一台蒸气喷射式制冷装置出现在 1901 年，但直到 20 世纪 20 年代才开始用于工业。

蒸气喷射式制冷与蒸气吸收式制冷相似，也是使用热能驱动，靠液体汽化来制冷。但蒸气喷射式制冷只用单一物质为工质，利用喷射器完成从蒸发器中抽取并压缩蒸气。理论上使用工质的范围较广（如使用氟利昂获得较低的制冷温度），但目前只有以水为工质的蒸气喷射式制冷机得到实际应用。

1）系统组成及工作过程

蒸气喷射式制冷系统及其理论工作循环如图 2.9 和图 2.10 所示，系统包括喷射器、冷凝器、蒸发器、节流阀、锅炉和泵等部件。代替压缩机功能的喷射器又由喷嘴a、吸入室b和扩压器c组成。喷射器的吸入室b与蒸发器相连，扩压器c与冷凝器相连。

工作过程如下：从锅炉产生的高温高压的工作蒸汽（状态1）进入喷射器，在喷嘴a中膨胀，获得很大的气流速度（可达1 000 m/s以上）至状态2，从而在喷嘴a的出口处造成很低的压力（如蒸发温度为5 ℃时，相应的压力为0.87 kPa），这就为蒸发器中的水在低温下汽化创造了条件。由于水汽化时需从未汽化的水中吸收潜热，因而使未汽化的水温度降低（制冷）。这部分低温水便可用于空气调节或其他生产工艺过程。蒸发器中产生的冷剂蒸气（状态3）与工作蒸汽（状态2）在喷嘴a出口处混合成状态4，一起进入扩压器c。在扩压器c中，由于流速降低而使压力（例如，在冷凝温度为35 ℃时，相应压力为5.63 kPa）升高至状态5，然后进入冷凝器，与外部冷却水交换热量，冷凝成液体（状态6）。液态水出冷凝器时分两路：一路经过节流阀降压（状态7），送回蒸发器以补充蒸发掉的水量；另一路用泵提高压力送回锅炉（状态8），重新加热产生工作蒸汽（状态1）。这样就组成了一个封闭制冷循环。

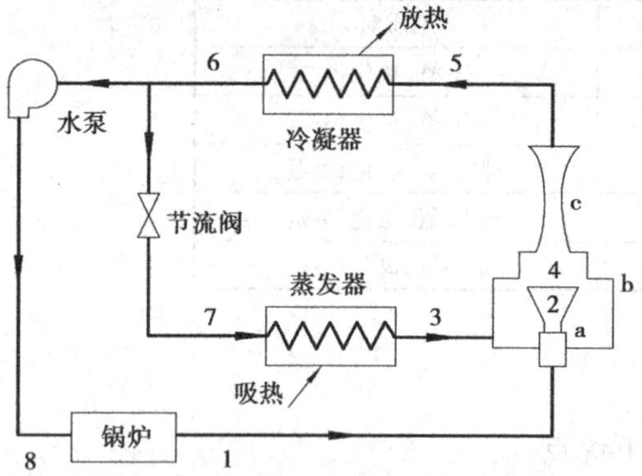

图2.9　蒸气喷射式制冷系统图

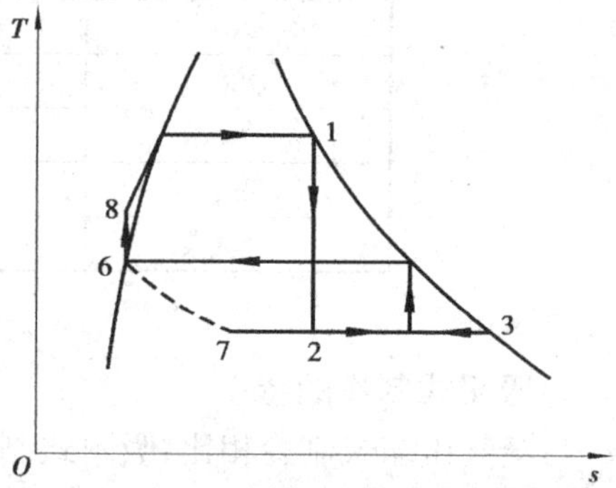

图2.10　蒸气喷射式制冷理论循环温熵图

在工程上常使用开式循环，其原理与闭式循环一样，只是不再将冷凝后的水进入锅炉和蒸发器，而是排入冷却水池作为循环冷却水的补充水使用，蒸发器和锅炉则另设补充水源。

2）蒸气喷射式制冷的特点

蒸气喷射式制冷可以利用余热、废热，没有运动部件，运行可靠，使用寿命较长。蒸气喷射式制冷中用于喷射器的工作介质和蒸发器的制冷工质都是水，不存在制冷工质与工作介质分离的问题，使设备大为简化，因而与吸收式制冷相比，具有设备简单，造价较低，占地面积较小的优点。但是它对工作蒸气的要求较高，当工作蒸气压力降低时效率明显降低。在低温工况下（8 ℃以下），运行经济性低于吸收式制冷机。

根据以上特点，蒸气喷射式制冷主要适用于制取2～20 ℃的冷媒水，尤其在制取10 ℃以上冷媒水时效率较高。近年来，由于溴化锂吸收式制冷技术不断取得进步，效率和性能不断改善，蒸气喷射式制冷的应用越来越少。然而，在直接冷却物料而不需要冷媒的一些特定场合仍然具有生命力。例如，在药品生产、混凝土骨料预冷、腐蚀性溶液冷却等方面。

2.2 气体膨胀制冷

在气体低温制冷机和气体液化装置中，普遍采用气体膨胀的方法获得低温。按照气体膨胀方式和使用设备的不同，主要分为：Ⅰ气体经节流阀膨胀，称为绝热节流，节流前后焓值不变；Ⅱ高压气体在膨胀机内等熵膨胀，温度降低，对外输出功；Ⅲ气体等温膨胀，从外界吸热；Ⅳ绝热放气，容器内的存留气体温度下降。

方法Ⅰ，Ⅱ是通过绝热膨胀造成气体自身温度降低，实现气体液化或利用膨胀后的气体在低压下的复热过程来达到制冷的目的，也称为内冷法；方法Ⅲ利用气体膨胀过程中吸热来制冷的；方法Ⅳ是放气后存留在容器内的气体产生冷效应，这部分气体在整个放气过程中发生可逆绝热膨胀（等熵膨胀），也是一个内冷的过程。

2.2.1 气体绝热节流膨胀制冷

1）绝热节流过程

节流是高压流体（气体、液体或气液混合物）在稳定流动中，遇到缩口或调节阀门等阻力元件时，由于局部阻力产生，压力显著下降的过程。节流膨胀过程由于没有外功输出，而且工程上节流过程进行得很快，流体与外界的热交换量可忽略，近似作为绝热过程来处理。

根据稳定流动能量方程：

$$\delta q = \mathrm{d}h + \delta w \tag{2.1}$$

得出绝热节流前后流体的比焓值不变，由于节流时流体内部存在摩擦阻力损耗，所以它是一个典型的不可逆过程，节流后的熵必定增大。

绝热节流后，流体的温度如何变化对不同特性的流体而言是不同的。对于任何处于气液两相区的单 物质，节流后温度总是降低的。这是由于在两相区饱和温度和饱和压力是一一对应的，饱和温度随压力的降低而降低。对于理想气体，焓是温度的单值函数，所以绝热节流后焓值不变，温度也不变。对于实际气体，焓是温度和压力的函数，经过绝热节流后，温度降低、升高和不变3种情况都可能出现。这一温度变化现象称为焦耳-汤姆逊效应，简称J-T效应。

2）实际气体的节流效应

实际气体节流时，温度随微小压降而产生的变化定义为微分节流效应，也称为焦耳-汤姆逊系数：

$$\alpha_h = \left(\frac{\partial T}{\partial p}\right)_h \tag{2.2}$$

$\alpha_h > 0$ 表示节流后温度降低，$\alpha_h < 0$ 表示节流后温度升高。当压降（$p_2 - p_1$）为一有限数值时，整个节流过程产生的温度变化叫做积分节流效应：

$$\Delta T_h = T_2 - T_1 = \int_{p_1}^{p_2} \alpha_h \mathrm{d}p \tag{2.3}$$

理论上，可以使用热力学基本关系式推出 α_h 的表达式进行分析。由焓的特性可知：

$$dh = c_p dT - \left[T\left(\frac{\partial v}{\partial T}\right)_p - v \right] dp \qquad (2.4)$$

由于焓值不变，$dh = 0$，将上式移项整理可得：

$$\alpha_h = \left(\frac{\partial T}{\partial p}\right)_h = \frac{1}{c_p}\left[T\left(\frac{\partial v}{\partial T}\right)_p - v \right] \qquad (2.5)$$

由式(2.3)可知，微分节流效应的正负取决于 $T\left(\frac{\partial v}{\partial T}\right)_p$ 和 v 的差值。若这一差值大于0，则 $\alpha_h > 0$，节流时温度降低；若等于0，则 $\alpha_h = 0$，节流时温度不变；若小于0，则 $\alpha_h < 0$，节流时温度升高。

从物理实质出发，可以用气体节流过程中的能量转化关系来解释这3种情况的出现。由于节流前后气体的焓值不变，所以节流前后内能的变化等于进出推动功的差值：

$$u_2 - u_1 = p_1 v_1 - p_2 v_2$$

气体的内能包括内动能和内位能两部分，而气体温度是降低、升高、还是不变，仅取决于气体内动能是减小、增大、还是不变。因气体节流后压力总是降低，比容增大，其内位能总是增大的。由于实际气体与玻义耳定律存在偏差，在某个温度下节流后，pv 值的变化可能有以下3种情况：

①$p_1 v_1 < p_2 v_2$ 时，$u_2 < u_1$，即节流后内能减小。由于内位能总是增大的，所以内动能必定减小，那么节流后气体温度降低。

②$p_1 v_1 = p_2 v_2$ 时，$u_2 = u_1$，即节流后内能不变。此时，内位能的增加等于内动能的减少，节流后气体温度仍然降低。

③$p_1 v_1 > p_2 v_2$ 时，$u_2 > u_1$，即节流后内能增大。此时，若内能的增加小于内位能的增加，则内动能是减小的，温度仍是降低；若内能的增加大于内位能的增加，则内动能必然要增大，温度要上升。

由以上分析可知，在一定压力下，气体具有某一温度时，节流后满足 $p_1 v_1 > p_2 v_2$，且 pv 值的减少量恰好补足了内位能的增量，这时节流前后温度不变，即微分节流效应等于0，这个温度称为转化温度，以 T_{inv} 表示。

根据式(2.5)，令 $\alpha_h = 0$ 得到转化温度的计算和变化关系。下面利用范得瓦尔方程予以分析。

将范得瓦尔方程 $p = \frac{RT}{v-b} - \frac{a}{v^2}$ 在等压下对 T_i 求导得出 $\left(\frac{\partial v}{\partial T}\right)_p$ 后，代入式(2.5)得：

$$\alpha_h = \left(\frac{\partial T}{\partial p}\right)_h = \frac{1}{c_p} \frac{2a\left(1 - \frac{b}{v}\right)^2 - RbT}{RT - 2\frac{a}{v}\left(1 - \frac{b}{v}\right)^2} \qquad (2.6)$$

当 $\alpha_h = 0$ 时，气体温度即为转化温度。与范得瓦尔方程联立求解，得：

$$T_{inv} = \frac{2a}{9Rb}\left(2 \pm \sqrt{1 - \frac{3b^2}{a}p}\right)^2 \qquad (2.7)$$

式(2.7)表示的转化温度和压力的函数关系在 T-p 图上为一连续曲线，称为转化曲线。如图2.11所示，虚线是按式(2.7)计算得到，实线是通过实验得到。二者的差别是由范德瓦尔方程在定量上的不准确引起的。

转化曲线存在一个最大转化压力 p_{max}。当 $p > p_{max}$ 时，不存在转化温度；当 $p = p_{max}$ 时，只有一个转化温度；当 $p < p_{max}$ 时，对应于每个压力都有两个转化温度，分别称为上转化温度 T'_{inv} 和下转化温度 T''_{inv}。转化曲线将 T-p 图分成了制冷和制热两个区域：在转化曲线上，$\alpha_h = 0$；转化曲线外是制热区，$\alpha_h < 0$，节流后产生热效应；转化曲线内是制冷区，$\alpha_h > 0$，节流后产生冷效应。

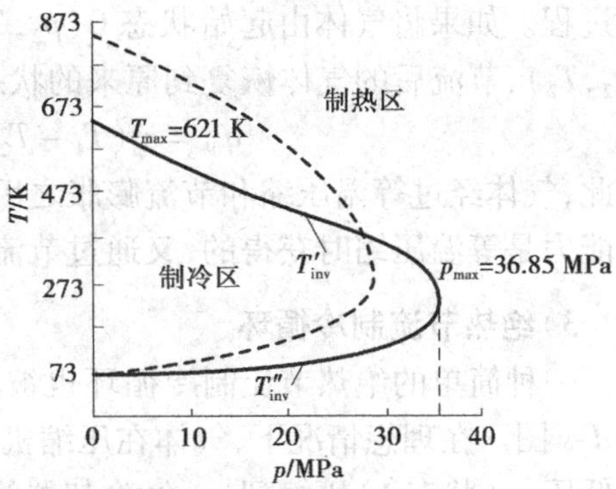

图 2.11　N_2 的转化曲线 $T_{inv} = f(p)$

从式(2.7)和图 2.11 中还可以得出，$p = 0$ 对应气体的最大转化温度 T_{max}。表 2.5 列出了多种气体的最大转化温度。对于大多数气体，如 O_2，N_2，CO，空气等，最大转化温度都高于环境温度，故在环境温度下可以利用焦耳-汤姆逊效应来降温。而 Ne，H_2，He 的最大转化温度比室温低，不能单独用焦耳-汤姆逊效应降温，必须通过预冷或其他膨胀机来降低节流前的温度，节流后才会产生冷效应。

计算积分节流效应的方法很多，可直接将 α_h 的经验公式代入式(2.3)中积分求解，工程中更实用的方法是采用气体 T-s 图、h-T 图或者物性数据库来计算。如图 2.12 所示，从节流前的状态点 1(p_1，T_1)绘制等焓线，与节流后压力 p_2 等压线交于点 2，则两点之间的温差($T_1 - T_2$)即为要求的积分节流效应。图解法使用简便，但精度较差，特别是在低压区，等焓线和等温线接近平行，误差更大。

表 2.5　气体的最大转化温度

气　体	最大转化温度/K	气　体	最大转化温度/K
氦气 4 (^{4}He)	45	一氧化碳(CO)	652
氢气(H_2)	205	氧气(O_2)	761
氖气(Ne)	250	甲烷(CH_4)	939
空　气	603	二氧化碳(CO_2)	1 500
氮气(N_2)	621	氨(NH_3)	1 994

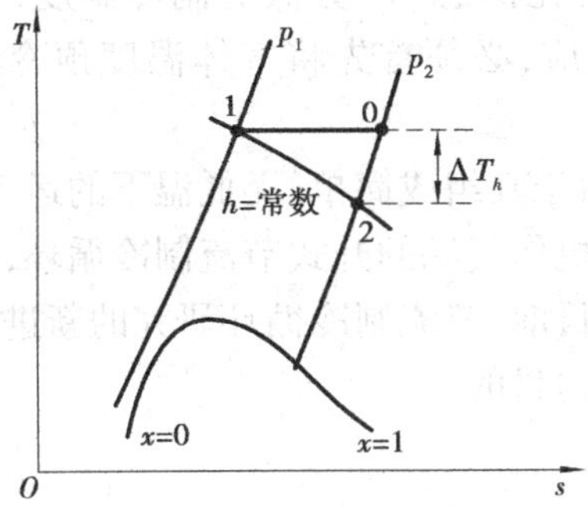

(a) T-s 图

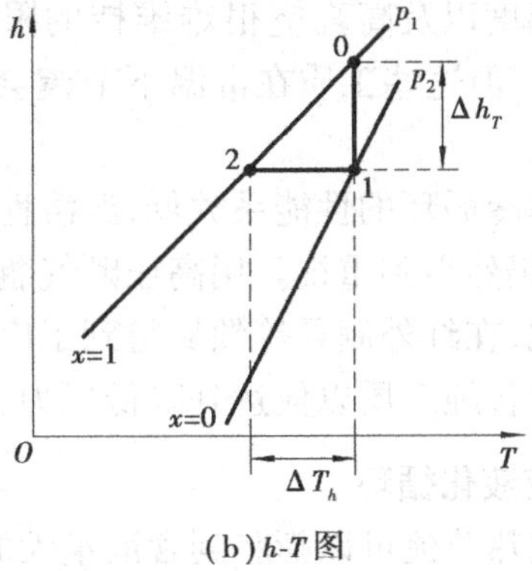

(b) h-T 图

图 2.12　图解法确定积分节流效应

由于节流前后比焓值是不变的，因此图 2.12 所示的节流过程 1—2 是一个降温而不制冷的过程。如果将气体由起始状态 $0(p_2, T_1)$ 等温压缩到状态 $1(p_1, T_1)$，再令其节流到状态 2 (p_2, T_2)，节流后的气体恢复到原来的状态 $0(p_2, T_1)$，所吸收的热量即为单位制冷量：

$$q_{0h} = c_p(T_1 - T_2) = h_0 - h_2 = h_0 - h_1 = -\Delta h_T \tag{2.8}$$

因此，气体经过等温压缩和节流膨胀之后具有制冷能力，称为等温节流效应 $-\Delta h_T$。气体的制冷能力是等温压缩时获得的，又通过节流表现出来。

3）绝热节流制冷循环

一种简单的绝热节流制冷循环也被称作林德（Linde）循环（见图 2.13）。图 2.14 为循环的 T-s 图。在理想情况下，气体在压缩机里进行的是一个等温压缩过程 1—2。实际上，气体是从低压 p_1（状态 1）压缩到 p_2，经冷却器等压冷却至常温（状态 2），该过程近似地认为压缩与冷却过程同时进行。压缩后的气体经逆流换热器，与冷气流发生热交换被冷却至较低温度（状态 3），然后经过节流阀膨胀到状态 4 并进入蒸发器。在蒸发器中，节流后形成的液体工质从外界吸收热量蒸发，即产生制冷量。处于饱和状态的蒸气通过换热器复热到温度 T_1（实际状态 1′与状态 1 存在小的温差），然后被吸入压缩机，完成整个循环。

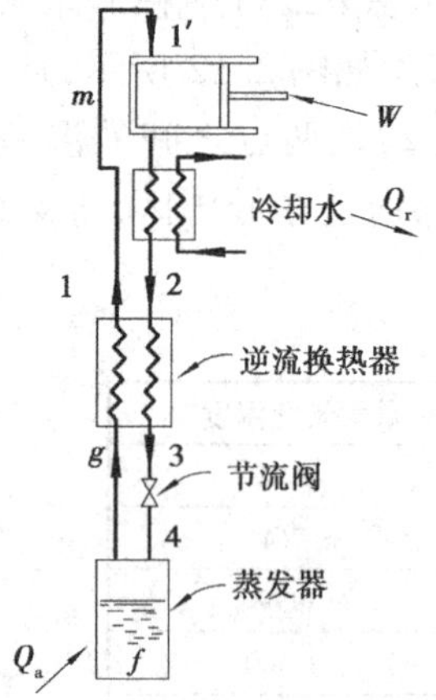

图 2.13 林德循环系统图

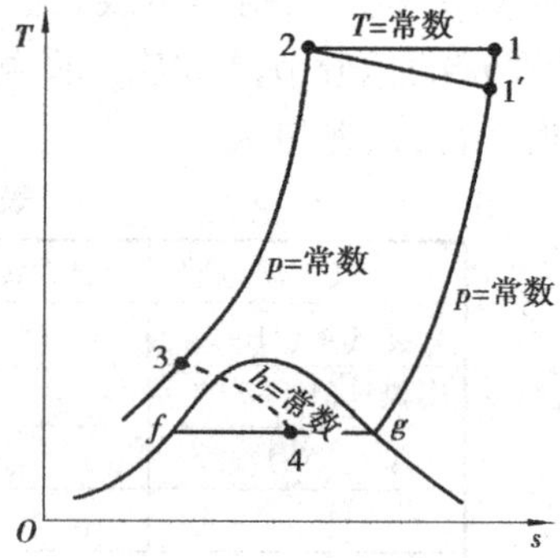

图 2.14 林德循环 T-s 图

林德循环获得的制冷温度可以通过节流阀控制蒸发压力进行调节。制冷温度的下限则受到三相点温度以及高真空很难维持的限制，要获得比液态 N_2 更低的制冷温度，可采用工质 Ne，H_2，He。但这些工质在常温下节流会产生热效应，必须首先将气体温度预冷到转化温度以下。

节流制冷循环的性能系数低，经济性较差，但由于其组成简单、无低温下的运动部件、可靠性高，所以仍然得到重视。用高压贮气瓶代替压缩机作气源的开式节流制冷循环，更便于微型化和轻量化，在红外制导等领域得到了广泛使用。目前，节流制冷循环研究的新进展在于利用混合工质代替纯工质以便达到降低压力、提高效率的目的。

4）节流液化循环

气体绝热节流可以膨胀到含液量大的气液两相区，其很重要的一个应用是进行气体液化。气体液化系统与以制取冷量为目的的普通制冷系统区别在于：在普通制冷循环中，制冷剂进行的是封闭循环过程；而气体液化循环是一开式循环，所用的气体在循环过程中既起制冷剂的作用，本身又被部分或全部地液化作为液态产品输出。

2.2.2　气体等熵膨胀制冷

1）等熵膨胀的热力学特性

理想情况下，气体在膨胀机中的膨胀过程是绝热可逆的，因此该过程是等熵膨胀。由于气体在膨胀过程对外有功输出，膨胀后气体内位能增大，消耗的这些能量都需要内动能来补偿，因此气体温度必然降低，产生冷效应。

用微分等熵效应 α_s 来反映气体等熵膨胀时微小压降引起的温度变化：

$$\alpha_s = \left(\frac{\partial T}{\partial p}\right)_s \tag{2.9}$$

利用前面曾引用过的焓的特性式（2.4），导出：

$$ds = \frac{dq}{T} = \frac{dh - v dp}{T} = c_p \frac{dT}{T} - \left(\frac{\partial v}{\partial T}\right)_p dp \tag{2.10}$$

对于等熵膨胀过程，$ds = 0$，得到：

$$\alpha_s = \left(\frac{\partial T}{\partial p}\right)_s = \frac{T}{c_p}\left(\frac{\partial v}{\partial T}\right)_p \tag{2.11}$$

由于气体膨胀时，总有 $\left(\frac{\partial v}{\partial T}\right)_p > 0$，所以 $\alpha_s > 0$，即气体等熵膨胀时温度总是降低的。

对于理想气体，根据气体状态方程和式（2.11），可推导出膨胀前后的温差：

$$\Delta T_s = T_2 - T_1 = T_1\left[\left(\frac{p_2}{p_1}\right)^{\frac{\kappa-1}{\kappa}} - 1\right] \tag{2.12}$$

式中，κ 为气体绝热指数。可以看出，要增大等熵膨胀的温降，可以提高气体初温和膨胀比。

对于实际气体，通常采用图解法，如图 2.15 所示。气体从状态 1 等熵膨胀到状态 2，产生的温降为 ΔT_s，令膨胀后气体复热到压缩前状态 0，则吸热量（即制冷量）为：

$$q_{0s} = h_0 - h_2 = (h_0 - h_1) + (h_1 - h_2) = -\Delta h_T + w_e \tag{2.13}$$

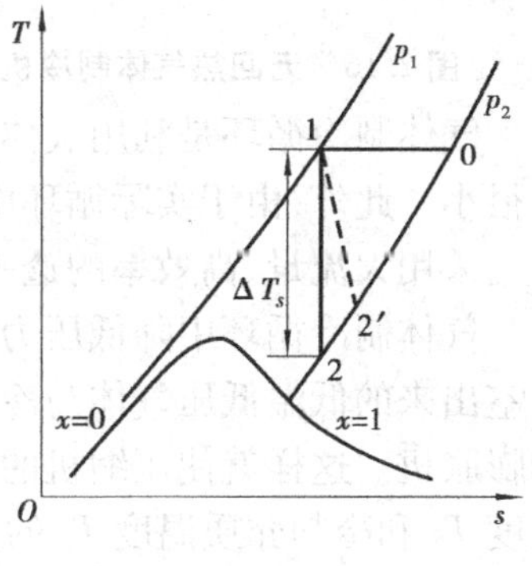

图 2.15　等熵膨胀过程的 T-s 图

实际上，气体在膨胀机中存在摩擦、漏热等不可逆因素，不可能实现等熵膨胀过程，如图 2.15 所示，因而实际得到的温降和制冷量会有所减少。

对比前面讨论过的气体节流膨胀过程，得到以下结论：

①等熵膨胀总是产生冷效应，而节流膨胀则需要在气体转化曲线内部才产生冷效应。

②相同条件下，等熵膨胀的温降比节流膨胀大得多，$\alpha_s - \alpha_h = \frac{v}{c_p}$；等熵膨胀的制冷量比节流膨胀大，$q_{0s} - q_{0h} = w_e$。

③等熵膨胀可以回收膨胀功，进一步提高循环的经济性。

在实际应用中，节流阀结构比较简单，便于调节，还可以在含液量大的气液两相区工作；而等熵膨胀使用的膨胀机结构复杂，且带液的两相膨胀机的设计技术尚不是十分成熟。节流膨胀和等熵膨胀有着各自的优势,在低温装置中都有应用,选择何种膨胀方式要依据具体使用要求和条件而定。

2)布雷顿制冷循环

历史上第一台气体制冷机是以空气作为工质的,称为空气制冷机。它采用的热力循环是布雷顿(Brayton)制冷循环,由两个等压和等熵过程组成,这与蒸气压缩式制冷循环的4个工作过程相近,不同的是布雷顿循环中的气体工质不发生集聚态改变,也被称作气体制冷机循环。

图2.16是无回热气体制冷机的系统图。气体在压缩机中由压力 p_0 压缩到较高压力 p_c,然后进入冷却器,向冷却介质(水或循环空气)放出热量,高压气体再进入膨胀机,经历做外功的绝热膨胀过程,达到很低的温度,又进入冷箱吸热制冷,而后又被压缩机吸入,如此完成循环。

做如下理想化的假定:压缩过程和膨胀过程均为绝热可逆过程,冷却器和冷箱中的传热均为等压过程(即没有压力损失),并且换热器出口处没有端部温差。这样假设后的循环称为气体制冷机的理论循环如图2.17所示。图中 T_0 是冷箱中制冷温度,T_c 是环境介质的温度,1—2是等熵压缩过程,2—3是等压冷却过程,3—4是等熵膨胀过程,4—1是在冷箱中的等压吸热过程。

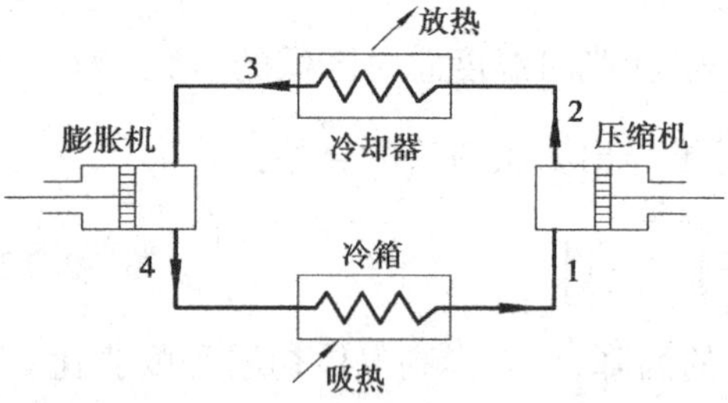

图2.16 无回热气体制冷机系统图

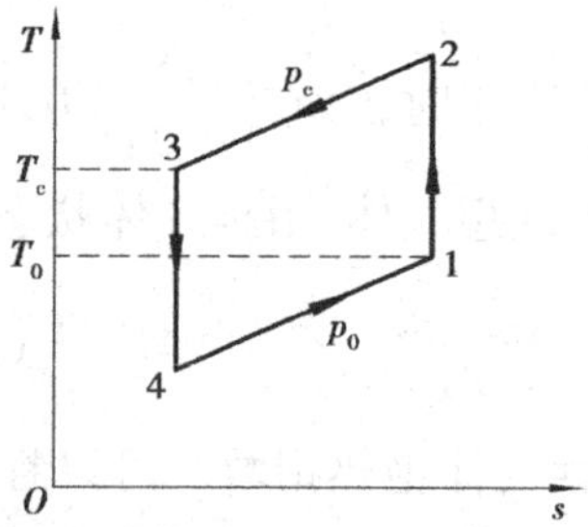

图2.17 无回热气体制冷机理论循环 T-s 图

气体制冷循环是利用气体吸收显热实现制冷的,由于气体比热容很小,因此单位容积制冷量很小。此外,由于实际循环中压缩和膨胀过程对循环性能影响很大,因此无回热的气体制冷机宜采用大流量、高效率的透平压缩机和透平膨胀机。

气体制冷循环中降低压力比(p_c/p_0)可以提高循环性能。如图2.18所示,利用回热器使冷室出来的低温低压气体与冷凝器出来的常温常压气体进行热交换,然后再分别进入压缩机和膨胀机。这样就使压缩机的吸气温度升高,而膨胀机的进气温度降低,在具有相同冷室要求温度 T_0 和冷却介质温度 T_c 的条件下,达到了降低压力比的目的。这样的系统称为定压回热气体制冷循环(见图2.19)。回热循环过程为1—2—3—4—5—6—1,过程1—2和4—5是压缩和膨胀过程,过程2—3是冷却过程,5—6是在冷箱中的吸热制冷过程,过程3—4和6—1是回热器中的回热过程。图中,在相同工作温度区间(T_0-T_c)内,若采用无回热循环获取相同制冷量,其循环过程将是6—7—8—5—6。显然,采用回热循环后,压力比降低为(p_h/p_0),单位压缩功和膨胀功也都大大减少了。

布雷顿循环的最大缺点是单位容积制冷量小、制冷效率低。例如,蒸发温度在-10 ℃以上时,空气制冷循环的功耗比相同单位制冷量的蒸汽制冷循环大4~5倍,即使在蒸发温度-60 ℃时也要大1倍多。采用回热循环和应用高效率透平机械后,尽管气体制冷机的效率得到很大提高,但热交换设备庞大,因此还没有得到广泛应用,目前主要用于飞机座舱的空调和

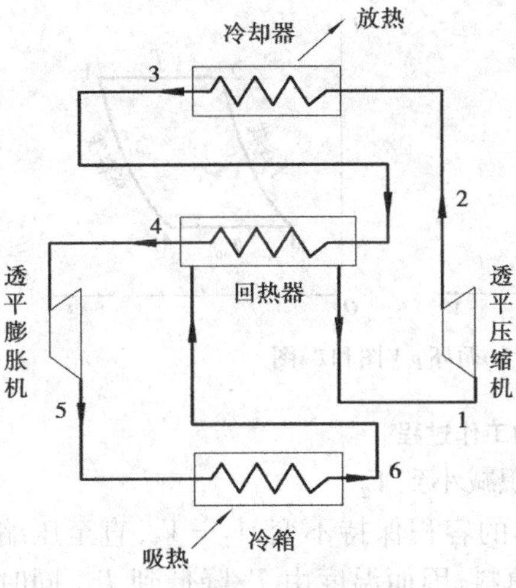

图 2.18　定压回热气体制冷机系统图

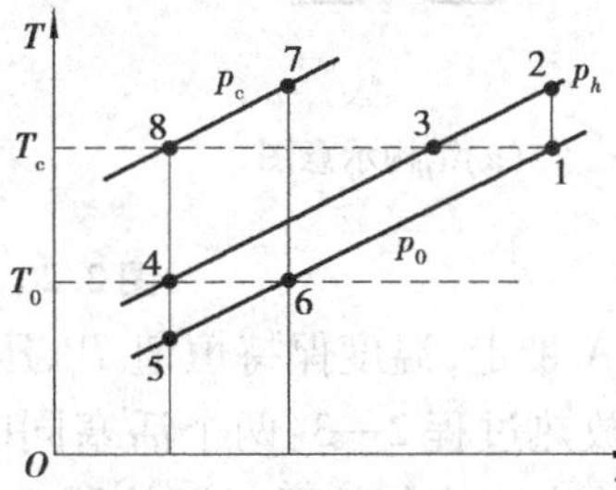

图 2.19　定压回热气体制冷机理论循环 *T-s* 图

获取 -70 ℃以下的温度。

在已有专用气源的大、中型低温室,及有着不同容量、不同温度,又不长期使用的低温需求场合,气体制冷系统比蒸气压缩式制冷系统在基建投资、能量消耗和使用维护等方面具有一定的优越性:

①根据使用目的的不同,制冷工质可以是 He,CO_2,N_2,空气等气体,对环境无污染。由于空气源容易取得,并且它的动力源是普通的空压机,可以一机多用,因此工程实际中大多采用空气作为制冷剂。在已有气源的场合建立低温室时,可以减少投资。

②制冷量便于调节,而且只要控制一定的膨胀比,即可得到相应的温降。这样,对有不同温度要求和不同负荷需求的低温室来说,只要不同时使用就可共用一套设备。

③运行操作方便。

2.2.3　气体等温膨胀制冷

1)斯特林制冷循环

前面讨论的气体节流和等熵膨胀制冷都是内冷法,即通过气体膨胀产生温降,再依靠气体的复热过程吸收热量,而斯特林(Sterling)循环的制冷原理是低温气体在等温膨胀过程中要从外界吸热,产生冷效应。它是一种由两个等温过程和两个等容回热过程组成的闭式热力学循环,也称为定容回热循环。

理想斯特林循环的工作过程示意图及其在 *p-V* 图和 *T-s* 图上的表示(见图 2.20)。两个汽缸与活塞形成两个工作腔:膨胀腔 V_{c0} 和压缩腔 V_a。两腔分别设置冷量换热器 C 和冷却器 A 进行换热,中间由回热器 R 连通。左面的活塞为膨胀活塞,右面为压缩活塞,两个活塞作折线式间断运动。假设在稳定工况下,膨胀腔(冷腔)保持温度 T_{c0},压缩腔(室温腔)保持温度 T_a。汽缸内有一定量的气体,循环所经历的过程如下:

等温压缩过程 1—2:过程开始前,压缩活塞处右止点,膨胀活塞处于左止点,汽缸内气体压力为 p_1,容积为 V_1。压缩活塞向左移动而膨胀活塞不动,气体被等温压缩,压缩产生的热量

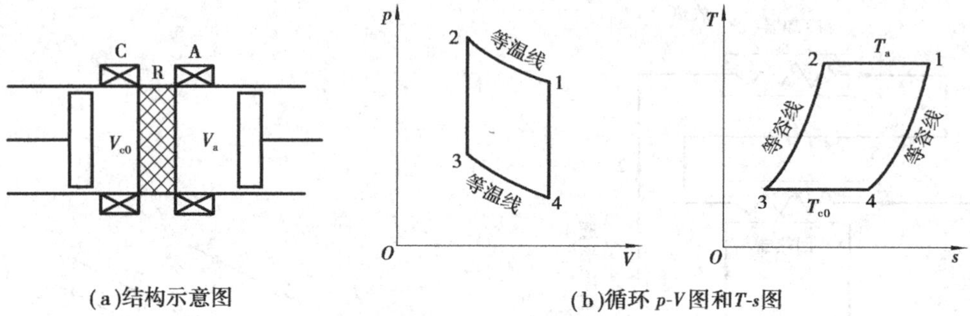

图 2.20　理想斯特林循环的工作过程

由冷却器 A 带走，温度保持恒值 T_a，压力升高到 p_2，容积减小到 V_2。

定容放热过程 2—3：两个活塞同时向左移动，气体的容积保持不变，$V_2 = V_3$，直至压缩活塞到达左止点。当气体通过回热器 R 时，将热量传给填料，因而温度由 T_a 降低到 T_{c0}，同时压力由 p_2 降低到 p_3。

等温膨胀过程 3—4：压缩活塞停止在左止点，而膨胀活塞继续向左移动，直至左止点，温度为 T_{c0} 的气体进行等温膨胀，通过冷量换热器 C 从低温热源（冷却对象）吸收一定的热量（制冷量）。容积增大到 V_4 而压力降低到 p_4。

定容吸热过程 4—1：两个活塞同时向右移动直至右止点，气体容积保持不变，$V_1 = V_4$，回复到起始位置。当温度为 T_{c0} 的气体流经时从回热器 R 填料吸热，温度升高到 T_a，同时压力增加到 p_1。过程 4—1 中气体吸收的热量等于过程 2—3 气体所放出的热量。

循环中过程 3—4 是制冷过程，理论制冷量 Q_0 等于膨胀功与内能增量之和：

$$Q_0 = \int_3^4 p\mathrm{d}V + (U_4 - U_3) \tag{2.14}$$

对于理想气体，有：

$$Q_0 = \int_3^4 p\mathrm{d}V = mRT_{c0}\ln\frac{p_3}{p_4} = mRT_{c0}\ln\frac{V_1}{V_2} \tag{2.15}$$

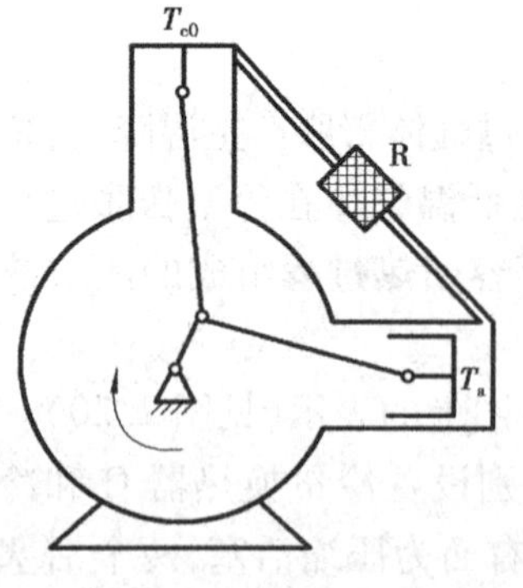

图 2.21　曲柄连杆机构带动的双活塞结构

循环中过程 1—2 是放热过程，同理：

$$Q_k = \int_1^2 p\mathrm{d}V = mRT_a\ln\frac{V_1}{V_2} \tag{2.16}$$

回热过程 2—3 和过程 4—1 中的换热量属于内部换热，与整个循环的能量消耗无关，故循环耗功量等于放热量减去吸热量 $W = Q_k - Q_0$。

理想斯特林循环是一种高效的制冷循环，它与同温限的逆卡诺循环的性能系数相等。但是对于实际运行的斯特林制冷机，这是难以实现的。有几种结构可以近似地实现连续斯特林制冷循环。如图 2.21所示，当曲轴以匀角速度转动时，活塞做简谐运动时，其容积变化与理想折线式的容积变化是近似的，因而能够近似实现斯特林制冷循环。

斯特林制冷机是小型低温制冷机中研究最深入、应用最广泛、发展最成熟、变型最多的一种,具有结构紧凑、工作温度范围宽、启动快、效率高、操作简便等特点。自1816年Robert Sterling提出斯特林循环后,它最早用于热机;到1861年Alexander Kirk将逆向斯特林循环用于制冷;1954年荷兰Philips公司将斯特林制冷机商业化,成功地应用到气体液化分离系统和电子部件的微型冷却系统。目前,斯特林制冷机的制冷温度从普冷到深冷,最低可达到3 K;冷量同时向微型(mW级)和大型(46.8 kW)发展;而且发展了多种形式(如双活塞式、推移活塞式、平行排列、角形排列、同轴排列等)和多种驱动方式。

2)维勒米尔(VM)制冷循环

1918年维勒米尔(Vuilleumier)提出了同时利用正、逆向斯特林循环的VM制冷循环,以便直接利用高温热源制冷。VM制冷机可以看成是用热能驱动的斯特林制冷机(见图2.22)。

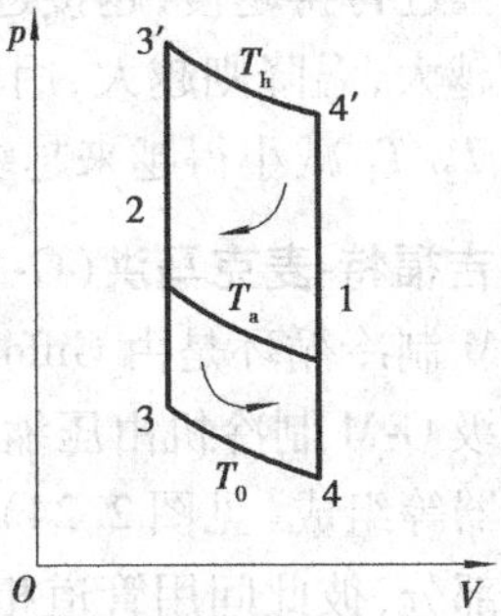

图2.22　VM制冷理论循环的p-V图

图中1—2—3—4—1为逆向斯特林循环,它是在T_0下等温吸热,在T_a下等温放热。1—2—3′—4′—1为正向斯特林循环,它在T_h下从高温热源等温吸热,在T_c下等温放热。常用VM制冷机的中间温度T_a为环境温度。可见,VM制冷机不需要外界动力驱动,直接消耗高温热源的热能以制冷,又被称为热气体制冷机。

VM制冷机的效率低于斯特林制冷机,但是它最大的优点是不依靠机械力驱动、振动小、噪声低、寿命长,非常适合那些必须防止发动机机械振动的场合使用。而且VM制冷机还可以利用废热、太阳能、放射性同位素或电热器产生的热能,这使其在长期的宇宙探索中的低温冷却应用方面很具吸引力。目前,电热是VM制冷机用得最多的能源形式;废热的利用使VM制冷机在食品工业和空调中也有较好的应用前景。

2.2.4　绝热放气制冷

绝热放气膨胀又称为西蒙膨胀,它是容器中的高压气体向低压空间放气的膨胀过程。在此过程中,留在容器中的气体向放出的气体作推动功,消耗自身的一部分内能而降温,产生制冷效应。绝热放气膨胀过程是介于节流膨胀与等熵膨胀之间的不可逆过程,目前是获得低温的重要方法之一。吉福特-麦克马洪(G-M)制冷和脉管制冷就属于典型的绝热放气制冷。

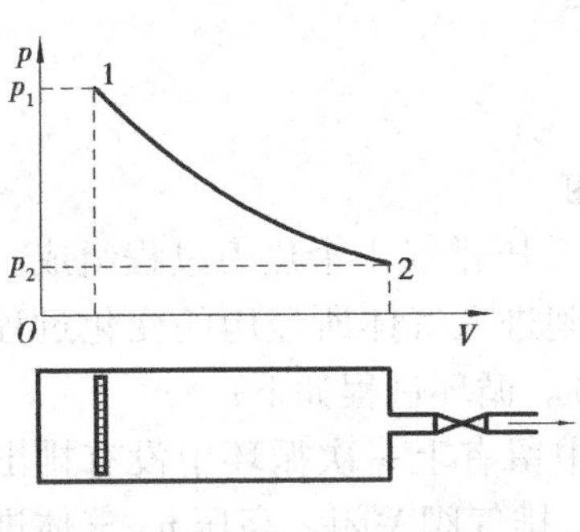

图2.23　绝热放气过程图

1)绝热放气制冷的热力学特性

如图2.23所示,设有一个容器,内充高压气体,状态参数为p_1,T_1。设有一活塞将气体分成两部分,右侧部分在放气过程中全部放出,左侧部分在放气结束后将占据整个容器,压力降低到p_2,温度降低到T_2。将放气过程按下面两种极限情况考虑:

①如果放气过程进行得很慢,活塞左侧和右侧的气体始终处于平衡状态,将按等熵过程膨胀。在这种情况下,活塞左侧气体所做的功按其本身的压力计算,因而所做的

外功最大,温降也最大。

②如果阀门打开后活塞右侧的气体立即从 p_1 降到 p_2,那么活塞左侧的气体膨胀时只针对一个恒定不变的压力 p_2 做功,对外做功最小,温降也最小。针对理想气体有:

$$\Delta T_{\min} = T_2 - T_1 = \frac{\kappa - 1}{\kappa} T_1 \left(1 - \frac{p_2}{p_1}\right) \tag{2.17}$$

实际的放气过程总是介于上述两种极限情况之间,因而它的温降也将在 $\Delta T_{\max}$ 和 $\Delta T_{\min}$ 之间。过程进行得越慢,越接近等熵膨胀过程。通过上述分析,可以得出下列结论:气体的绝热指数 κ 越大,温降则越大,用单原子气体可以得到较大的温降;随着放气压力比 p_1/p_2 的增大,温度比 T_2/T_1 减小得越来越缓慢,从经济考虑单级放气压比不宜过大,一般取 3 ~5。

2)吉福特-麦克马洪(G-M)制冷循环

G-M 制冷循环是由 Gifford 和 Mcmahon 于 1960 年提出的,其原理是绝热气体放气制冷。

单级 G-M 制冷机由压缩机组、进气阀、排气阀、两端密封的汽缸、汽缸中的位移器、回热器和换热器等组成(见图 2.24)。压缩机组包括低压储气罐、高压储气罐、冷却器和往复式压缩机 4 大部分,彼此间用管道相连。位移器把汽缸分为两个有效容积——热腔和冷腔,它们与回热器间用管道相连接。位移器在汽缸中上下移动由一小曲轴控制。回热器内装有金属网片,冷、热气流交替的流过它,起着储存和回收冷量的作用,换热器用来输出冷量。

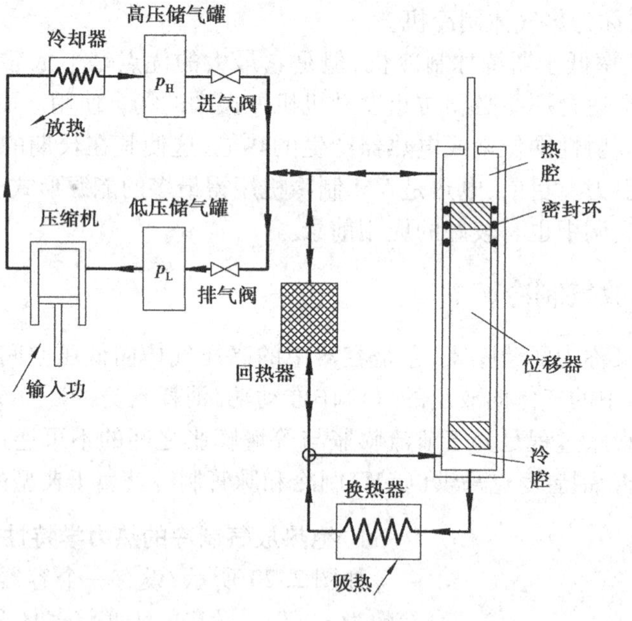

图 2.24 单级 G-M 制冷机系统图

单级 G-M 制冷机理想循环由升压、等压进气、绝热放气、等压排气 4 个热力过程组成。由于一次循环中进入制冷机的气体量是变化的,而且在不同时刻进入气体所经历的变化过程也不同,因此对于 G-M 循环通常以冷腔为研究对象(见图 2.25)。循环过程如下:

升压过程 1—2:位移器处在汽缸下死点,热腔和回热器中留有上一次循环中没有排出的低压 p_L 气体,气体质量为 m_1。升压过程开始时,进气阀打开,排气阀关闭。高压 p_H 气体进入热腔和回热器空间,使其压力从 p_L 上升到 p_H。这是一个绝热的升压过程,充入气体量为 m_2,

温度升到 T_2。

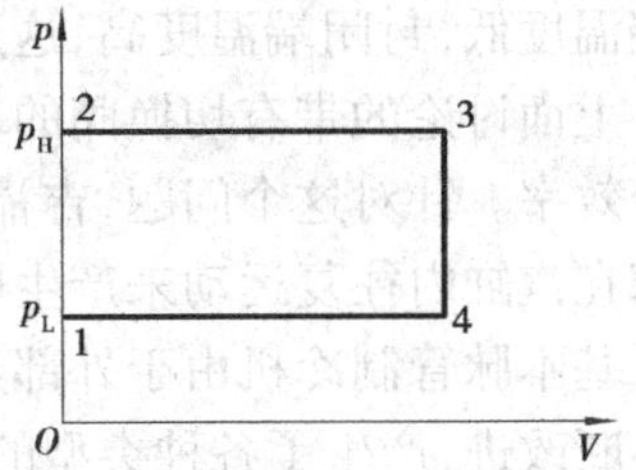

图 2.25　单级 G-M 制冷循环 p-V 图

等压进气过程 2.3:进气阀仍打开,排气阀关闭。位移器在驱动装置作用下从汽缸下死点上移到上死点,使原先在热腔的气体流经回热器进入冷腔,冷腔容积增大到 V_3。由于气体经回热器时冷却降温,比容也减小,因此位移器上移过程中又有一部分高压气体等压地进入制冷机,气体量为 m_3。

绝热放气过程 3—4:当位移器到达上死点,冷腔充满高压气体时,进气阀关闭,排气阀开启。气体经历绝热放气过程,冷腔气体膨胀到初压,最终留存的气体对离开汽缸的气体做功,导致温度降低。

等压排气过程 4—1:放气结束,位移器下移至汽缸下死点,迫使低温气体从冷腔中流出,经过换热器,输出冷量。冷腔中气体再经过回热器全部排出,一部分经排气阀进压缩机,另一部分流进热腔。最后排气阀关闭,完成一次循环。

目前已研制出单级、双级和三级 G-M 循环的制冷机,制冷温度从液态 He 温度到液态 N_2 温度,制冷量为 1 ~ 100 W。G-M 型制冷机已得到广泛应用。

3) 脉管制冷机

脉管制冷的基本原理是利用高低压气体对脉冲管腔的充放气而获得低温的,它实质上是西蒙膨胀制冷的一种形式。

基本型脉管制冷机是 1963 年由 Gifford 和 Longsworth 提出并研制的,系统由压缩机、切换阀、回热器、冷端换热器、导流器、脉冲管和脉冲管封闭端的水冷却器所组成(见图 2.26)。压缩机作为压力波发生器(图中未示出),导流器起到防止气体紊流混合的作用。其制冷工作过程如下:

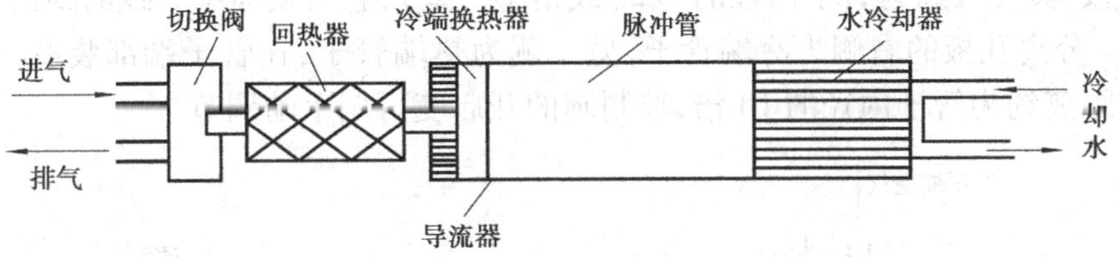

图 2.26　基本型脉管制冷机结构原理图

①高压气体通过被控制的切换阀流经回热器、冷端换热器、导流器,以层流态进入脉管,渐次推挤管内气体向封闭端移动,同时使之受到挤压,沿管长压力升高,温度上升,在脉管封闭端达到最高温度。

②布置在封闭端的水冷换热器将热量带走,使其管内气体的温度和压力因放热而稍有降低。

③切换阀转动使系统内气体与气源低压侧连通,脉管内的气体又以层流态渐次向气源推移扩张,气体膨胀降压而获得低温。

④切换阀再次转换使系统与气源高压侧连通,从而完成一个循环。

脉管制冷机采用的工质通常为 He。脉管制冷机运行时,脉管气体轴向存在温度梯度,入口端温度低,封闭端温度高,这点与容器内绝热放气后气体温度是均匀的不同。

上面讨论的带有切换阀的基本型脉管制冷机由于气体在通过阀门时有节流损失而降低了制冷效率。针对这个问题,吉福特提出了可逆基本型脉管制冷机。它取消了切换阀,而直接以活塞在汽缸内往复运动来产生脉管内气体的压力波动。

基本脉管制冷机由于外部热损失大、效率低,所以制冷温度有限,最低只达到 124 K。后经不断改进,产生了各种类型的脉管制冷机,如热声驱动的脉管制冷机(用热声振荡产生压力波驱动脉管),小孔型脉管、双向进气脉管、多级脉管等。目前,单级脉管制冷温度已达到 23.5 K,近年来多级脉管的研究也有很大进展。1999 年,荷兰的 de Waele 教授在一台采用氦 3 为工质的三极脉管制冷机中获得了 1.78 K 的低温。

脉管制冷机是一个非常有竞争力的低温制冷机。液氦温区脉管制冷机的研制对于低温超导和科学实验具有重要应用,而且与常规回热式空气制冷机(如 G-M 机、Stirling 机)相比,突出的优越性在于简单、无低温运动部件。在可靠性、振动要求极高的高空应用方面,以及作红外器件、低温电子器件冷源的应用方面前景非常广阔。

2.3 涡流管制冷

涡流管制冷是法国工程师兰克(Ranque)于 1933 年首先提出的,涡流管又称为兰克管。这种制冷方法的实质是利用人工方法使压缩气体产生涡流运动,并分成冷、热两部分气流,其中分离出来的冷气流便可用来制冷。

涡流管的结构比较简单,主要由喷嘴、涡流室、孔板及冷热两端的管子组成(见图 2.27)。涡流室的内部形状为阿基米德螺线,喷嘴沿切线方向装在涡流室的边缘。涡流室的一侧装有一个分离孔板,其孔径约为管子内径的 1/2(或稍小一些),它与喷嘴中心线的距离大约为管子内径的 1/2。分离孔板的右侧为冷端管子,另一侧为热端管子,在管子端部装有一个控制阀,离涡流室的距离约为管子内径的 10 倍,控制阀的开启度可用手动调节。

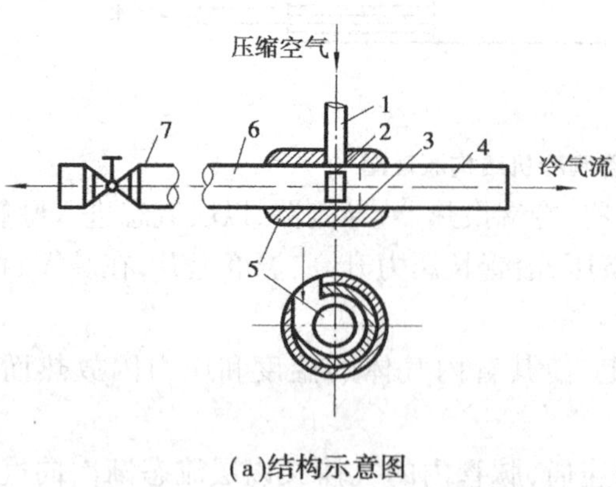

(a)结构示意图

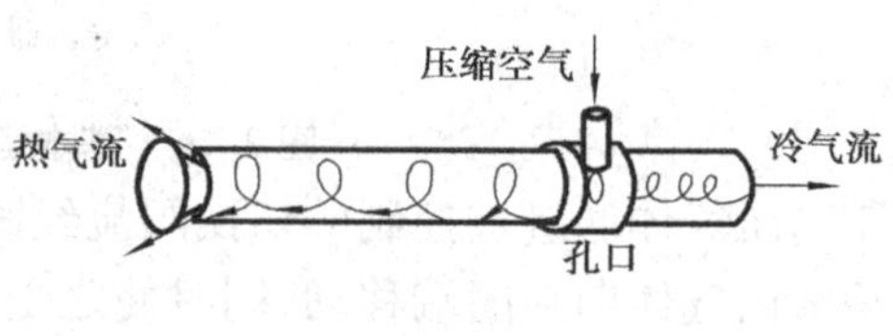

(b)工作原理示意图

图 2.27　涡流管的结构及工作原理示意图

1—进气管;2—喷嘴;3—孔板;4—冷端管子;5—涡流室;6—热端管子;7—控制阀

涡流管制冷的工作原理如下:经过压缩并冷却到常温的高压气体(通常是空气,也可以是

CO_2,NH_3 等气体),由进气管进入,并在喷嘴 2 内膨胀,以很高的速度沿切线方向进入涡流室,在涡流室的周边形成自由涡流,其旋转角速度在涡流室边缘部分较小,接近轴心部分较大,于是在涡流室中沿半径方向形成了不同角速度的气流层。由于气流层之间的摩擦,内层的角速度逐渐降低,外层的角速度逐渐提高,因而内层气流将一部分动能传给外层气流。涡流室中心部分的气体失去能量,经孔板 3 流出时具有较低的温度;边缘部分的气体吸收能量,动能增加,又因与热端管子的管壁摩擦将部分动能变成热能,因此经控制阀 7 流出时,具有较高的温度。所以,涡流管可以同时得到冷、热两种效应。根据试验,高压气体经过涡流管可得到 -10 ~ -50 ℃的冷气流,热气流的温度可达 100 ~ 130 ℃。

控制阀通过改变热端管子中气体的压力,来调节两部分气流的流量比,从而也改变了它们的温度。当阀门开度为管路直径 45% ~ 60% 时,冷气流的质量流量为总流量的 1/4 ~ 1/3。如果控制阀全关,则全部气体从冷端管子流出,也就不存在冷热效应。如果控制阀全开,则会有少量气体从孔板处吸入,涡流管的工作就相当于一个气体喷射器。

涡流管制冷主要有以下特点:

①制冷机构造简单,没有运动部件,操作维护方便。

②体积小、重量轻。例如,前苏联研制的 MX-2 型微型涡流管制冷器,其尺寸仅为 $\phi18 \times 50$ mm,质量仅 15 g。

③制冷温度比较低,如上述的 MX-2 型涡流管,制冷温度可达 -55 ℃。国内试验工质为空气,压力为 780 kPa,温度为室温时,单级涡流管的制冷温度可达 -70 ℃。

④启动时间短。

⑤制冷工质价廉易得,可以采用空气或其他气源作为工质。

⑥效率低、噪声大。近年来经不断地研究改进,涡流管的绝对效率可达到 0.235 以上。

涡流管制冷尽管在 1933 年就被发现,但直到 1946 年以后才得到比较全面地实验研究,并开始获得实际应用。然而,涡流管制冷的最大缺点是效率低、经济性差,其应用受到很大的限制。不过它在使用空间较小而又不经常使用的小型制冷场合,或者在有廉价压缩空气或天然气源可以利用的情况下,具有良好的发展前途。例如,它可用于不长期持续使用的小型低温试验设备、小型光电器件、军用飞行器上,以及装在矿工的工作服上来实现高温矿井中矿工的个人冷却等。

2.4 热电制冷

热电制冷也称为温差电制冷、半导体制冷或电子制冷,是利用温差电效应中的帕尔帖效应为原理制冷的。

1834 年,法国物理学家帕尔帖(Peltier)在铜丝的两头各接一根铋丝,再把两根铋丝分别接在直流电源的正、负极上,通电后发现一个接头变热,一个接头变冷。现象说明:电流流过两种不同材料组成的电回路时,两个接点处将分别发生了吸热、放热效应,这就是帕尔帖效应。它是热电制冷的理论依据。由帕尔帖效应产生的热流量称为帕尔帖热。当接点处的帕尔帖效应足够强,产生的帕尔帖热足够大时,就可以在冷端获得有用的制冷作用。

帕尔帖效应从物理上解释是：电荷载体在导体中运动形成电流。由于电荷载体在不同材料中处于不同的能级，当它从高能级向低能级运动时，便释放出多余的能量；反之，从低能级向高能级运动时，就需要从外界吸收热量。能量在两材料的交界处以热的形式吸收或放出。事实上，温差电现象不仅体现在帕尔帖效应上，还体现为赛贝克(Secbeck)效应，即：在两种不同金属组成的闭合线路中，如果保持两接触点的温度不同，就会在两接触点间产生一个电势差——温差电动势，同时闭合线路中就有电流流动，称为温差电流。帕尔帖效应和赛贝克效应都是温差电效应，二者互为逆效应，有着密切的关系。

帕尔帖效应的大小主要取决于两种材料的热电势。纯金属材料的导电性好，导热性好，其金属电偶回路产生的帕尔帖效应也很小，制冷效率不到1%。半导体材料内部结构的特点，决定了它产生的温差电效应比金属更显著，所以热电制冷都采用半导体材料，故亦称为半导体制冷。

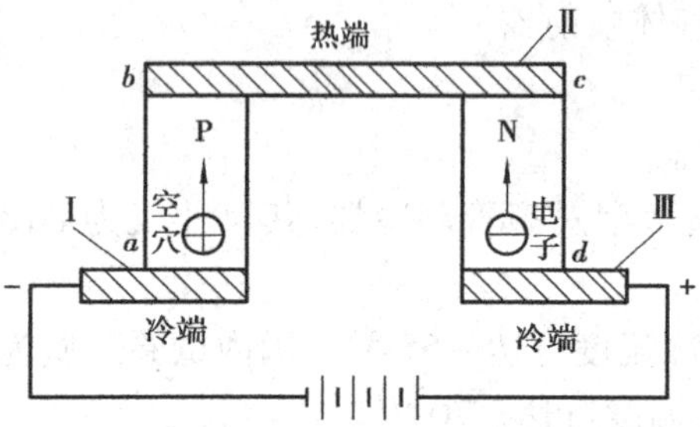

图 2.28　热电制冷(或制热)的原理示意图

热电制冷(或制热)的基本原理如下：图 2.28 为 P 型半导体(空穴型)和 N 型半导体(电子型)构成的热电偶制冷元件。金属片Ⅰ，Ⅱ，Ⅲ和导线将两块半导体连接成一个回路，回路由低压直流电源供电。当接通直流电流 I 时，P 型半导体内载流子(空穴)和 N 型半导体内载流子(电子)，在外电场作用下产生运动。由于载流子(空穴和电子)在半导体内和金属片内具有不同的势能，金属片与半导体接头处势必发生能量的传递及转换。空穴在 P 型半导体内的势能高于在金属片内的势能，因此在外电场作用下，当空穴通过结点 a 时，就要从金属片Ⅰ中吸取一部分热量，以提高自身的势能，才能进入 P 型半导体内，结点 a 处就被冷却下来；当空穴通过结点 b 时，空穴释放出多余的一部分势能而进入金属片Ⅱ，结点 b 处就变热起来。同理，电子在 N 型半导体内的势能高于在金属片中的势能，在外电场作用下，当电子通过结点 d 时，就要从金属片Ⅲ中吸取热量，转换成自身的势能而进入 N 型半导体内，结点 d 冷却下来；当电子运动到达结点 c 时，电子将自身多余的一部分势能以热量的形式释放给结点 c 而进入金属片Ⅱ，结点 c 处就热起来。这样，热电偶就形成了冷端和热端。如果改变电流方向，则热电偶的制冷端与发热端也随之互换。

一对热电偶(由一块 P 型半导体和一块 N 型半导体组成)只需零点几伏的电源电压，冷端产生的制冷量也很小的，如 $\phi 6 \times 7$ mm 的热电偶的制冷量仅为 0.92 ~ 1.16 W。所以，为了获得较大的冷量，实际应用中将很多对热电偶串联组成热电堆，称单级热电堆。单级热电堆通常能得到大约 50 ℃的温差，如果需要得到更低的冷端温度，可用串联、并联及串并联的方法，组成多级热电堆，上一级热电堆的热端贴在下一级热电堆的冷端，下一级热电堆实际上是上一级热电堆的散热器。图 2.29a 和图 2.29b 为二级热电堆并联和串联形式。图 2.29c 为串并联三级热电堆结构示意。

由于电偶冷、热两端的导热作用和 P，N 半导体通过电流产生的焦耳热效应，每一级热电堆的散热量要大于制冷量，所以高温级的热电偶数目要比低温级的大得多。此外，随着温度的降低，元件的温差电性能变差，因而实际多级热电制冷器的级数不宜过多，一般为二三级，最多

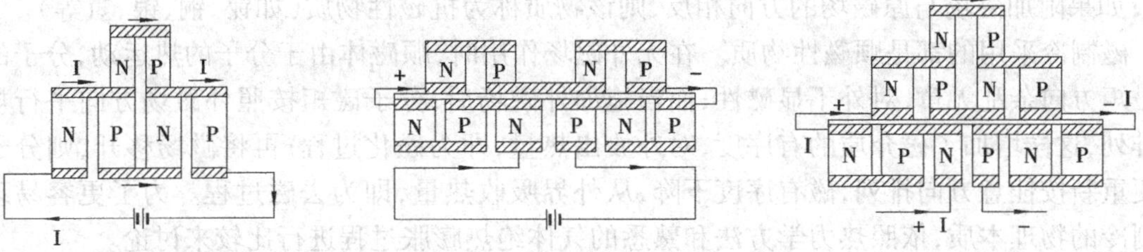

(a)二级并联　　(b)二级串联　　(c)三级串并联

图 2.29　多级热电堆结构示意图

不过 8 级。

热电制冷是靠空穴和电子在运动中直接传递能量来实现的,不需要制冷剂来实现能量的转移,整个装置没有任何机械运动部件,这是区别于其他制冷方法的最显著之处。热电制冷最大的缺点是效率低、耗电多,而且半导体材料的价格又较高,因此不宜在大规模的用冷场合使用。但由于它的体积小,启动快(可迅速制冷),使用灵活可靠(如冷却速度和制冷温度都可通过调节工作电流简单而方便的实现;改变电流方向即可实现制冷与制热模式的切换),因此在微型制冷领域或有特殊要求的用冷场所具有其独到的好处。如作为电子器件和仪表的冷却器、医疗器械和低温手术中的冷却装置、为空间飞行器上的科学仪器提供冷源,以及在运行经济性不作为首要考虑问题的场合(如核潜艇、卫星站、地下建筑等)用作空调或冷藏装置。此外,手提式半导体冰箱目前在野营、出游和兵营中的应用不断增多。

2.5　磁制冷

磁制冷是利用顺磁性物质在绝热去磁过程中温度下降的原理而获得低温的。

1926 年德拜(Debye)和 1927 年焦克(Giauque)分别独立地提出绝热去磁制冷的方法。在以流体作为工质的制冷方法中,要获得 0.6 K 以下的低温,只能采用液态^{4}He 或液态^{3}He 的减压蒸发,因为在 0.6 K 时所有其他材料均为固体状态。由于即使在中等流率下维持低压非常困难(0.6 K 时,液态^{3}H$_e$ 上方的蒸气压力为 72.6 Pa,液态^{4}He 的蒸气压力仅为 37.5 mPa),因此实际系统能获得的低温下限是 0.4 K。磁制冷方法提出以顺磁性物质替代气体或液体,采用磁场替代流体的膨胀来获得低温,这在极低温领域(mK 级至 16 K 范围)发挥了重要作用。1933 年焦克和麦克道格(MacDougall)第一次磁制冷实验成功,并获得诺贝尔奖。此后 30 年中,低温绝热去磁广泛用于获取 1 K 以下的温度。到了 20 世纪 80 年代,由于宇航技术的需要,磁制冷机获得了飞速的发展。目前,低温磁制冷技术已经比较成熟,获得的最低温度可到达 10^{-7} K。而在高温区,磁制冷的应用尚处于研究阶段。

1)磁制冷原理

磁性是普遍存在的一种物质属性,任何一种物质材料都有磁性,只不过表现方式和程度有所不同。磁介质在磁场中都会产生附加磁场,改变原有空间中磁场的分布,对外显示其磁性。如果产生的附加磁场与原磁场的方向相同,则该物质称为顺磁性物质(如铁、铝、锰、钛、氧等);如果附加磁场与原磁场的方向相反,则该物质称为抗磁性物质(如铋、铜、银、氢等)。

磁制冷采用的都是顺磁性物质。在无外磁场作用时,顺磁体由于分子的热运动,分子的固有磁矩方向杂乱无章,对外不显磁性;而当施加外磁场后,分子磁矩按照外磁场方向平行规则的排列,这样增加了磁介质的有序度,对外放出热量,即为磁化过程;再将磁场移开,则分子磁矩便重新按任意方向排列,磁有序度下降,从外界吸收热量,即为去磁过程。为了更容易理解磁制冷的物理本质,依照热力学方法和熟悉的气体绝热膨胀过程进行比较来讨论。

设物体的磁矩为M,物体在磁场H中磁矩增加$\mathrm{d}M$时,磁场对物体做功为$\mu_0 H\mathrm{d}M$。该过程中物体吸热$\mathrm{d}Q$,内能增加$\mathrm{d}U$。则由热力学第一定律有:

$$\mathrm{d}Q = \mathrm{d}U - \mu_0 H\mathrm{d}M \tag{2.18}$$

式中,μ_0为真空磁导率,$\mathrm{H/m^2}$;H为磁场强度,A/m;M为磁矩,$\mathrm{A \cdot m^2}$。

将这与熟知的气体热力学第一定律表达式:

$$\mathrm{d}Q = \mathrm{d}U + p\mathrm{d}V \tag{2.19}$$

相类比,磁系统中的$\mu_0 H$相当于气体系统中的压力p;M则相当于体积V,并可以类似地引出磁熵S的概念。顺磁体的磁化过程与气体的压缩过程类似:若在等温下压缩气体,在未增加分子平均动能(宏观温度)的前提下,使气体中分子越来越靠近,系统的有序度增加(熵减少);而若在等温下加入磁场,顺磁材料中磁矩按磁场方向平行地规则排列,系统的有序度增加(即熵减少)。同样,顺磁体的绝热去磁过程与气体的绝热膨胀过程类似:由于熵不变,气体膨胀中分子远离,所以要使分子平均速度下降(气体温度随之下降)以维持相同的有序度(熵);绝热去磁后磁矩变得不一致,顺磁材料的温度下降以维持有序度(熵)不变。这便是绝热去磁获得低温的原理。

由于气体温度足够低时,气体系统没有更大的空间有序化,几乎已达到极限;而顺磁体磁化则是另一种有序化的方法,所以利用绝热去磁方法可以进入0.6 K以下的低温区。

2)磁制冷循环

磁制冷方法涉及充磁和去磁两个截然不同的过程,要实现连续制冷,需要采用相应的磁制冷循环。

(1)低温磁制冷循环　在16 K以下的极低温区,由于固体的晶格振动和传导电子的热运动可以忽略,故磁系统的磁熵变近似等于整个固体的总熵变。这种情况下磁制冷采用卡诺循环,磁材料用稀土顺磁盐。

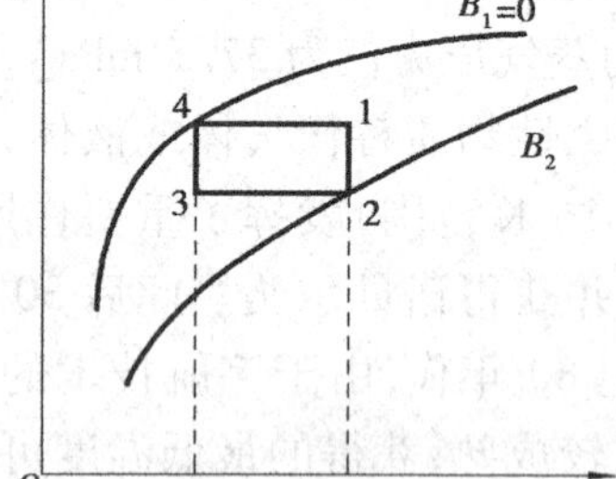

图2.30　磁制冷理想循环的S-T图

磁制冷理想循环在S-T图中的表示见图2.30,它可以描述磁性物体温度T、磁熵S与磁场B(常用磁感应强度B代替磁场强度H)三者之者的关系。循环由4个过程组成:

1—2为等温磁化(排放热量);2—3为绝热退磁(温度降低);3—4为等温退磁(吸收热量制冷);4—1为绝热磁化(温度升高,实现循环)。

磁制冷理想循环是在T_H和T_L的温度区间内进行的卡诺循环,循环的制冷量:

$$Q_0 = T_L(S_4 - S_3) \tag{2.20}$$

排热量:

$$Q_H = T_H(S_1 - S_2) \tag{2.21}$$

为使顺磁盐磁化,磁场做功量:

$$W = (T_H - T_L)(S_4 - S_3) \tag{2.22}$$

(2)高温磁制冷循环　上面讲述的绝热去磁制冷只能在极低温条件下实现,因为若要实现显著的温降,晶格熵必须远小于顺磁盐的磁极熵。而当温度大于20 K时,磁性离子系统热运动(晶格熵)大大加强,顺磁盐中磁有序态难以形成,它在外磁场作用前后的磁系统熵变大大减小,制冷效应也大大减弱。所以,进入高温区制冷,低温磁制冷所采用的材料和循环都不适用。

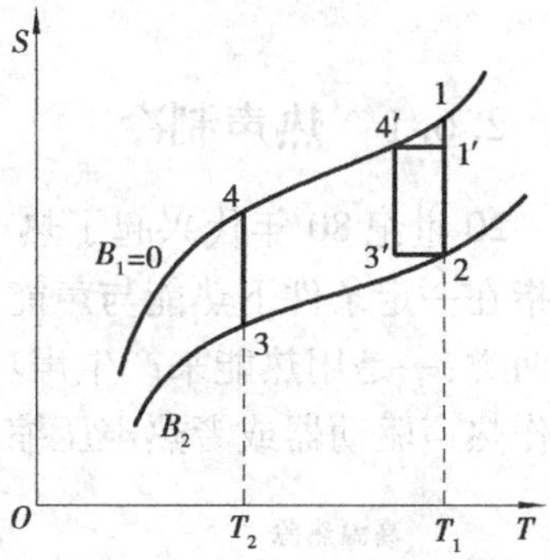

图2.31　艾里克森循环的 *S-T* 图

图2.31为金属钆(Gd)在200~300 K条件下的 *S-T* 图。若按卡诺循环制冷(图中1′—2—3′—4′—1′),则产生的温降很小。而采用艾里克森(Ericsson)循环,如图中1—2—3—4—1所示,则产生的温降就显著得多。它由4个过程组成:1—2为等温磁化,2—3为等磁场过程(温度降低),3—4为等温退磁(吸热制冷),4—1为等磁场过程(温度上升)。

1976年美国国家宇航局(NASA)的布朗(Brown)按艾里克森循环首次完成了高温磁制冷实验。该实验将金属钆板(磁材料)浸在蓄冷筒的蓄冷液体(水+乙二醇溶液)中,利用7 T的磁场变化配合蓄冷筒上、下运动实现循环,成功地从室温制取−30 ℃的低温。

3)磁制冷机

磁制冷机具有无压缩机、噪声小,体积小、质轻等优点,可用来为各种科学研究创造极低温条件。此外,它可以在失重状态下运行,因而也用于冷却NASA空间系统的红外辐射热测量仪。

低温磁制冷机使用超导强磁体产生强度达4~7 T的磁场,已开发使用的磁材料有:钆镓石榴石($Gd_3Ga_5O_{12}$)、镝铝石榴石($Dy_3Al_5O_{12}$)、钆镓铝石榴石($Gd_3(Ga_{1-x}Al_2)_5O_{12}$),$x=(0.1\sim0.4)$,其制冷温度范围为4.2~20 K。正在开发的磁材料有:RAl_2 和 RNi_2(R代表Gd,Dy,Ho,Er等重稀土),其制冷温度范围为15~77 K。目前,美国、日本、法国均研制出多种低温磁制冷冰箱。日本川崎公司研究的转动式磁制冷机需要的最大磁场强度为4.5 T,旋转速度为0.72 r/min,制冷温度达4.2~11.5 K,制冷量为0.12 W。

高温磁制冷机的研究尽管到1976年布朗的实验成功后,才开始有所进展,但磁制冷特有的优势使其在高温区的应用依然很有诱惑力。目前,高温磁制冷机的研究正力图向实用化快速迈进。主要研究内容包括:寻找适合的高温磁制冷材料;外磁场需采用高磁通密度的永磁体;研究最合适的磁循环并解决实现循环所涉及的热交换问题。

2.6 其他新型制冷方式

2.6.1 热声制冷

20 世纪 80 年代兴起了热声制冷的研究，它是利用热声效应的一种制冷方法。热声效应是指在一定条件下热能与声能之间相互转换的现象。按能量转换方向的不同，热声效应可分为两类：一是用热能来产生声功，即由热能驱动的声振荡，对应的热声机械为热声发动机（也称作热声驱动器或者热声压缩机）；二是用声能来产生热流，即由声能驱动的热量传输。这两类热声效应都可以用于制冷系统：前者可利用热声发动机驱动其他形式的制冷机，目前研究的热点集中于用热声发动机驱动的脉管制冷系统；后者可直接用来产生制冷效果，即热声制冷机。下面将主要介绍热声制冷机的工作原理。

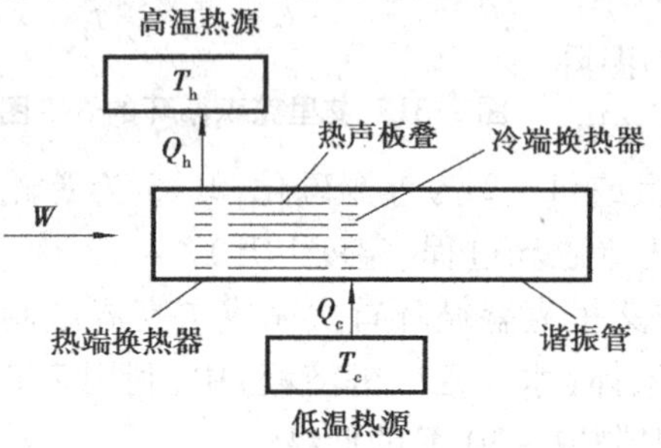

图 2.32　热声制冷机的基本工作原理图

图 2.32 为热声制冷机的基本工作原理图。在谐振管的热端输入声波（驻波），声功 W 可由扬声器、热声发动机或其他方法提供。谐振管内的气体受到声压作用产生绝热压缩和膨胀，处于热声板叠左端的气体受到声波的压缩，温度升高，于是向板叠放热；在热声板叠右端，由于声波低压相的绝热膨胀，气团的温度低于当地板叠温度，气团从板叠吸热。这样，在声波的每一个循环中，气团将热量从板叠的右端向左端传递，热量从冷端换热器输送到热端换热器，释放出热量 Q_h，产生的制冷量为 $Q_c = Q_h - W$。

当前，热声制冷原理已用于红外传感、雷达及其他低温电子器件的降温。热声机械没有运动部件，结构简单，振动小，运行可靠，可实现长寿命运转，恰好适应了低温电子器件的制冷要求。另外，在热声制冷机中采用惰性气体作为工质，具有良好的环境可接受性，可以做成优良的环保冰箱和空调。

2.6.2 氦稀释制冷

目前，为了获得 0.1 ~ 0.04 K 的低温，在个别情况下为了获得 1 mK 的超低温，常利用氦稀释制冷方法。这种方法是利用 ^3He-^4He 溶液在低温下的特性来制冷的，它的基本原理是当 ^3He 与 ^4He 的混合物在 0.87 K 以下温度时会发生相分离，即分为两相：上相为 ^3He 的浓相，下相为 ^4He 的浓相。如果用某些方法来提取下相 ^4He 溶液中的氦原子，那么 ^3He 原子会由上面的 ^3He 浓相溶解到下相中并伴随吸热，从而降低温度。

2.6.3 化学制冷

以上讨论的制冷方法都是采用物理原理的方法，当然利用某些化学反应的吸热效应也可以进行制冷，这些都属于化学制冷方法。例如，将 1.8 kg 化肥——氯化铵或硝酸铵，配一定比例的水,利用化肥溶解于水时的吸热作用,可保持温度在0~10 ℃达两天之久。这种方法简便易行,可用于农作物育种中。此外,与2.1.4节中讨论的不同,在用于低温温区时,可采用某些化学吸附制冷。如采用液氧作制冷工质,金属氧化物PCO为吸附剂的化学吸附方式,可获取55~100 K的低温。

总之,自然界中一切具有吸热或降温效应的现象都可以用作制冷,根据现有制冷方法的启发,还可以寻求出更多的新的制冷方法。

2.7 制冷方法的选择

上述各种制冷方法各有其特点,在工程设计中只有针对制冷对象的具体条件,选择合理的制冷方法,才能满足制冷的要求,也才能进一步设计出工作性能和经济效益良好的制冷系统。下面是选择设计中要遵循的基本原则和需要认真考虑的重点:

1)合适的制冷温度和制冷量范围

各种制冷方法有各自的适用低温范围的制冷量大小,只有选择了正确的制冷方法,才能满足实际工程的具体温度和负荷要求。例如,在普冷范围内的食品冷冻冷藏和舒适性空调的应用中,普遍采用的是相变制冷方法中的蒸气压缩式和溴化锂吸收式制冷。不过,溴化锂吸收式制冷和蒸汽喷射式制冷不能获得0 ℃以下的低温。当温度小于-50 ℃,制冷量在20 W以下时,热电制冷则更具优势。在深冷温度范围内,通常采用的是各种气体膨胀制冷方法及磁制冷。

2)消耗能量的形式

制冷过程需要消耗大量的能量,从节能和经济性的角度,如何恰当有效地利用现有能源是设计制冷系统必须重点考虑的问题,当要求的制冷量大时更是如此。各种制冷方法中消耗的能量可分为两大类:一类是消耗电能或机械能,另一类是消耗热能。在电力供应不足的场所设计空调系统时,一般不宜采用压缩式制冷系统;而当制冷场合有充足的燃料或者廉价热能,尤其是有废热、余热可以利用时,首先应考虑采用消耗热能的制冷方法。此时,可优先考虑用吸收式或吸附式制冷。

3)运行安全性和可靠性

安全性是制冷系统不容丝毫忽视的一项重要指标。通常人们都把注意力集中在制冷剂的安全性方面,如氨具有毒性、易燃性和爆炸性,要根据使用场合慎重选择设计。我国明确规定在人口稠密的场合和船舶上,不能使用会燃烧爆炸的有毒制冷剂。值得注意的是,尽管制冷装置中的设备大多处于中压和低压,但作为压力容器同样具有爆炸等危险。

4)环境保护

以前制冷系统设计者在对环境保护方面往往重视不够,当今人们已经越来越认识到环境和经济可持续发展之间的重要关系,并且对环境质量也提出了更高的要求。因此,设计制冷系统、选择制冷方法时应认真考虑几方面:所选择制冷方法中应用的制冷剂对人和生物的直接危害性;制冷剂对环境,如温室效应和对大气臭氧层的破坏性;同时,还必须考虑制冷装置运行的振动和噪声的影响。

5)系统初投资

对于用户而言,在达到相同制冷要求时,显然初投资越少越好。实践表明,对于相同的制冷量、相同的温度范围,不同的制冷方法一次性投资是不相同的,有时甚至相差很大。因此,除了典型的常规情况,应该对各种不同的制冷方法进行比较分析。尤其在待建的制冷工程有特殊要求时,更应深入分析各种不同方案。

6)运行管理的费用

对于制冷量大,全年运行时间长的制冷装置,其运行和管理费用的高低是考虑的重点,是影响系统整体经济性优劣的关键。由于各种制冷方法的性能和特点不同,全年运行管理费也不相同,设计选择时应该对各种方案做细致的经济技术分析。

7)操作维护的方便性

采用不同的制冷方法会设计出截然不同的制冷装置,它们的操作调节和日常维护的方便性也各不相同。设计系统时,应该考虑操作维护的方便性。

此外,对于特殊用冷场合,其选择系统时考虑的重点也会有所不同。如用于医用仪器、国防军事装备或空间技术研究等方面,系统经济性可能不是最为重要的,而运行安全和可靠性将是衡量系统性能的最终指标;微电子器件的冷却方面则更为强调制冷装置的微型化和易操作。

因此,选择最适合的制冷方法,需要在充分理解各种方法原理和特性的基础上,对制冷对象进行全面的调查分析,综合各方面因素而最终确定。

2.8 制冷循环的热力学分析

2.8.1 制冷循环的热力学分析

从热力学角度说,动力循环(如热力发动机的工作循环)是将热量转化为机械功的正向循环;相的,所有制冷机都是以逆向循环工作的,通过消耗一部分能量为补偿,完成从低温热源吸热,向高温热源排热的能量转换。按照补偿能量的形式不同,制冷机可分为机械能或电能驱动制冷机和热能驱动制冷机两大类。

为考核制冷机的经济性,使用获得的制冷量与付出的能量补偿量的比值来衡量。图 2.33 所示为两类制冷机的能量转换关系。对于机械能或电能驱动制冷机,引入制冷系数 $\varepsilon=\dfrac{Q_0}{W}$,即从被冷却对象中吸收的热量(制冷量)$Q_0$ 与制冷机的输入功 W 的比值,来衡量其效率;对于热能驱动的制冷机,引入热力系数 $\zeta=\dfrac{Q_0}{Q_H}$,即制冷量 Φ_0 与驱动热源向制冷机输入的热量 Φ_H 的比值,来衡量其效率。国际上,制冷系数 ε 和热力系数 ξ 统称为制冷机的性能系数 COP(Coefficient of Performance)。

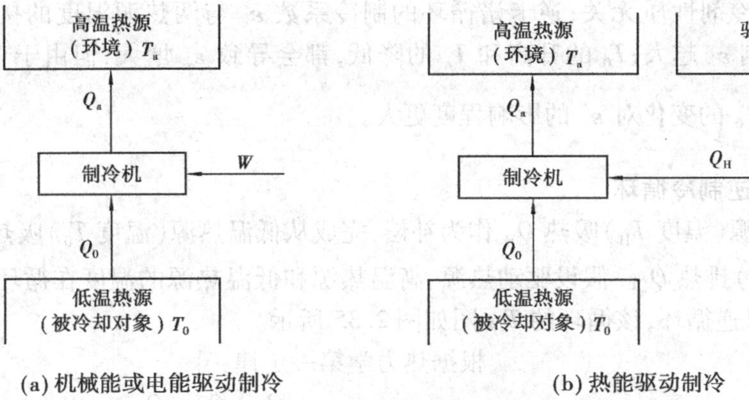

图 2.33　制冷系统的能量转换关系示意图

下面我们将研究热力学上最完善的制冷循环,用来了解实际制冷循环的最基本特性,同时也作为评价实际循环效率高低的标准。

1) 机械能或电能驱动制冷的逆卡诺循环

制冷机消耗功 W 实现从低温热源(被冷却对象,温度 T_0)吸热 Q_0,向高温热源(环境,温度 T_a)排热 Q_a。假设高、低温热源的温度 T_0, T_a 在循环过程中保持恒定,且循环中不存在内部摩擦、扰动、内部不平衡引起的损失和换热器传热温差等不可逆因素,那么这种由两个可逆的等温过程和两个等熵过程组成的逆向循环,称为逆卡诺循环。图 2.34 为逆卡诺循环在温-熵(T-s)图上的表示。

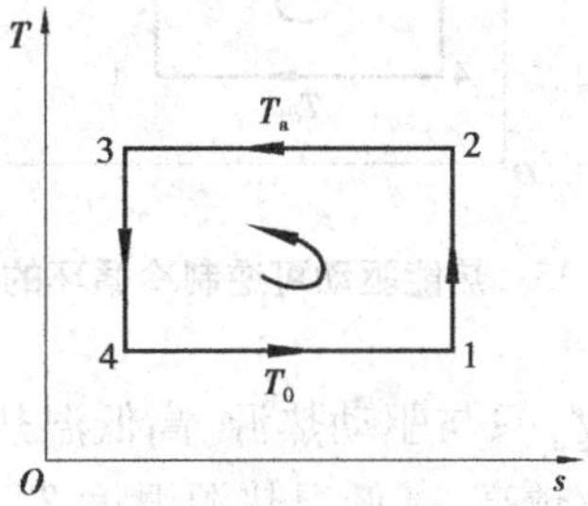

图 2.34　逆卡诺循环在 T-s 图上的表示

根据热力学第一定律,

$$Q_0 + W = Q_a \tag{2.23}$$

对于可逆循环,根据热力学第二定律,一个循环的熵增等于零,即:

$$\oint ds = \frac{Q_0}{T_0} - \frac{Q_a}{T_a} = 0 \tag{2.24}$$

将式(2.23)代入式(2.24)得:

$$\frac{Q_0}{T_0} = \frac{Q_0 + W}{T_a} \tag{2.25}$$

则逆卡诺循环制冷系数为:

$$\varepsilon_c = \frac{Q_0}{W} = \frac{T_0}{T_a - T_0} = \frac{1}{T_a/T_0 - 1} \tag{2.26}$$

由式(2.26)可得:

$$\frac{\partial \varepsilon_c}{\partial T_0} = \frac{T_a}{(T_a - T_0)^2} > 0 \tag{2.27}$$

$$\frac{\partial \varepsilon_c}{\partial T_a} = -\frac{T_0}{(T_a - T_0)^2} < 0 \tag{2.28}$$

式(2.26)~式(2.28)说明:两恒温热源间工作的可逆制冷机,其制冷系数只与热源温度有关,

而与制冷机使用的制冷剂性质无关；逆卡诺循环的制冷系数 ε_c 与两热源温度的接近程度有关，T_a 与 T_0 越接近，则 ε_c 越大；T_0 的升高和 T_a 的降低，都会导致 ε_c 增大，但由于 $T_a > T_0$，即 $\left|\frac{\partial \varepsilon_c}{\partial T_0}\right| > \left|\frac{\partial \varepsilon_c}{\partial T_a}\right|$，所以 T_0 的变化对 ε_c 的影响程度更大。

2）**热源驱动的可逆制冷循环**

制冷机从驱动热源（温度 T_H）吸热 Q_H 作为补偿，完成从低温热源（温度 T_0）吸热 Q_0，向高温热源（环境，温度 T_a）排热 Q_a。假设驱动热源、高温热源和低温热源的温度在循环过程中均保持恒定，且循环为可逆循环，该循环的 T-s 图如图 2.35 所示。

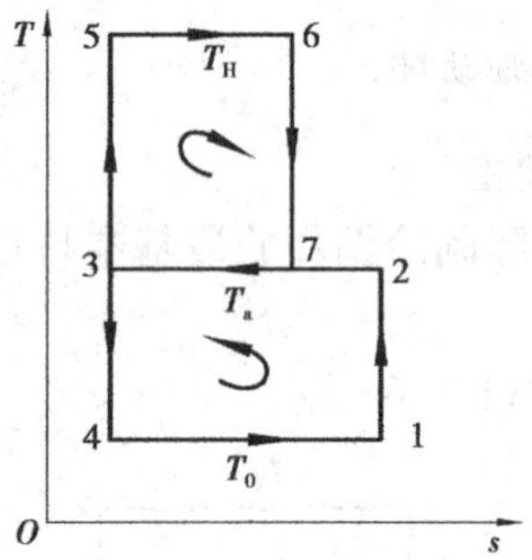

图 2.35　热能驱动可逆制冷循环的 T-s 图

根据热力学第一定律：

$$Q_0 + Q_H = Q_a \tag{2.29}$$

根据热力学第二定律，可逆循环的熵增等于零，即

$$\oint \mathrm{d}s = \frac{Q_0}{T_0} + \frac{Q_H}{T_H} - \frac{Q_a}{T_a} = 0 \tag{2.30}$$

由式（2.29）和式（2.30）得到热能驱动的可逆制冷循环热力系数：

$$\zeta_c = \frac{Q_0}{Q_H} = \frac{T_0}{T_a - T_0}\frac{T_H - T_a}{T_H} \tag{2.31}$$

由式（2.31）看出，热能驱动的可逆制冷机的热力系数 ζ_c 只与驱动热源、高低温热源温度有关，而与制冷机使用的制冷剂性质无关；驱动热源温度 T_H 越高，高低温热源温度 T_a 与 T_0 越接近，则 ζ_c 越大；热能驱动的可逆制冷机的热力系数等于在 T_a，T_0 温度之间工作的可逆机械制冷机的制冷系数和在 T_H，T_a 温度之间工作的可逆热力发动机的热效率的乘积。由于热机的热效率小于 1，所以在相同热源温度区间工作的可逆制冷机，热力系数 ζ_c 总是小于制冷系数 ε_c，但是 ζ_c 与 ε_c 在数量上并不具备可比性，因为二者循环的补偿能量 Q_H 和 W 的品位不同。

通过上述热力学分析，我们可以进一步将热能驱动的可逆制冷循环看成是一个逆卡诺循环和正向卡诺循环的叠加，热能驱动可逆制冷机等价于用一个可逆热机，将驱动热源的热量 Q_H 转换成机械功 W'，再由 W' 去驱动一个可逆机械制冷机，其关系示意如图 2.36 所示。其中，$W' = \frac{T_H - T_a}{T_H}Q_H$。

3）**热力完善度**

以上讨论的可逆制冷机的工作循环是在相同热源温度区间热力学效率最高的制冷循环。但事实上，任何一个实际的制冷循环都存在不可逆损失，一切实际循环的性能系数 COP 总是小于相同热源条件下的可逆机的性能系数 COP_c。定义热力完善度 η 评价实际制冷循环与可逆循环的接近程度：

$$\eta = \frac{\mathrm{COP}}{\mathrm{COP}_c} \tag{2.32}$$

或者

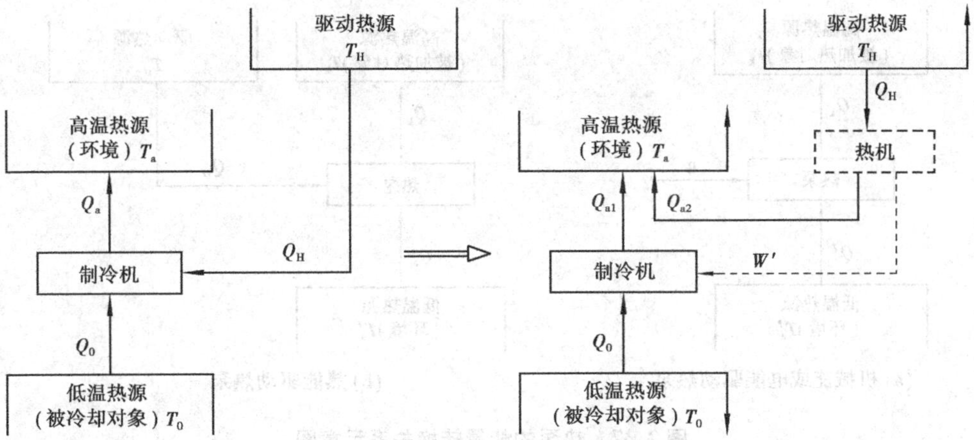

图 2.36　热能驱动制冷机能量转换的等价关系

$$\eta = \frac{\varepsilon}{\varepsilon_c} \quad \text{（机械能或电能驱动制冷机）} \tag{2.33}$$

$$\eta = \frac{\zeta}{\zeta_c} \quad \text{（热能驱动制冷机）} \tag{2.34}$$

对于一切实际制冷循环，恒有 $0 < \eta < 1$，η 值越高，说明循环的热力学完善程度越高，循环经济性越好。

性能系数 COP 和热力完善度 η 都是用来评价循环经济性的指标，但是它们的意义有所不同。COP 值反映的是循环中收益能与补偿能在数量上的比值，因此使用 COP 值来评价采用不同品位补偿能的制冷机是不具备科学意义的，而热力完善度则可以在任何类型制冷机之间进行评价。此外，COP 值是随循环的工作温度而变的，只能用来评价相同热源温度下循环的经济性。而对于在不同温度下工作的制冷循环，需要通过热力完善度的数值大小（接近 1 的程度）来判断循环的经济性。

2.8.2　热泵循环的热力学分析

逆向循环通过在低温热源吸热，向高温热源放热，实现对处于低温热源温度的被冷却对象进行制冷的效果。同理，如果我们将排放到高温热源的热量利用起来，将其释放给某物体或空间，使其温度升高，则该逆向循环就具备了制热的效果。作为制热用途的逆向循环系统称为热泵。

制冷机和热泵在热力学和工作循环上没有任何区别，只是使用目的和工作温度区间不同。一般来说，制冷机是通过吸收环境温度以下的被冷却对象中的热量，然后排放到环境中去，来达到低于环境温度的冷却效果，工作循环发生在环境温度以下的温度区间内；而热泵则是从环境中吸收热量，然后排放到高于环境温度的被加热对象中去，以完成环境温度以上的制热效果，工作循环发生在环境温度以上的温度区间内。图 2.37 示出了热泵的能量转换关系。热泵消耗功 W 或在驱动热源的热能 Q_H 驱动下，实现从低温热源（环境，温度 T'_a）吸热 Q_a，向高温热源（被加热对象，温度 T_k）排热 Q_k。

热泵循环的热力学原理与制冷循环是完全相同的，在 T-s 图上的表示都是逆向循环，所以制冷循环的热力学分析完全也适用于热泵循环。对于机械能驱动的可逆热泵循环，有：

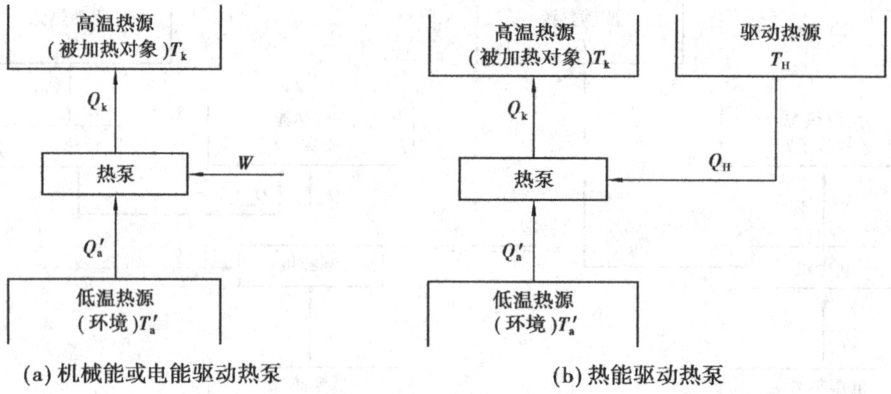

图 2.37　热泵的能量转换关系示意图

$$Q'_a + W = Q_k \tag{2.35}$$

$$\oint \mathrm{d}s = \frac{Q'_a}{T'_a} - \frac{Q_k}{T_k} = 0 \tag{2.36}$$

同样,对于热能驱动的可逆热泵循环:

$$Q'_a + Q_H = Q_k \tag{2.37}$$

$$\oint \mathrm{d}s = \frac{Q'_a}{T'_a} + \frac{Q_H}{T_H} - \frac{Q_k}{T_k} = 0 \tag{2.38}$$

由于热泵系统的收益能是对高温热源的排热量,所以热泵循环的性能系数 COP 计算如下:

$$\mathrm{COP} = \frac{Q_k}{W} = \frac{W + Q'_a}{W} = 1 + \varepsilon(\text{机械热泵}) \qquad \mathrm{COP} = \frac{Q_k}{Q_H} = \frac{Q'_a + Q_H}{Q_H} = 1 + \zeta(\text{热能驱动热泵})$$

可见,热泵的 COP 值恒大于 1。所以,热泵的热力学经济性比消耗电能或燃料燃烧进行直接供热要高。

在有些场合,同一台机器有时作为制冷机使用,有时作为热泵使用。图 2.38 示出是普通热泵空调系统的工作原理。夏季时,空调以制冷模式运行,其工作流程如虚线所示,室内机作为蒸发器,从空调房间中吸热,然后经过压缩机升温升压后,在室外机中冷凝,对环境放出热量;冬季时,通过四通阀的切换,室内机作为冷凝器,室外机作为蒸发器,空调以热泵制热模式

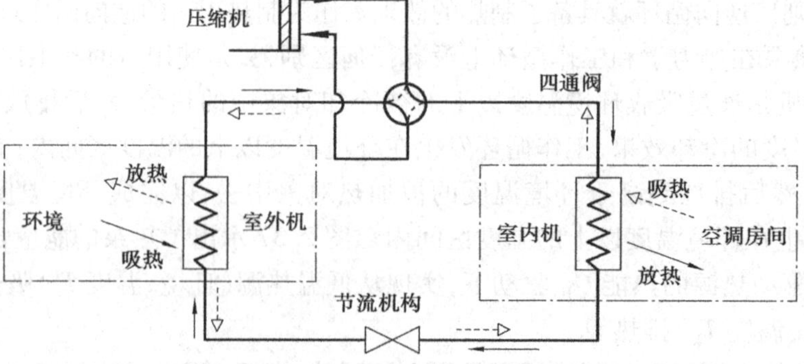

图 2.38　热泵空调系统工作原理图

运行,其工作流程如实线所示,室外机从环境中吸热,然后经过压缩机在室内机中冷凝,对空调放出热量,实现供热。

在有些场合,既有低温冷却效应的需求,又有另一高温下制热效应的需求,则一台机器可以同时作为制冷机和热泵使用。例如,某一游乐场拥有人工冰场和室内游泳池等设施,则使用一台制冷机可以在给人工冰场提供冷量的同时,给游泳池提供热量加热热水。其工作原理如图 2.39 所示。

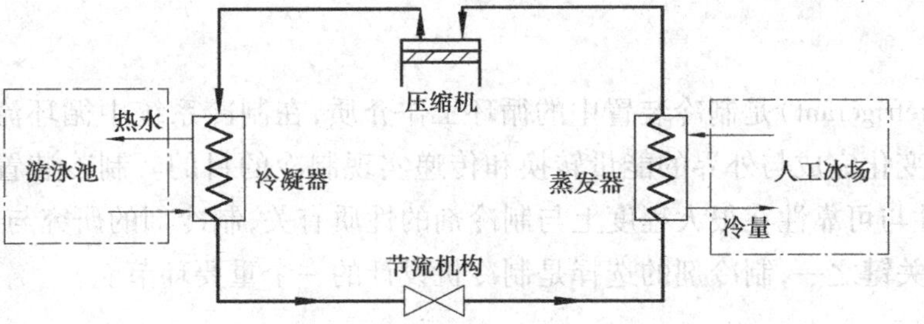

图 2.39　热化制冷循环示意图

习　题

2.1　利用相变制冷的方法有哪几种?它们各有什么特点?

2.2　在夏季,将室内冰箱的门打开,可以起到空调的作用吗?为什么?

2.3　蒸气压缩式制冷循环包括哪 4 个主要过程?发生这些过程的相应装置名称是什么?

2.4　在节流过程中,流体的热力学参数变化如何?请解释为什么制冷剂经过节流阀膨胀后温度会降低。

2.5　在液体汽化制冷中,制冷剂离开蒸发器后,能不能直接进入冷凝器进行冷凝?为什么?

2.6　吸收式制冷和吸附式制冷的区别有哪些?

2.7　利用气体膨胀制冷的方法有哪几种?它们的特点是什么?

2.8　气体绝热节流过程中,温度一定降低吗?为什么?对于气体等熵膨胀过程情况又如何?

2.9　涡流管制冷的原理和特点是什么?请说出它主要适用的场合。

2.10　热电制冷的特点是什么?它主要有哪些应用?

2.11　热声制冷的原理是什么?相比于其他制冷方法,它的主要优势是什么?

2.12　选择制冷方法时,需要考虑的因素有哪些?

2.13　机械能驱动的制冷机的制冷系数和热能驱动制冷机的热力系数分别如何计算?怎样对这两台制冷机的经济性进行比较?

2.14　什么叫做制冷循环的热力完善度?它与循环的性能系数 COP 有什么区别?

2.15　什么叫做热泵?它的工作原理是什么?它与直接进行电供热或燃料燃烧供热相比,哪个的热力学经济性最好?

3 制冷工质

制冷剂(Refrigerant)是制冷装置中的循环工作介质,在制冷系统中循环流动,通过自身热力状态的循环变化完成与外界的能量转换和传递实现制冷的目的。制冷装置的结构、工作参数、运行经济性与可靠性在很大程度上与制冷剂的性质有关,制冷剂的研究与发展是制冷技术研究与发展的关键之一,制冷剂的选择是制冷机设计的一个重要环节。

3.1 概 述

在蒸气压缩式制冷机中,制冷剂从低温热源中吸取热量,在低温下汽化;向高温热源排放热量,在高温下凝结。所以,只有在工作温度范围内能够汽化和凝结的物质才有可能作为蒸气压缩式制冷机的制冷剂使用。多数制冷剂在大气压力和环境温度下呈气态。

3.1.1 制冷剂及其发展

乙醚是最早使用的制冷剂,它易燃、易爆,标准沸点为 34.5 ℃。用乙醚制取低温时,蒸发压力低于大气压,空气易渗入制冷系统而引起爆炸,防燃和防爆问题成为其推广使用的障碍。1866 年,威德豪森(Windhausen)提出使用 CO_2 作为制冷剂。1870 年,卡尔 · 林德(Carl. Linde)对使用 NH_3 制冷剂作出了贡献,因为 NH_3 具有良好的热物理性质和丰富的来源,从此在大型制冷机中得到广泛使用。1874 年,拉乌尔 · 皮克特(Raul Pictel)采用 SO_2 作制冷剂。SO_2 和 CO_2 在历史上曾经是比较重要的制冷剂,SO_2 的标准沸点为 -10 ℃,它作为重要的制冷剂曾有 60 年的使用历史,由于其毒性和腐蚀性大而后逐渐被淘汰。CO_2 的特点是在使用温度范围内压力特别高,机器极为笨重,但优点是使用安全、环保和无毒,曾经在船用制冷装置中作制冷剂,后被氟利昂所取代。近年由于环境保护的驱动,又兴起了 CO_2 制冷机的应用研究。

氟利昂(Freon,美国杜邦公司曾长期使用的商标名称)是链状饱和碳氢化合物的氟、氯、溴衍生物的总称。在 18 世纪后期,人们就已经知道了这类化合物的化学组成,但作为制冷剂使用是汤姆斯 · 米杰里(Thomes Midgley)于 1929—1930 年首先提出来的。氟利昂制冷剂的种类很多,它们之间的热力性质有很大不同,能适应不同制冷温度和容量的要求。在物理、化学性质上,氟利昂具有无毒、无爆炸危险、不腐蚀金属、热稳定性和化学稳定性好等优点,所以得到迅速推广,其应用曾对制冷工业带来了变革性进步。但是,1974 年美国加利福尼亚大学的莫利纳(M. J. Molina)和罗兰(F. s. Rowland)教授首先撰文指出,卤代烃中的氯原子会破坏大气臭氧层。在制冷剂中,R11,R12,R13,R14,R113,R114等都是全卤代烃,即在它们的分子中只有氯、氟、碳原子;当分子中除了氯、氟、碳原子外,还有氢原子(如R22)的称为氢氯氟烃,简称HCFCs;氟利昂分子中没有氯原子,而有氢原子、氟原子和碳原子,称为氢氟烃,简称HFCs。根据莫利纳和罗兰的理论,CFCs对大气臭氧层的破坏性最大,这就是著名的CFCs问题。联合国环保组织于1987年在加拿大蒙特利尔市召开会议,36个国家和10个国际组织共同签署了《关于消耗大气臭氧层物质的蒙特利尔议定书》,正式规定了逐步削减并最终禁止CFCs的生产与消费。

全球制冷界和相关科学工作者经过近20年的共同努力,CFCs制冷剂的生产和消费已停止,蒙特利尔议定书的第一阶段目标基本实现。由于温室效应等环境问题加剧,2007年9月在加拿大蒙特利尔召开的第十九次《蒙特利尔议定书》缔约方大会上,经过与会国的磋商和谈判同意加速淘汰HCFCs的生产与消费,并对淘汰HCFCs时间表作出了调整。根据新的时间表,我国HCFCs完全淘汰的时间比原定的2040年提前了10年,并且对HCFCs的消费和生产冻结时间做出调整,从原来的2016年提前到2013年。

制冷剂的开发和替代研究成为世界各国相关技术专家和科学家的热门课题,制冷剂的发展进入节能与环保的新时代。未来制冷剂的主要发展方向是:HFC类制冷剂的开发和实用化;天然制冷剂的应用研究、推广与实用化。

3.1.2 制冷剂的命名

国际上统一规定用字母“R”和它后面的一组数字或字母作为制冷剂的简写符号。字母“R”表示制冷剂,后面的数字或字母则根据制冷剂的分子组成按一定的规则编写。

1)无机化合物

无机化合物的简写符号规定为R7( )。括号代表一组数字,这组数字是该无机物分子量的整数部分。例如:He-4,H_2,NH_3,H_2O及CO_2的分子质量的整数部分分别为4,2,17,18及44,表示的符号分别为R704,R702,R717,R718及R744。

2)氟利昂和烷烃类

烷烃类化合物的分子通式为C_mH_{2m+2};氟利昂的分子通式为$C_mH_nF_xCl_yBr_z(n+x+y+z=2m+2)$,它们的简写符号规定为$R(m-1)(n+1)(x)B(z)$,每个括号都是一个数字,该数字数值为零时则省略,同分异构体则在其最后加小写英文字母以示区别,见表3.1。值得指出的是,正丁烷和异丁烷例外,它们分别用R600和R600a表示。

表3.1 氟利昂和烷烃类制冷剂符号举例

化合物名称	分子式	m,n,x,z的值	简写符号
一氟三氯甲烷	$CFCl_3$	$m=1,n=0,x=1$	R11
二氟二氯甲烷	CF_2Cl_2	$m=1,n=0,x=2$	R12
三氟一溴甲烷	CF_3Br	$m=1,n=0,x=3,z=1$	R13B1
二氟一氯甲烷	CHF_2Cl	$m=1,n=1,x=2$	R22

续表

化合物名称	分子式	m,n,x,z 的值	简写符号
二氟甲烷	CH_2F_2	$m=1,n=2,x=2$	R32
甲　烷	CH_4	$m=1,n=4,x=0$	R50
三氟二氯乙烷	$C_2HF_3Cl_2$	$m=2,n=1,x=3$	R123
五氟乙烷	C_2HF_5	$m=2,n=1,x=5$	R125
四氟乙烷	$C_2H_2F_4$	$m=2,n=2,x=4$	R134a
五氟丙烷	$C_3H_3F_5$	$m=3,n=3,x=5$	R245ca
乙　烷	C_2H_6	$m=2,n=6,x=0$	R170
丙　烷	C_3H_8	$m=3,n=8,x=0$	R290

3)混合制冷剂

混合制冷剂是由两种或两种以上的纯制冷剂以一定的比例混合而成的。按照混合后的溶液是否具有共沸的性质,分为共沸制冷剂和非共沸制冷剂两类。

(1)非共沸混合制冷剂　简写符号为 R4( ),括号内数字表示该制冷剂命名的先后顺序号,从 00 开始。构成非共沸混合制冷剂的纯物质种类相同,但成分不同,则分别在最后加上大写英文字母以示区别。例如,最早命名的非共沸混合制冷剂写作 R400,以后命名的按先后次序分别用 R401,R402,…,R407A,R407B,R407C 等表示。

(2)共沸混合制冷剂　简写符号为 R5( ),括号内数字表示该制冷剂命名的先后顺序号,从 00 开始。例如,最早命名的共沸制冷剂写作 R500,以后命名的按先后次序分别用 R501,R502,…,R507 等表示。

4)有机物

(1)环状有机物　简写符号用字母"RC"开头,其后的数字排写规则与氟利昂及烷烃类符号表示中的数字排写规则相同。

(2)不饱和有机化合物　简写符号用字母"R1"开头,其后的数字排写规则与氟利昂及烷烃类符号表示中的数字排写规则相同。

(3)有机氧化物和脂肪族胺　它们用"R6"开头,其后的数字是任选的。例如,乙醚为 R610,四酸甲酯为 R611,甲胺为 R630,乙胺为 R631。可从表 3.2 中查出。

表 3.2　制冷剂的标准符号表示

代号	化学名称	分子式
氟利昂		
R10	四氯化碳	CCl_4
R11	一氟三氯甲烷	$CFCl_3$
R12	二氟二氯甲烷	CF_2Cl_2
R13	三氟一氯甲烷	CF_3Cl
R13B1	三氟一溴甲烷	CF_3Br
R14	四氯化碳	CF_4
R20	氯　仿	$CHCl_3$
R21	一氟二氯甲烷	$CHFCl_2$
R22	二氟一氯甲烷	CHF_2Cl
R23	三氟甲烷	CHF_3
R30	二氯甲烷	CH_2Cl_2
R31	一氟乙氯甲烷	CH_2FCl
R32	二氟甲烷	CH_2F_2
R40	氯甲烷	CH_3Cl
R41	氟甲烷	CH_3F
R50①	甲　烷	CH_4
R110	六氯乙烷	CCl_3CCl_3
R111	一氟五氯乙烷	CCl_3CFCl_2
R112	二氟四氯乙烷	$CFCl_2CFCl_2$
R112a	二氟四氯乙烷	CF_2ClCCl_3
R113	三氟三氯乙烷	$CF_2ClCFCl_2$
R113a	三氟三氯乙烷	CCl_3CF_3
R114	四氟二氯乙烷	$CFCl_2CF_3$
R114a	四氟二氯乙烷	CF_2ClCF_3
R114B2	四氟二溴乙烷	CF_2BrCF_2Br
R115	五氟一氯乙烷	CF_2ClCF_3
R116	六氟乙烷	CF_3CF_3
R120	五氯乙烷	$CHCl_2CCl_3$
R123	三氟二氯乙烷	$CHCl_2CF_3$
R124	四氟一氯乙烷	$CHFClCF_3$
R124a	四氟一氯乙烷	CHF_2CF_2Cl
R125	五氟乙烷	CHF_2CF_3
R133a	三氟一氯乙烷	CH_2ClCF_3
R134a	四氟乙烷	CH_2FCF_3
R140a	三氯乙烷	CH_3CCl_3
R142b	二氟一氯乙烷	CH_3CF_2Cl
R143a	三氟乙烷	CH_3CF_3
R150a	二氯乙烷	CH_3CHCl_2
R152a	二氟乙烷	CH_3CHF_2
R160	氯乙烷	CH_3CH_2Cl
R170	乙　烷	CH_3CH_3
R218	八氟丙烷	$CF_3CF_2CF_3$
R290	丙　烷	$CH_3CH_2CH_3$
非共沸混合制冷剂		
R400	R22/114(80/20)	
R401A	R22/152a/124(53/13/34)	
R401B	R22/152a/124(61/11/28)	
R401C	R22/152a/124(33/15/52)	
R402A	R125/290/22(60/2/38)	
R402B	R125/290/22(38/2/60)	
R403A	R290/22/218(5/75/20)	
R403B	R290/22/218(5/56/39)	
R404A	R125/143a/134a(44/52/4)	
R405A	R22/152a/142b/C318(45/7/5.5/42.5)	
R406A	R22/600a/142b(55/4/41)	
R407A	R32/125/134a(20/40/40)	
R407B	R32/125/134a(10/70/20)	
R407C	R32/125/134a(23/25/52)	
R408A	R125//R143a/22(7/46/47)	
R409A	R22/124/142b(60/25/15)	
R410A	R32/125(50/50)	
R411A	R1270/22/152a(1.5/87.5/11)	
R411B	R1270/22/152a(3/94/3)	

续表

代号	化学名称	分子式
共沸混合制冷剂		
R500	R12/152a(73.8/26.2)	
R501	R22/12(75/25)	
R502	R22/115(48.8/51.2)	
R503	R23/13(40.1/59.9)	
R504	R32/115(48.2/51.8)	
R505	R12/31(78.0/22.0)	
R506	R31/114(55.1/44.9)	
R507	R125/143a(50.0/50.0)	
碳氢化合物		
R50	甲　烷	CH_4
R170	乙　烷	CH_3CH_3
R290	丙　烷	$CH_3CH_2CH_3$
R600	丁　烷	$CH_3CH_2CH_2CH_3$
R600a	异丁烷	$CH(CH_3)_3$
R1150②	乙　烯	$CH_2=CH_2$
R1270②	丙　烯	$CH_3CH=CH_2$
有机氧化物		
R610	乙　醚	$C_2H_5OC_2H_5$
R611	甲酸甲酯	$HCOCCH_3$
无机化合物		
R702	氢气(正氢和仲氢)	H_2
R704	氦气	He
R717	氨	NH_3
R718	水	H_2O
R720	氖气	Ne

代号	化学名称	分子式
无机化合物		
R728	氮气	N_2
R729	空气	$0.21O_2, 0.78N_2, 0.01Ar$
R732	氧气	O_2
R740	氩气	Ar
R744	二氧化碳	CO_2
R744a	一氧化二氮	N_2O
R764	二氧化硫	SO_2
环状有机物		
RC316	六氟二氯环丁烷	$C_4F_6Cl_2$
RC317	七氟一氯环丁烷	C_4F_7Cl
RC318	八氟环丁烷	C_4F_8
脂肪族胺		
R630	甲　胺	CH_3NH_2
R631	乙　胺	$C_2H_5NH_3$
不饱和有机化合物		
R1112a	二氟二氯乙烯	$CF_2=CCl_2$
R1113	三氟一氯乙烯	$CFCl=CF_2$
R1114	四氟乙烯	$CF_2=CF_2$
R1120	三氯乙烯	$CHCl=CCl_2$
R1130	二氯乙烯	$CHCl=CHCl$
R1132a	二氟乙烯	$CH_2=CF_2$
R1140	氯乙烯	$CH_2=CHCl$
R1141	氟乙烯	$CH_2=CHF$
R1150	乙　烯	$CH_2=CH_2$
R1270	丙　烯	$CH_2CH=CH_2$

注:①甲烷、乙烷和丙烷按序号放在氟利昂类,但它们实际上属于碳氢化合物;

②乙烯和丙烯放在碳氢化合物里,但它们实际上属于不饱和有机物。

3.1.3　制冷剂的选择原则

1)热力性质方面

①在工作温度范围内有合适的压力和压力比,即蒸发压力不要过低,避免制冷系统的低压部分出现负压,使外界空气渗入系统,影响制冷剂的性质,或加剧对设备材料的腐蚀,或引起其他一些不良后果(如燃烧、爆炸等);冷凝压力不要过高,以免设备过分笨重。冷凝压力与蒸发压力之比也不宜过大,以免压缩终了的温度过高或使压缩机的输气系数过低,同时压力比过大将造成级数增加。

②通常希望单位质量制冷量 q_0 和单位容积制冷量 q_v 比较大。因为对于总制冷量一定的

装置，q_0 大可减少制冷剂的循环量；q_v 大可减少压缩机的输气量，故可缩小压缩机的尺寸，这对大型制冷装置是有意义的。对于离心式压缩机，尺寸过小会带来制造上的困难，在制冷量不是很大的情况下则采用 q_0 和 q_v 稍小的制冷剂。

③比功 w_0 和单位容积压缩功 w 小，循环效率高。

④等熵压缩的终了温度 t_2 不太高，以免润滑条件恶化（润滑油黏度下降、结焦）或制冷剂自身在高温下分解。

2）环境友好

对大气环境无破坏作用，无温室效应。

3）传输性质方面

①黏度、密度尽量小，这样可减少制冷剂在系统中的流动阻力。

②热导率大，可以提高热交换设备（如蒸发器、冷凝器等）的传热系数，减少传热面积，使系统结构紧凑。

4）物理化学性质方面

①无毒、不燃烧、不爆炸、使用安全。

②化学稳定性和热稳定性好，制冷剂在循环中不变质，不与润滑油反应，不腐蚀制冷机构件，在压缩终了的高温下不分解。

5）来源充足、制造工艺简单、价格便宜

来源充足、制造工艺简单和价格便宜是其能够商业化的首要条件。当然，完全满足上述要求的制冷剂是不存在的。各种制冷剂总是在某些方面有其长处，另一些方面又有不足。使用要求、机器容量、使用条件及机器种类不同，对制冷剂性质要求的侧重面就不同，应按主要要求选择相应的制冷剂。一旦选定制冷剂后，应根据其性质和特点，使制冷系统在流程、结构设计及运行操作等方面与之相适应。

3.2 制冷剂的热力性质及其计算

制冷剂的常用热力性质包括压力、温度、比体积、比内能、比容、比熵、比热容、声速等，它们都是状态参数，彼此之间存在一定的函数关系。制冷剂的热力参数是通过实验方法测定的，导出热力参数值则是通过热力学关系式计算得到的。它们常被表示成两种形式：一种是热力性质图和表，另一种是参数关系方程式。

3.2.1 制冷剂的热力性质表和图

1）制冷剂的热力性质表

制冷剂的热力性质表包括：制冷剂基本的热力性质参数（见表3.3），主要提供制冷剂的相对分子质量、沸点、凝固点和临界状态参数等；制冷剂的饱和液体与气体热物性表，见附表1～6。

表 3.3　一些制冷剂的基本热力性质

工质符号	相对分子质量	正常沸点/℃	凝固点/℃	临界温度/℃	临界压力/kPa	临界比体积/(L·kg^{-1})
R11	137.38	23.82	-111	198.0	4 406	1.804
R12	120.93	-29.8	-158	112.0	4 113	1.792
R13	104.47	-81.4	-181	28.8	3 865	1.729
R13B1	148.93	-57.75	-168	67.0	3 962	1.342
R14	88.01	-127.9	-184.9	-45.7	3 741	1.598
R21	102.93	8.9	-135	178.5	5 168	1.917
R22	86.48	-40.76	-160	96	4 974	1.907
R23	70.02	-82.1	-155	25.6	4 833	1.942
R32	52.02	-51.2	-78.4	78.3	5 808	2.326
R50	16.04	-161.5	-182.2	-82.5	4 638	6.181
R113	187.39	47.57	-35	214.1	3 437	1.736
R114	170.94	3.8	-94	145.7	3 259	1.717
R115	154.48	-39.1	-106	79.9	3 153	1.629
R123	152.91	27.8	-107	184	3 676	1.818
R124	136.5	-10.95	-199	122.25	3 614	1.770
R125	120.02	-48.45	-103	60.1	3 592	1.751
R134a	102.03	-26.1	-96.6	101.1	4 060	1.95
R142b	100.5	-9.8	-131	137.1	4 120	2.297
R143a	84.04	-47.6	-111.3	73.1	3 776	2.305
R152a	66.05	-25.00	-117	113.5	4 492	2.741
R160	64.52	12.4	-138.3	187.2	5 267	3.028
R170	30.07	-88.8	-183	32.2	4 891	5.182
R216	220.93	35.69	-125.4	180	2 753	1.742
R245ca	134.05	25.4	-73.4	178.5	3 855	1.890
R290	44.10	-42.07	-187.7	96.8	4 254	4.545
RC318	200.04	-5.8	-41.4	115.3	2 781	1.611
R500	99.31	-33.5	—	105.5	4 423	2.016
R502	111.64	-45.4	—	82.2	4 075	1.785
R503	87.5	-88.7	—	19.5	4 182	2.035
R504	79.2	-57.2	—	66.4	4 758	2.023
R600	58.13	-0.5	-138.5	152.0	3 794	4.383
R600a	58.13	-11.73	-160	135.0	3 645	4.526
R610	74.12	34.6	-116.3	194	3 603	3.790
R611	60.05	31.8	-99	214	5 994	2.866

续表

工质符号	相对分子质量	正常沸点/℃	凝固点/℃	临界温度/℃	临界压力/kPa	临界比体积/(L·kg^{-1})
R630	31.06	-6.7	-92.5	156.9	7 455	—
R631	45.08	16.6	-80.6	183.0	5 619	—
R704	4.002 6	-268.9	—	-267.9	228.8	14.43
R702	2.015 9	-252.8	-259.2	-239.9	1 315	33.21
R717	17.03	-33.3	-77.9	133	11 417	4.245
R718	18.02	100.0	0	374.2	22 103	3.128
R720	20.183	-246.1	-248.6	-228.7	3 397	2.070
R728	28.013	-198.8	-210	-146.9	3 396	3.179
R729	28.97	-194.3	—	-140.7	3 772	3.048
R732	31.998 8	-182.9	-218.8	-118.4	5 077	2.341
R740	39.948	-185.9	-189.3	-122.3	4 895	1.867
R744	44.01	-78.4	-56.6	31.1	7 372	2.135
R764	64.07	-10.0	-75.5	157.5	7 875	1.910
R1150	28.05	-103.7	-169	9.3	5 114	4.37
R1120	131.39	87.2	-73	271.1	5 016	—
R1130	96.95	47.8	-50	243.3	5 478	—
R1270	42.09	-47.7	-185	91.8	4 618	4.495

2)制冷剂的热力性质图

制冷剂热力性质图有多种形式,在制冷技术中常用的是压焓(p-h)图和温熵(T-s)图,其中以对数形式的压焓($\lg p$-h)图应用最广,因为其在制冷循环的热力分析中使用方便。

$\lg p$-h 图的纵坐标表示压力,横坐标表示比焓值,$\lg p$-h 图的基本构造线图如图 3.1 所示。饱和线的最高点临界点,以临界点为界的左右饱和线分别为液体和气体饱和线,饱和线将 $\lg p$-h 图分成 3 个区,临界点之上和气体饱和线之右为过热气体区,饱和线内为气液共存区(两相区),液体饱和线之左为过冷液体区。

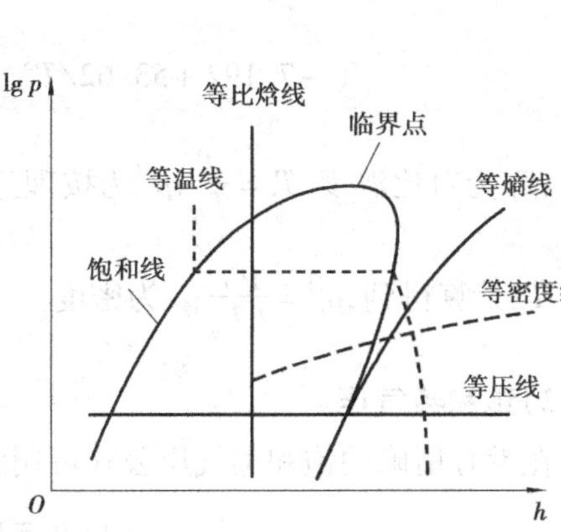

图 3.1 制冷剂 lg p-h 图

在 lg p-h 图上，等压线和等比焓线分别为水平线和垂线。纯物质的等温线在两相区内为水平线，在过冷区为略向左上方延伸的凹曲线，非常接近垂线。这是因为压力对过冷液比容影响很小的缘故。在过热区，等温线是向右下方延伸的凹曲线，温度较高的等温线在压力较低时也接近于垂直线，这是因为此时的制冷剂气体接近于理想气体，因而比焓值与压力无关。在过热区，等密度线和等熵线都是向右上方延伸的下凹曲线。附图 1 ~5 给出了几种常用制冷剂的 lg p-h图。利用 lg p-h 图查取制冷剂热力学参数是很方便的。

【例 3.1】 制冷剂 R134a 在压力为 0.3 MPa 和密度为 12 kg/m^3 时，其温度和比焓值？

【解】 应用附图 3 中 R134a 的 lg p-h 图，状态点位于等压线和等比体积的交点，由此可查出：$t=32$ ℃，$h=440$ kJ/kg。

在使用热力性质图和表时，应当注意焓和熵等一些导出热力性质基准值的选取。不同的图表由于基准值选取不同，使同一温度和压力下的焓、熵值不同。这一问题在几个图或表同时联用时要加以注意，需将读取的参数用基准值的差予以修正。

3.2.2 制冷剂热力参数关系方程式

1）压缩性系数

对于制冷剂过热蒸气，如引入压缩性系数 Z，也称为压缩因子，则其状态方程可表示为：

$$p=\frac{ZRT}{v} \tag{3.1}$$

由式(3.1)可知，只要确定了 Z 值，就可计算过热蒸气的状态参数。

压缩性系数 Z 为无量纲量，它是温度和压力的函数，可用实验测定，也可用状态方程计算。对于缺乏数据的制冷剂，在低于临界密度的范围内，压缩性系数为：

$$Z=1+(187.6-475.8/T_r-50/T_r^3)\times 10^{-3}\frac{\rho}{\rho_{cr}^{id}}+$$

$$(-7.192+53.62/T_r^3)\times 10^{-3}\left(\frac{\rho}{\rho_{cr}^{id}}\right)^2+0.36\times 10^{-3}/T_r^3\left(\frac{\rho}{\rho_{cr}^{id}}\right)^3 \tag{3.2}$$

式中，T_r 为对比温度，$T_r=\frac{T}{T_{cr}}$；ρ_{cr}^{id}为按理想气体状态计算的临界密度，根据临界压力 p_{cr}和临界温度 T_{cr}计算得到，$\rho_{cr}^{id}=\frac{p_{cr}}{RT_{cr}}$；$\rho$ 为密度。

2）饱和蒸气压

在没有精确的饱和蒸气压公式可用时，饱和蒸气压为：

$$\ln p_r=f^{(0)}(T_r)+\omega f^{(1)}(T_r) \tag{3.3}$$

$$\omega=\frac{3}{7}\frac{T_{br}}{1-T_{br}}\lg\frac{p_{cr}}{0.101\ 33}-1 \tag{3.4}$$

式中，p_r 为对比压力，$p_r=\frac{p}{p_{cr}}$；ω 为偏心因子；T_{br} 为对比正常沸点，$T_{br}=\frac{T_b}{T_{cr}}$。

$f^{(0)}(T_r)$ 和 $f^{(1)}(T_r)$ 分别由下列式子计算：

$$f^{(0)}(T_r)=5.927\ 14-\frac{6.096\ 48}{T_r}-1.288\ 62\ \ln T_r+0.169\ 347T_r^6 \tag{3.5}$$

$$f^{(1)}(T_r)=15.251\ 8-\frac{15.687\ 5}{T_r}-13.472\ 1\ \ln T_r+0.435\ 77T_r^6 \tag{3.6}$$

3）汽化潜热

制冷剂的汽化潜热与单位质量制冷量有关系。汽化潜热大，则单位制冷量也大。制冷剂的汽化潜热可用下述式子计算：

$$r=r_s\left(\frac{1-T_r}{1-T_{br}}\right)^{0.38} \tag{3.7}$$

式中，r_s 为正常沸点时的汽化潜热。

4）比热容

制冷剂在理想气体状态下的比热容一般由实验测得，然后拟合成如下关系式：

$$c_p^0=d_0+d_1T+d_2T^2+d_3T^3 \tag{3.8}$$

式中，T 为温度，K；c_p^0 为比热容，J/(mol·K)；d_0,d_1,d_2,d_3 分别为常数，见表3.4。

表3.4　常用制冷剂式(3.8)的常数

常数	R704	R702	R728	R22	R717	R134a	R600a	R123
d_0	20.815 6	27.139	31.15	18.636	26.18	−5.416	−1.390	6.021
d_1	0	9.274×10^{-3}	-5.679×10^{-2}	0.144 33	0.023 8	0.343 8	0.384 7	5.052×10^{-1}
d_2	0	-13.81×10^{-6}	26.8×10^{-6}	-3.117×10^{-5}	1.707×10^{-5}	-2.535×10^{-4}	-1.846×10^{-4}	-7.632×10^{-4}
d_3	0	7.645×10^{-9}	-11.68×10^{-9}	-6.665×10^{-8}	-1.185×10^{-8}	6.654×10^{-8}	2.895×10^{-8}	5.183×10^{-7}

5）液体的密度

由于液体可压缩性很小，可近似认为过冷液体的密度等于饱和液体的密度：

$$\rho_s=\rho_{cr}Z_{cr}^{-(1-T_r)^\tau} \tag{3.9}$$

$$\tau=-\frac{\ln\dfrac{\ln(\rho_{sb}/\rho_{cr})}{\ln Z_{cr}}}{\ln(1-T_{br})}$$

式中，ρ_{cr} 为临界密度，ρ_{sb} 为正常沸点时的密度，Z_{cr} 为临界压缩因子。

3.2.3　热力性质的计算

随着计算机技术的飞速发展及计算精度要求的不断提高，用计算机对制冷系统进行高精度的计算显得越来越重要。本段将着重介绍用计算机进行热物性参数的计算方法。

1）气相热力性质计算

由马丁和侯提出的 MH 方程是一种多参数的状态方程，将它用于制冷剂热力性质计算具有相当高的精度。下面以 MH 状态方程为例，介绍热力性质的计算机计算方法。MH 状态方程的形式如下：

$$p = \frac{RT}{v - b} + \sum_{i=2}^{5} \frac{f_i(T)}{(v - b)^i} \tag{3.10}$$

式中，R 为摩尔气体常数，$R = 8.314$；$f_i(T)$ 为温度函数，由下列表达式计算：

$$f_i(T) = A_i + B_i T + C_i e^{-kT_r} \tag{3.11}$$

式中，A_i, B_i, C_i, k 为方程常数，可通过制冷剂的临界参数及正常沸点计算得到。采用计算机计算 MH-59 方程常数的 FORTRAN 语言程序如程序 1。

有了精确的状态方程，就可以利用热力学关系式来计算导出的热力性质，如比焓和比熵。由热力学的余函数理论可知，只要求得到自由能的余函数，其余函数都可以从自由能的余函数经过简单求导或加减运算得到。由状态方程计算自由能的余函数公式为：

$$a^* - a = \int_{\infty}^{v} \left(p - \frac{RT}{v}\right) dv + RT \ln Z \tag{3.12}$$

可通过余自由能微分得到余熵：

$$s^* - s = -\frac{\partial}{\partial T}(a^* - a) \tag{3.13}$$

余焓、余内能、余自由焓等，均可通过余自由能和余熵得到：

$$\left.\begin{aligned} h^* - h &= (a^* - a) + T(s^* - s) + RT(1 - Z) \\ u^* - u &= (a^* - a) + T(s^* - s) \\ g^* - g &= (a^* - a) + RT(1 - Z) \end{aligned}\right\} \tag{3.14}$$

将马丁-侯状态方程代入式(3.12)，可以得到用马丁-侯状态方程计算余自由能的表达式为：

$$a^* - a = RT \ln \frac{v - b}{v} - \sum_{i=2}^{5} \frac{f_i(T)}{(i-1)(v-b)^{i-1}} + RT \ln Z \tag{3.15}$$

同样，将其他状态方程代入式(3.12)，就可以得到用该状态方程计算余自由能的表达式。

实际流体的性质 $M_{p,T}$（如比焓、比熵），应等于假定流体为理想气体但处于系统状态下的性质 $M_{p,T}^*$ 与相应余函数 M_r 之差，即：

$$M_{p,T} = M_{p,T}^* - M_r \tag{3.16}$$

$M_{p,T}^*$ 的计算方法与理想气体相同，如：

$$h_{p,T}^* = \int c_p dT + h_0 \tag{3.17}$$

$$s_{p,T}^* = \int \frac{c_p}{T} dT - R \ln p + s_0 \tag{3.18}$$

式中，h_0, s_0 是对基准态比焓和比熵值进行校正的常数，与基准态取定及制冷剂种类有关。因此，实际流体的比焓和比熵可由下列式子计算：

$$h = \int c_p dT + h_0 - (h^* - h) \tag{3.19}$$

$$s = \int \frac{c_p}{T} dT - R \ln p + s_0 - (s^* - s) \tag{3.20}$$

综上述所述,将 MH 状态方程计算比焓和比熵用 FORTRAN 语言编成程序 2(见 P53)。

2)**液相热力性质计算**

如果状态方程能适用于液相,则上述方法就可用于液相的热力性质计算。但到现在为止,除非是一些相当复杂的专用状态方程,一般状态方程对液相的计算精度都不是很高,很难达到制冷系统性能计算的要求。因此,液相热力性质可采用一些简单的但又具有较高精度的经验公式进行计算。

实践证明,式(3.9)对饱和液体密度计算具有较高的精度。饱和液体的比焓等于饱和蒸气的比焓减去汽化潜热,饱和液体的比熵等于饱和蒸气的比熵减去汽化潜热与热力学温度的商,饱和蒸气的热力性质可通过上述介绍的状态方程法计算得到。

过冷液体的比焓和比熵可近似取与饱和液体相等的值,如果压力特别高或计算精度要求很高,则可用下述公式近似计算:

$$\left.\begin{aligned} h^l &= h_s^l - (p - p_s)v_s \\ s^l &= s_s^l - \frac{(p-p_s)v_s}{T} \end{aligned}\right\} \tag{3.21}$$

式中,下标 s 表示在温度为系统温度时饱和液体的热力性质;p 为系统实际压力。

【例 3.2】 请用计算机计算制冷剂 R134a 在温度为 −20 ℃时饱和蒸气和饱和液体的比焓和比熵。

【解】 计算步骤如下:

①用饱和蒸气压式(3.3)计算压力,得 $p = 130.4$ kPa。

②用程序 1 计算 R134a 的 MH 方程常数,结果列于下表:

常数 \ i	2	3	4	5
A_i	$-1.104\,659\times10^{7}$	$7.413\,261\times10^{8}$	$-6.286\,719\times10^{10}$	$6.581\,672\times10^{11}$
B_i	9 793.478 000	171 709.000 000	0	$3.999\,015\times10^{10}$
C_i	$3.571\,172\times10^{8}$	$8.606\,246\times10^{10}$	0	-5.745074×10^{14}
k	37.880 390			

注:压力单位为 atm(1 atm = 0.101 3 MPa);比体积单位为 cm³/mol;温度单位为 K。

③将温度和压力代入式(3.10),计算饱和蒸气比体积。由于该方程中比体积是 5 次型方程,求根时只能采用数值计算的方法。计算结果 $v = 0.147\,2\ \text{m}^3/\text{kg}$。

④利用计算程序 2,将温度、压力、比体积、理想气体比热容公式常数、MH 状态方程常数输入,就可以得到饱和蒸气比焓和比熵的数据。计算结果 $h_s^v = 384.7$ kJ/kg。$s_s^v = 1.734\,7$ kJ/(kg·K)。

⑤采用式(3.7)计算汽化潜热,计算结果 $r = 210.8$ kJ/kg。饱和液体的比焓等于饱和蒸气的比焓减去汽化潜热,饱和液体的比熵等于饱和蒸气的比熵减去汽化潜热与热力学温度的商。计算结果 $h_s^l = 173.9$ kJ/kg,$s_s^l = 0.902\,0$ kJ/(kg·K)。

从上述例题可以看出,用计算机计算热力参数似乎有点烦琐,如果仅为了一个或少数几个热力性质数据而去编制一个程序,得不偿失。但实际上,不管是进行制冷系统的设计,还是进行优化分析研究，都要反复地查找大量的热力性质数据，这时用计算机计算热力参数就显得非常便捷。

程序1　计算马丁-侯方程常数的FORTRAN语言程序

```
C  计算马丁-侯方程常数的程序
   REAL M,K,NP,LNQ
   R=82.055
   K=5.4375
   NP=1.8
   YP=3.
   READ(7,*)TC,PC,VC,TTB
C  TC是临界温度，单位为K；PC是临界压力，单位为kPa；VC是临界比体积，单位为cm3/mol；
C  TTB是正常沸点，单位为K。
   PC=PC*9.868E-3
   TB=30.+2.42*TC-5.67E-4*TC*TC
   ZC=PC*VC/R/TC
   TT=TC*(0.9869-0.6751*ZC)
   M=-0.9076*(TTB*ALOG(PC)/(TTB-TC)-1.)*PC/TC
   TBC=TB-TC
   EXB=EXP(-K*TB/TC)
   EXK=EXP(-K)
   VCMB=VC-B
   VCNPMB=VC/NP-B
   BB=20.533*ZC-31.883*ZC*ZC
   B=VC-BB*R*TC/15./PC
   F2C=9.*PC*VCMB**2-3.8*R*TC*VCMB
   F3C=5.4*R*TC*VCMB**2-17.*PC*VCMB**3
   F4C=12.*PC*VCMB**4-3.4*R*TC*VCMB**3
   F5C=0.8*R*TC*VCMB**4-3.*PC*VCMB**5
   C2=(F2C+B*R*TT+(R*TT)**2*(1.-ZC)/PC)*TBC+(F2C+B*R*TB)*(TC-TT)
   C2=C2/((TB-TC)*(EXK-EXP(-K*TT/TC))-(TC/TT)*(EXB-EXK))
   B2=(-F2C-B*R*TB-C2*(EXB-EXK))/TBC
   A2=F2C-B2*TC-C2*EXK
   C3=C2*(VCMB**3.VCNPMB**3)/(VCNPMB**2-VCMB**2)
   B3=(M*VCMB**5-M*YP*VCNPMB**5)/(VCMB**2-VCNPMB**2)-B2*(VCMB**3
     ++VCNPMB**3)/(VCMB**2-VCNPMB**2)-R*(VCMB**2+VCNPMB**2)
   A3=F3C-B3*TC-C3*EXK
   A4=F4C
   A5=F5C-B5*TC-C5*EXK
   B5=M*VCMB**5-R*VCMB**4-B2*VCMB**3.B3*VCMB**2
   C5=-C2*VCMB**3.C3*VCMB**2
   WRITE(*,*)'THE CONSTANTS OF MH(59)EOS ARE:'
   WRITE(*,*)'A2,B2,C2      =',A2,B2,C2
```

```
      WRITE( * , * )'A4             =',A4
      WRITE( * , * )'A5,B5,C2       =',A5,B5,C5
      WRITE( * , * )'b              =',B
      END
```

说明:马丁-侯方程常数是与压力、温度和比体积所采用的单位有关。用上述程序计算所得到的方程常数适用于压力单位为 atm(1 atm = 0.101 3 MPa),温度单位为 K,比体积单位为 cm^3/mol。

程序 2　用马丁-侯方程计算比焓和比熵的 FORTRAN 语言程序

```
C     计算比焓和比熵的程序
      R=82.055
      READ( * , * )A2,B2,C2,A3,C3,A4,A5,B5,C5,B
C     由程序 1 计算得到的马丁-侯方程常数。
      READ( * , * )P,V,T,HHO,SSO,CPA,CPB,CPC,CPD
C     P 是压力,单位为 MPa;T 是温度,单位为 K;V 是比体积,单位为 cm3/mol;
C     HHO 和 SSO 是对基准态比焓和比熵值进行校对的常数,与基准态取定及制冷剂种类 C 有关;
C     CPA,CPB,CPC,CPD 是理想气体比热容公式 CP=CPA+CPB*T+CPC*T2+CPD*T3 的常数,CP 单位
      为 kJ/(kmol·K),见表 3.3。
      P=P*9.868
      AKTC=-5.475/TC
      EE=EXP(AKTC*T)
      F2=A2+B2*T+C2*EE
      F3=A3+B3*T+C3*EE
      F4=A4
      F5=A5+B5*T+C5*EE
      EK=1.+AKTC*T
      VB=V-B
      ZZ=P*V/R/T
      AR=R*T*ALOG(VB*ZZ/V)-(F2/VB+F3/2./VB**2+F4/3./VB**3+F5/4./VB**4)
      SR=-R*ALOG(VB*ZZ/V)+((B2+AKTC*C2*EE)/VB+(B3+AKTC*C3*EE)/2./VB**2
     ++(B4+AKTC*C4*EE)/3./VB**3+(B5+AKTC*C5*EE)/4./VB**4)
      HR=AR+T*SR+T*R*(1.-ZZ)
      SR=SR*0.1013
      HR=HR*0.1013
      HT=CPA*T+CPB*T*T/2.+CPC*T**3/3.+CPD*T**4/4.-HR
      ST=CPA*ALOG(T)+CPB*T+ CPC*T *T/2. +CPD*T**3/3.-8.314*ALOG(P)-SR
      ST=ST+SS0
      HT=HT+HH0
      WRITE( * , * )'h=',HT,'kJ/kmol   s=',ST,'kJ/kmol'
      END
```

3.3 制冷剂的物理化学性质

3.3.1 环境友好性

大气温室效应、平流层臭氧耗损和酸雨是三大环境公害。含有氯或溴原子的制冷剂对大气臭氧层有潜在的消耗能力,其消耗特征及强度通常使用ODP(Ozone Depletion Potential)值表示,以制冷剂R11(CFC11)的ODP等于1.0作为基准值。制冷剂的全球变暖潜能GWP(Global Warming Potential),以R11的GWP等于1.0作为基准值。其他物质的ODP和GWP是相对于R11的比较值。表3.5给出了一些制冷剂的ODP值和GWP值。

表3.5 一些制冷剂的ODP值和GWP值

工质代号	ODP	GWP		工质代号	ODP	GWP	
		GWP (R11) =1.0	GWP (CO_2) =1.0			GWP (R11) =1.0	GWP (CO_2) =1.0
R11	1.0	1.0	3 500	R134a	0	0.24 ~ 0.29	875
R12	0.9 ~ 1.0	2.8 ~ 3.4	7 100	R142b	0.05 ~ 0.065 0	0.34 ~ 0.39	14 702 660
R22	0.04 ~ 0.06	0.32 ~ 0.37	1 600	R143a	0	0.72 ~ 0.76	105
R23	0			R152a	0	0.026 ~ 0.033	0
R32	0	0.187	650	R290	0.75		6 300
R123	0.013 ~ 0.022	0.017 ~ 0.020	70	R500	0.23		9 300
R124	0.016 ~ 0.024	0.092 ~ 0.10	350	R502	0		0
R125	0	0.51 ~ 0.65	2 940	R600a			

注:GWP的第二列数据以GWP(CO_2)=1.0为基准值,换算关系为3 500:1。

GWP值虽然反映了温室气体进入大气后所直接造成的全球变暖效应,但它却不能反映制冷装置消耗能源而引起二氧化碳排放量增加所导致的间接全球变暖效应。考虑到这一因素,人们提出用"总等效温室效应(Total Equivalent Warming Impact,TEWI)"来描述温室气体的全球变暖效应。TEWI包括两部分:第一部分是直接温室效应(Direct Warming Impact),即温室气体的排放、泄漏及系统维修或报废时进入大气后,对大气温室效应的影响,可以表示为温室气体的GWP值与排放总和的乘积;第二部分是间接温室效应(Indirect Warning Impact),即使用这些温室气体(主要是制冷剂)的装置,因耗能(主要指电能和燃烧化石燃料)引起的二氧化碳排放所带来的温室效应。由此可以看出,TEWI是一个评价温室效应的综合指标,它不仅包括排放总量的影响,而且包括装置用能效率(如COP)、化石燃料转化为电能或机械能的效率对温室效应的间接影响。TEWI不单是温室气体物性的函数,因此无法给出某一温室气体的TEWI值。

从表3.5可以看出,传统制冷剂R11,R12不仅ODP值很高,而且GWP值也很高,是大气环境极不友好的制冷剂,因此已被禁止使用。作为替代R12的制冷剂R134a,虽然其ODP值已经是0,但仍有较高的GWP值,具有直接造成全球变暖效应。一些自然工质,如R50,

R600a,R290,R702,R728 等,它们既不破坏大气臭氧层,又不直接增加温室气体,是环境“友好”制冷剂。

3.3.2 安全性

安全性对操作人员是非常重要的,尤其是在制冷机长期连续运转的情况下。制冷剂的毒性、燃烧性和爆炸性,都是评价制冷剂安全程度的性质,各国都规定了最低安全程度的标准,如 ANSI/ASHRAE15—1992 等。

1)毒性

毒性通常是根据对动物的试验和对人的影响的资料来确定的。美国工业与环境卫生专家大会用 TLVs(Threshold Limit Values)指标作为毒性标准,美国杜邦公司用 AEL(Allow-able Exposure Limit)指标作为毒性标准,这两个指标在数量上非常接近,它们都反映了人们在较长时间内接触制冷剂而不致产生不良反应。如果这些指标的数值为 1 000 或 1 000 以上,则可认为这种制冷剂是无毒的。表 3.6 给出了一些常用制冷剂的 TLVs 值或 AEL 值。值得指出的是,虽然一些氟利昂制冷剂的毒性都较低,但它们在高温或火焰作用下,会分解出极毒的光气,这一点在使用时要特别注意。此外,除 O_2 以外的所有工质几乎都可以引起窒息,在进行有关操作时要保持比较好的通风条件。

表 3.6 一些制冷剂的毒性指标

工质代号	TLVs 或 AEL	工质代号	TLVs 或 AEL	工质代号	TLVs 或 AEL	工质代号	TLVs 或 AEL	工质代号	TLVs 或 AEL
R12	1 000	R50	1 000	R134a	1 000	R290	1 000	R704	1 000
R22	1 000	R123	10	R142b	1 000	R502	1 000	R717	1
R23	1 000	R124	500	R143a	1 000	R600a	1 000	R718	100
R32	1 000	R125	1 000	R152a	1 000	R702	1 000	R728	1 000

2)燃烧性和爆炸性

各种制冷剂的燃烧性和爆炸性差别很大。易燃的制冷剂在空气中的含量达到一定范围时,遇明火就会产生爆炸。因此,应尽量避免使用易燃和易爆炸的工质,一旦使用就必须要有防火防爆安全措施。一些易燃制冷剂的爆炸特性见表 3.7。爆炸极限表示在空气中发生燃烧或爆炸的体积分数范围。这一范围的下限值越小,表示越易燃;下限值相同,则范围越宽越易燃。

表 3.7 一些制冷剂的易燃易爆特性

工质代号	爆炸极限体积分数/%	工质代号	爆炸极限体积分数/%	工质代号	爆炸极限体积分数/%	工质代号	爆炸极限体积分数/%
R12	不燃烧	R123	不燃烧	R143a	6.0~(未知)	R702	4.0~75.0
R22	不燃烧	R124	不燃烧	R152a	3.9~16.9	R704	不燃烧
R23	不燃烧	R125	不燃烧	R290	2.3~7.3	R717	16.0~25.0
R32	14~31	R134a	不燃烧	R502	不燃烧	R718	不燃烧
R50	4.8~16.3	R142b	6.7~14.9	R600a	1.8~8.4	R728	不燃烧

3）安全分类

以前对制冷剂的安全性分别以毒性和可燃性作出规定，后来国际标准 ISO5149—1993 和美国标准 ANSI/ASHRAE34—1992，对制冷剂的安全分类做了较大调整，将毒性与可燃性合在一起，规定了6个安全等级，表3.8给出了这6个等级的划分定义。表3.9给出了一些制冷剂的安全分类。

表3.8　ASHRAE34—1992 以毒性和可燃性为界限的安全分类

条　件	可燃性	TLVs 值确定或一定的系数，工质体积分数≥4×10^{-4}	TLVs 值确定或一定的系数，工质体积分数<4×10^{-4}
无火焰传播	不　燃	A1	B1
工质 LFL>0.1 kg/m^3 燃烧热<19 000 kJ/kg	低度可燃性	A2	B2
工质 LFL≤0.1 kg/m^3 燃烧热≥19 000 kJ/kg	高度可燃性	A3	B3
毒　性		低毒性	高毒性

表3.9　一些制冷剂的安全分类

工质代号	安全分类	工质代号	安全分类	工质代号	安全分类	工质代号	安全分类
R12	A1	R123	B1	R143a	A2	R702	A3
R22	A1	R124	A1	R152a	A2	R704	A1
R23	A1	R125	A1	R290	A3	R717	B2
R32	A2	R134a	A1	R502	A1	R718	A1
R50	A3	R142b	A2	R600a	A3	R728	A1

3.3.3　热稳定性

通常制冷剂因受热而发生化学分解的温度，大大高于其工作温度。因此，在正常运转条件下，制冷剂是不会发生裂解的。但在温度较高又有油、钢铁、铜存在时，长时间使用会发生变质甚至热解。例如，氨在温度超过250 ℃时分解成氮和氢；丙烷含有氧气时，在460 ℃时开始分解，660 ℃时分解43%，830 ℃时完全分解；R22与铁相接触时，550 ℃开始分解。

3.3.4　对水的溶解性

不同制冷剂溶解水的能力不同。氨可以溶解比它本身大许多倍的水，生成的溶液冰点比水的冰点低，因此在运转的制冷系统中不会引起结冰而堵塞通道。氟利昂很难与水溶解，烃类制冷剂也难溶解于水。例如，在25 ℃时，水在R134a液体中只能溶解0.11%（质量分数）。当制冷剂中水的含量超过上述百分数时，就会有纯水存在。当温度降到0 ℃以下时，水就会结成冰，堵塞节流阀或毛细管的通道，形成“冰堵”，致使制冷机不能正常工作。表3.10给出水分在一些制冷剂中的溶解度。

水溶解于制冷剂后会发生水解作用，生成酸性产物，腐蚀金属材料。含有氯原子的制冷剂会水解并生成盐酸，不但会腐蚀金属材料，而且还会降低电绝缘性能。因此，制冷系统中不允许有游离的水存在。

表 3.10　水分在一些制冷剂中的溶解度(25 ℃)

工质代号	溶解度(质量分数)/%	工质代号	溶解度(质量分数)/%	工质代号	溶解度(质量分数)/%	工质代号	溶解度(质量分数)/%
R12	0.01	R123	0.08	R143a	0.08	R702	na
R22	0.13	R124	0.07	R152a	0.17	R704	na
R23	0.15	R125	0.07	R290	na	R718	100
R32	0.12	R134a	0.11	R502	0.06	R728	na
R50	na	R142b	0.05	R600a	na		

注：na 表示没有找到可用的数据，但是可以预计它们的数值都比较小。

3.3.5　对材料的作用

氢气、氦气、氮气及其他惰性气体工质、碳氢化合物工质等，对金属无腐蚀作用。但氢很容易扩散到其他工程材料中，使材料的力学性能下降，称为氢脆。

在正常情况下，卤素化合物制冷剂与大多数常用金属材料不起作用。但在某种情况下，一些材料将会和制冷剂发生作用，如水解作用、分解作用等。制冷剂与金属材料接触时，发生分解作用强弱程度的次序(从弱到强)是铬镍铁耐热合金、不锈钢、镍、纯铜、铝、青铜、锌、银(分解作用最大)。

含镁的质量分数超过约 2% 的镁锌铝合金，不能用在卤素化合物制冷剂的制冷机中，因为若有微量水分存在时就会引起腐蚀。有水分存在时，氟利昂水解成酸性物质，对金属有腐蚀作用。氟利昂与润滑油的混合物能够水解铜。所以，当制冷剂在系统中与铜或铜合金部件接触时，铜便溶解到混合物中，当和钢或铸铁部件接触时，被溶解的铜离子又会析出，并沉浸在钢铁部件上，形成一层铜膜，这就是所谓的“镀铜”现象。这种现象对制冷机的运行极为不利，因此制冷系统中应尽量避免有水分存在。

氨制冷机中不能用黄铜、纯铜和其他铜合金，因为有水分时会引起腐蚀，但磷青铜与氨不起作用。

某些非金属材料，如一般的橡胶、塑料等，与氟利昂制冷剂会起作用。橡胶与氟利昂相接触时会发生溶解，而对塑料等高分子化合物则会起“膨润”作用(变软、膨胀和起泡)，在制冷系统中要选用特殊的橡胶或塑料。

3.3.6　对润滑油的互溶性

在大多数制冷机里，工质与润滑油相互接触是不可避免的。各种工质与润滑油之间的溶解程度不同，有的完全互溶，有的是部分溶解，而有的几乎不溶解。若制冷剂与油不相溶解，可以从冷凝器或储液器将油与制冷剂分离，避免油进入蒸发器中降低传热效果。制冷剂与油溶解会使润滑油变稀，影响润滑作用，且油会被带入蒸发器中，影响传热效果。

3.3.7　泄漏性

制冷机工作时，不允许有工质向系统外泄漏，因此需要经常在设备、管道的接合面处检查有无工质漏出。

氨有强烈的臭气，人们依靠嗅觉就容易判别是否有泄漏。由于氨极易溶于水，因此不能用肥皂水检漏，通常用酚酞试剂和试纸检漏，如有泄漏试剂或试纸会变成红色。

氟利昂通常是无色无味的物质，泄漏时不易被发觉。检漏的方法有卤素喷灯和电子检漏仪两种。卤素喷灯是通过燃烧酒精加热一块纯铜，空气被吸入喷灯，当空气含有氟利昂时，气流与纯铜接触就会发生分解，并使燃烧的火焰变成黄绿色（当泄漏量小时）或紫色（当泄量大时）。

用电子检漏仪检漏是一种较精密的方法。仪器中有一对铂电极，空气由风机吸入并流过电极，当含有氟利昂时，电极之间的导电率会发生变化，通过电流计可以反映出来。

氦气具有很强的渗漏性，它作为工质时要进行特别仔细的检漏。

3.4 常用制冷剂

3.4.1 无机物自然工质

1）氨

氨是应用较广的中温制冷剂。正常沸点为 −33.3 ℃，凝固点为 −77.9 ℃。氨具有较好的热力性质和热物理性质，在常温和普通低温范围内压力比较适中，单位容积制冷量大、黏度小、流动阻力小、传热性能好。

氨对人体有较大的毒性，也有一定的可燃性，安全分类为 B2。氨蒸气无色，具有强烈的刺激性臭味，它可以刺激人的眼睛及呼吸器官。氨液飞溅到皮肤上时，会引起肿胀甚至冻伤。当氨蒸气在空气中体积分数达到 0.5% ~0.6% 时，人在其中停留 30 min 即可中毒。氨可以引起燃烧和爆炸，当空气中氨的体积分数达到 16% ~25% 时，可引起爆炸。空气中氨的体积分数达到 11% ~14% 时即可点燃（燃烧时呈黄色火焰）。因此，车间内的工作区氨蒸气的含量不得超过 0.02 mg/L。若系统中氨所分离的游离氢积累到一定程度，遇空气会引起强烈爆炸。

氨能以任意比例与水相互溶解，组成氨水溶液，在低温时水也不会从溶液中析出而冻结成冰，所以氨系统里不必设置干燥器。但氨系统中有水分时，会加剧对金属的腐蚀，同时使制冷量减小。所以，一般限制氨中的含水量（质量分数）不得超过 0.2%。

氨在矿物润滑油中的溶解度很小，氨制冷剂管道及换热器的传热表面上会积有油膜，影响传热效果。氨液的密度比矿物润滑油小，在贮液筒和蒸发器中，油会沉积在下部，需要定期放出。

氨对钢铁不起腐蚀作用，但当含有水分时将会腐蚀锌、铜、青铜及其他铜合金（磷青铜除外）。因此，在氨制冷机中不用铜和铜合金（磷青铜除外）材料，只有那些连杆衬套、密封环等零件，才允许使用高锡磷青铜。

目前，氨用于蒸发温度在 −65 ℃以上的大型或中型单级、双级活塞式和螺杆式制冷机中，在大容量离心式制冷机中也有应用。

2)氮气

在低温工程中,氮气(N_2)是一种非常重要的制冷剂。因为它在使用时很安全,在氢和氦液化循环中,液态 N_2 是一种非常理想的预冷剂。

N_2 的正常沸点为 -196.8 ℃,凝固点温度为 -210 ℃。液态 N_2 是无色透明的液体,在沸点下液体密度为 808.6 kg/m^3。液态 N_2 的汽化潜热很小,仅 199.3 kJ/kg。

液态 N_2 输送中的一个潜在危险是,它的管外可能会冷凝 50% 的富氧空气,并引起氧化燃爆。人们在含有氮气的空间内作业时,应防止窒息致死。

3)二氧化碳

早在 19 世纪中叶二氧化碳(CO_2)就被作为制冷剂用来制冰,由于其无毒性和不可燃性,在食品行业和民用建筑空调等领域 CO_2 制冷装置占据了重要地位。20 世纪 30 年代,由于氟利昂类制冷剂的出现,CO_2 迅速被替代。21 世纪由于环境保护的需要,CO_2 作为制冷剂又受到业内的广泛关注和重视。

CO_2 的正常沸点为 -78.4 ℃,凝固点为 -156.6 ℃。液态 CO_2 无色透明,在沸点下液体密度为 808.6 kg/m^3。液态 CO_2 的汽化潜热较大,为 198.3 kJ/kg。

作为制冷剂,CO_2 的独特优势主要表现在:一种环境友好的天然物质($ODP=0$,$GWP=0$);优良的经济性;良好的安全性和化学稳定性。CO_2 安全无毒、不可燃,适用各种润滑油、金属和非金属材料,即便在高温下也不分解产生有害气体;具有与制冷循环和设备相适应的热物理性质。CO_2 的蒸发潜热较大,单位容积制冷量高,运动黏度低,导热系数高,液体密度和蒸气密度的比值小,节流后各回路间制冷剂的分配比较均匀。CO_2 优良的流动和传热特性,可显著减小制冷系统的尺寸。

作为一种无毒、不燃、安全、经济、资源丰富的自然制冷剂,CO_2 最有希望应用于汽车空调、热泵、食品冷冻冷藏和船舶制冷等系统中,同时在超导机械和超级计算机冷却等领域也具有极为广阔的应用前景。

4)空气

当空气液化时,通常去除了 CO_2 和水分等杂质,于是液态空气中仅含有体积分数约 78% 的 N_2,21% 的 O_2 和 1% 的氩气(Ar),其他杂质可忽略不计。有时为了计算方便,把液态空气看成是体积分数为 79% 的 N_2 和 21% 的 O_2。由于 Ar 的沸点位于 O_2 和 N_2 之间,这一假设对于某些场合是可行的。

液态空气曾广泛地用作低温工程的制冷剂,但是由于用空分法很易获得液态氮 N_2,现在已很少直接使用液态空气。而且液态空气基本上是 N_2 和 O_2 的混合物,因此在使用期间液态空气的沸点会发生变化。随着不断汽化,液态空气中 O_2 不断富集,沸点升高。富氧液体具有危险性,特别是对液态空气抽空,有可能使泵体发生爆炸。

3.4.2 氟利昂

1)R12

R12(二氟二氯甲烷,CF_2Cl_2)曾经是应用最广的中温制冷剂,由于其具有很高的 ODP 值和 GWP值,目前已被禁止使用。考虑其在未淘汰的制冷系统和混合制冷剂中仍有应用,同时作为新制冷剂的对照,下面对 R12 的一些特性进行简单介绍。

R12 标准沸点 -29.8 ℃,凝固点 -158 ℃。无色、气味很弱、有芳香味,当它在空气中体积分数达 20%时人才会感觉到。R12 毒性小、不燃烧、不爆炸,是一种很安全的制冷工质。

水在 R12 中的溶解度很小,且随温度的降低而减小,一般规定在 R12 系统中含水量不得超过 0.01%(质量分数)。在常用温度范围内,R12 能与矿物性润滑油以任意比例相互溶解。R12 对一般金属不起腐蚀作用,但能腐蚀质量分数超过 2% 的铝镁合金。R12 对天然橡胶和塑料有膨胀作用。R12 制冷机中使用的密封材料,应该用耐腐蚀的丁腈橡胶或氯醇橡胶。R12 全封闭压缩机中的绕组导线要用耐氟绝缘漆。R12 很容易通过机器的接合面的不严密处、铸件中的小孔及螺纹接合处泄漏,对机器的密封性要求高。

2)R22

R22(二氟一氯甲烷,CHF_2Cl)属于 HCFC 类制冷剂,已进入被限制和禁止使用的进程中,但目前仍是较常用的中温制冷剂。在相同的蒸发温度和冷凝温度下,R22 比 R12 的压力要高 65% 左右。R22 的沸点为 -40.8 ℃,凝固点为 -160 ℃。它在常温下的冷凝压力和单位容积制冷量与氨差不多,比 R12 要大。压缩终温介于氨和 R12 之间,能制取的最低蒸发温度为 -80 ℃。

R22 无色、无味、不燃烧、不爆炸、毒性比 R12 略大,但仍然是安全的制冷剂,安全分类为 A1。它的传热性能与 R12 差不多,流动性比 R12 好,溶水性比 R12 稍大,但仍然属于不溶于水的物质。对 R22 的含水量限制在 0.01% 以内,制冷系统内应装设干燥器。

R22 化学性质不如 R12 稳定,它对有机物的膨润作用更强,密封材料可采用氯乙醇橡胶。R22 对金属与非金属的作用与 R12 相似,其泄漏特性也与 R12 相似。

R22 能够部分地与矿物润滑油相互溶解,而且其溶解度随着矿物润滑油的种类及温度而变。矿物润滑油在 R22 制冷系统各部分中产生不同的影响。在冷凝器中,矿物润滑油将溶解于 R22 液体中,不易在传热表面形成油膜而影响传热。在贮液器中,R22 液体与油形成基本上是均匀的溶液而不会出现分层现象,因而不可能从贮液器中将油分离出来。在蒸发器中,随着 R22 的汽化,气、液分离不可避免,为防止润滑油存积下来,要注意回油设计。当压缩机启动时,曲轴箱内的压力降低到蒸发压力,油中的 R22 会大量蒸发出来,使油起泡,这将影响油泵的工作。所以,较大容量的 R22 制冷机在启动前需先对曲箱内的润滑油加热,让 R22 先蒸发掉。

3)R134a

R134a(四氟乙烷,CH_2FCF_3)是目前广泛使用的 R12 的替代制冷剂。它的许多特性与 R12 很接近,近来 R134a 也被用于离心式制冷机中。

R134a 的临界压力比 R12 略低,温度及液体密度均比 R12 略小,标准沸点略高于 R12,液体、气体的比热容均比 R12 大,二者的饱和蒸气压在低温时比 R134a 略低,大约在 17 ℃时相等,高温时 R134a 的略高。因此,一般情况下,R134a 的压比要略高于 R12,但它的排气温度比 R12 低,对压缩机工作更有利,二者的黏度相差不大。

R134a 的毒性非常低,在空气中不可燃,安全类别与 R12 一样为 Al。与 R12 相比,R134a

具有优良的迁移性质,其液体及气体的热导率显著高于 R12。研究表明,在蒸发器和冷凝器中,R134a 的传热系数比 R12 分别要高 35% ~40% 和 25% ~35%。

R134a 与矿物润滑油不相溶,但在温度较高时能完全溶解于多元烷基醇类(Polyalky-lene Glycol,PAG)和多元醇酯类(Polyol Ester,POE)合成润滑油,在温度较低时只能溶解于 POE 合成润滑油。

R134a 的化学稳定性很好,然而由于它的溶水性比 R12 要强的多,这对制冷系统很不利。即使少量水分存在,在润滑油等的一起作用下会产生酸、CO 和 CO_2,对金属产生腐蚀作用,或产生"镀铜"现象。因此,采用 R134a 的系统对干燥和清洁性要求更高,而且必须用与 R134a 相溶的干燥剂,如 XH-7 或 XH-9 型分子筛。R134a 对钢、铁、铜、铝等金属均未发现有相互化学反应的现象,仅对锌有轻微的作用。R134a 对塑料无显著影响,除了对聚苯乙烯稍有影响外,其他的大多可用。和塑料相比,合成橡胶受 R134a 的影响略大,特别是氟橡胶。

与其他 HFC 类制冷剂一样,R134a 分子中不存在氯原子,不能用传统电子检漏仪检漏,应该用专门适合于 R134a 的检漏仪检漏。

3.4.3 碳氢化合物

1)R600a

R600a(异丁烷,i-C_4H_{10})的沸点为 -11.73 ℃,凝固点为 -160 ℃,在 1920—1930 年曾作为小型制冷装置的制冷剂,后由于可燃性等原因被氟利昂制冷剂取代了。在 CFCs 制冷剂破坏大气臭氧层的问题提出来后,作为自然制冷剂的 R600a 又重新得到重视。尽管 R134a 在许多方面具有替代 R12 制冷剂的优越性,但它仍有较高的 GWP 值,因此许多人提倡在制冷温度较低场合(如电冰箱)用 R600a 作为 R12 的永久替代物。

R600a 的临界压力比 R12 低,临界温度及临界比体积均比 R12 高,标准沸点高于 R12 约 18 ℃,饱和蒸气压比 R12 低。在一般情况下,R600a 的压比要高于 R12 且单位容积制冷量要小于 R12。为了使制冷系统能达到与 R12 相近的制冷能力,应选用排气量较大的制冷压缩机。但它的排气温度比 R12 低,对压缩机工作更有利。二者的黏性相差不大。

R600a 的毒性非常低,但在空气中可燃,安全类别为 A3,在使用 R600a 的场合要注意防火防爆。当制冷温度较低(低于 -11.7 ℃)时,制冷系统的低压侧处于负压状态,外界空气有可能要泄露进去。因此,使用 R600a 作制冷剂的系统,其电器绝缘要求比一般系统要高,以免产生电火花引起爆炸。

R600a 与矿物润滑油能很好地互溶,不需价格昂贵的合成润滑油。除可燃外,R600a 与其他物质的化学相溶性很好,而且与水的溶解性很差,这对制冷系统很有利。但为了防止"冰堵"现象,除水要求相对较高,此外 R600a 的检漏不能用传统的检漏仪,应该使用适合于 R600a 的检漏仪。

2)R290

R290(丙烷,C_3H_8)除了沸点和凝固点比 R600a 低、蒸气压较高和单位容积制冷量比 R600a 大以外,其他制冷特性及安全特性均与 R600a 相似,在同样工况下制冷系统比 R600a 小。所以,除了一些大制冷量等特殊场合外,一般情况不用 R290 纯质作制冷剂,但它经常被用作混合制冷剂的一个组分,如R402A,R402B,R403A,R403B等。

3)R50

R50(甲烷,CH_4)是一种常用的较低温区的制冷剂,它的沸点为-161.5 ℃,凝固点温度为-182.2 ℃,临界温度为-82.5 ℃。R50通常被用来制取-160 ℃以上的低温,但由于它的临界温度较低,环境温度下已经是超临界状态,因此往往被用于复叠制冷的低温级制冷系统中。与其他碳氢化合物一样,R50具有很强的可燃性,在使用时要特别注意。甲烷是天然气的主要组分,是一种清洁能源。

3.4.4 混合制冷剂

混合制冷剂是由两种或两种以上的纯制冷剂以一定的比例混合而成的。按照混合后的溶液是否具有共沸的性质,分为共沸制冷剂和非共沸制冷剂两类。

1)共沸混合制冷剂

表3.11列出了目前使用的几种共沸制冷剂的组成和沸点。共沸制冷剂有下列特点:

表3.11 几种共沸制冷剂的组成和沸点

代号	组分	组成	相对分子质量	沸点/℃	各组分的沸点/℃
R500	R12/152a	73.8/26.2	99.3	-33.5	-29.8/-25
R501	R22/12	84.5/15.5	93.1	-41.5	-40.8/-29.8
R502	R22/115	48.8/51.2	111.6	-45.4	-40.8/-38
R503	R23/13	40.1/59.9	87.6	-88.0	-82.2/-81.5
R504	R32/115	48.2/51.8	79.2	-59.2	-51.2/-38
R505	R12/31	78.0/22.0	103.5	-30	-29.8/-9.8
R506	R31/114	55.1/44.9	93.7	-12.5	-9.8/3.5
R507	R125/143a	50.0/50.0	98.9	-46.7	-48.8/-47.7

注:表中的泡点和露点温度是指标准大气压(101.325 kPa)下的饱和温度。

①在一定的蒸发压力下蒸发时,具有几乎不变的蒸发温度,而且蒸发温度一般比组成它的单组分的蒸发温度低。这里的"几乎不变"是指在偏离共沸点时,泡点温度和露点温度虽有差别,但非常接近。而在共沸温度时,则泡点和露点温度完全相等,表现出与纯制冷剂相同的恒沸性质,即:在蒸发过程中,蒸发压力不变,蒸发温度也不变。

②在一定的蒸发温度下,共沸制冷剂的单位容积制冷量,比组成它的单一制冷剂的容积制冷量要大。这是因为在相同的蒸发温度和吸气温度下,共沸制冷剂比组成它的单一制冷剂的压力高、比体积小的缘故。

③共沸制冷剂的化学稳定性较组成它的单一制冷剂好。

④在全封闭和半封闭压缩机中,采用共沸制冷剂可使电动机得到更好的冷却,电动机绕组温升减小。试验表明,在由制冷剂吸气冷却电动机的半封闭式压缩机中,采用R502后,电动机的温升比R22降低10~20 ℃,这是由于R502的质量流量和热容量较R22大的缘故。

在一定的情况下,采用共沸制冷剂可使能耗减少。例如,R502在低温范围内(蒸发温度在

−60～−30 ℃），能耗较 R22 低；而在高温范围内（蒸发温度 −10～10 ℃），能耗较 R22 高。因此，通常 R502 用在低温冷藏冷冻中，而 R22 用在空调中。

2）非共沸混合制冷剂

非共沸混合制冷剂没有共沸点。在定压下蒸发或凝结时，气相和液相的成分不同，温度也在不断变化。如图 3.2 所示，在一定的压力下，当溶液加热时，首先到达饱和液体点 A。此时所对应的状态称为泡点，其温度称为泡点温度。若再加热到达点 B，即进入两相区，并分为饱和液体（点 B_1）和饱和蒸气（点 B_g）两部分，其质量分数分别为 w_{b1} 和 w_{bg}。继续加热到点 C 时，全部蒸发成为饱和蒸气，此时所对应的状态称为露点，其温度称为露点温度。泡点温度和露点温度的温差，称为温度滑移（Temperature glide）。在露点时，若再加热即成为过热蒸气。

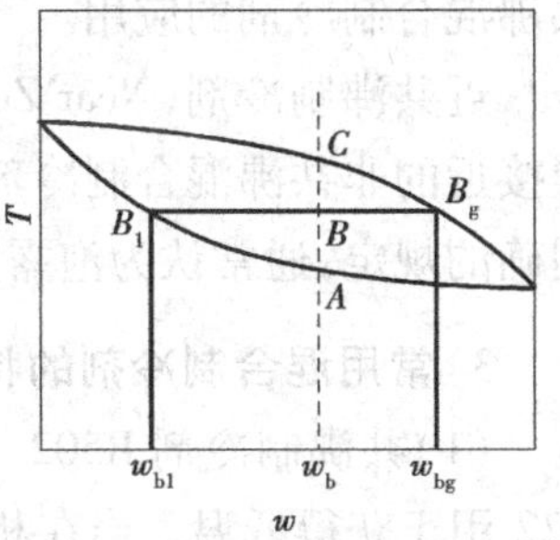

图 3.2　非共沸工质的 T-w 图

可以看出，非共沸混合制冷剂在定压相变时，其温度要发生变化。定压蒸发时，温度从泡点温度变化到露点温度，定压凝结则相反。非共沸混合制冷剂的这一特性，被广泛用在变温热源的温差匹配场合，实现近似的洛伦兹循环，以达到节能的目的。

与其他混合物类似，混合制冷剂的性质与构成它的各纯质制冷剂的性质有着密切的关系。可以利用混合制冷剂的这一特性，实现各纯质制冷剂的优势互补。例如，有些纯质制冷剂，它们除了可燃性以外，其他性质都较好，可以在这一纯质制冷剂中加入一定量的不可燃制冷剂构成混合制冷剂，使可燃性降低。又如，有些纯质制冷剂制冷系数大，但容积制冷量太小，为了提高容积制冷量，就可以在这一纯质制冷剂中加入一定量的容积制冷量大的制冷剂构成混合制冷剂，使容积制冷量增大。此外，还可以利用混合制冷剂的特性，找到在一定的压力下具有所需要的相变温度的混合制冷剂。混合制冷剂所有这些特性，使得它们在传统制冷剂替代物的研究中得到了广泛的应用。目前，应用较多的非共沸制冷剂的种类及组成示于表 3.12 中。

表 3.12　一些非共沸混合制冷剂的特性

代　号	组　分	组　成	泡点温度/℃	露点温度/℃	ODP	GWP［GWP（CO_2）=1］	主要应用
R401A	R22/152a/124	53/13/34	−33.8	−28.9	0.03	1 025	替代 R12
R401B	R22/152a/124	61/11/28	−35.5	−30.7	0.04	1 120	替代 R12
R402A	R22/290/125	38/2/60	−49.2	−47.6	0.02	2 650	替代 R502
R402B	R22/290/125	60/2/38	−47.4	−46.1	0.03	2 250	替代 R502
R403A	R22/218/290	74/20/6	−48.0		0.037	2 170	替代 R502
R403B	R22/218/290	55/39/6	−50.2	−49.0	0.028	2 790	替代 R502
R404A	R125/143a/134a	44/4/52	−46.5	−46.0	0	3 520	替代 R502
R407A	R32/125/134a	20/40/40	−45.8	−39.2	0	1 960	替代 R502
R407B	R32/125/134a	10/70/20	−47.4	−43.0	0	2 680	替代 R502
R407C	R32/125/134a	30/10/60	−43.4	−36.1	0	1 600	替代 R22
R408A	R22/143a	45/55	−44.5	−44.0	0.03	2 740	替代 R502
R410A	R32/125	50/50	−52.5	−52.3	0	2 020	替代 R22

注：表中的泡点和露点温度是标准大气压（101.325 kPa）下的饱和温度。

在实用上,使用非共沸制冷剂的麻烦之处,是当制冷装置中发生制冷剂泄漏时,剩余部分在系统内混合物中的质量分数就会改变。因此,需要向系统中补充制冷剂,使其达到原来的数量和质量分数,并需通过计算来确定两种制冷剂的充灌量。这一特点在一定程度上限制了非共沸混合制冷剂的应用。

近共沸制冷剂(Near Zeotropic Mixture Refrigerant)实际上它是指那些泡点温度与露点温度很接近的非共沸混合制冷剂,但到底接近到什么程度为近共沸和非共沸的分界点,还没有一个明确的规定,通常认为泡露点的温度差小于3 ℃的混合制冷剂为近共沸混合制冷剂。

3)常用混合制冷剂的特性

(1)共沸制冷剂R502　R502的标准沸点为-45.4 ℃,是性能良好的中温制冷剂,可代替R22用于获得低温。当在相同的吸气温度和压比下使用R502时,压缩机的排气温度比使用R22时低10~25 ℃。R502的溶水性比R12大1.5倍,在-82 ℃以上与矿物油有较好的溶解性,低于-82 ℃时对矿物油的溶油性差,油将与R502分层。由于R502构成组分中含有大量的R115,ODP值较高,因此在发达国家已经禁止使用。

(2)共沸制冷剂R503　R503的沸点为-88 ℃,比R23和R13的沸点都低。它不燃烧、无毒、无腐蚀性。适用于复叠式制冷机的低温级,制取-70~-85 ℃的低温,可代替R13使用。由于它含有R13,ODP值较高,因此在发达国家已经禁止使用。

(3)共沸制冷剂R507　R507是一种新的制冷剂,是R502的替代制冷剂,ODP值为零。它的沸点为-46.7 ℃,与R502的沸点非常接近。相同工况下制冷系数比R502略低,容积制冷量比R502略高,压缩机排气温度比R502略低,冷凝压力比R502略高,压比略高于R502。它不溶于矿物油,但能溶于聚酯类润滑油。凡是用R502的场合,都可以用R507来替代。

(4)非共沸混合制冷剂R401A和R401B　这两种制冷剂是作为R12替代物提出来的。它们虽然ODP值不为0,但比R12小得多,而且易于获得,价格比R134a或R600a低,能溶于聚醇类和聚酯类润滑油,饱和蒸气压与R12较接近,其他性能与R12也较接近,作为过渡性替代物是合适的,曾在美国等国得到广泛应用。但由于其ODP值不为零,随着纯质替代制冷剂R134a和R600a生产技术的不断成熟,价格的不断降低,这两种非共沸混合制冷剂也逐渐被纯质制冷剂所代替。

(5)非共沸混合制冷剂R407c　这是一种三元非共沸混合制冷剂,它是作为R22的替代物而提出的。在标准大气压下,其泡点温度为-43.4 ℃,露点温度为-36.1 ℃,与R22的沸点较接近。与其他HFC制冷剂一样,R407c也不能与矿物润滑油互溶,但能溶解于聚酯类合成润滑油。研究表明,在空调工况(蒸发温度7.2 ℃)下,R407c容积制冷量及制冷系数比R22略低(约5%)。因此,将R22的空调系统换成R407c,只要将润滑油和制冷剂更换就可以了,而不需要更换制冷压缩机,这是R407c作为R22替代物的最大优点。但在低温工况(蒸发温度<-30 ℃)下,虽然其制冷系数比R22低得不多,但它的容积制冷量比R22要低得多(约20%),这一点在使用时要特别注意。此外,由于R407c的泡露点温差较大,在使用时最好将热交换器作成逆流形式,以充分发挥非共沸混合制冷剂的优势。

(6)非共沸混合制冷剂R410a　这是一种二元混合制冷剂,泡露点温差仅0.2 ℃,称为近共沸混合制冷剂。与其他 HFC 制冷剂一样,R410A 也不能与矿物润滑油互溶,但能溶解于聚酯类合成润滑油,它也是作为 R22 的替代物提出来的。在一定的温度下,虽然它的饱和蒸气压比 R22 和 R407C 均要高一些,但它的其他性能比 R407C 要优越。它具有与共沸混合制冷剂类似的优点,容积制冷量在低温工况时比 R22 还要高约 60%,制冷系数也比 R22 高约 5%;在空调工况时,容积制冷量和制冷系数均与 R22 差不多。与 R407C 相比较,尤其是在低温工况,使用 R410A 的制冷系统具有更小的体积(容积制冷量大),更高的能量利用率。R410A 不能直接用来替换 R22 的制冷系统,在使用 R410A 时要用专门的制冷压缩机而不能用 R22 的制冷压缩机。

3.5 载冷剂

3.5.1 载冷剂的作用及选用原则

在间接冷却的制冷装置中,被冷却物体或空间中的热量通过某种中间介质传给制冷剂。这种中间介质在制冷工程中被称为载冷剂或第二制冷工质。

采用载冷剂可使制冷系统集中在较小的场所,可以减小制冷系统的容积及制冷剂的充灌量;且因载冷剂的热容量大,被冷却对象的温度易于保持恒定。其缺点是系统比不用载冷剂时复杂,且增大了被冷却物和制冷剂间的温差,需要较低的制冷机蒸发温度。

选择载冷剂时,应考虑下列因素:

①载冷剂在工作温度下应处于液体状态,其凝固温度应低于工作温度,沸点应高于工作温度。

②比热容大。在传递一定的冷量时,可使流量减小,因而可以提高循环的经济性,或减少输送载冷剂的泵功率消耗和管道的材料消耗。

③密度小。载冷剂的密度小可使循环泵的功率减小。

④黏度小。采用黏度小的载冷剂可使流动阻力减小,因而循环泵功率减小。

⑤化学稳定性好。载冷剂应在工作温度下不分解,不与空气中的氧气起化学变化,不发生物理化学性质的变化。

⑥不腐蚀设备和管道。

⑦载冷剂应不燃烧、不爆炸、无毒、对人体无害。

⑧价格低廉,便于获得。

载冷剂的种类很多,常用的有下列 3 类:

第一类为水。水可作为蒸发温度高于 0 ℃的制冷装置中的载冷剂。由于水价格低廉,易于获得,传热性能较好,因此在空调装置及某些 0 ℃以上的冷却过程中广泛地用作载冷剂。它的缺点是不能用于 0 ℃以下的系统。

第二类为盐类溶液,如氯化钠、氯化钙等水溶液,称为盐水。盐水的冰点比纯水低,在蒸发温度低于0 ℃的制冷装置中可作为载冷剂。它的主要缺点是对一些金属材料易产生腐蚀。

第三类为有机化合物及其水溶液。某些有机化合物,如乙二醇水溶液、二氯甲烷、三氯乙烯等,具有较低的凝固温度,可用作温度较低场合的载冷剂。它们的主要缺点是相对于水而言比热容较小,某些化合物还有一定的毒性。

此外,在低温系统中,有时也使用载冷剂,但这些载冷剂通常就是另一种低温流体,如氯气、氢气、氮氯、氧气、空气、甲烷等。

3.5.2 常用载冷剂

1)盐水

常用的载冷剂盐水是氯化钙水溶液,有时也使用氯化镁或氯化钠水溶液。这些溶液的共晶点:氯化钙为 -55 ℃,氯化镁为 -17 ℃,氯化钠为 -21 ℃。盐水溶液实际上使用的温度,应比共晶温度高。例如,对氯化钙溶液使用的最低温度希望不低于 -40 ℃。

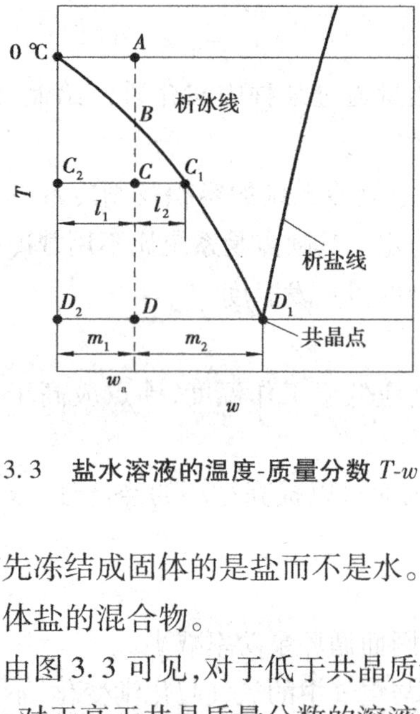

图3.3　盐水溶液的温度-质量分数 T-w 图

图3.3表示了盐水溶液的温度-质量分数图。如果盐水的质量分数 w_a 比共晶的质量分数低,使其从常温冷却到固液平衡线上的点 B 时,开始有水析出,继而冻结成冰。此时的温度称为溶液的起始凝固温度。当冷却到点 C 时,溶液中析出一定量的冰,而剩余的溶液中的质量分数增大,在图中用点 C_1 表示。在这样的混合物中,浓盐水和冰的质量之比等于 l_1/l_2。当继续被冷却到点 D 时,则变成 m_1 的共晶溶液和 m_2 的冰。再进一步冷却到更低温度时,m_1 的共晶溶液即变成为固溶体。

如果盐水的初始质量分数大于共晶质量分数,则首先冻结成固体的是盐而不是水。当这样的盐水被冷却到共晶温度时,即变成为共晶溶液与固体盐的混合物。

由图3.3可见,对于低于共晶质量分数的溶液,随着质量分数的增加,起始凝固温度不断降低;对于高于共晶质量分数的溶液,随着质量分数的增加,起始凝固温度不断升高。因此,实用上总是使用低于共晶质量分数的溶液,通常是按照起始凝固温度比蒸发温度低5～8 ℃来确定溶液的质量分数。

附表7和附表8分别给出了氯化钠和氯化钙盐水的物理性质。

氯化钠和氯化钙对金属材料有腐蚀作用,在使用时应加缓蚀剂,调整溶液的pH为7.0～8.5。重铬酸钠($Na_2Cr_2O_7 \cdot 2H_2O$)具有缓蚀作用,通常是在每立方米氯化钙溶液里加2 kg重铬酸钠,在每立方米氯化钠溶液里加3.2 kg的重铬酸钠。

2)有机载冷剂

乙二醇、丙二醇、丙三醇的水溶液都是性能较好的低温载冷剂。这些水溶液的冰点都比水的冰点低,对管道、容器等金属材料无腐蚀作用。其中,乙二醇水溶液是使用最为广泛的有机载冷剂。附表 9 给出了不同乙二醇质量分数时水溶液的热物理性质。

许多氟利昂可以作为低温载冷剂使用,它们具有凝固点低、黏度较小、不燃烧和化学稳定性好的特点。在选用它们作为低温载冷剂时,应考虑管道的承压能力和密封要求,此外还要考虑对环境的友好性。

三氯乙烯虽然也是不燃烧的温度较低场合使用的载冷剂,但它对金属、橡胶、有机物均有腐蚀作用,特别是在吸收水分后会水解出盐酸,对不锈钢也有腐蚀性。此外,三氯乙烯挥发出的气体对人体肝脏有影响并有致癌作用,应尽量避免采用为好。由乙二醇(质量分数为 40%)、乙醇(质量分数为 20%)和水(质量分数为 40%)组成的三元溶液(俗称不冻液)可以代替三氯乙烯使用。在上述配比下,这种三元溶液沸点为 98 ℃,冰点为 -64 ℃,密度为 1 kg/L,比热容为 3.14 kJ/(kg·℃),闪点为 80 ℃。附表 10 列出了几种常用载冷剂的热物理性质比较。

3.6 润滑油

3.6.1 润滑油的作用及性能要求

1)润滑油的作用

在制冷装置中,润滑油对于保证压缩机长期稳定、安全和高效运行有着重要作用。

(1)润滑作用　润滑油在运动部件的摩擦面形成一层油膜,降低压缩机的摩擦功,减少运动零件的摩擦和磨损,提高压缩机的可靠性和延长机器的使用寿命。

(2)冷却作用　润滑油带走运动副的摩擦热,防止摩擦面因温升太高而加剧磨损或"卡死"。

(3)密封作用　在密封件的摩擦面间隙中充满润滑油,不仅起到润滑作用,而且还可防止制冷剂气体的泄漏。

(4)清洗作用　润滑油流经润滑面时,可带走各种机械杂质和油污,起到清洗作用。

(5)动力传递作用　在螺杆式压缩机中采用滑阀式能量调节机构,靠润滑油推动活塞左右移动,使压缩机转子的有效长度增加或减少,从而达到调节制冷量的目的。

(6)防锈作用　润滑油能在各零件表面形成油膜保护层,防止零件的锈蚀。

2)制冷机润滑油的性能要求

在制冷系统中,制冷剂与润滑油直接接触,不可避免地有一部分润滑油与制冷剂一起在系统中流动,温度变化较大。因此,为了实现上述功效,润滑油应满足如下基本要求:

(1)黏度　润滑油在工作温度范围有适当的黏度,黏度过小,实现不了润滑的目的;黏度过大,摩擦阻力过大,压缩机功耗增大。由于制冷压缩机工作在制冷系统高低温的衔接处,进出口温差大,既希望高温时油的黏度不要降得过小,又要求低温时黏度不致过大。因此,要求制冷机润滑油黏度的温度变化系数尽量小。一般情况下,温度较低的冷冻范围使用低黏度的润滑油,空调等高温范围使用高黏度的润滑油。有时也采用添加剂提高润滑油的黏度特性。

(2)凝固点与流动性　表示润滑油在低温环境中的流动特征的指标为润滑油的流动点。作为制冷机润滑油,希望流动点达到 -60 ℃以下。虽然一般的润滑油的流动点都在 -45 ℃以上,但当油中溶解了制冷剂时,在低于 -60 ℃时仍有流动性。但应注意,当制冷剂的溶解量处于临界溶解温度以下时,油便分为两层,油的黏度将会急剧增大。因此,在低温系统中,不能有任何润滑油进入系统的低温部分,即在制冷剂进入低温部分之前,必须将润滑油去除掉,否则润滑油将堵塞系统管路,造成系统瘫痪。

(3)水分、不凝性气体和石蜡　制冷机润滑油中含有水分时,易引起系统冰堵,降低油的热稳定性和化学稳定性及引起电器绝缘性能的降低,应引起足够的重视。润滑油中溶解有空气等不凝性气体时,将引起冷凝压力升高而使压缩机排气温度升高,降低制冷能力。在实际工作中,充灌润滑油时应采用小桶封装,拆封后应尽快用完。采用大桶油时,应进行加热脱气和真空干燥处理,含水量应在 5.0×10^{-5} 以下。在石蜡型润滑油中,低温下石蜡要分离析出,析出时的温度称为絮凝点。石蜡析出将引起制冷系统中的滤网和膨胀阀(或毛细管)堵塞,妨碍制冷剂流动,因此絮凝点和凝固点低一点好。

(4)兼容性、热稳定性和化学稳定性　润滑油在制冷系统中经常与制冷剂接触,因此要求它们具有良好的兼容性。除了 3.3 节提到的互溶性要求外,润滑油与制冷剂不应有任何化学作用。化学稳定性一般不指其抗氧化能力,而是指其抵抗与制冷剂的反应及与压缩机零部件材料反应的能力。在制冷剂、油与金属的共存体系中,高温时润滑油易发生化学反应,产生腐蚀性酸,而润滑油缓慢劣化易生成弱酸。这些反应生成物不仅腐蚀金属,还将侵蚀电动机漆包线的涂层,引起电动机烧坏、镀铜现象、产生积炭或生成焦油状物质。

(5)绝缘耐电压　在封闭式压缩机中,冷冻机油与电动机一起装在封闭的壳内,润滑油应有绝缘的特性。一般制冷剂都具有优良的电器特性,然而油与制冷剂成混合液后,其电器特性有降低的倾向。

(6)价格低廉,容易获得

3.6.2　润滑油的分类与特性

冷冻机油按制造工艺可分成天然矿物油和人工合成油两大类。

(1)天然矿物油　简称矿物油,即从石油中提取的润滑油。作为石油的馏分,矿物油通常具有较小的极性,它们只能溶解在极性较弱或非极性的制冷剂中,如 R600a,R12 等。

(2)人工合成油　简称合成油,即按照特定制冷剂的要求,用人工化学的方法合成的润滑油。合成油主要是为了弥补矿物油难以与极性制冷剂互溶的缺陷而提出的。因此,合成油通常都有较强的极性,它们能溶解在极性较强的制冷剂中,如 R134a,R717 等。人工合成润滑油主要有聚醇类、聚酯类、极性合成碳氢化合物等。

制冷系统润滑油的特性,不仅受溶解在里面的制冷剂的影响,而且还受温度的影响。图 3.4 给出了一种多元聚酯类润滑油与制冷剂 R134a 混合物的性能曲线。从图中可以看出,随着温度的提高或制冷剂含量的增大，其黏度明显下降。因此，在高温下工作的制冷系统或制冷剂，与润滑油互溶性较好的系统，宜选用黏度较大的润滑油。

在制冷系统中，制冷剂不可避免地要混入一些润滑油，从而给制冷剂的性能带来较大的影响，进而影响整个系统的制冷性能。图 3.5 给出了润滑油（聚酯类）质量分数对制冷剂（R134a）饱和蒸气压的影响。由图可以看出，随着油质量分数的增加，制冷剂的饱和蒸气压大大降低。

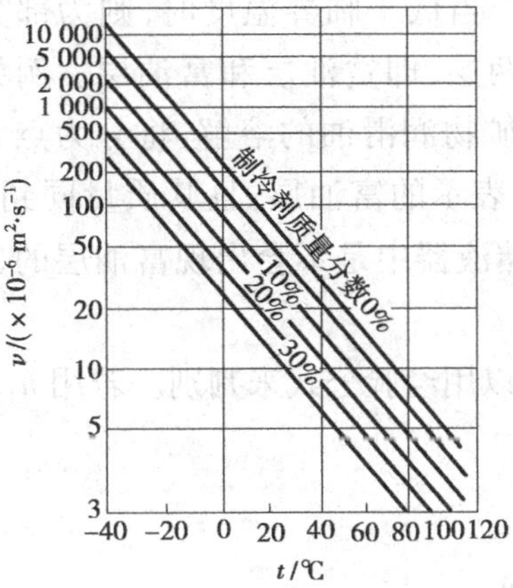

图 3.4　润滑油黏性随制冷剂质量分数和系统温度的变化关系

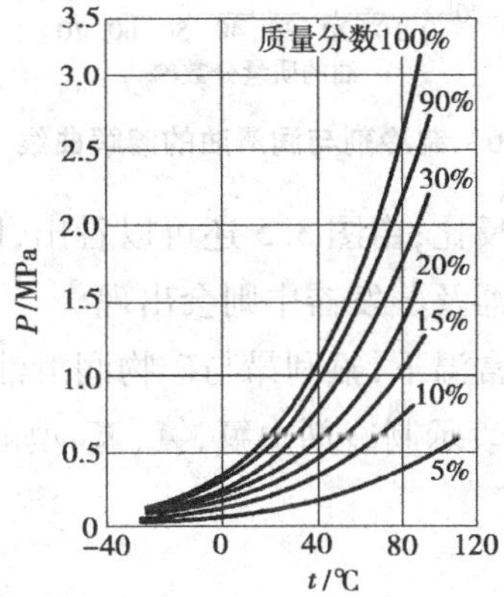

图 3.5　不同制冷剂质量分数的系统温度的变化关系

润滑油的选择主要取决于制冷剂种类、压缩机形式和运转工况（蒸发温度、冷凝温度）等，一般选用制冷机厂商推荐的牌号。选择润滑油时，首先要考虑该润滑油的低温性能和对制冷剂的相溶性。润滑油与制冷剂一起进入蒸发器，由于温度降低，如果制冷剂对润滑油的溶解性能不好，则润滑油要在蒸发器传热管壁面上形成油膜，从而增加热阻、降低系统性能。从传热角度看，对于制冷温度较高的普通空调或冷冻系统，应该选取与制冷剂互溶性好的润滑油；但对低温系统，由于润滑油不进入制冷系统的低温部分，因此尽量选取与制冷剂互溶性差的润滑油，使润滑油与制冷剂较容易分离，而且也可以避免由于制冷剂的溶解，使润滑油黏度降低的弊病。按制冷剂与润滑油的溶解性大小，可将润滑油分为 3 类（见表 3.13）：完全溶油、部分溶油和难溶或微溶油。几乎完全不溶于矿物油的制冷剂有 R702，R704，R717，R728，CO_2，R134a，R32，R152a，R143a，R23 等。

表 3.13　制冷剂与润滑油的互溶性

润滑油名称	完全溶油	部分溶油	难溶或微溶油
矿物油	R11，R12，R600a	R22，R502	R717，R134a，R407c
聚酯类油	R134a，R407c	R22，R502	R11，R12，R600a
聚醇类油	R717	R134a，R407c	R11，R12，R600a
极性合成碳氢化合物油	R134a，R407c	R22，R502	R11，R12，R600a

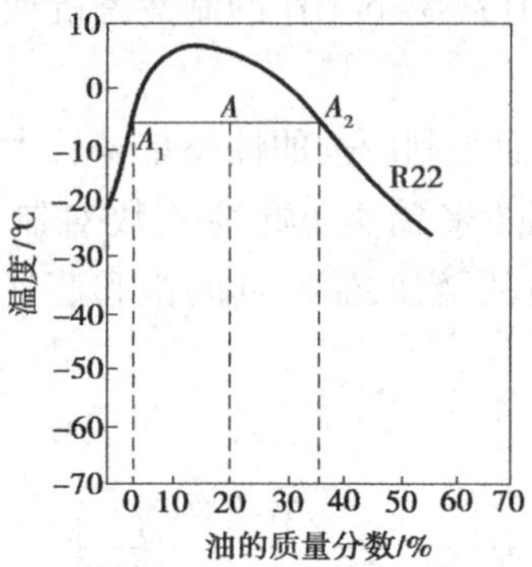

图 3.6　制冷剂与润滑油的溶解曲线

氟利昂同润滑油的溶解关系是随氟利昂的种类及温度而变化的。氟利昂中所含的氟原子愈多,则对矿物润滑油的溶解度愈小。图 3.6 示出由实验确定的 R22 与矿物润滑油的溶解曲线。实验结果表明,对氟利昂而言存在一个溶解临界温度,即溶解曲线最高点的温度。当高于临界温度时,氟利昂同矿物润滑油是互溶的,不会出现分层现象。当低于临界温度时,则为部分溶解,此时溶液将分为两层,即贫油层和富油层。例如,图中点 A 表示 R22 同矿物润滑油的溶解,将分为点 A_1 表示的贫油层及点 A_2 表示的富油层,且其质量同到点 A 的距离成反比;由图 3.5 还可以看出,R22 制冷机的高压储液器中是不会出现富油层的,但在低压储液器及蒸发器中则会出现。

在常温下,氟利昂与矿物润滑油相互溶解的关系可以用经验公式来判别。若用 n_1,n_2,n_3,n_4 分别表示制冷剂中氟、氯、氢、溴的原子数,则:

$$Z=\frac{n_1}{n_1+n_2+\frac{n_3}{4}+2n_4} \tag{3.22}$$

由式(3.22)可判别是互溶$\left(Z\leqslant\frac{1}{2}\right)$、部分溶解$\left(\frac{1}{2}\leqslant Z\leqslant\frac{2}{3}\right)$和微量溶解$\left(Z>\frac{2}{3}\right)$。表 3.13 列出了制冷剂与润滑油的互溶性。

值得指出的是,虽然那些不含氯的氟利昂制冷剂难以溶解于矿物润滑油,但它们却能很好地溶解于合成润滑油。

极性润滑油如聚酯类油和聚醇类油,都具有很强的吸水性。这一特性对制冷系统极其不利,在使用时要加以特别注意。极性合成碳氢化合物油虽然对极性制冷剂的溶解性没有聚酯类油好,但由于在这些油里加入了一定的添加剂,使该类润滑油能溶于极性制冷剂但又不太吸收水分,可以避免因吸水而引起的一系列问题。

习　题

3.1　理想的制冷剂应具有哪些特性?
3.2　制冷剂的哪些物理性质可对系统性能产生影响?
3.3　在选用制冷剂时,需要考虑的安全特性有哪些?
3.4　写出下列制冷剂的分子式: R22,R23,R134a,R290,R600a,R702,R704,R717。
3.5　阐述制冷剂的溶水性对制冷系统的影响。
3.6　比较制冷剂 R22,R134a 和 R600a 的特性和优缺点。
3.7　试述制冷剂 CFCs 的环境问题、产生机理及对策。

3.8　请用计算机高级语言编一个 PR 状态方程计算气相热力学状态参数的程序，用所编程序计算出制冷剂 R134a 在压力为 0.1 MPa，温度为 0 ℃时的比体积、比焓和比熵，并与查图所得的结果进行比较。

3.9　用 lg p-h 图及用式(3.7)来求 R22 在 −20 ℃时的冷凝潜热，并与查表所得的结果进行比较。

3.10　解释术语“制冷剂”和“载冷剂”，并说明载冷剂的主要作用。

3.11　试说明润滑油对制冷系统的正面作用和负面作用。

3.12　试说明矿物润滑油和聚酯类润滑油分别用于哪些制冷剂。

4 蒸气压缩式制冷

在普通制冷温度范围内，蒸气压缩式制冷是应用最广泛的制冷方式，它利用制冷剂液体蒸发制冷。蒸气压缩式制冷机结构紧凑，制冷温度和制冷量范围大，在较宽的制冷温度范围内具有较高的循环效率。

在蒸气压缩式制冷循环中，高低温热源的温度决定制冷剂放热和吸热的温度和压力，相应地决定了制冷循环中高低压侧的压力比。当高、低温热源的温度差值不太大，高、低压比不太大时，采用单级压缩制冷循环；如果温差大到使压力比超过单级压缩允许的极限值时，则采用压缩过程分级进行的多级压缩制冷循环，或者采用分段制冷的复叠式制冷循环。

在了解蒸气压缩式制冷的基本原理和制冷剂知识的基础上，本章重点介绍蒸气压缩式制冷循环理论及其计算分析方法，并简要介绍蒸气压缩式制冷机系统的构成和循环参数设计等知识。

4.1 单级蒸气压缩式制冷理论循环

单级蒸气压缩式制冷机主要由压缩机、冷凝器、节流机构和蒸发器组成，如图 4.1 所示。其工作过程由以下 4 个步骤完成：

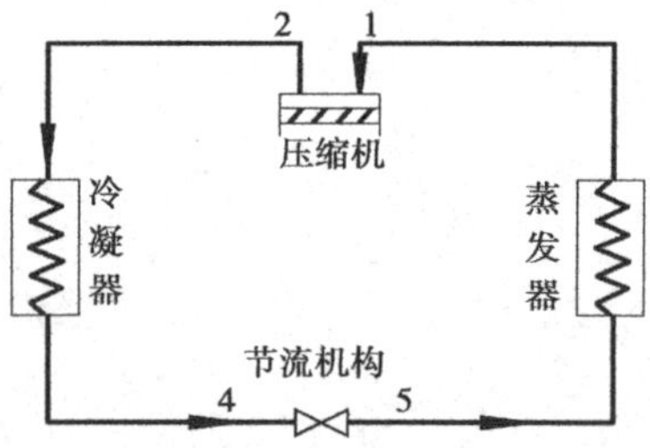

图 4.1 单级蒸气压缩式制冷系统简图

①制冷剂在蒸发器中吸收被冷却物体（或空间）的热量，由液态蒸发为气态。

②压缩机将低温低压制冷剂气体压缩，排出高温高压气体。

③在冷凝器中向高温热源放热，冷却、冷凝为高压液体。

④经过节流机构降压，得到对应蒸发温度的低压液体（含闪发蒸气），进入蒸发器吸热蒸发，再次回到过程①。吸热蒸发、蒸气压缩、放热冷凝和节流降压 4 个过程循环往复，实现热量从低温热源向高温热源的转移。

4.1.1 蒸气压缩式制冷理论循环

理论循环忽略了制冷机在实际运转中的一些复杂因素，将循环加以抽象，以便于分析基本参数对循环的影响，将作为以后研究制冷机实际循环的基础。

单级理论循环是建立在以下一些假设的基础上:压缩过程为等熵过程,即在压缩过程中不存在任何不可逆损失;在冷凝器和蒸发器中,制冷剂的冷凝温度等于冷却介质的温度,蒸发温度等于被冷却介质的温度,且冷凝温度和蒸发温度都是定值;离开蒸发器和进入压缩机的制冷剂蒸气为蒸发压力下的饱和蒸气,离开冷凝器进入节流装置的液体为冷凝压力下的饱和液体;制冷剂在管道内流动时,没有流动阻力损失,忽略动能变化,除了蒸发器和冷凝器内的管子外,制冷剂与管外介质之间没有热交换;制冷剂在流过节流装置时,流速变化很小,可以忽略不计,且与外界环境没有热交换。

图4.2为上述理论循环在温熵(T-s)图和压焓($\lg p$-h)图上的表示。压缩机吸入的是以点1表示的饱和蒸气,1—2表示制冷剂在压缩机中的等熵压缩过程。2—3—4表示制冷剂在冷凝器中的冷却和冷凝过程,在冷却过程2—3中,制冷剂向高温热源释放显热,温度降低到对应压力的饱和蒸气温度;在冷凝过程3—4中,制冷剂向高温热源释放潜热,由饱和气体变为饱和液体。在冷却和冷凝过程中,制冷剂压力保持不变,且等于冷凝温度 T_k 下的饱和蒸气压力。4—5表示节流过程,制冷剂在节流过程中压力和温度都降低,但焓值保持不变,且进入两相区。5—1表示制冷剂在蒸发器中的蒸发过程,制冷剂在温度 T_0 和压力 p_0 保持不变的情况下吸热蒸发,被冷却物体或载冷剂的热量被制冷剂带走。

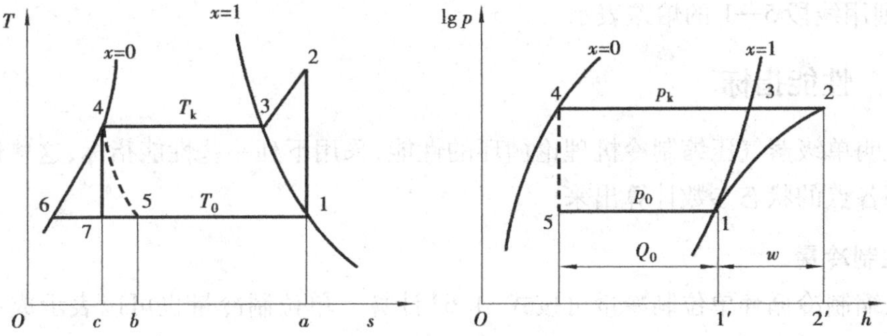

图4.2　理论循环在 T-s 图和 $\lg p$-h 图上的表示

按照热力学第一定律,对于在系统中进行的状态变化存在如下关系:

$$dq = dh - dw \tag{4.1}$$

这里,把外界对系统做的功作为负值。对式(4.1)积分,可以得到整个过程的表达式为:

$$q = \Delta h - w \tag{4.2}$$

按照式(4.1)和式(4.2),单级蒸气压缩制冷循环的各个过程有如下关系:

1)压缩过程

压缩过程为等熵过程,$dq = 0$,且 $dw = dh$,则:

$$w = h_2 - h_1 \tag{4.3}$$

式中,w 为单位理论功,在 T-s 图上用面积1—2—3—4—c—b—5—1表示,在 $\lg p$-h 图上以横坐标轴上线段1′—2′的焓差表示。

2)冷凝过程

冷凝过程与外界无功交换,$dw=0$,且 $dq=dh$,则:

$$q_k = h_2 - h_4 \tag{4.4}$$

式中,q_k 为单位冷凝热,在 T-s 图上用面积 a—2—3—4—c—a 表示,在 lg p-h 图上以线段2—4的焓差表示。

3)节流过程

节流过程为不可逆过程,不能用微分符号表示,但对整个节流过程前后可用积分式表示,即 $dw=0$,$dq=0$,且 $dh=0$,则:

$$h_4 = h_5 \tag{4.5}$$

这就是说节流过程前后焓值相等,点4,5在等焓线上。

4)蒸发过程

蒸发过程与外界无功交换,$dw=0$,且 $dq=dh$,则:

$$q_0 = h_1 - h_5 = h_1 - h_4 \tag{4.6}$$

式中,q_0 称为单位制冷量,习惯上取为正值,在 T-s 图上用面积 1—5—b—a—1 表示,而在 lg p-h 图上则用线段5—1的焓差表示。

4.1.2 性能指标

为了说明单级蒸气压缩制冷机理论循环的性能,采用下列一些性能指标,这些性能指标均可通过循环各点的状态参数计算出来。

1)单位制冷量

蒸气压缩制冷循环单位制冷量可按式(4.6)计算。单位制冷量也可以表示成汽化潜热 r_0 和节流后的干度 x_5 的函数,即:

$$q_0 = h_1 - h_5 = r_0(1 - x_5) \tag{4.7}$$

由式(4.7)可知,制冷剂的汽化潜热越大,或节流所形成的蒸气越少(x_5 越小),则循环的单位制冷量就越大。

2)单位容积制冷量

$$q_v = \frac{q_0}{v_1} = \frac{h_1 - h_5}{v_1} \tag{4.8}$$

在制取一定的制冷量时,若选用 q_v 大的制冷剂,则压缩机需提供的输气量小。循环的单位容积制冷量不仅随制冷剂种类而变,而且还随压缩机的吸气状态而变。对某一具体的制冷剂来说,简单理论循环的蒸气比体积 v_1 随蒸发温度(或蒸发压力)的降低而增大,若冷凝温度已经确定,则单位容积制冷量 q_v 将随蒸发温度的降低而变小。

3)单位理论功

在理论循环中,制冷压缩机输送单位质量制冷剂所消耗的功称为理论比功。由于制冷剂在节流过程中不做外功,因此压缩机所消耗的理论比功即等于循环的理论比功。对于单级蒸气压缩制冷理论循环来说,理论比功可表示为:

$$w_0 = h_2 - h_1 \tag{4.9}$$

单级蒸气压缩制冷的理论比功,也随制冷剂的种类和制冷循环的工作温度而变化。

4)单位冷凝热

单位质量制冷剂蒸气在冷凝器中放出的热量,称为单位冷凝热。单位冷凝热包括显热和潜热两部分,即:

$$q_k = (h_2 - h_3) + (h_3 - h_4) = h_2 - h_4 \tag{4.10}$$

比较式(4.6)、式(4.10)可以看出,对于单级蒸气压缩制冷的理论循环,存在下列关系:

$$q_k = q_0 + w_0 \tag{4.11}$$

这与用热力学第一定律分析循环时得出的结论一致。

5)制冷系数

对于单级蒸气压缩制冷机的理论循环,制冷系数为:

$$\varepsilon_0 = \frac{q_0}{w_0} = \frac{h_1 - h_4}{h_2 - h_1} \tag{4.12}$$

在冷凝温度和蒸发温度给定的情况下,制冷系数愈大,表示循环的运行经济性愈好。由于 q_0 和 w_0 都随循环的工作温度而变,冷凝温度越高,蒸发温度越低,则制冷系数越小。

6)热力完善度

单级蒸气压缩制冷机理论循环的热力完善度是评价循环经济性的重要指标,按定义可表示为:

$$\eta = \frac{\varepsilon_0}{\varepsilon_c} = \frac{h_1 - h_4}{h_2 - h_1}\frac{T_k - T_0}{T_0} \tag{4.13}$$

ε_c 为在 T_0 和 T_k 之间工作的逆卡诺循环的制冷系数。热力完善度愈大,说明该循环接近可逆循环的程度愈大。

制冷系数和热力完善度都是用来评价循环经济性的指标,但是它们的意义则有所不同。由于制冷系数是随循环的工作温度而变的,因此只能用来评定相同热源温度下循环的经济性。而对于在不同温度下工作的制冷循环,需要通过热力完善度的数值大小(接近1的程度)来判断循环的经济性。

【例4.1】 一台单级蒸气压缩制冷机工作在高温热源温度为40 ℃、低温热源温度为 −20 ℃之间。试求分别用制冷剂R134a,R22,R717工作时理论循环的性能指标。

【解】 循环的 *T-s* 和 lg *p-h* 图见图4.2,各点参数查附图1、附图3和附图4,或用计算机计算得到。

表 4.1　循环各点参数

状态点	参数	单位	R134a	R22	R717
1	p_1	kPa	132.7	244.9	190.1
	t_1	℃	-20	-20	-20
	v_1	m^3/kg	0.147 2	0.092 13	0.623 2
	h_1	kJ/kg	384.70	396.46	1 437.12
2	t_2	℃	48.4	67.6	135.2
	p_2	kPa	1 016.4	1 533.6	1 555.5
	h_2	kJ/kg	427.31	443.06	1 757.03
4	t_4	℃	40	40	40
	p_4	kPa	1 016.4	1 533.6	1 555.5
	h_4	kJ/kg	256.2	249.44	393.99

按式(4.6)、式(4.8)～式(4.10),以及式(4.12)计算循环性能指标见表 4.2。

表 4.2　循环性能指标

项　目	计算公式	单位	R134a	R22	R717
单位制冷量	$q_0 = h_1 - h_5$	kJ/kg	128.5	147.0	1 043.1
单位容积制冷量	$q_v = q_0/v_1$	kJ/m^3	872.9	1 595.9	1 673.9
单位理论功	$w_0 = h_2 - h_1$	kJ/kg	42.6	46.59	319.9
单位冷凝热	$q_k = h_2 - h_4$	kJ/kg	171.10	193.62	1 363.03
制冷系数	$\varepsilon_0 = q_0/w_0$	—	3.016	3.155	3.261
卡诺循环制冷系数	$\varepsilon_c = T_0/(T_4 - T_0)$	—	4.219	4.219	4.219
热力完善度	$\eta = \varepsilon_0/\varepsilon_c$	—	0.715	0.748	0.773

分析计算结果可以看出,在相同工作条件下,R22 和 R717 的单位容积制冷量很相近,而 R314a 的单位容积制冷量则小得多(约为 45%);3 种制冷剂的制冷系数及热力完善度相差不大。

4.1.3　液体过冷、吸气过热及回热循环

上述循环是单级蒸气压缩制冷的基本循环,也是最简单的循环。在实际应用中,根据条件对循环往往要进行一些改进,以便提高循环的热力完善度。在单级制冷循环中,这种改进主要有液体过冷、吸气过热及由此而产生的回热循环。

1)液体过冷

将节流前的制冷剂液体冷却到低于冷凝温度的状态,称为液体过冷。带有液体过冷过程的循环,叫做液体过冷循环。

由制冷剂的热力状态图可知,节流前液体的过冷度愈大,则节流后的干度 x 就愈小,循环的单位制冷量就愈大。因此,采用液体过冷对提高制冷量和制冷系数都是有利的。图 4.3 表

示了过冷循环 1—2—3—4. 4′—5′—1 的 T-s 图和 lg p-h 图。图中 4—4′为制冷剂液体在过冷器中的过冷过程，4′—5′为节流过程，其余过程与基本循环相同。

与无过冷的循环 1—2—3—4. 5—1 相比，过冷循环的单位制冷量的增加量为：

$$\Delta q_0 = h_4 - h_{4'} = h_5 - h_{5'} \tag{4.14}$$

在图 4.3 中，Δq_0 分别以面积 5′—5—b—c—5′和线段 5′—5 表示。因两个循环的理论比功 w_0 相同，过冷循环的制冷系数 ε' 比无过冷循环的制冷系数 ε_0 大，即：

$$\varepsilon' = \frac{(h_1 - h_4) + (h_4 - h_{4'})}{h_2 - h_1} = \varepsilon_0 + \frac{c'\Delta t}{h_2 - h_1} \tag{4.15}$$

式中，c'为液体的平均比热容；Δt 为过冷度。

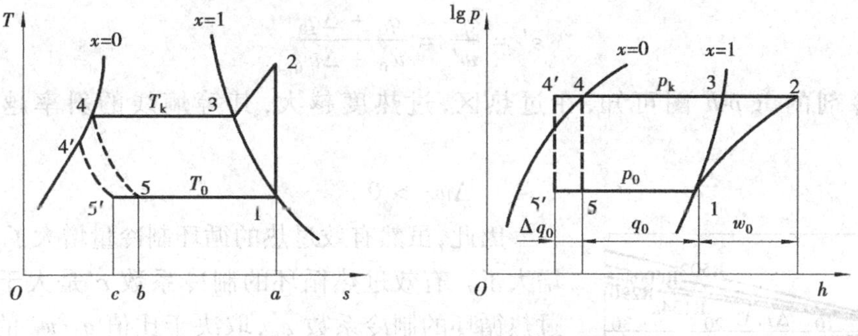

图 4.3　过冷循环在 T-s 图和 lg p-h 图上的表示

由式(4.15)可知，采用过冷循环，可以使循环的制冷系数提高，提高的数值为式(4.15)右边的第二项。因此，过冷度越大，循环的制冷系数提高得越多。此外，一定的过冷度还可以防止进入节流装置前制冷剂处于两相状态，使节流机构工作稳定。

一般制冷装置常利用冷凝器本身较强的换热能力将制冷剂冷却到饱和温度以下，达到过冷目的。此外就是专门设置一个过冷器，来自冷凝器的饱和液体经过过冷器再放出热量给冷却介质，达到过冷状态。当过冷器单独设置时，要增加冷却水或深井水设施，水泵还要消耗功。在这种情况下，采用过冷循环在经济上是否有利，需经技术经济分析才能确定。

2）**吸气过热**

压缩机吸入前的制冷剂蒸气的温度高于吸气压力下制冷剂的饱和温度时，称为吸气过热。具有吸气过热过程的循环，称为吸气过热循环。

图 4.4 表示吸气过热循环 1—1′—2′—3—4. 5—1 的 T-s 图和 lg p-h 图。图中 1—1′是吸气的过热过程，其余与基本循环相同。

如果吸入蒸气的过热发生在蒸发器的后部，或者发生在安装于被冷却空间内的吸气管道上，或者发生在二者皆有的情况下，那么由于过热而吸收的热量来自被冷却的空间，因而产生有用的制冷效果，这种过热称为有效过热。与无过热循环相比，有效过热循环的单位制冷量增大了 Δq_0，即：

$$\Delta q_0 = h_{1'} - h_1 \tag{4.16}$$

循环的理论比功的增大值为：

$$\Delta w_0 = (h_{2'} - h_{1'}) - (h_2 - h_1) \tag{4.17}$$

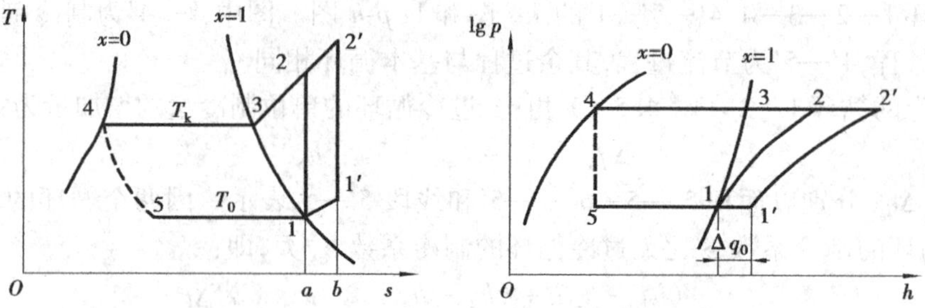

图 4.4　过热循环在 T-s 图和 lg p-h 图上的表示

因而有效过热循环的制冷系数可表示为：

$$\varepsilon' = \frac{q'}{w'} = \frac{q_0 + \Delta q_0}{w_0 + \Delta w_0} \tag{4.18}$$

由制冷剂的 lg p-h 图可知，在过热区，过热度越大，其等熵线的斜率越大。根据式(4.17)得：

$$\Delta w_0 > 0 \tag{4.19}$$

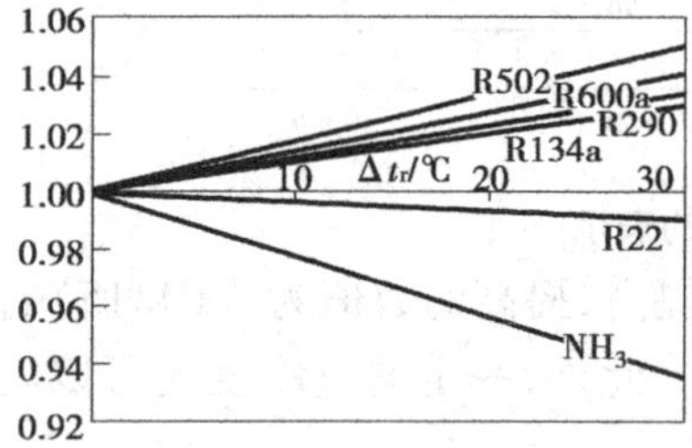

图 4.5　有效过热的过热度对制冷系数的影响

因此，虽然有效过热的循环制冷量增大了，但耗功量也增大了。有效过热循环的制冷系数 ε' 是大于还是小于无过热循环的制冷系数 ε_0，取决于比值 q_0/w_0 的变化。如果 $\varepsilon' > \varepsilon_0$，则过热有利；否则，过热不利。可以通过计算不同制冷剂在不同过热度条件下，制冷系数的变化情况来定量分析上述结论。图 4.5 表示不同制冷剂当蒸发温度为 0 ℃、冷凝温度为 40 ℃时，制冷系数的计算结果。由该图可知，制冷系数的增加还是减少，仅与制冷剂的种类有关，而改变量的绝对值，几乎与过热度成正比。用同样的方法分析有效过热对容积制冷量的影响，会得到与图 4.5 非常相似的结果。

上述分析是将吸气过热时所吸收的热量 Δq_0 作可以利用的制冷量，即有效过热。但也有另一种形式的蒸气过热，即制冷剂蒸气在被冷却空间以外吸取环境空气的热量而过热，这种过热称为无效过热。这时蒸气所吸收的热量不属于制冷量，由式(4.16)～式(4.19)可知，过热循环的制冷系数必然降低。因此，无效过热也称为有害过热。制冷剂蒸气在吸气管中的过热一般为无效过热。蒸发温度越低，则无效过热的影响越大。为了减轻无效过热，吸气管需要包绝热材料。

此外，不管是有效过热还是无效过热，虽然一定的过热度对容积式压缩机的吸气效果会有所改善，也可避免吸入气体可能带液所导致的不利后果，但是过热都将引起压缩机排气温度的增加，这一点对压缩机的工作是不利的。表 4.3 给出了蒸发温度为 0 ℃、冷凝温度为 40 ℃时，不同制冷剂在过热度分别为 0 ℃和 30 ℃时，压缩机的排气温度计算结果。

表 4.3　过热度对排气温度的影响

过热度/℃	R502	R600a	R290	R134a	R22	NH_3
	排气温度/℃					
0	45.3	37.4	44.4	44.1	55.9	93.0
30	73.9	65.7	72.1	72.9	86.3	131.5

3）回热循环

液体过冷对提高循环性能指标有益，但要实现液体过冷，需要有温度更低的冷却介质。利用节流前的制冷剂液体与压缩机吸入前的制冷剂蒸气进行热交换，使液体过冷、蒸气过热，称之为回热。具有回热的制冷循环，称为回热循环。利用回热循环是实现较大回热的有效措施，并在低温领域得到更为广泛的应用。

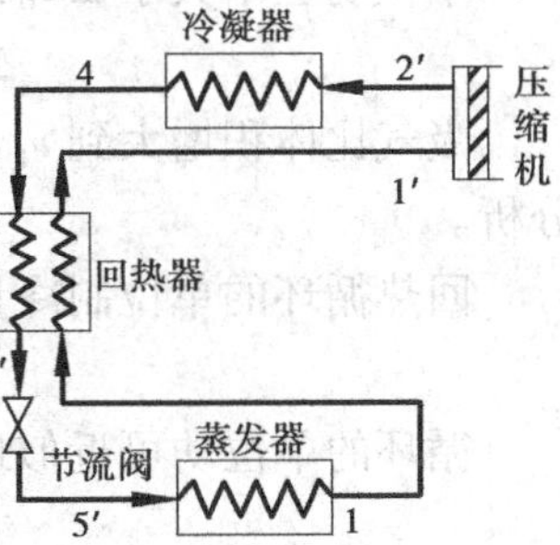

图 4.6　蒸气压缩式制冷回热循环流程图

回热循环的流程如图 4.6 所示。来自于冷凝器的制冷剂液体在回热器中被低压蒸气冷却，然后经节流阀进入蒸发器。从蒸发器流出的低压蒸气进入回热器，被加热后再进入压缩机压缩。

图 4.7 示出回热循环 1′—2′—3—4.4′—5′—1—1′的 *T-s* 图和 lg *p-h* 图。图中 1—1′是蒸气的过热过程。4.4′是液体的过冷过程，过热和过冷是在回热器内进行的。若不计回热器与外界环境之间的热交换，则液体过冷的热量等于使蒸气过热的热量，其热平衡关系为：

$$h_4 - h_{4'} = h_{1'} - h_1 \tag{4.20}$$

或

$$c'(t_k - t_{4'}) = c_{p0}(t_{1'} - t_0) \tag{4.21}$$

式中，c'为液体的比热容；c_{p0}为低压蒸气的比定压热容。

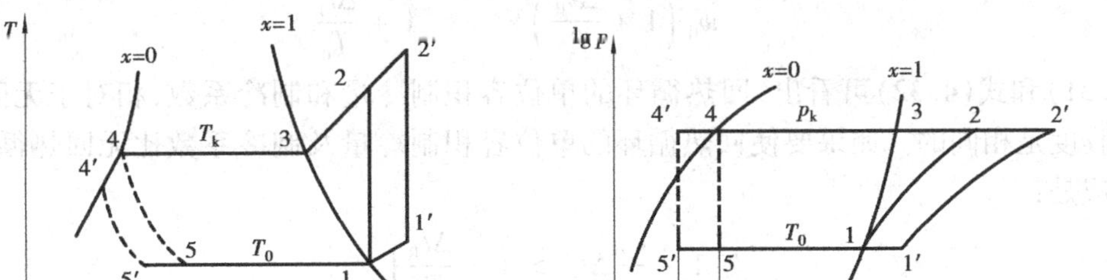

图 4.7　回热循环在 *T-s* 图和 lg *p-h* 图上的表示

由式(4.21)可以求出：

$$t_{4'} = t_k - \frac{c_{p0}}{c'}(t_{1'} - t_0) \tag{4.22}$$

由于 c_{p0}总是小于 c'，因此永远是 $t_{4'} > t_0$，即液体通过回热器不可能冷却到蒸发温度 t_0。当选定 $t_{1'}$之后，即可由式(4.22)求出 $t_{4'}$。

回热循环的性能指标的计算如下：

单位制冷量：
$$q'_0 = h_1 - h_{4'} = h_{1'} - h_4 \tag{4.23}$$
单位容积制冷量：
$$q'_v = q'_0 / v_{1'} \tag{4.24}$$
单位功：
$$w' = h_{2'} - h_{1'} \tag{4.25}$$
制冷系数：
$$\varepsilon' = \frac{q'_0}{w'} = \frac{h_1 - h_{4'}}{h_{2'} - h_{1'}} \tag{4.26}$$

由图4.7可知，与无回热循环1—2—3—4.5—1相比较，回热循环的单位制冷量增大了Δq_0：

$$\Delta q_0 = h_4 - h_{4'} = h_{1'} - h_1 = c_{p0}\Delta t_R \tag{4.27}$$

单位功也增大了Δw_0：

$$\Delta w_0 = w' - w_0 = (h'_0 - h'_1) - (h_2 - h_1) \tag{4.28}$$

吸气比体积增大到$v_{1'}$，这样制冷系数及单位容积制冷量的增大或减少，这需要具体加以分析。

回热循环的单位制冷量可表示为：

$$q'_0 = q_0 + c_{p0}\Delta t_R \tag{4.29}$$

循环的单位功可近似地表示为：

$$w' = w_0 \frac{T'_0}{T_0} = w_0 \left(1 + \frac{\Delta t_R}{T_0}\right) \tag{4.30}$$

单位容积制冷量和制冷系数可分别表示为：

$$q'_v = \frac{q'_0}{v_{1'}} = \frac{q_0 + c_{p0}\Delta t_R}{v_1\left(1 + \frac{\Delta t_R}{T_0}\right)} = q_v \frac{1 + \frac{c_{p0}}{q_0}\Delta t_R}{1 + \frac{\Delta t_R}{T_0}} \tag{4.31}$$

$$\varepsilon' = \frac{q_0 + \Delta q_0}{w_0\left(1 + \frac{\Delta t_R}{T_0}\right)} = \varepsilon_0 \frac{1 + \frac{c_{p0}}{q_0}\Delta t_R}{1 + \frac{\Delta t_R}{T_0}} \tag{4.32}$$

由式(4.31)和式(4.32)可看出，回热循环的单位容积制冷量和制冷系数，相对于无回热循环变化的程度是相同的。如果要使回热循环的单位容积制冷量及制冷系数比无回热循环的高，其条件应是：

$$\left.\begin{aligned} 1 + \frac{c_{p0}}{q_0}\Delta t_R &> 1 + \frac{\Delta t_R}{T_0} \\ c_{p0}T_0 &> q_0 \end{aligned}\right\} \tag{4.33}$$

显然，对于一定的蒸发温度，式(4.33)是否成立只取决于制冷剂的物性。凡是满足式(4.32)条件的制冷剂，采用回热循环后制冷系数可以提高，单位容积制冷量可以增大，因此是有利的，在实际应用中宜采用回热循环。而对于不满足式(4.33)条件的制冷剂，回热循环的制冷系数及单位容积制冷量，比无回热循环低。

通过与过热循环的比较，也可以得到一些有用的结论。比较式(4.16)与式(4.27)和式(4.17)与式(4.28)可知，回热循环制冷量及制冷系数的改变量，与有效过热循环一样。因此，由图4.5和表4.1得出的结论同样适合于回热循环，即从单位容积制冷量和制冷系数角度看，

R502,R290,R600a,R134a 等制冷剂采用回热循环有利,而 R22,R717 采用回热循环不利。此外,回热循环还具有过冷循环(由于制冷剂液体过冷)所带来的优点。

在实用上是否采用回热循环,除了考虑制冷系数及单位容积制冷量是否提高以外,还应考虑下列一些因素:

①采用回热后,使节流前制冷剂成为过冷状态,可以在节流过程中减少汽化,使节流机构工作稳定。

②采用回热后,自蒸发器出来的气体流过回热器时压力有所降低,因而增大了压缩机的压比会引起压缩功的增大。

因此,究竟在什么情况下采用回热循环,要综合上述因素,进行具体分析。

还应指出,对于像 R113,R114,RC318 等类制冷剂,在 *T-s* 图上的饱和蒸气曲线向左下方倾斜,当压缩机吸入的是饱和蒸气时,其等熵压缩过程线将进入两相区内,而压缩机通常不宜工作在湿压缩区。因此,应该提高压缩机吸气温度或采用回热循环。

4.2 单级蒸气压缩式制冷实际循环

4.2.1 单级蒸气压缩式制冷实际循环的特点

单级蒸气压缩式制冷实际循环与理想循环有许多不同之处,除了压缩机的工作过程是多变过程以外,主要还有下列一些差别。

1)流动过程存在阻力

(1)吸入管道　从蒸发器出口到压缩机吸气入口之间的管道称为吸入管道。制冷剂从吸入管道中流过时,必定存在流动阻力。这一阻力损失引起的压力降,直接造成压缩机吸气压力的降低,对实际循环的性能有重大影响。这种影响表现为压缩机吸入口的吸气比容积增大,压缩机的压比增大,压缩功增加,单位容积制冷量减小,压缩机容积效率降低,制冷系数下降。

在实际工程中,可以通过降低流速的办法来降低阻力,即通过增大管径来降低压力降。但考虑到有些场合,为了确保润滑油能顺利地从蒸发器返回压缩机,这一流速又不能太低。此外,应尽量减少设置在吸入管道上的阀门、弯头等阻力部件,以减少吸入管道的阻力。

(2)排出管道　从压缩机出口到冷凝器入口之间的管道称为排出管道。同样,排出管道上的压力降会导致压缩机的排气压力升高,从而使压缩机的压比增大,容积效率降低,制冷系数下降。实际中,由于这一阻力降相对于压缩机的吸排气压力差要小得多,因此对系统性能的影响要比吸气管道阻力的影响要小。

(3)液体管道　从冷凝器出口到节流装置入口之间的管路称为液体管道。由于液体流速较气体要小得多,因而阻力相对较小。但在许多场合下,冷凝器出口与节流装置入口不在同一高度上,若前者的位置比后者低,由于静液柱的存在,高度差要导致压力降。该压力降对于具有足够过冷度的制冷系统,系统性能不会受到影响。但如果从冷凝器里出来的制冷剂为饱和状态或过冷度不大,则液体管道的压力降将导致管路内部的制冷剂汽化,从而使进入节流装置的制冷剂处于两相状态，这将增加节流过程的压力降，对系统性能产生不利的影响，同时对系统的稳定运行也产生不利影响。为了避免这些影响，在设计制冷系统时，要注意冷凝器与节流装置的相对位置，同时要降低节流前管路的阻力损失。

(4)两相管道　从节流装置到蒸发器之间的管道中流动着两相的制冷剂，称之为两相管道。通常这一管道的距离是较短的，而且由它引起的阻力降对系统性能影响较小。因为对于给定的蒸发温度，制冷剂进入蒸发器之前压力必须降低到蒸发压力，这一压力的降低不管是发生在节流装置内，还是发生在两相管道上是无关紧要的。但是，如果系统中有多个蒸发器共用一个节流装置，或单个蒸发器有两个以上独立通道，则要尽量保证从液体分配器到各个蒸发器或独立通道之间的阻力降相等；否则，将出现分液不均匀现象，影响制冷效果。

(5)蒸发器　在讨论蒸发器中的压降对循环性能的影响时，必须注意到它的比较条件。如果假定不改变制冷剂出蒸发器时的状态，为了克服蒸发器中的流动阻力，必须提高制冷剂进蒸发器时的压力，即提高开始蒸发时的温度。由于节流前后焓值相等，又因为压缩机的吸入状态没有变化，故制冷系统的性能没受到什么影响。它仅使蒸发器中的传热温差减小，要求传热面积增大而已。如果假定不改变蒸发过程中的平均传热温差，出蒸发器时的制冷剂压力稍有降低，其结果与吸入管道阻力引起的结果一样。

(6)冷凝器　假定出冷凝器的压力不变，为克服冷凝器中的流动阻力，必须提高进冷凝器时的压力，其结果与排气管道阻力引起的结果一样。

2)系统与环境间存在漏热

无论是制冷系统的高温部分还是低温部分，它们与环境之间总存在温差，因而不可避免地要与环境进行热交换，产生漏热。除压缩机、排气管道、冷凝器和液体管道这些高温部分的漏热，对于制冷系统无不利的影响外(对于热泵系统，这些漏热也是损失)，其余漏热对系统性能都将产生不利的影响。显然，两相管道和蒸发器的漏热是制冷量的直接损失，使系统的制冷量降低，能耗提高。吸入管道漏热所产生的后果，与无效过热的后果一样。因此，在实际系统中，应该尽量减小这些漏热。

4.2.2　实际循环的性能指标及热力计算

实际循环如图4.8所示，图中5—0为实际蒸发过程，它与被冷却物质之间存在温差。同时，由于热交换器中有流动损失，使制冷剂在蒸发器内有压力降，因此5—0是一条向右下方倾斜的直线。0—1*s*是蒸发器至压缩机开始压缩前这一过程中的压力和温度变化。为了表示清楚起见，将0—1*s*过程看作制冷剂先由点0等压过热至状态点*a*，然后等焓节流至1*s*。压缩过程1*s*—2*s*是在汽缸内进行的，压缩终了的气体状态为2*s*。由汽缸内的点2*s*排到冷凝器的过程，也是一个有压力降低和温度降低的过程，图中2*s*—*b*表示排气过程的压降冷却情况，*b*—*c*表示排气管道中的冷却情况。*c*—3—4表示在冷凝器中的冷却、冷凝及过冷过程。在这一过程中，由于有流动阻力损失，因此压力是渐渐降低的，冷凝温度T_k也是变化的，同时与冷却介质(如水、空气)之间存在着变化的温差ΔT。4—5是实际的节流过程，它也是一个同环境介质有热交换的过程，过程前后焓值也稍有变化。

图4.8所示的循环，进行热力计算时显然非常烦琐。因此，在工程设计中，常常是对它做一些简化。简化的途径是：忽略冷凝器和蒸发器中的微小压力变化，即以压缩机出口压力作为

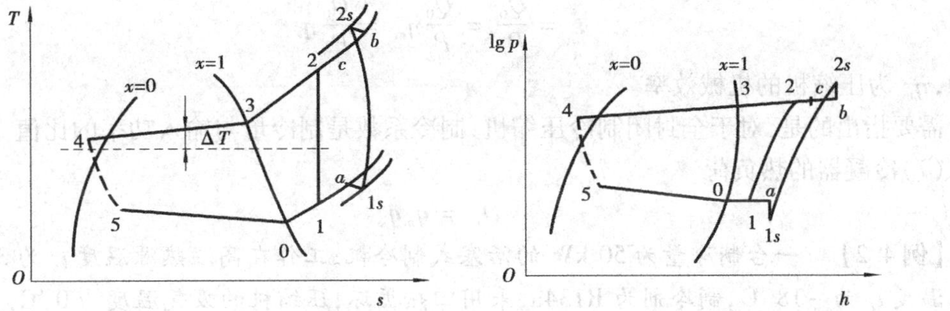

图 4.8　实际制冷循环在 T-s 图和 lg p-h 图上的表示

冷凝压力（在大型装置中，压缩机排气管道较长，应以排气压力减去这一段管道压力损失后作为冷凝压力），以蒸发压力作为压缩机的进口压力（在大型装置中尚需考虑吸气管道的压力损失），同时认为冷凝温度和蒸发温度均为定值；将压缩机内部过程简化成一个从吸气压力到排气压力的有损失的多变压缩过程；节流过程仍简化为等焓过程。经过上述简化，则实际循环可表示为图 4.9 中的 0—1—2—3—4. 5—0，1—2 是实际的压缩过程。经过这样的简化之后，即可直接利用 lg p-h 图进行循环的性能指标的计算，且由此而产生的误差也不会很大。

下面介绍简化后循环的性能指标表达式，各下标对应于图 4.9 所示的状态点。

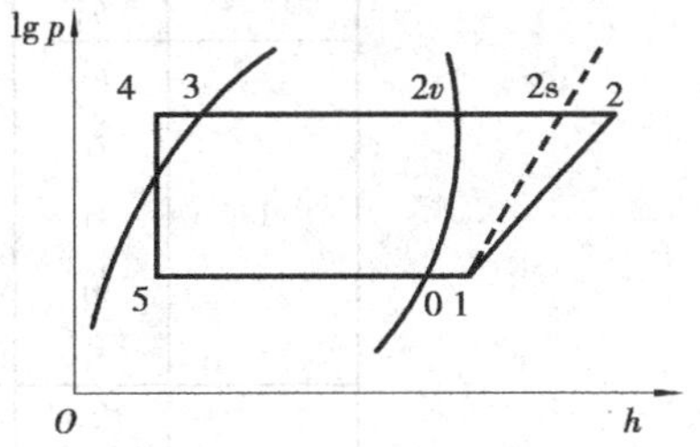

图 4.9　实际制冷循环的 lg p-h 简化图

（1）单位制冷量 q_0 与单位容积制冷量 q_v

$$\left.\begin{aligned} q_0 &= h_0 - h_5 = h_0 - h_4 \\ q_v &= \frac{q_0}{v_1} \end{aligned}\right\} \tag{4.34}$$

（2）单位理论功 w_0

$$w_0 = h_{2s} - h_1 \tag{4.35}$$

（3）单位冷凝热负荷 q_k

$$q_k = h_2 - h_4 \tag{4.36}$$

式中，点 2 状态的比焓值为：

$$h_2 = \frac{h_{2s} - h_1}{\eta_i} + h_1 \tag{4.37}$$

式中，η_i 为压缩机的指示效率，定义为等熵压缩过程耗功量与实际压缩过程耗功量之比。

（4）制冷剂循环流量 q_m

$$q_m = \frac{Q_0}{q_0} \tag{4.38}$$

式中，Q_0 为制冷量，通常由设计任务给出。

（5）压缩机的理论功率 P_0 和指示功率 P_i

$$P_0 = q_m w_0 \tag{4.39}$$

$$P_i = \frac{P_0}{\eta_i} \tag{4.40}$$

（6）制冷系数　实际制冷系数为制冷量与消耗能量之比，当考虑轴功率时有：

$$\varepsilon = \frac{Q_0}{P_e} = \frac{Q_0}{P_i}\eta_m = \frac{Q_0}{P_0}\eta_e \tag{4.41}$$

式中，η_m 为压缩机的机械效率。

需要指出的是，对于全封闭制冷压缩机，制冷系数是制冷量与输入功率的比值。

(7)冷凝器的热负荷

$$Q_k = q_m q_k \tag{4.42}$$

【例4.2】 一台制冷量为50 kW的活塞式制冷机，工作在高温热源温度 t_a 为32 ℃，低温热源温度 t_c 为 −18 ℃，制冷剂为R134a，采用回热循环，压缩机的吸气温度为0 ℃。试进行循环的热力计算。

【解】 制冷循环的 lg *p*-*h* 图如图4.9所示，取冷凝温度比高温热源高8 ℃($T_k = t_a + 8$ ℃ = 40 ℃)，蒸发温度比低温热源低5 ℃($T_0 = t_c - 5$ ℃ = −23 ℃)，压缩机的指示效率为0.75，压缩机的机械效率为0.92，查附图3可确定热力循环各点的状态参数见表4.4。

表4.4

状态点	参 数	单 位	R134a	备 注
0	t_0	℃	−23	t_0 为饱和气体温度，$t_0 = T_0$，查压焓图得 p_0 值
	p_0	10^2 kPa	1.16	
	h_0	kJ/kg	383.9	
1	p_1	10^2 kPa	1.16	等温线 t_1 与等压线 p_0 的交点为实际吸气状态1点
	t_1	℃	0	
	v_1	m^3/kg	0.185	
	h_1	kJ/kg	401.6	
	s_1		1.812	
2s	t_{2s}	℃	71.5	过1点作等熵线 s_1 与等压线 p_k，得交点2s，即为等熵压缩过程终点
	p_{2s}	10^2 kPa	10.16	
	h_{2s}	kJ/kg	452.1	
2	t_2	℃	86	由式(4.40)，取 $\eta_i = 0.75$，求得 h_2，等焓线 h_2 与等压线 p_k 的交点为实际压缩过程终点2
	p_2	10^2 kPa	10.16	
	h_2	kJ/kg	468.9	
3	t_3	℃	40	t_3 为饱和液体温度，$t_3 = T_k$
	p_3	10^2 kPa	10.16	
	h_3	kJ/kg	256.2	
4	t_4	℃	27.3	$p_4 = p_k$，根据回热器的热平衡方程 $h_3 - h_4 = h_1 - h_0$ 确定 h_4
	p_4	10^2 kPa	10.16	
	h_4	kJ/kg	237.5	

循环的热力计算如下：

①单位制冷量 q_0、单位容积制冷量 q_v 及单位理论功 w_0 分别为：

$$q_0 = h_0 - h_4 = (283.9 - 237.5)\text{kJ/kg} = 146.4\ \text{kJ/kg}$$

$$q_v = \frac{q_0}{v_1} = \frac{146.4\ \text{kJ/kg}}{0.185\ \text{m}^3/\text{kg}} = 791.4\ \text{kJ/m}^3$$

$$w_0 = h_{2s} - h_1 = (452.1 - 401.6)\text{kJ/kg} = 50.5\ \text{kJ/kg}$$

②制冷剂质量流量 q_m 的计算：

$$q_m = \frac{Q_0}{q_0} = \frac{50\ \text{kW}}{146.4\ \text{kJ/kg}} = 0.342\ \text{kg/s}$$

③压缩机的理论功率 P_0 和指示功率 P_i 分别为：

$$P_0 = q_m w_0 = 0.342\ \text{kg/s} \times 50.5\ \text{kJ/kg} = 17.247\ \text{kW}$$

$$P_\text{i} = \frac{P_0}{\eta_\text{i}} = \frac{17.247}{0.75}\text{kW} = 22.996\ \text{kW}$$

④制冷系数及热力完善度：

理论制冷系数： $$\varepsilon_0 = \frac{q_0}{w_0} = \frac{146.4\ \text{kJ/kg}}{50.5\ \text{kJ/kg}} = 2.899$$

实际制冷系数： $$\varepsilon_\text{s} = \frac{\varepsilon_\text{i}}{\eta_\text{m}} = \frac{Q_0\eta_\text{m}}{P_\text{i}} = \frac{50\ \text{kW} \times 0.92}{22.996\ \text{kW}} = 2.000$$

卡诺循环的制冷系数： $$\varepsilon_\text{c} = \frac{T_0}{T' - T_0} = \frac{255.15\ \text{K}}{305.15\ \text{K} - 255.15\ \text{K}} = 5.103$$

故热力完善度为： $$\eta = \frac{\varepsilon_\text{s}}{\varepsilon_\text{c}} = \frac{2.000}{5.103} = 0.392$$

⑤冷凝器热负荷。由式(4.37)得：

$$h_2 = h_1 + \frac{h_{2s} - h_1}{\eta_\text{i}} = 401.6\ \text{kJ/kg} + \frac{452.1\ \text{kJ/kg} - 401.6\ \text{kJ/kg}}{0.75} = 468.9\ \text{kJ/kg}$$

故 $$Q_\text{k} = q_m(h_2 - h_3) = 0.342\ \text{kg/s} \times (468.9\ \text{kJ/kg} - 256.2\ \text{kJ/kg}) = 72.74\ \text{kW}$$

⑥回热器的热负荷：

$$Q_\text{R} = q_m(h_1 - h_0) = 0.342\ \text{kg/s} \times (401.6\ \text{kJ/kg} - 382.9\ \text{kJ/kg}) = 6.395\ \text{kW}$$

4.2.3 单级蒸气压缩制冷循环特性分析

上述对单级蒸气压缩制冷循环的分析和计算是基于给定冷却对象温度 T_c 和给定环境温度 T_a 的情况，因此循环的蒸发温度 T_0 及冷凝温度 T_k 都可以看作定值。在制冷机及制冷装置的设计中，针对设计工况所进行的计算即属这种情况。下列所要研究的问题是当制冷机的蒸发温度 T_0 及冷凝温度 T_k 发生变化时，制冷机的性能将发生怎样的变化？讨论的前提是制冷压缩机的结构尺寸、转速、制冷剂都已给定。

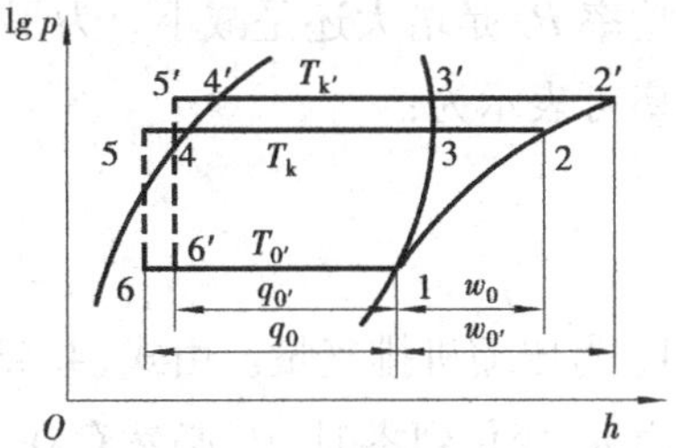

图 4.10 冷凝温度变化时制冷循环特性变化的 $\lg p$-h 图

为了分析方便起见，在此着重讨论纯质制冷剂单级压缩、无过热和回热的制冷理想循环。

1) T_k 变化时制冷机的性能

根据前面提供的方法，可以计算当蒸发温度 T_0 不变，冷凝温度 T_k 变化时，循环状态参数及其特性的变化情形(见图4.10)。若冷凝温度由 T_k 升高到 $T_{k'}$,则1—2—3—4—5—6—1变化为1—2′—3′—4′—5′—6′—1。比较这两个循环可知,其性能指标发生了下列的变化:

①单位制冷量由 q_0 减小到 $q_{0'}$。

②单位压缩功由 w_0 增大到 $w_{0'}$。

③吸入状态的比体积 v_1 不变。若忽略压缩机输气系数 λ 的变化,则制冷剂的质量流量不变。

④由于 q_m 不变,q_0 减小到 $q_{0'}$,w_0 增大到 $w_{0'}$,因而制冷机的制冷量由 Q_0 减小到 $Q_{0'}$,而理论功率将由 P_a 增大到 $P_{a'}$。

⑤由于 q_0 减小至 $q_{0'}$ 而 v_1 不变,因此 q_v 将减小到 $q_{v'}$。

由此可得出结论,当蒸发温度 T_0 不变而冷凝温度 T_k 升高时,对于同一台制冷机来说,它的制冷量将要减小,消耗的功率将要增大,因而制冷系数将要降低。

当 T_0 不变而 T_k 降低时,对于同一台制冷机来说,其变化的情况正好相反。

2) T_0 变化时制冷机的性能

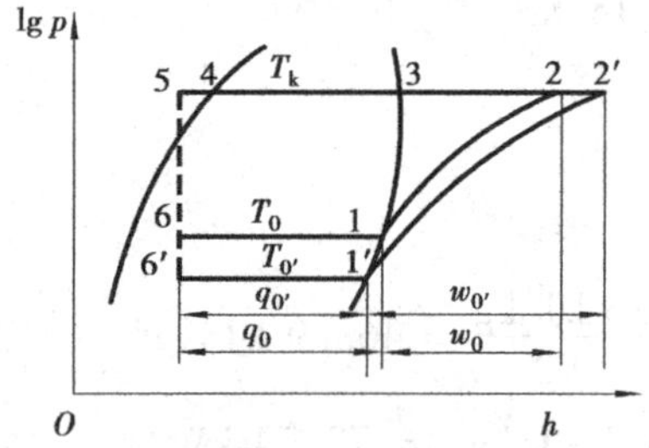

图4.11 蒸发温度变化时制冷循环特性变化的 lg*p*-*h* 图

同样,可以分析当冷凝温度 T_k 不变,蒸发温度 T_0 变化时,循环状态参数的变化情形,如图4.11所示。由图4.11可以看出,当冷凝温度 T_k 不变而蒸发温度由 T_0 降低到 $T_{0'}$ 时,制冷循环由1—2—3—4—5—6—1变为1′—2′—3—4—5—6′—1′,蒸发压力相应地由 p_0 降低到 $p_{0'}$。这时,循环的性能发生了下列变化:

①单位制冷量由 q_0 降低到 $q_{0'}$。

②吸气比体积由 v_1 增大到 $v_{1'}$,流过制冷机的制冷剂流量由 q_m 减少到 $q_{m'}$,因而制冷量由 Q_0 减小到 $Q_{0'}$。

③单位压缩功由 w_0 增大到 $w_{0'}$,但由于制冷剂的循环量减小,因此不能直接看出制冷机的功率 P_a 是增大还是减小。为了分析这一情况,可把制冷剂看作理想气体,因而其理论压缩功率可表示为:

$$P_a = V_k \frac{k}{k-1} p_0 \left[\left(\frac{p_k}{p_0} \right)^{\frac{k-1}{k}} - 1 \right] \tag{4.43}$$

V_k 为压缩机排气量。由式(4.43)可以看出,当 $p_0 = p_k$ 及 $p_0 = 0$ 时,P_a 都等于0,当蒸发压力 p_0 由 p_k 变化到零时,P_a 必然存在一个最大值。将式(4.43)对 p_0 求导,并令其偏导数等于0,可以求出理论功率为极大值时的压比为:

$$\left(\frac{p_k}{p_0} \right)_{P_a = P_{max}} = k^{\frac{k}{k-1}} \tag{4.44}$$

式中,k 为制冷剂气体的等熵指数。

④随着 T_0 的降低,循环的制冷系数必然减小,这一点是无需多做说明的。

由上述分析可知,当 T_k 不变而 T_0 降低时,制冷机的制冷量、制冷剂流量及制冷系数都是降低的,压缩机的功率是增大还是减小,与变化前后的压比值有关。当 T_0 由 T_k 开始逐渐降低时,压缩机的功率有一最大值。这一情况会出现在压缩机的启动过程中。

值得注意的是,对不同的制冷剂来说,式(4.44)的数值大致为3。由此可见,对于大多数制冷剂而言,当其压比约等于3时,制冷机的功率最大。

图4.12是一台制冷机当 T_0 不变而 T_k 变化时制冷机的特性。图4.13是一台制冷机当 T_k 不变而 T_0 变化时制冷机的特性。从这些图可以看出,其变化的规律和理论循环的分析是一致的,这样的图通常是根据实验数据绘制的,称为制冷机的性能曲线图。

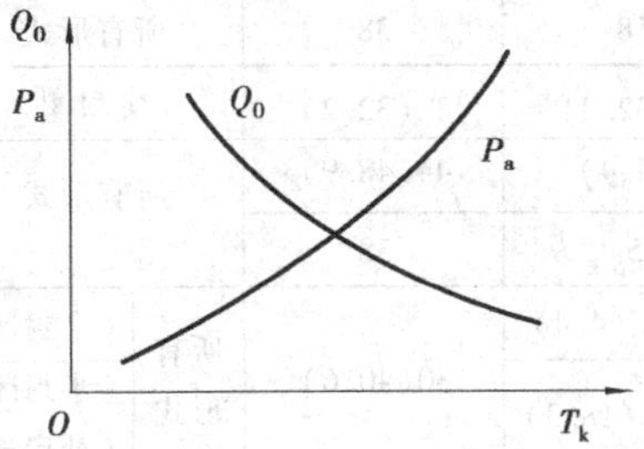

图4.12　T_0 不变 T_k 变化时制冷机的特性

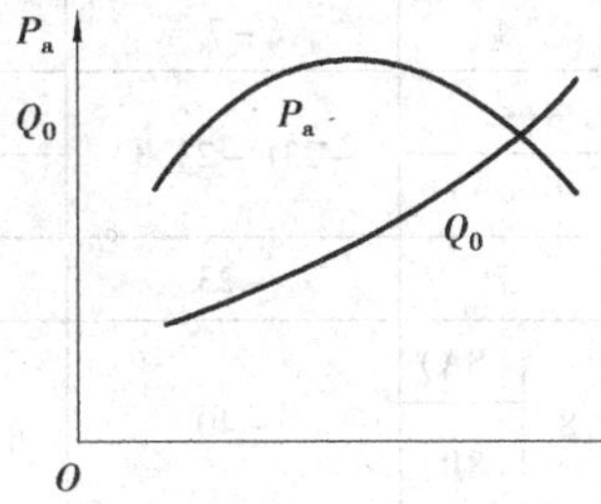

图4.13　T_k 不变 T_0 变化时制冷机的特性

4.2.4　单级压缩制冷机的工况

制冷机的制冷量和制冷系数与其使用的制冷剂及其运行工况变化密切相关,故在说明某台制冷机的制冷量时,必须同时注明使用什么制冷剂及在怎样的冷凝温度和蒸发温度下工作。

实际上,制冷机或制冷压缩机在试制定型之后要进行性能测试(称为形式试验),以便能标定名义制冷量和功率,这需要有一个公共约定的工况条件。另外,对制冷机的使用者来说,在比较和评价制冷机或制冷压缩机的容量及其他性能指标时,也需要有一个共同的比较条件。因此,对制冷机规定了几种"工况",以作为比较制冷机性能指标的基础。这些"工况"的具体的温度数值是根据各国的具体情况而定,同时也随制冷剂的种类而定。

所谓工况是指制冷系统的工作条件,用来比较制冷机性能参考状态的工况,一般应包括制冷机的蒸发温度、冷凝温度、液体过冷温度和吸气过热温度等。与名义参数(通常规定在有关标准、产品铭牌或样本上)相应的温度条件,称为名义工况。我国标准《制冷和空调设备名义工况一般规定》(JB/T 7666—1995)规定了容积式制冷压缩机及机组和压缩冷凝机组(用于压缩及液化制冷剂的装置)、容积式和离心式冷水机组、单元式空调机、房间空调器等的名义工况。为了使用方便,表4.5~表4.12给出了这些工况参数,表中带括号的工况供进出口贸易中检验与验收用,带括号的参数适用于带括号的工况。机组形式分为全封闭、半封闭和开启式等。除表4.8和表4.9外,表中参数适用于用R12,R22,R502及其替代制冷剂R134a,R600a,R407C等,不适用于氨。用氨作制冷剂的机组工况由表4.8和表4.9给出。在表4.5中,工况1,2,3,4,6,7,8的环境温度均为(25±5)℃;5和(5A)工况为32 ℃,其他带括号的工况为35 ℃。

表 4.5　容积式制冷压缩机及机组的名义工况

类别	工况序号	蒸发温度/℃	冷凝温度/℃	吸气温度/℃	液体温度/℃	机组形式
高温	1(1A)	7(7.2)	55(55.4)	18(18.3)	50(46.1)	所有形式
	2	7	43	18	38	
中温	3 (3A)	−7(−6.7)	49(48.9)	18 (4.4)	44(48.9)	所有形式 (全封闭)
	3 (3B)			18 (18.3)		所有形式 (半封闭)(开启式)
	4	−7	43	18	38	所有形式
低温Ⅰ	5(5A)	−23(−23.3)	55(54.4)	32(32.2)	32(32.2)	全封闭
	6(6A)		49(48.9)	5(4.4)	44(48.9)	所有形式
	7	−23	43	5	38	
低温Ⅱ	8 (8A)	−40	39(40.6)	−10 (4.4)	30(40.6)	所有形式 (全封闭)
	8 (8B)			−10 (18.3)		所有形式 (半封闭)(开启式)

表 4.6　热泵型压缩机及机组的名义工况

项目		工况序号	蒸发温度/℃	冷凝温度/℃	吸气温度/℃	液体温度/℃	环境温度/℃
空气源类	制　冷	1(1A)	7(7.2)	55(54.4)	18(18.3)	50(46.1)	35
	高温制热	2(2A)	−1(−1.1)	43(43.3)	10	38(35)	
	低温制热	3(3A)	−15	35	−4(−3.9)	30(26.7)	
水源类	制冷与制热	4(4A)	7(7.2)	49(48.9)	18(18.3)	44(40.6)	

表 4.7　制冷压缩机冷凝机组的工况

类别	工况序号	蒸发温度/℃	吸气温度/℃	冷凝器冷却方式 风冷 进风干球/℃	冷凝器冷却方式 水冷 进口/℃	冷凝器冷却方式 水冷 出口/℃	冷凝器冷却方式 蒸发冷却 进风湿球/℃	环境温度/℃	压缩机及机组形式
高温	1(1A)	7(7.2)	18 (18.3)	32(32.2)	30(29.4)	35	24(23.9)	35	所有形式
中温	2 (2A)	−7	18 (4.4)						所有形式 (全封闭)
	2 (2B)	(−6.7)	18 (18.3)						所有形式 (半封闭开启式)
低温Ⅰ	3(3A)	−23(−23.3)	5 (4.4)						所有形式 (全封闭)
低温Ⅱ	4 (4A)	−40	−10 (4.4)						所有形式 (全封闭)
	4 (4B)		−10 (18.3)						所有形式 (半封闭开启式)

表 4.8　氨制冷压缩机及机组的名义工况

<table>
<tr><th>类　别</th><th colspan="2">工况序号</th><th colspan="2">蒸发温度/℃</th><th>冷凝温度/℃</th><th>吸气温度/℃</th><th>液体温度/℃</th><th>环境温度/℃</th></tr>
<tr><td rowspan="2">中　温</td><td rowspan="2">1</td><td>(1A)</td><td rowspan="2">−7</td><td>(−6.7)</td><td rowspan="4">35</td><td>−1(−1.1)</td><td rowspan="3">30(35)</td><td rowspan="4">32
(32.2)</td></tr>
<tr><td>(2A)</td><td>(−15)</td><td>−9(−9.4)</td></tr>
<tr><td>低温Ⅰ</td><td>2</td><td>2(2A)</td><td colspan="2">−23(−23.3)</td><td>−15(−17.8)</td></tr>
<tr><td>低温Ⅱ</td><td>3</td><td>3(3A)</td><td colspan="2">−40</td><td>−20(−34.4)</td><td>30</td></tr>
</table>

表 4.9　氨制冷压缩机的名义工况

<table>
<tr><th rowspan="3">类　别</th><th rowspan="3">工况序号</th><th rowspan="3">蒸发
温度/℃</th><th rowspan="3">吸气
温度/℃</th><th colspan="4">冷凝器冷却方式</th><th rowspan="3">环境
温度/℃</th></tr>
<tr><th>风　冷</th><th colspan="2">水　冷</th><th>蒸发冷却</th></tr>
<tr><th>干球/℃</th><th>进口/℃</th><th>出口/℃</th><th>进风湿球/℃</th></tr>
<tr><td>高温</td><td>1</td><td>7</td><td>15</td><td rowspan="4">32</td><td rowspan="4">30</td><td rowspan="4">35</td><td rowspan="4">24</td><td rowspan="4">32</td></tr>
<tr><td>中温</td><td>2</td><td>−7</td><td>1</td></tr>
<tr><td>低温Ⅰ</td><td>3</td><td>−23</td><td>−15</td></tr>
<tr><td>低温Ⅱ</td><td>4</td><td>−40</td><td>−20</td></tr>
</table>

表 4.10　容积式和离心式冷水机组的名义工况

<table>
<tr><th rowspan="3">类　别</th><th rowspan="3">工况
序号</th><th colspan="2">使用侧/℃</th><th colspan="5">热源侧或放热侧/℃</th></tr>
<tr><th colspan="2">冷温水</th><th colspan="2">水　冷</th><th colspan="2">风　冷</th><th>蒸发冷凝</th></tr>
<tr><th>进口</th><th>出口</th><th>进口</th><th>出口</th><th>干球</th><th>湿球</th><th>进风湿球</th></tr>
<tr><td>制　冷</td><td>1(1A)</td><td>12(12.4)</td><td>7(6.7)</td><td>32(29.4)</td><td>37(35)</td><td>35</td><td>24(23.9)</td><td>24(23.9)</td></tr>
<tr><td>制　热</td><td>2</td><td>40</td><td>45</td><td>12</td><td colspan="2">7</td><td>6</td><td>—</td></tr>
</table>

注:工况 1 和(1A)风冷冷凝器不采用蒸发凝结水冷却时,湿球温度不进行规定。

表 4.11　单元式空调机的名义工况

<table>
<tr><th colspan="2" rowspan="3">类　别</th><th colspan="2" rowspan="3">工况
序号</th><th colspan="2">室内机组/℃</th><th colspan="8">室外机组/℃</th></tr>
<tr><th colspan="2">进　风</th><th colspan="2">风　冷</th><th colspan="2">蒸发冷却</th><th colspan="2">水冷却</th></tr>
<tr><th>干球</th><th>湿球</th><th>干球</th><th>湿球</th><th>干球</th><th>湿球</th><th>进口</th><th>出口</th></tr>
<tr><td colspan="2">制　冷</td><td colspan="2">1
(1A)</td><td>27
(26.7)</td><td>19.5
(19.4)</td><td>35</td><td>24
(23.9)</td><td>35</td><td>24
(23.9)</td><td>30
(29.4)</td><td>35</td></tr>
<tr><td rowspan="2">热</td><td>高温</td><td rowspan="2">2</td><td>(2A)</td><td rowspan="2">21
(21.1)</td><td>—</td><td>7 (8.3)</td><td>6 (6.1)</td><td rowspan="2"></td><td rowspan="2"></td><td>12 12.1</td><td rowspan="2"></td></tr>
<tr><td>低温</td><td>(2B)</td><td>(15.6)</td><td>7 −(8.3)</td><td>6 −9.4</td><td>12 10</td></tr>
<tr><td colspan="2">恒温恒湿</td><td colspan="2">3</td><td>23</td><td>17</td><td>35</td><td>24</td><td>35</td><td>24</td><td>30</td><td>35</td></tr>
</table>

注:①热泵工况的水流量与制冷工况的水流量相同。

②热泵工况风冷冷凝器不采用蒸发凝结水冷却时,湿球温度不进行规定。

表 4.12 房间空调名义工况

<table>
<tr><th colspan="2" rowspan="3">类 别</th><th colspan="2" rowspan="3">工况序号</th><th colspan="2">室内机组/℃</th><th colspan="8">室外机组/℃</th></tr>
<tr><th colspan="2">进 风</th><th colspan="4">风 冷</th><th colspan="2">蒸发冷却</th><th colspan="2">水冷却</th></tr>
<tr><th>干球</th><th>湿球</th><th colspan="2">干球</th><th colspan="2">湿球</th><th>干球</th><th>湿球</th><th>进口</th><th>出口</th></tr>
<tr><td colspan="2">制 冷</td><td colspan="2">1(1A)</td><td>27</td><td>19.5
(19.0)</td><td colspan="2">35</td><td colspan="2">24</td><td>35</td><td>24</td><td>(30)</td><td>(35)</td></tr>
<tr><td rowspan="2">热泵</td><td>高温</td><td rowspan="2">2</td><td>(2A)</td><td rowspan="2">21
(20)</td><td rowspan="2">(12)</td><td rowspan="2">7</td><td>(7)</td><td rowspan="2">6</td><td>(6)</td><td rowspan="2" colspan="4"></td></tr>
<tr><td>低温</td><td>(2B)</td><td>(2)</td><td>(1)</td></tr>
</table>

4.3 蒸气压缩式制冷循环参数设计

确定制冷循环的设计参数,实质上就是确定制冷循环中制冷剂的工作温度和工作压力。制冷剂的工作温度取决于冷却介质温度、被冷却介质温度、传热温差及设备配置。冷却介质的温度取决于当地的水文气象条件,我国主要城市室外气象计算参数见采暖通风空调设计规范,被冷却介质的温度取决于生产工艺的要求;传热温差取决于热交换器的形式、冷却介质和被冷却介质的温度及节能要求等条件。

一项制冷工程总是根据特定的服务对象而设计。在满足要求的制冷量和制冷温度的前提下,设计参数不同,制冷装置的制冷效果和能耗水平也不相同。因此,在设计过程中,必须根据具体情况选择合理的设计参数,这样才能在保证制冷要求的同时投资合理、节能降耗,获得最佳的经济效益。

4.3.1 冷凝温度的确定

制冷循环中的冷凝温度是指制冷剂在冷凝器中冷凝时的温度,与该温度相对应的是制冷剂蒸气压力即冷凝压力。冷凝温度是制冷循环中主要运行参数之一。对于实际制冷装置,由于其他设计参数变化范围较小,冷凝温度可以说是最重要的运行参数,它直接关系到制冷装置的制冷效果、安全可靠性和能耗水平。

由于冷凝温度 T_k 与冷凝压力 p_k 相对应,冷凝温度 T_k 升高,冷凝压力 p_k 也升高,将使制冷压缩机的压缩比增大。压缩比增大,一方面致使压缩机的输气系数降低,功耗增大,制冷系数下降;另一方面,压缩比增大使压缩机排气温度升高,压缩机(尤其是活塞式)的故障率增加,运行的安全可靠性降低。因此,制冷压缩机的类型、所配的电动机功率和制冷装置的结构强度,都限制了制冷装置的最高冷凝温度。在国家标准 GB 10875—89 和 GB 10872—89 中,规定了中小型活塞式制冷压缩机的最高冷凝温度,见表 4.13。

表 4.13　中小型活塞式制冷压缩机最高冷凝温度　　单位:℃

项　目	R717	R12		R22		R502
	冷凝温度	高冷凝温度	低冷凝温度	高冷凝温度	低冷凝温度	冷凝温度
中型活塞式压缩机	46	60	49	60①	49	49
小型活塞式压缩机	—	60		60②		49

注:①中温时最高冷凝温度为 55 ℃。

②当使用于中温时为 55 ℃,使用于低温时为 49 ℃。

在制冷装置的设计中,冷凝温度的确定与冷凝器的形式有关,与所在地区的水文气象条件及冷凝介质种类有关,同时也与所采用的制冷压缩机和制冷剂种类有关。采用不同形式冷凝器时,冷凝温度的确定可参照表 4.14。

表 4.14　冷凝温度的确定方法

冷凝器形式	冷凝温度计算式	说　明
立式壳管式 淋激式 卧式壳管式 套管式 组合式	$t_k = \dfrac{t_1 + t_2}{2} + \theta_m$	t_1 为冷却水进口温度(℃),按当地水源温度计算,但不能超过 33 ℃; t_2 为冷却水出口温度(℃); θ_m 为冷凝器中平均传热温差(℃),取 $\theta_m = 4 \sim 7$ ℃,当 $t_1 \leqslant 25$ ℃时取上限值,当 $t_1 \geqslant 30$ ℃时取下限值,氨冷凝器取较小值,氟利昂冷凝器取较大值。冷却水温升($t_2 - t_1$),对立式壳管式冷凝器、淋激式冷凝器取 2 ~ 3 ℃,对卧式壳管式冷凝器、套管式冷凝器、组合式冷凝器取 3 ~ 5 ℃。当 $t_1 \leqslant 25$ ℃时取上限值,$t_1 \geqslant 30$ ℃时取下限值
风冷式	$t_k = t_1 + \Delta t$	t_1 为进口空气干球温度(℃),按当地夏季室外通风温度(干球)计算; Δt 为冷凝温度与进口空气温度(干球)之差(℃),取 $\Delta t = 10 \sim 15$ ℃
蒸发式	$t_k = t_s + \Delta t$	t_s 为进口空气湿球温度(℃),按当地夏季空气调节室外计算湿球温度计算; Δt 为冷凝温度与进口空气湿球温度之差(℃),取 $\Delta t = 8 \sim 15$ ℃,通风良好或干燥地区取较小值

根据上述分析,在制冷量 Q_0 一定时,冷凝温度 T_k 越高,制冷循环的耗功越大,效率越低。因此,应该尽可能使制冷装置在较低的冷凝温度下运行。应该注意的是,在设计中刻意选择过低的冷凝温度,将导致在实际运行中出现高的冷凝温度。

【例 4.3】　已知某氨制冷装置在蒸发温度 $T_0 = -15$ ℃运行,若制冷量 $Q_0 = 100$ kW 不变,压缩机吸入干饱和蒸气,冷凝终了为饱和液体,其循环见图 4.2。求该制冷装置在冷凝温度 t_k 分别为 30,35,40 ℃时,冷凝热负荷 Q_k 和等熵压缩功的变化?

【解】　计算结果见表 4.15。

表 4.15　不同 T_k 下冷凝热负荷和压缩功的变化

冷凝温度 T_k/℃	30	35	40
单位制冷量 q_0/(kJ·kg^{-1})	1 102.4	1 078.1	1 053.4
工质流量 q_m/(kg·s^{-1})	0.090 7	0.092 7	0.094 9
单位冷凝负荷 q_k/(kJ·kg^{-1})	1 336.9	1 333.5	1 338.1
单位压缩功/(kJ·kg^{-1})	234.5	255.4	284.7
单位压缩功比值	100	108.9	121.4
冷凝热负荷 Q_k/kW	121.25	123.62	127.03
冷凝热负荷比值	100	102	104.8
压缩机消耗的压缩功率/kW	21.27	23.67	27.03
耗功率比值 w'/w_0	100	111.3	127

由表 4.15 可见，冷凝温度由 30 ℃升到 40 ℃时，单位制冷量减少，单位压缩功增加了 21.4%，压缩机消耗的理论功率增加了 27%，冷凝热负荷增加了 4.8%。

但是，一味追求低的冷凝温度也是无益的。例如，按冷凝温度 T_k = 30 ℃设计计算，由于冷凝热负荷 Q_k 较小，选择的冷凝器传热面积就较小。当实际运行的冷凝温度高于 30 ℃时，实际冷凝热负荷增大，按 T_k = 30 ℃选用的冷凝器将不能满足需要，实际冷凝温度 T_k 将升高，能耗增大，制冷装置效率下降。

必须强调指出，设计中选取的冷凝温度是定值，而实际运行中的冷凝温度是变化的。冷凝温度与环境温度有关，环境温度不仅随季节变化，并且每天昼夜也在不断变化。因此，在设计时要充分考虑各种不利因素，选择适当的冷凝温度，保证制冷装置在高效率下节能运行。

在设计中冷凝温度的选取，既要考虑初投资，也要考虑长年运行费用，适当选取较高的冷凝温度 T_k，把制冷装置的运行条件考虑得恶劣一些，当实际工况优于设计工况时，制冷装置效率提高，能耗减少。这样，无论对节能还是对提高经济效益都有是有利的。

4.3.2　蒸发温度的确定

蒸发温度是指制冷剂在蒸发器内沸腾的温度，它与相应的蒸发压力是对应的。蒸发温度升高，蒸发压力也升高。

蒸发温度是制冷装置运行中最重要的参数之一。如果蒸发温度 T_0 过高，则满足不了被冷却对象的低温要求。如果被冷却对象为易腐食品，达不到要求的低温将影响食品的质量，甚至导致腐烂变质；如果为某一工艺流程，达不到要求的低温将影响生产效率和产品质量。因此，保证达到要求的低温是对制冷装置的最基本要求。

另外，蒸发温度过低，将使制冷装置运行经济性下将，并带来其他一系列不良后果。在一定的冷凝温度下，蒸发温度 T_0 降低，则相应的蒸发压力 p_0 也降低。这时制冷循环的压缩比增大，压缩机的输气系数下降。同时，单位容积制冷量急剧下降，单位压缩功明显增大；此外，由于压缩比增大，压缩机的排气温度升高，压缩机的工作条件恶化。以氨制冷装置为例，当冷凝温度 T_k = 30 ℃，氨压缩机分别在 −5，−15，−30 ℃的蒸发温度下运行，压缩机吸入为干饱和蒸气，其单位容积制冷量、排气温度和单位压缩比功的变化情况见表 4.16。

表 4.16　氨制冷装置在不同蒸发温度下性能变化($T_k = 30$ ℃)

蒸发温度 T_0/℃	-5	-15	-30
单位质量制冷量 q_0 比值/%	100	98.9	96.9
单位容积制冷量 q_v 比值/%	100	67	34.9
单位压缩比功 w_0 比值/%	100	139.3	210.6
排气温度/℃	80	98	137

由表 4.16 可见,当蒸发温度 T_0 由 -5 ℃降低到 -30 ℃时,同样制冷量下耗功增大了 1 倍以上。因此,蒸发温度的降低对制冷装置的能耗影响很大,应尽可能避免蒸发温度过低。

对于用户,除了要求制冷装置高效率外,最关心的是制冷装置的制冷量。显然,如果制冷装置达不到要求的制冷量,就直接影响到被冷却对象的生产工艺。

制冷装置的制冷量为:

$$Q_0 = V_h \lambda q_v \tag{4.45}$$

式中,V_h 为制冷压缩机理论排气量,m^3/s;λ 为压缩机的输气系数。

对于用户,压缩机的理论排气量 V_h 是不变的,输气系数则随着压缩比增大而减少。由表 4.16 可见,当 T_0 由 -5 ℃降为 -15 ℃时,单位容积制冷量 q_v 下降了 33%。根据式(4.45),即使假定输气系数 λ 不变,这时制冷装置的制冷量 Q_0 也将减少 33%。显然,随着蒸发温度 T_0 下降,制冷装置的制冷量将明显下降。

综上所述,蒸发温度越低,则制冷装置制冷量越小,运行效率越低,耗能越大。同时,随着 T_0 降低,排气温度升高,压缩机工作条件恶化。因此,在满足被冷却对象要求的前提下,应当尽可能采用较高的蒸发温度。

在设计中,蒸发温度的确定除了与所需制冷温度、被冷却介质种类有关外,还与蒸发器的形式有关。采用不同形式蒸发器时,蒸发温度的确定方法见表 4.17 和表 4.18。

表 4.17　蒸发温度的确定

蒸发器形式	蒸发温度计算式	说　明
冷却液体载冷剂的直立管式和螺旋管式蒸发器	$t_0 = t_{s2} - \Delta t$	t_{s2} 为载冷剂出口温度(℃),由生产工艺条件确定; Δt 为载冷剂出口温度与蒸发温度之差(℃),当载冷剂为水时取 4 ~ 6 ℃,当载冷剂为盐水时取 2 ~ 3 ℃
冷却液体载冷剂的卧式壳蒸发器(包括满液式和干式)	$t_0 = \dfrac{t_{s1} + t_{s2}}{2} - \theta_m$	t_{s1} 为载冷剂进口温度(℃),t_{s2} 为载冷剂出口温度(℃); θ_m 为蒸发器中平均传热温差(℃),对氨蒸发器取 4 ~ 6 ℃,对氟利昂蒸发器取 6 ~ 8 ℃,载冷剂进出口温差 $t_{s1} - t_{s2}$,对氨取 3 ~ 5 ℃,对氟利昂取 4 ~ 6 ℃

续表

蒸发器形式	蒸发温度计算式	说　明
冷库或环境试验装置用的冷却排管或冷风机	$t_0 = t_n - \Delta t$	t_n 为室内温度(℃),由生产工艺条件决定; Δt 为室内温度与蒸发温度之差(℃),一般取 $\Delta t = 10$ ℃: ●对环境试验装置用的冷风机:当室内温度较低(-50 ℃以下)时,取 $\Delta t = 4 \sim 8$ ℃;温度越低,取值越小 ●对冷库中冷藏间的冷风机:室内相对湿度为90%时,$\Delta t = 5 \sim 6$ ℃;室内相对湿度为80%时,$\Delta t = 6 \sim 7$ ℃;室内相对湿度为75%时,$\Delta t = 7 \sim 9$ ℃
空气调节用直接蒸发式表冷器	$t_0 = t_2 - \Delta t$	t_2 为表冷器出口空气(干球)温度(℃)根据空气调节要求确定; Δt 为空气出口温度与蒸发温度之差(℃),一般取8~10 ℃,为了防止表冷器传热面结冰,蒸发温度不得低于表4.18中的规定值
压缩空气除湿装置用壳管式蒸发器	$t_0 = t_b - \Delta t$	t_b 为压缩空气压力露点湿度(℃),由工艺条件决定; Δt 为压力露点温度与蒸发温度之差(℃),一般取8~10 ℃

表4.18　空调用直接蒸发式空冷器进口空气干球温度决定的最低蒸发温度

空气进口干球温度/℃	迎面风速/(m·s^{-1})							
	1.5		2.0		2.5		3.0	
	排　数							
	4	6	4	6	4	6	4	6
	最低蒸发温度/℃							
18.3	-2.8	-0.6	-3.3	-1.7	-3.9	-3.9	-3.9	-3.9
21.1	-2.8	-1.1	-3.9	-2.2	-3.9	-3.9	-3.9	-3.9
24.0	-3.3	-3.3	-3.9	-3.3	-3.9	-3.9	-3.9	-3.9
26.7	-3.9	-3.9	-3.9	-3.9	-3.9	-3.9	-3.9	-3.9

4.3.3　压缩机吸气温度的确定

压缩机吸气温度是指压缩机吸入阀处或压缩扣入处的制冷剂温度。为了保证压缩机的安全运行,防止液击冲缸现象,要求吸气温度比蒸发温度稍高一些,也就是使制冷剂蒸气成为过热气体。吸气温度与蒸发温度之差,称为吸气过热度。

对于采用回热循环可使制冷系数增加的制冷剂,可以采用较大的吸气过热度。对于采用回热循环而制冷系数变化不明显的制冷剂,一定的过热度有利于保证系统正常运行,但吸气过热度太大会使排气温度升高。因此,吸气过热大小应根据蒸发温度、吸气管道的过热情况、制冷剂种类及制冷剂循环形式来确定。一般情况下,可以按照下列经验来确定。

1）以氨为制冷剂的制冷循环

①以氨为制冷剂的制冷系统，一般不采用热力膨胀阀。因此，设计计算中一般不考虑制冷剂在蒸发器中的过热度。

②回气管路中的过热。对氨泵供液系统，从蒸发器到循环贮液桶的回程管中，一般不会产生过热；在循环贮液桶到压缩机的吸气管道中，可能会有过热，但过热一般很小，可以不考虑。重力供液系统或直接膨胀供液系统，因为回气管较长，可能产生较大的过热度。

③氨制冷系统允许有一点过热度以防液击，但不宜过大，否则会影响循环的经济性。吸气温度一般限制在 5 ℃以下，以免压缩机的排气温度过高。允许的吸气过热度见表 4.19。

表 4.19　氨压缩机允许吸气温度

蒸发温度/℃	±0	-5	-10	-15	-20	-25	-28	-30	-33	-40
吸气温度/℃	+1	-4	-7	-10	-13	-16	-18	-19	-21	-25
过热度/℃	1	1	3	5	7	9	10	11	12	15

2）以氟利昂为制冷剂的制冷系统

对于氟利昂制冷系统，一般希望有一定的吸气过热度；一则可以提高循环的经济性，二则可以保证系统正常运行。过热度大小可按下述原则确定：

①采用热力膨胀阀时，蒸发器出口气体过热度为 3～5 ℃。

②单级压缩和双级压缩的高压级吸气温度，不应超过 15 ℃，但也不能过低。

③双级压缩低压级允许的吸气温度与汽-液热交换器性能及吸入管道的冷损失有关，一般可比蒸发温度高 30～40 ℃。

④在汽-液热交换器中，气体出口温度比液体进口温度低 5～10 ℃。

⑤复叠式制冷系统低温部分的吸气过热度范围为 12～63 ℃，蒸发温度较高时取较小值，反之取较大值。若汽-液热交换器达不到这一过热度，可采用加设汽-汽热交换器的措施来提高吸气温度。

4.3.4　节流前液态制冷剂过冷温度的确定

制冷剂液体在节流前过冷，一般对提高制冷循环的运行经济性是有利的。但要求实现过冷，往往需要增加设备投资和过冷本身的运行费。当确定采用液体过冷时，过冷温度可按下列经验选取。

1）以氨为制冷剂的制冷系统

单级压缩系统可以设置水冷式过冷器，出过冷器的氨液温度比进水温度高 3 ℃，但目前通常不设水冷过冷器。进行循环计算时，进入节流阀前的氨液温度采用冷凝温度。

双级压缩系统是采用中间冷却器来过冷节流前的氨液，出中间冷却器冷却盘管的氨液温度一般设定为比双级压缩中间温度高 5 ℃。

2）以氟利昂为制冷剂的制冷系统

单级压缩系统中，节流前液体的过冷是在冷凝器中实现的，一般取过冷度为 5 ℃。

双级压缩系统中，节流前液体一般经过二次过冷。首先是在中间冷却器中过冷，然后在汽-液热交换器中过冷。出中间冷却器冷却盘管的液体温度，比双级压缩中间温度高 5 ~7 ℃；在汽-液热交换器中，液体再过冷 5 ℃。

在工程设计中是否采用过冷，过冷的程度如何，应该考虑具体条件，进行技术经济分析，认真比较之后确定。在设计阶段增加一点工作量，将带来制冷装置长年运行的节能效益。

4.4 两级压缩和复叠式制冷循环

4.4.1 概述

为获得低温而采取两级压缩和复叠式制冷循环，主要有以下两方面原因。

1）单级蒸气压缩制冷循环压比的限制

由 4.2.3 节可知，在冷凝温度 T_k 一定的条件下，蒸发温度 T_0 愈低，其循环的压缩比 p_k/p_0 愈大，压缩机输气系数愈小，制冷量也愈小。单级蒸气压缩制冷循环压缩比一般不超过 8 ~10，设计环境温度条件下，在允许压比范围的最大值时，常用的中温制冷剂一般只能获得 -20 ~ -40 ℃的低温。如果为得到更低温度而进行超压比运行，则会使实际压缩过程大大偏离等熵压缩过程，引起压缩机排气温度升高、效率降低、功耗增大，甚至造成系统内制冷剂和润滑油分解，运行条件恶化，危害压缩机的正常工作。

2）制冷剂热物理特性的限制

由于制冷剂有高温、中温和低温之分，各种制冷剂又有不同的热物理特性。例如，中温制冷剂 R717，其标准蒸发温度 $t_s = -33.35$ ℃、凝固温度 $t_f = -77.7$ ℃，临界温度 $t_c = 132.4$ ℃、临界压力 $p_c = 11.52$ MPa，很明显它不适用于 $T_0 = -77.7$ ℃以下的制冷循环，即使是用于 -33.35 ~ -77.7 ℃，也会因蒸发压力低于大气压力而使空气漏入系统的机会增加。同时，过低的 T_0 会影响到往复活塞式压缩机气阀的自动启闭特性，当吸气压力降低到 16 kPa 以下时压缩机难以正常工作。若采用 $t_s = -82.1$ ℃，$t_f = -155$ ℃，$t_c = 25.6$ ℃，$p_c = 4.833$ MPa 的低温制冷剂 R23，在相同的 T_0 下，其蒸发压力 p_0 可得到较大的提高，制冷剂也不会出现凝固的可能；但是，通常以水或空气为冷却介质的单级蒸气压缩制冷循环，T_k 一般在 30 ~60 ℃，在这种情况下势必会造成 R23 超临界循环，其制冷系统内压力将远远超过允许的安全压力。这种采用低温制冷剂的蒸气压缩制冷循环是根本无法实现的。迄今为止，还难以找到一种制冷剂，它既满足冷凝压力不太高，又满足蒸发压力不太低的要求。

由此可以得出结论：要获得 -60 ℃以上的低温，采用中温制冷剂的两级压缩制冷循环，可使压缩机压比减小，工作效率提高。当需要获得 -60 ℃以下的低温时，应采用中温制冷剂与低温制冷剂复叠的制冷循环。

两级压缩制冷机可用两台压缩机串联起来，制冷剂在系统中要进行两级压缩：一台压缩机称为低压级，另一台称为高压级，每台压缩机的压缩比控制在 10 以内。系统的总压缩比是两台压缩机压缩比的乘积。

不同类型压缩机的极限使用条件有所差异。螺杆压缩机因采用喷油冷却,单级排气温度一般不超过 100 ℃。因此,合理使用的最大压差和最大压比,都比活塞式制冷压缩机大一些,单级能达到的最低蒸发温度也比活塞式制冷机低。

离心式制冷机每一级能达到的压比,要比活塞式小。通常在使用氟利昂制冷剂时,压比不超过 4.5。因此,除了在冷凝温度不太高的空调系统中采用氟利昂单级制冷循环外,其他场合都需采用多级或复叠式制冷循环。

4.4.2 两级压缩制冷循环

1)两级压缩制冷循环流程组织形式

两级压缩制冷机可以按照节流级数分为一级节流和二级节流两种:一级节流是由冷凝压力 p_k 直接节流到蒸发压力 p_0;二级节流是指制冷剂液体先由冷凝压力 p_k 节流到中间压力 p_m,再由中间压力节流到蒸发压力 p_0。同时,可根据液体和蒸气的中间冷却方式不同,分为中间完全冷却、中间不完全冷却。所谓中间完全冷却,是指将低压级的排气冷却成中压下的干饱和蒸气,如果只降低了温度而并未达到饱和状态时,则称为中间不完全冷却。

(1)两级压缩一级节流中间完全冷却制冷循环　循环流程图和 lg p-h 图如图 4.14 所示。自高压压缩机排出的高压蒸气流入冷凝器冷却、冷凝和过冷,排出的制冷剂过冷液体分为两部分,一部分经节流阀 A 进入中间冷却器,与低压压缩机排出的气体进行热质交换而成为中间压力下的饱和气体,再去高压压缩机;另一部分流经中间冷却器的盘管内进一步过冷,然后经过节流阀 B 直接节流到蒸发压力,在蒸发器吸热蒸发后的低压气体流入低压压缩机。这种循环虽然使高压压缩机的流量增加,但高压压缩机所吸入的不再是过热蒸气,而是饱和蒸气。因此,高压压缩机的排气温度不致过高,这对于等熵指数较大的制冷剂(如氨)是有利的。

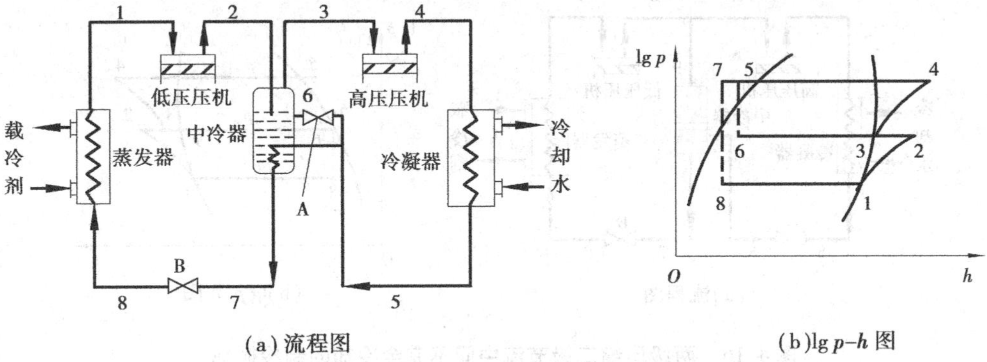

(a)流程图　　(b)lg p-h 图

图 4.14　两级压缩一级节流中间完全冷却的制冷循环

(2)两级压缩一级节流中间不完全冷却制冷循环　这是一种适用于等熵指数较低的制冷剂(如 R134a)的两级压缩制冷循环。其流程图和 lg p-h 图如图 4.15 所示。经低压级压缩机压缩的制冷剂蒸气,与中间冷却器出来的状态 9 的饱和蒸气混合后,以过热状态 3 进入高压级压缩机,压缩后的制冷剂在冷凝器中冷凝成液体。一部分冷凝液经节流阀 A 进入中间冷却器的盘管外面蒸发，使另一部分冷凝后液体制冷剂流过中间冷却器盘管后达到过冷状态 7，并经节流阀 B 流入蒸发器蒸发制冷。蒸发后的低压气体进入低压级压缩机压缩。

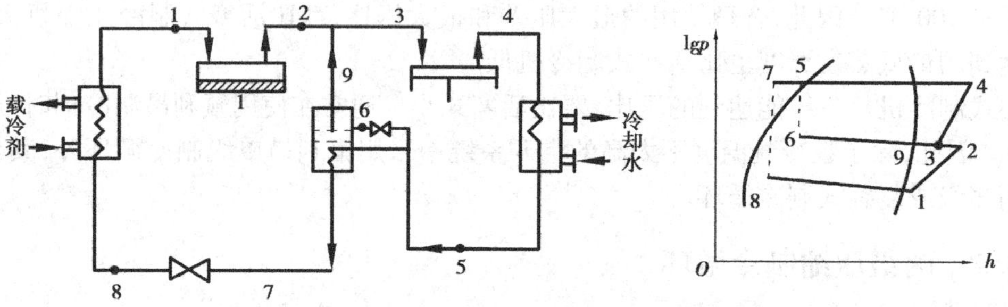

（a）流程图　　（b）lg$p$-h图

图 4.15　两级压缩一级节流中间不完全冷却的制冷循环

上述两种制冷循环系统中，蒸发器的高压制冷剂液体在节流前经过充分过冷，达到了相当低的温度，因此循环的单位制冷量较大，而且高压液体输送到较远或较高的地方时，管路中不至于出现汽化现象。

（3）两级压缩两级节流制冷循环　所谓两级节流，是指进入蒸发器的制冷剂先由节流阀 A 节流到中间压力，并进入中间冷却器，然后从中间冷却器出来再经过节流阀 B 节流到蒸发压力。根据高压压缩机进气状态是饱和与过热蒸气的不同，也分为完全中间冷却和不完全中间冷却两种类型。

两级节流的优点是可以消除一级节流中间冷却器盘管的传热温差。因此，在其他参数相同时，循环的制冷系数比一级节流略高。其缺点是当压缩机排气中含油时，会在中间冷却器中积油。因此，这一循环适宜于具有油分离设备的制冷系统。图 4.16 表示了两级压缩两级节流中间不完全冷却制冷循环的流程图和 lg p-h 图。

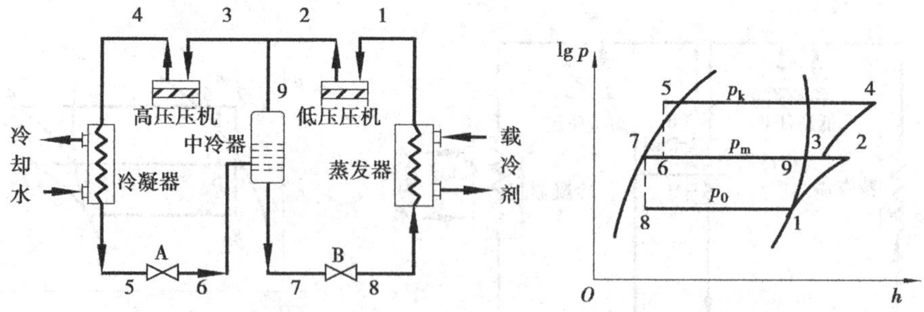

（a）流程图　　（b）lg p–h 图

图 4.16　两级压缩二级节流中间不完全冷却的制冷循环

进入蒸发器的制冷剂先由节流阀 A 节流到状态 6，再由节流阀 B 节流到状态 8。进入高压级压缩机的制冷剂蒸气，由中间冷却器出来的饱和蒸气（状态 9）和低压级压缩机排出的过热蒸气（状态 2）相混合，成为中间压力下的过热蒸气（状态 3）。

如图 4.17 所示，该循环可以同时制取两种蒸发温度，如应用于冷库系统中同时提供冷藏间和冻结间的冷量。

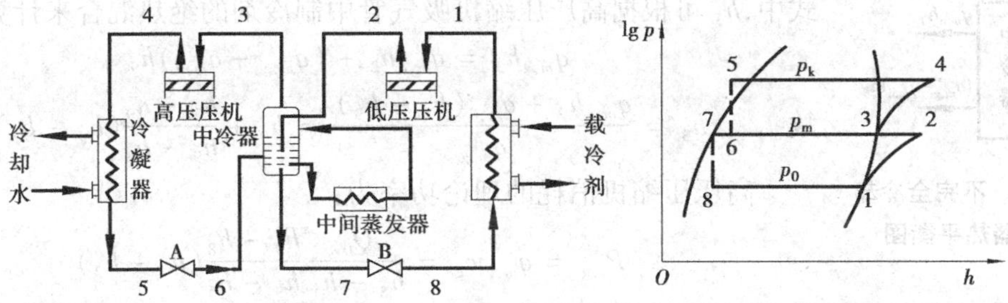

(a)流程图 (b)lg *p*-*h* 图

图 4.17 具有中温蒸发器的两级压缩二级节流中间完全冷却的制冷循环

2)两级压缩制冷循环的热力计算

在上述前 3 种两级压缩制冷循环中,制取冷量的都是低压部分的蒸发过程。

单位制冷量: $q_0 = h_1 - h_8$ (4.46)

低压压缩机的单位理论功: $w_d = h_2 - h_1$ (4.47)

当制冷机的冷负荷为 Q_0 时,低压级制冷剂循环量为:

$$q_{m,d} = \frac{Q_0}{q_0} = \frac{Q_0}{h_1 - h_8} \tag{4.48}$$

从而可算出低压压缩机消耗的理论功率为:

$$P_{t,d} = q_{m,d}w_d = \frac{h_2 - h_1}{h_1 - h_8}Q_0 \tag{4.49}$$

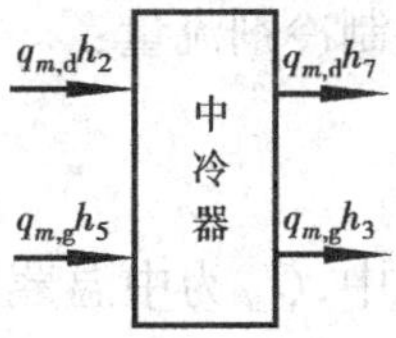

图 4.18 完全冷却中冷器热平衡图

在两级压缩制冷系统中,流经高压级压缩机的制冷剂流量 $q_{m,g}$ 与低压级压缩机的制冷剂流量 $q_{m,d}$ 是不相同的,需要根据中间冷却器的热平衡关系,即取中间冷却器为控制体,忽略其与外界的热交换。对于中间完全冷却的两级循环,控制体模型见图 4.18。其平衡方程为:

$$q_{m,g}h_5 + q_{m,d}h_2 = q_{m,g}h_3 + q_{m,d}h_8 \quad q_{m,g} = q_{m,d}(h_2 - h_8)/(h_3 - h_5) \tag{4.50}$$

因此,高压压缩机消耗的理论功率为:

$$P_{t,g} = q_{m,g}w_g = \frac{Q_0}{h_1 - h_8}\frac{h_2 - h_8}{h_3 - h_5}(h_4 - h_3) \tag{4.51}$$

根据制冷系数的定义,两级压缩中间完全冷却制冷循环的理论制冷系数为:

$$\varepsilon = \frac{Q_0}{q_{m,g}w_g + q_{m,d}w_d}$$

整理得:

$$\varepsilon = \frac{h_1 - h_8}{h_2 - h_1 + \dfrac{h_2 - h_8}{h_3 - h_5}(h_4 - h_3)} \tag{4.52}$$

对于中间不完全冷却的两级循环,根据中间冷却器的热平衡关系(见图 4.19),得到高低压级压缩机的制冷剂流量关系为:

$$q_{m,g} = q_{m,d}(h_9 - h_8)/(h_9 - h_5) \tag{4.53}$$

高压压缩机的单位理论功为: $w_g = h_4 - h_3$ (4.54)

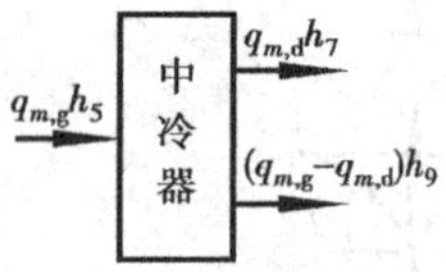

图 4.19 不完全冷却中冷器热平衡图

式中,h_3 可根据高压压缩机吸气管中制冷剂的绝热混合来计算。

$$q_{m,g}h_3 = q_{m,d}h_2 + (q_{m,g} - q_{m,d})h_9$$

故
$$h_3 = \frac{q_{m,g}h_9 + q_{m,d}(h_2 - h_9)}{q_{m,g}} = h_9 + \frac{h_2 - h_9}{h_9 - h_8}(h_9 - h_5) \tag{4.55}$$

高压压缩机消耗的理论功率为:

$$P_{t,g} = q_{m,g}w_g = \frac{Q_0}{h_8 - h_1}\frac{h_9 - h_8}{h_9 - h_5}(h_4 - h_3) \tag{4.56}$$

中间不完全冷却的两级循环的理论制冷系数为:

$$\varepsilon = \frac{h_8 - h_1}{(h_2 - h_1) + \dfrac{h_9 - h_8}{h_9 - h_5}(h_4 - h_3)} \tag{4.57}$$

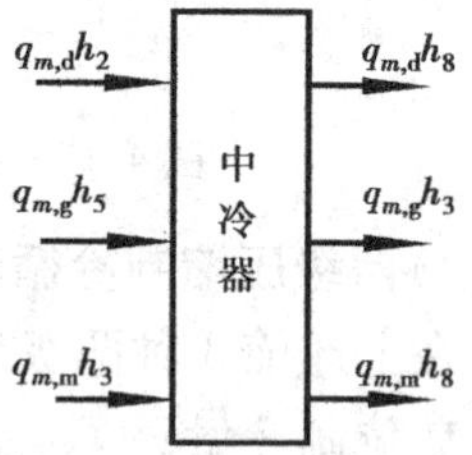

图 4.20 具有中温蒸发器的完全冷却中冷器热平衡图

对于图 4.17 所述的两级压缩二次节流及具有中温蒸发器的中间完全冷却制冷循环进行高低压级压缩机制冷剂流量计算时,中冷器热平衡模型如图 4.20 所示。其中,$q_{m,m}$是流经中温蒸发器的制冷剂流量:

$$q_{m,m} = \frac{Q_m}{h_3 - h_7} = \frac{Q_m}{h_3 - h_8} \tag{4.58}$$

式中,Q_m 为中温蒸发器的制冷量。

根据中间冷却器的热平衡关系,可求得高压压缩机和低压压缩机的制冷剂流量比:

$$\frac{q_{m,g}}{q_{m,d}} = \frac{h_2 - h_8}{h_3 - h_5} + \frac{q_{m,m}}{q_{m,d}}\frac{(h_3 - h_8)}{(h_3 - h_5)} \tag{4.59}$$

循环理论制冷系数为:

$$\varepsilon = \frac{q_{m,d}(h_1 - h_8) + q_{m,m}(h_3 - h_8)}{q_{m,g}(h_4 - h_3) + q_{m,d}(h_2 - h_1)} \tag{4.60}$$

对于实际循环的热力计算和分析方法,与单级压缩制冷循环相同。在确定压缩机的输气系数和效率之后,进一步计算压缩机的理论输气量、轴功率及实际循环的性能指标。但需要注意的是:在计算高低压级的流量比$\dfrac{q_{m,g}}{q_{m,d}}$和冷凝器热负荷时,都需要用压缩机实际过程的排气比焓。

低压压缩机实际过程的排气比焓为:

$$h_2 = h_1 + \frac{h_{2s} - h_1}{\eta_{id}} \tag{4.61}$$

高压压缩机实际过程的排气比焓(中间完全冷却)为:

$$h_4 = h_3 + \frac{h_{4s} - h_3}{\eta_{ig}} \tag{4.62}$$

式中,η_{ig},η_{id}分别为高、低压压缩机的指示效率;带“s”下标的为按等熵过程所求得的参数。

另外,低压压缩机的输气系数,应按相同压力比的单级压缩机输气系数的 90% 左右估计。这是因为在两级压缩中,低压级压缩机吸入制冷剂蒸气的温度和压力,都要比相同压力下的单级压缩机低,而这些因素的变化都将使输气系数降低。

通过计算,便可根据计算出的压缩机输气量的功率,选配压缩机及电动机;根据制冷量 Q_0 和冷凝器热负荷 Q_k,选配蒸发器和冷凝器。

3)两级压缩制冷循环中间压力的确定

正确而合理地选择两级压缩制冷循环的中间压力,可以使所设计的循环具有高的经济性。在选择确定中间压力之前,应先选定循环的形式和使用的制冷剂,然后根据设计任务中规定的蒸发温度、冷凝温度和制冷量的数值,确定出中间压力,并根据中间压力确定高压级和低压级压缩机的理论输气量。一般情况下,将使制冷系数最大的中间压力,称为最佳中间压力。它可由以下方法确定。

(1)利用热力图表取数法　利用热力图表取数法确定中间压力的步骤为:

①根据已知制冷剂的 p_k 和 p_0 值,按 $p_m = \sqrt{p_k p_0}$ 求得一个中间压力近似值,并在饱和蒸气表中查出对应的中间温度 t_m。

②在 t_m 值的上方和下方,按 1 ~2 ℃的间隔取若干个(一般取五六个)中间温度值,并根据各温度值在 lg p-h 图(或 T-s 图)上查出其对应的两级压缩循环各主要状态点物性参数。

③按热力计算中计算制冷系数的公式,代入所需要的各参数进行制冷系数的计算。

④将制冷系数的计算结果绘制成 ε-t_m 曲线,其曲线顶点所对应的中间温度即为最佳中间温度 t_{mopt},与它对应的中间压力称为最佳中间压力 p_{mopt}。

若需要更精确的计算结果,可利用计算机计算不同中间温度设定值时的制冷系数,经过比较自动选定最佳中间压力。

在工程设计中,由于最佳中间压力(或中间温度)附近的制冷系数值变化很小,只要找到最佳中间压力附近的数值就可以了。

(2)用经验公式直接计算最佳中间压力(或温度)　有的学者在对两级压缩制冷循环的研究中,总结出在一定范围内具有足够精确性的经验公式来进行最佳中间温度计算,大大简化了热力计算过程。对于两级氨制冷循环,拉赛(A. Rasi)提出了较为简单的最佳中间温度计算式为:

$$t_m = 0.4t_k + 0.6t_0 + 3 \tag{4.63}$$

式中,t_m,t_k,t_0 分别为中间温度、冷凝温度和蒸发温度。在 -40 ~40 ℃,式(4.63)不仅适用于氨,对于 R12,R40(CH_3CL)等也能得到满意的结果。

此外,在工程中经常遇到规定了制冷循环中高压级压缩机的理论输气量及循环的蒸发温度和冷凝温度,求相应的中间压力。由于制冷压缩机的生产已经系列化,压缩机的理论输气量是根据现有生产机种的缸径、行程、转速和汽缸数确定的。在这种情况下,可以采用图解法求出符合压缩机输气量要求的中间压力。但应注意,这时所求得的中间压力不一定是最佳中间压力。具体步骤通过下述例题予以说明。

【例 4.4】　按两级压缩一级节流中间完全冷却的氨制冷循环,试计算确定下列配组和制冷机的中间压力 p_m。

低压级压缩机:型号 8AS-12.5,排气量 $q_{v,d}$ = 566 m³/h,1 台。

高压级压缩机:型号 4AV-12.5,排气量 $q_{v,g}$ = 283 m³/h,1 台。

工作温度为:t_k = 38 ℃ (p_k = 1.467 MPa),t_0 = -33.33 ℃(p_0 = 0.101 3 MPa)。

【解】 蒸发温度为 −33.33 ℃，通常吸气温度取 −21 ℃；取高压氨液通过中间冷却器蛇形盘管后的温度较中间温度高 5 ℃；高低压级压缩机吸气管路漏冷损失，折算成温度升高为 5 ℃。循环参数点见图 4.14(b)所示。

设高压级压缩机理论输气量 $q_{v,g}$ 和低压级压缩机的理论输气量 $q_{v,d}$ 之比为 w，则：

$$w = \frac{q_{v,g}}{q_{v,d}} = \frac{\dfrac{q_{m,g}v_g}{\lambda_g}}{\dfrac{q_{m,d}v_d}{\lambda_d}} = \frac{q_{m,g}}{q_{m,d}}\frac{v_g}{v_d}\frac{\lambda_d}{\lambda_g} \tag{4.64}$$

式中，v_g，v_d 分别为高低压级吸入状态时的比体积；λ_g，λ_d 分别为高低压级输气系数。

首先求出中间压力近似值：

$$p_m = \sqrt{p_0 p_k} = 0.385 \text{ MPa}$$

其对应的中间温度 $t_m = -2.3$ ℃。

图解时，选取若干个不同的中间温度 t_{m1}，t_{m2}，…，t_{mi}，如取为 2，−3，−8，−13 ℃，分别计算出循环的性能指标，并按式(4.64)计算出对应于上述中间温度的 w_1，w_2，…，w_i 值。计算结果列于表 4.20 和表 4.21。在直角坐标 w-t 上画出这些 w 值的连线，得到一条曲线，见图 4.21。

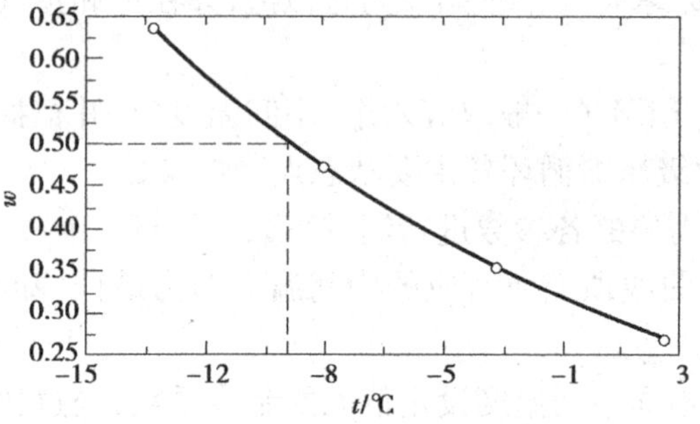

图 4.21 w-t 图

表 4.20 循环参数

项 目	数据来源	$t_7=-13$ ℃ $p=0.256$ MPa	$t_7=-8$ ℃ $p=0.314$ MPa	$t_7=-3$ ℃ $p=0.382$ MPa	$t_7=2$ ℃ $p=0.461$ MPa
t_1/℃	选定	−21	−21	−21	−21
$h_1/(\text{kJ}\cdot\text{kg}^{-1})$	查图	486	486	486	486
$v_1/(\text{m}^3\cdot\text{kg}^{-1})$	查图	1.19	1.19	1.19	1.19
t_2/℃	查图	40	55	70	85
$h_2/(\text{kJ}\cdot\text{kg}^{-1})$	查图	611	643	674	706
$v_2/(\text{m}^3\cdot\text{kg}^{-1})$	查图	0.58	0.50	0.43	0.37
t_3/℃	$t_3=t_7+5$ ℃	−8	−3	2	7
$h_3/(\text{kJ}\cdot\text{kg}^{-1})$	查图	500	506	512	518
$v_3/(\text{m}^3\cdot\text{kg}^{-1})$	查图	0.48	0.40	0.33	0.28
t_5/℃	给定	38	38	38	38
$h_5/(\text{kJ}\cdot\text{kg}^{-1})$	查图	−577	−577	−577	−577
t_6/℃	$t_6=t_7+5$ ℃	−8	−3	2	7
$h_6/(\text{kJ}\cdot\text{kg}^{-1})$	查图	−799	−775	−752	−728

表 4.21 w 值计算结果一览表

项 目	计算公式	$t_7=-13$ ℃ $p=0.256$ MPa	$t_7=-8$ ℃ $p=0.314$ MPa	$t_7=-3$ ℃ $p=0.382$ MPa	$t_7=2$ ℃ $p=0.461$ MPa
λ_g	$0.94-0.85\left[\left(\frac{p_k}{p_{mi}}\right)^{\frac{1}{n}}-1\right]$	0.692	0.742	0.782	0.815
λ_d	$0.94-0.085\left[\left(\frac{p_{mi}}{p_0-\delta_p}\right)^{\frac{1}{n}}-1\right]$	0.834	0.801	0.764	0.722
$q_{m,d}/(kg\cdot h^{-1})$	$\frac{\lambda_d}{v_1}$	397	381	363	343
$q_{m,g}/(kg\cdot h^{-1})$	$\frac{q_{m,d}(h_2-h_6)}{h_3-h_5}$	519	498	475	450
$q_{v,g}/(m^3\cdot h^{-1})$	$\frac{q_{m,g}v_3}{\lambda_g}$	360	266	300	152
w	$\frac{q_{v,g}}{q_{v,d}}$	0.637	0.471	0.354	0.269

根据所规定的高压级理论输气量和低压级压缩机的理论输气量，求出 $w=0.5$ 值，然后作平行于横坐标的直线，得到与 w 曲线交点，再作横坐标的垂线，得到横坐标上的交点，即为所求的中间温度 $t_m\approx-9.2$ ℃。根据制冷剂的饱和蒸气物性表，得出对应的中间压力 $p_m\approx0.3$ MPa。

4.4.3 复叠式制冷循环

1）系统的组成

复叠式制冷循环通常是由两个（或数个）采用不同制冷剂的单级（也可以是多级）制冷系统组合而成。通常在高温系统里使用沸点较高的中温制冷剂，在低温系统里使用沸点较低的低温制冷剂，各自成为一个使用单一制冷剂的制冷系统。高温系统中制冷剂的蒸发，是用来冷凝低温系统中的制冷剂。只有低温系统中的制冷剂，在蒸发时向被冷却对象吸热（制取冷量），因而它既能满足在较低蒸发温度下具有合适的蒸发压力，又能满足在环境温度下适中的冷凝压力。高温系统的蒸发器和低温系统的冷凝器合成一个设备，称为冷凝蒸发器。在冷凝蒸发器里，依靠高温系统制冷剂的蒸发，将低温系统的制冷剂冷凝成液体，高温系统中制冷剂再将热量传给环境介质（空气或水）。

复叠式制冷机可获得的低温范围相当广泛。至于是采用由两个单级压缩循环的组合，或由 1 个单级压缩循环和 1 个两级压缩循环的组合，还是由 3 个单级压缩循环的组合，主要取决于所需制冷温度。不同组合的复叠式制冷循环所能制取的低温，见表 4.22。

表 4.22 复叠式制冷循环的组合形式与制冷温度和制冷剂种类的关系

最低蒸发温度/℃	中温制冷剂	低温制冷剂	复叠式制冷循环形式
-80	R22，R507，R717，R134a，R600a	R23	中温单级或两级压缩 + 低温单级压缩
-100		R23，R1150	中温两级压缩 + 低温单级或两级压缩
-120 ~ -140		R1150	中温两级压缩 + 低温两级压缩
		R23 + R50(1150)	中温两级压缩 + 低温单级 + 低温单级组成三级循环

(1)2 个单级压缩循环组成的复叠式制冷机　图 4.22 示出 2 个单级系统组成的复叠式制冷循环系统图和 T-s 图。高低温系统中工作的制冷剂分别是 R22 和 R23,这种复叠式系统的最低蒸发温度可达到 -90 ℃。在 T-s 图中可以看出循环的工作过程,低温部分(R23)循环由 1—1′—2—3—4.4′—5—1 组成;高温部分(R22)循环由 6—7—8—9—10—6 组成。由于 R22 的蒸发和 R23 的冷凝是在冷凝蒸发器内完成,并且在实际制冷系统中,这个设备和环境是隔热的。因此,理论上 R22 蒸发的吸热量应等于 R23 冷凝的放热量,且 R22 的蒸发温度低于 R23 的冷凝温度,其温差为冷凝蒸发器的传热温差,通常为 5 ~8 ℃。

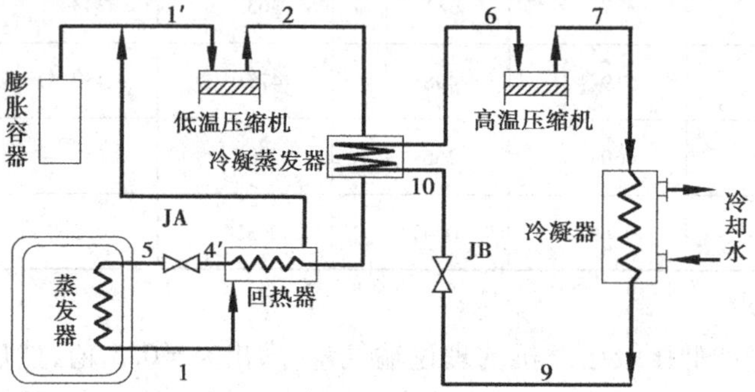

(a) 系统图

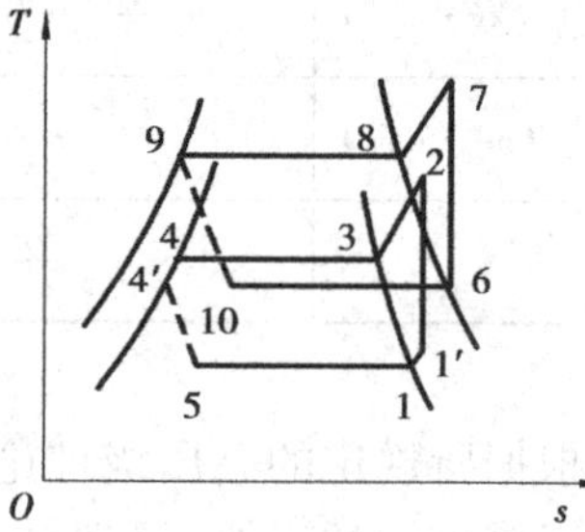

(b) T-s 图

图 4.22　2 个单级系统组成的复叠式制冷机

(2)1 个两级压缩循环和 1 个单级压缩循环组成的复叠式制冷机　图 4.23 所示循环的高温部分为一级节流、中间不完全冷却、节流前液体过冷、带回热的两级压缩循环,采用制冷剂为 R22 或 R507,其工作过程的 lg p-h 图与图 4.19(b)相似;低温部分为带回热的单级压缩循环,采用制冷剂 R23 或 R1150。最低蒸发温度可达 -110 ℃。

(3)3 个单级压缩循环组成的复叠式制冷机　这一循环由高、中、低温 3 部分组成,每个部分均为单级压缩循环。高温部分使用制冷剂 R22 或 R507,中温部分使用制冷剂 R23,低温部分使用 R50,R1150 或 R170 作为制冷剂。最低蒸发温度可达 -120 ~ -140 ℃。循环的系统原理图如图 4.24 所示。

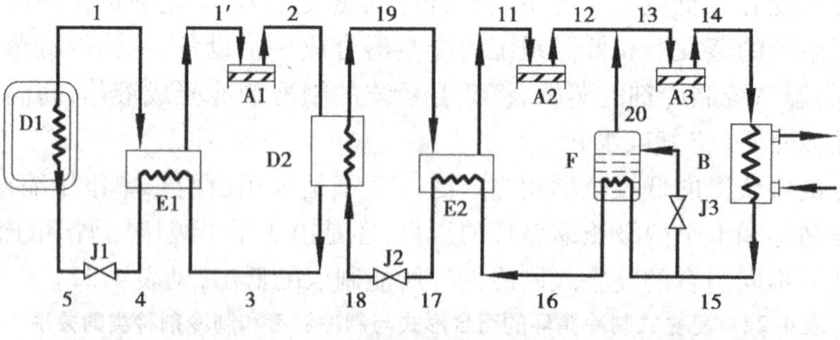

图 4.23　高温部分为两级压缩循环、低温部分为单级压缩循环组成的复叠式制冷循环系统原理图

A1—低温部分压缩机;A2—高温部分低压级压缩机;A3—高温部分高压级压缩机;
B—冷凝器;J1,J2,J3—节流阀;D1—蒸发器;D2—冷凝蒸发器;
E1—低温部分汽-液热交换器;E2—高温部分汽-液热交换器;F—高温部分中间冷却器

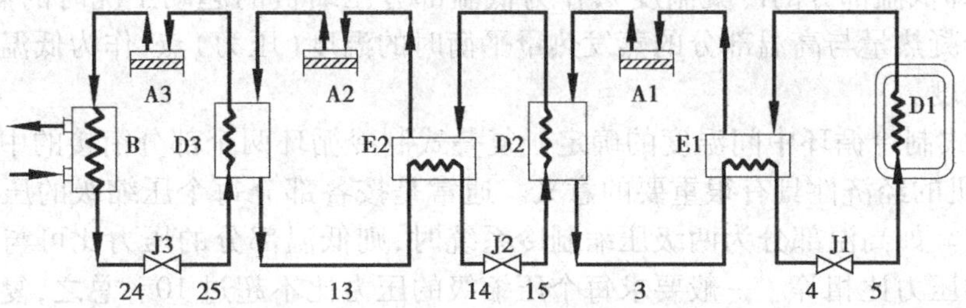

图 4.24　3 个单级压缩循环组成的复叠式制冷机

A1,A2,A3—低温、中温、高温级压缩机；B—冷凝器；D1—蒸发器；
D2,D3—冷凝蒸发器；E1,E2—汽-液热交换器；J1,J2,J3—节流阀

2)性能指标计算

(1)复叠式制冷循环的热力计算　从前面的分析知道复叠式制冷循环是由单级或两级压缩制冷循环组成的,在制冷机循环中,除个别兼供中温冷量的循环外,制取冷量的均是低温部分的蒸发过程 5—1(以图 4.23 所示为例)。其单位质量制冷量为:

$$q_{0,d} = h_1 - h_5 \tag{4.65}$$

低温部分消耗的单位理论功为:

$$w_d = h_2 - h_{1'} \tag{4.66}$$

制冷量为 $Q_{0,d}$时,低温部分的循环制冷剂流量和压缩机的理论输气量分别为:

$$q_{m,d} = \frac{Q_{0,d}}{q_{0,d}} = \frac{Q_{0,d}}{h_1 - h_5} \tag{4.67}$$

$$q_{v,td} = \frac{q_{m,d}v_1}{\lambda_d} = \frac{Q_{0,d}}{h_1 - h_5}\frac{v_1}{\lambda_d} \tag{4.68}$$

式中,λ_d 为低温部分压缩机的输气系数。

低温压缩机的轴功率为:

$$P_d = q_{m,d}\frac{w_d}{\eta_{i,d}\eta_{m,d}} \tag{4.69}$$

式中,$\eta_{i,d}$为低温部分压缩机的指示效率;$\eta_{m,d}$为低温部分压缩机的机械效率。

高温部分制冷量 $Q_{0,g}$,等于低温部分的冷凝负荷 $Q_{k,d}$加上冷凝蒸发器及连接管路的冷量损失 ΔQ_g。因此,高温部分循环制冷剂流量和压缩机的理论输气量分别为:

$$q_{m,g} = \frac{Q_{0,g}}{q_{0,g}} = \frac{Q_{0,g}}{h_6 - h_{10}} \tag{4.70}$$

$$q_{v,tg} = \frac{q_{m,g}v_6}{\lambda_g} \tag{4.71}$$

式中,λ_g 为高温部分压缩机的输气系数。

根据上述计算,即可求出压缩机的轴功率 P_g 为:

$$P_g = q_{m,g}\frac{h_7 - h_6}{\eta_{i,d}\eta_{m,d}} = \frac{Q_{0,g}}{h_6 - h_{10}}\frac{h_7 - h_6}{\eta_{i,g}\eta_{m,g}} \tag{4.72}$$

式中,$\eta_{i,g}$为高温部分压缩机的指示效率;$\eta_{m,g}$为高温部分压缩机的机械效率。

选配电动机功率时,应按压缩机的起动工况确定。高温部分压缩机可直接按前述单级或两级压缩机选配原则进行确定;低温部分压缩机起动工况可按下列条件确定:以高、低温部分

的中间温度(即低温部分的冷凝温度),作为低温部分压缩机的起动工况时的蒸发温度,同时将低温部分冷凝热量与高温部分的蒸发热量平衡时的温度(压力)点,作为低温压缩机起动工况时的冷凝温度。

(2)复叠式制冷循环中间温度的确定　复叠式制冷循环两个部分衔接的中间温度的合理确定,对制冷机的经济性具有很重要的意义。通常是按各部分每个压缩级的压力比大致相等的原则来确定。如高温部分为两级压缩制冷系统时,则低温部分的压力比可与高温部分的低压级压缩机的压力比相等。一般要求每个压缩级的压力比不超过10。总之,复叠式制冷循环中间温度的确定,既应考虑能量利用情况,也考虑压缩机汽缸工作容积的利用率。

冷凝蒸发器中的传热温差通常为5~8 ℃,迈勒普拉萨特在考虑了中间传热温差后,得到如下计算中间温度的公式:

$$T_m = (T_k T_0)^{0.5} - 0.5\Delta T + 0.125\Delta T^2/(T_k T_0)^{0.5} \tag{4.73}$$

式中,T_k,T_0 分别为高温部分冷凝温度和低温部分蒸发温度,K。

式(4.73)只适用于由两个单级压缩或两个两级压缩组成的复叠式制冷机。对于由一个两级压缩循环和一个单级压缩循环组成的复叠式制冷机,则应按各部分每个压缩级的压力比大致相等的原则来确定。

【例4.5】　采用R22两级压缩和R23单级压缩组成的复叠式制冷机,高温部分冷凝温度为35 ℃,低温部分蒸发温度为-85 ℃,低温部分冷凝温度为-50 ℃。为了改善低温部分制冷压缩机的运行状况,假设在R23制冷系统中装有一个汽-液热交换器(取过热度 $\Delta t_{0-1}=30$ ℃)和一个汽-汽热交换器(取过热度 $\Delta t_{1-2}=30$ ℃)。为了提高循环的工作效率,减轻冷凝蒸发器的热负荷,使用水冷冷却器,将低温部分压缩机的排气温度 t_3 冷却到 $t_{3'}=40$ ℃,再经汽-汽热交换器后进入冷凝蒸发器。试确定制冷机低温部分循环的各状态点比焓,以及当用户所需低温冷量为4 000 kW时,高温部分循环至少应向低温部分提供多少冷量?

【解】　制冷循环流程如图4.23所示,根据题意得:

$$h_6 = h_5 - (h_1 - h_0) = [128.06 - (343 - 325.98)]\text{kJ/kg} = 111.04 \text{ kJ/kg}$$

$$h_4 = h_{3'} - (h_2 - h_1) = [406 - (363 - 343)]\text{kJ/kg} = 386 \text{ kJ/kg}$$

故在lg p-h 图上状态点如下图,由此可以确定低温部分制冷循环各状态点参数(由热力学图表查取),列于表4.23。

表4.23

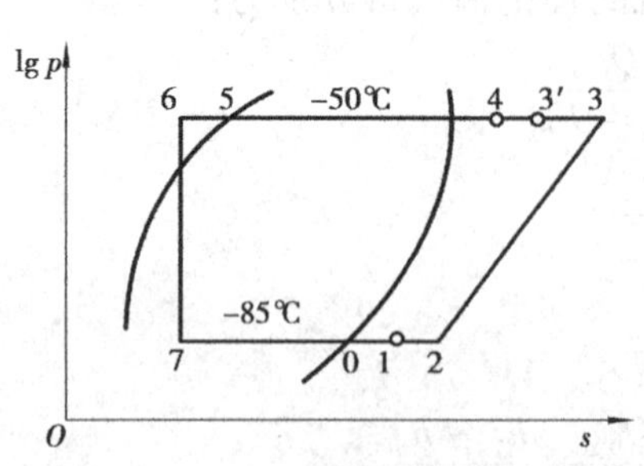

R23低温部分制冷循环图

参数状态点	比焓/(kJ·kg^{-1})	温度/℃
0	325.98	-85
1	343	-55
2	363	-25
3	426	65
3′	406	40
4	386	-14
5	128.06	-50
6	111.04	-61.2
7	111.04	-85

低温部分压缩机的制冷剂流量(未考虑实际使用中冷量损失)为:

$$q_{m,d} = Q_0/(h_0 - h_7) = 4\ 000/(325.98 - 111.04)\text{kg/s} = 18.61\ \text{kg/s}$$

高温部分制冷循环至少应向低温部分提供的冷量为

$$Q_{gz} = q_{m,d}(h_4 - h_5) = 18.61 \times (386 - 128.06)\text{kW} = 4\ 800\ \text{kW}$$

3)复叠制冷系统运行特性分析

(1)循环形式及节能　当蒸发温度较低(−80 ~ −100 ℃)时,对于用氟利昂作工质的复叠式循环,一般在高温部分用两级压缩,此时低温部分的压力比,可与高温部分低压压缩机的压力比相等,这样各压缩机的指示效率和输气系数较高,并在有利的工况下工作;当蒸发温度更低(−100 ℃)时,可采用高低温都为两级压缩的复叠式,与高温部分两级压缩低温部分单级压缩的复叠系统比较,降低了各压缩机的压力比,增大了输气系数,提高了蒸发压力,减小了压缩机容量及摩擦功率,使经济性提高。

制冷工质蒸发温度越低时,传热温差的不可逆损失越大。因此,冷凝蒸发器传热温差的大小,不仅影响其传热面积和冷量损耗,而且也影响到整个制冷机的经济性。故低温复叠式制冷机冷凝蒸发器的传热温差应取较小值,最好不要大于 5 ℃。

为了提高复叠式制冷循环的性能指标,或改善压缩机的工作条件,常在复叠式制冷系统中使用一些换热器,如:

①水冷或风冷冷却器,用于低温部分压缩机的排气温度较高时,将气体冷却到 30 ~45 ℃,再进入冷凝蒸发器,以减轻冷凝蒸发器的热负荷,提高循环的效率。使用水冷或风冷冷却之后,按其蒸发温度及制冷对的不同,制冷系数可提高 7% ~18%,压缩机总容量可减小 6% ~12%。

②汽-汽换热器,用于低温部分提高压缩机吸入蒸气的温度,改善压缩机的工作条件,同时也起着减少冷凝蒸发器的热负荷的作用。

③汽-液换热器(常称回热器),它是用从蒸发器出来的低温蒸气,过冷节流阀前制冷剂液体。液体过冷增加了单位制冷量,吸气过热改善了压缩机的工作条件。吸入蒸气的过热度应在 12 ~63 ℃,t_0 高时取小值,t_0 低时取大值。在低温系统中当汽-液换热器不能达到这一过热度时,就要再用一个汽-汽换热器。回热器在复叠式制冷机高温部分也可应用,但单级氨制冷系统中则是有害的。

在制冷系统中使用上述一些换热器,虽然能达到不同的目的,但却使系统变得复杂,流动阻力和泄漏的可能性增大,产生冷损的地方增多。因此,在设计中可根据容量大小及使用条件,尽量简化。特别是对于小型制冷机及用混合工质运行的制冷机,甚至可不用上述任何一种换热器。

(2)变工况特性　复叠式制冷机蒸发温度的调节范围是比较小的,这是因为低温级的冷凝温度不能无限制地提高。根据 GB 10875—89 的规定,活塞式制冷压缩机的最大工作压力约为 1.6×10^3 kPa。例如,对于由系列产品压缩机选配组成的复叠式制冷机,若低温系统中的 R23 的最高冷凝温度为 −10 ℃,则相应的 $p_{k,d} = 1.545 \times 10^3$ kPa,而 C_2H_6 则为 −17 ℃及 1.57×10^3 kPa。在这样的情况下,低温级蒸发温度可调节的上限,应通过试验或计算来确定。一般对于由两个单级组成的 -80 ℃的复叠循环,其蒸发温度的上限可达 -60 ℃;对于高温部分为两级、低温部分为单级的 -110 ℃的循环,其蒸发温度的上限可达 -60 ℃;对于高温部分为单级、低温部分为两级的 -110 ℃的循环,其蒸发温度上限只能达到 -90 ℃。显然,后一种循环的变工况特性差得多。当选用的压缩机具有输气量调节机构时,蒸发温度的可调节范围就可大一些。

复叠式制冷机开机时应先起动高温部分压缩机,当中间温度降低到足以保证低温级的冷凝压力不超过 1.6×10^3 kPa 时,再起动低温部分压缩机。对于小型机组,如果在低温部分管路上装有压力控制阀与膨胀容器接通时,则高低温部分也可以同时启动。因为,低温部分压缩机的排气压力一旦升高到限制值时,压力控制阀即自动开启,使排气回流到膨胀容器中去。

(3)膨胀容器　复叠式制冷系统在停机时,由于内部温度升高并达到环境温度,低温制冷剂液体蒸发,压力将升高,因此为使低温系统的压力不致过度升高,复叠式制冷机的低温系统中大多设有膨胀容器。工作时和停机时,都与低温制冷剂的低压系统连通。停机时大部分低温制冷剂进入膨胀容器,工作时返回制冷系统。膨胀容器是一个具有规定容积的承压容器,其允许承受的最高压力应与停机时系统内的最高压力相同。

连接在吸气管上的膨胀容器的容积 V_p 按以下方法计算。将膨胀容器内的制冷剂质量看作由 m_1 和 m_2 两部分组成。m_1 表示工作状态下膨胀容器中制冷剂的质量,m_2 表示停机时进入膨胀容器中制冷剂质量,则:

$$m_1 = V_p/v_x \qquad m_2 = (m_x v_p - V_{d,x})/v_p \tag{4.74}$$

式中,V_p 为膨胀容器的容积,m^3;$V_{d,x}$为低温系统(不包括膨胀容器)的总容积,m^3;v_p 为在环境温度及平衡压力时制冷剂的比体积,m^3/kg;v_x 为在环境温度及吸气压力时制冷剂的比体积,m^3/kg;m_x 为低温系统中(不包括膨胀容器)在工作状态时制冷剂的充灌量,kg。知道 m_1、m_2 和 v_p 后,即可按下式算出膨胀容器的容积:

$$V_p = (m_x v_p - V_{d,x})\frac{v_x}{v_x - v_p} \tag{4.75}$$

增加膨胀容器后,低温工质总的充灌量为:

$$m_z = m_x + V_p/v_x \tag{4.76}$$

由式(4.76)可以看出:当 m_z 一定时,m_x 的数值是随 v_x,即随吸气压力而变化,对于蒸发温度需要调节的制冷机,如果 m_z 的数值较小,则当蒸发温度升高时,v_x 减小,系统内就有工质不足之感。因此,设计这种制冷机时,应按蒸发温度调节上限来确定膨胀容器的容积;同时,为了能在运转中调节 m_z 的数值,应使膨胀容器与高低压侧都用管道连接起来,并装有手动阀门。

4.5 混合工质的洛伦兹循环和自动复叠制冷循环

4.5.1 洛伦兹制冷循环

在制冷工程中高低温热源一般为有限热源，伴随着热量的得与失，热源的温度会发生小幅变化，即成为变温热源。为了实现定压吸热或放热时制冷剂温度随热源温度的同向变化和换热过程的最小传热温差，洛伦兹循环利用近共沸混合制冷剂在定压相变时温度发生变化的特性，实现变温热源的最小温差匹配，减少传热的不可逆损失。纯质制冷剂和共沸制冷剂不具有定压相变时温度变化的特性，采用非共沸混合制冷剂来近似实现洛伦兹循环，这是非共沸混合制冷剂的一大优点。研究表明，利用非共沸混合制冷剂在定压相变时温度会发生变化的特性，结合逆流式热交换器的采用，可以在制冷或热泵装置中取得显著的节能效果。图 4.25 为采用非共沸混合制冷剂实现洛伦兹循环的系统图和 *T-s* 图。

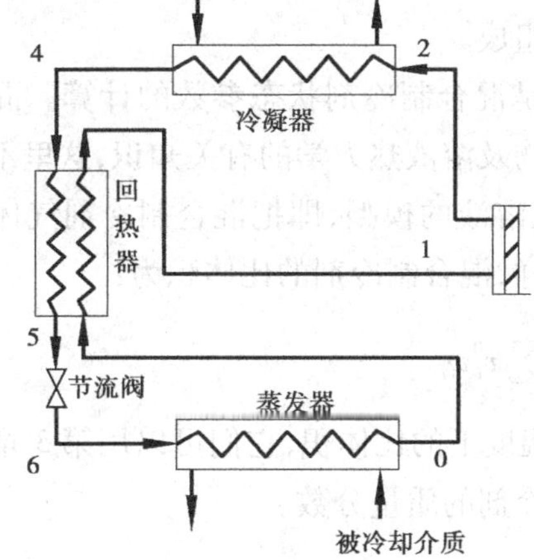

(a) 流程图

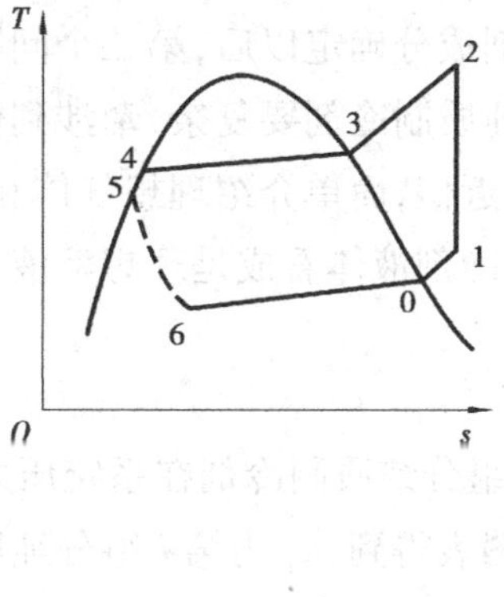

(b) *T-s* 图

图 4.25 洛伦兹循环流程图和 *T-s* 图

非共沸混合制冷剂循环的工作参数选择比纯质制冷剂要复杂些。制冷剂的冷却冷凝过程可在 *T-w* 图上表示出来，见图 4.26。压缩机出来的高压制冷剂气体的质量分数为 w，温度为 T_2，进入冷凝器首先被冷却成饱和蒸气（即露点，温度为 T_3）后，再进一步冷凝成为饱和液体（即泡点，温度为 T_4），然后进入回热器过冷到 T_5，最后进入节流阀节流降压。T_3 和 T_4 的选择，是根据冷却介质的温度变化情况，并考虑一定的传热温差而确定。选定 T_3 和 T_4 后，根据压缩机的排气压力实际情况，来确定混合制冷剂的质量分数 w。这里的混合制冷剂的质量分数确定仅考虑冷凝过程的泡点和露点温度匹配因素，实际还必须考虑蒸发过程的温度匹配问题。蒸发过程的 *T-w* 图如图 4.27 所示。从节流阀出来的制冷剂为两相状态（点 6），压力为蒸发压力，温度为 T_6，对应液相的组成为 w'_6，气相组成为 w''_6。这些两相的制冷剂，在蒸发器里吸热蒸发到露点状态（点0），此时温度为蒸发压力下的露点温度 T_0。然后，它们经回热器回热后，回到制冷压缩机。T_0 和 T_6 的选择，是根据被冷却介质的温度变化情况，同时考虑一定的传热温差而确定。在 T_0 和 T_6 确定后，再根据蒸发压力来决定混合制冷剂的质量分数 w。这里得到的 w 仅考虑蒸发温度的匹配情况，它与根据冷凝过程温度匹配得到的 w 通常是不一样的。最终，选择哪一个 w 要综合考虑各方面的因素而后确定。

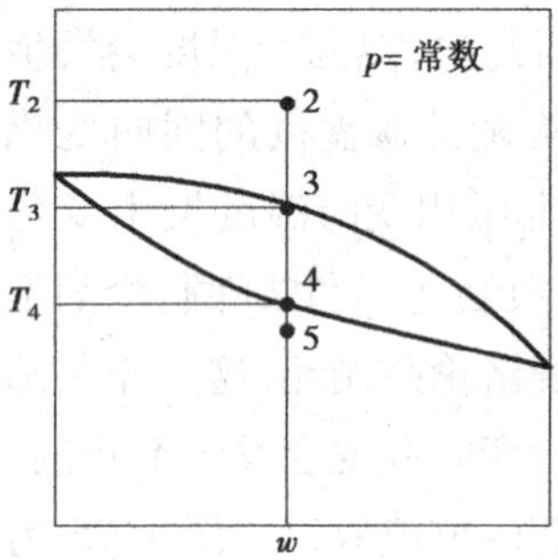

图 4.26　冷凝过程的 T-w 图

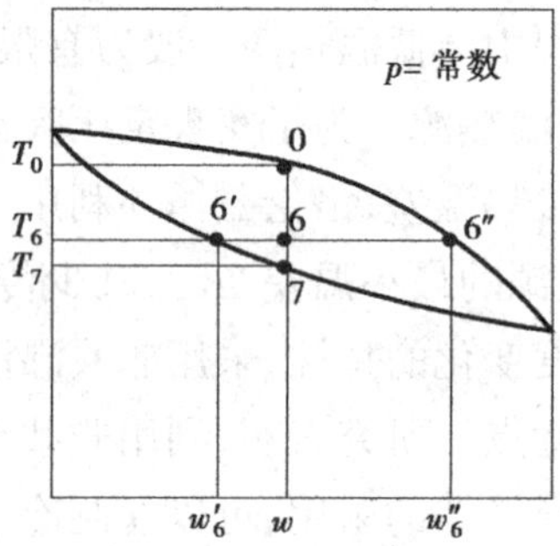

图 4.27　蒸发过程的 T-w 图

用于确定混合制冷剂最佳组成的方法很多，最好的方法应该是用综合经济指标作为目标函数，用最优化的方法确定混合制冷剂的最佳组成。

混合制冷剂成分确定以后，第二个问题就是混合制冷剂状态参数的计算。混合制冷剂状态参数计算比纯质制冷剂要复杂，牵涉到混合物及溶液热力学的有关知识，这里不做详细的介绍，但作为一种近似，简单介绍理想气体和理想溶液的模型，即把混合制冷剂气体看成是理想气体，把混合制冷剂液体看成是理想溶液。这样，混合制冷剂的比体积为：

$$v = \sum_{i=1}^{n} v_i^0 w_i \tag{4.77}$$

式中，v_i^0 为第 i 组分纯质制冷剂在系统压力和温度下的比体积，它们可以用第 3 章介绍的方法进行计算或查图表得到；w_i 为第 i 组分纯质制冷剂的质量分数。

混合制冷剂的比焓和比熵为：

$$h = \sum_{i=1}^{n} h_i^0 w_i \tag{4.78}$$

$$s = \sum_{i=1}^{n} s_i^0 w_i \tag{4.79}$$

式中，h_i^0 和 s_i^0 分别为第 i 组分纯质制冷剂在系统压力和温度下的比焓和比熵。

处于相平衡时，混合制冷剂的饱和蒸气压可以由下式计算：

$$p = \sum_{i=1}^{n} p_i^0 x_i \tag{4.80}$$

式中，p_i^0 为第 i 组分纯质制冷剂在系统温度下的饱和蒸气压，可利用第 3 章介绍的方法进行计算或查图表得到；x_i 是第 i 组分纯质制冷剂的摩尔分数。

在确定了各状态点的热力参数后，就可对循环进行热力计算。计算方法与纯制冷剂制冷循环相同，即使用式(4.7)～式(4.13)等进行计算。

4.5.2 单级压缩自动复叠(Auto-cascade)循环

混合制冷剂单级压缩不仅可用于常规制冷，而且还可用于获取制冷温度较低的场合：混合制冷剂中高沸点组分和低沸点组分的沸点差要足够大，应采用逐级分凝和自动复叠技术。

图4.28是采用单级分凝的船舶双温冷库制冷系统流程图。从压缩机排出的气态高温高压混合工质R600a/R32(状态2)经冷凝器向冷却介质放热，大部分高沸点的R600a和少量低沸点的R32冷凝成液体，气液两相混合工质(状态3)进入气液分离器，富R32气体(状态5)和富R600a液体(状态4)分离。富R600a液体经节流阀J1降压降温后(状态6)进入高温库蒸发器，向高温冷库提供冷量。从高温库蒸发器出来的富R600a两相工质(状态7)与从低温冷库出来的富R32工质(状态10)混合后(状态11)进入冷凝蒸发器吸热成为低压气体(状态1)；富R32气体在冷凝蒸发器冷凝，经过节流阀J2降压降温后(状态8)进入低温库蒸发器，向低温冷库提供冷量。状态1的低压气体被压缩机吸入，压缩成为高温高压气体，完成制冷循环。

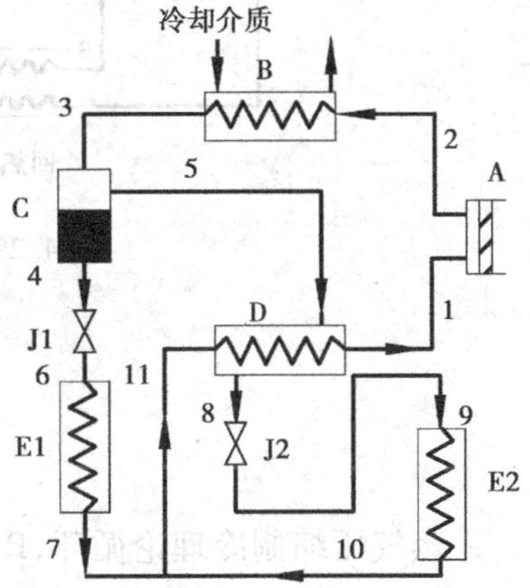

图4.28 自复叠双温冷库系统流程图

A—压缩机；B—冷凝器；C—汽-液分离器；D—冷凝蒸发器；E1—高温库蒸发器；E2—低温库蒸发器；J1，J2—节流阀

上述自复叠循环的优点是结构简单，缺点是分离率低。如图4.29所示，该装置能有效地提高了自复叠制冷系统的工作效率。压缩机将气态混合制冷剂压缩为高压状态，经冷凝器冷却冷凝后进入精馏器底部进一步放热，在节流阀J1中稍微降压后进入精馏器。在精馏器中，混合制冷剂经热质交换分离成高沸点组分和低沸点组分两部分。底部的高沸点组分液体经J2节流降压降温后进入精馏器顶部，在这里有少量制冷剂液体吸热蒸发，使管外的低沸点制冷剂少量冷凝成为液体，作为精馏器的回流液。高沸点制冷剂经J3降压，以合适的温度在冷凝蒸发器中吸热蒸发成为气态。另一方面，从精馏器顶部出来的低沸点制冷剂蒸气，在冷凝蒸发器中被冷凝，经回热器1过冷后进入节流阀J4降压降温，然后进入蒸发器吸热蒸发，产生制冷效果。从蒸发器出来的低温蒸气经回热器吸热后与高沸点制冷剂汇合，经冷凝蒸发器和回热器2加热回到压缩机，从而完成制冷循环。

可以看出，在蒸发器里蒸发的是低沸点制冷剂液体，在相同的蒸发压力下，低沸点制冷剂将具有更低的蒸发温度，从而实现较低的制冷温度。如果采用单一低沸点制冷剂的单级压缩循环，则所需的冷凝压力将非常高，通常难以实现。在自动复叠循环中，低沸点制冷剂的冷凝是由高沸点制冷剂的蒸发来实现的，因而勿需很高的压力。自动复叠循环的这一优点，为单级压缩实现较低的制冷温度提供了一条有效的途径。

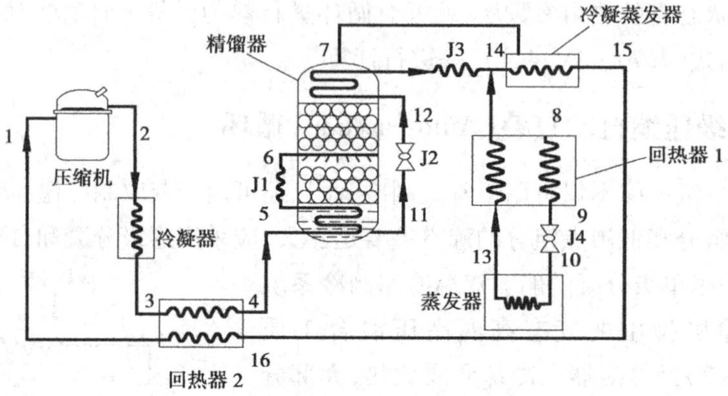

图 4.29　单级压缩自复叠制冷循环流程图

习　题

4.1　一蒸气压缩制冷理论循环,R407C 为制冷剂,蒸发温度为 -5 ℃,冷凝温度为 40 ℃,在压焓图上画出该循环的示意图,并计算:①单位压缩功;②单位制冷量;③冷凝器放热量;④制冷系数。

4.2　某制冷系统的制冷剂为 R134a,产冷量为 80 kW。采用蒸气压缩理论循环。蒸发温度 -10 ℃,冷凝温度为 40 ℃。①求压缩机进口处的制冷剂体积流量;②计算压缩机的功率;③求蒸发器入口处混合物中的蒸气含量,分别以质量分数和体积分数表示。

4.3　比较理论湿压缩制冷循环和干压缩制冷循环的制冷系数。两循环均采用氨作制冷剂,冷凝温度为 30 ℃,蒸发温度为 -20 ℃,假设压缩是等熵的,离开冷凝器的是饱和液体。在湿压缩循环中,制冷剂进入压缩机状态,使得它离开压缩机时正好是饱和蒸气;在干压缩循环中,制冷剂进入压缩机的状态正好是饱和蒸气。

4.4　制冷系统的冷凝温度低则效率高。试评价用另外一个制冷系统来冷却该制冷系统冷凝器的冷却水的可能性。两个系统组合后的性能是比单个系统好、相同或者差? 为什么?

4.5　用制冷剂 R22 的蒸气压缩系统中有一台汽-液换热器。在该换热器中,利用 30 ℃的冷凝液体,把来自蒸发器的饱和蒸气从 -10 ℃加热到 5 ℃。在下述情况下压缩过程都是等熵的:①计算没有换热器系统的制冷系数,其冷凝温度为 30 ℃,蒸发温度为 -10 ℃;②计算装有换热器系统的制冷系数;③如果在压缩机入口处测得的吸气能力为 12.0 L/s,没有换热器的系统的产冷量是多少? ④如系统的压缩机容量也为 12.0 L/s,但装有换热器,其产冷量是多少?

4.6　根据制冷机节能的要求,谈谈如何提高制冷机实际循环的热效率?

4.7　请用计算机高级语言编一个用 PR 状态方程计算气相热力学状态参数,用第 3 章提供的有关公式计算液相热力学状态参数,在此基础上编一个计算单级蒸气压缩理论循环性能的计算机程序,用所编程序重新计算习题 4.1,并与常规计算所得的结果相比较。

4.8　一级节流、中间完全冷却的两级氨压缩制冷系统见图 4.14,冷凝温度为 40 ℃,中间冷却

器的传热温差 $\Delta t=5$ ℃,低温蒸发器的蒸发温度为 -40 ℃。求高、低压级压缩机汽缸的容积比?

4.9 有一如图4.17所示的两级压缩两级节流具有中温蒸发器的R22制冷系统,高、低压级压缩机的理论输气量之比 $w=0.5$,冷凝温度为40 ℃,节流前温度为35 ℃,冻结间蒸发温度为 -30 ℃,制冷量为50 kW,冷藏间蒸发温度为0 ℃,若在满足冻结间制冷量的条件下,还有多少制冷量(不考虑各种损失)可供给冷藏间利用?

4.10 有一低温复叠式制冷机,低温系统中(不包括膨胀容器)须充注R23制冷剂2.4 kg,如欲使制冷系统在环境温度为40 ℃时允许1.0 MPa的平衡压力,停机时进入膨胀容器中制冷剂占充注量的60%,试求膨胀容器的容积。

5 制冷压缩机

5.1 概 述

在压缩式制冷循环中，制冷压缩机从蒸发器内吸入制冷剂蒸气，压缩并输送到冷凝器，外界通过压缩机向制冷系统输入实施热量逆向流动的补偿能。制冷压缩机是制冷装置中的核心设备，对制冷系统的运行性能、经济性、振动、噪声、维护和使用寿命等有着直接的影响，常被称为制冷机的“心脏”。

制冷压缩机的种类很多，常根据其工作原理、结构、密封形式和制冷温度等进行划分。根据工作原理，制冷压缩机可分为容积型和速度型两大类。容积型压缩机通过强制压缩气体所占有的体积，达到提高气体压力的目的；而速度型压缩机，气体压力的提高主要是由气体的速度转化而来的，常见的有离心式压缩机。根据运动形式的不同，制冷压缩机又可分为往复式（活塞式）和回转式，回转式又有螺杆式、滚动转子式、涡旋式等类型。

根据密封方式制冷压缩机可分为开启式、半封闭式和全封闭式 3 类（见图 5.1）。开启式压缩机曲轴功率的输入端伸出机体之外，通过传动装置（联轴器或皮带轮）与原动机相连接，曲轴伸出端设有轴封装置以防制冷剂泄漏；全封闭式压缩机与所配用的电动机共用一根主轴装在机壳内，机壳接合处焊封，因而可不用轴封装置，减少了制冷剂泄漏的可能性；半封闭式压缩机的机体与电动机外壳铸成一体，构成密闭的机身，与全封闭式压缩机的区别主要在于其设有可拆卸的汽缸盖（以便于维修）等，密封性能优于开启式。

制冷压缩机的分类和应用，见表 5.1。

21 世纪前后，得益于世界范围的对食品、舒适方面的需求和化工、能源、交通、电子、通讯、材料科学、航天航空等高新技术的发展，制冷和空调业获得了前所未有的高速发展。作为制冷装置核心设备的制冷压缩机，既获得了良好的发展机遇，又面临着环境保护、能效标准升级、能源和基础材料价格上涨的压力。制冷压缩机技术获得了长足的进步，主要特征为：CAD 等现代设计技术、CAM 等现代制造技术、现代测量与控制技术、容量（变频）调节技术、新材料和环保制冷工质的开发与应用。

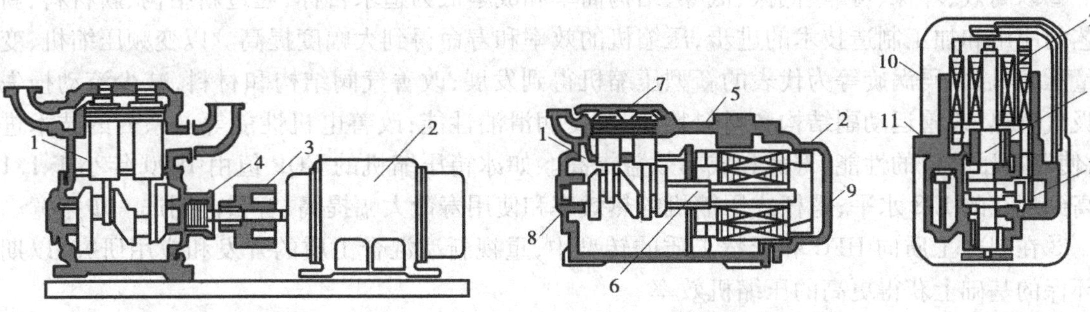

(a)开启式　(b)半封闭式　(c)全封闭式

图 5.1　开启式、半封闭式、全封闭式压缩机结构示意图

1—压缩机；2—电机；3—联轴器；4—轴封；5—机体；6—主轴；
7,8,9—可拆的密封盖板；10—焊封的罩壳；11—弹性支撑

表 5.1　制冷压缩机的分类及应用

类型			气密特征	容量范围/kW	主要用途	特点
容积型	往复式	活塞连杆式	开启	0.4~600	石化、冷冻、空调	机型多，易生产，价廉，中、小容量
			半封闭	0.75~120	冷冻冷藏、空调	
			全封闭	0.1~7.5	冰箱、房间空调器	
		活塞斜盘式	开启	0.75~3.0	车辆空调	小容量
	回转式	转子式	开启	0.75~20	车辆空调	高速、小容量
			全封闭	0.1~5.5	冰箱、房间空调器	
		旋转叶片式	开启	0.75~3.0	车辆空调	高速、小容量
			全封闭	0.6~5.5	冷库、冰箱、房间空调器	
		涡旋式	开启	0.75~7.5	车辆空调	高效、高速、小容量发展前景好
			全封闭	2.2~30	房间空调器	
		双螺杆	开启	~6	车辆空调	
				30~1 600	石化、冷冻、空调	压比大，可替代小容量往复式压缩机，价昂贵
			半封闭	55~300	空调热泵	
		单螺杆	开启	100~1 100	石化、冷冻、空调	效率较高，容量宽
			半封闭	22~90	冷冻、空调、车辆空调	
速度型		离心式	开启	90~2 000	石化、冷冻、空调	适用于大容量
			半封闭			

①计算机技术的发展和应用，使压缩机的设计、制造和控制技术得以升级。应用计算机模拟制冷循环，研究压缩机及其部件的稳态和瞬态过程，研究制冷的热物理特性，采用优化设计的方法确定产品的结构参数和系统参数，应用数控机床等先进制造技术，使压缩机的制造过程现代化；应用现代测量与控制技术，从而可能获得最佳的制冷压缩机效率。

②以高效、环保、可靠、低振、低噪、结构简单和成本低为追求目标，通过新结构、新材料、新工艺的应用和加工制造技术的进步，压缩机的效率和寿命得到大幅度提高。以变频压缩机、变容量压缩机、数码涡旋等为代表的新型压缩机得到发展；改善气阀结构和材料，减少流动损失和吸气过热；改善运动副结构和材料特性，改良润滑油性能；改善电机性能等一系列的技术进步，使制冷压缩机的性能、寿命和成本效益提高。如冰箱压缩机的 COP 值由 1990 年小于 1.1 提高到现在的 1.8 水平；螺杆式压缩机的热效率和使用寿命大幅提高、容量范围进一步拓宽。

③在制冷工质向 HFC 和天然工质的转型中，重视新型混合工质的开发和应用研究，以期在环保的基础上获得更高的压缩机效率。

5.2 活塞式制冷压缩机

5.2.1 活塞式制冷压缩机的基本结构与工作过程

活塞式制冷压缩机的基本结构(见图 5.2)。由汽缸体、活塞组、连杆、曲轴和气阀等组成。当曲轴被原动机带动而旋转时，通过连杆的传动，将原动机的旋转运动变为活塞在汽缸内的往复运动，在吸、排气阀的配合下，完成对制冷剂的吸入、压缩和输送。由于曲轴连杆运动的惯性力及阀片的寿命，限制了活塞运动速度和汽缸容积，故排气量不能太大。目前，国产的活塞式制冷压缩机的转速一般为 500 ~ 3 000 r/min，标准制冷量为小于 600 kW 的中小型机。

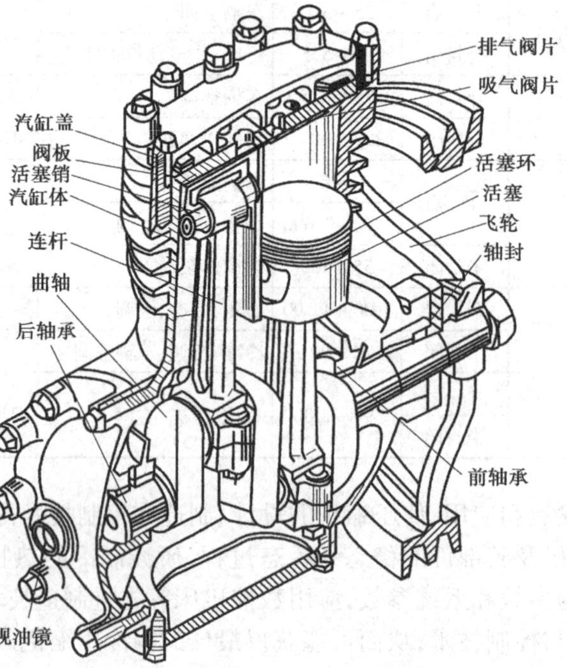

图 5.2 立式两缸活塞式制冷压缩机

活塞式制冷压缩机的工作过程：

1）**理想工作过程**

活塞式制冷压缩机的理想工作过程基于如下假设：压缩机没有余隙容积；吸、排气过程中没有阻力损失；吸、排气过程中与外界没有热量交换；没有制冷剂的泄漏。

压缩机的理想工作过程如图5.3所示，整个工作过程分为进气、压缩、排气3个过程。当活塞由上止点位置（点4）向右移动时，压力为 p_1 的低压蒸气便不断地由蒸发器经吸气阀进入汽缸，直到活塞运动至下止点（点1）为止。过程4—1称为吸气过程。活塞在曲轴连杆机构的带动下开始向左移动，吸气阀关闭，汽缸工作容积逐渐缩小，密闭在汽缸内的气体压力逐渐升高，当压力升高到等于排气管中的压力 p_2 时（点2），排气阀门自动打开，开始排气。过程1—2称为压缩过程。活塞继续向左运动，汽缸内气体的压力不再升高，而是不断地排出汽缸，直到活塞运动至上止点（点3）时为止。过程2—3称为排气过程。当活塞重新由上止点开始向下止点运动时，又重新开始吸气过程，如此周而复始地循环工作。

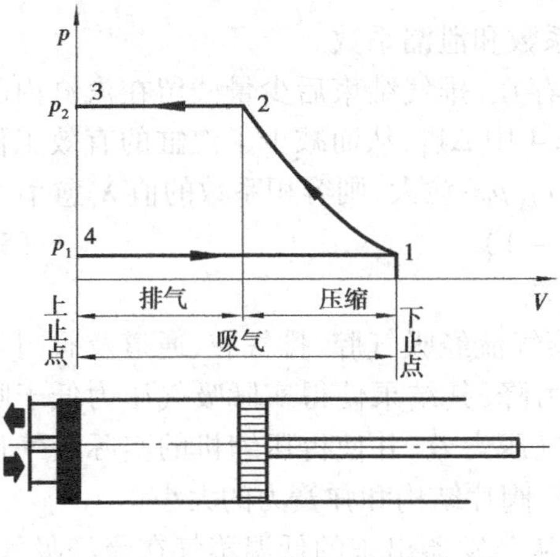

图5.3　理想工作过程的 p-V 图

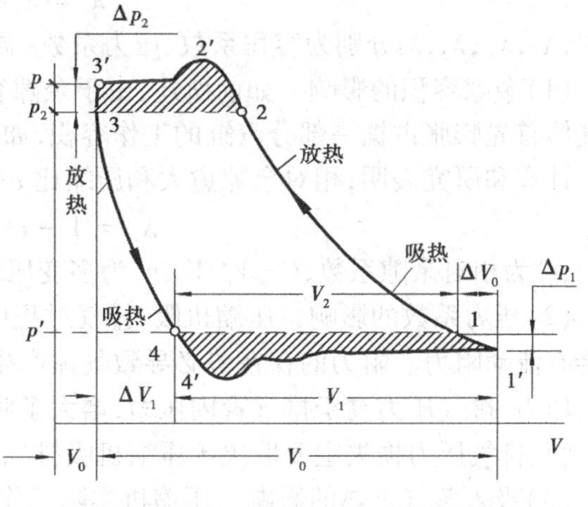

图5.4　实际工作过程的 p-V 图

2）**实际工作过程**

由于余隙容积及其残余气体的存在，活塞由上止点开始向下运动时，吸气阀在压差作用下不能立即开启，首先存在一个余隙容积内高压气体的膨胀过程，当汽缸内气体压力降到低于蒸发压力 p_1 时，吸气阀才自动开启，开始吸气过程；同时由于气阀弹簧力和流道阻力所产生的压力损失，使得吸气压力低于吸气管内压力而排气压力高于排气管内压力，吸排气压力差增大；再者，工作过程中与外界的热交换以及制冷剂的泄漏等影响，都造成压缩机的实际工作过程与理想工作过程存在着较大的区别。压缩机的实际工作过程（见图5.4），由膨胀、吸气、压缩和排气4个工作过程组成。图中3′—4′表示膨胀过程；4′—1′表示吸气过程；1′—2′表示压缩过程；2′—3′表示排气过程。

5.2.2　活塞式制冷压缩机的性能

在表征压缩机的各项性能指标中，最为重要的是压缩机的输气系数和功率消耗两个指标，它们分别与制冷机的制冷量和能耗有关。输气系数大意味着压缩机以较小的汽缸容积可获得较大的输气量及相应的制冷量,压缩机工作容积的利用效率高;而提高压缩机的能源效率有十分重要的经济和社会意义。

1)压缩机的输气系数

活塞式压缩机的理论输气量 V_h 等于活塞移动一个行程所扫过的汽缸工作容积,由于各种因素的影响,压缩机的实际输气量 V_s 总是小于理论输气量 V_h。实际输气量与理论输气量之比称为压缩机的输气系数(常称为容积效率),用 λ 表示($\lambda<1$):

$$\lambda = \frac{V_s}{V_h} \tag{5.1}$$

λ 的大小反映了实际工作过程中存在的诸多因素对压缩机输气量的影响,也表示了压缩机汽缸工作容积的有效利用程度。输气系数不仅影响压缩机的制冷量和尺寸,而且影响能耗。输气系统综合了 4 个主要因素,即:余隙容积、吸排气阻力、吸气过热和泄漏对压缩机输气量的影响。为此,可以将输气系数写成 4 个分系数乘积的形式:

$$\lambda = \lambda_v\lambda_p\lambda_t\lambda_l \tag{5.2}$$

式中,λ_v,λ_P,λ_t,λ_l分别为容积系数、压力系数、温度系数和泄漏系数。

(1)余隙容积的影响　如前所述,由于余隙容积存在,排气结束后少量残留在汽缸内的高压气体首先膨胀占据一部分汽缸的工作容积,如图 5.4 中 ΔV_1,从而减少了汽缸的有效工作容积。计算和研究表明,相对余隙愈大和压缩比 $\varepsilon(\varepsilon=p_k/p_0)$ 愈大,则容积系数的值 λ_v 愈小。

$$\lambda_v = 1 - c(\varepsilon^{1/m} - 1) \tag{5.3}$$

式中,C 为相对余隙系数,$C=V_c/V_h$;m 为多变压缩指数。

(2)压力系数的影响　压缩机吸、排气过程中,蒸气流经吸气腔、排气腔、通道及阀门等处都会有流动阻力。阻力的存在势必导致气体产生压力降,其结果使得实际吸气压力低于吸气管内压力,排气压力高于排气管内压力,增大了吸排气压力差,并使得压缩机的实际吸气量减少。吸、排气压力损失主要取决于压缩机吸排气通道、阀片结构和弹簧力的大小。

(3)吸入蒸气过热的影响　压缩机实际工作时,从蒸发器出来的低温蒸气在流经吸气管、吸气腔、吸气阀进入汽缸前均要吸热而使温度升高、比容增大,蒸气比容的增大必然导致实际吸入蒸气的质量减少。为了减少吸入蒸气过热的影响,除吸气管道应隔热外,应尽量降低压缩比,使得汽缸壁的温度下降,同时应改善压缩机的冷却状况。全封闭压缩机吸入的蒸气担负着冷却电机的任务,因此过热的影响最严重,半封闭压缩机次之,开启式压缩机吸入蒸气过热的影响较小。

(4)泄漏的影响　气体的泄漏主要是压缩过程的高压气体通过汽缸壁与活塞之间的不严密处向曲轴箱内泄漏。此外,由于吸排气阀关闭不严和关闭滞后也会造成泄漏。这些都会使压缩机的排气量减少。为了减少泄漏,应提高零件的加工精度和装配精度,控制适当的压缩比。

综上所述,影响压缩机输气系数 λ 的因素很多,当压缩机结构类型和制冷剂确定以后,运行工况的压缩比是最主要的因素。因此,压缩机制造商一般将生产的各类型压缩机的输气系数 λ 整理成 ε 的变化曲线,以供用户使用(见图 5.5)。

2)压缩机的功率和效率

由原动机传到压缩机主轴上的功率称为轴功率 N_e,其中一部分直接用于压缩气体,称为

指示功率 N_i；另一部分用于克服运动机构的摩擦阻力和带动附件（油泵、风扇）工作，称为摩擦功率 N_m。

（1）指示功率和指示效率　指示功率取决于压缩机的汽缸数、转速和单位指示功，而后者可直接由 p-V 图的面积表示。指示效率 η_i 是单位质量制冷剂的理论耗功（即绝热压缩功）与实际功耗 w_s 之比，即：

$$\eta_i = \frac{w_0}{w_s} \tag{5.4}$$

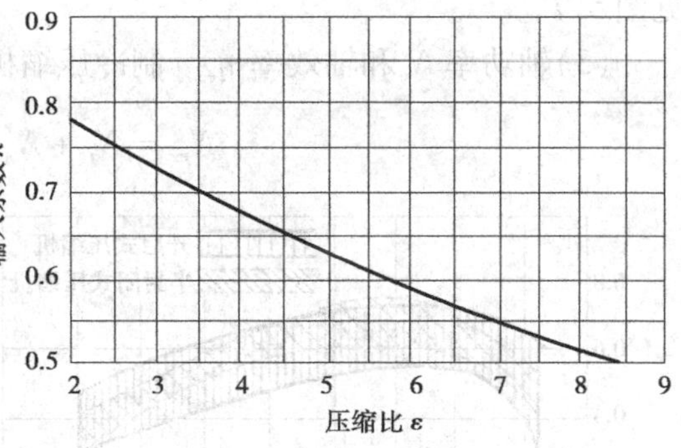

图 5.5　SFS12.5(R22)压缩机 λ-ε 的关系

由 4.1 节可知，蒸气的绝热压缩理论功 w_0 为：

$$w_0 = h_2 - h_1 \tag{5.5}$$

式中，h_2，h_1 分别表示蒸气等熵压缩终、初态的比焓，可根据运行工况从制冷剂工质热力性质图表中查取。于是指示功率为：

$$N_i = q_m w_s = q_m \frac{h_2 - h_1}{\eta_i} \tag{5.6}$$

式中，q_m 为压缩机质量流量。

指示效率 η_i 主要与运行工况、多变指数、吸排气压力损失等多种因素有关。活塞式制冷压缩机指示效率 η_i 为 0.6～0.8，压缩比较大的工况取低值。工程中，指示功率可根据同类型压缩机选取指示效率 η_i 来计算决定。活塞式制冷压缩机指示效率与压缩比的变化见图 5.6。

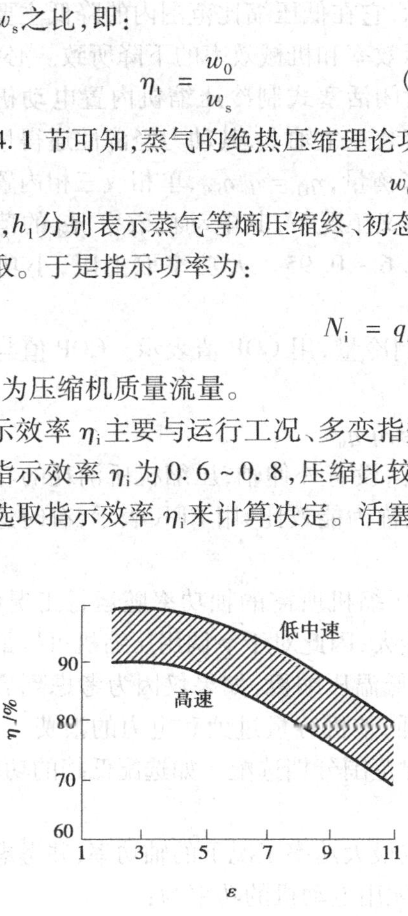

图 5.6　活塞式压缩机的指示效率

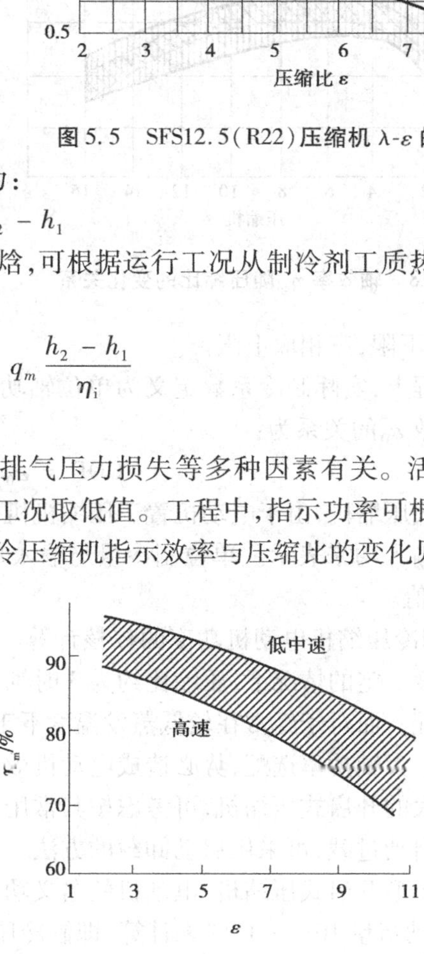

图 5.7　活塞式压缩机的机械效率

（2）摩擦功率和机械效率　压缩机的摩擦功率主要消耗于克服压缩机各运行部件之间的摩擦阻力（常把驱动风机、泵等附件消耗的功率计算在内）。压缩机的摩擦功率主要与压缩机的结构、制造和装配质量、转速及润滑油的温度等因素有关。工程中，摩擦功率 N_m 可利用机械效率 η_m 予以计算。机械效率是压缩机指示功率与轴功率之比，即：

$$\eta_m = \frac{N_i}{N_e} = \frac{N_i}{N_i + N_m} \tag{5.7}$$

活塞式制冷压缩机的机械效率 η_m 一般在 0.8～0.9。在制冷压缩机系列产品中，缸数较多的压缩机所消耗的摩擦功率要相对低些。活塞式制冷压缩机机械效率与压缩比之间的变化，见图 5.7。

(3)轴功率 N_e 和轴效率 η_e　制冷压缩机的轴功率可按下式计算：

$$N_e = N_i + N_m = \frac{N_i}{\eta_m} = q_m \frac{h_2 - h_1}{\eta_i \eta_m} \tag{5.8}$$

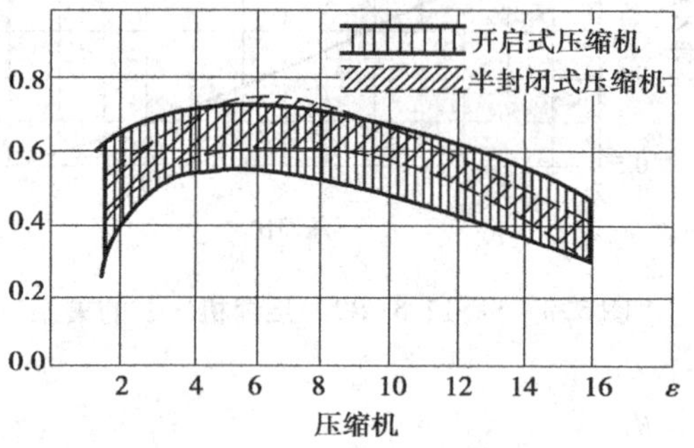

图 5.8　轴效率 η_e 随压缩比的变化关系

式中，指示效率与机械效率的乘积称为压缩机的轴效率 $\eta_e = \eta_i \eta_m$，或称为总效率。活塞式制冷压缩机的轴效率随压缩比的变化如图 5.8 所示，它在低压缩比范围内的降低主要是由于指示效率和机械效率的下降所致。必须指出，全封闭活塞式制冷压缩机内置电动机的转子直接装在主轴上，其动力经济性还得用电效率 η_{el} 来衡量，$\eta_{el} = \eta_e \eta_{m0}$，单相或三相内置电动机在名义工况下，其电动机效率 η_{m0} 的范围一般在 0.6 ~ 0.95。大功率取上限，小功率取下限，单相取下限，三相取上限。

在工程上，实际制冷系数定义为单位轴功率的制冷量，用 COP 值表示。COP 值与理论循环制冷系数 ε_0 的关系为：

$$\text{COP} = \varepsilon_0 \eta_e = \varepsilon_0 \eta_i \eta_m \tag{5.9}$$

对于封闭式压缩机，由于电动机置于压缩机机壳内部，没有外伸轴，压缩机所消耗的功往往用电动机的输入功来表示。单位制冷量与输入功之比称为能效比，用 EER 表示，有时这一比值也称 COP 值。

(4)制冷压缩机电动机功率的校核计算　制冷压缩机所需的轴功率随运行工况而变化。在冷凝温度一定的情况下，压缩比约为 3 时轴功率最大，因此对于空调用压缩机可按最大轴功率工况选配。而对于经常在较低蒸发温度下工作的低温压缩机，如果仅因为考虑到启动时的需要而按最大轴功率选配，势必造成电动机效率很低，整机容量过大和电力的浪费。为此，对于制冷量大的开启式压缩机，可考虑按其常用的工况范围分挡选配。如选配低挡的功率，为防止电动机启动过载，可采用启动卸载的方法。

对于小型开启式压缩机，电动机的名义功率可按最大功率工况下的轴功率，并考虑传动效率 η_d 及启动裕量 10% ~15% 来计算，即制冷压缩机配用电动机的功率为：

$$N = \frac{(1.10 \sim 1.15) N_e}{\eta_d} \tag{5.10}$$

式中，η_d 为传动效率，直联时取 1，三角皮带连接时为 0.90 ~0.95。

制冷装置运行时，受使用条件(如冷负荷)的变化以及工况变化(如冷凝压力的变化)的影响，需要压缩机的输气量随之变化；同时，为使压缩机能够轻载启动，应设有自动卸载装置，有关活塞式制冷压缩机的能量调节的相关内容可见 7.1 节。

5.3 螺杆式制冷压缩机

螺杆式制冷压缩机属于回转式压缩机的一种类型。由于其结构简单、易损件少、转速高、排气温度低、对湿压缩不敏感、有良好的输气量调节特性等一系列优点,广泛应用于冷藏冷冻、空调、化工、轻工等领域。

5.3.1 基本构造和工作原理

螺杆式制冷压缩机的基本构造如图5.9所示,主要部件有阳转子、阴转子、机体、轴承、轴封、平衡活塞及能量调节装置。

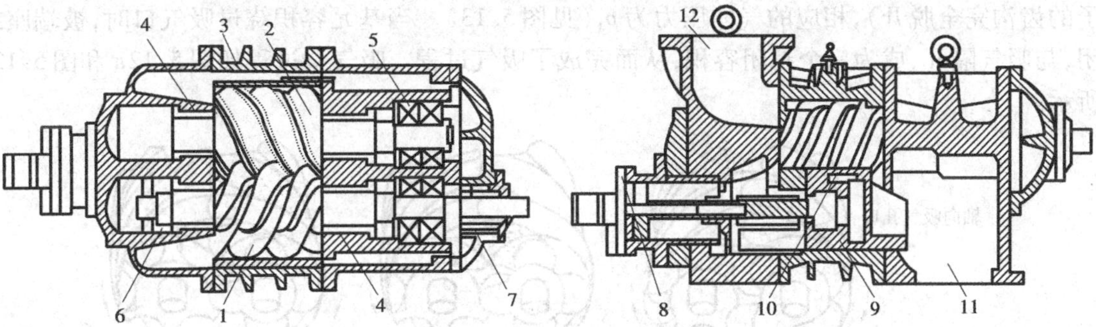

图5.9 螺杆式制冷压缩机

1—阳转子;2—阴转子;3—机体;4—滑动轴承;5—止推轴承;6—平衡活塞;7—轴封;8—能量调节活塞;9—卸载滑阀;10—排气口;11—进气口

压缩机的工作汽缸容积由转子齿槽、汽缸体和吸排气端座构成。吸气端座和汽缸体的壁上开有吸气口(分轴向吸气口和径向吸气口),排气端座和汽缸体内壁上也开有排气口,而不像活塞式压缩机那样设吸、排气阀。吸、排气口的大小和位置要经过精心设计计算确定。随着转子的旋转,吸、排气口可按需要准确地使转子的齿槽与吸、排气腔连通或隔断,周期性地完成进气、压缩、排气过程。转子、机体壳体部件如图5.10和图5.11所示。

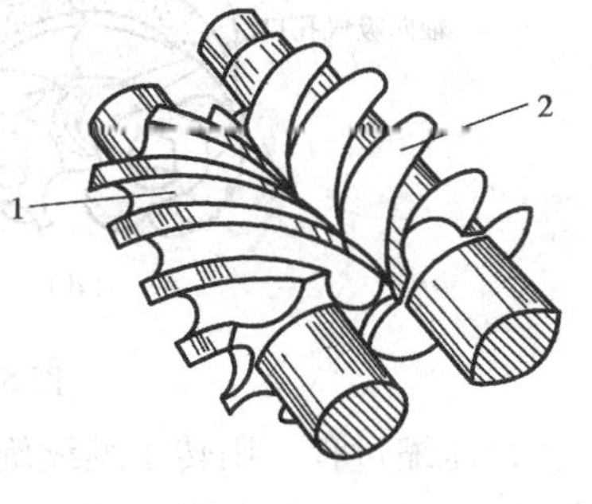

图5.10 阴阳螺杆

1—阴杆;2—阳螺杆

喷油的作用是冷却汽缸壁、降低排气温度、润滑转子,并在转子与汽缸壁之间形成油膜密封、减小机械噪声。螺杆压缩机运转时,由于转子上产生较大轴向力,必须采用平衡措施,通常是在两转子的轴上设置推力轴承。另外,阳转子上轴向力较大,还要加装平衡活塞予以平衡。

螺杆式压缩机利用一对螺旋形阴阳转子(见图5.10)的啮合运动,工作汽缸容积的大小发生周期性变化,同时还沿着转子的轴向吸气口侧移向排气口,将制冷剂蒸气吸入并压缩至一定压力后排出。螺杆式制冷压缩机工作过程如图5.12所示。

(1)吸气过程　当阴阳转子回转时,其啮合部分在吸气口侧逐渐脱开,转子上的齿、齿沟

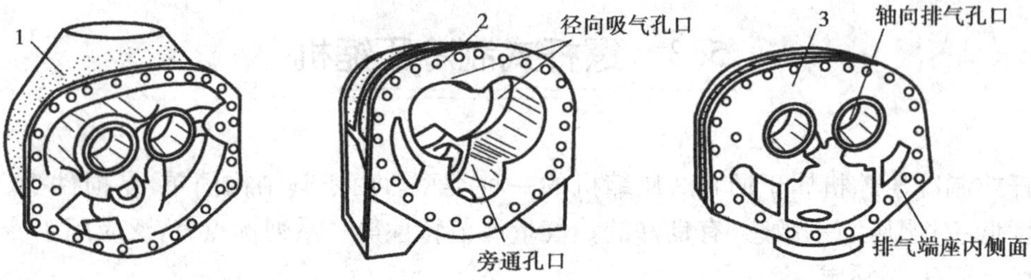

图 5.11　机壳部件立体图

1—吸气端座;2—机体;3—排气端座

与机壳内壁所构成的基元容积逐渐变大,由于基元容积吸入口与吸气管相通,所以随着基元容积的变大,压缩机进行吸气过程。当这个基元容积增大到最大值 V_1时(即阳转子的齿与阴转子的齿沟完全脱开),相应的气体压力为 p_1(见图 5.13)。当基元容积绕过吸气口时,被端座封闭,与吸气隔开,成为一个封闭容积,从而完成了吸气过程。吸气全过程如图 5.12a 和图 5.12c 所示。

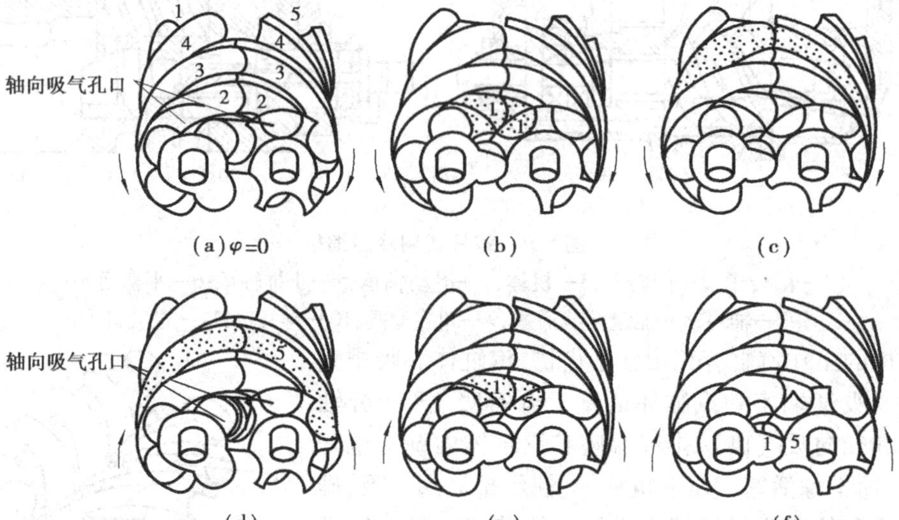

图 5.12　螺杆式制冷压缩机工作过程

(2)压缩过程　阳转子继续旋转,阳转子齿 1 与阴转子齿沟 5(已吸满气体)又开始了新的啮合过程,组成新的基元容积 1—5(见图 5.12d)。此工作容积 1—5 由最大值 V_1逐渐向排气端移动而缩小,对封闭在其中的气体进行压缩,压力逐渐升高。当阳转子的转角继续增至 φ_2时(见图 5.12e),容积 1—5 由 V_1缩小至 V_2,压力升至 p_2,此时($\varphi=\varphi_2$)容积 1—5 开始与排气孔口连通,压缩过程结束。

(3)排气过程　阳转子继续旋转,与排气孔口连通的容积 1—5 逐渐缩小,当阳转子转角由 φ_2增至 φ_3时,容积 1—5 由 V_2缩小至零,排气结束,此过程气体压力 p_2基本不变。当容积 1—5 的阳转子螺旋槽 1 又在吸气端与吸气口相通时,下一工作周期又重新开始。

由螺杆压缩机的工作过程可知,每个基元工作容积的最大值和压缩终了气体的压力均由压缩机结构参数决定，而与运行工况无关。工作容积最大值 V_1 与压缩终了容积 V_2 之比称为内容积比 ε，即 $\varepsilon = V_1/V_2$。为了适应不同运行条件，我国螺杆式制冷压缩机系列产品分别推荐了3种比值，即 ε =2.6,3.6,5.0，分别可供高温、中温和低温工况选用。这一点在选择螺杆式制冷压缩机时应予以注意。

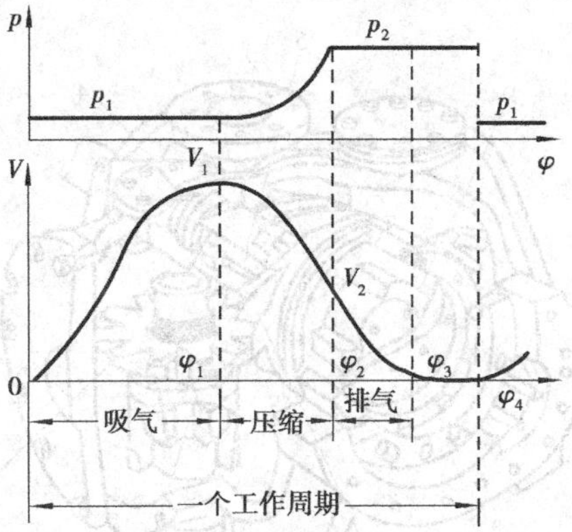

图 5.13　气体压力、工作容积和转角的关系

5.3.2　能量调节

螺杆式制冷压缩机都采用滑阀机构进行能量调节，其基本原理是通过滑阀的移动来调节螺杆的有效工作长度，改变压缩机阴、阳转子齿间的工作容积，达到能量调节的目的。如图5.14所示，滑阀可通过手动、液压传动或电动方式使其沿机体轴线方向往复滑动。若滑阀停留在某一位置，压缩机即在某一排气量下工作。

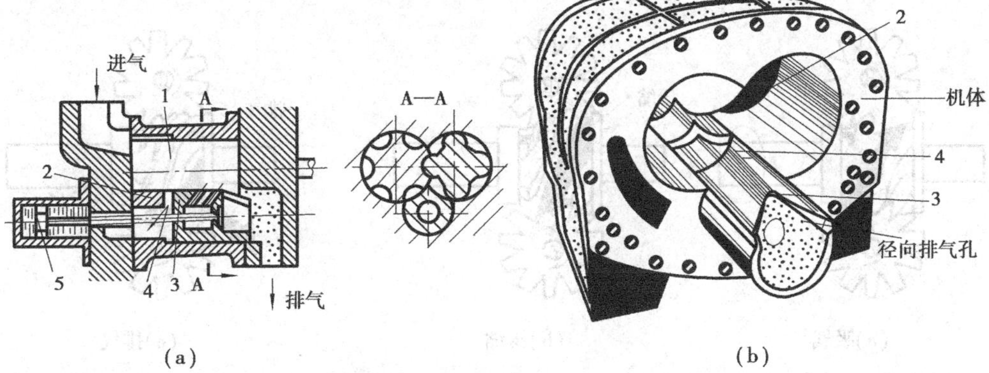

图 5.14　滑阀式能量调节机构

1—阴阳螺杆；2—滑阀固定端；3—能量调节滑阀；4—旁通口；5—油压活塞

一般螺杆制冷压缩机的能量调节范围为10%～100%，且为无级调节。在能量调节过程中，螺杆式制冷压缩机的制冷量与功率消耗在整个能量调节范围内不是正比关系。当制冷量在50%以上时，功率消耗与制冷量近似成正比关系，而在低负荷下运行则功率消耗较大。因此，从节能考虑，螺杆式制冷压缩机的负荷（即制冷量）应在50%以上的工况下运行为宜。

5.3.3　单螺杆压缩机简介

单螺杆制冷压缩机由于具有结构简单、零部件少、重量轻、效率高、振动小和噪声低等优点，问世以来很快在中小型制冷空调和热泵装置上得到应用。目前，单螺杆压缩机有开启式和半封闭式两种，电动机匹配功率为20～1 000 kW。

如图5.15所示，开启式单螺杆压缩机由螺杆转子1的齿间凹槽、星轮3和汽缸内壁组成独立的基元容积。随着转子和星轮不断地移动，基元容积的大小发生周期性的变化。单螺杆压缩机没有吸排气阀，主要零件是一个外圆柱面上铣有6个螺旋槽的转子外螺杆。在螺杆的

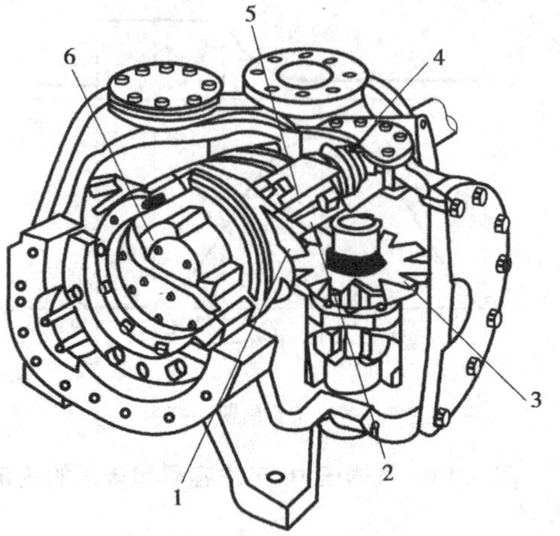

图 5.15　开启式单螺杆压缩机结构图

1—螺杆转子;2—内容积比调节滑阀;3—星轮;4—轴封;5—输气调节滑阀;6—轴承

两侧垂直对称布置完全相同的星轮。单螺杆的一端与电动机直联,在水平方向旋转时,同时带动 2 个星轮以相反的方向旋转。星轮齿片一方面绕中心垂直旋转,同时也逐渐侵入到螺杆凹槽中去,使基元容积发生周期性变化,从而达到吸气、压缩和排气的目的(见图 5.16)。

(1)吸气过程(见图 5.16a)　星轮齿片与螺杆的凹槽构成的基元容积已充满制冷剂,此时,该基元容积的转子齿槽吸气端的进气口与吸气腔相通,并处于吸气即将终了的状态。当螺杆转子继续旋转时,星轮齿片与螺杆的凹槽相啮合,隔开吸气腔,吸气结束。

(2)压缩过程(见图 5.16b)　随着转子旋转,基元容积也作旋转运动,星轮齿片相对地往排气端推移(或称密封的接触线向排气端推移),阴影的基元容积连续缩小,气体被压缩而压力提高,直至基元容积与排气口刚要接通为止。在压缩过程中,喷入一定的润滑油,以达到密封、冷却和润滑等目的。

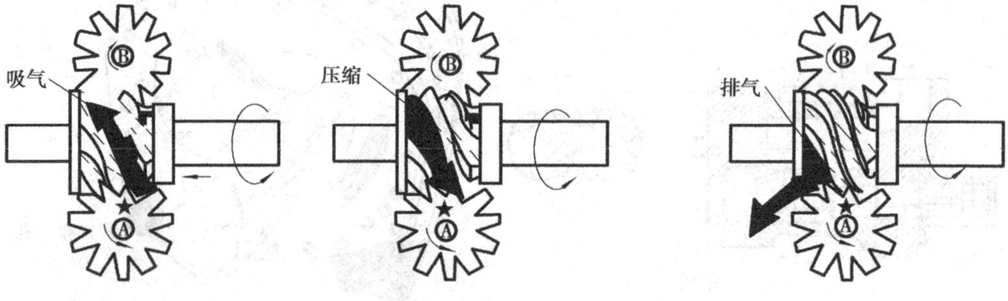

(a)吸气　(b)压缩　(c)排气

图 5.16　单螺杆压缩机工作原理图

(3)排气过程(见图 5.16c)　阴影部分基元容积同径向和轴向排气口接通,此时转子旋转,基元容积继续变小,强制地把气体排入排气管道,直至容积中的气体排尽为止。

单螺杆压缩机也采用滑阀进行能量调节,容量可在 10% ~100% 内进行无级调节。用户应根据常年使用工况选择合适的内容积比,以达到节能效果。

5.3.4　螺杆式制冷压缩机的特点

①螺杆式制冷压缩机只有旋转运动,与往复式压缩机相比,平衡性好、振动小、转速高。因此,它的单位制冷量的体积小、重量轻、占地面积小、输气脉动小。

②零部件少,没有吸、排气阀和活塞环等易损件,故结构简单、运行可靠、寿命长。

③输气量调节范围宽,具有强制输气的特点,输气量几乎不受排气压力的影响。

④没有吸气阀片及弹簧等阻力,流动损失小;压缩机的余隙容积小,容积效率较高。

⑤因向汽缸中喷油,起到冷却、密封、润滑的作用,因而排气温度低(一般不超过 90 ℃)。

⑥对湿压缩不敏感,易于操作管理。

然而,螺杆式制冷压缩机也存在着油系统复杂、转子材质及加工精度要求高、泄漏量大,只适用于中、低压力比下工作等缺点。

5.4 离心式制冷压缩机

5.4.1 基本结构和工作原理

离心式制冷压缩机分单级和多级两种类型,如图 5.17 和图 5.18 所示。离心式压缩机主要由吸气室、叶轮、扩压器、弯道、回流器、蜗壳、主轴、轴承、机体及轴封等零件构成。

离心式制冷压缩机是一种速度型压缩机。工作时,电动机通过增速箱带动主轴高速旋转(也可采用气体轴承等直接实现高速旋转),从蒸发器出来的制冷剂蒸气由吸气室进入由叶片构成的叶轮通道。由叶片高速旋转产生的离心力作用,使气体获得动能和压力能。高速气流经叶片进入扩压器,由于流通截面逐渐扩大,气流逐渐减速而将气体的动能转变为压力能。为了使气体继续增压,多级离心式制冷压缩机用弯道、回流器将气体均匀引入下一级叶轮,并重复上述能量传递和转换过程。当被压缩的气体从最后一级的扩压器流出后,用蜗室将气体汇集起来,由排气管输送到冷凝器中去,完成压缩过程。

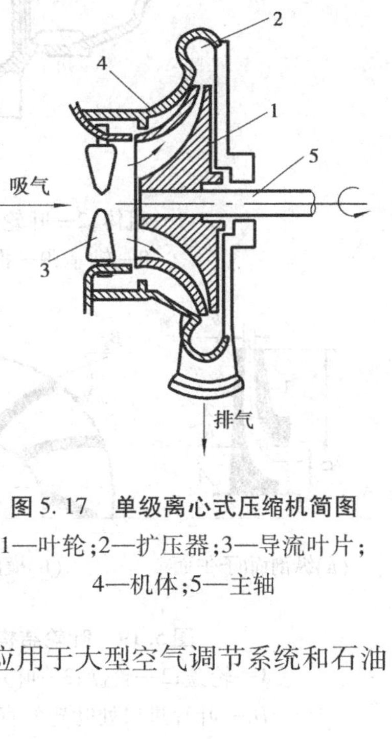

图 5.17　单级离心式压缩机简图

1—叶轮;2—扩压器;3—导流叶片;4—机体;5—主轴

离心式制冷压缩机具有制冷量大、型小体轻、运转平稳、可靠性好等特点,容易实现多级压缩和多种蒸发温度,较多地应用于大型空气调节系统和石油化学工业。

5.4.2 主要元件及其作用原理

1)叶轮

叶轮是压缩机中最重要的部件,主轴通过叶轮将能量传给气体。如图 5.19 所示,通常由轮盘、轮盖和叶片组成。轮盖通过多条叶片与固定在主轴上的轮盘连接,形成多条气流通道。

气流在叶轮中的流动是复合运动过程。气体在叶轮进口处的流向基本上是轴向的,进入叶片入口时转为径向。相对于旋转的叶片而言,气体沿叶片所形成的流道流过的速度称为相对速度,用 v 表示;同时,气体又随叶轮一起旋转而具有圆周速度,用 u 表示。气体通过叶轮时的绝对速度(以静止地面为参照物)应为相对速度与圆周速度的矢量和,用符号 $\boldsymbol{c}$ 表示,可用图 5.20 中叶轮进出口速度三角形来表示。一般习惯用下标 1 表示进口、下标 2 表示出口,并把出口绝对速度 c_2 分成圆周分速度 c_{2u} 和径向分速度 c_{2r}。

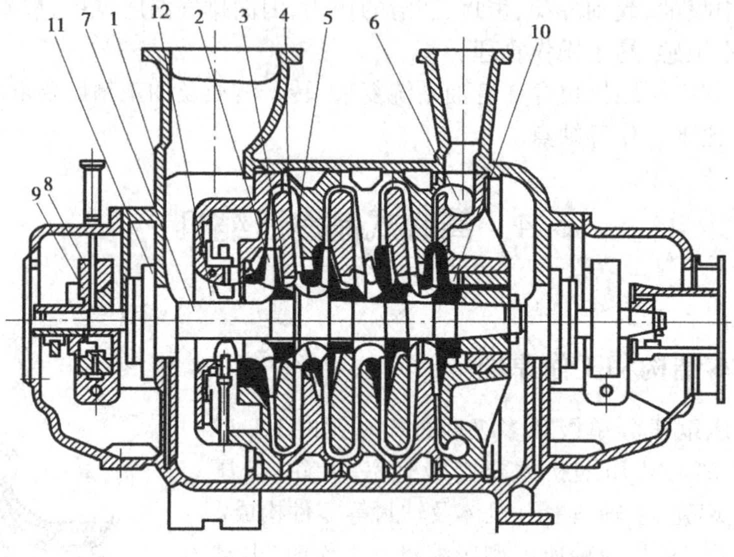

图 5.18　多级离心式压缩机简图

1—机体;2—叶轮;3—扩压器;4—弯道;5—回流器;6—蜗壳;7—主轴;
8—轴承;9—推力轴承;10—密封;11—轴封;12—进口导流装置

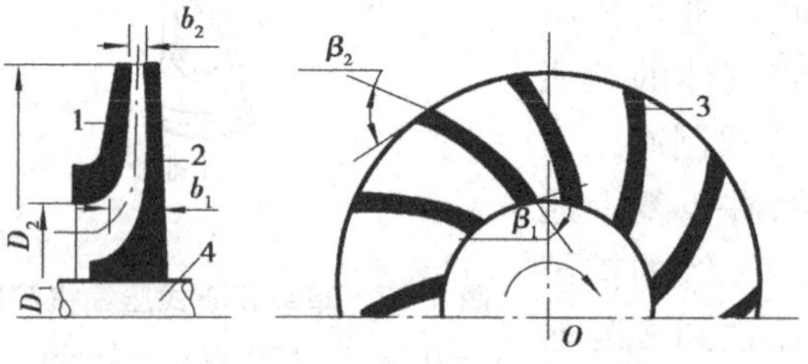

(a)纵剖面(子午面)　　(b)横剖面(旋转面)

图 5.19　叶轮结构简图

1—轮盖;2—轮盘;3—叶片;4—主轴;

D_1—叶片进口处叶轮的直径;D_2—外径;

b_1—叶片进口处宽度;b_2—叶片出口处宽度;

β_1—叶片进口安装角;β_2—叶片出口安装角

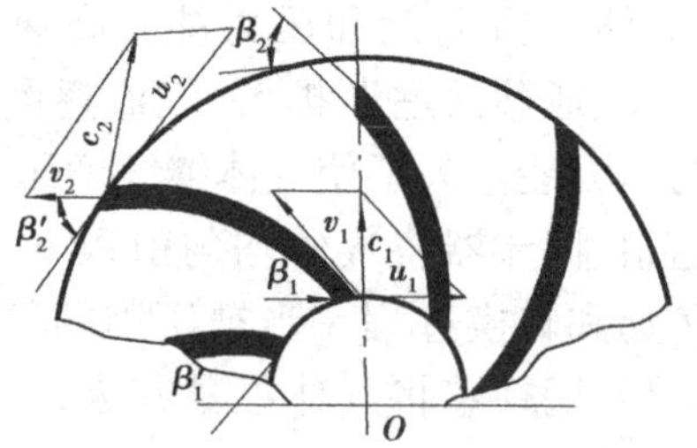

图 5.20　叶片进、出口气流速度矢量图

假如通过叶轮的制冷剂质量流量为 G_m,叶轮角速度为 ω。若不考虑任何损失,叶轮对1 kg气体所作的理论功 $w_{c,\text{th}}$,或称理论能量头(压头),可用欧拉方程式求得:

$$w_{c,\text{th}} = (c_{u2}u_2 - c_{u1}u_1) \tag{5.11}$$

一般离心式压缩机的气流都是轴向流入叶轮,即进口气流绝对速度的方向与圆周垂直,故 $c_{u1}=0$,于是叶轮产生的理论能量头为:

$$w_{c,\text{th}} = c_{u2}u_2 \tag{5.12}$$

可见,叶轮产生的能量头只与叶轮外缘圆周速度 u_2 及气流运动情况有关,而与制冷剂的状态和种类无关。为了获得高的外缘圆周速度 u_2,要求转速高,离心式制冷压缩机的转速一般在5 000 ~ 15 000 r/min。另外,u_2 的大小还受到流动阻力和叶轮强度的限制。

2)吸气室

将气体均匀地引入叶轮。空调用压缩机在叶轮前装有进口导叶,改变其角度即可改变进入叶轮流量的大小,达到调节制冷量的目的。

3)扩压器

分无叶和有叶扩压器两种。无叶扩压器是由两侧隔板组成的环形通道,随着径向距离的增大,截面通道面积也随之增大,使从叶轮出来的高速气体速度逐渐减慢,压力提高。有叶扩压器的流道中装有叶片,沿直径流道面积增加更多,因而气流速度减小更快,压力增加更多。

4)弯道和回流器

把从扩压器出口的气体引到下一级去压缩。回流器中有导向叶片,使气体均匀引入下一级叶轮入口。

5)蜗室

把从扩压器或叶轮后的气体汇集起来并引向机外。蜗室的通道面积是逐渐增大的,其出口接一段扩压管,对气体起到降速增压作用。

5.4.3 离心式制冷压缩机的特性

离心式压缩机的特性是指在一定的进口压力下,输气量、功率、效率与排出压力之间的关系,并指明了在这种压力下的稳定工作范围。下面借助一个级的特性曲线进行简单地分析。

如图5.21所示,*S*点为设计点,所对应的工况为设计工况。由流量-效率曲线可见,在设计工况附近,级的效率较高;偏离越远,效率降低越多。图中的流量—排出压力曲线表达了级的出口压力与输气量之间的关系。*B*点为该进口压力下的最大流量点。当流量达到这一数值时,叶轮中叶片进口截面上的气流速度将接近或到达声速,流动损失很大,气体所得到的能量头用以克服这些阻力损失,流量不可能再增加,通常将此点称为滞止工况。图中*A*点为喘振点,其对应的工况为喘振工况,此时的流量为进口压力下级的最小流量,当流量低于这一数值时,由于供气量

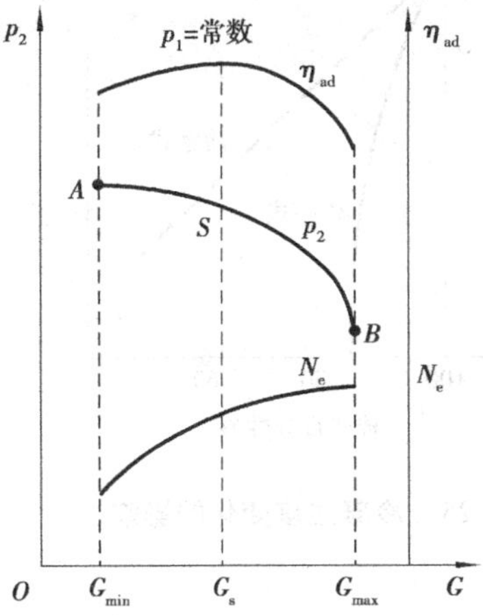

图5.21 级的特性曲线

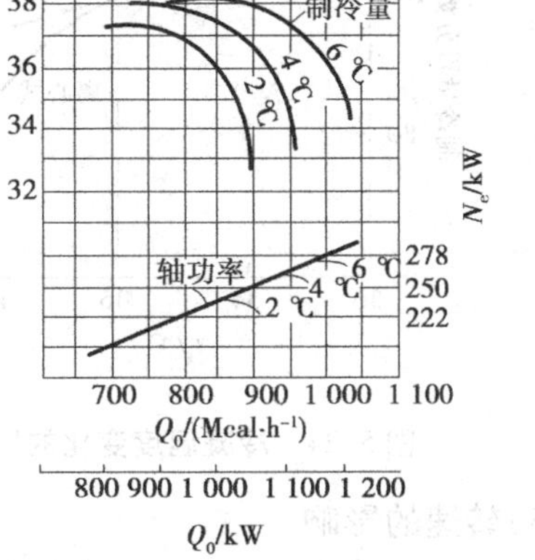

图5.22 FZ-1000离心压缩机特性

减少，而制冷剂通过叶轮流道的损失增大到一定的程度，有效能量头将不断下降，使得叶轮不能正常排气致使排气压力陡然下降。这样，叶轮以后的高压部位的气体将倒流回来。当倒流的气体补充了叶轮中的气量时，叶轮又开始工作，将气体排出。尔后供气量仍然不足，排气压力又会下降，又出现倒流，这样周期性重复进行，使压缩机产生剧烈的振动和噪声而不能正常工作，这种现象称为喘振现象。因此，运转过程中应极力避免喘振的发生。喘振工况 A 和滞止工况 B 之间即为级的稳定工作范围。性能良好的压缩机级应有较宽的稳定工作范围。

离心式制冷压缩机的特性曲线一般用制冷量 Q_0 作横坐标，用冷凝温度（或冷凝压力）作纵坐标，也有用温差作纵坐标，图 5.22 为国产 1 200 kW 空调用离心式制冷压缩机特性曲线。

5.4.4 影响离心式压缩机制冷量的因素

离心式制冷压缩机都是根据给定的工作条件（即蒸发温度、冷凝温度、制冷量）选定制冷工质设计制造的。因此，当工况变化时，压缩机性能将发生变化。

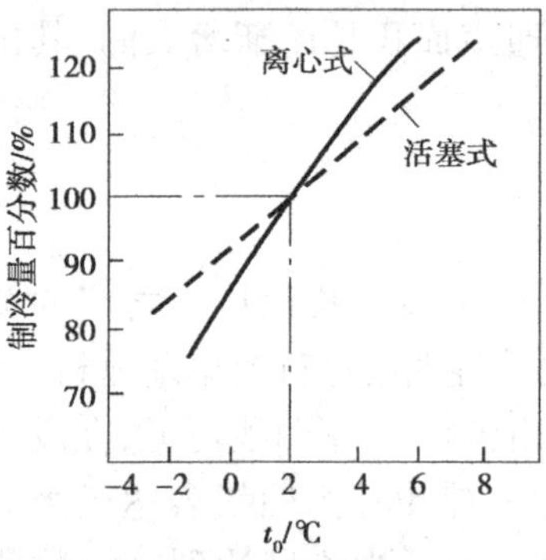

图 5.23 蒸发温度变化的影响

1）蒸发温度的影响

当制冷压缩机的转速和冷凝温度一定时，压缩机制冷量随蒸发温度变化的百分数如图 5.23 所示。可见，离心式制冷机的制冷量受蒸发温度变化的影响比活塞式压缩机明显。蒸发温度越低，制冷量下降越剧烈。

2）冷凝温度的影响

当制冷压缩机的转速和蒸发温度一定时，冷凝温度对压缩机制冷量的影响如图 5.24 所示。可见，冷凝温度低于设计值时，由于流量增大制冷量略有增加；但冷凝温度高于设计值时影响十分明显，随着冷凝温度升高，制冷量急剧下降，并可能出现喘振现象。对此，在实际运行时必须予以足够的注意。

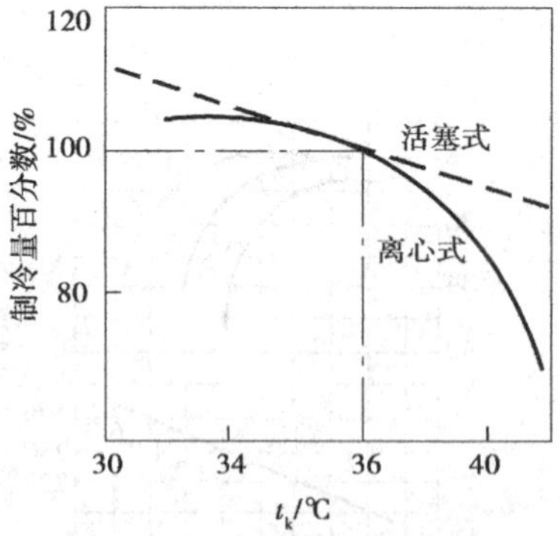

图 5.24 冷凝温度变化的影响

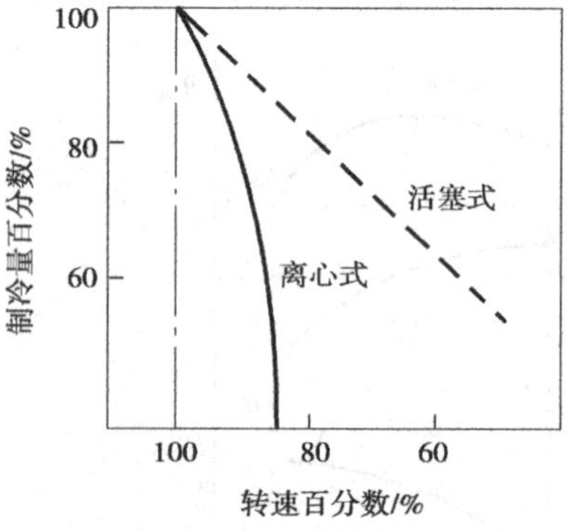

图 5.25 冷凝温度变化的影响

3）转速的影响

当运行工况一定，压缩机制冷量与转速的关系对于活塞式制冷压缩机而言成正比关系，对于离心式制冷压缩机而言则与转速的平方成正比，这是因为压缩机产生的能量头及叶轮外缘圆周速度与转速成正比关系。图 5.25 示出了转速变化对制冷量的影响。

5.4.5　离心式制冷压缩机的调节

制冷机运行时往往需要利用自动测量和调节仪表或手动操作来维持各参数值及制冷量的恒定。离心式制冷机主要是根据冷负荷的变化调节制冷机的制冷量及反喘振调节。

1)制冷量的调节

离心式压缩机制冷量的调节主要是根据用户对冷负荷的需要来调节,通常有 4 种调节方法。

(1)改变压缩机的转速　转速降低,制冷量相应减少。当转速从 100% 降到 80% 时,制冷量减少 60%,轴功率也减少了 60% 以上。离心式制冷压缩机转速的改变可通过更换增速器中的齿轮来实现。

(2)压缩机吸入管道上节流　它是通过改变蒸发器到压缩机吸入口之间管道上的节流阀开启度予以实现。为了避免调节时影响压缩机的工作,降低压缩机的效率,吸气节流阀通常采用蝶阀,使节流后的气体沿圆周方向均匀流动。由于节流产生能量损失,运转不经济,但装置简单,局部仍可采用。

(3)转动吸气口导流叶片调节　这种方法是旋转导流叶片,改变导流叶片的角度,从而改变吸气口气流方向,以调节压缩机的制冷能力。这种调节方法经济性好,调节范围宽(40% ~100%),可用手动或根据蒸发温度(或冷冻水温度)自动调节,广泛用于氟利昂离心式制冷压缩机。

(4)改变冷凝器冷却水量　冷却水量减少,冷凝温度增高,压缩机制冷量明显减小,但动力消耗变化很小,因而经济性差,一般不宜单独采用,可与改变转速或导流叶片调节等方法结合使用。

2)反喘振调节

离心式制冷压缩机发生喘振的主要原因是冷凝压力过高或蒸发压力过低,维持正常的冷凝压力和蒸发压力可防止喘振。但是,当调节压缩机制冷量,其负荷过小时,也会产生喘振现象。为此,必须进行保护性的反喘振调节,旁通调节法是反喘振调节的一种措施。当要求压缩机的制冷量减小到喘振点以下时,可从压缩机排出口引出一部分气态制冷剂不经过冷凝器而流入压缩机的吸入口。这样,既减少了流入蒸发器的制冷剂流量,相应减少制冷机的制冷量,又不致使压缩机吸入量过小,从而可以防止喘振发生。

5.5　涡旋式制冷压缩机

5.5.1　涡旋式制冷压缩机结构和工作原理

涡旋式制冷压缩机的基本结构如图 5.26 所示。它由运动涡旋盘(动盘)、固定涡旋盘(静盘)、机体、防自转环、偏心轴等零部件组成。动盘和静盘的涡线呈渐开线形状,安装时使二者中心线距离一个回转半径 e,相位差 180°。两盘啮合时,与端板配合形成一系列月牙形柱体工作容积。静盘固定在机体上,涡线外侧设有吸气室,端板中心设有气孔。动盘由一个偏心轴带

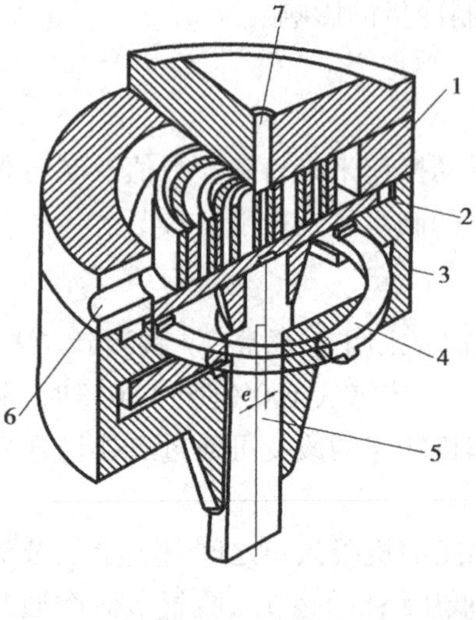

图 5.26　涡旋式压缩机压缩机构简图

1—动盘;2—静盘;3—机体;4—防转机构;5—偏心轴;6—进气口;7—排气口

动,使之绕静盘的轴线摆动。为了防止动盘的自转,结构中设置了防自转环。该环的上、下端面具有两对相互垂直的键状突肋,分别嵌入动盘的背部键槽和机体的键槽内。制冷剂蒸气由涡旋体的外边缘吸入到月牙形工作容积中,随着动盘的摆动,工作容积逐渐向中心移动,容积逐渐缩小,使气体受到压缩,最后由静盘中心部位的排气孔轴向排出。

涡旋式压缩机的各个工作过程如图 5.27 所示。当动盘位置处于 0°,涡线体的啮合线在左右两侧,由啮合线组成封闭空间,此时完成了吸气过程;当动盘顺时针方向公转 90°时,密封啮合线也移动 90°,处于上、下位置,封闭空间的气体被压缩。与此同时,涡线体的外侧进行吸气过程,内侧进行排气过程;动盘公转 180°时,涡线体的外、中、内侧分别继续进行吸气、压缩和排气过程;动盘继续公转至 270°时,内侧排气过程结束,中间部分的气体压缩过程也告结束,外侧吸气过程仍在继续进行;当动盘又转至图 5.27a 所示位置时,外侧吸气过程结束,内侧排气过程仍在进行,如此反复循环。

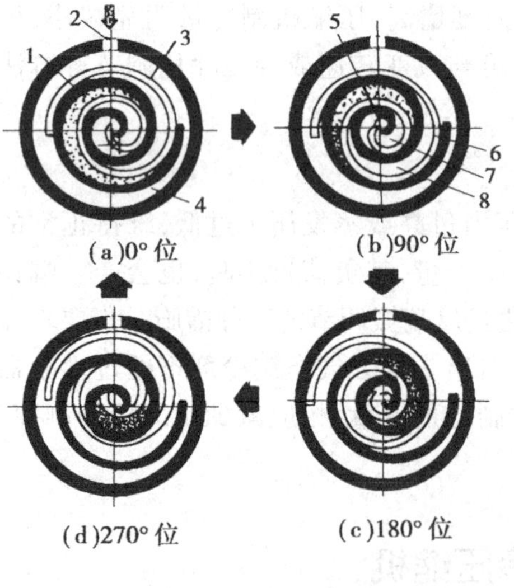

图 5.27　涡旋式压缩机工作原理示意图

1—压缩室;2—进气口;3—动盘;4—静盘;5—排气口;6—吸气室;7—排气室;8—压缩室

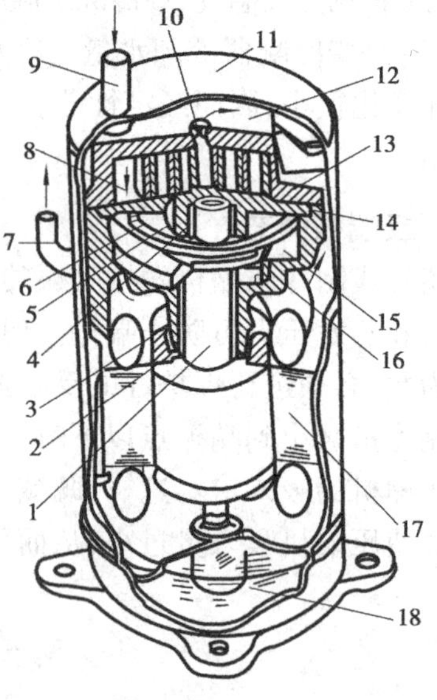

图 5.28　全封闭涡旋式制冷压缩机结构

1—曲轴;2,4—轴承;3—动密封;4—反压口;5—背压口;6—防自转环;7— 排气管;8—吸气腔;9—吸气管;10—排气口;11—机壳;12—排气腔;13—静盘;14—动盘;15—背压腔;16—机架;17—电动机;18—润滑油

可见,涡旋式制冷压缩机的工作过程仅有进气、压缩、排气 3 个过程,而且是在主轴旋转一周内同时进行的,外侧空间与吸气口相通,始终处于吸气过程;内侧空间与排气口相通,始终处于排气过程。而上述两个空间之间的月牙形封闭空间内,则一直处于压缩过程。因而可以认

为涡旋式压缩机的吸气和排气过程都是连续的。

如图5.28所示,压缩机布置在上方,电动机置于下方,来自蒸发器的制冷剂蒸气由机壳上部的吸气管吸入到涡线的外周,压缩后由静盘上方的排气口排至排气腔,然后导入下部电动机室,冷却电动机后由排气管排出。曲轴由机体上的轴承支承,动盘由中间压力支承,将它压在静盘上。利用排气压力与中间压力之间的压力差,润滑油通过曲轴中心的油孔供至各轴承处,然后排向中间压力室,再由中间压力室的小孔导入压缩机腔,随蒸气一起排出,在机壳内经过二次分离,积存于机壳底部,供再循环使用。为了防止压缩机停机时高压气体的倒流,引起压缩机动盘的倒转,在吸气管端部装有内藏式止回阀。

5.5.2 涡旋式制冷压缩机特点

涡旋式制冷压缩机的吸气、压缩和排气过程是同时、连续、单向地进行。因此,吸入气体有害过热小;相邻两室的压差小,气体的泄漏少;没有余隙容积及其引起的膨胀损失,容积效率高(通常高达95%以上);动涡旋盘回转半径小,运动速度低,摩擦损失小;无吸气阀,可不设排气阀,气体流动损失小。涡旋式制冷压缩机与往复式相比效率约高10%。采用气体支承机构,允许带液压缩,零部件少,运动速度低,力矩变化小等特点,使涡旋式制冷压缩机获得较高的可靠性和低噪声。

然而,涡旋式制冷压缩机也存在涡线体型线加工精度要求高、必须采用专用的精密加工设备、密封要求高、密封机构复杂等缺点。

涡旋式制冷压缩机与活塞式制冷压缩机比较,在相同工作条件、相同制冷量下,体积可减少40%,质量减轻15%,输气系数提高30%,绝热效率提高约10%。因此,它在空调器、热泵等中、小制冷量领域有着广泛的应用前景。

5.6 其他形式的制冷压缩机

5.6.1 滚动转子式制冷压缩机

滚动转子式制冷压缩机依靠一个偏心装置的圆筒形转子在汽缸内的滚动来实现汽缸工作容积的变化,实现吸气、压缩和排气过程,属于回转式容积型压缩机。滚动转子式制冷压缩机主要由汽缸、滚动转子、偏心轴和滑片组成(见图5.29)。圆筒形汽缸2的径向开设有不带吸气阀的吸气孔口和带有排气阀的排气孔口,滚动转子3(亦称滚动活塞)装在偏心轴4上,转子在汽缸内表面上滚动,汽缸与转子之间形成了一个月牙形工作腔。在汽缸的吸、排气孔之间开有一个纵向槽道,槽中装有能上下滑动的滑片7,滑片靠弹簧紧压在转子表面。将月牙形工作腔分隔成两个部分:一部分与吸气孔

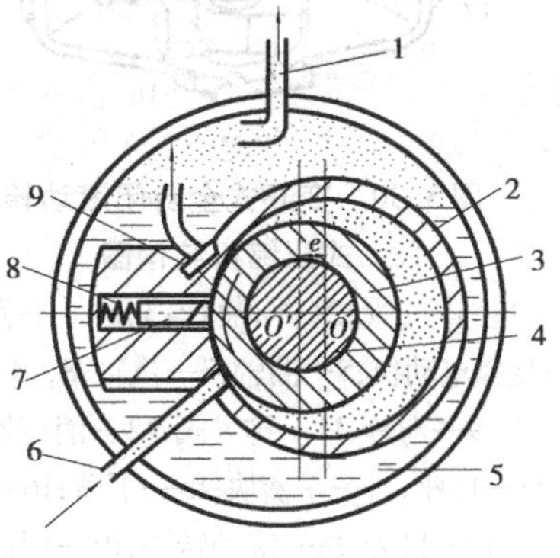

图5.29 滚动转子式制冷压缩机主要结构示意图

1—排气管;2—汽缸;3—转子;4—曲轴;5—润滑油;6—吸气管;7—滑片;8—弹簧;9—排气阀

相通，称为吸气腔；另一部分通过排气阀片与排气孔口相通，称为压缩排气腔。当转子转动时，两个腔的工作容积都在不断地发生变化。当转子与汽缸的接触线转到超过吸气口位置时，吸气腔与吸气孔口连通，吸气过程开始，吸气容积随转子的继续转动而不断增大。当转子接触线转到最上端位置时，吸气容积达到最大值，此时工作腔内充满了气体，压力与吸气管中压力相等。当转子继续转动到吸气孔口下边缘时，上一转中吸入的气体开始被封闭，随着转子的继续转动，这一部分空间容积逐渐减少，其中的气体受到压缩，压力逐渐提高，当压力升高到等于（或稍高于）排气管中压力时，排气阀片自动开启，压缩过程结束、排气过程开始。当转子接触线达到排气孔口的下边缘时，排气过程结束。此时，转子离开最上端位置还差一个很小的角度，排气腔内还有一定的容积，它就是滚动转子式压缩机的余隙容积。余隙容积内残留的高压气体将膨胀进入吸气腔中。

由上述分析可知，转子每转两周完成气体的吸入、压缩和排出过程，但吸气、压缩和排出过程是在滑片两侧同时进行的，因而仍然可以认为转子每转一周完成一个吸气、压缩、排气过程，即完成一个循环。

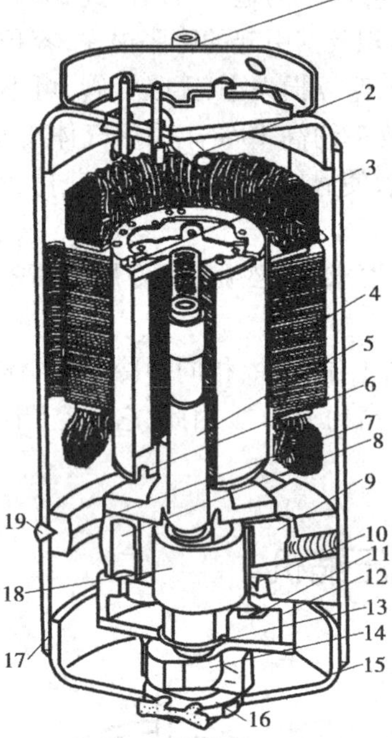

图 5.30　变频式全封闭滚动转子式压缩机结构图

1—排气管；2—回油管；3，6— 平衡孔；4—变频电动机；5—曲轴；7—汽缸；8，10—消声孔；9—滑片；11—排气阀；12—消声器；13—底座；14—平衡块；15—下盖；16—磁铁；17—机壳；18—滚动转子；19—焊接点

目前广泛使用的滚动转子式制冷压缩机主要是小型全封闭式，通常有卧式和立式两种，前者多用于冰箱，后者常用于小型家用空调。如图 5.30 所示，该机由交流变频式电动机驱动，依靠电源频率的变化（30 ~ 120 Hz）使电动机的转速变化（1 600 ~ 6 200 r/min），从而达到调节制冷量的目的。除此之外，它与普通定频机型的结构和工作原理基本相同。压缩机及电动机垂直安装在一钢制壳体内，电动机在上部，压缩机在下部。制冷剂蒸气由机壳下部进入汽缸，压缩后经排气阀排入机壳内，通过电动机的环隙通道，对电动机冷却后由顶部排出。排气中夹带的润滑油通过电动机转子离心力的作用分离出来。压缩机的润滑油是通过装在偏心轴下部中心孔中的油道，靠离心力向上泵油。偏心轴内部与表面开有油道或油槽，将油供至各轴承处。在电动机转子的上部和下部装有平衡块，用以平衡压缩机转子的不平衡惯性力及力矩。为防止过多的液体制冷剂进入压缩机汽缸，在吸气管道上可设置汽-液分离器。对于机壳内为高压腔的这类压缩机，吸气预热较小，可获得较高的输气系数。但由于排气温度较高，对电动机冷却不利，所以有的压缩机将排出的气体直接排至机壳外的冷却盘管中，在环境空气的冷却下降低制冷剂蒸气的温度，然后再送入机壳内，冷却电动机后再由机壳排至冷凝器。

对于大、中型滚动转子式压缩机，一般做成开启式(见图5.31)。它主要由带冷却水套的汽缸体、转子、滑片、圆柱导向器、排气阀门、薄壁弹性套筒等组成。滑片装在汽缸中部。滑片可在圆柱导向器内滑动，与转子接触的一面装有密封条，依靠上端的弹簧将滑片压在转子的外表面，以增强接触处的密封性。转子外面套有一钢制薄壁弹性套筒，套上钻有小孔，以增加转子与汽缸壁之间的密封性能。压缩机的轴通过联轴器与电动机的轴直接连接，轴伸出机体部位装有摩擦环式机械密封装置。

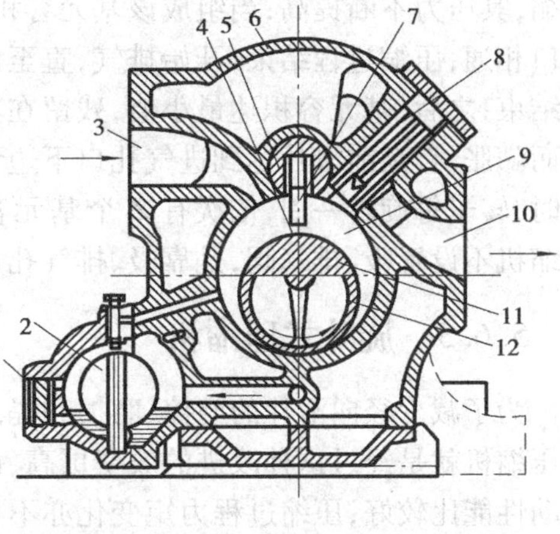

图5.31 开启式滚动转子式压缩机结构图

1—油位指示器；2—浮球阀；3—吸入管；4—密封条；5—圆柱导向器；6—汽缸体；7—滑片；8—排气阀门；9—汽缸；10—排出管；11—转子；12—弹性套筒

压缩机的润滑是依靠吸、排气压力差来进行的。压缩机启动后，装在曲轴另一端的离心阀被打开，从油分离器出来的润滑油，经油冷却器、油过滤器及离心阀后，分别进入各润滑表面及轴封处，然后聚集在汽缸下部的空腔中，通过浮球阀进入压缩机的吸气腔，随制冷剂蒸气一起排至油分离器，分离下来的油继续循环使用。

滚动转子式压缩机与活塞式压缩机相比，具有：零部件少，结构简单；易损件少，运行可靠；没有吸气阀，余隙容积小，输气系数较高(如果汽缸内采用喷油冷却，排气温度较低，适用于较大压缩比和较低蒸发温度的场合；在相同的冷量情况下，压缩机体积小，重量轻，运行平稳)；加工精度要求较高；密封线较长，密封性能较差，泄漏损失较大。

5.6.2 滑片式制冷压缩机

滑片式制冷压缩机目前主要应用于小型空调制冷装置及汽车空调中。它具有结构简单、制造容易，压力脉动小、振动小等优点，但也由于滑片与转子及汽缸间存在较大的机械摩擦损失，导致其效率较低，从而限制了其使用范围。

滑片式制冷压缩机主要由机体(亦称汽缸)、转子及滑片3部分组成(见图5.32)。机体1上开设有吸气孔口和排气孔口，开有若干纵向凹槽的转子2偏心配置在汽缸内，凹槽中装有沿径向滑动的滑片3。转子旋转时，滑片在离心力的作用下从槽中甩出，端部紧贴在汽缸内壁上，汽缸内壁与转子外表面构成的月牙形空间被滑片分隔成若干小室，这就是基元容积。转子旋转一周，其基元容积由小到大，再由大到小，完成一个周期变化。

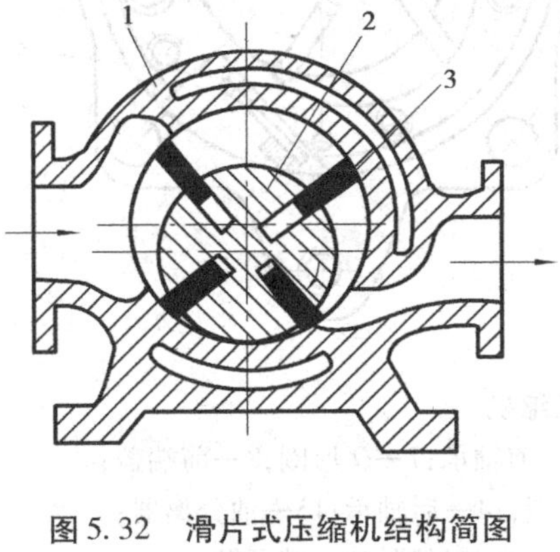

图5.32 滑片式压缩机结构简图

1—机体；2—转子；3—滑片

当基元容积在增大过程中与吸气口相通，此时开始吸气，直至组成该基元容积的后一片滑片越过吸气口的上边缘时吸气终止，此时该基元容积达到最大值；随后基元容积开始缩小，气体在封闭的容积内被压缩，其压力不断提高；当组成该基元容积的前滑片达到排气孔口上边缘时，基元容积与排气孔口相通，压缩过程结束，开始排气，直至该基元容积的后一片滑片越过排气孔口下边缘时排气结束；之后，基元容积达最小值，残留在其内的高压高温气体随转子的旋转和基元容积的增大而膨胀，直至前滑片达到进气孔口下边缘与吸气孔口相通时再重新开始吸气。当有 Z 个滑片时，转子每旋转一周，依次有 Z 个基元容积分别进行吸气、压缩、排气和膨胀过程。滑片式压缩机不设置吸、排气阀，是靠吸、排气孔口的位置和大小决定的强制性吸排气。

5.6.3　旋叶式压缩机

为了减少径向滑片的磨擦、磨损和提高其效率，采用斜置滑片和带滚柱轴承的滑片，旋叶式压缩机就是经过这种改进的效率更高、体积更小的一种新型回转式压缩机。旋叶式压缩机启动性能比较好，压缩过程力矩变化亦不大，广泛应用于小型汽车空调器系统中，在高压冷媒能量回收和跨临界制冷循环及军事装备的空调系统中将有较大发展前景。

图 5.33 为用于汽车空调器中的旋叶式压缩机结构图。主要部件有汽缸、转子、叶片和前后端盖（或称前后轴承座）。从 A 向视图中看，汽缸 1 内壁近似呈椭圆形，转子 2 与汽缸为同心配置（不是偏心转子），转子上装有五片倾斜配置的铝制叶片 4，叶片在转子槽中可以做往复运动。转子与汽缸内壁有两个接触点，将汽缸容积划分为两个月牙形空间，每个月牙形空间都设有吸气孔口和排气阀，因此汽缸是双作用形式。转子旋转后叶片在离心力作用下甩出，使其叶片上端部紧贴汽缸内壁，使月牙形空间又被分隔成若干小室，这就是旋叶式压缩机的基元容积。随着转子的旋转，每个基元容积完成吸气、压缩和排气过程。转子旋转一周可以实现 10 次吸气、压缩和排气过程。

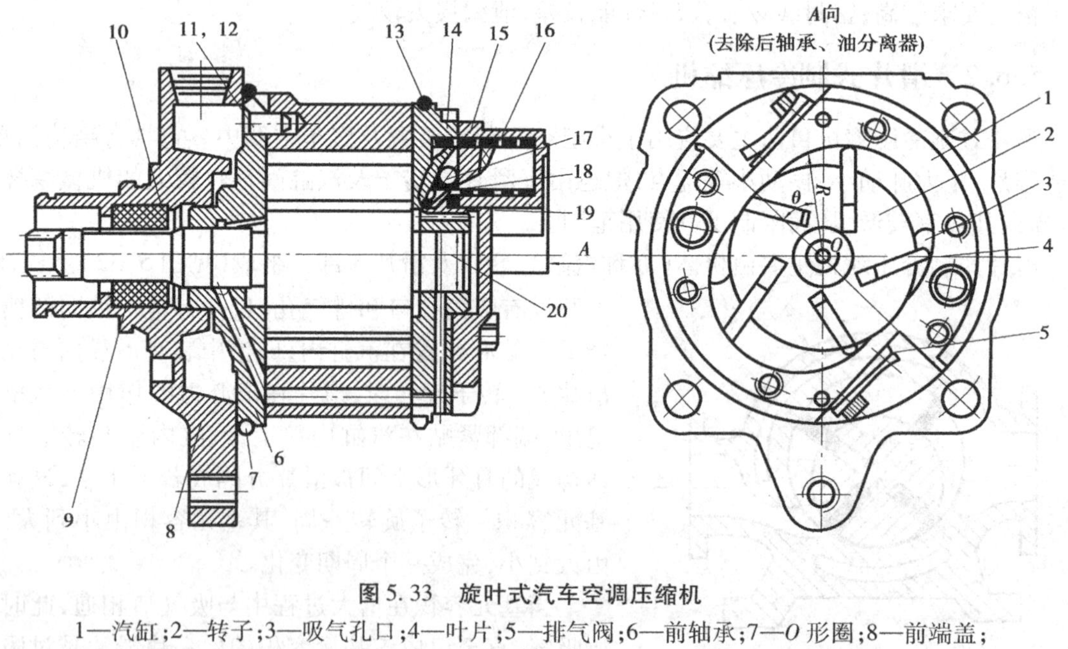

图 5.33　旋叶式汽车空调压缩机

1—汽缸；2—转子；3—吸气孔口；4—叶片；5—排气阀；6—前轴承；7—O 形圈；8—前端盖；9—轴封；10—挡圈；11—扁销；12—圆柱销；13—大密封圈；14—后轴承；15—油分离器；16—滤网；17—单向阀钢球；18—单向阀弹簧；19—小密封圈；20—转子轴

旋叶式压缩机与滑片式压缩机的最大区别是转子与汽缸为同心配置,转子完全平衡,所以转速可以很高,最高转速可达9 000 r/min。提高转速后可以使泄漏减少,也使机器的尺寸和质量减小,故旋叶式压缩机较滑片式压缩机的效率高。

习 题

5.1 制冷压缩机在制冷系统中起什么作用?主要有哪些结构类型?

5.2 开启式、半封闭式、全封闭式制冷压缩机在结构上有何不同?

5.3 螺杆式、涡旋式、离心式制冷压缩机是怎样工作的?它们各有何特点?

5.4 一台R22制冷压缩机,现改用R134a制冷剂,至少要考虑哪些问题?为什么?

5.5 两台活塞排量和所用制冷剂相同的制冷压缩机,一台为开启式,另一台为全封闭式,当运行工况也相同时,它们的制冷量和排气温度是否相同?为什么?

5.6 一台4AV12.5氨制冷压缩机(行程 $S=100$ mm,转速 $n=960$ r/min),求下列3种工况下的制冷剂质量循环量 q_m,制冷量 Q_0,轴功率 P_e 和实际制冷系数 ε,并进行相对比较:

①$t_k=40$ ℃,$t_0=5$ ℃,过冷度5 ℃,过热度5 ℃;

②$t_k=40$ ℃,$t_0=-5$ ℃,过冷度5 ℃,过热度5 ℃;

③$t_k=30$ ℃,$t_0=-5$ ℃,过冷度5 ℃,过热度5 ℃。

6 制冷设备

换热器是制冷装置中不可缺少的重要设备,其传热效果直接影响到制冷机重量和体积的大小,以及其运行特性和经济性。冷凝器和蒸发器是制冷机必不可缺少的换热器,它们是制冷机中的重要组成部分。在制冷装置中,除了冷凝器和蒸发器以外,常用的换热设备还有回热器、过冷器和中间冷却器。

6.1 冷凝器

冷凝器是制冷装置向制冷系统外放出热量的换热设备。从制冷压缩机出来的高压过热蒸气进入冷凝器后,将热量传递给周围的空气,或将热量传递给水,再由水把热量传递到周围的空气中去。制冷剂在冷凝器中放出热量的同时自身因受冷却而凝结为液体,在冷凝器中放出的热量包括两部分:一是在蒸发器中吸收的被冷却物体的热量;二是制冷剂蒸气在制冷压缩机中被压缩时,由压缩机消耗的机械功等转化的热量。

制冷剂过热蒸气在冷凝器中首先被冷却成饱和蒸气,然后被冷凝成饱和液体,再后制冷剂若继续被冷却则被冷却成过冷液体。

冷凝器按冷却介质和冷却方式,可以分为 3 种类型:

(1)水冷冷凝器　用水作为冷却介质,使高温高压的制冷剂蒸气冷凝的换热器。

(2)空冷冷凝器　用空气作为冷却介质,使高温高压的制冷剂蒸气冷凝的换热器。

(3)蒸发式冷凝器　利用水蒸发吸收大量的潜热而使高温高压的制冷剂蒸气冷凝的换热器。

6.1.1 水冷冷凝器的结构

水冷冷凝器是利用水来吸收制冷剂放出的热量。其特点是传热效率高,结构紧凑,多应用于中大型制冷装置。这类制冷装置都需要有一套冷却水系统,冷却水可以使用江、河、湖、海水或地下水,也可以循环使用。循环使用的冷却水系统一般配有水冷却塔,冷却水在冷却塔中将从冷凝器吸收的热量释放给周围的空气。

水冷冷凝器的结构有管壳式、套管式、板式、螺旋板式等几种类型。

1)管壳式冷凝器

(1)立式管壳式冷凝器　立式管壳式冷凝器是直立安装在水池上的,目前只应用于中大型的氨制冷装置中(见图6.1)。冷却水从冷凝器的顶端进入冷凝器的配水箱,经导流管后在自身重力的作用下呈膜状沿换热管内壁自上流下,排入水池,冷却水再由水泵送入冷却塔冷却循环使用。气态制冷剂从冷凝器外壳的中上部进入冷凝器壳体和换热管之间的空间,制冷剂在换热管外冷凝后沿换热管外壁流下,冷凝液积存在冷凝器的底部,从出液管流出。此外,在冷凝器的壳体装有放油阀、放空阀和安全阀等接管。

为了使冷却水均匀地分配到每根换热管内,冷凝器顶端配有配水箱,配水箱中有的装有多孔筛板,筛板下每个换热管口都装有导流管,冷却水通过导流管上的3个斜槽,以螺旋线状沿换热管内壁流下,这样冷却水在换热管内壁能够很好地形成一层水膜,使冷却水得到充分的利用,提高冷凝器的冷却效果,减少冷却水量。

立式管壳式冷凝器的换热管一般选用较小直径的无缝钢管,如$\phi38\times3$ mm和$\phi51\times3.5$ mm,换热管的高度约在4~5 m,冷却水温升2~4 ℃。立式管壳式冷凝器的传热系数在698~814 W/(m^2·℃)。

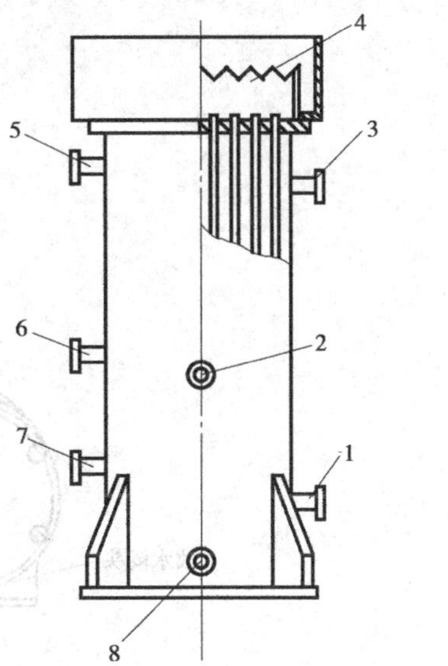

图6.1　立式管壳式冷凝器

1—出液管;2—压力表接头;3—进气管;4—配水箱;5—安全阀接头;6—均压管;7—放空管;8—放油管

立式管壳式冷凝器的优点是:可以露天安装,节省机房面积;也可以安装在冷却塔的下面,以简化冷却水系统;由于换热管是直管,清洗水垢比较方便,可以在运行中进行清洗,水质要求不高。

立式管壳式冷凝器的缺点是:冷却水用量大,单位面积冷却水量为1~1.7 m^3/(m^2·h);设备体积大,金属耗量大,搬运安装不方便;制冷剂泄漏不易被发现。

(2)卧式管壳式冷凝器　卧式管壳式冷凝器最为广泛的应用在大、中、小型氨和氟利昂制冷装置。

卧式管壳式冷凝器主要由钢板卷制的筒体、换热管、两个焊接在筒体两端用于固定换热管的管板以及两个端盖组成,换热管的两端采用胀接或焊接固定在管板的管孔内(见图6.2)。对于氟利昂管壳式冷凝器的换热管选用导热系数高的铜管,提高冷凝器的传热效率,减小设备的体积。为了进一步提高传热效率,减小设备体积,有的冷凝器的换热管采用滚压肋片铜管。

在卧式管壳式冷凝器中,制冷剂蒸气从冷凝器的壳体的上部进入冷凝器,制冷剂蒸气在换热管外表面上冷凝,凝结成液体后从壳体的底部流出进入储液器。对于小型制冷装置,为了简化设备,冷凝器的下部少装几排换热管,冷凝器的下部作为储液器。对于氨冷凝器,在冷凝器的下部通常还设置一个集污器,用于收集润滑油和机械杂质。冷凝器的冷却水从冷凝器一端的端盖下部进入冷凝器的换热管内,两个端盖的内部有隔板,以便使冷却水在换热管内可以多次往返流动,冷却水从一个端头向另一端头流一次称为一个流程。通常冷凝器的流程数为双数,这样冷却水的进出口可以设在同一个端盖上,并且冷却水从下面流进冷凝器,从上面流出可以保证冷却水充满整个冷凝器的换热管。端盖的顶部设有排气旋塞,下部设有放水旋塞,上部的排气旋塞是在充水时用来排除换热管内的空气;下部的放水旋塞是在冷凝器停止使用时用来排放残留在冷凝器换热管内的残留水,以防止换热管被冻裂和腐蚀。

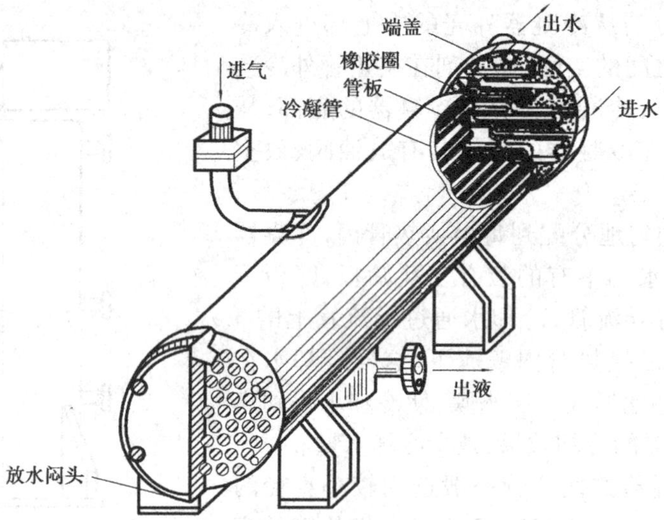

图 6.2　卧式管壳式冷凝器

冷却水的温升一般4～6 ℃。对氨冷凝器冷却水的流速一般取0.5～1.5 m/s,平均传热温差为5 ℃,传热系数为698～930 W/(m^2·℃),单位面积的热负荷为1 071～5 234 W/m^2。对氟利昂冷凝器冷却水的流速一般取1.8～3.0 m/s,平均传热温差为7 ℃,传热系数为930～1 593 W/(m^2·℃)。

卧式管壳式冷凝器的优点是:结构紧凑,占地面积比较小;换热管内的水流速较高,所以传热系数较大;冷却水的温升较大,所以冷却水的耗量较小。卧式管壳式冷凝器的缺点是:冷却水的阻力较大;清洗污垢不方便,设备需要停止工作才能进行清洗;要求冷却水的水质要好。

2)套管式换热器

套管式冷凝器是由两种或几种不同直径的管子套在一起组成的。有的套管式换热器为了节省空间,把套在一起的管子盘成圆形或椭圆形的盘管。目前,套管式冷凝器主要应用于小型的氟利昂制冷装置中。图6.3为一个套管式冷凝器的结构图和实物照片。制冷蒸气从套管式冷凝器的上端进入,在内管的外表面冷凝成液体,液体在外管的底部沿管子的径向向下流动,从套管式冷凝器的下端流出进入储液器。冷凝器的冷却水从套管换热器的下端进入依次向上流动,与制冷剂的流动方向恰恰相反,这样能够实现比较理想的逆流换热。由于水在管内的流程较长,所以冷却水的进出口温差较大,达8～10 ℃。其传热系数较大,当水的流速在1～2 m/s时,其传热系数为900～1 200 W/(m^2·℃)。

套管式冷凝器的优点是:结构紧凑,制造简单,传热特性好。套管式冷凝器的缺点是:冷却水和制冷剂两侧的阻力都较大;单位体积的换热面积小,仅为20 m^2/m^3,管壳式换热器的为100～200 m^2/m^3,所以金属消耗量较大;对水垢的清洗不方便,对水质要求比较高。

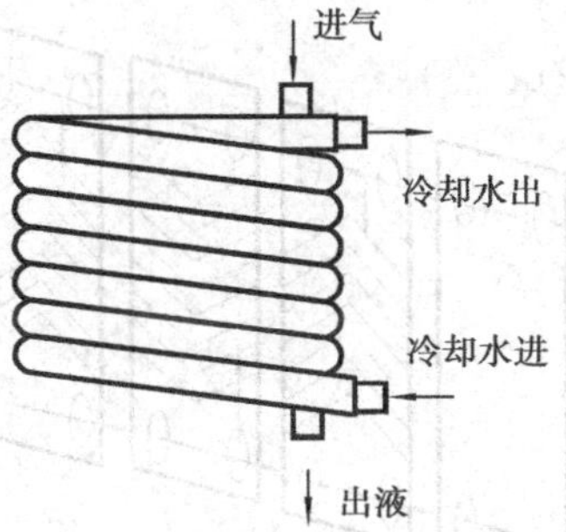

(a)套管式冷凝器

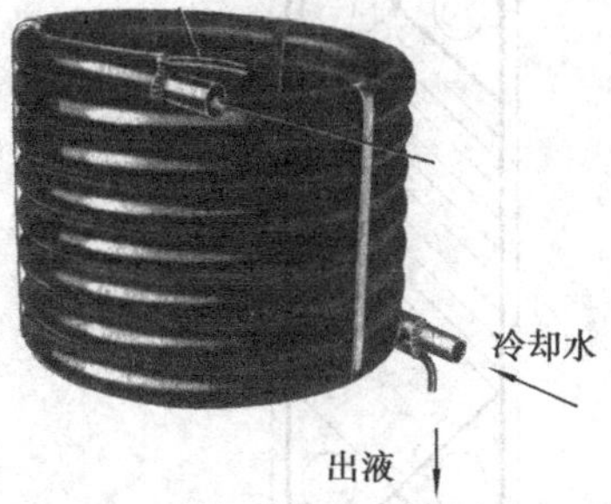

(b)套管式冷凝器实物照片

图 6.3　套管式冷凝器

3)螺旋板式冷凝器

螺旋板式换热器是一种高效率的换热器。如图 6.4 所示,由两张厚为 1.5～4.0 mm 的钢板上焊有圆钢支撑,支撑高(即钢板间距)为 5～20 mm,以保证一定的流道和增大螺旋板的钢性。流道始于螺旋板式换热器的中心,而终于螺旋板式换热器的外缘,螺旋板的上下两端用封条焊死。

冷却水从螺旋板式冷凝器的外缘端部进入,从中央的上部流出。制冷剂蒸气从螺旋板式冷凝器中央隔板的另一侧上部进入,制冷剂的冷凝液汇集于底部流出。

螺旋板式冷凝器的单位体积传热面积大,传热系数高,冷却水的流速为 1～1.3 m/s 时,传热系数为 945～1 023 W/(m^2·℃)。

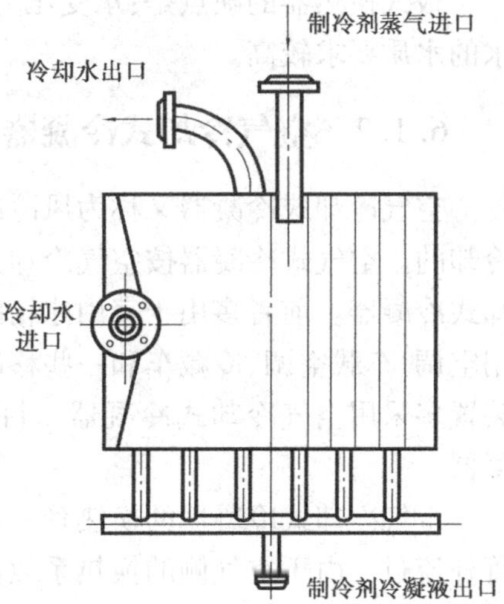

图 6.4　螺旋板式冷凝器

螺旋板式冷凝器的优点是体积小、重量轻、传热系数高,在工作条件相同的情况下,螺旋板式冷凝器的传热系数可比管壳式冷凝器提高 50% 左右。其缺点是承受压力有限,制造较复杂,冷却水的阻力大而且内部不易清洗,对冷却水的水质要求比较高。

4)板式冷凝器

板式换热器最初主要是用在食品、医药、化工行业的,由于它的传热系数高、结构紧凑、拆洗方便等优点,所以它的使用越来越广泛。近几年,板式换热器开始应用在制冷装置上。

板式冷凝器的传热元件是冲压成型的薄金属板片。如图 6.5 所示,换热板片上冲有波纹以强化传热,很多换热板片叠放在一起焊死,换热板与换热板之间的周边放入一定形状的密封圈,使换热板之间保持一定的距离,构成制冷剂和冷却水的流道。流体在换热板之间的流程可以按具体的情况进行并联、串联和混联,在制冷装置中多用并联流程。如图 6.6 所示,制冷剂从板式冷凝器的右上端进入,在换热板上冷凝成冷凝液后流到冷凝器的底部,并从板式冷凝器的右下端流出进入储液器。冷却水则是从板式冷凝器的左下端进入,并经换热板换热后从冷凝器的左上端流出。

图 6.5　板式冷凝器换热板

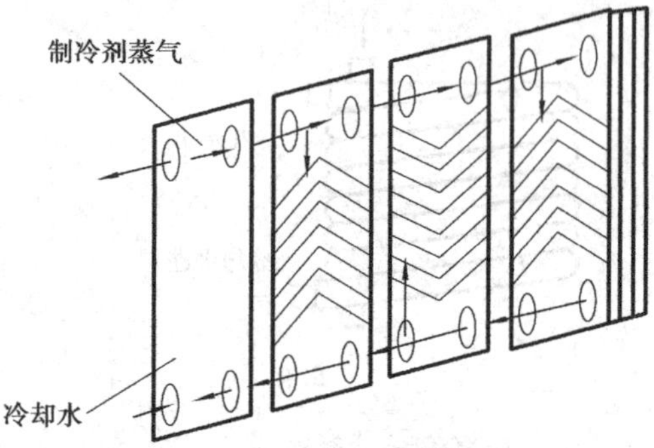

图 6.6　板式冷凝器流动原理图

板式冷凝器的传热系数为 2 000 ~ 3 000 W/(m²·℃)。具有结构紧凑、体积小、耗材少等特点。单位体积的传热面积可达 250 m²/m³，每平方米的传热面积仅需要金属材料 15 kg 左右。

板式换热器的缺点是：承受压力受一定的限制、冷却水的流动阻力大、清洗不方便，对冷却水的水质要求较高。

6.1.2　空气冷却式冷凝器

空气冷却式冷凝器又称为风冷冷凝器，制冷剂蒸气冷却和冷凝所放出的热量是由空气来冷却的。空气式冷凝器按空气冷却方式又分为自然对流空气冷却式冷凝器和强迫对流空气冷却式冷凝器。前者多用于家用冰箱的冷凝器，而后者多用在小型氟利昂制冷装置，如冷柜、家用空调、车载空调、冷藏车和一些移动式制冷装置。在缺水地区，为了减少冷却水的耗量，制冷装置多采用空气冷却式冷凝器。目前，在有些中型空调和制冷装置中也采用空气冷却式冷凝器。

空气冷却式冷凝器的换热管一般按蛇形管排列，制冷剂蒸气在换热管内冷凝，空气在换热管外流过。由于空气侧的换热系数比较小，所以在空气冷却式冷凝器的空气侧通常采取加翅片等强化换热的一些措施。

自然对流空气冷却式冷凝器是依靠空气在冷凝器被加热后自动上升的过程将冷凝器释放的热量带走。这种冷凝器不需要风机，节省了风机的电耗，减少了风机产生的噪声，传热系数也较低，一般为 9 ~ 16 W/(m²·℃)。

如图 6.7a 所示，它由蛇形管和平板组成，蛇形管是焊接或压死在平板上的以强化换热。如图 6.7b 所示，它是将平板做成百叶窗形式再和蛇形管焊接，其目的是增加冷凝器的散热面积，改善通风条件。如图 6.7c 所示，钢丝式冷凝器是在百叶窗式的基础上进一步改进的，钢丝焊接在蛇形管的两面，并与换热管成直角，钢丝直径为 1 ~ 2.5 mm，距离为 6 ~ 10 mm。自然对流空气冷却式冷凝器一般装在冰箱的背面，工作时冷凝器放出的热量通过换热管传给平板、百叶窗平板或钢丝，然后再由平板、百叶窗平板或钢丝向空气散热。自然对流空气冷却式冷凝器的换热管通常为 $\phi5 \sim \phi8$，管间距为 40 ~ 60 mm。

强迫对流空气冷却式冷凝器一般用直径为 $\phi10 \times 0.7 \sim \phi16 \times 1$ mm 的铜管弯制成蛇形盘管，蛇形盘管错排（见图 6.8）。由于这种冷凝器的冷却介质是空气，所以换热管外的换热系数

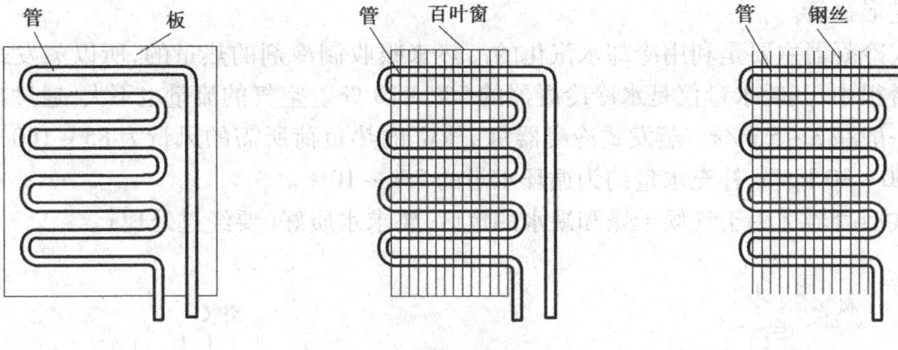

(a)平板式　(b)百叶窗式　(c)钢丝式

图 6.7　自然对流空气冷却式冷凝器

很小,一般为 35 ~81 W/(m^2·℃),而换热管内制冷剂冷凝时的换热系数为 1 163 ~2 326 W/(m^2·℃),为了提高换热系数,增强换热管外空气的换热,所以在换热管外套有翅片,翅片是用 0.2 ~0.6 mm 的铜片和铝片制成,翅片间距为 1.8 ~4 mm。

强迫对流空气冷却式冷凝器的传热系数较低,当迎面风速为 2 ~3 m/s 时,按全部外表面积(包括翅片)计算的传热系数为 23 ~50 W/(m^2·℃)。平均传热温差为 10 ~15 ℃,制冷剂的冷凝温度一般取空气温度再加 15 ℃。空气的进出口温差一般为 8 ~10 ℃。

空气冷却式冷凝器不需要冷却水,特别适用于缺水或供水困难的地区,近年来多用在中小型氟利昂空调机、冷柜、家用冰箱等。

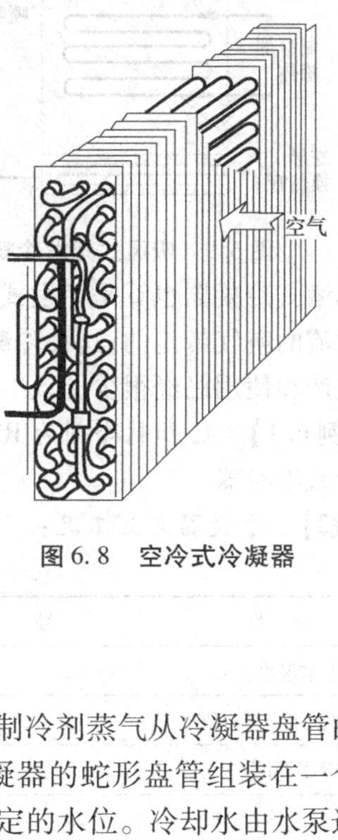

图 6.8　空冷式冷凝器

6.1.3　蒸发式冷凝器

蒸发式冷凝器的结构示意图,如图 6.9 和图 6.10 所示。制冷剂蒸气从冷凝器盘管的上部进入蛇形盘管组,冷凝后的液体从蛇形盘管的下部流出。冷凝器的蛇形盘管组装在一个由钢板焊制的箱体内,箱体的底部作为水盘,其内用浮球阀保持一定的水位。冷却水由水泵送到冷凝器蛇形盘管的上部,经喷嘴喷淋在蛇形盘管的外表面上,冷却水在蛇形管的外表面上形成一层水膜,水膜的水受热后一部分变成蒸气被空气带走,其余的水沿蛇形盘管流下,汇集于水盘内,经水泵再送至喷嘴循环使用。在箱体的上方装有挡水板,用来阻挡空气中夹带的水滴,以减少水的飞散损失。

为了强化冷凝器的放热效果,一般在蒸发式冷凝器上还装有风机。如图 6.9 所示,风机装在箱体的顶部,吸入来自蛇形盘管下部的空气,称为吸风式蒸发冷凝器。吸风式蒸发冷凝器的好处是气流比较均匀,箱体内保持负压,水的蒸发温度比较低,传热效果好。但是,吸风式蒸发冷凝器的风机在高温高湿的气流中工作,风机易被腐蚀,容易发生故障。为了避免这种情况的发生,常采用鼓风式蒸发冷凝器。如图 6.10 所示,风机装在蛇形盘管的下部,空气在风机的压送下流过蛇形盘管。

蒸发式冷凝器主要是利用冷却水汽化的潜热来吸收制冷剂的热量的,所以蒸发式冷凝器的水消耗量很小,其耗水量仅是水冷冷凝器的5% ~10 %。空气的流量也不大,通过冷却盘管间的风速一般在3 ~5 m/s。蒸发式冷凝器每1 kW 的热负荷所需的风量为85 ~160 m^3/h,冷却水量为50 ~80 kg/h,补充水量约为循环水量的5% ~10%。

蒸发式冷凝器适用于气候干燥和缺水的地区,要求水质好(要经过处理)。

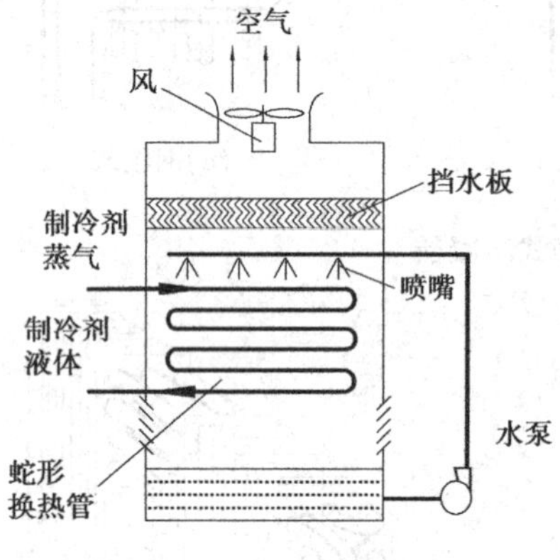

图 6.9　吸风式蒸发冷凝器

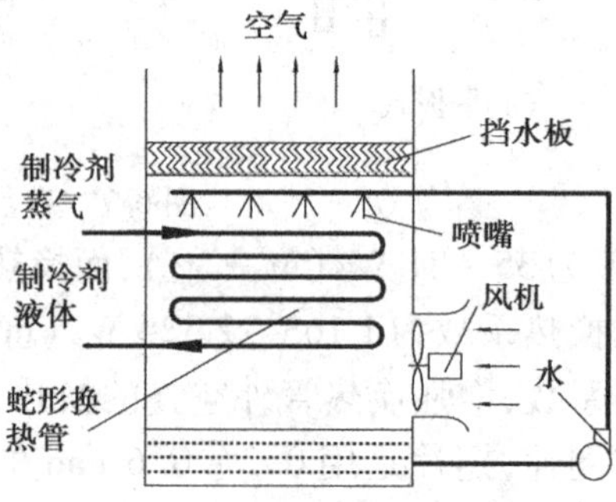

图 6.10　鼓风式蒸发冷凝器

淋激式冷凝器也算是蒸发式冷凝器,但没有机,冷却水在换热管外汽化产生的水蒸气是被自然对流的空气带走的,这种冷凝器的传热效果较差,设备的体积比较庞大。目前,这种冷凝器的生产和使用已经很少了。

【例 6.1】 已知制冷剂为 R22,空调工况下冷凝热负荷为 170 kW,试设计与之配套的卧式壳管式冷凝器。

【解】 冷凝器名义工况:

表 6.1　冷凝器名义工况

项　目	符　号	参　数	项　目	符　号	参　数
进水温度/ ℃	t_{w1}	30	进口温差/℃	$\Delta t_1 = t_k - t_{w1}$	≥10
进出水温差/℃	Δt	5	水速/($m \cdot s^{-1}$)	u	壳管,式(2.5)
冷凝温度/℃	t_k	40	污垢系数/($m^2 \cdot ℃ \cdot W^{-1}$)	γ_1	水侧 0.000 086
出口过冷度/℃	Δt_u	5			

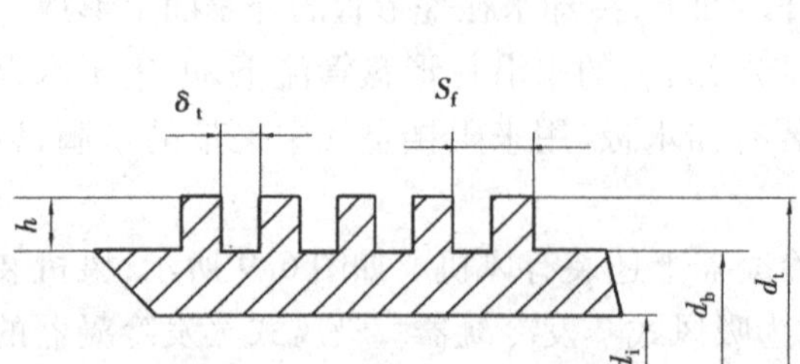

图 6.11　低翅片管的结构参数

(1)管型选择　选用 $\phi 16 \times 1.5$ mm 的紫铜管轧制的低翅片管为内管,见图 6.11。

其管型参数:

翅节距 $S_f = 1.25$ mm,翅厚 $\delta_t = 0.223$ mm,翅高 $h = 1.5$ mm,管内径 $d_i = 11$ mm,翅根管面外径 $d_b = 12.86$ mm,翅顶直径 $d_t = 15.86$ mm。

每米管长翅顶面积:

$a_d=\pi d_t\delta_t/S_f=3.14\times0.01586\times0.000223/0.00125\ m^2/m=0.0089\ m^2/m$

每米管长翅侧面积：

$$a_f=\frac{\pi(d_t^2-d_b^2)}{2S_f}=\frac{3.14\times(0.01586^2-0.01286^2)}{(2\times0.00125)}\ m^2/m=0.1083\ m^2/m$$

每米管长翅间管面面积：

$$a_b=\frac{\pi d_b(S_f-\delta_t)}{S_f}=\frac{3.14\times0.01286\times(0.00125-0.000223)}{0.00125}\ m^2/m=0.0332\ m^2/m$$

每米管长管外总面积：

$$a_{of}=a_d+a_f+a_b=(0.0089+0.1083+0.0332)\ m^2/m=0.1504\ m^2/m$$

(2)估算传热管总长　假定按管外面积计算的热流密度 $q_0=6\ 000\ W/m^2$，则应布置传热面积为：

$$A_{of}=\frac{Q_k}{q_0}=\frac{170\ 000\ W}{6\ 000\ W/m^2}=28.33\ m^2$$

应布置的有效总管长为：

$$L=\frac{A_{of}}{a_{of}}=\frac{28.33\ m^2}{0.1504\ m^2/m}=188.36\ m$$

(3)确定每流程管数 Z、有效单管长 l 及流程数 N　由冷却水进口温度 $t_{w1}=30$ ℃，出口温度 $t_{w2}=35$ ℃，由水的物性表知，在平均温度32.5 ℃时水的密度 $\rho=994.93\ kg/m^3$，比定压热容 $c_p=4\ 179\ J/(kg\cdot K)$，则所需水量为：

$$q_v=\frac{Q_k}{\rho c_p(t_{w2}-t_{w1})}=\frac{170\ 000}{994.93\times4\ 179\times(35-30)}\ m^3/s=0.008\ 18\ m^3/s$$

取冷却水流速 $u=2.5$ m/s，则每流程管数为：

$$Z=\frac{q_v}{\frac{\pi}{4}d_i^2u}=\frac{4\times0.008\ 18}{\pi\times0.011^2\times2.5}=34.43$$

取整数 $Z=35$ 根，对流程数 N、总根数 NZ、有效单管长 l，壳体内径 d_i 及长径比 l/d_i 进行组合，结果见表6.2：

表6.2

N	NZ/根	l/m	d_i/m	l/d_i
2	70	2.7	0.225	12
4	140	1.35	0.318	4.25

分析组合计算结果，并考虑到此冷凝器配用于螺杆压缩机组，本例选取2流程方案作为冷凝器结构设计依据。

(4)传热管的布置排列及主体结构　图6.12所示为传热管布置示意图(管板图)。为使传热管排列有序及左右对称，共布置72根管，每流程36根，管内平均水速为2.39 m/s。取传热管有效单管长为2.70 m，则实际布置外冷凝传热面积为29.24 m²。传热管按正三角形排列，管板上相邻管孔中心距为2.5 mm，管数最多的一排管不在管体中心线上。考虑最靠近壳

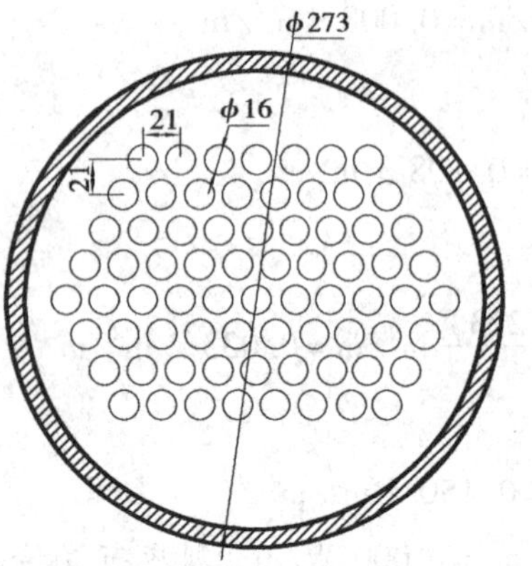

图 6.12 传热管布置图

体的传热管与壳体的距离不小于5 mm,则所需最小壳体内径为249 mm,根据无缝钢管规格,选用 φ273×7 mm 的无缝钢管作为壳体材料。冷凝器采用管板外径与壳体外径相同的主体结构形式,管排布置及管板尺寸能够保证在管板周边上不均匀布置6个端盖螺钉孔以装配端盖,且能避免端盖内侧装配孔周边的密封面不致遮盖管孔,同时壳体内部留有一定空间起贮液作用。

(5)传热计算及所需传热面积确定

①水侧表面传热系数计算:从水的物性表知,水在平均温度为 32.5 ℃时,运动黏度为$0.768\,5\times10^{-6}$ m²/s,$B=2\,147$,$Pr_f=5.14$,$\lambda=0.622$ W/(m·K),$Re=\dfrac{ud_i}{\nu}=\dfrac{2.39\times0.011}{0.768\,5\times10^{-6}}=34\,209>10^4$,即水在管内的流动状态为湍流,水侧表面传热系数:

$$\begin{aligned}h_{w,i}&=0.023\frac{\lambda}{d_i}Re_f^{0.8}Pr_f^{0.4}\\&=0.023\times\frac{0.622}{0.011}\times34\,209^{0.8}\times5.14^{0.4}\ \text{W/(m}^2\cdot\text{K)}\\&=10\,612\ \text{W/(m}^2\cdot\text{K)}\end{aligned}$$

②氟利昂侧冷凝表面传热系数计算。根据管排布置,管排修正系数计算:

$$\varepsilon_n=\frac{2\times1^{0.833}+2\times2^{0.833}+2\times3^{0.833}+15\times4^{0.833}}{2+4+6+60}=0.81$$

根据所选管型,可查得增强系数 $\varphi=1.384$。

根据所选管型,在冷凝温度 $t_k=40$ ℃时,$B=1\,446.1$。计算氟利昂侧冷凝表面传热系数:

$$\begin{aligned}h_{k,0}&=0.725Bd_b^{-0.25}\varphi\varepsilon_n(t_k-t_{w,0})^{-0.25}\\&=0.725\times1\,447.1\times(0.012\,86)^{-0.25}\times1.384\times0.81\times(t_k-t_{w,0})^{-0.25}\\&=3\,492.59\theta_0^{-0.25}\ \text{W/(m}^2\cdot\text{K)}\end{aligned}$$

对数平均温差:

$$\Delta t_m=\frac{t_{w1}-t_{w2}}{\ln\dfrac{t_k-t_{w2}}{t_k-t_{w2}}}=\frac{35\ ℃-30\ ℃}{\ln\dfrac{40\ ℃-30\ ℃}{40\ ℃-35\ ℃}}=7.21\ ℃$$

取水侧污垢系数 $R_i=0.000\,086$ (m²·K)/W,热流密度 q_0 为:

$$q_0=h_{k,0}\theta_0=3\,492.59\theta_0^{-0.25}\theta_0$$

$$\begin{aligned}q_0&=\frac{\theta_m-\theta_0}{\left(\dfrac{1}{h_{w,i}}+R_i\right)\dfrac{a_{o,f}}{\alpha_i}+\dfrac{\delta}{\lambda}\dfrac{\alpha_{o,f}}{a_m}}\\&=\frac{71.2\ ℃-\theta_0}{\left(\dfrac{1}{10\,612}+0.000\,086\right)\times\dfrac{0.150\,4}{0.034\,6}+\dfrac{0.000\,93}{393}\times\dfrac{0.150\,4}{0.037\,5}}\end{aligned}$$

$= 1\ 261 \times (7.12\ ℃ - \theta_0)$

其中，$a_m = \frac{\pi}{2}(d_i + d_b)$，注：$\theta$ 为过余温度，即温差；$\theta_m - \theta_0$ 为水侧和管壁的总温差；$\left(\frac{1}{n_{w,1}} + R_i\right)\frac{a_{o,f}}{\alpha_i}$为水侧的热阻，$\frac{\delta\alpha_{o,f}}{\lambda a_m}$为管壁的热阻。

选取不同的 θ_0 进行试凑计算，计算结果列于表 6.3 中。

表 6.3　试凑计算结果

θ_0/℃	第一式 q_0/(W·m^{-2})	第二式 q_0/(W·m^{-2})
2	5 874	6 456
2.2	6 309	6 204
2.17	6 244	6 241

当 $\theta_0 = 2.17$ ℃时，两式 q_0 值误差已经很小，取 $q_0 = 6\ 240\ \text{W/m}^2$ 计算实际所需传热面积：

$$A_{of} = \frac{Q_k}{q_0} = \frac{170\ 000\ \text{W}}{6\ 240\ \text{W/m}^2} = 27.24\ \text{m}^2$$

初步结构设计中实际布置冷凝传热面积为 29.24 m^2，较传热计算所需传热面积大 7%，可作为冷凝传热面积的富裕量，初步结构设计所布置的冷凝传热面积能满足负荷传热要求。

(6)冷却水侧阻力计算　计算冷却水侧阻力，其中阻力系数：

$$f = \frac{0.316\ 4}{Re^{0.25}} = \frac{0.316\ 4}{34\ 209^{0.25}} = 0.023\ 3$$

冷却水侧阻力

$$\begin{aligned}\Delta p &= \frac{1}{2}\rho A^2\left[fN\frac{l_t}{d_i} + 1.5(N+1)\right] \\ &= \frac{1}{2} \times 994.93 \times 2.39^2 \times \left[0.023\ 3 \times 2 \times \frac{2.70 + 0.06}{0.011} + 1.5 \times (2+1)\right]\text{Pa} \\ &= 46\ 012\ \text{Pa}\end{aligned}$$

式中，l_t 为左右两管板外侧端面间的距离，取每块管板厚度为 30 mm，则 $l_t = 2.70\ \text{m} + 0.06\ \text{m} = 2.76\ \text{m}$

(7)连接管管径计算　取冷却水在进行水接管中的流速 $u = 1$ m/s，则进出水接管管内径为：

$$d_i = \sqrt{\frac{4q_v}{\pi u}} = \sqrt{\frac{4 \times 0.008\ 18}{\pi}}\ \text{m} = 0.102\ \text{m}$$

根据无缝钢管规格，选取 $\phi108 \times 4$ mm 无缝钢管进出水接管。依据循环热力计算，可分别求得制冷剂进冷凝器时过热蒸气的体积流量及制冷剂从冷凝器排出时冷凝液体的体积流量，选取制冷剂在冷凝器进气接管和出液接管中的适当流速，即可计算出进气接管和出液接管的管内径。一般卧式壳管式冷凝顺的进气接管管径与所配制冷压缩机的排气管管径相同，本例可选用 $\phi45 \times 2.5$ mm 钢管为出液接管。

设计综述如下：低翅片管总数为 70 根，每根传热管的有效长度为 2 700 mm，管板的厚度取 30 mm，考虑传热与管板之间胀管加工时两端各伸出 3 mm，传热管的实际下料长度为 2 766 mm。壳体长度为 2 700 mm(等于传热管有效单管长)，壳体规格为 $\phi273 \times 7$ mm 的无缝钢管。取端盖水腔深度为 50 ~60 mm，端盖铸造厚度约 10 mm，则冷凝器外形总长度约 2 900 mm。冷却水流动的流程数为 2，传热管总根数为 70 根。

6.2 蒸发器

制冷剂液体在蒸发器的换热管内流动，并在低温下，变为蒸气，制冷剂在蒸发的过程中吸收被冷却物体或介质的热量。所以，蒸发器是制冷装置产生和输出冷量的重要部件，位于制冷系统的节流阀和压缩机的吸气管之间。

制冷装置的蒸发器的结构按被冷却介质可分为冷却液体载冷剂的蒸发器和冷却空气的蒸发器两大类。冷却液体载冷剂的蒸发器有管壳式蒸发器、直立管式蒸发器、螺旋管式蒸发器和蛇形管式蒸发器。

6.2.1 卧式管壳式蒸发器

卧式管壳式蒸发器是用来冷却如水和盐水等液体载冷剂的蒸发器。

如图 6.13 所示，在这种蒸发器中，制冷剂液体在蒸发器换热管外蒸发，载冷剂在换热管内流动。其外壳是用钢板做成的筒体，两端有管板，并胀接或焊接许多换热管管束，换热管通常用无缝钢管或铜管，两端的端盖具有分水隔板。载冷剂在换热管和端盖中要往返多次，其流程一般为 4 ~8 次，进出口设在同一个端盖上，并从端盖的下方进入，从端盖的上方流出，流速一般为 1 ~2.5 m/s。在运行时制冷剂在换热管外流动，制冷剂的液面应稳定在壳体直径的 70% ~80%，液面上只暴露 1 ~3 排换热管，使制冷剂蒸气过热。

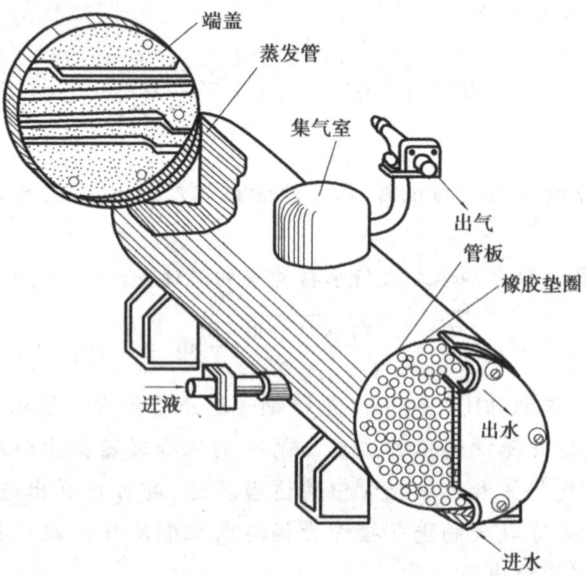

图 6.13 卧式管壳式蒸发器

卧式管壳式蒸发器的换热管用氨作为制冷剂时，一般选用 $\phi25\times3$ mm 或 $\phi32\times3$ mm 的无缝钢管；对于使用氟利昂为制冷剂时，多采用紫铜管或有翅片的铜管。换热器的平均传热温差为 4 ~ 8 ℃,氨的平均传热温差小一些,传热系数为 582 ~ 756 W/(m^2 · ℃),而氟利昂的平均传热温差要大一些,传热系数为 465 ~ 523 W/(m^2 · ℃)。一般来说,蒸发器的传热系数比冷凝器的要小。

卧式管壳式蒸发器的主要优点是:结构简单,体积紧凑,金属消耗少,造价低,传热性能好。其缺点是:制冷剂的充注量大,载冷剂有冻结的危险,回油比较困难,蒸发温度较高。

6.2.2 干式蒸发器

干式蒸发器的结构与卧式管壳式蒸发器的结构相似,所不同的是在干式蒸发器中制冷剂液体在换热管内流动,而载冷剂在换热管外流动。在这种蒸发器中,制冷剂的充注量比较少,一般为换热管内容积的 30% ~ 40%,制冷剂在蒸发过程中没有自由液面,通常用于氟利昂制冷装置。为了增加换热管外载冷剂的流速,在换热器的壳程设有折流板(见图 6.14)。

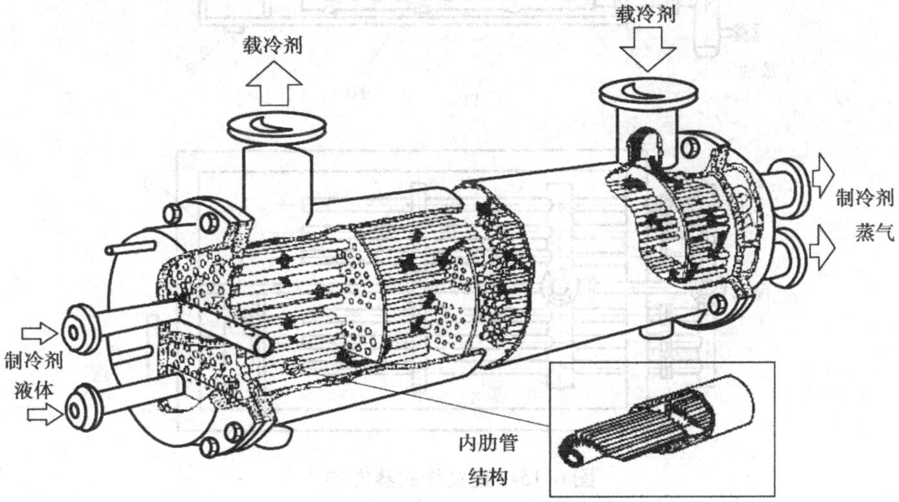

图 6.14　干式蒸发器

制冷剂在换热管内流动时只要保证一定的流速(一般大于 4 m/s),就可以保证将润滑油带回压缩机。干式蒸发器的换热管一般用直径为 $\phi12$ ~ $\phi16$ 的铜管,有时为了增加传热系数,换热管选用换热管内带有纵向翅片的换热管。当采用一般的铜光管时,换热器的传热系数为 523 ~ 580 W/(m^2 · ℃),如果采用小直径铜管密排时,传热系数可提高为 1 000 ~ 1 160 W/(m^2 · ℃)。

干式蒸发器的优点是:制冷剂充注量小,避免了换热管由于冻结而胀裂的现象、可解决回油问题。其缺点是:加工工艺比较复杂、换热管外清洗比较困难。

6.2.3 沉浸式蒸发器

沉浸式蒸发器又有直立管式、螺旋管式、和蛇管式 3 种结构。

1)直立管式蒸发器

直立管式蒸发器的结构如图 6.15 所示。这种蒸发器通常只用于氨制冷装置,其换热管是由一排一排的直立管排组成,材料全用无缝钢管制成,直立换热管管排装在一个铁箱子里,箱内充满载冷剂水或盐水,制冷剂氨在直立换热管内吸收管外载冷剂的热量后蒸发,氨蒸气经汽-液分离器和上集气管时速度减慢,氨蒸气中夹带的液滴分离出来,蒸气向上走被压缩机吸入,而液体则返回下集液管中。水箱中的水或盐水在搅拌器的作用下在箱内流动,流速一般为 0.5~0.7 m/s,传热系数一般在 520~580 W/(m^2·℃),传热温差约为 5 ℃。

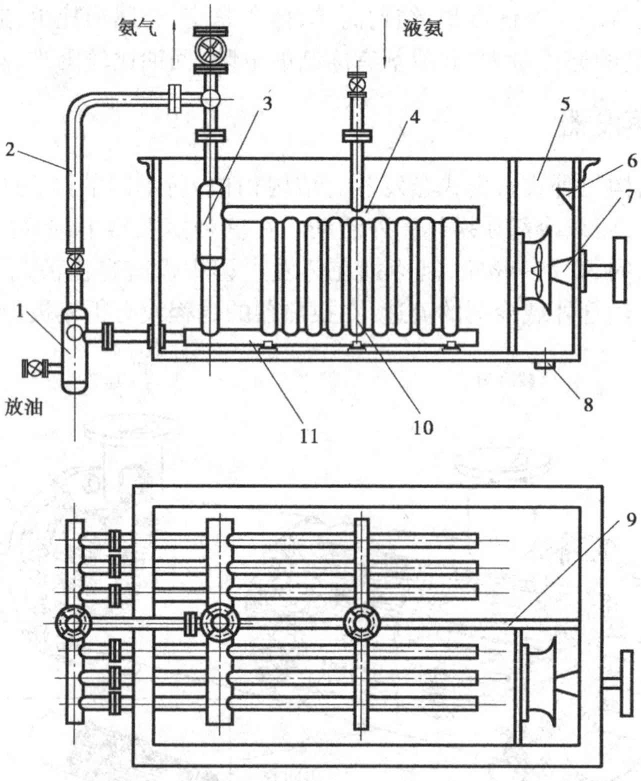

图 6.15　直立管式蒸发器

1—集油器;2—均压管;3—汽-液分离器;4—上集气管;5—水箱;6—泄水口;7—搅拌器;8—溢流管;9—隔板;10—直立管管束;11—下集液管

直立管式蒸发器的优点是传热性能好,由于充水量大所以冻结的危险小。其缺点是体积庞大、金属消耗大,由于水或盐水直接暴露在空气中,所以对金属的腐蚀比较严重。

2)螺旋管式蒸发器

如图 6.16 所示,螺旋管式蒸发器的结构与直立管式蒸发器的结构基本相同,这种蒸发器的换热管采用单头螺旋盘管或双头螺旋盘管代替直立管管束,高度比直立管管束要小一些,同时将卧式搅拌器改为立式搅拌器。螺旋管式蒸发器除了具有直立管式蒸发器的优点外,其传热性能更好、结构紧凑,可节省金属材料 15%。在相同的传热面积下,它比直立管式蒸发器的体积小 25%~40%。

3)蛇管式蒸发器

蛇管式蒸发器用于小型氟利昂制冷装置中,如图 6.17 所示。其换热管有一组或几组铜管弯成的蛇形盘管组成,蒸发器沉浸在载冷剂水或盐水的箱体中。节流后的氟利昂液体由分液器均匀的被分配到每组蛇管中。氟利昂液体从蛇管的上部进入换热管,经蒸发制冷后变为蒸气,然后从换热管的下部导出。载冷剂水或盐水在搅拌器的作用下在水箱内流动。由于载冷剂的流速比较小及蛇管下部的传热面积没有充分利用,所以蛇管式蒸发器的传热系数比较小。

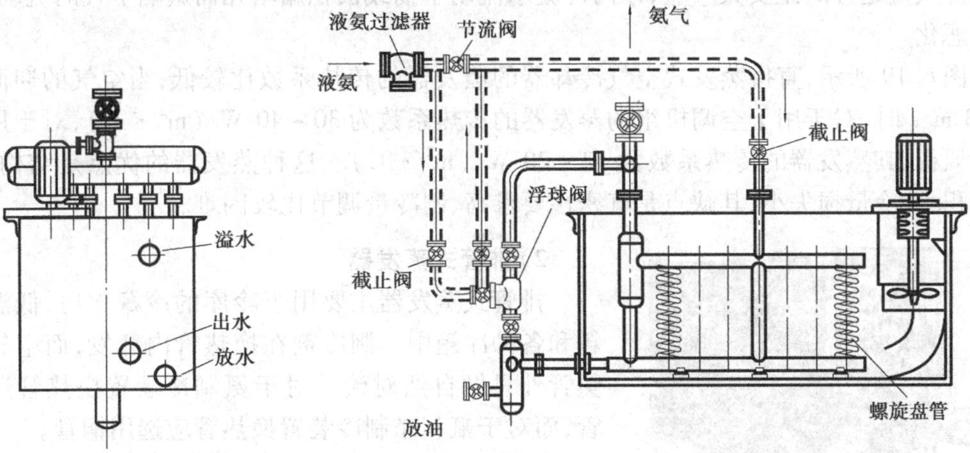

图 6.16　螺旋管式蒸发器

6.2.4　板式蒸发器

板式蒸发器是近几年开始应用在制冷装置上的,其换热板是焊死且不可拆的,具有传热系数高、结构紧凑等优点。

板式蒸发器的换热板与换热板之间的周边放入一定形状的密封圈,使换热板之间保持一定的距离,构成制冷剂和载冷剂的流道。但是,它的制冷剂的进出口与板式冷凝器不同,如图 6.18 所示。制冷剂液体从板式蒸发器的右下端进入,在换热板内蒸发变为蒸气,然后蒸气从板式蒸发器的右上端流出进入压缩机。载冷剂则是从板式蒸发器的左下端进入,并经换热后从蒸发器的左上端流出。

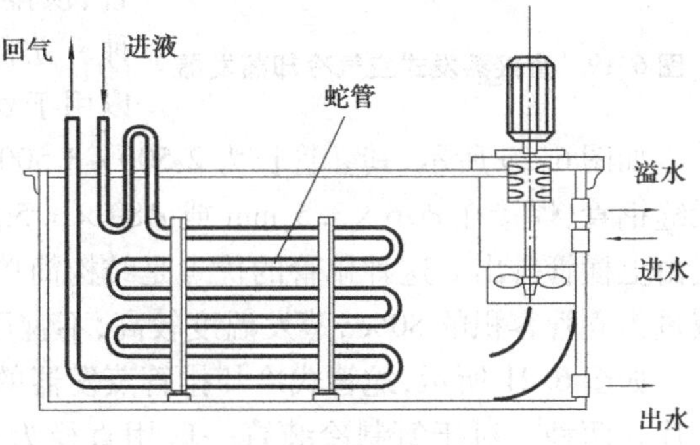

图 6.17　蛇管式蒸发器

板式蒸发器具有热系数高、结构紧凑、体积小、适应性大,金属消耗少等优点;其缺点是承受压力受一定的限制、载冷剂的流动阻力大、清洗不方便。

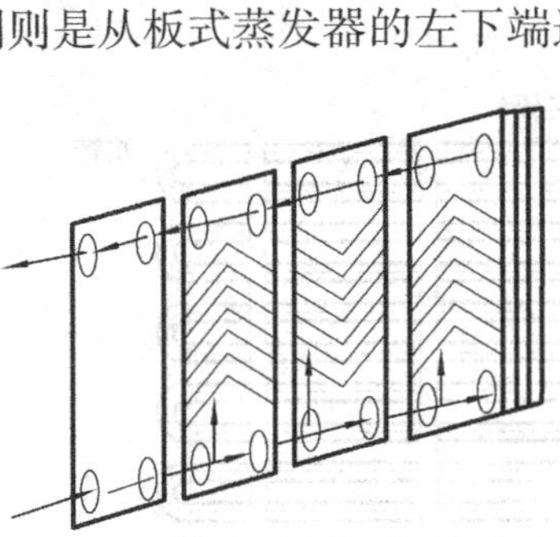

图 6.18　板式蒸发器流动原理图

6.2.5　冷却空气蒸发器

冷却空气的蒸发器又分为直接蒸发式空气冷却器(冷风机)和冷却排管式蒸发器两种。

1)直接蒸发式空气冷却器

直接蒸发式空气冷却器的蒸发器广泛地被应用于空调、冷库库房、低温试验箱和各种形式的冷风机。在这种蒸发器中制冷剂在换热管内蒸发,空气在风机的作用下在换热管外流动。为了提高空气侧的换热系数,这种蒸发器的换热管通常采用翅片管。翅片管通常由紫铜管和套在紫铜管外的铝片组成,铜管直径为 $\phi 9 \times 0.5$ mm ~

$\phi16\times1.0$ mm,铝片的厚度 0.15 ~ 0.30 mm,翅片间距对于空调为 2.0 ~ 4.5 mm,而对于冷库使用的冷风机翅片间距要大一些,以防冷凝水流动不畅或被积霜堵死而影响空气的流动,使传热情况恶化。

如图 6.19 所示,直接蒸发式空气冷却器的蒸发器的传热系数比较低,当空气的迎面风速为 2 ~ 3 m/s 时,对于用于空调机组的蒸发器的传热系数为 30 ~ 40 W/(m^2 · ℃),对于用于冷库的冷风机,其蒸发器的传热系数为 12 ~ 20 W/(m^2 · ℃)。这种蒸发器的优点是结构紧凑、占地面积小、冷量损失小;其缺点是气密性要求高、制冷量调节比较困难。

图 6.19　直接蒸发式空气冷却蒸发器

2)排管式蒸发器

排管式蒸发器主要用于冷库的冷藏库房、低温试验箱和各种冰箱中。制冷剂在换热管内蒸发,而空气在换热管外只做自然对流。对于氨制冷装置换热管选用钢管,而对于氟利昂制冷装置换热管应选用铜管。

排管式蒸发器,按安装位置的不同可以分为墙排管、顶排管和搁架式排管;按结构有立管式和蛇管式两种。立管式蒸发器只用于氨制冷装置,蛇管式蒸发器可以用于氨和氟利昂两种制冷装置。

如图 6.20 所示,其立管长为 2 500 ~ 3 500 mm,直径为 $\phi57\times3.5$ mm 或 $\phi38\times3.0$ mm 的无缝钢管,焊接在 $\phi76\times3.5$ mm 或 $\phi89\times3.5$ mm 的上、下横管上。氨液由下横管进入,氨蒸气由上横管排出。这种排管的优点是结构简单、排气排油方便;其缺点是氨液的充液量大,充液量为立管容积的 80%,蒸发温度较高,不宜用于低于 -40 ℃的冷库。

如图 6.21 所示,蛇管式冷却排管蒸发器的排管通常用光管或翅片管,翅片管有套片式和绕片式两种。对于氨制冷装置一般用直径为 $\phi57\times3.5$ mm 或 $\phi38\times3.0$ mm 的无缝钢管制成,氟利昂制冷装置的蛇管式排管通常用直径为 $\phi16\sim\phi22$ 的铜管制成。工作时制冷剂液体从蛇管式排管的上部进入、下部回气,这样有利于溶解在制冷剂中的润滑油返回压缩机,充液量为排管容积的 25%。

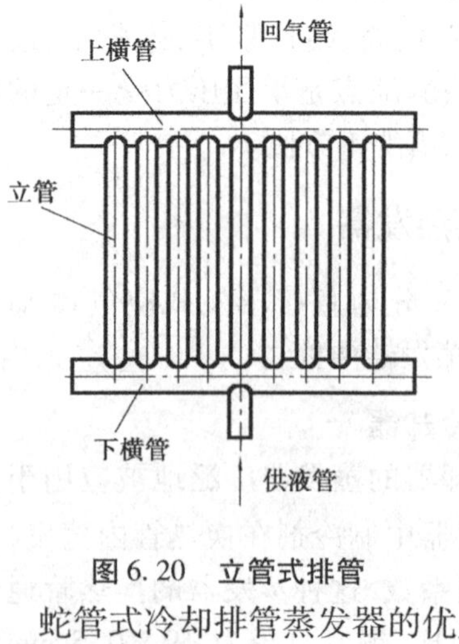

图 6.20　立管式排管

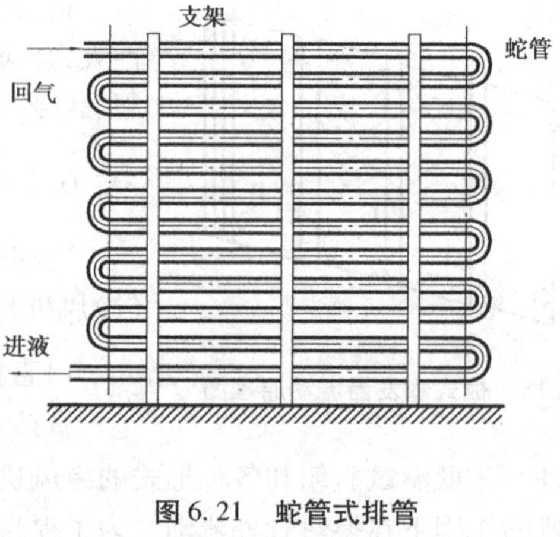

图 6.21　蛇管式排管

蛇管式冷却排管蒸发器的优点是充液量少;其缺点是制冷剂的流动阻力大。

由于冷却排管管外的空气是自然对流，所以传热系数很低，传热系数为 6 ~ 12 W/(m²·℃)；翅片管为 3.5 ~6 W/(m²·℃)。冷却排管的安装位置对传热系数也有影响，一般顶排管的传热系数比墙排管的要高。在排管的外面加装一块挡板强化自然对流换热，提高传热系数。

【例 6.2】 已知某制冷循环，制冷量 $Q_0=20$ kW；制冷剂采用 R134a，蒸气温度 5 ℃，蒸发器出口为10 ℃的过热蒸气，蒸发器入口制冷剂干度 $x=0.3$，水进口温度为 16 ℃，出口温度为 10 ℃。选择整体钎焊板式换热器为蒸发器，试进行设计计算。

【解】 (1)初选蒸发器形式及其参数　选型国内某公司生产的 K105 型板式换热器。如图 6.30 所示参数：接口直径为 28.8 mm，$L_1=504$ mm，$W_1=124$ mm，$H=93$ mm。板片总数为 34 片，总传热面积2.046 m²，共 33 个流道，其中 16 个 R134a 流道，17 个水流道。

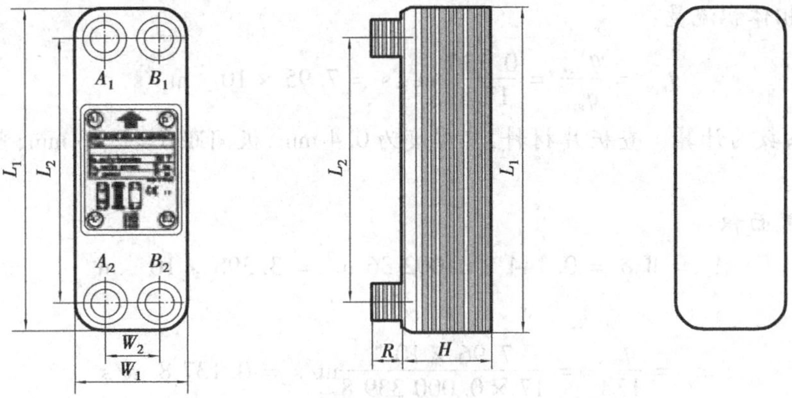

图 6.22　整体钎焊式板式换热器外形尺寸图

(2)制冷剂流量　查表得：$h_{in}=114.27$ kJ/kg，$h_{out}=261.2$ kJ/kg。制冷剂的质量流量为：

$$q_{m,r}=\frac{Q_0}{h_{out}-h_{in}}=\frac{20\times 1\ 000}{261.2-114.27}\ \text{kg/s}=0.136\ \text{kg/s}$$

(3)水流量　水的质量流量为：

$$q_{m,w}=\frac{Q_0}{c_p\Delta t}=\frac{20\times 1\ 000}{4.186\ 8\times 6}\ \text{kg/s}=0.796\ \text{kg/s}$$

(4)计算平均温差　蒸发段：因换热器一侧主要以蒸发温度 5 ℃为主，所以可将其作为 R134a 的进口温度。

对于 5 ℃的 R134a，饱和液态和气态的焓值分别为 $h'=55.8$ kJ/kg，$h''=250.7$ kJ/kg。则对应的水的温度 $t=15.57$ ℃。

蒸发段水的平均温度为：

$$t_{ave}=0.5\times(15.57\ ℃+10\ ℃)=12.8\ ℃$$

则蒸发段平均温差为：

$$\Delta t_e=12.8\ ℃-5\ ℃=7.8\ ℃$$

过热段：

$$\Delta t_{min}=t_{w,in}-t_{r,out}=16\ ℃-10\ ℃=6\ ℃$$

$$\Delta t_{max} = t - t_e = 15.57\ ℃ - 5\ ℃ = 10.57\ ℃$$

对数平均温差：

$$\Delta t_a = \frac{\Delta t_{max} - \Delta t_{min}}{\ln \frac{\Delta t_{max}}{\Delta t_{min}}} = \frac{10.57 - 6}{\ln \frac{10.57}{6}} = 8.07\ ℃$$

(5)体积流量　水的体积流量：

$$q_{v,w} = \frac{q_{m,w}}{\rho_w} = \frac{0.796}{1\ 000}\ m^3/s = 7.96 \times 10^{-4}\ m^3/s$$

制冷剂液相体积流量：

$$q_{v,l} = \frac{q_{m,r}}{\rho_{r,l}} = \frac{0.136}{1\ 276}\ m^3/s = 1.066 \times 10^{-4}\ m^3/s$$

制冷剂气相体积流量：

$$q_{v,v} = \frac{q_{m,r}}{q_{v,r}} = \frac{0.136}{17.1}\ m^3/s = 7.95 \times 10^{-2}\ m^3/s$$

(6)传热系数的计算　查板片材料，其厚度为0.4 mm，板间距$\delta = 2.36$ mm，当量直径$d_e = 2\delta = 4.72$ mm。

单通道横截面积：

$$A_s = W_l\delta = 0.144 \times 0.002\ 36\ m^2 = 3.398 \times 10^{-4}\ m^2$$

水的流速：

$$w_w = \frac{q_{v,w}}{17A_s} = \frac{7.96 \times 10^{-4}}{17 \times 0.000\ 339\ 8} m/s = 0.137\ 8\ m/s$$

根据水的平均温度查表得其物性为：$\rho = 999.3\ kg/m^3$，$c_p = 4\ 187\ J/(kg \cdot K)$，$\lambda = 0.582\ W/(m \cdot K)$，$\nu = 1.22 \times 10^{-6}\ m^2/s$，$Pr = 8.77$，则：

$$Re_w = \frac{w_w d_e}{\nu} = \frac{0.137\ 8 \times 0.004\ 72}{1.22 \times 10^{-6}} = 533$$

$$Nu_w = 0.212\ 1\ Re_w^{0.78}\ Pr^{1/3} = 0.212\ 1 \times 533^{0.78} \times 8.77^{1/3} = 58.58$$

由$Nu = hd_e/\lambda$得$h = \lambda Nu/d_e$，所以：

$$h_w = 0.582 \times 58.58/0.004\ 72\ W/(m^2 \cdot K) = 7\ 223\ W/(m^2 \cdot K)$$

制冷剂侧分两段：蒸发段和过热段考虑。

①蒸发段。平均温度就是蒸发温度，此温度时R134a的物性为$\rho_l = 1\ 276\ kg/m^3$，$\rho_v = 17.1\ kg/m^3$，$r = 194.9\ kJ/kg$，$\lambda_l = 0.092\ W/(m \cdot K)$，$\lambda_v = 0.012\ 2\ W/(m \cdot K)$，$\mu_l = 250 \times 10^{-6}\ Pa \cdot s$，$\mu_v = 11.4 \times 10^{-6}\ Pa \cdot s$，$Pr_l = 3.8$，$Pr_v = 0.8$。

沸腾的表面传热系数为：

$$h_{r,e} = h_{r,l} \times 88\ B_o^{0.5}$$

式中，角标r代表制冷剂，e代表蒸发，l代表液相。又$B_o = \frac{q}{Gr}$

热流密度

$$q = \frac{Q_0}{A} = \frac{20\ 000\ W}{2.046\ m^2} = 9\ 775\ W/m^2$$

质量流率 $G = \frac{q_{m,r}}{16A_s} = \frac{0.136}{16 \times 0.000\,339\,8}\ \text{kg/(m}^2 \cdot \text{s)} = 25.01\ \text{kg/(m}^2 \cdot \text{s)}$

所以 $B_o = \frac{q}{Gr} = \frac{9\,775}{25.01 \times 194\,900} = 2.0 \times 10^{-3}$

液相表面传热系数

$$h_{r,l} = 0.209\,2\frac{\lambda_l}{d_e}Re^{0.78}Pr^{0.33}\left(\frac{\mu_{ave}}{\mu_{wall}}\right)^{0.14}\text{（可以认为}\frac{\mu_{ave}}{\mu_{wall}} \approx 1\text{）}$$

$$Re = \frac{Gd_e}{\mu_l} = \frac{25.01 \times 0.004\,72}{0.000\,25} = 472.2$$

所以 $h_{r,l} = 0.209\,2 \times \frac{0.093}{0.004\,72} \times 472.2^{0.78} \times 3.8^{0.33}\ \text{W/(m}^2 \cdot \text{K)} = 780.3\ \text{W/(m}^2 \cdot \text{K)}$

$$h_{r,e} = 780.3 \times 88 \times 0.002\,0^{0.5}\ \text{W/(m}^2 \cdot \text{K)} = 3\,075\ \text{W/(m}^2 \cdot \text{K)}$$

②过热段。单相气体流动，由平均温度查制冷剂过热蒸气图表得：$\rho = 16.6\ \text{kg/m}^3$，$\lambda = 0.0125\ \text{W/(m·K)}$，$\mu = 11.4 \times 10^{-6}\ \text{Pa·s}$，$Pr = 0.8$，而 $Re = \frac{Gd_e}{\mu} = \frac{25.01 \times 0.004\,72}{0.000\,011\,4} = 10\,355$

$$Nu_{r,s} = 0.2121\ Re^{0.78}Pr^{1/3} = 0.212\,1 \times 10\,355^{0.78} \times 0.8^{1/3} = 266.7$$

$$h_{r,s} = \lambda Nu_{r,o}/d_e = \frac{0.012\,5 \times 266.7}{0.004\,72}\text{W/(m}^2 \cdot \text{K)} = 706.3\ \text{W/(m}^2 \cdot \text{K)}$$

③污垢热阻的确定。由于板式换热器高度湍流，且水温在5～16 ℃间不易结垢，垢层一般比较薄。由经验知，板式换热热阻不到管壳式换热器的1/2，在设计核实其数值应不大于管壳式换热器公开发表的污垢热阻的1/5，即有 $R_w = 0.000\,12\ \text{m}^2 \cdot \text{K/W}$，$R_{r,e} = 0.000\,06\ \text{m}^2 \cdot \text{K/W}$，$R_{r,s} = 0.000\,08\ \text{m}^2 \cdot \text{K/W}$。

④总传热系数。

蒸发段：$K_e = \frac{1}{\frac{1}{h_w} + R_w + \frac{\delta}{\lambda} + R_{r,e} + \frac{1}{h_{r,e}}}$

$$= \frac{1}{\frac{1}{7\,223} + 0.000\,12 + 0 + 0.000\,06 + \frac{1}{3\,075}}\text{W/(m}^2 \cdot \text{K)}$$

$$= 1\,553.6\ \text{W/(m}^2 \cdot \text{K)}$$

过热段：$K_s = \frac{1}{\frac{1}{h_w} + R_w + \frac{\delta}{\lambda} + R_{r,s}\frac{1}{h_{r,s}}}$

$$= \frac{1}{\frac{1}{7\,223} + 0.000\,12 + 0 + 0.000\,08 + \frac{1}{706.3}}\text{W/(m}^2 \cdot \text{K)}$$

$$= 570\ \text{W/(m}^2 \cdot \text{K)}$$

⑤换热面积。

蒸发段： $Q_e = (1 - x)(h'' - h')G_r = 18.554\ \text{kW}$

$$A_e=\frac{Q_e}{K_e\Delta t_e}=\frac{18\ 554}{1\ 553.6\times 7.8}\ \mathrm{m^2}=1.531\ \mathrm{m^2}$$

过热段：
$$A_s=\frac{Q}{K_s\Delta t_s}=\frac{20\ 000-18\ 554}{570\times 8.07}\ \mathrm{m^2}=0.314\ \mathrm{m^2}$$

总面积：
$$A'=1.1(A_e+A_s)=1.1\times(1.531+0.314)\ \mathrm{m^2}=2.029\ 5\ \mathrm{m^2}$$

此面积小于总传热面积2.046 $\mathrm{m^2}$，所以选用此板式换热器可以满足传热负荷。

【例6.3】 试设计一台表面式空气冷却器的蒸发器。进口空气干球温度为27 ℃，湿球温度为19.5 ℃；出口空气干球温度为18.2 ℃，相对湿度为90%；管内R22蒸发温度7.2 ℃，当地大气压力为101.32 kPa；要求蒸发器的制冷量为3.20 kW。其中，空气全体常数 $R_a=287.4$ J/(kg·K)

【解】 (1)蒸发器进、出口空气状态参数　根据蒸发器进口处 $t_{1g}=27$ ℃，$t_{1s}=19.5$ ℃，查 h-d 图得蒸发器进口处湿空气 $h_1=63$ kJ/kg，$d=14$ g/kg，$\varphi_1=62\%$。

根据蒸发器出口处空气 $\varphi_2=90\%$，$t_{2g}=18.2$ ℃，查 h-d 图得 $d=11.6$ g/kg，$h_2=47.71$ kJ/kg。

(2)确定蒸发器结构参数　采用强制对流的直接蒸发式蒸发器，连续整体式铝套片。紫铜管为 $\phi 10\times 0.5$ mm 正三角型排列，管间距 $S_1=25$ mm 排间距 $S_2=21.65$ mm，铝片厚 $\delta=0.15$ mm，片距 $S_f=1.8$ mm，铝片热导率 $\lambda=204$ W/(m·K)，取空气流动方向管排数为2排，取迎面风速 $v=2$ m/s。

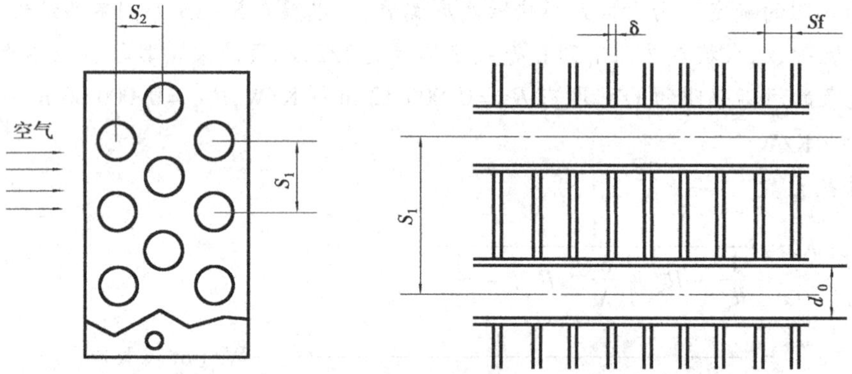

图6.23　结构参数示意图

(3)计算几何参数　每米管长翅片表面积：

$$a_f=\frac{2\left(S_1S_2-\frac{\pi}{4}d_0^2\right)}{S_f}=\frac{2\times\left(0.025\times 0.021\ 65-\frac{\pi}{4}\times 0.01^2\right)}{0.001\ 8}\ \mathrm{m^2/m}=0.514\ \mathrm{m^2/m}$$

每米管长翅片间基管外表面积：

$$a_b=\frac{\pi d_0(S_f-\delta)}{S_f}=\frac{\pi\times 0.01\times(0.001\ 8-0.0\ 001\ 5)}{0.001\ 8}\ \mathrm{m^2/m}=0.028\ 8\ \mathrm{m^2/m}$$

每米管长总外表面积：

$$a_{of}=a_f+a_b=(0.514+0.028\ 8)\ \mathrm{m^2/m}=0.543\ \mathrm{m^2/m}$$

每米管长内表面积：

$$a_i = \pi d_i l = \pi \times 0.009 \times 1\ \mathrm{m^2/m} = 0.028\ 3\ \mathrm{m^2/m}$$

肋化系数：

$$\beta = \frac{a_{of}}{a_i} = \frac{0.543}{0.028\ 3} = 19.2$$

肋通系数(每排肋管外表面积与迎风面积之比)：

$$\alpha = \frac{A_{of}}{NA_y} = \frac{a_{of}}{S_1} = \frac{0.543}{0.025} = 21.72$$

净面比(最窄流通截面积与迎风面积之比)：

$$\varepsilon = \frac{(S_1 - d_0)(S_f - \delta)}{S_1 S_f} = \frac{(0.025 - 0.010)(0.001\ 8 - 0.000\ 15)}{0.025 \times 0.001\ 8} = 0.55$$

(4)计算空气侧表面换热系数

①空气的物性。空气平均温度：

$$t_f = \frac{t_{a_1} + t_{a_2}}{2} = \frac{27 + 18.2}{2}\ ℃ = 22.6\ ℃$$

空气在此温度下的物性为：

$\rho_f = 1.196\ 6\ \mathrm{kg/m^3}$，$c_{p,f} = 1\ 005\ \mathrm{kJ/(kg \cdot K)}$，$Pr_f = 0.702\ 6$，$\nu_f = 1.588 \times 10^{-7}\ \mathrm{m^2/m}$。

②最窄面空气流速：

$$\omega_{max} = \omega_f \frac{S_1}{(S_1 - d_b)} \frac{S_f}{(S_f - \delta_f)} = \frac{2}{0.55}\ \mathrm{m/s} = 3.64\ \mathrm{m/s}$$

③空气侧干表面传热系数。利用 McQuistion 通用关联式，按 4 排管基数计算的传热系数：

$$\begin{aligned}\alpha_4 &= 0.001\ 4 + 0.261\ 8\ Re^{-0.4}\left(\frac{A}{A_t}\right) \\ &= 0.001\ 4 + 0.261\ 8 \times \left(\frac{3.64 \times 0.01}{15.88 \times 10^{-6}}\right)^{-0.4} \times \left(\frac{0.543}{0.031\ 4}\right)^{-0.15}\ \mathrm{W/(m^2 \cdot K)} \\ &= 0.009\ \mathrm{W/(m^2 \cdot K)}\end{aligned}$$

两排管平均干表面传热系数：

$$\begin{aligned}\alpha_2 &= \alpha_4 \times 0.992 \times \left[2.24 \times \mathrm{Re_d}^{-0.092} \times \left(\frac{2}{4}\right)^{-0.031}\right]^{0.607(2-4)} \\ &= 0.007\ 8\ \mathrm{W/(m^2 \cdot K)}\end{aligned}$$

$$Re_d = \frac{3.64 \times 0.01}{15.88 \times 10^{-6}} = 2292$$

实际干表面传热系数：

$$\begin{aligned}\alpha_0 &= \frac{\alpha_2 \rho_f \omega_{max} c_{p,f}}{(Pr_f)^{\frac{2}{3}}} = \frac{0.007\ 8 \times 1.196\ 6 \times 3.04 \times 1\ 005}{0.702\ 6^{0.667}}\ \mathrm{W/(m^2 \cdot K)} \\ &= 43.21\ \mathrm{W/(m^2 \cdot K)}\end{aligned}$$

(5)确定空气在蒸发器中的状态变化过程　在 h-d 图上将空气进出口状态点 1,2 相连，延长与饱和线相交得 $t_3 = 15.5\ ℃$，$h_3 = 43\ \mathrm{kJ/kg}$，$d_3 = 12\ \mathrm{g/kg}$。

蒸发器中空气的比焓：

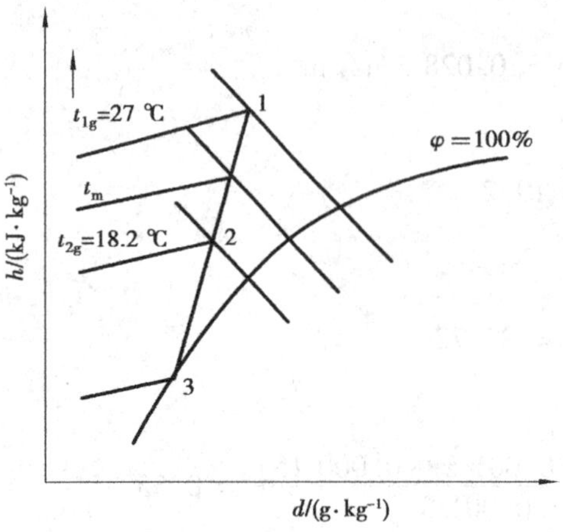

图 6.24 湿空气的状态变化示意图

$$h_m = h_3 + \frac{h_1 - h_2}{\ln\frac{h_1 - h_3}{h_2 - h_3}} = \left(43 + \frac{15.29}{\ln\frac{63 - 43}{47.71 - 43}}\right) \text{kJ/kg}$$

$$= 53.57 \text{ kJ/kg}$$

在空气的 h-d 图上，按状态点 1—2 过程线与 $h_m = 53.57$ kJ/kg 交点读得：$t_m = 22$ ℃，$d_m = 12.8$ g/kg。

则析湿系数：

$$\xi = 1 + 2.46\frac{d_m - d_3}{t_m - t_3} = 1 + 2.46\frac{12.8 - 11}{22 - 15.5}$$

$$= 1.68$$

(6) 循环空气量的计算

$$q_{m,da} = \frac{Q_0}{h_1 - h_2} = \frac{3.20 \times 3\,600}{15.29} \text{ kg/h} = 753.43 \text{ kg/h}$$

进口状态下干空气的比体积：

$$v_1 = \frac{R_a T_1(1 + 0.001\,6d_1)}{p_B} = \frac{287.4 \times (273 + 27)(1 + 0.001\,6 \times 11.1)}{101\,320} \text{ m}^3/\text{kg} = 0.866 \text{ m}^3/\text{kg}$$

空气体积流量：

$$q_v = q_{m,da}v_1 = 753.43 \times 0.866 \text{ m}^3/\text{h} = 652.47 \text{ m}^3/\text{h}$$

(7) 空气侧当量表面传热系数计算

翅片参数：

$$m = \sqrt{\frac{2\alpha_0\xi}{\lambda_f\delta_f}} = \sqrt{\frac{2 \times 43.21 \times 1.68}{207 \times 0.15 \times 10^{-3}}}\text{m}^{-1} = 68.38 \text{ m}^{-1}$$

$$\rho_m = \frac{B}{d_b} = \frac{25}{10} = 2.5$$

$$\rho' = 1.27\rho_m\sqrt{\frac{A}{B} - 1} = 1.27 \times 2.5 \times \sqrt{0.7} = 2.656$$

肋片折合高度：

$$h' = \frac{d_b}{2}(\rho' - 1)(1 + 0.35\ln\rho') = \frac{10}{2} \times (2.656 - 1) \times (1 + 0.35\ln 2.656) \text{ mm} = 11.11 \text{ mm}$$

翅片效率：

$$\eta_f = \frac{\text{th}(mh')}{mh'} = \frac{\text{th}(68.38 \times 11.11)}{68.38 \times 11.11} = 0.842$$

空气侧当量表面传热系数：

$$\alpha_j = \xi\alpha_0\left(\frac{\eta_f a_f + a_b}{a_f + a_b}\right) = 1.68 \times 43.21 \times \left(\frac{0.842 \times 0.514 + 0.028\,8}{0.514 + 0.0288}\right) \text{W/(m}^2\cdot\text{K)}$$

$$= 61.7 \text{ W/(m}^2\cdot\text{K)}$$

(8) 管内表面传热系数计算　R22 在 $t_0 = 7.2$ ℃时的物性：饱和压力 $p_0 = 6.464 \times 10^5$ Pa，

饱和液体比定压热容 $c_{p,1}=1.193\ \mathrm{kJ/(kg\cdot K)}$，饱和蒸气比定压热容 $c_{p,g}=0.781\ 68\ \mathrm{kJ/(kg\cdot K)}$，饱和液体密度 $\rho_1=1.259\ \mathrm{kg/m^3}$，饱和蒸气密度 $\rho_g=27.5\ \mathrm{kg/m^3}$，汽化潜热 $r=198\ \mathrm{kJ/kg}$，表面张力 $\sigma=10.62\times10^{-3}\ \mathrm{N/m}$，液体黏度 $\mu_1=2.572\ 8\ \mathrm{Pa\cdot s}$，蒸气动力黏度 $\mu_g=121.616\ \mathrm{Pa\cdot s}$，液体热导率 $\lambda_1=0.094\ \mathrm{W/(m\cdot K)}$，蒸气热导率 $\lambda_g=0.010\ 285\ 2\ \mathrm{W/(m\cdot K)}$。

已知 R22 进入蒸发器的入口干度 $x=0.16$，出口干度 $x_2=1.0$，则 R22 的总质量流量为：

$$q_m=\frac{3\ 600\ W_0}{r(x_2-x_1)}=\frac{3\ 600\times3.2}{198\times(1.0-0.16)}\ \mathrm{kg/h}=69.26\ \mathrm{kg/h}$$

取管内热流密度 $q_i=11\ 200\ \mathrm{W/m^2}$，管内质量流速 $q'_i=150\ \mathrm{kg/(m^2\cdot s)}$，则总流通截面为

$$A=\frac{q_m}{3\ 600q_i}=\frac{69.26}{3\ 600\times150}\ \mathrm{m^2}=1.283\times10^{-4}\ \mathrm{m^2}$$

每根管子的有效截面：

$$A_i=\frac{\pi d_i}{4}=\frac{0.009^2\pi}{4}\ \mathrm{m^2}=6.36\times10^{-5}\ \mathrm{m^2}$$

蒸发器分路数：

$$Z=\frac{A}{A_i}=\frac{1.283\times10^{-4}}{6.36\times10^{-5}}=2.02$$

Z 取 2 根，则每一分路中 R22 的质量流量为：

$$q_{m,d}=\frac{q_m}{Z}=\frac{69.26}{2}\ \mathrm{kg/h}=34.63\ \mathrm{kg/h}$$

每一分路实际流速：

$$g_i=\frac{q_{m,d}}{3\ 600A_i}=\frac{34.63}{3\ 600\times6.36\times10^{-5}}\ \mathrm{kg/(m^2\cdot s)}=151.2\ \mathrm{kg/(m^2\cdot s)}$$

沸腾特征数：

$$B_0=\frac{q_i}{g_ir}=\frac{11.2}{151.2\times198}=3.74\times10^{-4}$$

对流特征数：

$$c_0=\left(\frac{1-\bar{x}}{\bar{x}}\right)^{0.8}\left(\frac{\rho_g}{\rho_1}\right)^{0.5}=\left(\frac{1-\dfrac{x_1+x_2}{2}}{\dfrac{x_1+x_2}{2}}\right)^{0.8}\left(\frac{\rho_g}{\rho_1}\right)^{0.5}=\left(\frac{1-0.58}{0.58}\right)^{0.8}\left(\frac{27.5}{1\ 259}\right)^{0.5}=0.114$$

液相弗劳德数：

$$Fr_1=\frac{g_i^2}{\rho_1^2gd_i}=\frac{151.2^2}{1\ 259^2\times9.8\times0.009}=0.164$$

液相雷诺数：

$$Re_1=\frac{g_i(1-\bar{x})d_i}{\mu_1}=\frac{151.2\times(1-0.58)\times0.009}{2.572\ 8\times10^{-4}}=2\ 221.5$$

液相单独流过管内的表面传热系数：

$$\alpha_1=0.023(Re_1)^{0.8}(\mathrm{Pr}_1)^{0.4}\frac{\lambda_1}{d_i}$$

$$= 0.023 \times 2\,221.5^{0.8} \times 3.8^{0.4} \times \frac{0.094}{0.009} \text{ W/(m}^2 \cdot \text{K)} = 194.9 \text{ W/(m}^2 \cdot \text{K)}$$

实验数据表明：当 $c_0 < 0.65$ 时，$c_1 = 1.136/c_2 = -0.9/c_3 = 667.2/c_4 = 0.7/c_5 = 0.3$；对于 R22，$F_{fl}$ 取 2.2。则管内沸腾的两相表面传热系数：

$$\alpha_i = \alpha_l [c_1 c_0^{c2} (25\, Fr_1)^{c5} + c_3 B_0^{C4} F_{fl}]$$

$$= 194.9 \times [1.136 \times 0.114^{-0.9} \times (25 \times 0.164)^{0.3} + 667.2 \times (3.74 \times 10^{-4})^{0.7} \times 2.2] \text{ W/(m}^2 \cdot \text{K)}$$

$$= 3\,528.3 \text{ W/(m}^2 \cdot \text{K)}$$

(9)传热温差的计算　对数平均温差：

$$\theta'_m = \frac{t_{1g} - t_{2g}}{\ln \frac{t_{1g} - t_0}{t_{2g} - t_0}} = \frac{27 - 18.2}{\ln \frac{27 - 7.2}{18.2 - 7.2}} = 14.97 \text{ ℃}$$

(10)传热系数的计算　由于 R22 与聚油脂互溶，故管内污垢热阻可忽略，据文献介绍翅片侧污垢热阻，管壁导热热阻及翅片与管壁间接触热阻之和$\left(R_w + R_s + \frac{a_t}{a_m} r_t\right)$可取为 4.8×10^{-3} $(\text{m}^2 \cdot \text{K})/\text{W}$。

传热系数：

$$K_0 = \frac{1}{\frac{a_{of}}{a_i \alpha_i} + R_w + R_s + \frac{a_{of}}{a_m} r_t + \frac{1}{\alpha_j}}$$

$$= \left(\frac{0.543}{3\,528.3 \times 0.028\,3} + 4 \times 10^{-3} + \frac{1}{61.7}\right)^{-1} \text{ W/(m}^2 \cdot \text{K)}$$

$$= 38.99 \text{ W/(m}^2 \cdot \text{K)}$$

(11)核算假设的 q_i 值　以外表面积为基准的热流密度：

$$q_0 = K_0 \theta'_m = 38.99 \times 14.97 \text{ W/m}^2 = 583.68 \text{ W/m}^2$$

以内管面积为基准的热流密度：

$$q_i = \frac{a_{of}}{a_i} q_0 = \frac{0.543}{0.028\,3} \times 583.68 \text{ W/m}^2 = 11\,199.23 \text{ W/m}^2$$

与假设的 $q_i = 11\,200 \text{ W/m}^2$ 比相差 $0.117\% < 2.5\%$，假设有效。

(12)蒸发器结构尺寸的确定　蒸发器所需传热面积(内部)：

$$A_i = \frac{Q_0}{q_i} = \frac{3\,200}{11\,200} \text{ m}^2 = 0.286 \text{ m}^2$$

蒸发器所需传热面积(外部)：

$$A_0 = \frac{Q_0}{q_0} = \frac{3\,200}{583.68} \text{ m}^2 = 5.482 \text{ m}^2$$

蒸发器所需传热管长：

$$L'_t = \frac{A_0}{a_t} = \frac{5.482}{0.543} \text{ m} = 10.1 \text{ m}$$

所需迎风面积：

$$A_f = \frac{q_v}{v} = \frac{652.47}{2 \times 3\,600}\ m^2 = 0.090\,6\ m^2$$

取蒸发器宽 $B=0.65$ m，蒸发器高 $H=0.2$ m，则实际迎风面积：

$$A'_f = 0.65 \times 0.2 = 0.13\ m^2$$

根据选定的垂直于气流方向的管间距 $S_1=25$ mm，故垂直于气流方向的每排管数为：

$$n_1 = \frac{H}{S_1} = \frac{200\ mm}{25\ mm} = 8$$

沿气流流动方向管排数为 2 排，共 16 根传热管，传热管的实际总长度为：

$$L_t = 0.65 \times 16\ m = 10.4\ m$$

传热管的实际管内换热面积：

$$A'_i = 16 \times 0.65 a_i = 16 \times 0.028\,3 \times 0.65\ m^2 = 0.294\,3\ m^2$$

由此：$\frac{l_t}{l'_t}=\frac{10.4}{10.1}=1.03$；$\frac{A'_f}{A_f}=\frac{0.13}{0.090\,6}=1.43$；$\frac{A'_i}{A_i}=\frac{0.294\,3}{0.286}=1.03$，各个部分均保持了一定的裕量。

6.3 其他制冷用换热器

制冷系统中除了使用冷凝器和蒸发器这两个换热设备以外，为了提高制冷装置工作时的效率和经济性以及为了保证制冷装置运行的安全性，还经常增加其他的换热器，如回热器、中间冷却器和过冷器等。

6.3.1 回热器

回热器的作用是利用从蒸发器出来的制冷剂饱和蒸气需要过热时的冷量来使节流前的制冷剂液体进一步过冷，既保证压缩机工作的安全性，同时又提高了制冷装置的制冷量。它是一个汽-液换热器，多用于氟利昂制冷装置。回热器的结构主要有 4 种形式：盘管式、套管式、并联管式和穿管式。

盘管式回热器的结构如图 6.25 所示。它的壳体由无缝钢管或钢板卷制而成，两端用封头封死，成一个密封的容器，壳体上设有制冷剂蒸气的进出气管，在进气管口的壳体内壁上焊接一个挡板，以使蒸气与回热器的换热管均匀接触。回热器的换热管是一个置于壳体内的盘管，盘管的进出管口从壳体两端的封头穿出。制冷剂液体在盘管内两端进出，制冷剂蒸气在盘管外流过。对于 R12 制冷剂，当液体在盘管内的流速为 0.8 ~ 1.0 m/s 时，回热器的传热系数为 233 ~ 291 W/(m² · ℃)。

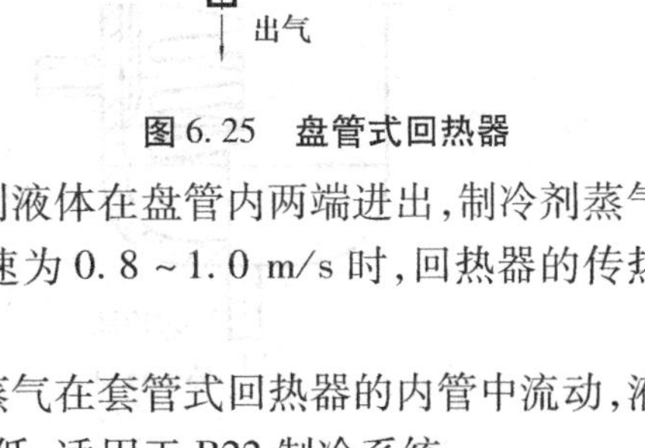

图 6.25　盘管式回热器

套管式回热器的结构同套管式冷凝器相同，制冷剂蒸气在套管式回热器的内管中流动，液体在外管内和内管外之间流动。这种回热器的效率比较低，适用于 R22 制冷系统。

并联管式和穿管式回热器多用于电冰箱和制冷系统供液回路比较长的小型制冷装置。并联管式回热器的结构是将供液管和回气管焊接在一起(见图6.26)。而穿管式回热器则是把供液管穿在回气管内(见图6.27)。

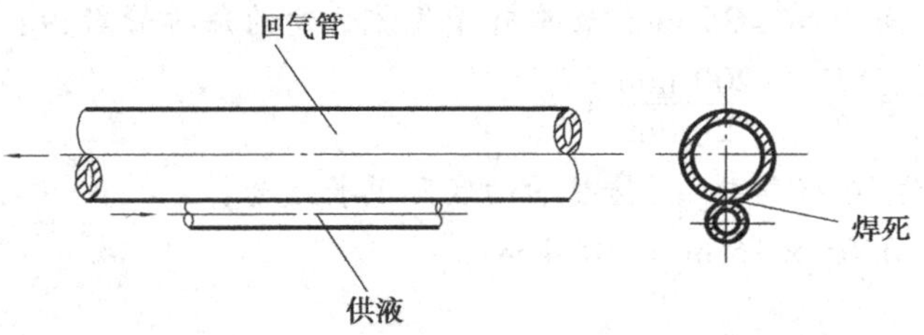

图6.26 并联式回热器

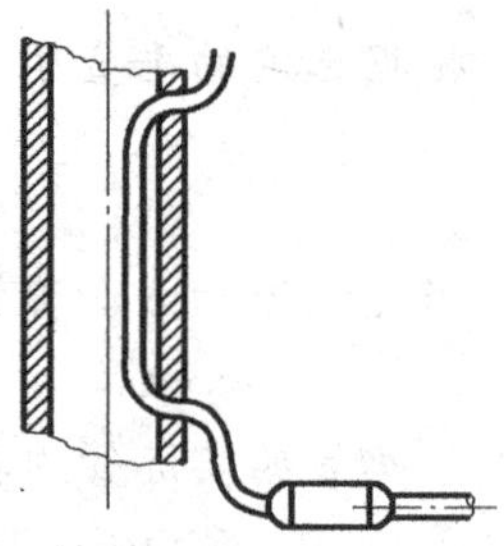

图6.27 穿管式回热器

6.3.2 中间冷却器

中间冷却器是两级压缩制冷循环中不可缺少的设备,在两级压缩制冷循环中主要起两个作用:一个是冷却低压压缩机排出的过热的制冷剂蒸气,以保证高压压缩机吸入的制冷剂蒸气不至于因为温度太高而影响高压压缩机的正常工作;另一个作用是过冷从冷凝器排出的制冷剂液体,以提高制冷装置的制冷系数,减少节流过程中产生的闪发蒸气。

如图6.28所示,氟利昂用中间冷却器是一个一次节流中间不完全冷却两级压缩制冷循环使用的中间冷却器。其换热管是铜管绕制的盘管,盘管置于两端封死的壳体内,盘管的进出管口从壳体两端的封头穿出,壳体上焊有供液管和高压压缩机的吸气管。工作时,从冷凝器出来的制冷剂液体进入盘管内被过冷,壳体内的中间压力下的液体则被加热变为饱和蒸气后流出中间冷却器,然后再在管路中与低压压缩机排出的过热蒸气混合降温后进入高压压缩机。

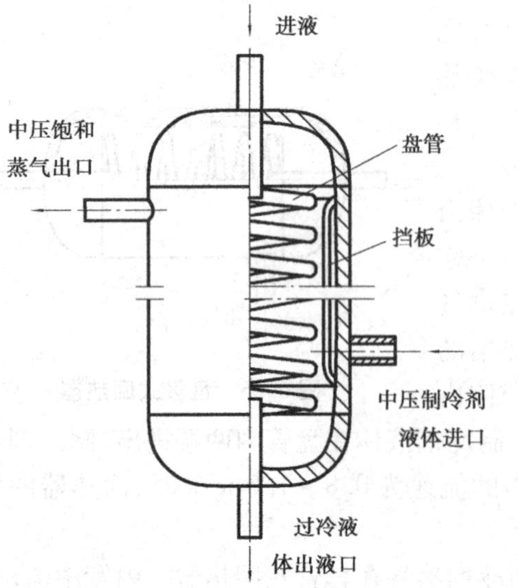

图6.28 氟利昂用中间冷却器

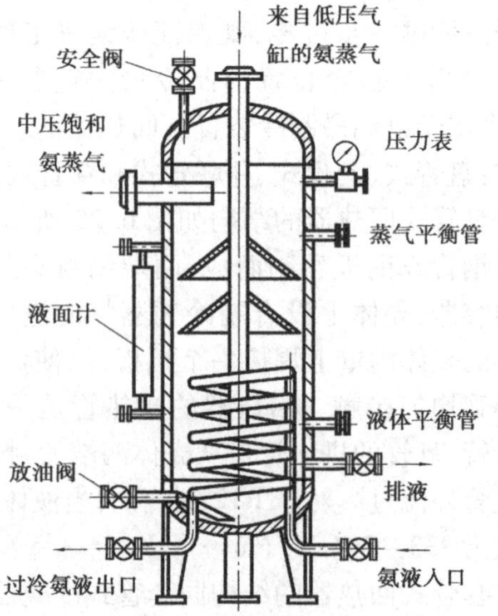

图6.29 氨用中间冷却器

如图 6.29 所示，氨中间冷却器是一个一次节流中间完全冷却两极压缩制冷循环使用的中间冷却器，其壳体是用钢板卷制的筒体，筒体的下部是冷却盘管，用于过冷节流前的氨液，筒体的上部是一个带有伞形汽-液分离器的过热氨蒸气进气管。液氨通过浮子调节阀进入中间冷却器，并维持一定的液面高度。低压压缩机排出的中压过热蒸气从壳体顶部的进气管进入，并从壳体内液面下排出，液面上的饱和蒸气经两个多孔伞形汽-液分离器将中压氨蒸气中夹带的液体分离，从壳体的上部排出去高压压缩机进行高压压缩。冷凝器出来的高压氨液从冷却盘管内流过被过冷，盘管内液氨的流速一般在 0.4 ~ 0.7 m/s，氨蒸气流速为 0.5 m/s，盘管的传热系数为 580 ~ 700 W/(m^2 · ℃)。

制冷系统中除了使用上述几种换热器以外，还有其他一些换热器，如过冷器、复叠式制冷机中的蒸发冷凝换热器等，这些换热器都是间壁式换热器，结构也是根据具体情况来进行设计。

6.4 强化传热与高效换热器

传热强化与削弱是热科学领域的重要研究主题。出于制冷系统紧凑化、高效率考虑，需要强化换热器的传热，同时应削弱制冷空间维护结构（墙体、箱体）以及管道、设备等与外界环境的传热。本节将主要针对制冷系统，简述强化传热的原则及具体措施，也适当介绍一些新型的高效换热设备。

6.4.1 强化传热的原则与途径

从传热基本方程式可见，增大总传热系数、传热面积、平均温度差均可使传热量提高。因此，工业设计和生产实践中大都从这 3 方面来考虑强化措施。

1）增加传热面积

增加传热面积不应靠加大设备外部尺寸来实现，应从设备内部结构来考虑，提高换热器的紧凑性。一般通过以下途径来增加单位体积设备有效传热面积：

①采用最合适的内外导流筒结构，最大限度地消除管壳式换热器挡板处的传热不活跃区。

②热传递面采用扩展表面，尽可能增加它的有效传热面积，如在对流传热系数较少一侧的传热面上装翅片、筋片、销钉等。

③改良热传递表面性能，将管子内、外表面扎制成各种不同的表面形状，增加管内、外表面传热面积，如螺纹管、横纹管、周向波纹管、表面多孔管。

④采用螺旋式、板式等结构紧凑的新型换热器。

2）增大传热平均温差

增加传热的平均温差是强化传热的一种有效手段。由对数平均温度计算式可知，要提高 Δt_m 就要增加 Δt_1，减小 Δt_2。由于液体的进、出口温度主要由生产工艺条件决定，要增加 Δt_1，减小 Δt_2。其主要措施是：对无相变的液体，使其冷、热液体逆流或接近逆流。这样不但可以增大传热温度，还有助于减少结构中的温差应力；对有相变液体，要尽量提高热流体温度或降

低冷流体温度 t。但要防止当温度过高或过低可能出现的结垢、沉淀或结晶等现象。

3)提高总传热系数

总传热系数 K 的计算公式为:

$$\frac{1}{K} = \frac{d_2}{\alpha_1 d_1} + R_1 \frac{d_2}{d_1} + \frac{\delta}{\lambda} \frac{d_2}{d_m} + R_2 + \alpha_1 \tag{6.1}$$

式中,d_1,d_2,d_m 分别为管内径、管外径和管平均直径;α_1,α_2 分别为管内、外侧对流传热系数;R_1,R_2 分别为管内、外侧污垢热阻;λ 为管壁材料的导热系数;δ 为管壁厚度。

从式(6.1)中可知:要提高传热系数,必须设法提高 α_1,α_2 及 λ,降低 δ 和内外污垢热阻 R_1,R_2。当两个 α 值相差较大时,要想 K 值提高,应设法使 α 值小的增大;当两个 α 值比较接近时,则应同时予以提高。根据对流传热的分析,对流传热的热阻主要集中在靠近管壁的层流内层,在层流内层的传热以热传导方式进行,而流体导热系数又很小。针对这些情况,可以相应采取一些措施:

(1)增加湍流程度　具体的方法:

①增加流体的流速。例如,在列管换热器内可以采用多管程;在夹套式换热器内增加搅拌等,都可以增加流体的速度。但是随着流体流速的增加,流体阻力也跟着增加。因此,流速的增加也是有一定局限性的。

②改变流动条件。如果使流体在流动过程中不断改变流动方向,可以使流体在较低的流速下就达到湍流。例如,在列管换热器的壳常可增设圆缺形或环形挡板,以提高管外的对流传热系数;板式换热器中,流体在波形的板面间流动,当 $Re = 200$ 即进入湍流状态。

(2)采用导热系数较大的载体　选用 λ 较大的载热体可减少层流内层的热阻,增大流体的对流传热系数。

(3)采用有相变的载热体

(4)采用导热系数大的传热壁面

(5)减小污垢热阻　污垢的存在将会使传热系数大大降低。实践证明,1 mm 厚的水垢约相当于 40 mm 厚钢板的热阻。当换热器使用时间较长,垢层热阻将成为影响传热速率的重要因素。因此,防止结垢和及时除垢成为强化传热的一个重要方法。例如,增加流速可减弱垢层的形成和增厚;易结垢的流体常安排在管方流动,以便于清洗,采用机械或化学的方法或采用可拆卸换热器的结构,以便于垢层的清除。

显然,强化传热的途径和和方法是多方面的,凡是可以利用的因素都应当尽可能的加以利用和发挥。但是任何事物都是一分为二的,并非所有可以提高传热系数的方法都可取。实际选用时应考虑以下要求:

①采用强化传热措施后,应使系统效率提高、设备体积减小、系统总功耗降低。

②强化措施应能降低生产成本,采用强化传热措施的设备易于批量生产。

③要考虑强化方法与传热介质的相容性,保证强化效果持久有效。

应该指出,制冷系统的性能系数明显地受制冷剂蒸发与冷凝温度影响,其中蒸发温度影响更为显著,特别是低蒸发温度的系统。因此,选择制冷系统强化传热方式时还应考虑到工质压力降对性能系数的影响。

6.4.2 制冷系统强化传热的方法

目前,制冷系统中强化传热主要通过换热表面加工处理实现;对制冷剂沸腾与凝结换热强化主要通过各种高效传热管实现;对空气侧对流换热强化主要围绕肋片形状、换热器表面物理化学处理等展开研究。

高效传热管是各种类型的低肋管(或微肋管)、多孔表面管的总称。对制冷剂与水热交换的氟利昂制冷系统,由于沸腾及凝结表面传热系数低于水强迫对流表面传热系数,强化表面一般主要考虑制冷剂侧。

(1)内微肋管　近年来内微肋管在氟利昂制冷装置的蒸发器中被广泛采用(见图6.30)。管内微肋数一般为60~70,肋高为0.1~0.2 mm,螺旋角$\beta=10°\sim30°$,常用管直径$d_0=12.7$ mm。由于小直径管可以使换热器结构更紧凑,强化传热效果更明显,目前有向更小管径发展的趋势。

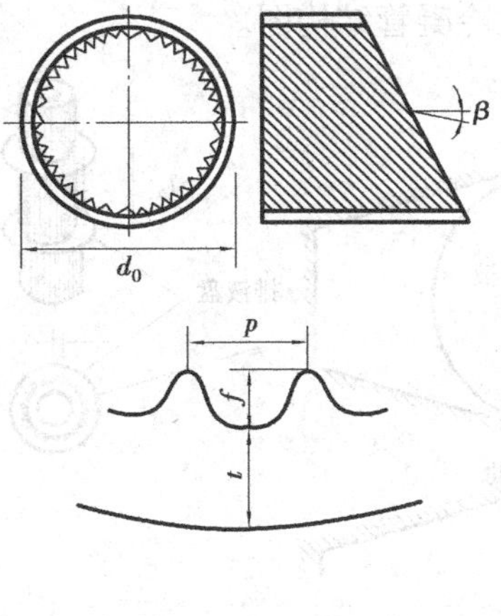

图6.30　内微肋管剖面图

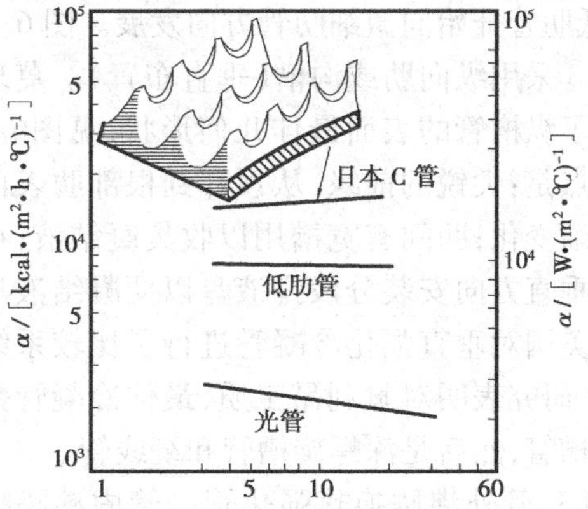

图6.31　C型管的表面结构及其与光管的性能比较

在内微肋管结构参数中,对传热性能和流动阻力影响最大的是肋高。对于流动沸腾,微肋的作用在于提供汽化核心、增加表面张力的作用并增大传热面积;对于流动凝结,微肋的作用是在表面张力作用下使凝结液膜变薄并增大换热面积。与其他形式管内强化措施相比,内微肋管的突出优点为:与光管相比可以使管表面传热系数增加2~3倍(以等长度光管面积为基准计算),而压降的增加却只有1~2倍,强化传热明显大于压降增加。其次,微肋管与光管相比,单位长度管材的质量增加很少,成本低。微肋管在管壳式干式蒸发器中被大量应用,也可用来强化表面式蒸发器、空冷冷凝器的传热。

(2)管外凝结换热强化管　制冷空调工程上凝结换热几乎都是膜状凝结,强化膜状凝结的换热任务就是想办法加速凝结液的排泄,减小薄液膜厚度。

①粗糙表面管。壁面粗糙度可以增强液膜湍流度,所以能强化凝结换热效果。如用滚花冷辊管,其换热系数是光滑管的4倍。芬纳尔(Fener)将金属颗粒随机地附在换热面上,对于制冷剂R12,当$x>0.60$时,换热系数可提高300%;对于较低的干度,换热系数可提高140%。

但是当液膜作低层层流流动时,粗糙度对扰动液膜作用不大。

②低肋管(水平布置)。由于在低肋管肋片上形成的液膜较薄,且换热面积要比光管大得多,因此传热量要比光管大得多。但由于肋片高度、间距及液体表面张力对凝结换热有很大的影响,若参数选取不当,易形成搭桥现象或影响凝结液顺利流出。研究表明,一定尺寸的低肋管,只能适用于表面张力一定的工质。对于制冷剂液体低肋管,一般管上密度为每厘米管长 7~14 片,而对于蒸气则为 6 片效果较好。另外,对氟利昂这类工质,在光管上缠绕金属丝来强化凝结换热,比光管换热系数提高 2 倍。

例如,日本生产的 THERMOEXCEL-C 型管(见图 6.31)属于微细肋管。R113,R11 在这种表面上的凝结换热系数可达光滑管换热系数的 8~12 倍。研究表明,普通低肋管传热效果随肋高的减少及肋尖端圆角的减少而增大。因此,低肋管开始向微细肋管方向发展。图 6.32 为 DAC 高效冷凝管结构图。

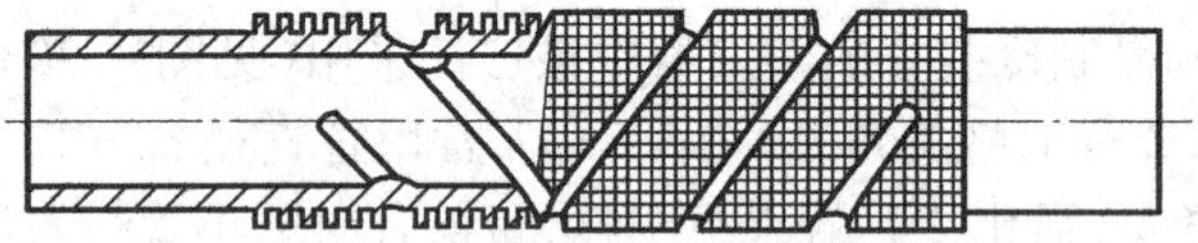

图 6.32　DAC 高效冷凝管结构图

③采用纵向肋或沟槽(垂直布置)。莫瑞等提出了纵槽管的表面最佳几何形状,见图6.33。其特点是:尖锐的前缘,从顶部到根部肋表面曲率逐渐变化;肋间有宽槽用以收集凝结液;在纵管沿垂直方向安装分段排液盘以便凝结液早脱落。美国对垂直强化冷凝管进行了比较系统的研究,研究表明对氟利昂工质,最佳冷凝管是轴向凹槽管,然后是深螺旋槽管和绕线管。

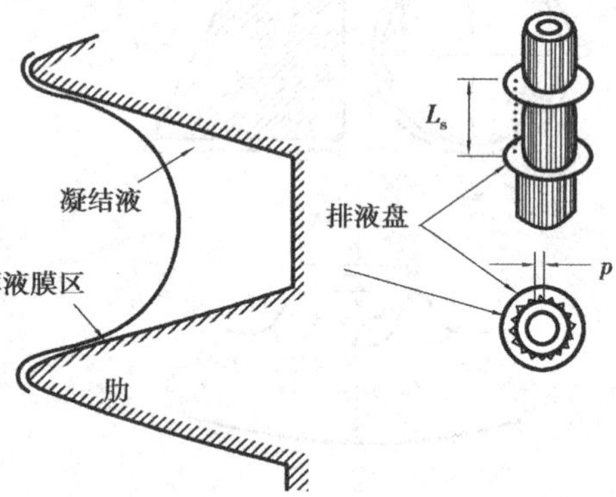

图 6.33　莫瑞提出的最佳几何形状及排液盘装置

(3)管外沸腾换热强化管　管内沸腾换热强化主要是利用人工方法制造各种高效沸腾换热表面,在加热面上形成一层多孔表面,从而形成汽化核心。

目前,已经有商品化的高效蒸发管,如美国的 HIGHFLUX,TURBO-B,日本的 THERMOEXCEL-HE,德国的 GEWA-T,等等。

如图 6.34 所示,GEWA-T 强化管为 T 形肋片管,这种管子滚轧成型,管外表面具有一系列带螺旋结构状的 T 形肋片,肋片表面之间是宽度只有 0.2~0.25 mm 的狭窄小缝,小缝下面是螺旋形槽道。蒸气泡在 T 形管槽道内运动,不断冲刷着壁面上还在生长的气泡,使加热面上气泡脱离频率增加,从而强化了沸腾换热。由于进行 T 形表面机械加工时管子内表面也形成螺旋,故可同时强化管内对流换热。TURBO-B 与 THERMOEXCEL-HE 强化换热管为机械加工复杂结构表面,其基本结构形式为表面环形微小槽道,上面开缝或孔,小孔的密度可达每平方厘米 300~400 个。HIGHFLUX 为铜颗粒烧结表面多孔结构。

制冷剂在这 4 种形式强化表面沸腾的机理是由于表面小孔或缝与槽道相通,制冷剂能经槽道循环加热。槽道中一部分液体汽化后,蒸气泡由小孔或缝脱离,液体由其他孔或缝流入。表面结构既提供了大量稳定的汽化核心,还在沸腾过程组织起汽液频繁进出槽道的局部循环,

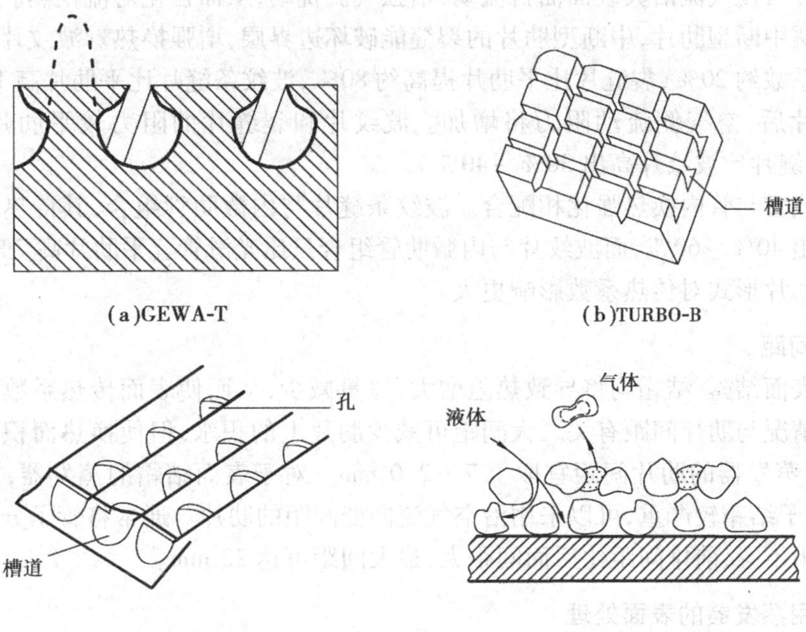

(a)GEWA-T (b)TURBO-B

(c)THERMOEXCEL-HE (d)HIGH FLUX

图 6.34 4 种管外沸腾强化换热表面结构图

从而有效地强化了沸腾传热。单管试验表明,单位面积热负荷相同条件下,多孔管的沸腾过热度可降低到光滑管的约 1/10;工业现场试验表明,多孔管单位面积热负荷比低肋管高约 36%,可比低肋管节省约 26% 的换热面积。

(4)双侧换热强化管 这种双侧强化管实际上是一种满液式表面增强型蒸发强化管(见图 6.35)。强化管的内侧为通用的内螺纹结构,管外侧则通过机械加工得到表面强化效果。管外侧制冷剂的强化传热机理主要是增大换热面积、增多凹陷以增加汽化核心数量。从加工角度来说,仅需要在原有的 T 管表面进一步加工即可。这种做法能够在加工工艺不需较大改动的情况下得到更佳的强化传热效果,其强化效果较佳而加工成本却没有太多增加。

图 6.35 双侧换热强化管结构

6.4.3 空气侧换热的强化

空气在风冷冷凝器和表面式蒸发器管外流动,其表面传热系数远低于管内制冷剂凝结或沸腾的表面传热系数,必须进行强化。强化措施很多,包括改进翅片形状、增加管子排列密度、对蒸发器翅片表面处理、减少翅片与管子接触热阻等。

1)肋片形式改进

平直肋片结构简单,易于加工,但空气流经肋片时产生的边界层较厚,因而表面传热系数较低。为了克服此缺点开发出不同几何形状的肋片,常见的有波纹肋片、裂缝肋片及波纹条缝片。波纹肋片可使气流沿其表面曲折流动,增强气流扰动,从而强化对流换热。裂缝肋片和波纹条缝肋片属中断型肋片,中断型肋片的裂缝能破坏边界层,增强换热。波纹片比平肋片可提高表面传热系数约20%,裂缝片比平肋片提高约80%,波纹条缝片比平肋片高1~2倍。采用强化传热肋片后,空气侧流动阻力将增加。波纹片和裂缝片的阻力较平肋片高出50%~70%,波纹条缝片比波纹片高出30%~40%。

肋片形式宜与管内换热强化相配合。波纹条缝片与内微肋管组合,其传热系数比光滑管套平肋片高出40%~60%,而波纹片与内微肋管组合只比光滑管套平肋片高7%。可见,采用内螺纹管后肋片形式对传热系数影响更大。

2)肋片间距

蒸发器表面结露、结霜均将导致热阻增大,风量减少,从而使表面传热系数下降。蒸发器表面的积水情况与肋片间距有关。大间距可减少肋片上的积水,但使换热面积减少。试验表明,空调器用蒸发器的肋片间距宜取1.7~2.0 mm。对于表面结霜的蒸发器,如冷库用冷风机,前几排管子结霜较严重,可以采用沿空气流向变间距的肋片。通常将管子分成2~4组,每组的肋片间距不等,前排间距比后面间距大,最大间距可达22 mm。

3)空调用蒸发器的表面处理

因肋片间距小,湿空气在蒸发器表面结露时,凝水积聚会形成所谓"液桥",使空气阻力增加,风量减少,传热恶化。国外从20世纪80年代起,发展了亲水镀膜技术。利用化学方法在肋片上形成稳定的高亲水薄膜,使凝水易于沿肋片表面流下。

制造亲水膜的方法有多种,如"水氧化铝法"、"水玻璃法"、"水软铝石法"和"有机树脂-二氧化硅法"。其中,以"有机树脂-二氧化硅法"较先进,采用的材料由超微粒状胶体二氧化硅、有机树脂及表面活性剂构成。亲水膜厚度为1~2 μm。采用亲水性膜后,由于凝结水迅速排除,即使风速较高,水也不会飞溅。

4)减少接触热阻

铝片与铜管间接触热阻约占总热阻的10%,与胀管率有关,胀管率减少时接触热阻增加。接触热阻还与翅片翻边方式有关,双翻边虽然加工困难,但热阻较低,有利于套片和控制片间距。

6.5 制冷机其他辅助设备

在制冷系统中,除有压缩机,冷凝器,蒸发器,节流机构等主要设备外,还有阀门、干燥过滤器、汽-液分离器、储液器等众多辅助设备,而且各设备之间用管道连接,构成一个封闭的系统。

6.5.1 截止阀

截止阀安装在制冷系统的设备和管路上,以手动控制启闭阀芯,起着接通或切断制冷剂通道的作用。从阀内流向状态,可分为直通式和直角式两种。前者的阻力大于后者,有条件的情况下可尽量选用直角式截止阀。

由于制冷系统所用的制冷剂性质不同，要求截止阀的制作材料不同，故又可分为氨用截止阀和氟利昂用截止阀。另外，截止阀按其动作方式的不同可分为直接式和隔膜间接式两种，后者的结构特点是由于采用隔膜膜片或波纹管，制冷剂不易从阀杆处泄漏，使用方便可靠。

制冷压缩机上的截止阀和管路上的截止阀结构基本相同，主要区别在于前者具有多用通道(1~2个)。多用通道可以开启或关闭，其用途很多，如装接压力表、对系统进行抽真空操作，以及添加制冷剂与少量润滑油等，给操作与检修带来很大方便。

制冷压缩机用截止阀(俗称耳朵阀)如图6.36所示，分为吸气截止阀和排气截止阀，二者的结构和形状都是相同的，不同的是前者的接头要比后者的接头大一些。阀的一个主通道A与压缩机的吸气腔或排气腔连通，而另一个主通道B则与吸气管或排气管相连通，再就是多用通道。

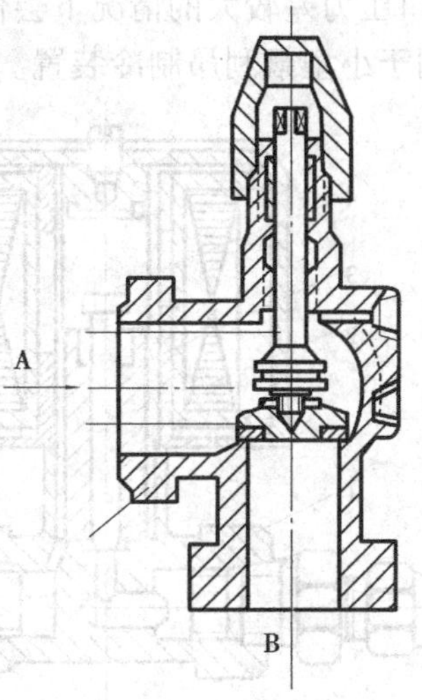

图6.36　制冷压缩机用截止阀

有些压缩机截止阀的多用通道被压力表或压力继电器管路所占用，只留下一个通道供检修用。使用时要注意掌握正确的操作方法。当阀杆以逆时针方向退足后，阀门虽然全部开启，A与B通道保持畅通，但多用通道均被关闭，这样就切身断了通往压力表或压力继电器的管路。若将阀杆顺时针旋转2~3圈，则处在三通位置，即为吸气截止阀处充灌制冷剂和装好压力表后时阀杆的位置。如果将顺时针旋转到底，则通道A与通道B被堵塞，只有通道A与多用通道相连通。多用通道平时不用时应用螺塞旋紧密封。

为防止氟利昂泄漏，截止阀的阀杆与阀体之间都用填料密封，常用的为石墨铅粉线，耐油橡胶圈、聚四氟乙烯和丁腈模压耐氟橡胶等。填料下面有垫圈，上面有压紧螺钉。若发现沿阀杆有泄漏现象时，可以适当地旋紧压紧螺钉，提高密封性和可靠性。

6.5.2　电磁阀

电磁阀是制冷系统中常见的开关式自动阀门，主要用于自动接通和切断制冷系统的供液管路，广泛应用于诸如冷藏箱、空调器类所匹配的氟利昂制冷机中。电磁阀通常安装在膨胀阀与冷凝器之间，位置应尽量靠近膨胀阀，因为膨胀阀只是一个节流机构，本身有时无法保证关闭，因而需利用电磁阀切断供液管路。电磁阀和压缩机同时开动，压缩机停车时电磁阀立即关闭，停止供液，避免停机后大量制冷剂液体流入蒸发器中，造成再次启动时压缩机中发生液体冲击汽缸的故障。

电磁阀分为直接作用式和间接作用式两种，如图6.37所示。

①直接作用式：又称直动式电磁阀的基本部分主要由阀体、电磁线圈、衔铁和阀芯等组成。线圈由漆包线绕制而成，套在铁心外面，铁心衔铁可以带动阀针上、下移动。当线圈通电后，产生磁场，将衔铁提起带动阀针，开启阀门。切断电流时，磁力消失，衔铁和阀针在重力作用下自

动下落，关闭阀门，切断供液管道。直接作用式电磁阀结构简单，但它依靠电磁力开启阀门，在进、出口压力差较大的情况下会使电磁阀开启困难，并且不能快速动作。因此，直动式电磁阀仅适用于小型氟利昂制冷装置。

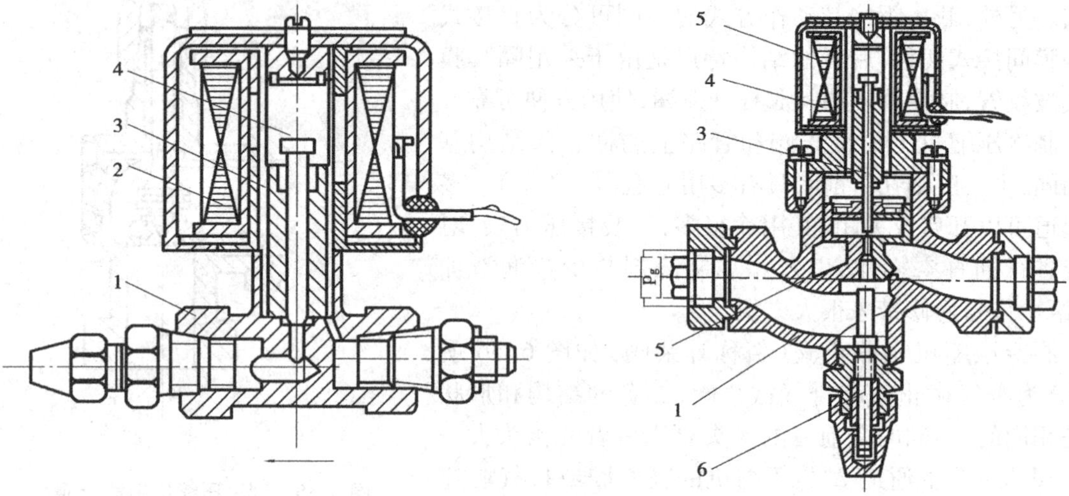

图 6.37　电磁阀

1—阀体；2—电磁线圈；3—衔铁；4—阀针；5—线圈；6—调节杆

②间接作用式：又称继动式电磁阀，属于双级开阀式，主要由阀体、浮阀、电磁线圈、衔铁、阀针和调节杆等组成。当线圈通电后，电磁力吸引衔铁，衔铁带动阀针上升，开启浮阀上的小孔，使浮阀上部空腔内的氟利昂液体通过该小孔流向电磁阀的出口端，减小了浮阀上部的压力。由于浮阀下部受到高压氟利昂液体的作用，在浮阀的上、下形成压差，使其慢慢升起，从而开启了电磁阀。当电磁阀出现故障，不能自动启闭时，可使用阀体下部的调节杆顶起浮阀，实现手动开启和关闭。这种电磁阀虽然结构较为复杂，但电磁线圈只控制阀针的起落，可以大大减少线圈功率，缩小电磁阀的体积，一般多用在中型氟利昂制冷装置中。

电磁阀的电压有交流（380 V、220 V 和 36 V）、直流（220 V 和 10 V）两种类型。使用时除了要按照铭牌上标明的电压供电外，还要满足最大压力差等要求。电磁阀必须垂直地安装在水平管路上，线圈在上方，并使制冷剂液体的流向与阀体标明的箭头指向一致。

6.5.3　电磁换向阀

电磁换向阀又称为“电磁四通阀”，主要用于热泵型家用空调器制冷系统中，在其电磁线圈通电后改变制冷工质的流向，使空调器由制冷工况转变为热泵工况，图 6.38 所示为热泵式窗式空调器电磁换向阀的外形，主阀体上的旁侧有一电磁线圈 3、电磁阀体 5 和 4 根 5 ~ 6 mm 的主连接管，电磁阀体上有 3 根 3 mm 的细铜管与主阀体连接。

电磁换向阀实现制冷、制热转换的原理是通过电磁线圈通电与断电，使电磁换向阀的阀芯左移或右移，以形成管路方向改变导致室内、外换热器对换的结果。

电磁换向阀要求制造精度高，动作灵敏，而且主阀体和电磁阀体不能有泄漏的现象；否则将使动作失灵。

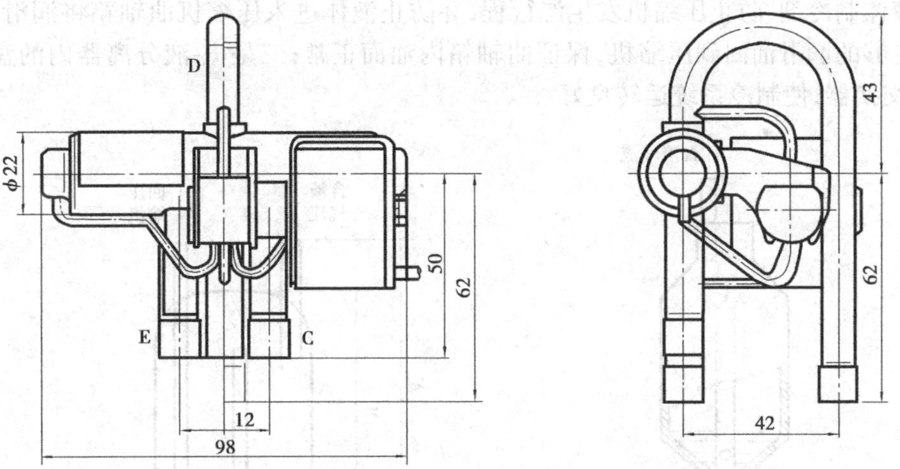

图 6.38 电磁阀换向阀示意图

6.5.4 油分离器

油分离器的基本工作原理:利用油滴与制冷剂蒸气的密度不同,使混合气体流经直径较大的油分离器时,利用突然扩大通道面积而使其流速降低,同时改变其流动方向;或利用其他分油措施,使润滑油沉降而分离,对于蒸气状态的润滑油,则可采用洗涤或冷却的方式降低温度,使之凝结为油滴而分离。有一些油分离器中则采用设置过滤层等方法来增强分离润滑油的效果。

利用降低气流速度的办法使油滴自然沉降,虽也可达到分离的目的,但只能分离出直径较大的油滴,由于排气中小油滴和油蒸气占主要部分,因而分离效果很差。老式的干式油分离器即是属于这种形式,现在已被淘汰而很少使用。现代的油分离器除利用自然沉降作用之外还利用过滤作用、洗涤作用和离心作用等。

较常用的油分离器有洗涤式、离心式、填料式和过滤式等几种类型,分离器的形式随制冷量的大小和使用制冷剂种类而定。

6.5.5 汽-液分离器

汽-液分离器是将制冷剂蒸气与液体制冷剂进行分离的一类设备,可分为立式与卧式、机房用与库房用及氨用与氟利昂用。

氨液在蒸发器(或冷却排管)内汽化时会产生泡沫,加之氨气在回气管内流速很高,因此部分未汽化的氨液微粒容量被氨气带出,在被压缩机吸入以前,如果不将它分离出来,就会使压缩机产生湿冲程;另外,进入蒸发器的氨液,在通过节流阀时,由于节流降压会部分氨液汽化,如果将节流而产生的蒸气与液体一起送到蒸发器中去,会影响蒸发器的传热效果。因此,氨用汽-液分离器一般具有两方面的作用:一是用来分离由蒸发器来的低压蒸气中的液滴,以保证压缩机吸入的是干饱和蒸气,实现运行安全,即机房用汽-液分离器;二是使经节流阀供来的气、液混合物分离,只让氨液进入蒸发器中,兼有分配液体的作用,即库房用汽－液分离器。

如图 6.39 所示,在氟利昂制冷系统内汽-液分离器主要是用于机房,其作用:一是储存分离下来的液体制冷剂,防止压缩机发生湿行程,并防止液体进入压缩机曲轴箱将润滑油稀释;二是返回足够的润滑油回到压缩机,保证曲轴箱内油面正常;三是汽-液分离器内的盘管可作为汽-液热交换器,使制冷系统运转良好。

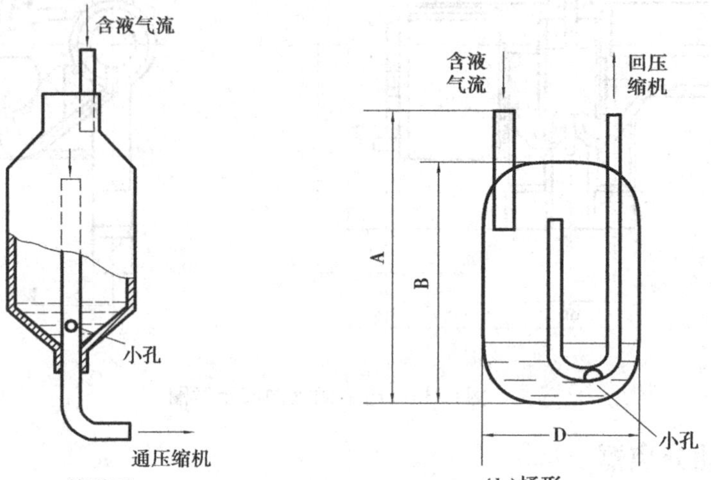

(a)管道形　　(b)桶形

图 6.39　汽-液分离器

6.5.6　干燥过滤器

干燥器只用在氟利昂制冷机中,装在液体管路上用于吸附制冷剂中的水分,以防止堵塞通道发生“冰塞”。干燥器具有用无缝钢管制成的外壳,内装一个由金属网作的内胆,胆内装有吸附剂——硅胶或分子筛。干燥器一般装设在节流阀之前,通常还装有旁通管路,可以使干燥器停止使用、更换吸附剂或拆下清理时制冷机能够继续工作。小型制冷机中往往不装干燥器,而仅在充氟利昂时使其一次通过干燥器即可。干燥器使用一段时间后吸附剂的含水量增加,因而吸附能力降低,这时需更换吸附剂,将换下的吸附剂,用 200 ℃左右的热空气加热再生。

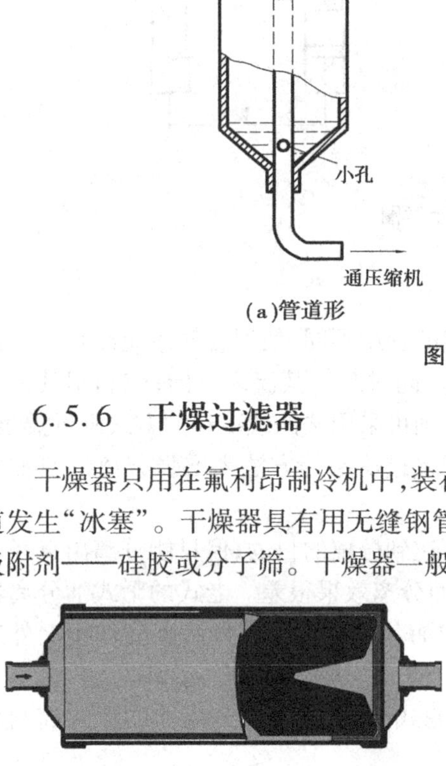

图 6.40　干燥过滤器结构示意图

在氟利昂制冷机装置中,有时将过滤器与干燥器合为一体,称为干燥过滤器(见图 6.40)。为防止干燥剂进入管路系统中,干燥过滤器两端装有铁丝网或铜丝网及纱布和脱脂棉等过滤层。

6.5.7　贮液器

贮液器又称贮液桶,按其用途和所随工作压力的不同,可分为高压贮液器、低压贮液器、循环贮液桶和排液桶,有时把后两类归结为低压贮液器一类。

高压贮液器、低压贮液器和循环贮液桶都是用来贮存和供应制冷系统内的液体制冷剂,以便工况变动时能补偿和调剂液体制冷剂的数量,它是保证压缩机和制冷系统正常运行的必要设备。排液桶则是当检修有关设备或冷库及低温室内的冷却排管和冷风机冲霜时,用来贮存从它们中排出的液体制冷剂。这 4 种贮液容器的结构基本相同,都是用钢板焊制而成的圆柱形容器,开设有一些附件及管路接头,作为与有关设备相连接和操作之用。

对于大、中型氨制冷装置,在设计时高压贮液器的容量是按制冷剂每小时流量的1/3～1/2选配,而最大充满程度的为筒体直径的80%。对于只有一个蒸发器的小型制冷机组,尤其是氟利昂制冷机组,贮液器的容量一般趋向选配得较小,或者仅在冷凝器下部贮存少量制冷剂液体,而不再使用高压贮液器。

6.5.8 安全阀

安全阀是保证制冷设备在规定压力下工作的一种安全设备。安全阀可装在制冷压缩机上连通进、排气管。当压缩机排气压力超过允许值时,安全阀开启,使高、低压两侧串通,保证压缩机的安全工作。安全阀也常装在冷凝器、贮液器等设备上,以避免容器内压力过高而发生事故,设置安全阀,即:当设备中压力超过规定工作压力时,顶开阀门,使制冷剂迅速排出系统。

安全阀可直接装在压缩机的高压排气管上,排气端接吸气管;装在高压容器上的安全阀,其排出管应直接通至室外或高空排放,因为氨是有毒的(即使是氟利昂)排入机房内过多也会使人窒息。

6.5.9 管路系统

制冷管路的设计应合理的选择管材、管径,尽量缩短管线长度,以减少管路阻力损失,并防止制冷剂产生"闪蒸"现象。

中小型空调器多采用R22为制冷剂,管材多选用紫铜管,为减轻重量和降低成本,又多选用薄壁铜管($\delta=0.5\sim1.5$ mm)。如果管径较大($d\geqslant25$ mm),亦可采用无缝钢管。

在确定管径时,主要是根据管道总压力损失的许可值。对吸气管道而言,总的允许压力损失为10～20 kPa,相当于制冷剂的饱和温度降低1 ℃;对排气管道而言,总的压力损失为15～40 kPa,相当于制冷剂的饱和温度升高1～2 ℃;冷凝器与节流机构之间的液体连接管路总压力损失应小于20 kPa。

在系统的制冷剂流量及工况已确定的情况下,压力损失决定于管内制冷剂的流速。对于采用R22为制冷剂的空调器中,R22的允许流速为:吸气管中8～15 m/s,排气管中10～18 m/s,冷凝器与节流机构之间的液体连接管路中0.5～1.25 m/s。对于上升的吸气管,考虑到回油的问题,制冷剂的流速一般不应低于8 m/s。

习 题

6.1 蒸发器和冷凝器在制冷装置中的作用是什么? 各有哪几种类型和结构?

6.2 什么是干式蒸发器? 有何特点? 适用什么场合?

6.3 氟利昂用换热器和氨用换热器在选材上有何不同?

6.4 什么叫做板式换热器? 它有何特点?

6.5 风冷冷凝器是怎样工作的? 为什么要在空气加翅片?

6.6 制冷系统的制冷剂在冷凝器中是如何被冷凝的?

6.7 回热器的作用是什么？回热器的结构有哪几种？

6.8 中间冷却器有哪几种结构？

6.9 制冷用阀门有哪几种？各有何特点？使用于什么场合？

6.10 四通阀是如何工作以实现热泵制冷机组制冷制热的转换的？

6.11 干燥过滤器在制冷系统中有何作用？通常安装在制冷系统的什么位置？

6.12 试设计一室内蒸发器。要求：翅片管式蒸发器，蒸发器制冷量为 5 kW，$t_0=5$ ℃，进口空气干球温度 $t_{a1}=27$ ℃，湿球温度 $t_{s1}=19.5$ ℃，取标准大气压；出口空气干球温度 $t_{a2}=17.5$ ℃，湿球温度 $t_{s2}=14.6$ ℃，制冷剂选用 R134a。

6.13 设计一套管式冷凝器，其要求为：冷凝负荷 20 kW，冷却水进口温度 $t_{w1}=30$ ℃，出口温度 $t_{w2}=35$ ℃，冷凝温度 $t_k=40$ ℃，出口过冷度 $\Delta t_u=5$ ℃，制冷剂选用 R22。

7 制冷装置的自动控制

制冷空调装置自动控制技术是制冷空调技术发展的一个重要组成部分,制冷装置的制造成本、市场竞争力、运行的经济性和可靠性与自动控制技术的实际应用密切相关。本章从制冷空调装置工作过程的自动控制出发,介绍控制系统的基本组成、控制原理和方法及主要控制元器件,力求使读者初步认知制冷空调装置的控制系统,提高其制冷空调装置的设计和运行管理能力。

7.1 制冷压缩机能量调节

压缩机的能量调节的主要作用:第一,使得制冷装置的产冷量始终与外界热负荷相匹配,提高系统运行的经济性;第二,减小蒸发压力(或蒸发温度)的波动范围,提高制冷空调对象的温度控制精度,避免压缩机频繁启动与停车;第三,保证制冷压缩机轻载启动,避免引起电网负载过大的波动,提高电机运行效率。

7.1.1 压缩机吸气卸载和运行控制

这种方法是根据吸气压力大小,采用压力控制器(通常为双位调节器)控制压缩机间断运转,以调节压缩机排量输出。由于吸气压力比蒸发压力的测取更方便,同样可表示系统运行负荷的变化,且反应迅速,故广为采用。另外,也可以根据吸气温度进行调节。

1)双位控制器直接控制压缩机

若制冷装置仅有一台压缩机,为使压缩机的能量与蒸发负荷相匹配,可从压缩机外部与内部分别进行调节。对于中、小型制冷装置,若压缩机本身不带卸载机构,只能采用压力或温度控制器,感受吸气压力(温度)或制冷空调对象的温度高低,直接控制压缩机的启动与停车时间。例如,冰箱、冷柜和小型家用空调器的能量调节,常采用温度双位控制器来实现。

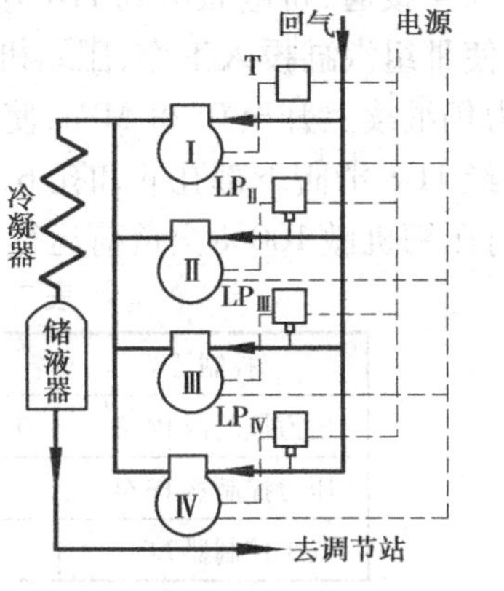

图 7.1　多台压缩机能量控制系统图

若制冷装置具有多台压缩机,则可按图 7.1 实现制冷量调节。图中的冷库制冷系统有 4 台压缩机,Ⅰ号机为基本能级,它受到冷库库房温度的控制,只要有一个库房温度未达到指定温度下限，Ⅰ号机便运行；全部库房温度都达到指定温度下限时，Ⅰ号机才停车。Ⅰ号机运行后，如果热负荷增加，吸气压力将逐渐上升，其他三台压缩机将陆续进入工作状态。对应的压力控制器分别控制Ⅱ，Ⅲ，Ⅳ号压缩机的启停，各台压缩机开停压力设定值见表7.1。为避免短期负荷波动、或运行不稳而引起的吸气压力波动，造成能量误调，在控制中一般均加入适当的开机动作延时。

表7.1　各台压缩机开停压力设定值

压缩机	Ⅱ号机	Ⅲ号机	Ⅳ号机
压力控制器	LP_2	LP_3	LP_4
上限接通压力 p_s/MPa	0.20(−9 ℃)	0.22(−7 ℃)	0.30(−2 ℃)
下限断开压力 p_s/MPa	0.09(−20 ℃)	0.11(−18 ℃)	0.15(−14 ℃)
差动值/MPa	0.11(11 ℃)	0.11(11 ℃)	0.15(12 ℃)

2）压力控制器-电磁阀式能量调节

若制冷压缩机本身带有自动卸载机构，均可采用压力控制器-电磁阀式能量调节系统。如图7.2所示，压缩机的每两个汽缸为一组，由一套卸载机构控制，其原理是：当液压缸有液压压力时，卸载机构的液压缸的油压驱动汽缸外侧的拉杆，压下吸气阀片，该组汽缸工作；当液压缸泄压，则吸气阀片由弹簧自动顶开，成空行程，该组汽缸卸载。该压缩机有两组汽缸为基本工作缸（Ⅰ组，Ⅱ组），在运行时不能调节；中间两组（Ⅲ，Ⅳ）调节汽缸，分别由压力控制器P3/4和P4/4控制。这两个吸气压力控制器的差动值为0.04～0.05 MPa，见表7.2。其中，P4/4为高负荷压力控制器，接通压力按最高蒸发压力（温度）调定。两个压力控制器的定值压力差为0.01～0.02 MPa。能量调节范围：八缸工作时为100%；六缸为75%；四缸为50%。基本工作缸Ⅰ、Ⅱ两组卸载机构的液压缸，直接与液压泵出口相通。当压缩机刚启动时，油压尚未建立，液压缸无油压，汽缸吸气阀片被子弹簧自动顶起，基本工作缸也被卸载，因此压缩机能处于全卸载工况轻负荷启动（经几十秒后，在1 min以内），油压建立，基本工作缸便投入工作。当热负荷大于四缸工作的产冷量时，吸气压力上升，超过压力控制器P3/4的接通压力0.26 MPa，使P3/4接通，将电磁滑阀1DF吸上，压力油通过a孔，经c孔流入Ⅲ组汽缸的卸载压力液压缸，使Ⅲ组汽缸投入工作，压缩机运行于75%的工况。若Ⅲ组汽缸工作后，由于负荷大，吸气压力仍继续上升至0.28 MPa，使P4/4压力控制器也接通，电磁滑阀2DF被吸上，压力油从a孔，经1DF滑阀下部孔e和孔b，流入Ⅳ组汽缸的卸载压力液压缸，使Ⅳ组汽缸也投入工作，此时压缩机做100%全负荷运行。

表7.2　压力控制器的接通压力与断开压力

控制器	断开压力/MPa	接通压力/MPa	差动值/MPa
压力控制器P4/4	0.23(2 ℃)(表压)	0.28(6 ℃)	0.05
压力控制器P3/4	0.22(1 ℃)	0.26(4 ℃)	0.04
低压控制器LP	0.2(−1 ℃)	0.24(3 ℃)	0.04

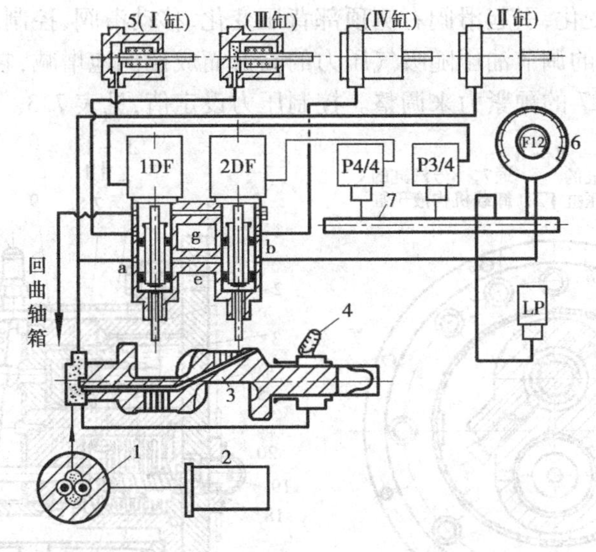

图 7.2　压力控制器-电磁阀式能量调节原理图

1—液压泵；2—滤油器；3—曲轴；4—液压调节器；5—汽缸卸载机构的液压缸；6—液压差表；7—吸气管；1DF，2DF—电磁阀；P3/4，P4/4—压力控制器；LP—低压控制器

若负荷下降，吸气压力降至 0.23 MPa，则 P4/4 断开，电磁滑阀 2DF 失电关闭（如图示位置），则Ⅳ组汽缸断油泄压，液压缸活塞被弹簧顶回，液压缸中油经孔 b，g，d 流回曲轴箱，Ⅳ组汽缸卸载，又恢复到 75% 负荷运行。

若四缸工作时，吸气压力因负荷下降而跌至 0.2 MPa（表压），则低压控制器 LP 动作，将压缩机停车。当停车后压力回升至 0.24 MPa，则 LP 接通，压缩机又自动启动作四缸 50% 工况运行，若吸气压力又逐步升高，再增缸至 75% 或 100% 工况运行。上述动作全部依靠压力控制器和电磁滑阀控制。

如需要把八缸压缩机调节范围再增加一挡（100%，75%，50%，25%），可由 3 个电磁阀和 3 个压力控制器分别控制。此时，仅　组（两缸）为基本工作缸。

3）油压比例调节器式能量调节系统

这种压缩机能量调节系统在国内外广为采用。它不用任何电器元件，仅由一只油压比例调节器来实现，（见图 7.3）。这种能量调节器装在压缩机仪表盘上，目前我国生产的 8FS10 等压缩机均采用它。图 7.4 所示为其原理图，其基本原理是：利用吸气压力与定值弹簧力进行比较，引起控制油压的变化，推动滑阀移动；再把相当的控制油压引入卸载机构油路，达到能量调节的目的。整个调节装置由信号接收器、喷嘴球阀放大器和滑阀液动放大器组成。压缩机 8 个汽缸中 1，2，7，8 号为调节缸，滑阀液动放大器的外罩 6 的法兰上有管接头 A，B，C。其中，A 通过外接油管与压缩机油泵相连；B 与 C 分别与 1，2，7，8 号缸的卸载机构压力油缸接通。在本体 2 中开有内部孔道，使接头 A，B，C 三孔分别与开在配油室 3 腔内壁的 A，B，C 孔相通。压缩机制冷量调节范围为 100%（八缸）、75%（六缸）、50%（四缸）。

这套调节系统采用了比例型喷嘴球阀放大机构，在油压系统中恒节流孔 9 和变节流孔（由喷嘴、球阀 13 和 12）组成了一组典型比例放大器。当吸气压力变化，与定值弹簧 17 比较后，转动杠杆 11，使球阀与喷嘴间隙（变节流孔）成比例地变化，在一定间隙范围内，喷嘴腔 13 中压力也随之成比例地变化，引起滑阀右侧顶部背压变化，移动滑阀，控制压缩机卸载机构动作。因此，作用于配油滑阀的调节油压随吸气压力的高低而成比例地增减，它们之间的比例关系可以通过调整定值弹簧17的预紧力来调整。控制压力设定值，见表7.3。

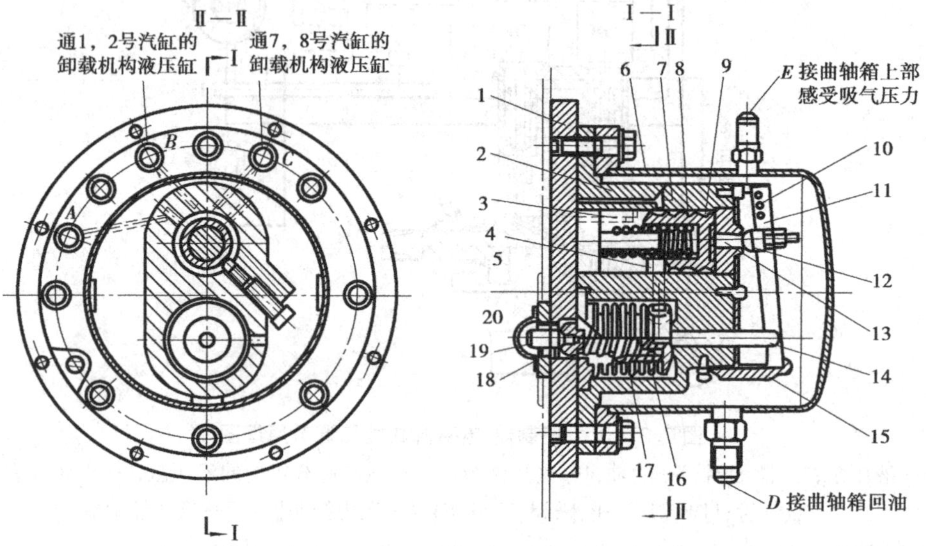

图7.3　油压比例调节器式能量调节系统结构图

1—底板；2—本体；3—配油室；4—限位钢珠；5—能级弹簧；6—外罩；7—配油滑阀；8—滑阀弹簧；9—恒节流阀；10—杠杆支点；11—杠杆；12—球阀；13—喷嘴；14—顶杆；15—拉簧；16—波纹管；17—定值弹簧；18—通大气孔；19—调节螺母；20—孔道

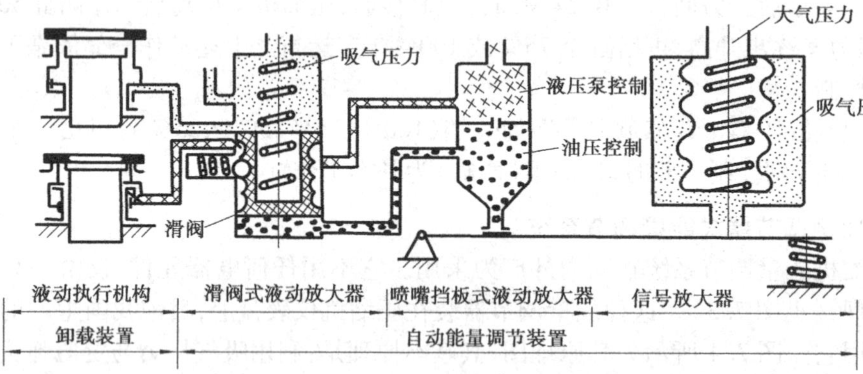

图7.4　油压比例调节器式能量调节系统图

表7.3　油压控制压力设定值

控制器	吸气压力/MPa		工作汽缸数	能　量
	工作状态	卸载状态		
油压比例控制器	0.24	0.20	8	100%
	0.23	0.19	6	75%
低压控制器	0.22(接通)	0.13(断开)	4	50%

当压缩机停车时，润滑油泵也停止工作，油压与大气压力相等，波纹管伸至最长位置，滑阀在弹簧 8 作用下推至最右位置，所有通往卸载机构的高压油路都被切断，吸气阀片全部处于被顶开状态，故压缩机启动时，带有卸载机构的各组汽缸全部处于空载启动，此时压缩机处于四缸运行。随着压缩机启动，油泵投入工作，油压逐渐提高，若外界热负荷较大，吸气压力上升，作用在感受波纹管 16 右侧的气体压力，将克服定值弹簧 17 的张力，波纹管被压缩，带动顶杆 14 左移，于是拉簧 15 通过杠杆机构使球阀 12 与喷嘴 13 压紧，泄油口就关小，滑阀右侧的油压便开始上升，达到一定值时滑阀就克服弹簧 8 的张力和限位钢珠 4 的压紧力左移，从而使钢珠进入第二个槽中，使孔 B1 与压力油孔 A1 接通，通往卸载机构的第一路高压油路被接通，高压油进入卸载的液压缸内。由于液压缸中油压大于卸载弹簧的合力，使这一组汽缸的吸气阀片落下投入工作，处于六缸(75%工况)运行状态。若外界负荷仍高于制冷量，则吸气压力会继续升高，由于感受波纹管、放大机构及滑阀的继续动作，使所有带有卸载机构的汽缸均投入工作，处于八缸(100%)全负荷运行。

当外界所需冷量减少时，膨胀阀的开度相应减小，吸气压力也随之降低，感受波纹管就在大气压力与定值弹簧力共同作用下伸长，推动球阀 12 离开喷嘴 13，滑阀左侧的控制压力相应降低。当降低到某一值时，滑阀克服钢珠 4 的压紧力向下移动，钢珠就被推入第二凹槽中，此时第一高压油路就被切断，该组汽缸的吸气阀片就被弹簧顶开而卸载。如果热负荷继续下降，则带有卸载机构的汽缸就会一组一组地相继卸载，最后因抽空使低压控制器动作而停车。

应注意的是，对同一组汽缸，其卸载压力与相应的投入工作压力是不同的。中间有一差动值，一般为 0.04 MPa，该值太小会引起能量调节装置频繁动作而失去稳定性。

7.1.2 热气旁通能量调节

这是将制冷系统高压侧气体旁通到低压侧的一种能量调节方式，主要用于压缩机无卸载机构的制冷机组。采用该种能量调节系统的目的是：当热负荷降低时，确保吸气压力不下降至低压控制值以下，而使压缩制冷机组持续工作。热气旁通能量调节方式一般有两种。

1)热气向吸气管旁通 + 喷液冷却

能量调节采用旁通能量调节阀(CPC)(见图 7.5)，这是一种将压缩机的部分排气经过旁通管由旁通调节阀控制，自动回流到压缩机吸气管，以改变压缩机有效排气量的一种简便方法。对于小型制冷装置，可以防止在热负荷很小、且冷库温度尚未达到设定值时，因吸气压力过低而使压缩机无法工作的局面。

旁通能量调节阀实质上是一种阀后恒压阀，当制冷装置热负荷减小，压缩机吸气压力下降到预先的设定值时，作用在阀盘 6 下方的吸气压力不足以克服波纹管 5 的张力(为定值力，代表某一恒定的吸气压力)，于是旁通调节阀开启。吸气压力越低，阀的开度越大，高压制冷剂从排气侧向吸气侧旁通量也越多，回流的制冷剂流量补偿了由于热负荷下降而减少的蒸发器的回气量，使吸气压力下降速度减慢，延长了压缩机的工作时间。图 7.6 为旁通调节阀的工作特性图。如制冷装置在低负荷 9 885.5 W 时，蒸发温度必须下降至 −23 ℃(点3)，为了使装置在蒸发器吸热能量为 9 885.5 W，仍能保持蒸发温度不低于 −15 ℃，就需要旁通能量调节阀早在吸气压力降为 0.11 MPa(表压)时就已开启，降为 0.08 MPa 时(−15 ℃)已有足够开度，能回流一部分气体，以补偿因蒸发器热负荷比压缩机冷量低 5 815 W 所造成的回气量不足。从

图 7.6 也可以看出旁通调节阀的调整方法,该阀的弹性元件(弹簧及波纹管等)已定,阀的开启压力决定于初始预紧力,在图上开启压力为 0.11 MPa,此值视工况需要可进行调整。

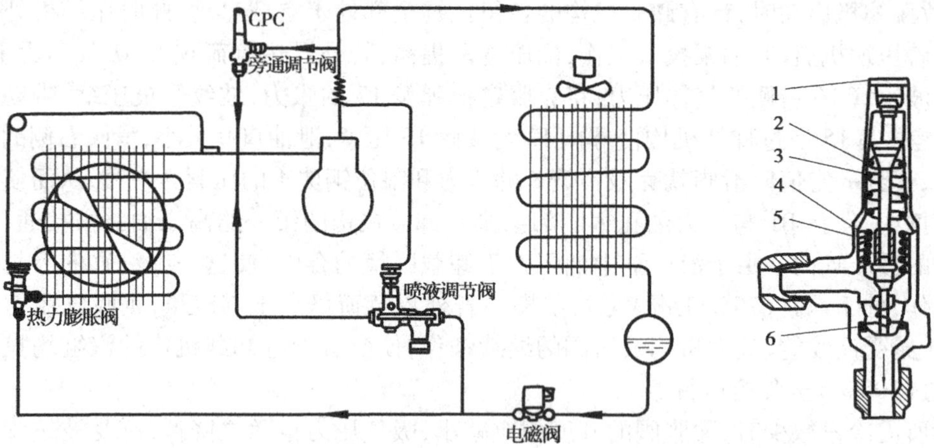

(a)系统原理图　　(b)CPC型旁通调节阀结构

图 7.5　旁通能量调节系统原理图

1—保护盖;2—调整杆;3—阀体;4—脉动阻尼器;5—波纹管;6—阀盘

使用喷液的目的是防止压缩机排气温度过高,由喷液阀、节流阀、过滤器 3 个部分组成。其关键部分为喷液阀,动作原理与热力膨胀阀相似,但为了提高灵敏度,采用了螺线管状温包(整个温包长约 1.8 m),全部绕在排气管的外周,并用夹子固定。

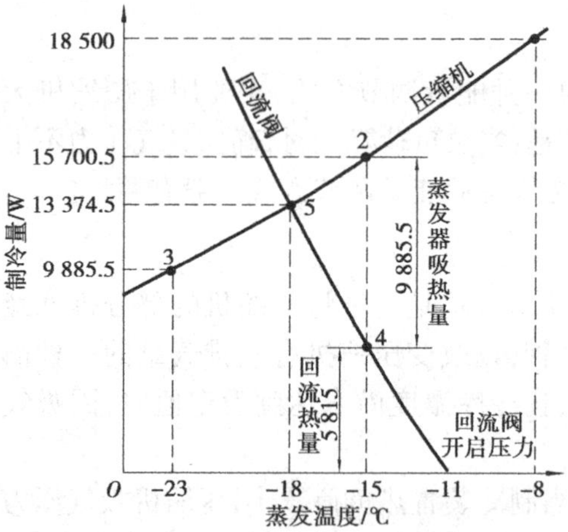

图 7.6　旁通调节阀的工作特性

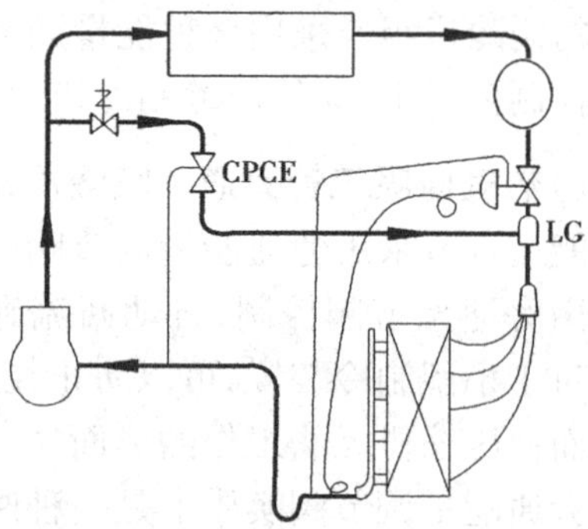

图 7.7　向蒸发器前旁通热气

2)热气向蒸发器中部或蒸发器前旁通

前一种方法在负荷低到一定程度时、蒸发器内制冷剂流速过低时,将会造成回油困难。为此,采用本方法向蒸发器中部前旁通热气。采用该方法相当于热气为蒸发器提供了一个"虚负荷",尽管实际负荷较低,热力膨胀阀仍能控制向蒸发器供较多液量,保证蒸发器中有足够的制冷剂流速,不会带来回油困难。

对于有分液器和并联多路盘管的蒸发器,不便于向蒸发器中部旁通热气,可以采用向蒸发器前旁通的办法，见图7.7。由于这类蒸发器的压力降较大，为了消除蒸发器压降的影响，必须采用带有外平衡引压管的能量调节阀。外平衡引压管从吸气管引控制压力，阀的开启只受吸气压力控制而不受阀后压力控制。旁通位置在热力膨胀阀出口与分液器入口之间。为了避免热气对热力膨胀阀的逆冲，影响热力膨胀阀的正常工作，必须使用一个专门的气液混合头。如图7.8所示，CPCE型能量调节阀是一种继动式调节阀。膜片5的上、下方分别作用主弹簧6的弹力和从引压管接口9引入的控制压力。当控制压力降到弹簧设定力以下时，通过顶杆4推开节流球，导阀孔10开启。于是，活塞11上部的压力释放，活塞向上运动，主阀孔2打开，热气流到低压侧。控制压力升到设定值以上时，导阀孔10关闭，活塞上腔封闭，经压力平衡孔12，压力重新升高，主阀关闭。

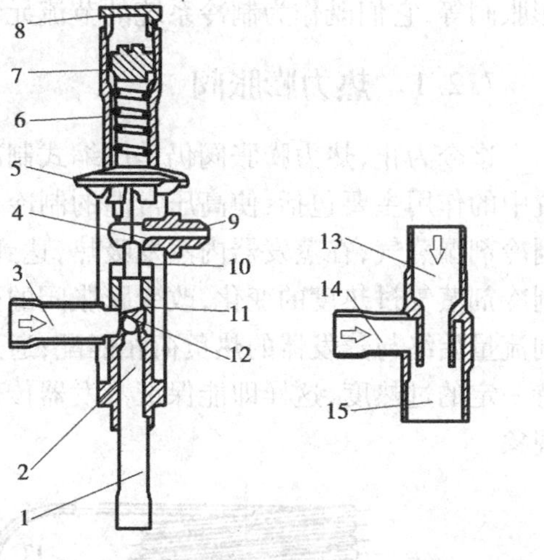

图7.8　CPCE型能量调节阀和LG型气液混合头图

1—出口；2—主阀；3—入口；4—顶杆；5—膜片；6—主弹簧；7—设定螺钉；8—护盖；9—引压管接头；10—导阀孔；11—活塞；12—压力平衡；13—液体入口；14—热气入口 15—流出口

CPCE型能量调节阀的调节范围p_0 = 0 ~0.6 MPa，最高工作温度为140 ℃，最高工作压力为2.15 MPa；适用制冷剂R22，R502。

7.1.3　压缩机变速能量调节

制冷压缩机的制冷量及功率消耗，与其转速成比例。利用压缩机变速方法进行能量调节，有很好的经济性，从电动机转速-转矩特性考虑，最佳方法是采用变频调速。随着机电冷一体化技术和电子技术的发展，电子元器件可靠性的提高和价格的下降，使得变频调速成为一种有效的节能控制手段。

变频调节是以改变电动机电源频率的方式实现变速，为了获得最佳的电动机扭矩特性和节能效果，其输入电压也随频率成比例变化。目前，应用最成功和最广泛的首推空调压缩机变频能量调节。较佳的方式是高效变频器控制无刷式永磁电动机，驱动涡旋式压缩机，再以电子膨胀阀取代传统的毛细管和热力膨胀阀，形成相适应的流量控制。变频调节节能技术在大中型压缩机、风机、泵类机械装置中有广泛的应用前景，尚需大力推广。

7.2　制冷装置节流和流量控制及其控制元器件

制冷装置节流和流量控制的目的是：使高压常温的制冷剂液体节流降压，变为低压低温的制冷剂湿蒸气（含有很少的闪发蒸气）进入蒸发器；同时，控制进入蒸发器的制冷剂液体流量与蒸发器负荷相匹配。制冷剂节流和流量控制元器件包括热力膨胀阀、毛细管、浮球阀及电子膨胀阀等，它们既作为制冷系统的节流元器件，又作为调节蒸发器制冷剂流量的控制元器件。

7.2.1 热力膨胀阀

迄今为止，热力膨胀阀仍是压缩式制冷装置中制冷剂流量控制的主要元件。它在制冷装置中的作用主要包括：使高压常温的制冷剂液体在经热力膨胀阀时节流降压，变为低压低温的制冷剂湿蒸气，在蒸发器内蒸发吸热，达到制冷降温的目的；根据感温包感受到的蒸发器出口制冷剂蒸气过热度的变化，改变膨胀阀的开启度，自动调节流入蒸发器的制冷剂流量，使制冷剂流量始终与蒸发器的热负荷相匹配；通过热力膨胀阀的控制，使蒸发器出口的制冷剂蒸气保持一定的过热度，这样即能保证蒸发器传热面积的充分利用，又可以防止压缩机出现液击冲缸现象。

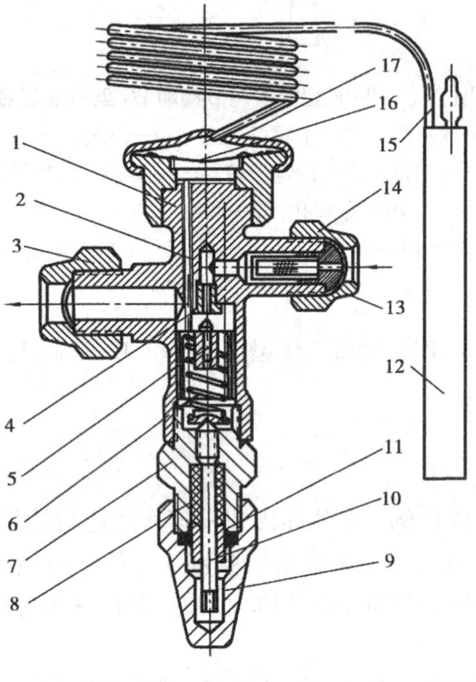

图 7.9 热力膨胀阀

1—阀体；2—传动杆；3—螺母；4—阀座；5—阀针；6—弹簧；7—调节杆座；8—填料；9—帽罩；10—调节杆；11—填料压盖；12—感温包；13—过滤器；14—螺母；15—毛细管；16—感应薄膜；17—气箱盖

1）热力膨胀阀的结构与工作原理

热力膨胀阀的结构见图 7.9。感温包、毛细管、感应薄膜互相连通，构成一个密闭容器，称为感温机构。感温包安装在蒸发器的出口，感温包内充注工质，用它来感受蒸发器出口制冷剂的过热度变化。毛细管传递感温包内的压力至感应薄膜上。感应薄膜由一块很薄的（0.1 ~ 0.2 nm）合金片冲压而成，断面呈波浪形，它在受力后弹性变形性能非常好。

热力膨胀阀的热力作用原理见图 7.10a。以温包中感温介质的压力提供阀打开方向的驱动力 p_1（开阀力）；以蒸发压力 p_0 和弹簧力 p_3 作为阀关闭方向的平衡力。温包感受蒸发器出口管的温度 t_1，开阀力 p_1 随温度 t_1 的变化称为开阀压力曲线，它由温包中充注的感温介质的压力-温度属性所决定。在关阀时，蒸发压力随蒸发温度的变化关系是确定的（由制冷剂的热力特性决定）；弹簧力在阀处于关闭时最小，由设定的预紧力决定，在工作中由弹性系数和弹性变形决定，阀在全开位置时达到最大。因此，最小关阀压力线 $p_0(t_0)+p_3$ 是已知的。通过在温包中充入适当的感温介质，使在压力—温度平面上开阀压力曲线 $p_1(t_1)$ 处于最小关阀压力线 $p_0(t_0)+p_3$ 的下方。那么，当阀上的作用力平衡时，开阀压力对应的温度 t_1 必然高于关阀压力对应的温度 t_0（见图 7.10b），二者之差（t_1-t_0）便是蒸发器出口过热度 Δt。该过热度是打开阀必须具有的最小过热度，称为静态过热度。阀达到全开时，对应更高的温度 t_1 和过热度 Δt，这时的过热度称为全开过热度。当蒸发器出口过热度在静态与全开过热度之间变化时，热力膨胀阀的开度成比例变化。这两个过热度之差称为可变过热度，可变过热度是热力膨胀阀比例调节的比例带,其大小反映了调节的灵敏度。

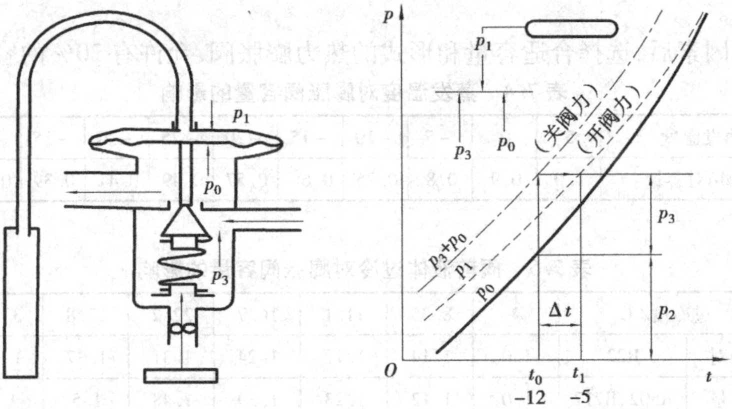

(a)热力作用原理图　　(b)过热度控制原理图

图 7.10　热力膨胀阀及其工作原理图

热力膨胀阀有内平衡式与外平衡式。内平衡式热力膨胀阀(见图 7.11a)将节流后的制冷剂压力近似作为蒸发压力,因而可以直接从阀内提供关阀的流体平衡力,结构简单,安装方便,主要用于低压侧流动阻力不大的场合。外平衡式热力膨胀阀(见图 7.11b)有一个外平衡管,将蒸发器出口的压力直接引入阀内,保证关阀的流体平衡力是蒸发压力。这种结构考虑了蒸发器的流动损失,主要用于制冷剂流量变化幅度大、低压侧流动阻力大的场合,如低蒸发温度或有分液器、多路并联盘管的蒸发器。

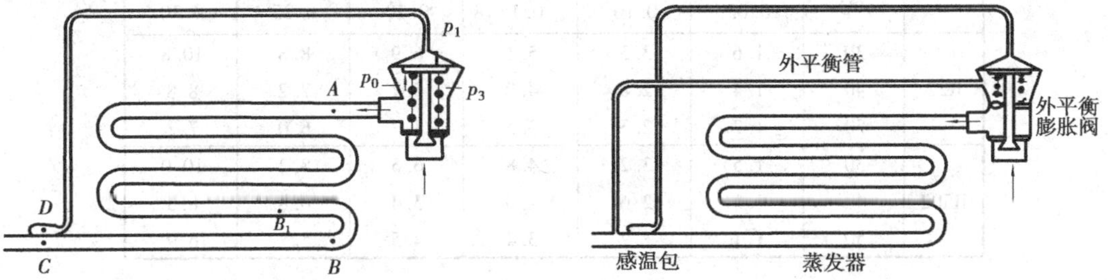

(a)内平衡热力膨胀阀　　(b)外平衡热力膨胀阀

图 7.11　热力膨胀阀安装示意图

2)热力膨胀阀的选择

为了使热力膨胀阀与所在的制冷系统,特别是与蒸发器能很好地匹配,最大限度地利用蒸发器的换热面积,并使蒸发器的冷量输出始终和热负荷相匹配,就需要适当地选择热力膨胀阀。热力膨胀阀的设计选择主要依据:制冷系统的设计制冷量、工况参数、制冷剂种类及制冷系统结构等,应考虑下列因素:

①按系统采用的制冷剂,查阅相关工质的热力膨胀阀样本。

②考虑蒸发温度对膨胀阀容量的影响。随着蒸发温度的降低,阀的容量变小(见表 7.4)。

③阀前制冷剂过冷度会影响阀后两相制冷剂的干度,从而影响阀的流量系数。因此,要考虑阀前液体过冷度对阀的容量的影响(见表 7.5)。

④注意冷凝器至阀前的液管的压力降(见表7.6和表7.7),适当增加制冷剂的过冷度,防止其在阀前汽化。

考虑了上述因素后,选择合适容量和形式的热力膨胀阀,允许有20%的容量裕度。

表7.4　蒸发温度对膨胀阀容量的影响

蒸发温度/℃	5	0	-5	-10	-15	-20	-25	-30	-35	-40
相对容量	1.0	0.9	0.8	0.75	0.66	0.57	0.49	0.41	0.39	0.38

表7.5　阀前液体过冷对膨胀阀容量的影响

过冷度/℃		4	8.35	11.1	16.7	22.2	27.8	33.4
相对	R22	1.0	1.14	1.17	1.24	1.31	1.37	1.42
容量	R502,R717	1.0	1.12	1.23	1.39	1.48	1.5	1.6

表7.6　冷凝器/储液器与蒸发器之间的高差引起的静压损失 Δp

高差/m		3	6	9	12	15	18
Δp/MPa	R22	0.035	0.07	0.106	0.141	0.176	0.211
	R502	0.036	0.072	0.107	0.143	0.179	0.215

表7.7　液体侧压力为 Δp 时不产生气体闪发必须的最小过热度 Δt

工质	冷凝温度/℃	Δp/MPa					
		0.05	0.10	0.15	0.20	0.25	0.30
R22	30	1.6	3.3	5.1	6.9	8.8	10.8
	40	1.4	2.8	4.2	5.7	7.2	8.8
	50	1.2	2.3	3.5	4.7	6.0	7.2
R502	30	1.5	3.2	4.8	6.5	8.2	10.0
	40	1.3	2.6	4.0	5.4	6.8	8.3
	50	1.1	2.2	3.4	4.5	5.7	6.9

7.2.2　电子膨胀阀

热力膨胀阀是机械作用式流量调节阀,只能应用在传统的控制模式,实现大体上的比例型流量调节。其不足之处:温包迟延大,信号的反馈有较大的滞后;调节范围窄,控制品质不高;只能实施静态匹配,在低温调节场合,振荡问题比较突出;无法实施计算机控制。电子膨胀阀的应用,克服了热力膨胀阀的上述缺点,并为制冷装置的智能化提供了条件。

采用电子膨胀阀的制冷剂流量自动控制系统如图7.12所示。调节器根据过热度的变化值,按照给定的控制规律计算并输出调节量,电动执行机构驱动阀门完成流量调节。电子膨胀阀的基本结构差别不大,根据驱动方式的不同,主要有热动式、电动式和电磁式3种类型。

1)热动式电子膨胀阀流量控制系统

热动式电子膨胀阀是Dafoss公司的专利产品。如图7.13所示,其依靠阀头电加热产生的

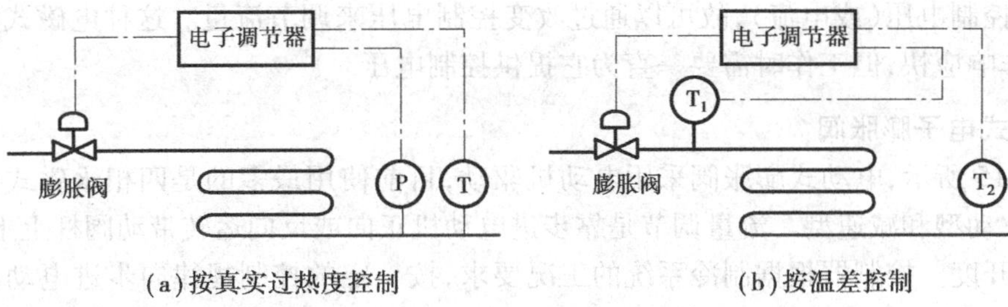

图 7.12　电子膨胀阀流量调节原理

热力变化来调节阀的开度，适用于中大型制冷装置的蒸发器流量控制。TQ 型为直接驱动式，PHTQ 型为带自给放大的结构，用于大冷量系统。控制系统采用两只铂电阻温度发信器，分别检测蒸发器的进出口温度，控制器将被测的进出口温差与要求的温差进行比较，若温差值偏离给定值，则控制器向电子膨胀阀输送电脉冲，改变电子膨胀阀的开度，使温差恢复至给定值，调节原理如图 7.12b 所示。

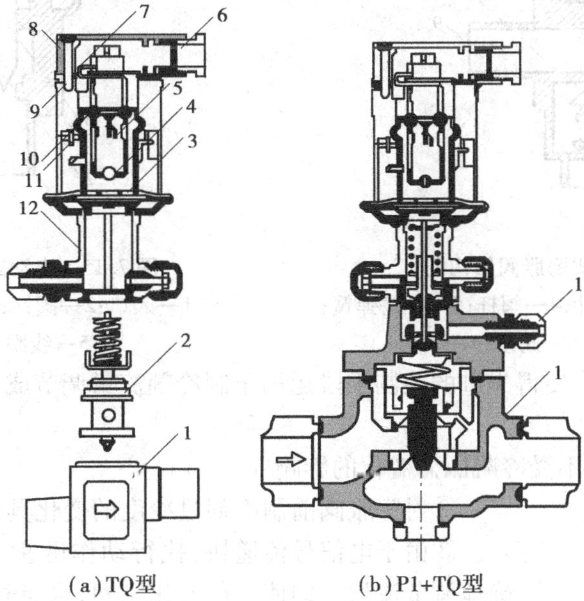

图 7.13　热电膨胀阀结构

1—阀体；2—节流组件；3—膜片；4—PTC 加热元件；5—NTC 感温元件；6—控制线入口；7—电线套管；8—上盖；9—螺钉；10—“O”形圈；11—止动螺钉；12—阀头；13—接出液口接头

TQ/PHTQ 型电子膨胀阀，适用于 R22，R502，R134a，R404a 制冷剂。蒸发器两端的进出口温度传感器(Pt1000Ω)的测量范围为 −70 ~ 160 ℃，电子控制器的温差设定范围为 2 ~ 18 ℃，控制规律为比例积分(PI)，比例系数 $K_p = 1 \sim 5$，积分时间 $\tau_i = 30 \sim 300$ s，输入电压 24 V，50/60 Hz，消耗电功率 5 V·A；电子膨胀阀执行器的输入电压 24 V，功耗 50 V·A。

2)电磁式电子膨胀阀

电磁式膨胀阀结构如图 7.14 所示，电磁线圈通电前处于全开位置，通电后由于电磁力的作用，磁性材料所支撑的柱塞被吸引上升，带动针阀向上运动使开度变小。阀的开度取决于加在线圈上的控制电压(或电流),故可以通过改变控制电压来调节流量。这种电磁式膨胀阀结构简单,动作响应快,但工作时需要一直为它提供控制电压。

3)电动式电子膨胀阀

如图7.15所示,电动式膨胀阀采用电动机驱动,目前使用最多的是四相永磁式步进电动机,有直接驱动型和减速型。流量调节是靠步进电动机正向或反向运转带动阀杆上下运动,从而改变阀的开度。控制器根据制冷系统的工况要求,按一定的控制规律向步进电动机输出脉冲驱动信号,以改变阀的开度。目前国内变频空调机大都采用这种类型的电子膨胀阀,其流量特性见图7.16。表7.8列出KBM型和LAM型电子膨胀阀的技术参数。

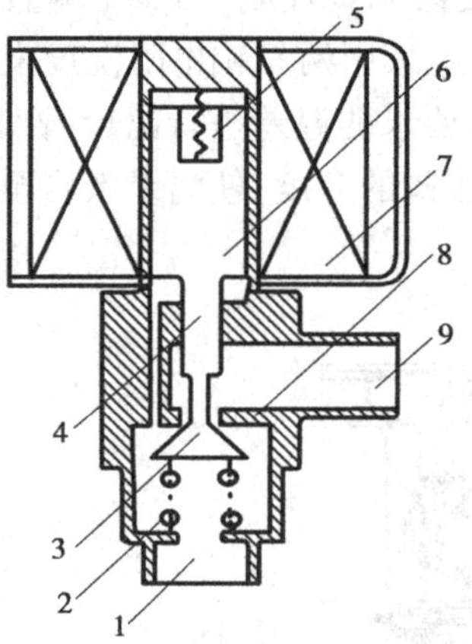

图7.14 电磁式膨胀阀结构图

1—出口;2—弹簧;3—阀针;4—阀杆;5—柱塞弹簧;6—柱塞;7—线圈;8—阀座;9—入口

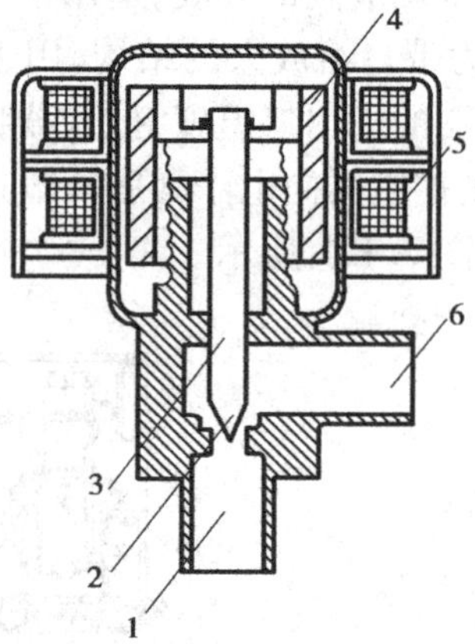

图7.15 电动式膨胀阀结构图

1—入口;2—阀针;3—阀杆;4—电机;5—线圈;6—出口

电子膨胀阀的应用,使得先进的控制手段运用于制冷剂流量调节成为可能,主要表现在以下几个方面:

①蒸发器流量调节不受冷凝压力变化的影响。

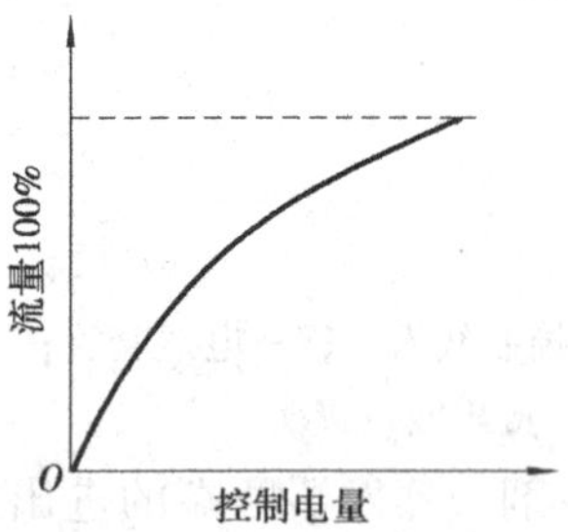

图7.16 膨胀阀流量特性

②对膨胀阀前制冷剂过冷度的变化具有补偿作用。

③由于电信号传递快,执行动作迅速、准确,故能够及时、准确地调节流量。即使负荷变化剧烈,也能避免振荡。

④能够将蒸发器出口过热度控制到最小,从而最大限度地提高蒸发器传热面积的利用率。

⑤在装置的整个运行温度范围,可以有相同的过热度设定值。

⑥可以根据装置的实际情况决定调节规律,不仅限于采用比例调节,还可以采用比例积分或其他调节规律,调节器参数整定方便,可实现数值控制等先进的控制方式。

表 7.8　KBM 型和 LAM 型电子膨胀阀的技术参数

特　性		利用四相步进电动机控制阀门开度，全开闭阀需 500 次脉冲，可用于制冷和热泵系统制冷剂流量控制，也可用于除湿、除霜控制				
质量/g	KBM 型	约 260(4×3.52 kW 以下) 约 280(5×3.52 kW 以下)	驱动电压/V	DC12	消耗功率/W	6
	LAM 型	约 220	使用工质	R22	工作压力/MPa	0~3
阀开闭时间/s		12	最大工作压差/MPa	2.25	工作温度/℃	(-30)-70

需要强调的是，电子膨胀阀控制系统除可获得较满意的流量特性外，再增加一些外辅件，还可扩展出其他功能，如最高工作压力限(MOP)控制、制冷温度控制、显示和报警。电动式膨胀阀还允许制冷剂逆向流动，利用此特点在空调热泵系统和热气除霜系统中应用广泛，而制冷系统的组成又可大大简化。

7.2.3　毛细管

毛细管一般是指内经为 0.4~2.0 mm 的细长铜管，是最简单的一种节流机构。毛细管因其价廉、可靠、选用灵活等优点，在不需要精确调节流量的小型制冷装置中广泛应用。在电冰箱、冷柜、空调器和除湿机等制冷装置中，毛细管被直接焊在冷凝器和蒸发器之间，密封可靠，制造成本低。

1) 毛细管的节流特性

毛细管通过制冷剂在细长管内流动的阻力实现节流。由于制冷剂在毛细管中流速高、时间短，通常忽略其与外界的热交换；但在冰箱冷柜等蒸发温度较低的制冷装置中，常简易地将毛细管缠绕在回气管外，形成有换热的回热器结构。鉴于绝热和有热交换两种模型，制冷剂在毛细管中的节流过程特性可以典型化为绝热膨胀过程和有热交换的膨胀过程。

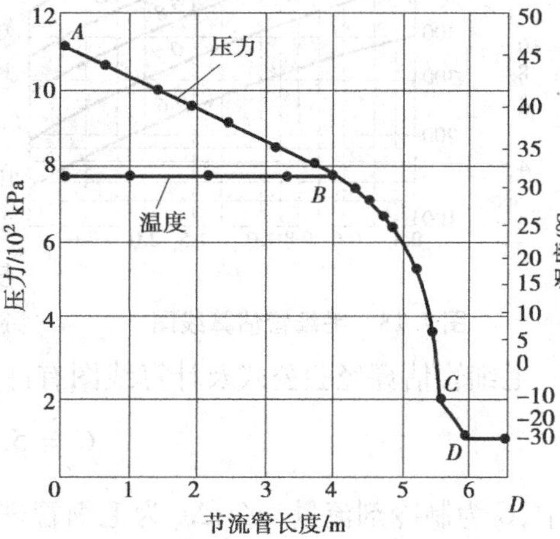

图 7.17　制冷剂沿毛细管流动的状态变化

如图 7.17 所示，现以绝热膨胀过程为例予以说明(见图中的实线)。设毛细管入口处制冷剂液体为过冷态，则管内流态呈现纯液相流动和气液两相流动两个阶段。过冷液以状态 A(压力 p_A，温度 t_A)进入毛细管，因存在液态流动阻力，制冷剂压力逐渐降低，而温度不变。流动中液体过冷度逐渐减小，直到压力降到与 t_B 对应的饱和压力值(图中 B 点)。这个阶段为纯液体流动。以后压力继续下降，液体中出现闪蒸气体，转变成气液两相流动。由于气液混合物比容增大，流速即增大，致使流动阻力明显提高，沿流动方向压力降低得越来越快，温度则随着压力按饱和对应关系变化，直到毛细管出口 C。制冷剂在毛细管出口处状态与背压(即蒸发器压力)有关。一定尺寸的毛细管，在入口制冷剂状态一定的条件下，存在一个对应的临界出口状态，(压力为 p_{cr}，温度为 t_{cr})。当背压高于临界压力时，制冷剂在毛细管出口处的压力等于蒸发压力，并随着蒸发压力的下降而降低，直至达到临界状态。这时，流量达到最大，出口流速为声速。背压继续下降，低于临界压力时，毛细管出口处制冷剂将仍然维持临界状态，不随蒸发压力的变化而改变，即出口压力等于临界压力 p_{cr}，然后在蒸发器中自由膨胀到蒸发压力 p_0，如图中 *CD* 段所示。

在制冷装置设计中，通常毛细管的背压都低于临界压力。所以，尺寸一定的毛细管，其流量取决于入口条件，而与蒸发压力的变化几乎无关。

毛细管对于工况变化引起的流量变化具有较弱的自补偿能力。当毛细管前后压力差增大时，流量有增大趋势，但管内流速提高，阻力增加的因素又将抑制流量的增加；反之，压力差减小时，毛细管流量有减小趋势，但由于管内流速降低，阻力减小，又具有抑制流量下降的补偿作用。

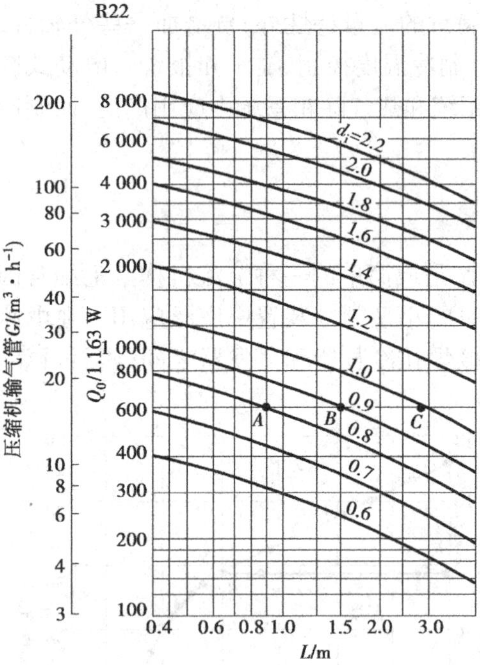

图 7.18　毛细管估算线图

2)毛细管尺寸估算

制冷装置用毛细管作节流机构时，在选配上不像选用膨胀阀那样可以由设计计算直接选型。原则上毛细管的尺寸必须与制冷装置的容量和工况相匹配，既能产生一定的压力降，又能通过一定的流量。毛细管的阻力应能足以在其入口侧建立起一段制冷剂液封，又不能有过多的液体积存在冷凝器。尽管基于理论分析对毛细管内流动过程的定量描述及试验研究已进行了不少工作，但由于毛细管内介于等焓和等熵的两相流动过程的复杂性，使实用而准确的定量计算存在一定困难。另外，还有许多实际因素影响毛细管的节流特性，如毛细管制造中的内径偏差，沿管长方向内径的一致性，安装中的加工变形以及系统中润滑油对流动的影响等。所以，目前均是先用经验公式或者计算图初步估算出毛细管尺寸，再通过装置运行实验调整到最佳尺寸和最佳充灌。亦可通过制冷系统仿真优化计算，辅助设计毛细管尺寸。

毛细管估算经验公式及计算线图有许多，这里各择一给出（见图 7.18）：

$$G = 5.44\left(\frac{\Delta p}{L}\right)^{0.571} D^{2.71} \tag{7.1}$$

式中，G 为制冷剂流量，g/s；Δp 为毛细管进、出口压力差，MPa；L 为毛细管长度，m；D 为毛细管内经，m。

3)毛细管节流的性能特点

①毛细管通流截面固定，不能按工况变化调节通流截面。

②毛细管对流量变化有较弱的自补偿能力，只适应工况变化不大时对流量作微小调节。

③系统中对制冷剂充灌量有严格的控制范围。

④压缩机停机时，系统高低压侧贯通，压力很快平衡，因此可配用低启动转矩的廉价电动机。不允许带压差启动，所以要避免刚停机又立即启动；否则，将影响电动机的寿命，甚至烧毁电动机。

⑤毛细管流道细长，对系统清洁度要求高。要求在毛细管前设精细滤网和干燥器，防止脏堵和冰堵。

⑥毛细管焊接时,注意防止端口变形。盘绕毛细管应平滑。维修制冷装置时,不得任意更换毛细管。

7.2.4 浮球调节阀供液控制

浮球调节阀是根据液位变化进行流量控制的直接作用式比例控制器,有低压浮球阀与高压浮球阀两种。

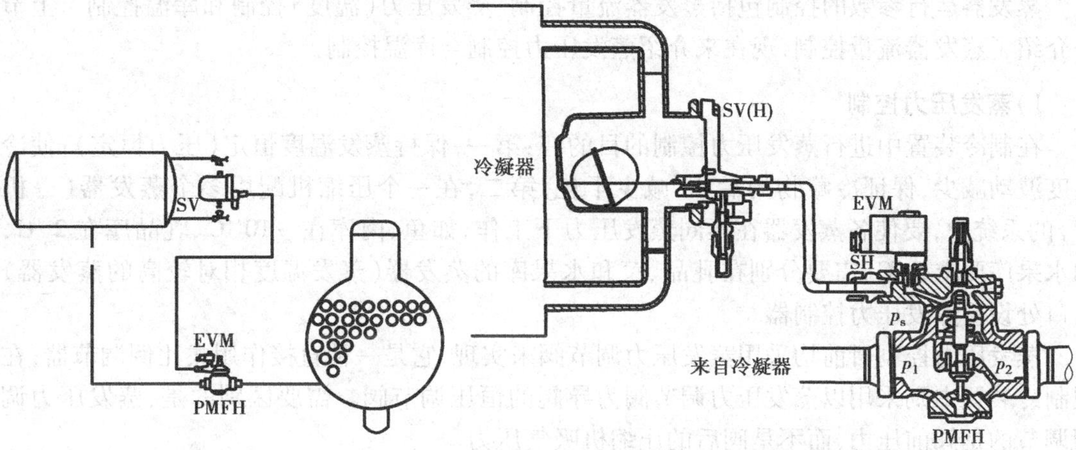

(a)系统布置　(b)高压浮球阀SV与主阀PMFH的配置

图 7.19　高压浮球调节阀

EVM—电磁导阀;SV(H)—高压浮球阀;PMFH—主阀

高压浮球调节阀根据冷凝器或高压储液器中的液位变化,控制流向蒸发器的供液量,制冷剂流量调节导阀与主阀的配置如图 7.19 所示。高压浮球阀通常用来控制冷凝器液位,它与冷凝器(或高压储液器)相连通,根据所控液位,通过导阀的连接管控制进入到满液式蒸发器的制冷剂流量。低压浮球阀常直接与满液式蒸发器连通,按蒸发器液位的高低,调节从储液器进到满液式蒸发器的制冷剂流量,具结构与安装如图 7.20 所示。

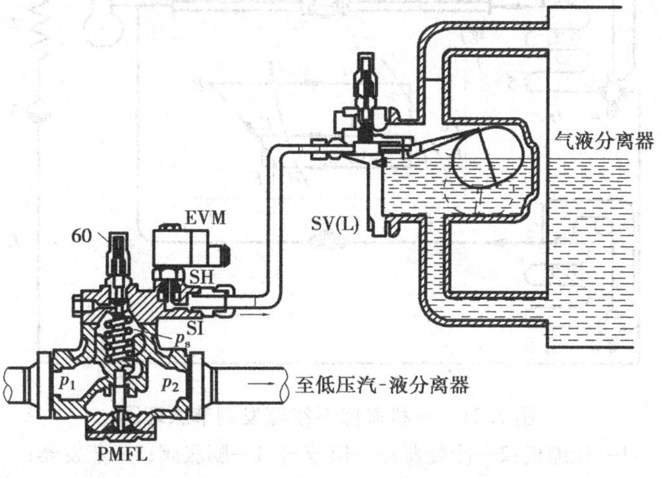

图 7.20　低压浮球阀 SV 与主阀 PMFH 的配置

7.3 制冷装置主要循环工作参数控制

7.3.1 蒸发器运行参数的控制

蒸发器运行参数的控制包括蒸发器流量控制、蒸发压力(温度)控制和库温控制。上节已经介绍了蒸发器流量控制,现在来介绍蒸发压力控制与库温控制。

1)蒸发压力控制

在制冷装置中进行蒸发压力控制的目的有:第一,保持蒸发温度恒定(压力恒定),使冷库温度波动减少,保证冷藏物的品质,减少干耗;第二,在一个压缩机配用多个蒸发器(一机多库)的系统中,要使各蒸发器在不同蒸发压力下工作,如鱼、肉库在 -10 ℃、乳品库在 2 ℃,菜和水果库要求 5 ℃,需要分别在乳品、菜和水果库的蒸发器(蒸发温度相对较高的蒸发器)的出口处设置蒸发压力控制器。

蒸发压力控制目前均采用蒸发压力调节阀来实现,它是一种直接作用式比例调节器,在大型制冷装置中则采用以蒸发压力调节阀为导阀的恒压调节阀。需要区别的是,蒸发压力调节阀调节的是阀前压力,而不是阀后的压缩机吸气压力。

如图 7.21 所示,在高温蒸发器出口均安装蒸发压力调节阀,以便对蒸发器出口制冷剂蒸气再次节流,直到和低温蒸发器出口压力相同为止。与此对应,必须在低温蒸发器出口安装单向阀,以防止停机时,高温库制冷剂蒸气倒流至低温库,以致破坏低温库正常工作。蒸发压力调节阀在制冷系统中的作用,可用 lg p-h 图进行分析,图中 EF 为高温蒸发器出口冷剂参数在调节阀中再次节流过程。A 点为高低温蒸发器出口制冷剂参数的混合点,作为压缩机吸气参数。

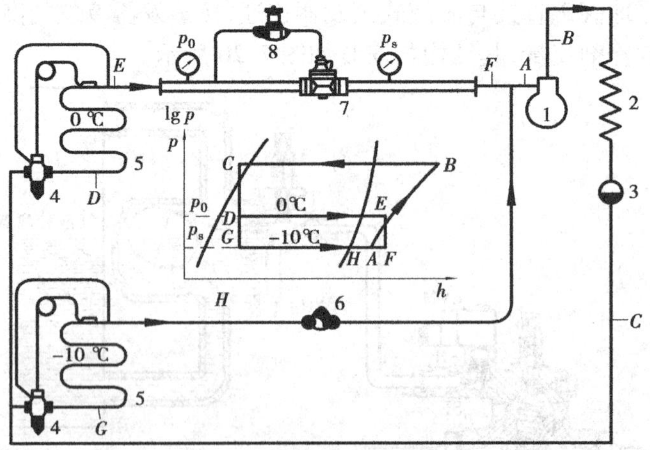

图 7.21 一机多库系统蒸发调节原理图

1—压缩机;2—冷凝器;3—储液器;4—膨胀阀;5—蒸发器;
6—止回阀;7—恒压阀;8—压力导阀

图 7.22 为恒压调节阀的典型结构图。由于将压力导阀和主阀组成了一体,结构紧凑,安装简化。其动作原理是:蒸发器制冷剂蒸气通过导阀的进口进入导阀膜片下部,克服辅助弹簧 4 的压力,把导阀口开启,使制冷剂蒸气进入主阀入口,推开止回阀片 14,到达主阀活塞上腔室,在制冷剂蒸气压力的作用下,推动活塞 17 下移,使主节流阀芯 20 处于一定的开度,此时的蒸发压力处于给定值。若蒸发压力上升,则导阀膜片下部受到的压力增大,导阀口开启度增大,从而使主阀活塞上腔室的压力增大,活塞下移,主阀口相应开大,因此制冷剂流出量增多,使蒸发压力下降回到给定值;反之,当蒸发压力下降时,导阀口关小,主阀活塞上移,主阀口关小,从而使蒸发压力回升到给定值。当蒸发压力低于压力导阀的辅助弹簧 14 的给定值时,导阀关闭,主阀活塞上腔的制冷剂通过活塞上的平衡孔 16 泄出,活塞在主弹簧 24 作用下,使主阀口关闭。从调节特性分析,用压力导阀加主阀(或恒压主阀)的形式组成控制蒸发压力的调节阀,属比例型调节器,即阀的开度变化与蒸发压力变化成比例。故其调节过程存在静态偏差,由于导阀和主阀灵敏度较高(比例系数 K_p 大),故它的静态蒸发压力差很小,基本上能维持蒸发压力的恒定。

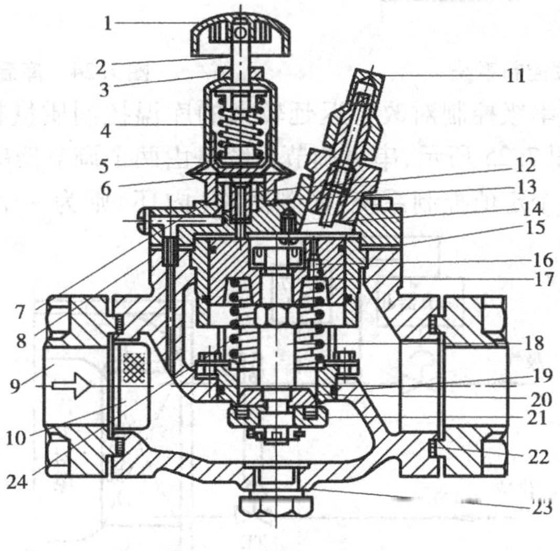

图 7.22　恒压主阀结构图

1—手轮;2—调节杆;3—密封圈;4—辅助弹簧;5—导阀口;6—膜片; 7—垫片;
8—引压通道;9—主阀入口;10—过滤器;11—手动强开机构;12—导阀座;
13—滤网;14—单向阀片;15—垫片;16—压力平衡孔;17—活塞;18—推杆;
19—O 形圈;20—主阀节流芯;21—主阀板;22—垫片;23—泄放塞;24—主弹簧

2)库温控制

要使库温保持稳定或者保持在某一恒定值范围内,就要求在热负荷变化时,制冷系统的冷量迅速跟着变化,使热负荷与冷量始终保持动态平衡,这就需要对制冷系统的制冷量进行连续无级调节。由于控制系统中各个环节均有自己的时间常数,带来一定的时间滞后,而制冷装置变工况后恢复稳定也需要一定的时间,因此采用任何调节器构成的调节系统均只能维持库温在某一个要求的范围内变化,即使使用最先进的控制规律,库温亦常有波动。只要该波动在允许的范围内就可以了。根据库温控制精度要求的不同,采用的库温控制方式有双位控制、比例控制和串级控制。

(1)双位控制　在温控精度要求不高的冷库、舒适性空调和冷柜等制冷装置中,使用双位控制器(温度或压力继电器控制压缩机启停或供液电磁阀开闭)就可达到目的。图 7.23 为一个小型冷库的控制方案,它采用双位温度控制器控制供液电磁阀开闭实现库温控制。

(2)比例控制　由温度测量、比例调节器和蒸发压力调节阀构成图 7.24 所示的单回路控制系统。它可根据库温与设定值的偏差,调节冷风机的产冷量以抑制库温的变化。

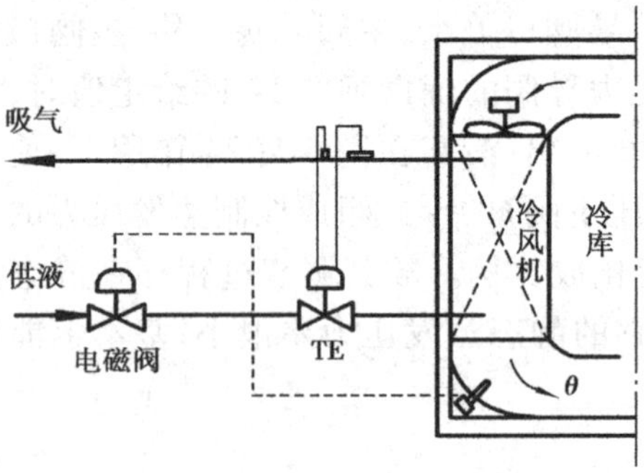

图 7.23　库温双位控制系统

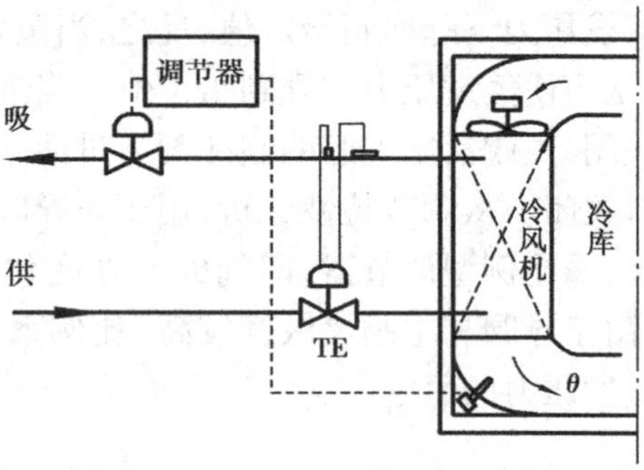

图 7.24　库温单回路比例控制系统

(3)串级控制　采用串级控制对改善迟延较大的库温控制质量特别有效,其静态调节精度可以达到 0.1 ℃。如图 7.25 所示,串级调节系统是由两个调节器串接起来组成的双闭环系统,其主回路(外环)是一个定值控制系统,而副回路(内环)则为一个随动控制系统。在控制

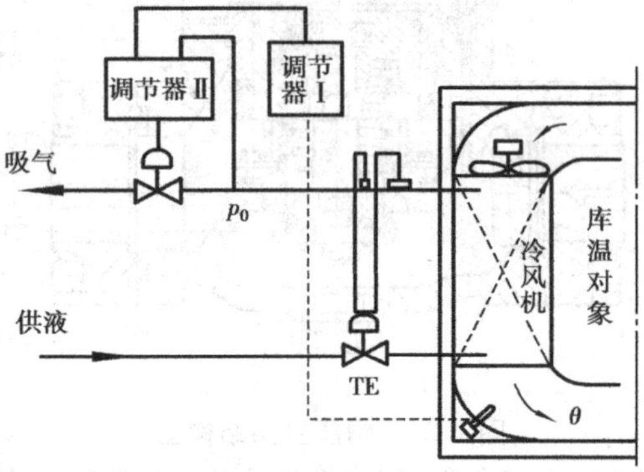

(a)串级控制方案

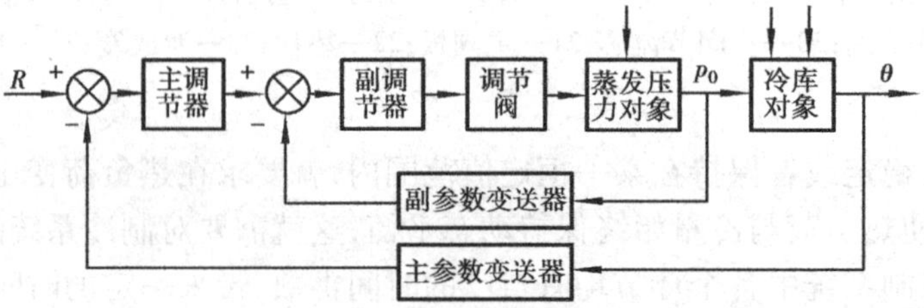

(b)串级控制原理框图

图 7.25　库温串级控制系统原理图

过程中,副回路起着对蒸发温度的快速“粗调”作用,而主回路则完成对库温的“精调”任务。由于增加了一个包含蒸发温度扰动的副回路,改善了系统的动态特性、加强了对热负荷变化的抑制能力。

7.3.2 冷凝压力控制及其控制元件

冷凝压力是影响制冷装置运行性能的重要参数。冷凝压力升高,压缩机排气温度会上升,压缩比增大、制冷量减少、功耗增大,冷凝压力高还容易引起设备破损事故;冷凝压力过低(特别是在冬季冷却水温较低或环境温度较低时),导致热力膨胀阀前后压力差过小,供液动力不足,流经热力膨胀阀的冷凝剂流量急剧减少,使制冷量大大降低,造成制冷装置工作失调。因此,为保证制冷系统的正常工作,必须对冷凝压力实施控制。

冷凝器的种类不同,冷凝压力的控制方式也不同。但是,不论是水冷式或是风冷式冷凝器的冷凝压力控制,都是通过改变冷凝器的换热能力来实现的。增加冷凝器的换热能力,就能降低冷凝压力,反之则会使冷凝压力升高。

1)水冷式冷凝器的冷凝压力控制

目前采用的冷凝压力控制方法主要有两种:一种是根据冷凝压力的大小来直接控制;另一种是根据冷凝温度的大小实现间接控制,且都是通过调节冷凝水量来完成。图 7.26 为典型的压力式水量调节阀结构图。图 7.26a 为直接作用式,当冷凝压力升高时,波纹管被压缩,推动调节螺杆 11 向下,螺杆通过卡在其环槽中的簧片 4 推动阀芯 12,将水阀开大;当冷凝压力降低时,调节螺杆被调节弹簧 5 向上拉动,将阀关小。调整时可转动调节螺杆的六角头,使可调弹簧座 3 升降,从而改变调节弹簧的张力,以达到调整冷凝压力的目的。对于大型制冷装置,冷凝器的冷却水量较大,故采用由导阀间接作用的冷却水量调节阀(见图 7.26b),可以减少冷却水压力波动所引起的对调节过程的影响。主阀、导阀组件及节流通道用铜或不锈钢组成。在节流通道前面装有镍丝网的过滤器,以防止水中杂质堵塞通道,破坏导阀正常工作。冷凝压力通过传压毛细管接头 1 引至波纹管 3 上侧,在阀停用时,旋出泄放塞 10 和主阀底部的螺钉 9 后,可将主阀上部空间的水放出,以免冻裂。调节阀工作时,冷凝压力通过波纹管 3、推杆 4 传递到导阀阀芯 7 上。当冷凝压力已达到调定的开启压力时,推杆向下压开导阀,将主阀节流通道 13 上部空间的水泄至主阀出口,使主阀上侧压力降低。主阀在阀前后压差作用下自动打开,冷凝压力升高值越大,导阀开度也越大,以增加水量,使冷凝压力回降至调定值。当冷凝压力降到低于阀的开启压力时,导阀就在伺服弹簧 8 的张力作用下关闭,使主阀上部空间的压力升至下部空间相同。因为主阀上部有效面积大于下部,故主阀在上、下压差和伺服弹簧 8 的张力下关闭,切断冷却水的供应。

温度式水量调节阀的工作原理和结构与压力式水量调节阀基本相同,只是它以温包来检测制冷剂的冷凝温度(见图 7.27)。采用冷凝温度发信的水量调节阀,比压力发信的水量调节阀动作响应慢,但工作平稳,且安装发信器时,不需要打开制冷系统,有利于加强制冷系统的密封性能。

各种形式的冷凝压力调节阀在运行时均应做到:

①压缩机冷起动时,初始冷却水量调节阀保持关闭,直到冷凝压力升高到阀的开启压力时,水量调节阀才自动开启,供水进入冷凝器。

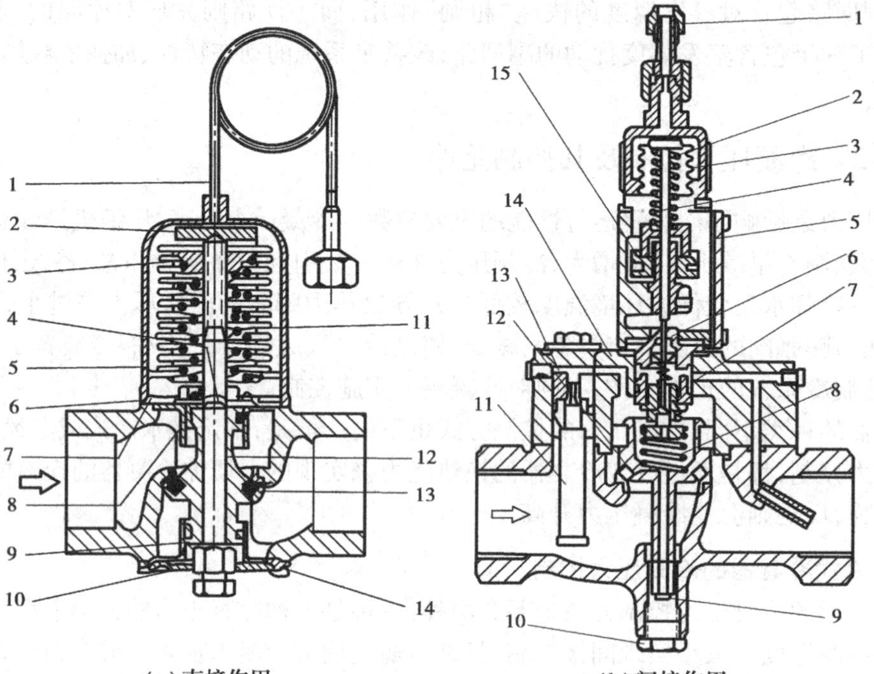

图 7.26 典型压力式水量调节阀结构图

(a)1—压力导管;2—波纹管承压板;3—可调弹簧座;4—簧片;5—调节弹簧;6—下部弹簧座;
7—O 形圈;8—防漏活塞;9—导向套;10—底板;11—调节螺杆;12—阀芯;13—阀盘密封橡胶圈;14. 螺钉
(b)1—压力导管;2—调节弹簧;3—波纹管;4—推杆;5—上部侧盖;6—导阀阻件;7—导阀阀芯;8—伺服弹簧;
9—螺钉;10—泄放塞;11—导阀进口滤网;12—主阀;13—节流通道;14—阀盖;15—调节弹簧

②压缩机刚停机时,由于冷凝压力较高,冷却水量调节阀保持开启,使冷凝压力逐渐下降,直至低于阀的调定关闭压力时,冷却水量调节阀才自动关闭。

③压缩机在停机期间,确保阀处于关闭状态。通常水量调节阀的关闭压力,总要比开启压力低 0.05 MPa 左右。为保证停机时冷却水量调节阀总是关闭的,以降低水量消耗,阀的关闭压力总是调得高一些。调整时,可以将阀的关闭压力设定在冷凝器安装环境处于夏季最高温度时所对应的制冷剂饱和压力值。

2)风冷式冷凝压力控制

风冷式冷凝压力控制方法主要有两种:一种是从制冷剂侧控制,即改变冷凝器的有效传热面积;另一种是从空气侧控制,即改变冷凝器的空气流量。

(1)从制冷剂侧采用旁通调节方法控制冷凝压力　如图 7.28 所示,在冷凝器出口管上安装一只高压调节阀 KVR,在压缩机排气管与高压储液器入口管间接旁通管,在旁通管上安装一只差压调节阀 NRD。

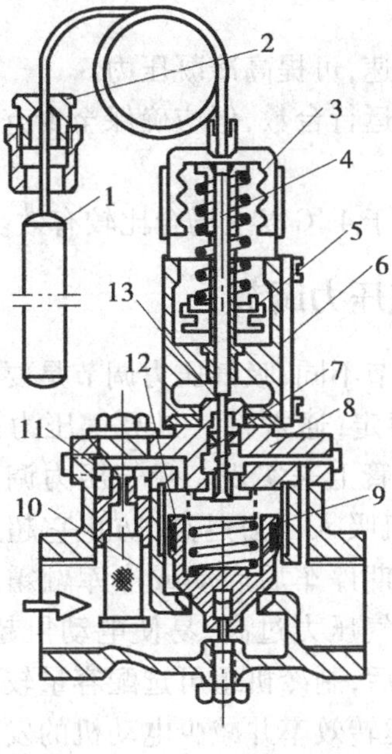

图 7.27　温度式水量调节阀

1—温包；2—毛细管填料箱；3—波纹管；4—推杆；
5—调节螺母；6—上部侧盖；7—隔热垫；8—阀盖；
9—伺服弹簧；10—进口滤网；11—节流通道；
12—主阀；13—导阀主件

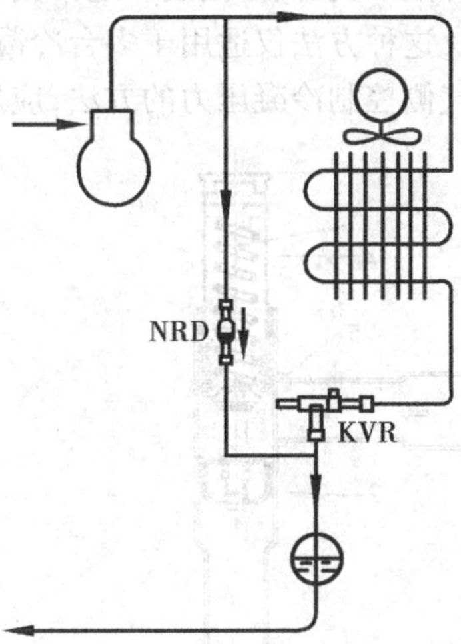

图 7.28　制冷剂侧冷凝压力控制系统图

KVR 的开阀压力可以在 0.5～2.0 MPa 设定，最高工作温度为 130 ℃。差压调节阀 NRD 的开阀压力差为 0.14 MPa，全开时的压力差为 0.3 MPa，最高工作温度为 135 ℃，适用工质为 R134a，R22，R404a，R502。采用制冷剂侧控制冷凝压力的方法时，制冷系统中必须设有高压储液器，而且高压储液器要有足够的储液量，以保证在冷凝器可能的最大积液时，高压储液器内仍有液体。否则，当冷凝器积液时，若储液器中无液，从差压阀旁通的热气会直接冲到膨胀阀前，影响膨胀阀正常工作。

冷凝压力调节的过程为：冬季压缩机开机前，冷凝器和储液器中压力都很低，高压调节阀 KVR 和差压调节阀 NRD 处于关闭状态。开机后，在冷凝压力升至高压调节阀的开启设定值前，高压调节阀仍处于关闭状态，压缩机排出的制冷剂积存在冷凝器内，积液使冷凝器的有效传热面积减小，冷凝压力逐步升高。由于调节的真正目的是使储液器维持在正常的压力上，以便为膨胀阀提供足够的供液动力，所以差压调节阀在阀前后建立起压力差时即打开，将压缩机的排气通到储液器，使储液器压力升高。当冷凝压力升到高压调节阀的开阀值以上时，阀开启。由于高压调节阀的节流，差压调节阀前后的压力差仍存在，使差压调节阀依然保持开启状态。运转达到稳定平衡时，高压调节阀部分打开，冷凝器部分积液；差压调节阀部分打开，有热气旁通到储液器。随着外界气温变暖，维持正常冷凝压力平衡时，高压调节阀的开度增大，而差压调节阀的开度变小，直至高压调节阀全开、差压调节阀全关，制冷剂走正常循环路径。

(2)从空气侧控制冷凝压力　从空气侧控制的原理是改变经冷凝器的空气流量，主要包括以下几种方法：

①风扇电动机变速。常用的有变电压调速和变频调速两种，一般以环境温度发信，冷凝压

力控制比较稳定,波动较小。

②采用风阀调节冷却介质流量,减小冷凝器的过流风速,可提高冷凝压力。

③冷凝风机开、停控制。通常用环境温度控制风机的运行台数,但应确保至少有一台风机在运行。这种方法仅适用于多台冷凝风机的场合。

空气侧控制冷凝压力的方法,应用在运行环境温度高于4 ℃以上场合比较有效。

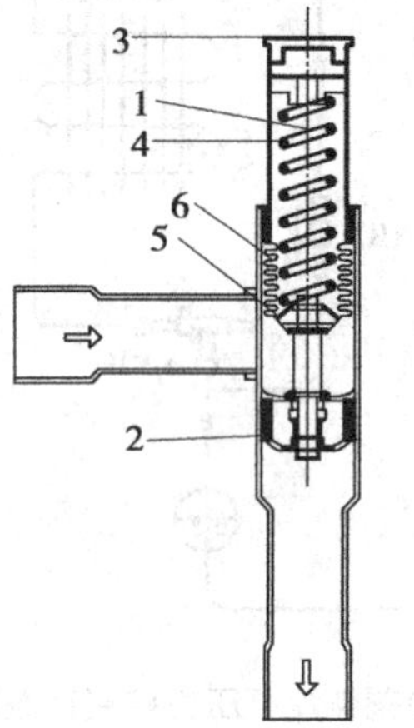

图7.29 吸气压力调节阀结构图

1—调整杆;2—阀盘;3—保护盖;4—阀体;5—压力平衡波纹管;6—脉动阻尼器

7.3.3 吸气压力调节

与蒸发压力调节不同,吸气压力调节是要控制阀后压力(吸气压力)恒定,通常将一只吸气压力调节阀装在压缩机的吸气总管上来实现。吸气压力调节的主要功能是:限制压缩机吸入压力过高,防止它超过最大允许值。在压缩机长期停车后启动或冷库融霜后启动均可能产生压缩机吸气压力过高,易使电动机超载;在使用吸气压力调节阀后,制冷机组可选配容量较小的电动机,提高电动机的运转效率并减少电动机的发热量。这对吸气冷却式全封闭或半封闭压缩机组尤为重要。

吸气压力调节阀的典型结构见图7.29,其作用原理是,随着阀盘下面的吸入压力升高,调节阀关小予以节流;反之,则开大。大中型制冷装置常采用主阀与导阀的组合形式来调节吸气压力。对于CPL型,只要吸入压力比调定值低0.05 MPa调节阀就全开;当吸入压力高于调定值时,调节阀关闭,从而限制吸入压力超过限定值。该型调节阀一般的规格规定,只有吸气压力低于调定值约0.05 MPa时,才能全开。

7.4 制冷装置安全保护系统

制冷装置的安全保护系统是实现制冷系统安全可靠运行的基本组成部分,它能确保制冷装置自动运行,执行安全监视,在运行参数出现不正常时作出处理,以防止事故发生。

1)排气压力与吸气压力保护

压缩机排气压力与吸气压力保护(高低压力保护)是为了避免压缩机排气压力过高和吸气压力过低所造成的危害。制冷装置运行中,有许多非正常因素会引起排气压力过高。例如,操作失误(压缩机起动后,排气阀却未打开);系统中制冷剂充注量过多或不凝气体含量过高;冷凝器断水或严重缺水、冷凝器风扇故障等。排气压力过高,超过机器设备的承压极限时,将造成人、机事故。另外,如果膨胀阀堵塞,吸气阀、吸气滤网堵塞等,会引起吸气压力过低。吸气压力过低时,不仅运行经济性变差,蒸发温度过低还会过分降低被冷却物的温度,增加食品的干耗,使冷加工品质下降。系统低压侧负压严重时,将加剧空气、水分向系统内的渗入,而且造成排气压力、排气温度的升高,这对采用易燃、易爆制冷剂(如R717,R600a)的制冷系统更是危险的。

高压控制器在系统排气压力超过安全值时,切断压缩机电源,使机器停止工作,同时伴随灯光或铃声报警。低压控制器则在系统吸气压力低于安全值时,切断电源,使压缩机停车。在一些制冷装置中,常用低压控制器作为压缩机正常起停的控制器,对温度实行双位调节。

压力控制器是压力控制的电开关,又称为压力继电器,如图 7.30 所示。制冷机常需要同时控制高压和低压,因此制冷用的压力控制器除了做成单体的压力控制器外,常常将二者做成结构上一体的所谓高低压力控制器。目前,制冷空调行业使用的高低压控制器的品种主要有 KD 型、YWK(图 7.30)和 DANEOSS 公司生产的 KP15 型。YWK 型压力继电器与 KD 型相比功能增加,操作更为便利。用螺丝刀可方便地整定高低压力值,设定值可以从外壳两个窗口上分别读出。转动幅差调节盘,可以改变低压保护通路和断路压力幅差。低压保护部分无自锁机构,因此可以利用低压继电器来实现冷库温度双位控制。为了使系统在用本台制冷压缩机抽真空时不产生低压保护,低压保护部分设有"运行-抽空"拔杆 13,用于压力继电器工作状态的切换。

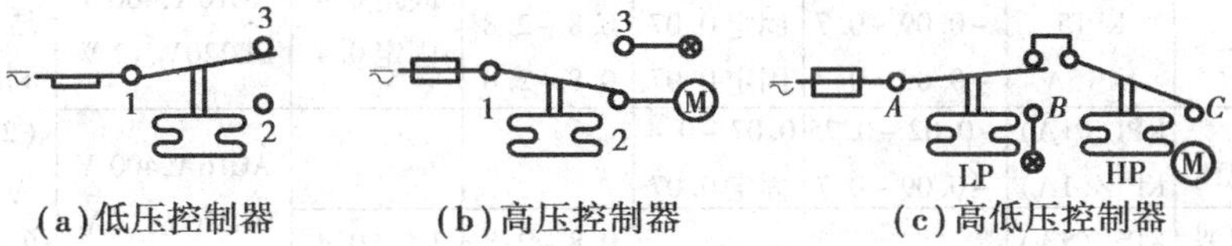

图 7.30　压力控制器的开关动作图

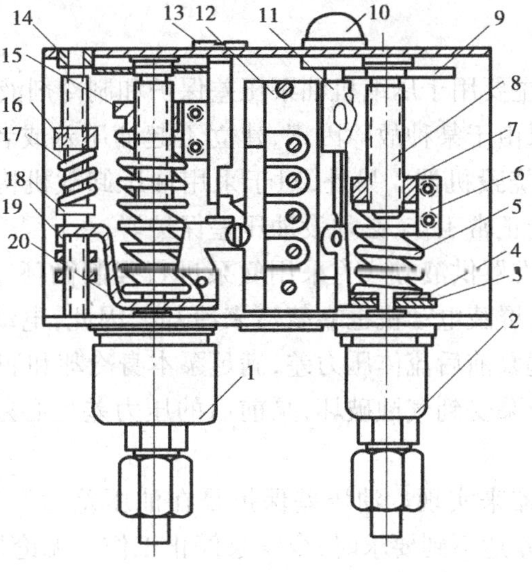

图 7.31　YWK-22 压力继电器结构图

1—低压气箱;2—高压气箱;3—高压跳脚板;4—高压弹簧;5—高压调节弹簧;6—指针板;7—调节螺母;8—调节螺杆;9—调节盘;10—复位按钮;11—跳脚;12—微动开关;13—抽真空拔杆;14—差值调节螺杆;15—低压调节盘;16—差值调节盘;17—差值弹簧;18—差值调节套;19—锁紧螺母;20—低压跳脚板

低压控制器的设定值是使触点断开的压力,使触点自动闭合的压力值为:设定压力 + 差动值。高压控制器的设定值是使触点断开的压力。允许触点接通的压力为:设定压力差动值。高压控制器断开后,再复位接通的方式有自动和手动两种。考虑到由高压控制器动作所造成的停车，无疑是表明机器有故障，应查明原因、排除故障后才能再次运行，所以通常不希望高压控制器自动复位，以手动复位为宜。

压力控制器使用时应注意：适用介质，有的压力控制器只适用于氟利昂制冷剂，有的则对氨、氟通用；触头开关的容量，以便正确进行电气接线；正确进行压力设定和差动值设定。表7.9列出常见的几种高低压控制器的主要技术指标。

表7.9 常见的几种高低压控制器的主要技术指标

类 别	型 号	低压/MPa		高压/MPa		电触头容量	备 注
		调节范围（表压）	差动	调节范围（表压）	差动		
高低压控制器	YWK~11	-0.02~0.4	0.025~2.0	0.6~2.0	0.1~0.4	AC300VA 220/380 V DC50W 115/230 V	(1)型号后有字母A的为氨、氟通用，无字母A的只适用于氟利昂； (2)KP型为丹麦公司的产品
	KP15 KP15 KP15A	-0.02~0.75 -0.09~0.7 -0.09~0.7	0.07~0.4 固定0.07 固定0.07	0.8~2.8 0.8~2.8 0.8~2.8	固定0.4 固定0.4	AC16A,400 V DC220V,12 W	
低压控制器	KP1/(1A) KP1/(1A)	-0.02~0.75 -0.09~0.7	0.07~0.4 固定0.07			AC16A,400 V DC220V,12 W	
高压控制器	KP5/(5A)			0.8~2.8	固定0.4		

2)压差保护

制冷系统的压差保护主要用于压缩机油泵压差保护和制冷剂液泵压差保护。采用油泵强制供油润滑的压缩机，如果由于某种故障因素，建立不起油压差或者油压差不足，就会使运动部位得不到充分的润滑而烧毁机器。另外，对于采用油压卸载机构的压缩机，如果油压不正常，压缩机卸载机构也不能正常工作，必须设油压差保护。

氨冷库制冷系统的蒸发器供液方式为采用氨泵进行强制循环。氨泵多为屏蔽泵，它的石墨轴承靠氨液冷却和润滑，屏蔽电动机也靠氨液来冷却。因此，电动机起动后，要求泵能够正常输送液体，很快地建立起泵前后流体压力差，满足泵本身冷却和润滑的需要，确保系统安全、可靠运行。另外，为了防止泵受到气蚀破坏，泵前后的压力差也必须保持在一定的数值上，必须设氨泵压差保护。

压差保护用压差控制器来实现。油压差保护是在油压差达不到要求时，令压缩机停车。氨泵压差保护是在氨泵压差达不到要求时，令氨泵停止工作。无论是油泵还是氨泵，其压差都只能在泵运行起来以后才建立的。为了不影响泵在无压差下进行正常起动，由压差所控制的停机动作应延时执行，因此在上述压差保护中采用带有延时的压差控制器。如果压差控制器本身不带延时机构，则必须再外接一只延时继电器，与压差控制器共同使用。

现以国产JC3.5型油压差控制器为例进行结构和工作原理说明（见图7.32）。控制器由压差开关（包括杠杆1、主弹簧2、顶杆3、低压波纹管5、压差开关19及高压波纹管20）和延时开关（包括加热器7、延时开关17和双金属片18）两个部分组成。延时开关的电触点串接在压缩机自动控制回路中，基本控制过程为：高、低压力包分别接油泵出口压力和压缩机曲轴箱压力,二者之差即为油压差。该压差信号与主弹簧2的设定压力比较,压差大于设定值时,顶杆3向上移动,拨动直角杠杆1偏转,扳动压差开关19。杠杆1和延时开关17、压差开关19在压差正常时处于实线位置,电路处于压缩机通电、正常工作信号灯16通电的正常运行状态。油压差低于设定值时,顶杠3下移,杠杆1处于图中虚线位置,将压差开关19扳到虚线位置。正常工作信号灯断电熄灭,立即给出油欠压的信号。同时电加热器7通电,开始加热双金属片18,持续通电加热一段时间(60 s左右)后,双金属片变形,把延时开关17指向虚线位置,切断压缩机启动控制电路,于是压缩机停车,同时事故信号灯13接通,表明是故障性停机。

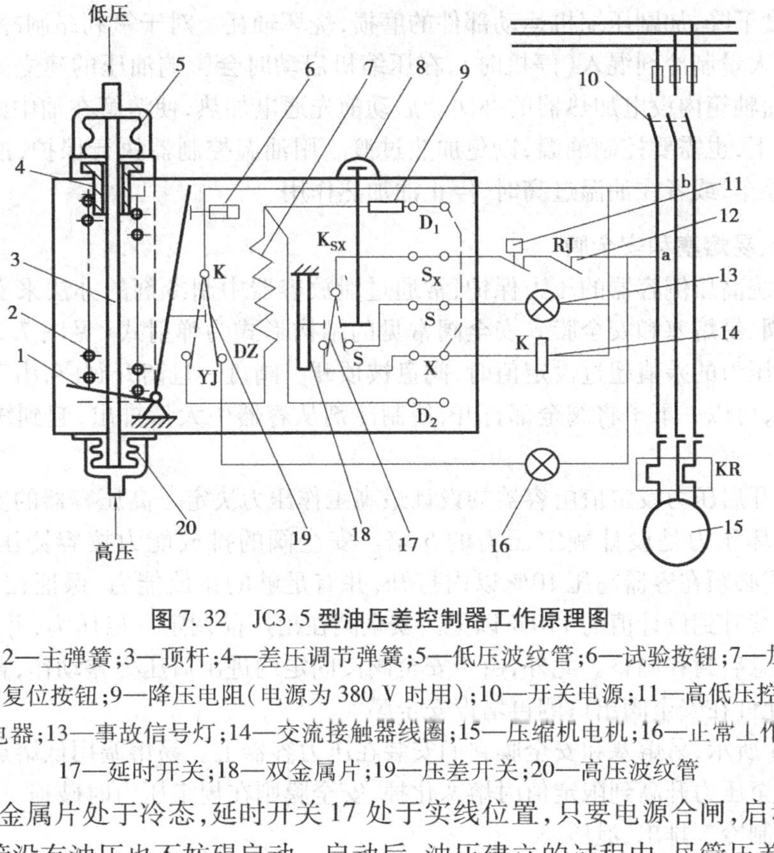

图7.32　JC3.5型油压差控制器工作原理图

1—杠杆;2—主弹簧;3—顶杆;4—差压调节弹簧;5—低压波纹管;6—试验按钮;7—加热器;8—手动复位按钮;9—降压电阻(电源为380 V时用);10—开关电源;11—高低压控制器;12—热继电器;13—事故信号灯;14—交流接触器线圈;15—压缩机电机;16—正常工作信号灯;17—延时开关;18—双金属片;19—压差开关;20—高压波纹管

启动前,双金属片处于冷态,延时开关17处于实线位置,只要电源合闸,启动控制电路便接通。这时尽管没有油压也不妨碍启动。启动后,油压建立的过程中,尽管压差开关19处于虚线位置,电加热器7通电,但通电尚未持续到足以使双金属片18变形至可以推动延时开关17动作,油压已达正常,于是压差开关19回到实线位置,电加热电路断开,同时接通正常工作信号灯16。至此,启动完成。

油压差控制器在安装使用时应注意:

①高、低压接口分别接油泵出口油压和曲轴箱低压,切不可接反。

②控制器本体应垂直安装,高压口在下,低压口在上。

③油压差等于油压表读数与吸气压力表读数的差值,不要误以油压表读数为油压差。

④油压差的设定值一般调整为0.15~0.21 MPa。

⑤采用热延时的压差控制器,控制器动作过一次后,必须待热元件完全冷却(需5 min左右)、手动复位后,才能再次启动使用。

3)制冷装置的温度保护

压缩机排气温度过高会使润滑条件恶化、润滑油结焦,影响机器寿命,严重时,引起制冷剂分解、爆炸(R717,R600a)。压缩机安全工作条件规定对 R717,R22,R502 的最高排气温度限制值分别是 150,145,125 ℃。因此,要设压缩机排气温度保护,尤其是对于 R717 压缩机,排气温度保护是必不可少的。采用排气温度控制器,在排气温度超过限制值时,温控器使压缩机断电停车。

压缩机曲轴箱内油的温度规定比环境温度高 20~40 ℃,最高油温不得超过 70 ℃。油温过高时,油黏度下降,加剧压缩机运动部件的磨损,烧坏轴瓦。对于氟利昂制冷系统,如果压缩机曲轴箱中有大量制冷剂混入(停机时),在压缩机启动时会影响油压的建立。为了避免这种现象,采用在曲轴箱内设电加热器的办法。启动前先通电加热,使溶解在油中的液态制冷剂蒸发。这种情况下,也需要控制油温,以免加热过渡。用油温控制器执行保护,油温超过限制值时,令压缩机停车,或者在油温过高时,停止油加热作用。

4)安全阀、易熔塞和安全膜

对制冷系统高压侧容器的压力保护,常通过泄放容器中制冷剂的办法来实现。采用的保护件有;安全阀、易熔塞和安全膜。安全阀常见的结构形式为弹射式(见图 7.33)。当阀的入口压力与出口压力的差值超过设定值时,阀盘被顶开。阀盘一旦离开阀座,由于它下部的受压面积突然增大,可以一下子将阀全部打开,使制冷剂从容器中大量排出,起到缓解容器内部压力的作用。

安全阀的开启压力设定值由容器的设计最高工作压力决定。高压容器的安全系数通常为 5,因此最小破坏压力是设计额定压力的 5 倍。安全阀的排放能力按容器压力高出设计值 10%计算,即阀必须在容器超压 10%以内打开,并有足够的排放能力,保证在阀打开后,容器内压力不会继续升到设计值的 110%以上。安全阀在出厂前调定开启压力,并加铅封,用户在使用中不得任意启封和调整。此外,由于安全阀按固定的进出口压力差动作,背压对阀的工作有影响,故不允许在安全阀出口侧再增设安全膜。

如图 7.34 所示,易熔塞和安全膜它们安装在压力容器上。易熔塞用低熔点合金制作。当容器内温度乃至压力升高到限定值时熔塞化掉,安全膜则在规定压力时破损。在上述情况下,均使容器中的制冷剂排出、泄压。

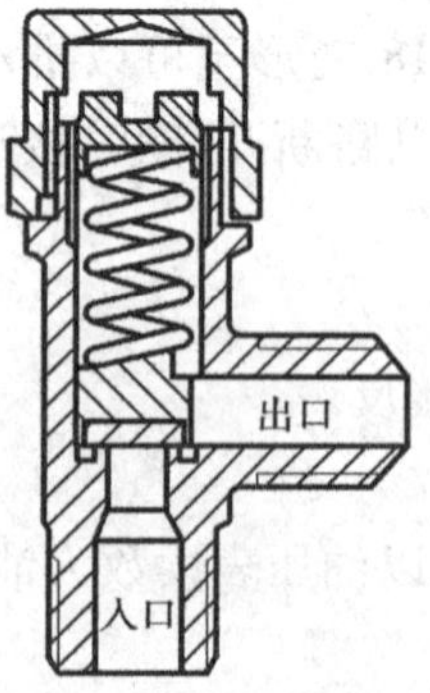

图 7.33　安全阀结构图

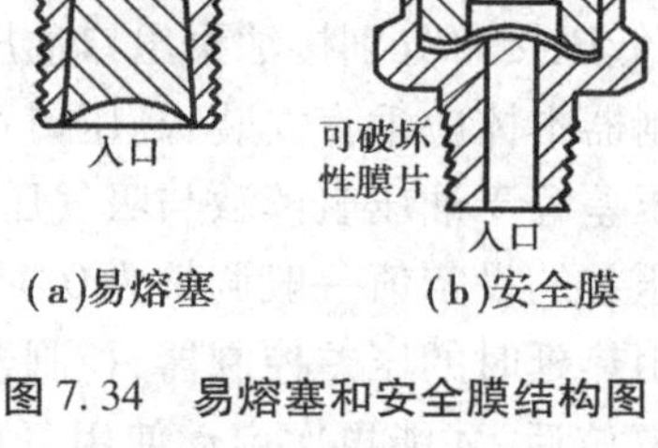

图 7.34　易熔塞和安全膜结构图

5)止回阀和观察镜

(1)止回阀　制冷系统管道中介质的流动方向有一定的规定。凡有可能出现反向压差引起制冷剂倒流并对制冷系统的正常工作造成危害的场合,用止回阀起阻断制冷剂反向流动的保护作用。止回阀又叫单向阀或逆止阀,如图7.35所示。不难看出,止回阀靠正向流体压降克服弹簧力使阀打开。在出现反向压降或者正向压降小于最小开启压降时,阀关闭。压在阀盘上的弹簧提供阀的关闭力。系统低压侧管道上使用的止回阀,为了减小压力损失,必须选择低压降的。一般止回阀的压降为14~41 kPa。最低压降虽然也可以做到7 kPa,但压降太低的止回阀在低温工作时会不可靠,因为弹簧力太弱可能克服不了油黏性而不能保证阀关闭。

止回阀在制冷系统中的主要应用如下:

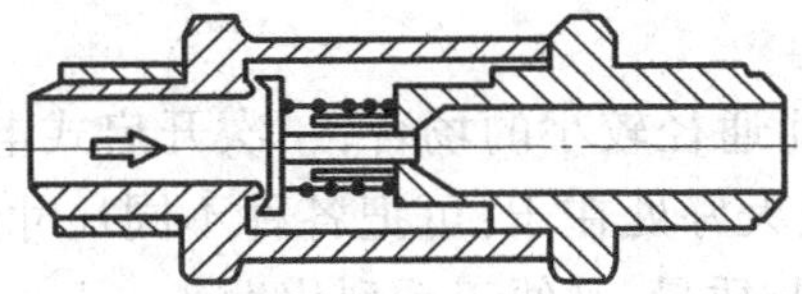
(a)小型结构

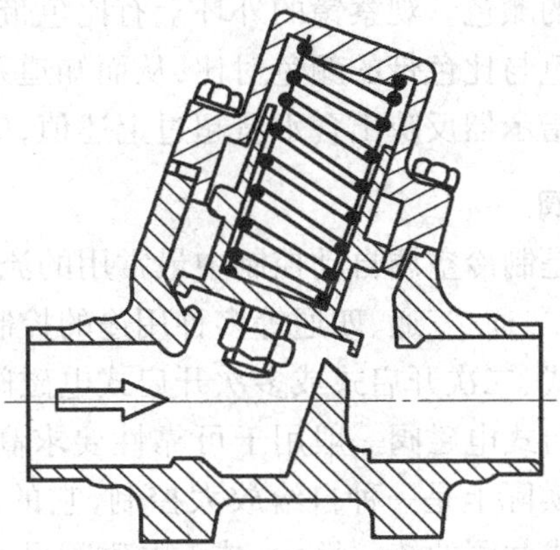
(b)大型双筒结构

图7.35　止回阀的典型结构图

①用在压缩机排气管上。防止停机时制冷剂从冷凝器倒流回压缩机,或者防止多台压缩机并联使用的系统中制冷剂从运行的压缩机流向未运行的压缩机的吸入侧。

②用在液体管上。在热泵系统中,防止制冷剂液体从不用的那只膨胀机构通过;在逆循环除霜系统中,防止热气返回低压液管;在液泵供液系统中,装在液泵出口管上,防止停泵时液体倒流。

③用在低压气管上,在一机多温冷库系统中,除最高温度的蒸发器外,其他较低温度的那些蒸发器的回气管上都必须装止回阀,防止停机时制冷剂从高温蒸发器向低温蒸发器迁移。

止回阀在选择和使用时应注意:按系统设计所要求的容量及许可压降值选择阀的尺寸和型号,确保正向流动时阀在规定的流量下处于开启状态,避免振颤。安装时,必须按阀体上示出的流向连接进、出口管,切勿装反。弹簧负荷的止回阀可以水平安装,也可以垂直安装。重力负荷的止回阀必须水平安装(即活塞中心线处于铅垂)。

(2)观察镜　观察镜不直接起保护作用,但用它可以随时观察到制冷系统关键部位的内部状况,以便操作人员及时掌握系统运行是否正常。在不正常时,及时查找故障原因。

制冷系统中常用的观察镜有以下3类:

①液流观察镜。它安装在制冷剂液管、回油管、冷却水管或者冷媒水管上。可以观察上述各管中流动情况是否正常,有无断流。

②液位观察镜。它用耐压玻璃制作，安装在储液容器的控制液面附近，作为容器的一个透明窗口，常用来观察储液器的液位或曲轴箱中的油位。大型压缩机的曲轴箱上往往安装上、下两个观察镜，分别观察低限和高限油位。

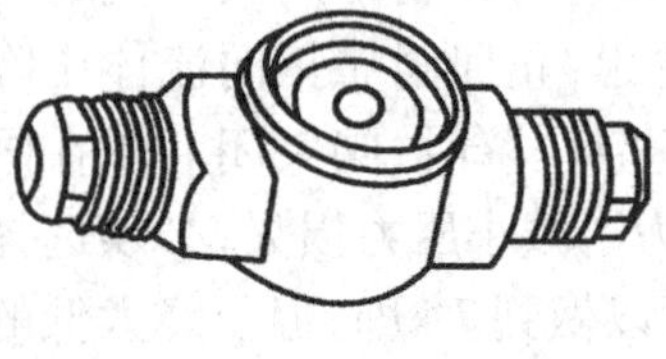

图 7.36　水分观察镜

③制冷剂含水量观察镜。它安装在制冷系统的高压液管上，用于观察氟利昂制冷剂中的含水程度，又叫水分指示器。这是氟利昂制冷系统所特有的一种观察镜，见图 7.36。在一般的液流观察镜中装入一只能显示含水量的纸心，就构成了含水量观察镜。纸心在某种金属盐溶液中浸泡过。金属盐与制冷剂中的水分接触发生化学反应生成水化物，视含水量的不同，水化物呈现出不同的颜色。观察镜的外环上有比色带，给出各种颜色所代表的含水量数值。观察时，将纸心的颜色与比色带的颜色对比，从而知道系统中制冷剂的含水量及其是否在许可的范围内。若水分指示器反映出含水量超过上述值，应及时更换干燥剂，以免发生冰堵和腐蚀。

6）**电磁阀**

电磁阀是制冷空调自动控制中最常用的流体控制元件，是受电气信号控制而动作的自动阀门，通常有二通、三通、四通等多种用途的控制流通或截止用电磁阀。按结构与控制方式，分为一次开启式、二次开启式或多次开启式电磁阀。

一次开启式电磁阀一般用于可靠性要求高而通径较小的场合；二次开启式电磁阀（或多次开启式），实际上是一种自给放大控制，它的最大好处在于：可把各种不同尺寸的电磁阀的电磁线圈做成共同的统一尺寸，减小电磁阀尺寸与质量，又便于系列化生产。

电磁阀按适用的流体介质种类（制冷剂、水、油、蒸气、空气……）、工作温度（低温、常温、高温）、工作压力及适用的电压和电流等而有所不同，选用时均需注意。选用时还要符合产品的技术参数要求，包括型号、通径、接管形式、流量系数和外形尺寸等。

7）**二通电磁阀**

二通电磁阀在制冷空调自动控制中广泛应用，常作为双位控制器的执行器或作为安全保护系统的执行器。按其工作状态，可分为常闭型（通电开型）和常开型（通电关型）。按结构与控制方式，分为一次开启式电磁阀，也叫直接作用式电磁阀，它直接由电磁力驱动，见图 7.37 所示。其工作原理是：当电源接通，线圈通过电流产生磁场，铁芯 3 被电磁力吸起，装在铁芯上的阀盘 5 也离开阀座 6，阀孔 7 被打开。当线圈电流由于控制器动作被切断时，磁场消失，铁芯由于复位弹簧力与自身重力作用而落下，阀门关闭。关闭后由于阀入口侧流体压力施加在阀盘上，使阀关闭更紧。直接作用式电磁阀工作灵敏可靠，也可在阀前后流动压力降为零的场合工作，常用于小口径管路控制，也用于控制毛细管流动或作电磁导阀使用。

间接作用式电磁阀一般用于大管径（一般是 6 mm 管径以上）场合，克服直接靠电磁力驱动导致电磁线圈尺寸大、耗电过多的缺点。

间接作用式电磁阀有活塞式和膜片式两种，电磁阀起导阀作用。如图 7.38 所示，阀的上半部分是小口径的直接作用式电磁阀，起导阀作用。下半部分为主阀，该型为膜片二次开启电磁阀。当电磁阀线圈 4 通电后，铁芯 3 被吸起，导阀口 5 打开，主阀膜片上腔与阀下游流体连通，故上腔降为阀下游的压力，在阀前后流体压力差作用下，膜片浮起，主阀口打开。可见，二

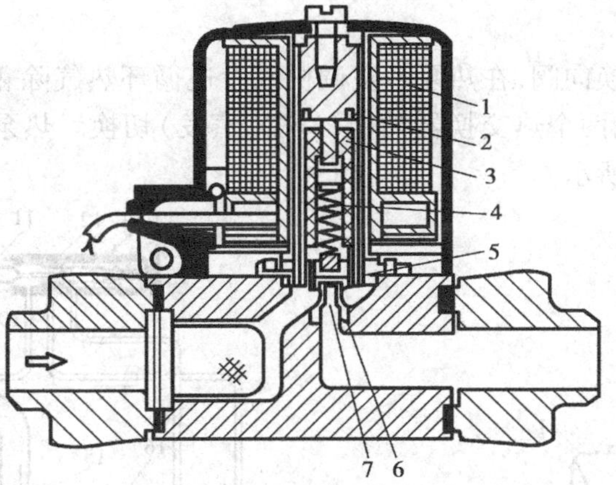

图 7.37　直接作用式电磁阀

1—电磁阀线圈；2—阻尼涡流环；3—铁芯；4—复位弹簧；5—阀盘；6—阀座；7—阀孔

次开启式电磁阀利用浮动膜片（或活塞）较大的截面积，借助阀前后流体压力差作自给放大，提供主阀开启的驱动力，二次开启式电磁阀要打开及维持开启状态，必须保持阀前后一定的压力差。最小开阀压力差是一个很重要的参数。

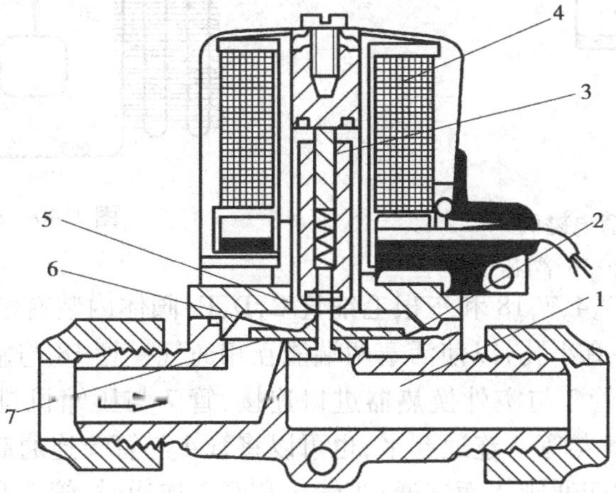

图 7.38　间接作用式电磁阀

1—主阀口；2—膜片式主阀组件；3—铁芯；4—线圈；5—导阀口；6—阀盘；7—平衡孔

8）三通电磁阀

三通电磁阀也有直接和间接作用式两种。直接作用式一般常用于制冷系统作为制冷压缩机汽缸卸载装置的油路控制，间接作用式通常用于热回收装置上，将压缩机排出的热气在正常情况下排往冷凝器，在热回收时，改为排往热回收装置。如图 7.39 所示，三通电磁阀有三个通道 a，b，c，进口 a 和出口 b 基本在同一水平面上，c 口在下面。电磁线圈通电后，阀杆提起，a 和 c 通道导通，而 a 和 b 通道关闭；电磁线圈断电后，阀杆下落，阀芯把 c 通道口堵死，a、b 通道导通。由于铁芯只能有两个位置，所以三个通道不能同时联通。三通电磁阀在多循环回路冰箱控制系统中也有较多应用。

9)四通电磁阀

四通电磁阀也称为换向阀,在热泵型空调机或者逆循环热气除霜系统中用来改变制冷剂的流动方向,使系统中的两个热交换器功能(冷凝、蒸发)切换。热泵空调器中由四通阀组成的换向系统,如图 7.40 所示。

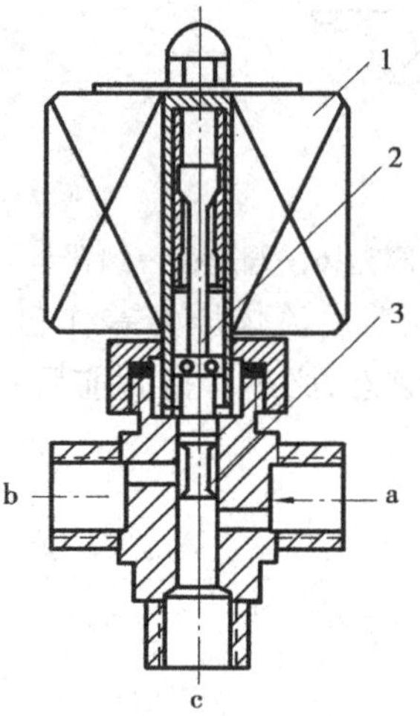

图 7.39　直动式三通电磁阀

1—电磁线圈;2—阀杆;3—阀芯

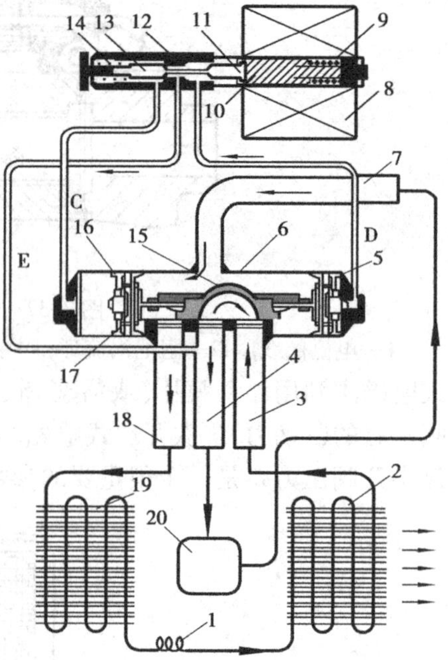

图 7.40　四通阀

四通阀有四根接管 3,4,7,18 和三根毛细管 C,D,E,阀体内装有滑块和活塞,它们用支架构成一体,两端活塞上各有小孔,以使活塞两端能互相通气。管 18 与室内换热器出口连接,管 4 与压缩机吸气管连接,管 3 与室外换热器进口连接,管 7 与压缩机排气管连,而滑块就像一个三通阀门,可以将管 18 与管 4 连通起来,也可以将管 4 与管 3 连通起来。当管 18 和管 4 连通时,管 7 和管 3 就通过四通阀体而连通;当管 4 和管 3 连通时,管 7 和管 18 就通过阀体而连通。三根毛细管中 C,D 管接在四通阀两端,E 管与管 4 相连接。

10)导阀与电磁阀组合

电磁阀与导阀组合在一起,可以形成控制式电磁阀,其工作原理与二次开启式电磁阀没有本质区别,它实际上是一个单独的放大执行机构,不能单独使用,必须与导阀配合使用。导阀作为主阀的控制阀,可以是电磁导阀,也可以是压力导阀(恒压阀)和温度导阀(恒温阀),它们与主阀组合在一起,构成组合阀,分别起压力、温度控制作用。

7.5 制冷空调装置的自动控制举例

制冷装置自动控制系统的任务是:使系统能够长期稳定在合理的工况范围内,经济、可靠地运行。下面举例来说明制冷装置控制系统的组成及其所实现的功能。

【例7.1】 空调用制冷装置的自动调节。

如图7.41所示,主机为一台无卸载机构的中型压缩机,采用风冷冷凝器及恒速风机。作为空调用冷源系统,负荷变化范围大,在一定温度控制精度要求下,稳定、可靠、经济地自动运行是其主要目的。该系统能量、温度调节和安全保护系统设置如下:

①能量调节系统。压缩机的能量由启、停运行来控制。为避免装置频繁启、停,该系统采用了热气旁通+喷液冷却的能量调节方式,既满足宽范围能量调节的需要,又确保一定的温度控制精度。能量调节阀CPC旁通富裕的压缩机能量并维持吸气端的低压值,T阀向吸气端喷液冷却以确保合理的吸气温度。

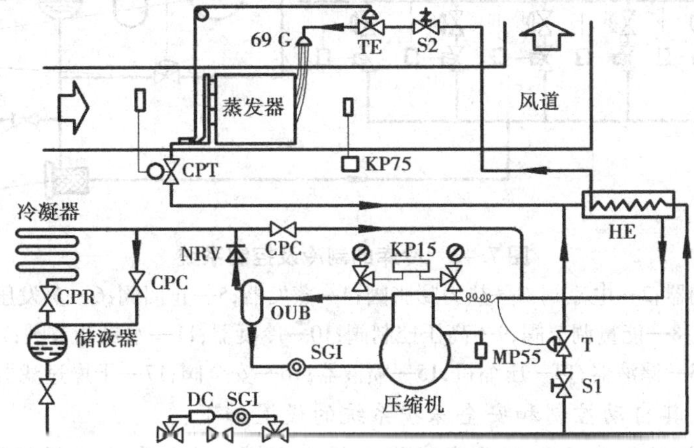

图7.41 空调用制冷装置控制系统图

69G—分液器;CPC—能量调节阀;CPR—恒压调节阀;CPT—温度式蒸发压力调节阀;DC—干燥过滤器;HE—热交换器;KP15—高低压控制器;KP75—温度控制器;MP55—油压差控制器;NRV—止回阀;OUB—回油器;S1,S2—电磁阀;SGI—观察镜;TE—外平衡热力膨胀阀;T—注液阀

②冷凝压力调节。从制冷剂侧控制。通过调节恒压阀CPR的开度,调节冷凝器中制冷剂的液面高度,从而调节有效冷凝面积,维持冷凝压力在设定值。旁通阀CPC根据储液器的压力控制其开度,保持储液器一定的压力。

③蒸发压力与流量调节。温度式蒸发压力调节阀CPT根据回风温度的变化调节蒸发压力(蒸发温度),作为空调温度控制系统的前馈部分,快速抑制负荷变化的影响。热力膨胀阀TE与调节阀CPT协调动作,控制蒸发器的制冷剂流量。

④送风温度控制。温度控制器KP75发信送风温度,采用双位控制规律控制压缩机的启停,使送风温度稳定在给定的上下限范围内。

⑤安全保护系统。为使机组正常工作,机组中采用的保护措施主要有:高低压控制器KP15,

控制吸排气压力,防止其过低或过高;油压差控制器 MP55,控制润滑油的压力稳定,保证压缩机的正常润滑;压缩机高温保护,与旁通能量调节阀配套使用,一旦发生压缩机吸气(排气)温度过高,则通过连接在冷凝器出口的注液阀向压缩机吸气口喷液,以降低压缩机的排气温度。

【例 7.2】 多温冷库自动控制

多温冷库既能满足各类食品保质保鲜的低温要求,又利于提高设备投资、运行和管理效率。如图 7.42 所示,按需要设有不同温度的 5 个库,分别是:饮料库(8 ~ 10 ℃)、果蔬库(3 ~ 5 ℃)、品库(1 ~ 3 ℃)、鱼库和肉库(−9 ~ −11 ℃)。冷库采用单级压缩式制冷循环,强制对流直接蒸发冷却方式,管片式蒸发器,水冷式冷凝器,压缩机无变容能力。

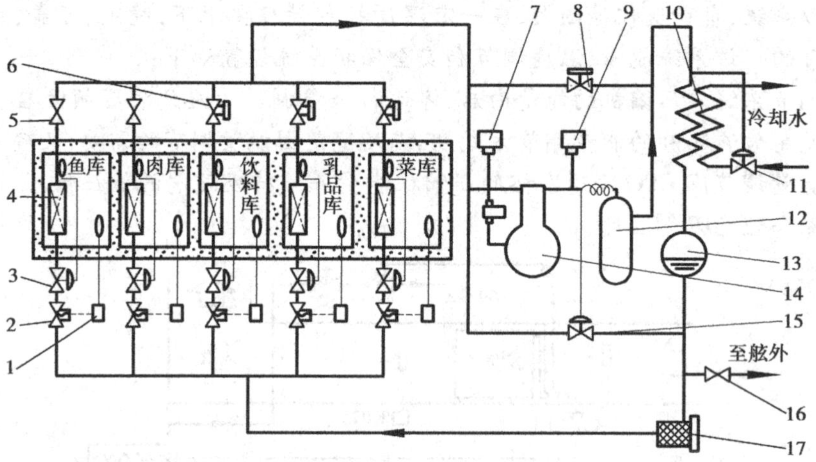

图 7.42 冷库的制冷及控制系统

1—温度控制器;2—电磁阀;3—热力膨胀阀;4—蒸发器;5—止回阀;6—蒸发压力调节阀;7—低压控制阀;8—能量调节阀;9—高压控制阀;10—冷凝器;11—水量调节阀;12—油分离器;13—储液器;14—压缩机;15—喷液器;16—安全阀;17—干燥过滤器

针对上述特点,其自动控制和安全保护系统的设置如下:

①能量调节。该案例为压缩机无变容能力的多温库,制冷系统必须保证各库都在规定的温度范围运行,由于压缩机的总能量与单个蒸发器的蒸发能力对比悬殊,在个别库未达到设定温度时,蒸发量大幅减少致使吸气压力下降,为了不降到低压控制值以下而使压缩机停机,该系统采用了与上例相同的(热气旁通 + 喷液冷却)能量调节方式。

②冷凝压力调节。采用水量调节阀 11,根据冷凝压力的变化调节冷却水流量,保持冷凝压力在正常范围。

③蒸发压力调节。采用蒸发压力调节阀 6 调节蒸发器的背压,控制除最低温度库以外的各冷库的蒸发压力。

④蒸发器流量和库温调节。当库温在设定范围波动时,由热力膨胀阀 3 根据蒸发器出口温度调节流量;当库温达到上、下差动值时,温度控制器 1 导通或关闭电磁阀,控制对应库房蒸发器的供液。

⑤安全保护系统。机组中采用的与上例相当的保护措施主要有:高低压控制器、油压差控制器、温度控制器等。其他还有,在发生火灾等特殊情况使用的安全阀 16,在较低温度的蒸发器出口安装止回阀 5 等。

习 题

7.1 制冷空调装置自动控制的目的和内容是什么?

7.2 压缩机排量调节的主要方法有哪些?其特点是什么?

7.3 蒸气压缩式制冷装置流量控制的目的是什么?

7.4 主要有哪些类型的节流元器件?其工作原理和作用特点是什么?

7.5 蒸气压缩式制冷装置的主要工况参数和调节方法?

7.6 采用蒸发压力调节阀的制冷系统,在使用和运行经济性方面有何特点?

7.7 蒸气压缩式制冷装置设置油压压差继电器的目的是什么?为什么在压缩机启动时它有动作延时?

7.8 蒸气压缩式制冷系统中,属于安全性的继电器有哪些?

8 典型压缩式制冷装置设计计算与实例

8.1 制冷装置设计概述

8.1.1 制冷装置的设计内容

制冷系统可以使用不同的制冷方法和不同的装置类型来提供冷量，但每个制冷系统都是为某个特定用冷场合中不同制冷工艺和不同温度需要服务的。因此，制冷方法及相应制冷装置的选择、设计取决于消耗冷量的用户。

1）制冷方法的选择

在设计制冷装置时，首先要确定制冷的方式。目前，人工制冷主要有相变制冷、气体膨胀制冷、热电制冷、涡流管制冷、绝热放气制冷和磁制冷等方法。每种制冷方法各有其特点，在工程设计中，只有针对制冷对象的具体条件，选择合理的制冷方法，才能满足实际工程的制冷要求，也才能进一步设计出工作性能和经济效益良好的制冷系统。因此，对各种制冷方法要有深入的认识和理解，并进行深入的调查分析，全面综合比较后再确定最适合方案。

2）制冷剂的选择

在制冷装置中不断循环以实现制冷的工作物质，称为制冷剂或制冷工质。对于一个实用的制冷装置，制冷剂的选择不仅直接关系到装置的结构形式及操作管理，更重要的是直接关系到运行的经济性。在选择时要根据制冷装置的用途、容量大小、形式、工作条件、使用场所等，从热力学、热物理性质、化学性质和经济性4方面进行全面的技术经济比较。

3）制冷循环的设计

制冷循环的设计不仅是制冷装置设计过程中的不可缺少的一个步骤，更是关系装置运行性能好坏的重要工作之一。对于一个已确定的制冷方法，制冷循环仍有多种类型，如压缩式制冷循环可分为单级压缩制冷循环、双级压缩制冷循环和复叠式制冷循环。对于最基本的单级压缩式制冷循环，还有过冷循环、过热循环、回热循环等可供选择。

确定制冷循环的设计参数，包括确定制冷系统中制冷剂的工作温度和工作压力，它与冷却介质温度、被冷却介质温度、设备配置及换热器传热性能密切相关。冷却介质的温度取决于当地水源及气象条件，而被冷却介质温度则取决于用户的要求。设计过程中选择合理的设计参数,可以在满足要求的制冷量和制冷温度的前提下,使制冷装置的制冷效果和能效达到最佳。

4)制冷设备的设计

在确定制冷循环形式和设计运行参数的基础上,根据用户的制冷量需求和实际使用场合,通过分析计算,确定制冷设备中各部件的形式和容量。

对于蒸气压缩式制冷机,首先,确定压缩机的形式和台数。结合各种压缩机(如活塞式、离心式、螺杆式、涡旋式、滚动转子式等)的制冷量范围、运行性能、一次性投资、振动噪声及安全性等多方面因素,选择最合适的一种。一般来说,同一系统特别是在大冷量系统中采用多台压缩机代替单台压缩机,有利于部分负荷运行时的能量调节,可以节省能耗。其次,设计换热器(主要包括冷凝器、蒸发器)的结构与尺寸设计。设计时,在追求较高的传热效率的同时,需兼顾考虑初投资、安装布置、操作维护等问题。例如,增大传热面积,一方面使得运行费用减少,但同时也增加材料消耗和初投资。

再次,选择节流装置(浮球阀、热力膨胀阀、电子膨胀阀、毛细管等)的类型。需要根据节流装置的流量调节特性,以保证与制冷系统良好的匹配。

在有些场合,设备类型的选择工作是在设计开始时就已经确定的。对于冰箱生产厂家,生产何种类型的产品,产品的基本结构是由决策层根据市场与企业本身的生产工艺条件来确定的。但从一般的制冷装置设计考虑,这一部分的工作是不可少的。

5)制冷装置控制方式的设计

实际运行中,由于外界条件的变化,热负荷和设备运行参数都会不断地波动变化,这就必须对整个制冷装置进行及时准确的调节,以保证制冷装置在安全、稳定和经济合理的条件下运行。

随着科技的发展,现在制冷系统中已经应用各种自动化装置。按照自动化程度的不同,大致分为:

①手动控制配合安全保护装置。

②局部自动控制:在实现安全保护的基础上,增加液泵回路和蒸发器回路的自动控制,它可以提高调节精度,稳定被冷却对象温度,节省能耗。目前,国内对冷库的局部控制应用越来越多,已经总结了成熟的设计管理经验。

③半自动控制:除了局部控制内容外,主要体现在压缩机的自动启停和能量调节上。

④全自动控制:除了半自动控制的内容外,还实现辅助设备操作及湿度等自动控制,如制冷装置自动加油、自动放油、自动放空气、自动调节冷凝器冷却水量等。

⑤最佳工况调节控制:所控制的参数不是一个确定的数值,而是引入微型计算机随着实际运行条件的变化,按输入的程序对各种条件作出判断,从预定的几种工况中选出相对节能效率高的一种工况进行控制,使系统保持在最佳工况运行。这种控制方式要求对制冷装置运行有更深的认识,建立合理的数学模型,开发出更好的控制模式,这样才能使制冷装置的控制和节能提高到更高的水平。日本东京水产冷藏分配中心采用一种“变蒸发温度控制”,压缩机的轴功率约降低了12%。

随着自动控制程度的提高,控制精度越来越高,制冷产品质量也随之提高,装置能耗随之降低,同时还有效地降低了操作人员的劳动强度,防止事故发生,保障操作人员人身安全。但设备一次性投资将增加,装置的维护检修也将更加复杂。因此,在选择控制方式时,不要盲目追求自动控制的程度,而要从节能、经济、操作和维护等实际因素来综合考虑。

6)计算机仿真与优化设计

计算机仿真作为一种新的技术,由于它具有比常规设计更好的准确性,近年来已开始用于制冷装置的系统分析、工程设计和产品研发中。

常规的设计是先定下产品的性能目标,然后推断其工作状况,最后确定产品的具体结构。这种设计方法目标很明确,更有可操作性,所以容易被广大工程技术人员理解。但由于没有一套完整描述整个系统特性的模型,所包含的仅是部分经过高度简化的模型,使得最终的设计结构存在很多不尽如人意的地方。以常规冰箱设计方法为例,通常先定下产品的耗电量、储藏温度等性能要求,再推断制冷剂的蒸发压力、冷凝压力等运行参数,最后得到作为设计目标的结构参数,如压缩机容量、蒸发器面积、毛细管长度与直径等。即使在设计中计算过程绝对准确,但至多能保证在这一设计条件下的产品性能达到要求,如果需要同时满足几个环境参数下的要求,只能分别按照不同的环境条件去设计,最后对几种计算结果进行折中,而最终这个设计产品的性能如何却不得而知。

对于计算机仿真而言,则是先确定产品的结构,然后通过计算机模拟检测性能,从而对所确定的结构参数是否合理作出较准确的评价。通过不断调整参数继续仿真计算,可以寻求一组合理的结构参数,这就是优化过程。为了能较快地寻到一组较好的结果,可以用常规设计的方法来确定初始参数,这样把常规设计方法和计算机仿真相结合,可使工作更为有效。此外,对各种运行参数下装置的工作过程进行仿真,能够为制冷系统选择合适的控制方案提供重要依据。

8.1.2 制冷装置设计的基本原则

对于不同的制冷装置,其设计要求也会有所区别。以下是制冷装置设计要遵循的一些基本原则和需考虑的要点:

1)根据使用要求与使用条件进行设计

制冷装置具有多种类型,装置设计时需要在分析使用条件与使用要求的前提下,选择适当的制冷方法,确定制冷装置类型,并进行设计计算。

首先,要满足所设计工程的用冷要求,主要包括具体温度要求和制冷量要求,这主要体现在制冷方法、制冷剂及制冷循环形式的选择上。例如,用于舒适性空调的制冷装置可采用蒸气压缩式制冷和溴化锂吸收式制冷;而若要进行低温超导实验,则应采用斯特林制冷、脉管制冷等深度制冷方法。不同的用冷对象也具有其自身性能特性方面的要求,如设计冷藏库时,制冷系统所产生的冷量主要是用来维持冷库所需温度,因而主要从稳态工作特性考虑;而对于冷冻库,由于所需冷量在整个冻结过程是动态变化的,则应从动态工作特性考虑。在一般的建筑空调中,制冷量的选择主要考虑稳态工况,即保持空调空间维持希望的温度;而汽车空调中,动态性能则是非常重要的指标,需要考虑从较高的温度降到所希望的温度的时间,这时所需要的制冷量要比稳态工作所需要的制冷量大得多。因此,制冷系统设计时,必须充分考虑到这些具体工作条件与性能要求的差异。

其次,制冷过程需要消耗大量的能量,选择合理的消耗能量形式也是制冷系统设计时需要重点考虑的问题。应根据用冷场所提供的能源实际情况,因地制宜,选择不同的制冷方法。在电力供应不足的场所设计空调系统时,一般不宜采用电驱动压缩式制冷系统;而当制冷场合有充足的燃料或者廉价热能,尤其是有废热、余热可以利用时,首先应考虑采用热能驱动的制冷方法,吸收式和蒸气喷射式制冷。

2)确保在要求工况范围内的稳定性

实际装置不可能固定在某一个工况下工作,在使用环境变化或其他干扰因素影响下,其运行工况会发生偏离。如果制冷设备只能在某一个设计工况下稳定工作,而在其他工况下出现振荡等问题而难以工作的话,这样的装置在实际应用中是不可靠的。因此,必须要保证所设计的装置在工况范围内都能稳定地工作。在制冷装置设计过程中,完成特定工况下的各种计算后,还需要进行非设计工况校核工作。如果校核工况的计算表明,所设计装置不能满足所有工况下的要求,则必须修正原有设计。

3)寻求性能与经济性优化

设计时对于装置的优化主要包括两个方面:一是性能的优化,如对于空调而言,使温度波动范围尽可能小,让人体舒适性提高;二是经济性方面的优化,如装置的初投资、运行能耗和费用等。

4)保证运行的安全性和对环境的保护

安全性是制冷系统不容丝毫忽视的一项重要指标,它包括制冷剂和制冷设备的安全性方面。例如,氨具有毒性、易燃性和爆炸性,要根据使用场合慎重选择设计。如今,环境保护已经成为人类的共识,制冷系统所带来的温室效益和对大气臭氧层的破坏性必须引起制冷工作者的高度重视。

8.2 空调装置及其设计

空调装置的任务是采用人工的方法,调节被调空间内温度、湿度、气流速度、压力、洁净度等热舒适性参数,为人们的生活和生产活动创造适宜的室内环境。

空调装置可以按照空气处理的要求、装置的规格形式和空气处理设备的集中程度进行分类。

1)按空气处理的要求可分为

①冷、热风机:仅实现对室内空气温度的调节与控制。

②除湿机:仅实现对室内空气的湿度调节。

③恒温恒湿机:实现对室内空气的温度和湿度同时进行调节与控制。

2)按规格和型式的不同可分为

①窗式空调器。

②分体式空调器。

③恒温恒湿机组。

④多联式空调机组。

3)按空气处理设备的集中程度可分为

①集中式:将空气集中处理后,由风机通过管道分别输送到各个房间中去,一般适用于大型公共设施和生产车间。这种方式需专人操作,有专门的机房,具有空气处理量大、参数稳定、运行可靠的优点。

②半集中式:包括诱导式、风机盘管式和多联机组等。诱导式是把集中空调系统送来的高速空气通过诱导喷嘴,就地吸入经过二次盘管处理后的室内空气,混合送到房间内;风机盘管式是把集中处理的冷冻(热)水送入空调房间内与室内空气进行热交换;多联机组的室外部分采用多机组组合,根据室内负荷变化灵活调节冷量供给,室内机多数采用直接蒸发方式,机组利用率和能效高,自动化程度高,使用便捷,但控制系统较为复杂。

③分散式空调系统:将房间空调器直接或就近装配在所需房间,安装简单方便,适用于家庭、小型办公和生产场所。前两者要使用大中型空调设备,而分散式一般使用房间空调器。

8.2.1 房间空调器介绍

1)窗式(整体式)空调器

窗式空调器是一种可以安装在房屋窗口上的小型整体式空调器,制冷量一般小于 9 kW、循环风量在 1 800 m^3/h 以下。窗式空调器有结构紧凑、体积小、重量轻、安装方便等特点,适用于住宅、办公室、小型计算机房等场所。

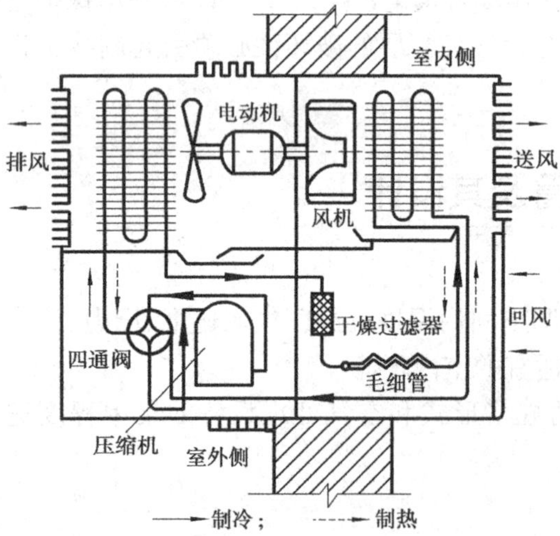

图 8.1　热泵型窗式空调器工作系统图

窗式空调器制冷系统见图 8.1。制冷系统由小型全封闭压缩机、冷凝器、节流毛细管和蒸发器组成,通常采用 R22, R134a, R410a 等,整个系统焊接密闭成一体,具有密闭性好的优点。空调器的通风循环分室内和室外两部分,室内的空气经过滤尘网至蒸发器进行热交换后由离心风扇排出,达到降温除湿的目的。室外空气由轴流风扇从机壳两旁的百叶窗吸入,与冷凝器进行热交换后排出。当冬季工作于制热循环时,通过电磁四通阀的调节,改变制冷剂的流动方向,从而使室内的换热器作冷凝器、室外的换热器作蒸发器,达到从室外低温环境吸热,为室内供暖的目的。

2)分体式空调器

分体式空调器是将整体式空调器分为两个部件构成的:一般是将压缩机、冷凝器、轴流风机等组装成压缩冷凝机组置于室外,称为室外机组;将蒸发器、离心式(或贯流式)风机、控制元件等组装成冷风箱置于室内,称为室内机组。二者之间用制冷剂管道相连,构成一个完整的空调机组。其主要优点是:噪声低,冷凝器有较好的散热条件,安装灵活、样式美观。根据需要可将室内机组设计成壁挂式、悬吊式、落地式、嵌入式等新颖式样,为房间布置增添色彩。

挂壁式为家用分体式空调器中最常见形式，制冷量一般为 2～4 kW，室内机直接挂在墙壁的上部位置，节省室内安装空间，图 8.2 为挂壁式空调器结构简图。工作时，风扇的抽吸作用使室内空气从过滤器通道进入，经过蒸发器降温除湿后送入室内。室内机的空气流动一般为上进、下出形式。对于冷量较大的分体式空调器，室内机一般做成落地式（也称为柜式），其基本构成及流程与挂壁式相似。

由于空气源热泵型空调器具有节能和使用便捷的优势，近年得到迅速的发展和普及。为了获得较宽的工作温度范围和较佳的热泵性能，考虑到制冷和制热不同工况时系统流量及压比的变化，采用双节流回路的方式以取得较佳的系统匹配性能和较宽的工作温度范围。图8.3 示出了双节流回路制冷系统的工作原理。制冷时因蒸发温度相对较高，制冷剂质量流量相对较大，制冷剂只经过主毛细管节流；而制热时制冷剂分别经过主毛细管和副毛细管的节流作用，以达到合适（更低）的蒸发温度。

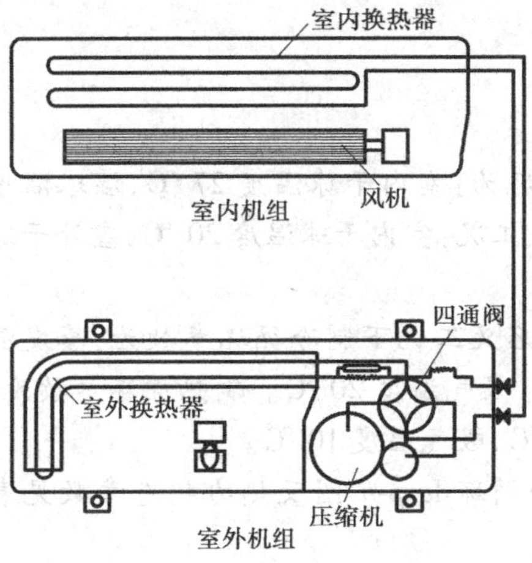

图 8.2　分体壁挂式空调器结构图

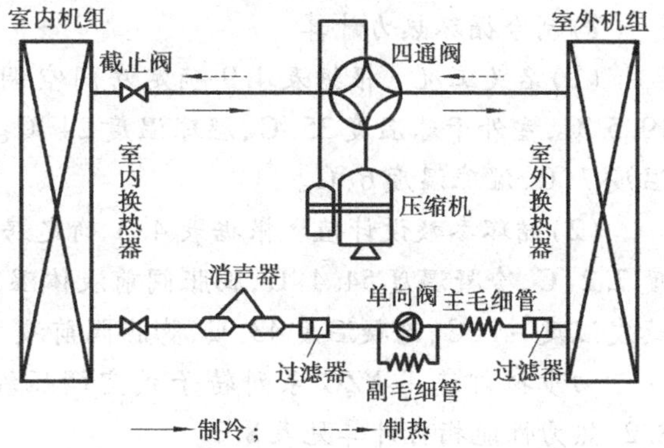

图 8.3　热泵型分体式空调器工作原理图

3）房间空调器的技术参数和能效等级

房间空调器铭牌上标明的主要技术参数包括：

①制冷量和制热量：单位时间内从被调节空间内除去（或送入）的热量，单位为 W 或 kW。

②额定消耗功率：空调器在额定工况下进行制冷（或制热）运转时消耗的功率，单位为 W。在实际使用中因室内外环境与标定工况有差异，实际消耗的功率与铭牌上标明的可能有差异。

③性能系数：空调运转时制冷（热）量与消耗功率之比，单位 W/W，常用 COP 和 EER（能效比）值表示。COP 与 EER 的区别在于前者仅考虑压缩机的耗能，而后者考虑了整机的能耗，因而用 EER 评价空调器的能耗水平更为合理。

④风量：单位时间内向被调节空间送入的风量或空气循环量，单位为 m^3/h。

⑤噪声：空调器的噪声主要来自风机和压缩机。实测噪声是在标准工况下，在距空调器出风口中心法线 1 m 处，距地面约高 1 m 的位置，用声级计测量的。

根据《能源效率标识管理办法》规定从 2005 年 3 月 1 日起，我国率先对家用空调器等电器产品强制实施能源效率标识制度。根据 GB 12021.3—2004，空调器的能效等级按能效比值依次标为 1～5 级，见表 8.1。等级 1 最节能；等级 2 为空调器的节能评定值，达到该指标为节能产品；等级5为空调器的能效限定值，是市场准入指标。需要指出的是，GB 12021. 3—2004 中增加了超前性能效标准指标，即2009年的能效限定值将比表8.1的水平有所提高。

表8.1　能源效率等级指标

类　型	额定制冷量 Q_0/W	能效等级				
		5	4	3	2	1
分体式	$Q_0 \leqslant 4\,500$	2.6	2.8	3.0	3.2	3.4
	$4\,500 < Q_0 \leqslant 7\,100$	2.5	2.7	2.9	3.1	3.3
	$7\,100 < Q_0 \leqslant 14\,000$	2.4	2.6	2.8	3.0	3.2
整体式		2.3	2.5	2.7	2.9	3.1

8.2.2　空调器设计举例

【例8.1】　设计KFR-35GW空调器，制冷剂为R22。

1)制冷循环热力计算

(1)名义工况　根据表4.9确定房间空调器名义工况为：室内干球温度27 ℃，湿球温度19.5 ℃，室外干球温度35 ℃，湿球温度24 ℃。制热名义工况：室内干球温度20 ℃，室外干球温度7 ℃，湿球温度6 ℃。

(2)循环参数设计值　根据表4.3确定房间空调器名义工况下制冷循环参数为：蒸发温度7.2 ℃，冷凝温度54.4 ℃，膨胀阀前液体温度46.1 ℃，吸气温度20 ℃。制热循环参数为：蒸发温度－1 ℃，冷凝温度43 ℃，膨胀阀前液体温度38 ℃，吸气温度10 ℃。

初步拟订选用YZG系列转子式空调压缩机。制冷循环lg p-h图及热力状态参数见表8.2。热力性能指标计算见表8.3。

2)压缩机的选型

选用转子式空调压缩机(YZG-35RE)。制冷剂R22，电源规格220 V/50 Hz，压缩机额定性能参数(名义工况下)：制冷量3 500 W，输入功率为1 230 W，均能满足空调器设计要求。

表8.2　制冷循环lg p-h图及热力状态参数

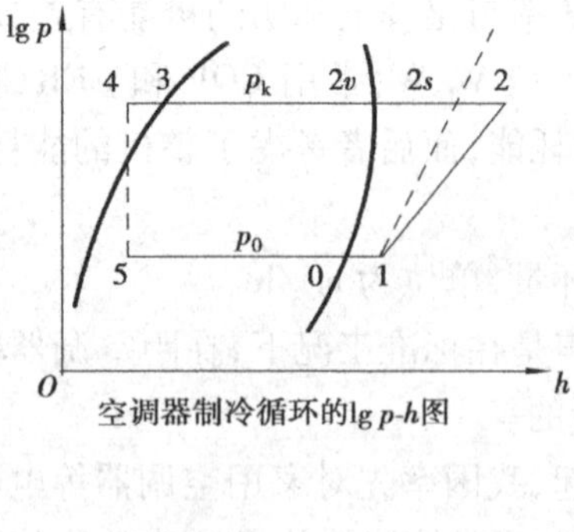

空调器制冷循环的lg p-h图

状态点	符号	单位	参数值	参数来源
0	t_0	℃	7.2	根据 t_0 确定蒸发压力 p_0，作等压线交饱和气体线得0点，查表或图
	p_0	10^2 kPa	6.26	
	h_0	kJ/kg	407.8	
1	t_1	℃	20	p_0 的等压线交 t_1，查lg p-h图
	v_1	m^3/kg	0.040 5	
	h_1	kJ/kg	418	
2s	t_{2s}	℃	88	过1点作等熵线，与 p_2 等压线交点2s，$p_2 = p_k$
	h_{2s}	kJ/kg	451	
2	t_2	℃	94	由式(4.37)，取 $\eta_i = 0.85$，求得 h_2
	p_2	10^2 kPa	21.46	
	h_2	kJ/kg	456.8	
4	t_4	℃	46.1	p_k 等压线与 t_4 过冷液体等温线的交点4，$h_4 = h_5$
	h_4	kJ/kg	257.9	

表 8.3 热力性能指标计算

项 目	计算公式	单位	计算值	备 注
单位质量制冷量	$q_0 = h_0 - h_4$	kJ/kg	149.9	式(4.34)
单位容积制冷量	$q_v = q_0 / v_1$	kJ/m³	3 701.2	式(4.34)
单位指示功	$w_i = h_2 - h_1$	kJ/kg	38.8	式(4.34)、式(4.37)
单位冷凝热	$q_k = h_2 - h_4$	kJ/kg	198.9	式(4.36)
制冷剂质量流量	$q_m = Q_0 / q_0$	kg/s	2.335×10^{-2}	式(4.38)
压缩机理论排量	$q_h = q_m v_1 / \lambda$	m³/s	1.26×10^{-3}	取压缩机输气系数 λ = 0.75
制冷系数	$\varepsilon_i = q_0 / w_i$		3.86	
卡诺循环制冷系数	$\varepsilon_c = T_0 / (T_k - T_0)$		5.94	
热力完善度	$\eta = \varepsilon_i / \varepsilon_c$		0.65	
压缩机输入电功率	$P = \dfrac{q_m w_i}{\eta_m \eta_{mot}}$	kW	1.17	式(5.7)、式(5.8)，取机械效率 η_m 和电机效率 η_{mot} 分别为 0.90, 0.86
冷凝器负荷	$Q_k = q_m q_k$	kW	4.644	式(4.42)
能效比	$EER = Q_0 / P$		3.0	

3)蒸发器的设计计算

(1)空气经过蒸发器的处理过程　在进行壁挂式空调器制冷量测定时不考虑新风量，因此设计计算中可以假定进入蒸发器的空气状态即为室内空气状态。

空气经过蒸发器的处理过程可用湿空气的 h-d 图表示，见图 8.4。蒸发器进口处空气干球温度 $t_1 = 27$ ℃，湿球温度 $t_{1s} = 19.5$ ℃，查 h-d 图，得蒸发器进口处湿空气的比焓值 $h_1 = 55.8$ kJ/kg，含湿量 $d_1 = 11.1$ g/kg，$\varphi_1 = 50\%$。

(2)风量及风机选择　在空气调节装置中，空气冷却器风量选择，可按风量冷量比估算($q_v / Q_0 = 0.15 \sim 0.22$)，预估蒸发器的风量为：

$$q_v' = 3\ 500 \times 0.22\ \text{m}^3/\text{h} = 770\ \text{m}^3/\text{h}$$

选取 GL07 系列贯流风机，风量 $q_v = 800\ \text{m}^3/\text{h}$ ($0.22\ \text{m}^3/\text{s}$)，全压 $H = 50$ Pa，配用电动机功率 $P = 80$ W。

(3)蒸发器中空气状态参数计算　蒸发器进、出口空气比焓差为：

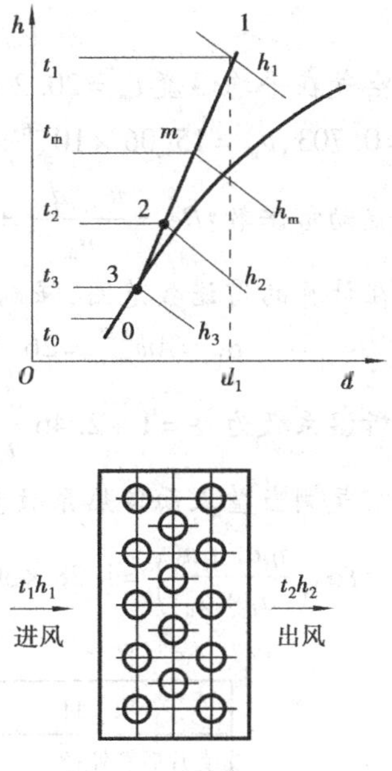

图 8.4　空气经过蒸发器时的状态变化

$$\Delta h = h_1 - h_2 = \frac{Q_0}{\rho q_v'} = 13.26\ \text{kJ/kg}$$

式中，ρ 为进口空气密度，$\rho = 1.2\ \text{kg/m}^3$。

蒸发器出口处空气焓值为：$h_2 = h_1 - \Delta h = 42.54$ kJ/kg

设蒸发器出口处空气的相对湿度 $\varphi_2 = 90\%$，则蒸发器出口处空气的干球温度 $t_2 = 16$ ℃，

含湿量 $d_2=10.2$ g/kg。将 h-d 图上的空气的进、出口状态点1、2相连，延长与饱和线相交，得 $t_3=14$ ℃，$h_3=40$ kJ/kg，$d_3=10$ g/kg。

蒸发器中空气的平均焓值为：

$$h_m=h_3+\frac{h_1-h_2}{\ln\dfrac{h_1-h_3}{h_2-h_3}}=\left(40+\frac{55.8-42.54}{\ln\dfrac{55.8-40}{42.54-40}}\right)\text{kJ/kg}=47.25\ \text{kJ/kg}$$

由焓湿图可查得 $t_m=20.2$ ℃，$d_m=10.7$ g/kg。

(4)初步确定蒸发器结构参数　采用强制对流直接蒸发管片式蒸发器(连续整体式铝套片)。紫铜管为 $\phi10\times0.5$ mm，正三角形排列，管间距 $S_1=25$ mm，排间距 $S_2=21.65$ mm，铝片厚 $\delta=0.15$ mm，片距 $S_f=1.8$ mm，铝片导热率数 $\lambda=204$ W/(m·K)。

取沿气流方向管排数 $N=3$，气流方向蒸发器长 $B=65$ mm，分两路供液，蒸发器高度方向为8排。预选迎面风速 $w_f=2$ m/s，则迎风面积 $A_y=q_v/w_f=0.111$ m^2，蒸发器高 $H=8S_1=0.2$ m，单管有效长 $L=A_y/H=0.56$ m，考虑适当裕度实取0.6 m，计算得实际迎面风速为：

$$w_f=\frac{q_v}{HL}=\frac{800}{0.2\times0.6\times3\ 600}\text{m/s}=1.852\ \text{m/s}$$

(5)空气侧换热系数计算　平均传热温差为：

$$\theta_m=\frac{t_1-t_2}{\ln\dfrac{t_1-t_0}{t_2-t_0}}=\frac{27-16}{\ln\dfrac{27-7.2}{16-7.2}}\ ℃=13.56\ ℃$$

空气在平均温度 $t_m=20.2$ ℃的物性参数为：$\rho_m=1.205$ kg/m^3，$c_{p,m}=1.005$ kJ/(kg·K)，$Pr_m=0.703$，$\nu_m=15.06\times10^{-6}$ m/s，$\lambda_m=0.025\ 9$ W/(m·K)。

流动雷诺数：$Re_f=\dfrac{w_{max}d_{ef}}{\nu_m}=3.367\times2.967\times10^3/15.06=663$

在计算的雷诺数范围，强制对流肋片管簇干表面传热系数为：

$$\alpha_0=Aw_{max}^{0.55}=26.12\times3.367^{0.55}\ \text{W/(m}^2\cdot\text{K)}=50.92\ \text{W/(m}^2\cdot\text{K)}$$

析湿系数为：$\xi=1+2.46\dfrac{d_m-d_3}{t_m-t_3}=1+2.46\dfrac{10.7-10}{20.2-14}=1.28$

空气侧当量表面传热系数为：

$$\alpha_j=\xi\alpha_0\left(\frac{\eta_f a_f+a_b}{a_f+a_b}\right)=1.28\times50.92\left(\frac{0.879\times0.509+0.03}{0.539}\right)\text{W/(m}^2\cdot\text{K)}=57.73\ \text{W/(m}^2\cdot\text{K)}$$

表8.4　蒸发器几何和结构参数计算

项　目	计算公式	单　位	计算值
套片后管外径	$d_b=D_o+2\delta$	m	0.010 3
管内径	$d_i=d_o-2\times0.5$	m	0.009
当量直径	$d_{ef}=\dfrac{2\times(s_1-d_b)(s_f-\delta)}{s_1-d_b+s_f-\delta}$	mm	2.967
每米管长翅片表面积	$a_f=2\dfrac{(S_1S_2-\pi d_b^2/4)}{S_f}$	m^2/m	0.509

续表

项　目	计算公式	单　位	计算值
每米管长翅片间基管外表面积	$a_b = \frac{\pi d_b (S_f - \delta)}{S_f}$	m^2/m	0.030
每米管长总外表面积	$a_{of} = a_f + a_b$	m^2/m	0.539
每米管长外表面积	$a_{bo} = \pi d_b$	m^2/m	0.032 36
每米管长内表面积	$a_i = \pi d_i$	m^2/m	0.028 27
每米管长平均直径处表面积	$a_m = \frac{\pi (d_b + d_i)}{2}$	m^2/m	0.030 32
肋化系数	$\beta = \frac{a_{of}}{a_i}$		19.06
肋通系数	$a = \frac{A_{of}}{(NA_y)} = \frac{a_{of}}{S_1}$		21.56
净面比	$\varepsilon = \frac{(S_1 - d_0)(S_f - \delta)}{S_1 S_f}$		0.55
最小截面流速	$w_{max} = \frac{w_f}{\varepsilon}$	m/s	3.367
总传热面积	$A_{of} = BLaN$	m^2	7.76
总管长	$L = \frac{A_{of}}{a_{of}}$	m	14.4

(6)制冷剂侧传热系数计算　制冷剂侧当量表面传热系数为：

$$\alpha_1 = 0.023 (Re_1)^{0.8} (Pr_1)^{0.4} \frac{\lambda_1}{d_i} = 140.35$$

$$\alpha_i = \alpha_1 [C_1 (C_0)^{C_0} (25\mathrm{Fr}_1)^{C_5} + C_3 (B_0)^{C_4} F_{fl}] = 2\ 743.64\ \mathrm{W/(m^2 \cdot K)}$$

(7)传热系数计算

$$K = \frac{1}{\frac{a_{of}}{\alpha_i a_i} + R_w + R_s + \frac{a_{of}}{a_m} R_t + \frac{1}{\alpha_j}}$$

$$= \frac{1}{\frac{0.539}{0.028\ 27 \times 2\ 743.64} + 4.8 \times 10^{-3} + \frac{1}{57.73}} \mathrm{W/(m^2 \cdot K)}$$

$$= 34.40\ \mathrm{W/(m^2 \cdot K)}$$

取总的传热系数 $K = 34.4\ \mathrm{W/(m^2 \cdot K)}$，计算所需传热面积为：

$$A_0 = \frac{Q_0}{K\theta_m} = \frac{3\ 500}{34.4 \times 13.56} \mathrm{m^2} = 7.50\ \mathrm{m^2} < A_{0f}$$

所设计的蒸发器满足要求。

(8)空气侧流动阻力　凝露工况下，气体横向流过整体套片的叉排管簇时，阻力可按下式计算：

$$\Delta p = 1.2 \times 9.81 A \frac{B}{d_e} (\rho_m w_{max})^{1.7} \psi$$

对于粗糙的翅片表面取 $A = 0.011\ 3\ \mathrm{m^2}$；当量直径 $d_e = 2.967\ \mathrm{mm}$；气流方向蒸发器长 $B = 65$

mm；空气密度 $\rho_m=1.205\ kg/m^3$；凝露工况下 $\psi=1.2$，则空气侧流动阻力为：

$$\Delta p=39.8\ Pa<H(50\ Pa)$$

因此，所选风机满足压头要求。

4）冷凝器的设计计算

（1）冷凝器结构的初步规划　采用强制对流管片式空冷冷凝器，连续整体式铝套片。紫铜管为 $\phi10\times0.5$ mm，正三角形排列，管间距 $S_1=25$ mm，排间距 $S_2=21.65$ mm，铝片厚 $\delta=0.15$ mm，考虑风源热泵的结霜特性，取片距 $S_f=2.2$ mm，铝片导热率 $\lambda=204\ W/(m\cdot K)$。沿空气流动方向的管排数 $N=2$，翅片宽 $B=0.0433$ m。

（2）冷凝器的几何参数计算　计算结果见表 8.5。

表 8.5　冷凝器几何参数计算

项　目	计算公式	单　位	计算值
每米管长外表面积	$a_{bo}=\pi d_b$	m^2/m	0.032 36
每米管长内表面积	$a_i=\pi d_i$	m^2/m	0.028 27
当量直径	$d_{ef}=\dfrac{2\times(s_1-d_b)(s_f-\delta)}{s_1-d_b+s_f-\delta}$	mm	3.598
每米管长翅片表面积	$a_f=2\dfrac{S_1S_2-\pi d_b^2/4}{S_f}$	m^2/m	0.416
每米管长翅片间基管外表面积	$a_b=\dfrac{\pi d_b(S_f-\delta)}{S_f}$	m^2/m	0.030
每米管长总外表面积	$a_{of}=a_f+a_b$	m^2/m	0.446
每米管长平均直径处表面积	$a_m=\dfrac{\pi(d_b+d_i)}{2}$	m^2/m	0.030 32
肋化系数	$\beta_i=\dfrac{a_{of}}{a_i},\beta_b=\dfrac{a_{of}}{a_{bo}}$		15.78，13.78
肋通系数	$a=\dfrac{A_{of}}{NA_y}=\dfrac{a_{of}}{S_1}$		17.84
净面比	$\varepsilon=\dfrac{(S_1-d_0)(S_f-\delta)}{S_1S_f}$		0.559

（3）冷凝器总传热系数计算　空气侧表面传热系数可由下式计算：

$$\alpha_{of}=C\psi\frac{\lambda_m}{d_{ef}}Re_f^n\left(\frac{B}{d_{ef}}\right)^m\times1.1$$

式中，$Re_f=\dfrac{w_{max}d_{ef}}{\nu_m}=4.24\times3.598\times10^3/16.8=908$，$\dfrac{B}{d_{ef}}=12$。查得 $n=0.529$，$\psi=0.296$，$C=1.144$，$m=-0.208$，则：

$$\alpha_{of}=1.144\times0.296\times\frac{0.02643}{3.598\times10^{-3}}\times908^{0.529}\times\left(\frac{43.3}{3.598}\right)^{-0.208}\times1.1\ W/(m^2\cdot K)$$
$$=59.9\ W/(m^2\cdot K)$$

制冷剂在管内凝结的表面传热系数为：

$$\alpha_{ki}=0.555Bd_i^{-0.25}(t_k-t_{wi})^{-0.25}=2\,388(t_k-t_{wi})^{-0.25}$$

式中，B 为 R22 在 t_k 的物性集合系数，$B=1\,325.4$。

忽略管壁温差，根据管内外热流平衡原则，得：

$$\alpha_{ki}a_i(t_k - t_{wi}) = \alpha_{of}\eta_0 a_{of}(t_{wi} - t_f)$$

翅片表面效率为： $\eta_0 = \dfrac{a_f\eta_f + a_b}{a_f + a_b} = 0.866$

代入数据得：$2\ 388 \times 0.028\ 27 \times (54.4 - t_{wi})^{0.75} = 59.9 \times 0.866 \times 0.446 \times (t_{wi} - 38.1)$

整理得： $(54.4 - t_{wi})^{0.75} = 0.342\ 7 \times (t_{wi} - 38.1)$

解得 $t_{wi} = 48.8$ ℃，则 R22 在管内的凝结表面传热系数为：

$$\alpha_{ki} = 2\ 388(54.4 - 48.8)^{-0.25}\,\text{W/(m}^2\cdot\text{K)} = 1\ 552\ \text{W/(m}^2\cdot\text{K)}$$

取管壁与翅片间接触热阻 $R_b = 0.004\ \text{m}^2\cdot\text{K/W}$，空气侧垢层热阻 $R_0 = 0.000\ 1\ \text{m}^2\cdot\text{K/W}$、紫铜管热导率 $\lambda = 393\ \text{W/(m}^2\cdot\text{K)}$，冷凝器的总传热系数为：

$$K = \frac{1}{\dfrac{1}{\alpha_{ki}}\dfrac{a_{of}}{a_i} + \dfrac{\delta}{\lambda}\dfrac{a_{of}}{a_m} + R_0 + R_b + \dfrac{1}{\alpha_{of}\eta_0}} = 29.80\ \text{W/(m}^2\cdot\text{K)}$$

冷凝器所需传热面积： $A_{of} = \dfrac{Q_k}{K\theta_m} = \dfrac{4\ 644}{29.80 \times 16.1}\ \text{m}^2 = 9.68\ \text{m}^2 < 12.04\ \text{m}^2$

(4)空气侧流动阻力计算　干工况下，气体横向流过整体套片的叉排管簇时，空气流动阻力可按下式计算：

$$\Delta p = 1.2 \times 9.81 A\frac{B}{d_e}(\rho_m w_{max})^{1.7} = 1.2 \times 9.81 \times 0.011\ 3 \times \frac{43.3}{3.598} \times (1.135 \times 4.24)^{1.7}\ \text{Pa} = 23\ \text{Pa}$$

由设计计算可知，所设计的冷凝器结构能满足传热面积的要求，风机也能满足压头的要求。

5)毛细管选择计算

制冷剂在毛细管内的两相流动过程十分复杂，难以精确计算。用图解法选出的毛细管尺寸都要经过在实际装置中的运行试验，经修正后才能获得最佳尺寸。

为简化计算，假定由冷凝器出口至毛细管进口前的总流动阻力损失相当于饱和温度降低了 1.5 ℃。因此，进毛细管时液体制冷剂的过冷度为：

$$\Delta t = (55.4 - 46.1 - 1.5)\,℃ = 6.8\ ℃$$

由 p_k，Δt 值得标准毛细管的通流量：$q'_m = 56$ kg/h

流量系数： $\varphi = \dfrac{q_m}{Zq'_m} = \dfrac{84.06\ \text{kg/h}}{2 \times 56\ \text{kg/h}} = 0.75$

可选毛细管内经 $d_i = 1.2$ mm，长 $L = 0.6$ m 两根；内经 $d_i = 1.6$ mm，长 $L = 0.68$ m 一根。

6)系统制冷剂充注量的估算

对制冷剂为 R22 的小型空冷式空调器而言，系统的制冷剂充注量可用下式估算：

$$G = 533.4V_h + 224.7V_k$$

式中，G 为系统制冷剂充注量，kg；V_h，V_k 分别为蒸发器和冷凝器容积，m^3。

由前面的计算可知，蒸发器的总传热管长为 14.4 m，冷凝器的总传热管长为 27 m，考虑到弯管等因素，现取蒸发器、冷凝器的总传热管长分别为 17 m 和 32 m，相应的各自容积为 0.001 08 m^3和 0.002 04 m^3，由上式可估算出该系统的制冷剂充注量为：

$$G = (533.4 \times 1.08 \times 10^{-3} + 224.7 \times 2.04 \times 10^{-3})\,\text{kg} = 1.034\ \text{kg}$$

应该指出,充注量对系统性能的影响因素是多方面的,也与毛细管的长度有关。在毛细管长度一定的情况下,存在一个最佳充注量,它与确定毛细管尺寸的情况类似,也应该通过在实际装置中进行实验后确定。

8.3 冷(热)水机组及其设计

8.3.1 冷(热)水机组的分类及特点

冷(热)水机组主要由压缩机、冷凝器、蒸发器、节流机构、辅助设备及自动控制元件组成,广泛应用于空调工程和工业生产工艺中,为空调末端或生产工艺过程提供不同温度的冷(热)水。这类机组结构紧凑,使用灵活,管理方便,安装简单。

根据适用的温度范围,可分为高温、中温和低温冷水机组。

按照机组的功能分为单冷型(仅夏季供冷)、热泵型(夏季供冷、冬季供热)、全热回收型(夏季供冷和生活用热水,冬季供热)、部分热回收型(夏季供冷和生活用热水(部分回收),冬季供热)。

根据驱动动力不同,分为蒸气压缩式冷(热)水机组和吸收式冷(热)水机组。其中,压缩式冷水机组根据其冷凝器的冷却方式不同又分为水冷式、风冷式和蒸发冷却式冷水机组;根据使用的制冷剂种类不同,压缩式冷水机组又可分为氟利昂冷水机组和氨冷水机组。

蒸气压缩式冷水机组根据所用压缩机的种类不同可分为:

(1)活塞式　在空调工况制冷量小于 580 kW 的冷量范围内广泛使用。常用制冷剂为 R22,R134a,R407C。目前活塞式冷水机组常为多机头机组,通过启停压缩机的方法实现冷量调节。

(2)螺杆式　在空调工况制冷量范围为 121 ~ 1 191 kW,属于中型冷量范围冷水机组。常用制冷剂为 R22,R134a,R407C,R717。与活塞式相比,这类机组具有如下特点:结构简单,运动部件少,无往复运动的惯性力,转速高,运动平稳,振动小;机组重量轻,单机制冷量大;由于缸内无余隙容积和吸、排气阀片,因此具有较高的容积效率;易损件少,零部件仅为活塞式的十分之一,运行可靠,易于维修;对湿冲程不敏感,允许少量带液,无液击危险;调节方便,螺杆式压缩机的调节性能大大优于活塞式压缩机,且在 50% ~100% 负荷运行时,其功率消耗几乎正比于冷负荷,其部分负荷性能系数优于活塞式冷水机组。

(3)离心式　属于大容量的冷水机组,其制冷量一般不小于 350 kW。常用制冷剂为 R123,R134a,R22。这类机组具有如下特点:结构紧凑,机组重量轻,性能系数高;能较经济地实现无级调节;无气阀、填料、活塞环等易损件,工作比较可靠。单级离心式冷水机组工况范围比较窄,冷凝压力不宜过高,一般控制在 40 ℃,冷凝器进口水温在 32 ℃左右;蒸发压力不宜过低,蒸发温度在 0 ~5 ℃,蒸发器出口水温在 5 ~7 ℃,满足空调工程的要求。

(4)涡旋式　属冷量范围较小的冷水机组,具有效率高,振动小,结构简单,体积小,重量轻,易损件少,可靠性高等优点。但由于需要高精度的加工设备和精确的调心装置和技术,制造成本和价格比活塞式高，冷量范围小，适用于小型商用空调和多联式空调系统。

吸收式冷水机组根据热源方式的不同，又分为蒸汽型、热水型和直燃型冷水机组；根据所用工质的不同，又可分为氨吸收式和溴化锂吸收式冷水机组；根据热能利用程度不同，又分为单效和双效吸收式冷水机组；根据各换热器的布置情况，又分为单筒型、双筒型和三筒型吸收式冷水机组；根据应用范围，又分为单冷型和冷热水型吸收式冷水机组。习惯将上述分类加以综合，如蒸气单、双效溴化锂吸收式冷水机组、直燃式溴化锂冷热机组等。其中，溴化锂吸收式冷水机组属于大型冷量范围的冷水机组，具有如下优点：加工简单，操作方便，制冷量调节范围大，可实现无级调节；运动部件少，振动小；热水型和蒸汽型机组可利用余热、废热和其他低品位热能，直燃型机组自带锅炉，减少了许多中间环节，热效率高；耗电量低，约为同等制冷量压缩式制冷机组的5%，适用于电力紧缺的地区；溴化锂溶液无毒，对臭氧层无破坏作用。其缺点是：使用寿命比压缩式机组短，性能系数较低，维护较为复杂，性能衰减较严重。

冷水机组是中央空调系统和需要低温水的生产工艺过程中的关键设备，选择使用前必须熟悉各种冷水机组的特点。冷水机组的选择就是要合理地选定机型、台数。其选择应按被冷却对象的温度和冷量需求、各类制冷机的特性、结合当地水源（包括水量、水温及水质）、电源和热源（包括热源性质、品位高低）等情况，从初投资和运行费用进行综合技术经济比较来确定，见表8.6。

表8.6 不同形式冷水机组的冷量范围、使用工质及性能系数

种类		制冷剂	单机制冷量/kW	性能系数/$(kW \cdot kW^{-1})$
压缩式冷水机组（水冷）	活塞式	R22，R134a	52~580	3.57~4.16
	螺杆式	R22，NH_3	120~3 870	4.50~5.56
	离心式	R123	250~10 500	5.00~6.00
		R134a	250~28 150	4.76~5.90
		R22	1 060~35 200	
	涡旋式	R22	<210	4.00~4.35
	模块式	R22	110~1 690	3.82
吸收式冷水机组	蒸汽式	NH_3/H_2O		>0.6
	热水式	$H_2O/LiBr$（双效）	240~5 279	1.00~1.23
	直燃式	$H_2O/LiBr$（双效）		1.00~1.23

8.3.2 冷水机组设计实例

1）冷水机组设计步骤

（1）方案论证　根据设计任务和技术经济指标要求及当地的气象资料、能源状况等调研论证，拟定设计方案的主要内容为：制冷机的类型、制冷剂的种类、制冷系统流程设计及其总体布局、换热器结构形式、冷水机组自动控制。

（2）制冷热力循环计算

(3)制冷压缩机的选择和校核计算

(4)蒸发器、冷凝器的设计计算

(5)节流机构的设计计算与选择,辅助设备设计与选择

(6)自动控制系统设计

2)冷水机组设计简介

【例 8.2】 设计任务:中央空调用制冷量为 120 kW 的水冷螺杆式冷水机组,制冷剂 R22。

(1)工况确定　根据表 4.7 和表 4.11 等确定:

冷冻水进口温度 $t_{s1}=12$ ℃,出口温度 $t_{s2}=7$ ℃,蒸发温度 $t_0=2$ ℃;

冷却水进水温度 $t_{w1}=32$ ℃,出水温度为 $t_{w2}=37$ ℃,冷凝温度 $t_k=40$ ℃;

吸气温度 7 ℃(采用热力膨胀阀时,蒸发器出口气体过热度为 3 ~5 ℃)、过冷度 5 ℃(单级压缩系统中,节流前液体的过冷是在冷凝器中实现的,一般取过冷度为 5 ℃)。

(2)热力计算　制冷循环热力状态参数见表 8.7,热力性能指标计算见表 8.8。

表 8.7　制冷循环 lg *p-h* 图及热力状态参数

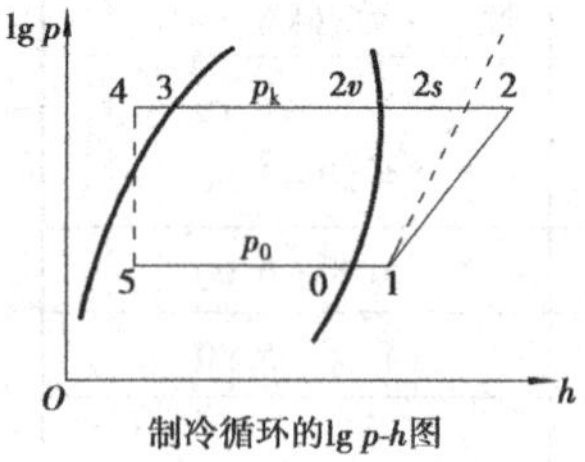

制冷循环的lg *p-h*图

状态点	符号	单位	参数值	参数来源
0	t_0	℃	2	根据 t_0 确定蒸发压力 p_0,作等压线交饱和气体线得 0 点,查表或图
	p_0	10^2 kPa	5.3	
	h_0	kJ/kg	406	
1	t_1	℃	7	p_0 的等压线交 t_1,查 lg *p-h* 图
	v_1	m^3/kg	0.045	
	h_1	kJ/kg	410	
2s	t_{2s}	℃	62	过 1 点作等熵线,与 p_2 等压线交点 2s,$p_2=p_k$
	h_{2s}	kJ/kg	437	
2	t_2	℃	76.95	由式(4.37),取 $\eta_i=0.85$,求得 h_2
	p_2	10^2 kPa	15.3	
	h_2	kJ/kg	442	
4	t_4	℃	35	p_k 等压线与 t_4 过冷液体等温线的交点 4,$h_4=h_5$
	h_4	kJ/kg	243	

表 8.8　热力性能指标计算

项　目	计算公式	单位	计算值	备　注
单位质量制冷量	$q_0=h_1-h_5$	kJ/kg	167	式(4.34)
单位容积制冷量	$q_v=q_0/v_1$	kJ/m^3	3 711	式(4.34)
单位指示功	$w_i=h_2-h_1$	kJ/kg	32	式(4.34),式(4.37)
单位冷凝热	$q_k=h_2-h_4$	kJ/kg	199	式(4.36)
制冷剂质量流量	$q_m=Q_0/q_0$	kg/s	0.719	式(4.38)
压缩机理论排量	$q_h=q_m v_1/\lambda$	m^3/s	0.043	取压缩机输气系数 $\lambda=0.75$
制冷系数	$\varepsilon_i=q_0/w_i$		5.2	

续表

项　目	计算公式	单位	计算值	备　注
卡诺循环制冷系数	$\varepsilon_c = T_0/(T_k - T_0)$		7.25	
热力完善度	$\eta = \varepsilon_i/\varepsilon_c$		0.72	
压缩机输入电功率	$P = \dfrac{q_m w_i}{\eta_m \eta_{mot}}$	kW	29.7	式(5.7),式(5.8),取机械效率 η_m 和电机效率 η_{mot} 分别为 0.90,0.86
冷凝器负荷	$Q_k = q_m q_k$	kW	143.1	式(4.42)
能效比	$EER = \dfrac{Q_0}{P}$		4.04	

(3)压缩机选择　在实际工况且所需冷负荷已知的情况下,螺杆压缩机理论输气量为 $V_p = 154.8\ m^3/h$。根据理论输气量,选择开利涡普单螺杆压缩机,型号为0GFD18.5,该压缩机的理论排气量为:$V'_p = 162\ m^3/h$。

此压缩机在实际工况下的制冷剂流量为:$q'_m = 0.75\ kg/s$,实际工况下的制冷量为125 kW。相对误差为:$\Delta = (125 - 120)/125 = 4\%$。因此,此压缩机选择满足要求。

(4)蒸发器的设计计算

①蒸发器机构的初步规划。

本系统采用干式壳管蒸发器,结构的初步规划如图8.5所示。传热管选取 $\phi 12 \times 1$ mm 铜管,管束按正三角形排列,管距取16 mm,壳体内径 $d_i = 308$ mm,流程数 $N = 4$,总管数 $Z = 276$,则每一流程平均管数 $Z_m = 69$,管长 $L = 1\,960$ mm,折流板数 $N_b = 19$,折流板间距 $S_1 = 130$ mm,$S_2 = 85$ mm,管板厚 $\delta_B = 32$ mm,折流板厚 $\delta_b = 5$ mm,折流板上缺口高 $H_1 = 64$ mm,折流板下缺口高 $H_2 = 59$ mm,上缺口内含管数 $n_{b1} = 37$,下缺口内含管数 $n_{b2} = 33$,壳体直径附近含管数 $n_{b3} = 19$。

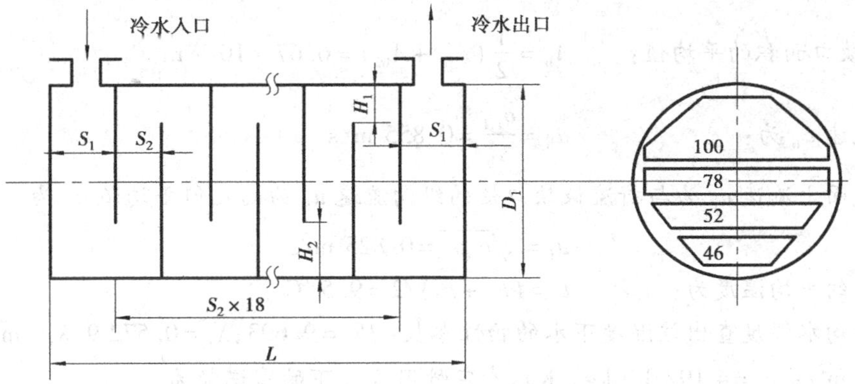

图8.5　蒸发器初步规划图

蒸发器外侧总面积为:

$$A_1 = \pi d_0 N Z_m (L - 2\delta_B) = \left[3.141\,6 \times \frac{12}{1\,000} \times 4 \times 69 \times \left(\frac{1\,960}{1\,000} - 2 \times \frac{32}{1\,000}\right)\right] m^2 = 19.72\ m^2$$

有效传热面积为:

$$A_{1c}=\pi d_0 N Z_m(L-2\delta_B-N_b\delta_b)$$

$$=\left[3.1416\times\frac{12}{1000}\times4\times69\times\left(\frac{1960}{1000}-2\times\frac{32}{1000}-19\times\frac{5}{1000}\right)\right]\ \mathrm{m}^2=18.74\ \mathrm{m}^2$$

②计算管外水的换热系数。用下标 f 表示管外冷水的参数，首先计算平均水流速度 u_1。

折流板的平均间距 S 为：

$$S=\frac{2S_1+18S_2}{N_b+1}=\frac{2\times0.13+18\times0.085}{19+1}\ \mathrm{m}=0.0895\ \mathrm{m}$$

横向流通面积为：

$$A_c=S(d_i-n_c d_0)=[(0.308-19\times0.012)\times0.0895]\mathrm{m}^2=7.16\times10^{-3}\mathrm{m}^2$$

横向流速 u_c 为：

$$q_{v,f}=\frac{Q_0}{\rho_f c_{p,f}(t_{s1}-t_{s2})}=\frac{120}{1000\times4.187\times(12-7)}\ \mathrm{m^3/s}=5.7\times10^{-3}\ \mathrm{m^3/s}$$

$$u_c=\frac{q_{v,f}}{A_c}=\frac{5.7\times10^{-3}}{7.16\times10^{-3}}\ \mathrm{m/s}=0.796\ \mathrm{m/s}$$

折流板上、下缺口面积为：

$$A_{b1}=K_{b1}D_i^2-\frac{1}{4}n_{b1}\pi d_0^2=\left(0.1187\times0.308^2-37\times\frac{1}{4}\times3.1416\times0.012^2\right)\mathrm{m}^2=7.07\times10^{-3}\ \mathrm{m}^2$$

$$A_{b2}=K_{b2}D_i^2-\frac{1}{4}n_{21}\pi d_0^2=\left(0.1054\times0.308^2-33\times\frac{1}{4}\times3.1416\times0.012^2\right)\mathrm{m}^2=6.27\times10^{-3}\ \mathrm{m}^2$$

其中，K_b 为折流板缺口面积的系数，可按表 8.9 选取。

表 8.9　折流板缺口面积的折合系数 K_b 值

H/D_i	0.15	0.20	0.25	0.30	0.35	0.40	0.45
K_b	0.073 9	0.112	0.154	0.198	0.245	0.293	0.343

上、下缺口面积的平均值：　$A_b=\frac{1}{2}(A_{b1}+A_{b2})=6.67\times10^{-3}\ \mathrm{m}^2$

纵向流速 u_b 为：　$u_b=\frac{q_{v,f}}{A_b}=0.855\ \mathrm{m/s}$

横向截面上流速 u_c 为与折流板缺口处的纵向流速 u_b 为的几何平均值 u_1 为：

$$u_f=\sqrt{u_b u_c}=0.825\ \mathrm{m/s}$$

冷冻水的平均温度为：　$t_f=(t_{s1}+t_{s2})/2=9.5\ ℃$

根据平均水温度查出该温度下水的物性参数：$Pr_f=9.693$；$\lambda_f=0.5729\ \mathrm{W/(m\cdot K)}$；$\nu_f=1.33\times10^{-6}\ \mathrm{m^2/s}$；$c_p=4192\ \mathrm{J/(kg\cdot K)}$，在定性温度 t_f 下的雷诺数为：

$$Re_f=\frac{d_0u_f}{\nu_f}=\frac{0.825\times0.012}{1.33\times10^{-6}}=7441.5$$

则管外冷冻水侧表面传热系数为：

$$\alpha_f=0.22\frac{\lambda_f}{d_0}Re_f^{0.6}Pr_f^{0.33}$$

$$= 0.22 \times \frac{0.572\,9}{0.012} \times 7\,441.5^{0.6} \times 6.693^{0.33}\ \mathrm{W/(m^2 \cdot K)}$$

$$= 4\,137.55\ \mathrm{W/(m^2 \cdot K)}$$

③计算管内沸腾表面传热系数。用下标"w"表示管内制冷剂参数。假设按内侧传热表面A_i计算的热流密度$q > 4\,000\ \mathrm{W/m^2}$(该假设将在后面检验),则管内沸腾传热系数:

$$\alpha_w = 57.8a\frac{q_i^{0.6}v_m^{0.2}}{d_i^{0.2}}$$

其中,a是与制冷剂性质及蒸发温度有关的系数,见表8.10。

表8.10 系数a值

t_0/ ℃	$a \times 10^{-2}$		
	R22	R113	R142
-30	1.64	—	1.00
-10	2.02	—	1.26
+10	2.54	0.69	1.55

查得$a = 2.33 \times 10^{-2}$。

因为:$$v_m = \frac{q_{m,ri}}{\frac{\pi d_i^2}{4}} = \frac{q_m}{\frac{\pi d_i^2}{4}Z_m} = \frac{0.719}{\frac{3.141\,6}{4} \times 0.01^2 \times 69}\ \mathrm{kg/(m^2 \cdot s)} = 132.7\ \mathrm{kg/(m^2 \cdot s)}$$

则:$$\alpha_w = 57.8a\frac{q_i^{0.6}v_m^{0.2}}{d_i^{0.2}}$$

$$= 57.8 \times 2.33 \times 10^{-2} q^{0.6} \times \frac{132.7^{0.3}}{0.01^{0.2}}\ \mathrm{W/(m^2 \cdot K)}$$

$$= 8.992q^{0.6}\ \mathrm{W/(m^2 \cdot K)}$$

α_w由q确定。

④计算阻力及传热温差。制冷剂饱和蒸气流速为:

$$u'' = \frac{4q_m}{\rho'' Z_m \pi d_i^2} = \frac{4 \times 0.719}{22.589 \times 69 \times 3.141\,6 \times 0.01^2}\ \mathrm{m/s} = 5.874\ \mathrm{m/s}$$

饱和蒸气的雷诺数为: $$Re'' = \frac{u'' d_i}{\nu''} = \frac{5.874 \times 0.01}{0.526 \times 10^{-6}} = 1.12 \times 10^5$$

摩擦阻力系数为: $f = 0.316\,4Re''^{-0.25} = 0.017\,3$

制冷剂饱和蒸气沿程阻力为:

$$\Delta p_r'' = fN\frac{l}{d_i} - \frac{1}{2}u''^2\rho'' = \left(4 \times 0.017\,3 \times \frac{1\,960}{0.01} - \frac{1}{2} \times 5.874^2 \times 22.589\right)\mathrm{Pa} = 13\,173.5\ \mathrm{Pa}$$

两相流动时制冷剂沿程阻力为: $\Delta p_l = \varepsilon_R \Delta p_r''$

式中,ε_R为两相流动时的阻力换算系数,与制冷剂种类及质量流速有关,对R22可按表8.11选取。查表$\varepsilon_R = 0.722$,则:

$$\Delta p_l = \varepsilon_R \Delta p_r'' = 0.722 \times 13\,173.5\ \mathrm{Pa} = 9\,515.5\ \mathrm{Pa}$$

表 8.11　两相流动时 R22 的 ε_R 值

$u''\rho''/(kg \cdot m^2 \cdot s^{-1})$	40	60	80	100	150	200	300	400
ε_R	0.53	0.587	0.632	0.67	0.75	0.82	0.98	1.20

试验表明,沿程阻力为总阻力的20% ~50%,总阻力可写为:$\Delta p_i=(2\sim5)\Delta p_l$

在本设计中,总阻力 $\Delta p_i=3\Delta p_l=28.65$ kPa,对数平均温差为:

$$\Delta t_m=\frac{t_{s1}-t_{s2}}{\ln\dfrac{t_{s1}-t_0}{t_{s2}-t_0}}=7.21\ ℃$$

⑤计算热流密度及传热系数。传热系数计算式为:

$$K_1=\frac{1}{\left(\dfrac{1}{\alpha_w}+R_{d2}\right)\dfrac{d_0}{d_i}+\dfrac{\delta}{\lambda}\dfrac{d_0}{d_m}+\left(\dfrac{1}{\alpha_f}+R_{d1}\right)}=\frac{1}{\dfrac{0.1335}{q^{0.6}}+2.4169\times10^{-4}}$$

$$=\frac{1}{\left(\dfrac{1}{8.992q^{0.6}}+0.09\times10^{-3}\right)\times\dfrac{12}{10}+\dfrac{0.001}{380}\times\dfrac{12}{11}+\left(\dfrac{1}{4\,137.55}+0.045\times10^{-3}\right)}$$

$$=\frac{1}{\dfrac{0.1335}{q^{0.6}}+3.8554\times10^{-4}}$$

按内侧表面计算的热流密度与按外侧表面计算的热流密度的关系为:

$$q_i=\frac{A_o}{A_i}q_0=\frac{d_0}{d_i}K_1\Delta t_m=\frac{12}{10}\times\frac{1}{\dfrac{0.1335}{q^{0.6}}+3.8554\times10^{-4}}\times7.21\ \mathrm{W/m^2}$$

用试凑法解方程得 $q_i=9\,145\ \mathrm{W/m^2}$,由此可知 $q>4\,000\ \mathrm{W/m^2}$ 得假定成立。

按外表面计算的热流密度为:　$q_0=\dfrac{A_i}{A_0}q_i=\dfrac{d_i}{d_0}q_i=7\,628.3\ \mathrm{W/m^2}$

$$K_1=\frac{1}{\left(\dfrac{1}{\alpha_w}+R_{d2}\right)\dfrac{d_0}{d_i}+\dfrac{\delta}{\lambda}\dfrac{d_0}{d_m}+\left(\dfrac{1}{\alpha_f}+R_{d1}\right)}=989.37\ \mathrm{W/(m^2\cdot K)}$$

⑥计算传热面积。根据 q_0 得所需面积值为:

$$F_{lcal}=\frac{Q_0}{q_0}=15.73\ \mathrm{m^2}$$

上述计算没有考虑蒸发器出口处 R22 的过热度对传热系数的影响。根据试验,当过热度提高到 5 ℃时,传热系数下降20%左右,所以实际需要的传热面积为:

$$F_{lreq}=1.2F_{lcal}=18.876\ \mathrm{m^2}$$

与初步规划中所定的有效传热面积相比,只差 0.7%,故初步规划是合理的。

(5)冷凝器的设计计算　拟选用卧式壳管式冷凝器,具体设计计算参看例 6.1。

①管型选择。选用 $\phi16\times1.5$ mm 的紫铜管轧制的低翅片管为内管,如图 8.6 所示。

其管型参数:翅节距 $S_f=1.25$ mm,翅厚 $\delta_t=0.223$ mm,翅高 $h=1.5$ mm, 管内径 $d_i=11$ mm,翅根管面外径 $d_b=12.86$ mm,翅顶直径 $d_t=15.86$ mm。每米管长各有关换热面积分

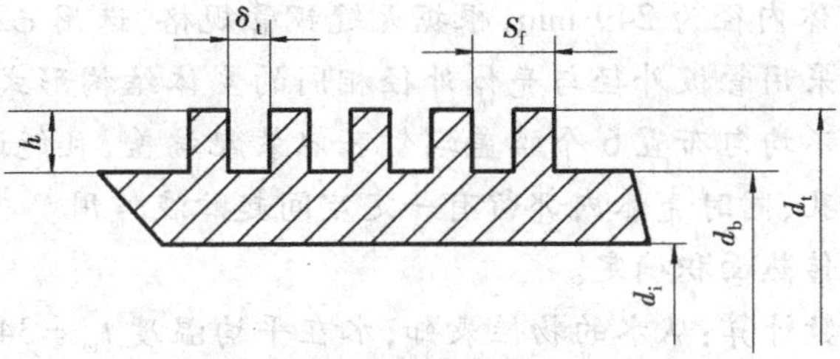

图 8.6 低翅片管的结构参数

别为：

每米管长翅顶面积：

$$a_d = \pi d_t \delta_t / S_f = \frac{\pi \times 0.015\ 86 \times 0.000\ 223}{0.001\ 25}\ \mathrm{m^2/m} = 0.008\ 9\ \mathrm{m^2/m}$$

每米管长翅侧面积：

$$a_f = \frac{\pi(d_t^2 - d_b^2)}{2S_f} = \frac{\pi \times (0.015\ 86^2 - 0.012\ 86^2)}{2 \times 0.001\ 25}\ \mathrm{m^2/m} = 0.108\ 3\ \mathrm{m^2/m}$$

每米管长翅间管面面积：

$$a_b = \frac{\pi d_b (S_f - \delta_t)}{S_f} = \frac{\pi \times 0.012\ 86 \times (0.001\ 25 - 0.000\ 223)}{0.001\ 25}\ \mathrm{m^2/m} = 0.033\ 2\ \mathrm{m^2/m}$$

每米管长管外总面积：

$$a_{of} = a_d + a_f + a_b = (0.008\ 9 + 0.108\ 3 + 0.033\ 2)\ \mathrm{m^2/m} = 0.150\ 4\ \mathrm{m^2/m}$$

②估算传热管总长。假定按管外面积计算的热流密度 $\Phi_0 = 5\ 050\ \mathrm{W/m^2}$，则应布置传热面积为：

$$A_{of} = \frac{Q_k}{Q_0} = \frac{143\ 100}{5\ 050}\ \mathrm{m^2} = 28.32\ \mathrm{m^2}$$

应布置的有效总管长为：

$$L = \frac{A_{of}}{\alpha_{of}} = \frac{28.32}{0.150\ 4}\ \mathrm{m} = 188.3\ \mathrm{m}$$

③确定每流程管数 Z，有效单管长 L 及流程数 N。由冷却水进口温度 $t_{w1} = 32$ ℃，出口温度 $t_{w2} = 37$ ℃，由水的物性表知，在平均温度 34.5 ℃时水的密度 $\rho = 994.20\ \mathrm{kg/m^3}$，比定压热容 $c_p = 4\ 179\ \mathrm{J/(kg \cdot K)}$，则所需水量为：

$$q_v = \frac{Q_k}{\rho c_p (t_{w2} - t_{w1})} = \frac{143\ 100}{994.20 \times 4\ 179 \times (37 - 32)}\ \mathrm{m^3/s} = 0.006\ 886\ \mathrm{m^3/s}$$

取冷却水流速 $u = 2$ m/s，则每流程管数为：

$$Z = \frac{q_v}{\frac{\pi}{4} d_i^2 u} = 36.22$$

取整数 $Z = 37$ 根，并考虑到此冷凝器配用于螺杆压缩机组，本例选取 2 流程方案作为冷凝器结构设计依据。

④传热管的布置排列及主体结构。为使传热管排列有序及左右对称，共布置 74 根管，则每流程平均管数 $Z = 37$ 根，管内平均水速 $u = 1.96$ m/s。取传热管有效单管长 $L = 3$ m，则实际布置外冷凝传热面积 $A_{of} = 33.38\ \mathrm{m^2}$。传热管按正三角形排列，管板上相邻管孔中心距为 2.5 mm，管数最多的一排管不在管体中心线上。考虑最靠近壳体的传热管与壳体的距离不小

于5 mm，则所需最小壳体内径为249 mm，根据无缝钢管规格，选用 $\phi 273\times 7$ mm 的无缝钢管作为壳体材料。冷凝器采用管板外径与壳体外径相同的主体结构形式，管排布置及管板尺寸能够保证在管板周边上不均匀布置6个端盖螺钉孔以装配端盖，且能避免端盖内侧装配孔周边的密封面不致遮盖管孔，同时壳体内部留有一定空间起贮液作用。

⑤传热计算及所需传热面积确定。

a. 水侧表面传热系数计算：从水的物性表知，水在平均温度 $t_m=34.5$ ℃时，运动黏度 $\nu=0.757\times 10^{-6}\ m^2/s$，$Pr_f=4.92$，$\lambda=0.625\ 7$ W/(m·K)。

因为 $Re=\dfrac{ud_i}{\nu}=\dfrac{1.96\times 0.011}{0.757\times 10^{-6}}=28\ 480>10$，亦即水在管内的流动状态为湍流，水侧表面传热系数：

$$h_{w,i}=0.023\frac{\lambda}{d_i}Re_f^{0.8}Pr_f^{0.4}$$

$$=0.023\times\frac{0.625\ 7}{0.011}\times 28\ 480^{0.8}\times 4.92^{0.4}$$

$$=9\ 059.8\ W/(m^2\cdot K)$$

b. 氟利昂侧冷凝有面传热系数计算。根据管排布置，管排修正系数计算：

$$\varepsilon_n=0.788$$

根据所选管型，可查得增强系数 $\varphi=1.384$。根据所选管型，在冷凝温度 $T_k=40$ ℃时，$B=1\ 446.1$。计算氟利昂侧冷凝表面传热系数：

$$h_{k,o}=0.725Bd_b^{0.25}\varphi\varepsilon_n(T_k-t_{w,o})^{-0.25}=3\ 395.85\theta_0^{-0.25}$$

对数平均温差：

$$\Delta t_m=\frac{t_{w1}-t_{w2}}{\ln\dfrac{t_k-t_{w2}}{t_k-t_{w1}}}=5.1\ ℃$$

取水侧污垢系数 $R_i=0.000\ 086$ (m²·K)/W，计算热流密度 q_0：

$$q_0=h_{k,o}\theta_0=3\ 395.85\theta_0^{0.75}$$

$$q_0=1\ 172\times(5.1-\theta_0)$$

选取不同的 θ_0 进行试凑计算，当 $\theta_0=1.6$ ℃时，两式 q_0 误差已经很小，$q_0=4\ 370\ W/m^2$

计算实际所需传热面积：

$$A_{of}=\frac{Q_k}{q_0}=\frac{143\ 100}{4\ 370}\ m^2=32.74\ m^2$$

初步结构设计中实际布置冷凝传热面积为33.38 m²，较传热计算所需传热面积大2%，可作为冷凝传热面积的富裕量，初步结构设计所布置的冷凝传热面积能满足负荷传热要求。

⑥连接管管径计算。取冷却水在进行水接管中的流速 $u=1$ m/s，则进出水接管管内径为：

$$d_i=\sqrt{\frac{4\times 0.006\ 886}{\pi}}\ m=0.093\ m$$

根据无缝钢管规格，选取 $\phi 108\times 4$ mm 无缝钢管进出水接管。依据循环热力计算，可分别求得制冷剂进冷凝器时过热蒸气的体积流量及制冷剂从冷凝器排出时冷凝液体的体积流量，选取制冷剂在冷凝器进气接管和出液接管中的适当流速,即可计算出进气接管和出液接管的管内径。一般卧式壳管式冷凝顺的进气接管管径与所配制冷压缩机的排气管管径相同,本例可选用 $\phi45 \times 2.5$ mm 钢管为出液接管。

(6)节流阀的选择 选用热力膨胀阀时应注意:选用的热力膨胀阀容量应比蒸发器的实际热负荷大20%~30%;对不设冷却水量调节阀或冬季冷却水温较低的制冷系统,选择热力膨胀阀时,阀的容量应比蒸发器负荷大70%~80%,但最大不超过蒸发器热负荷的2倍;选择热力膨胀阀时,应计算出供液管路的压力降,以得出阀前后的压差,再根据制造厂所提供的膨胀阀计算容量表确定热力膨胀阀的规格。

本系统的蒸发量为0.043 m^3/s;阀两端的压力差:

$$\Delta p = p_k - \sum p_i - p_0$$

$\sum \Delta p_i = \Delta p_1 + \Delta p_2 + \Delta p_3 + \Delta p_4$($\Delta p_1$ 为液体管路阻力损失;Δp_2 为弯头、阀件等得阻力损失;Δp_3 为液体管升高的压力损失,$\Delta p_3 = \rho g h$;Δp_4 为分液头及分液毛细管的阻力损失,通常各为0.5 bar,1 bar $=10^5$ Pa);

本系统中蒸发压力为530 kPa,冷凝压力为1 530 kPa,忽略其他压力损失,则 $\Delta p =$ 0.8 MPa,结合系统流量和蒸发量,选取型号为TCLE-7H(美国"艾高"热力膨胀阀)。

8.4 冷冻冷藏装置设计

由于肉类、水产品、果蔬禽蛋食品和易腐蚀变质的食品生产有很强的季节性和地区性,为了保障这些食品的供应,需要对这些食品进行冷加工、冷冻和冷藏以及冷藏运输。所以,冷冻冷藏装置是保证易腐蚀变质的食品在低温环境下进行加工和贮运,以保证这些食品价值的建筑物、设备或运输工具。

冷冻冷藏装置的任务是为食品的生产、贮藏、运输提供必要的温度和湿度等环境条件。因此,冷冻冷藏装置的结构、隔热、防潮性能和地坪强度的设计、制造和运行维护是保证冷冻冷藏装置质量的重要环节。本节主要就使用最普遍的冷库作介绍。

8.4.1 冷库的分类与组成

1)冷库的分类

冷库的分类方法很多,不同的分类显示冷库不同的特性。目前,冷库的分类的方法主要从冷库的结构形式、温度、使用性质、冷加工功能、容量、贮藏的商品等方面进行分类。

(1)按冷库结构形式分类

①土建冷库:冷库主体结构为钢筋混凝土框架结构或混合结构,常常用于大容量或大吨位的冷库。土建冷库的热惰性比较大,库温比较稳定。土建冷库具有坚固、隔热性好、造价低、建设周期长等特点。

②装配式冷库:装配式冷库库体采用钢框架和轻质预制的硬质聚氨酯或聚苯乙烯夹芯板材拼装而成。

③夹套式冷库：在常规冷库的围护结构内增加一个内夹套结构，夹套内装设冷却设备，冷风在夹套内循环制冷，即构成夹套式冷库。夹套式冷库的库温均匀，食品干耗小，外界环境对库内干扰小，夹套内空气流动阻力小，气流组织均匀，造价比常规冷库高。

④覆土冷库：洞体多采用拱形结构，一般为砖石砌墙，并覆盖一定厚度的土层作为隔热层，具有施工简单、就地取材、造价低、坚固耐用等特点。

⑤气调冷库：气调冷库主要用于要求对新鲜果蔬、农作物种子和花卉作较长期贮存，与上述冷库不同的是气调冷库除了要控制库内的温度、湿度外，同时要考虑气调冷库内的植物的呼吸作用，还要对库内的 O_2，CO，N_2 和乙烯含量进行调控，抑制果蔬等植物的呼吸及新陈代谢，使之处于冬眠状态，以达到长期贮存的目的。

(2)按冷库温度分类

①高温冷库：用于冷却物冷藏，库房温度 -2 ~ +10 ℃。

②低温冷库：用于冻结物冷藏，库房温度 -10 ~ -30 ℃。

③超低温冷库：库房温度 -60 ℃。

④变温库：库房温度可调。

(3)按使用性质分类

①生产性冷库：主要建在货源较集中的产区，作为肉、禽、蛋、鱼虾、果蔬、海产品及速冻面点等易腐食品加工厂的冷冻车间使用。食品在此进行冷冻加工，短期冷藏储存后运往其他销售地区，零进整出，要求交通运输必须方便。其特点是冷冻加工的能力较大，有一定库容量，其建设规模应根据货源情况和商品调出计划确定。

②分配性冷库：一般建在大中城市、水陆交通枢纽和人口较多的工矿区，作为市场供应需要、出口计划的完成和长期储备中转运输之用。其特点是冻结量小、冷藏量大，而且要考虑多种食品的储存。由于冷藏量大，进出货比较集中，零进整出，因此要求库内运输通畅，吞吐迅速。具有冷藏能力大、吞吐量大、长期贮藏等优点。

③零售性冷藏库：一般是建在城市的大型副食品商店内，供临时贮存零售食品之用。其特点是库容量小，储存期短，库温则随使用要求不同而异。

(4)按冷加工功能分类　按照冷库的功能可以分为预冷冷藏库、冻结冷藏库、速冻库、贮冰库和气调库等。

(5)按冷库容量大小分类　按照冷库容量的大小可分为大型冷库、大中型冷库、中型冷库和小型冷库，见表 8.12。

表 8.12　冷库的容量分类及生产规模

容量分类	冷库容量/t	冻结能力/($t \cdot d^{-1}$)	
		生产性冷库	分配性冷库
大型冷库	>10 000	120 ~ 160	40 ~ 80
大中型冷库	5 000 ~ 10 000	80 ~ 120	40 ~ 60
中小型冷库	500 ~ 5 000	40 ~ 80	20 ~ 40
小型冷库	<500	20 ~ 40	<20

(6)按贮藏的商品分类　按贮藏的商品分为畜肉类冷库、水产品冷库、禽蛋冷库、果蔬冷

库、冷饮品冷库、茶叶冷库和花卉冷库等。

2)冷库的组成

冷库主要由库体、制冷系统、冷却系统、控制系统和辅助系统几个部分组成。

①库体:主要保证贮藏物与外界隔热、隔潮,并分隔各个工作区域,对于大型冷库有冷加工间、预冷间、冻结间、冷藏间、制冰间、穿堂、站台、电梯间,等等。大型冷库采用土建冷库库体,对于小型冷库和温度低于 −30 ℃的冷库通常采用钢框架和轻质预制的聚氨酯或聚苯乙烯夹芯板材拼装而成的装配式冷库库体,而对于家用小型冷藏箱或冰箱则采用压铸成型的用聚氨酯填充隔热的箱体。

②制冷系统:主要用于提供冷库冷量,保证库内温度和湿度。根据冷库温度的不同,制冷系统也不同,通常冷库温度高于 −30 ℃,则使用单级压缩制冷系统;冷库温度低于 −30 ℃,高于 −60 ℃,使用两级压缩制冷系统或复叠制冷系统;冷库温度低于 −80 ℃一般要用复叠制冷系统。

③冷却系统:主要用于冷却制冷系统的散热。有空气冷却系统,制冷系统直接采用空气冷却,它具有系统简单,操作方便,适用于缺水的地区和小型冷库。水冷却系统主要由冷却塔、水泵、冷却水管道组成,它具有冷却效果好,但是系统复杂,操作麻烦,要求对冷却水系统要经常定期进行清洗,以保证冷却水系统的传热效果,冷却水系统大部分用于大型冷库。蒸发冷却系统,是将制冷系统的冷凝器直接与冷却塔结合,冷却水直接喷淋到冷凝器上进行蒸发冷却,它具有冷却效果好,但是系统复杂,要求冷凝器直接安装在室外,所以系统的运行、维护保养工作要求高。

④控制系统:主要对冷库温度、湿度的控制和制冷系统、冷却系统等的控制,保证冷库安全、正常的运行。随着技术的发展,目前计算机和网络技术已逐步应用到冷库的控制中。

⑤辅助系统:主要包括冷库操作间、机房等,对于大型冷库还要有动力车间、配电房、锅炉房、化验室、水泵房、仓库、水处理等场所。

8.4.2 冷藏库容量的计算

1)冷藏库生产能力

(1)决定冷间容量的因素　冷却间或冻结间(生产性库房)的容量决定于:

①每月最大的进货量,并应考虑到进货的不均匀情况。

②货物堆放形式。

③货物冷冻所需时间及货物装卸所需时间。

冷藏库或冻藏库(贮藏性库房)的容量决定于:冷却间或冻结间的生产能力;货物堆放形式;贮藏时间。

(2)冷却间、冻结间生产能力计算

①设有吊轨的冷却间和冻结间:

$$m = Lg_l n = Lg_l 24/\tau \tag{8.1}$$

式中,m 为冷却间、冻结间每昼夜生产量,kg;L 为吊轨有效载货长度,m;g_l 为吊轨单位长度净载货量,kg/m;n 为昼夜内冷加工周转次数,一般取 1,1.5,2,…;τ 为周转一次所需的时间,h。

g_l 按下列规定取值：肉类：人工推动，200～230 kg/m；机械转动，170～210 kg/m；鱼类：15 kg 盘装，400 kg/m；20 kg 盘装，540 kg/m；虾类：270 kg/m。

②设有搁架的冷却间、冻结间：

$$m = Fgn = Fg24/\tau \tag{8.2}$$

式中，F 为搁架有效载货面积，m^2；g 为搁架每平方米载货量，以盘子规格 600 mm×400 mm×120 mm 装货 15～20 kg 计算，搁架载货量为 60～80 kg/m^2。

2）冷藏库的贮藏吨位

冷库中冷却物或冻结物贮藏总量称为冷库容量。

（1）冷库容积计算方法　冷库公称容积是冷却物冷藏间公称容积、冻结物冷藏间公称容积及贮冰间公称容积之和。各冷间公称容积按式（8.3）计算：

$$V = FH \tag{8.3}$$

式中，V 为冷藏间、贮冰间公称容积，m^3；F 为冷藏间、贮冰间净面积（不扣除柱、门斗、制冷设备所占面积），m^2；H 为冷藏间、贮冰间净高，m。

冷间的有效容积是冷间公称容积与容积利用系数的乘积，按以下计算：

$$V_y = V\varphi \tag{8.4}$$

式中，V_y 为冷间有效容积，m^3；φ 为容积利用系数，见表 8.13 和表 8.14。

表 8.13　冷藏间、冻藏间容积利用系数

容积/m^3	容积利用系数 η	容积/m^3	容积利用系数 η
500～1 000	0.40	10 001～15 000	0.60
1 001～2 000	0.50		
2 001～10 000	0.55	>15 000	0.62

表 8.14　贮冰间容积利用系数

储冰间净高/m	容积利用系数 η	储冰间净高/m	容积利用系数 η
≤4.2	0.40	5.01～6.00	0.60
4.21～5.00	0.50	>6.00	0.65

（2）冷藏库吨位的计算　冷藏库内所有冷藏间、冻品间的容量总和（有的也包括储冰间的容量），称为冷藏库贮藏吨位数。

随着贮藏食品的计算密度和所采用的包装物的不同，同等容积冷藏库贮藏吨位也不一样。冷藏库贮藏吨位可用下面的简便公式计算：

$$m_j = \frac{\sum (V\rho\varphi)}{1\ 000} \tag{8.5}$$

式中，V 为冷间公称容积，m^3；m_j 为冷库计算吨位，t；ρ 为贮藏食品的密度，kg/m^3，见表 8.15；φ 为容积利用系数。

表 8.15 食品的计算密度

食品名称	计算密度/(kg·m^{-3})	食品名称	计算密度/(kg·m^{-3})
冻猪白条肉	400	纸箱冻蛇	450
冻牛白条肉	330	纸箱冻兔(带骨)	500
冻羊腔	250	纸箱冻兔(去骨)	650
块装冻剔骨肉或副产品	600	木箱鲜鸡蛋	300
冻猪肉(冻动物油)	650	筐装新鲜水果	200~230
罐冰蛋	600	箱装新鲜水果	270~330
纸箱冻家禽	550	托板式活动货架存蔬菜	250
盘冻鸡	350	木杆搭固定货架存蔬菜(不包括架尖距离)	220
盘冻鸭	450	篓装蔬菜	170~340
盘冻蛇	700	机制冰	750
块装冻鱼	470	篓装鲜鸡蛋	230
块装冻冰蛋	630	篓装鸭蛋	250

储存分割肉或水产品的冷库,其贮藏吨位按式(8.6)计算:

$$m_s = \frac{\sum (ang)}{1\,000} \tag{8.6}$$

式中,m_s 为冷库实际吨位,t;a 为每层货架托盘数;n 为货架层数;g 为每一托盘中食品净重,kg。

8.4.3 冷库负荷的计算

根据热量进入冷间的不同途径,可将冷负荷分为5个部分:围护结构传热量 Q_1;货物热量 Q_2;库房内通风换气热量 Q_3;电机运行热量 Q_4;操作热量 Q_5,包括库内照明用电、操作设备(叉式堆垛机),操作工人等所散发的热量以及开门损失。

1)围护结构传热量

通过围护结构的传热量包括两部分:通过墙壁、楼板、屋顶及地坪的热量 Q_q;太阳辐射引起的热量 Q_y。因此:

$$Q_1 = Q_q + Q_y \tag{8.7}$$

墙壁、楼板及屋顶的传热量:

$$Q_q = AK(t_w - t_n)n$$

式中,A 为围护结构的面积,m^2;K 为围护结构的传热系数,W/(m^2·K);t_w,t_n 分别为围护结构外、内侧的计算温度(包括地坪),℃;n 为围护结构内外温度差的修正系数,见表8.16。

表 8.16　围护结构计算中温度差的修正系数 n 值

序号	围护结构部位	n
1	$D>4$ 的外墙:冻结间、冻结物冷藏间 冷却间、冷却物冷藏间、贮冰间	1.05 1.10
2	$D>4$ 相邻有常温房间的外墙: 冻结间、冻结物冷藏间 冷却间、冷却物冷藏间、贮冰间	 1.00 1.00
3	$D>4$ 的冷间顶棚,其上为通风阁楼,屋面有隔热层或通风层: 冻结间、冻结物冷藏间 冷却间、冷却物冷藏间、贮冰间	 1.15 1.20
4	$D>4$ 的冷间顶棚,其上为不通风阁楼,屋面有隔热层或通风层: 冻结间、冻结物冷藏间 冷却间、冷却物冷藏间、贮冰间	1.20 1.30
5	$D>4$ 的无阁楼屋面,屋面有通风层: 冻结间、冻结物冷藏间 冷却间、冷却物冷藏间、贮冰间	1.20 1.30
6	$D\leqslant4$ 的外墙:冻结物冷藏间	1.30
7	$D\leqslant4$ 的无阁楼屋面:冻结物冷藏间	1.60
8	半地下室外墙外侧为土壤时	0.20
9	冷间地面下部无通风等加热设备时	0.20
10	冷间地面隔热层下有通风等加热设备时	0.60
11	冷间地面隔热层下为通风架空层时	0.70
12	两侧均为冷间时	1.00

注:①D 为围护结构热惰性指标;

②表内未列的其他室温等于或高于 0 ℃的冷间可参照各项中冷却间的 n 值选用;

③负温穿堂可参照冻结物冷藏间选用 n 值。

围护结构外侧的计算温度 t_w 应按下列规定取值:

①计算外墙、屋顶和顶棚时,围护结构外侧的计算温度应按以下规定采用:冷库设计的室外气象参数除应采用现行的《采暖通风和空气调节设计规范》的规定外,尚应符合下列规定:库房围护结构传入热量计算的室外计算温度,应采用夏季空气调节平均温度;计算库房围护结构最小总传热阻时的室外空气相对湿度,应采用最热月平均相对湿度;开门热量和冷间换气热量计算的室外温度,应采用夏季通风温度,室外相对湿度应采用夏季通风室外计算相对湿度。

②计算内墙和楼面时,围护结构的计算温度应取其邻室的室温。当邻室为冷却间或冻结间时,应取该类冷间空库保温温度。空库保温温度,冷却间应按 10 ℃,冻结间应按 -10 ℃计算。

③冷间地面隔热层下设有通风加热装置时,其外侧温度按 1 ~ 2 ℃计算;如地面下部无通

风等加热装置或地面隔热层下为通风架空层时，其外侧的计算温度应采用夏季空气调节日平均温度。

太阳辐射引起的耗冷量：

$$Q_y = KF\Delta t_y \tag{8.8}$$

式中，K 为墙壁或屋顶的表面传热系数，W/(m^2·K)；F 为受太阳辐射的围护结构面积，m^2；Δt_y 为受太阳辐射影响的昼夜平均当量温差，K（见表 8.17 或表 8.18）。

表 8.17　墙面太阳辐射昼夜平均当量温差　单位：℃

围护结构名称		纬度	围护结构朝向				
			南	东南或西南	东或西	东北或西北	北
墙面	红砖	23°	3.1	4.6	5.0	4.3	2.4
		30°	2.9	4.4	5.1	4.0	2.3
		35°	3.6	4.7	5.2	4.2	2.8
		40°	4.1	5.0	5.3	4.2	2.8
		45°	4.5	5.3	5.3	4.2	2.7
	混凝土砌块和拉毛水泥	23°	2.7	4.0	4.3	3.7	2.1
		30°	2.5	3.8	4.4	3.5	2.0
		35°	3.1	4.1	4.5	3.6	2.5
		40°	3.5	4.3	4.6	3.6	2.4
		45°	3.9	4.6	4.6	4.6	2.4
	水泥或砂石粉刷类	23°	2.3	3.4	3.7	3.2	1.8
		30°	2.2	3.3	3.8	3.0	1.7
		35°	2.7	3.5	3.9	3.1	2.1
		40°	3.0	3.7	4.0	3.1	2.0
		45°	3.3	4.0	4.0	3.1	2.0
	石灰粉刷类	23°	2.0	2.9	3.2	2.7	1.5
		30°	1.9	2.8	3.2	2.6	1.5
		35°	2.3	3.0	3.3	2.7	1.8
		40°	2.6	3.2	3.4	2.7	1.8
		45°	2.9	3.4	3.4	2.7	1.7

表 8.18　屋顶（平顶）太阳辐射昼夜平均当量温差　单位：℃

纬度 围护结构名称	23°	30°	35°	40°	45°
深色油毡类，沥青	10.0	10.5	9.3	9.2	9.0
深色油毡类，水泥	8.0	8.5	7.6	7.5	7.3

2）货物热量

食品在冷藏间内贮藏量：生产性冷藏库冻结物冷藏间，按每昼夜冻结能力比例摊入各冷藏间内；分配性冷藏库冻结物冷藏间，按该冷藏间库容量的15%计算，冷却物冷藏间则按该库容量的5%计算。货物热量可按式(8.9)计算：

$$Q_2=\frac{M(h_1-h_2)}{nz}+\frac{mc(t_1-t_2)}{nz}+\frac{M(q_1+q_2)}{2n} \tag{8.9}$$

式中，M为食品冷冻加工量或贮藏量，kg；n为冷加工的周转次数；m为食品包装材料的质量，kg；c为食品包装材料的比热容，见表8.19；z为食品加工时间，s；h_1，h_2分别为食品冷加工或冷藏前后的焓值，kJ/kg；t_1，t_2分别为食品入库、出库时包装材料的温度，℃；q_1，q_2分别为鲜蛋、水果、蔬菜入库时相应的呼吸热量，可查阅有关资料。

在冷间为储冰库的情况下：

$$Q_2=1\,000\times0.508G(0-t_n)/24=-21.17Gt_n \tag{8.10}$$

式中，t_n为冰库库房温度，℃；G为制冷设备的生产能力，t/d。

表8.19　食品包装材料的比热容

食品包装材料名称	木板类	铁皮类	玻璃容器类	纸类	布类	竹器类
c/[kJ·(kg·K)$^{-1}$]	0.60	0.10	0.20	0.35	0.30	0.36

3)库房内通风换气的热量

一些储藏水果、蔬菜的冷间，为适应其生命活动，排除CO_2和防止腐烂等，必须进行一定的通风换气。生产性的冷间也需要换气，以改善工人的劳动条件。由室外引入的空气，不但温度要降低，其含湿量也会减少。在换气过程中，外界空气在冷间放出的热量可按式(8.11)计算：

$$Q_3=\frac{VN\rho_a(h_w-h_n)}{\tau}+V_rn\rho_a(h_w-h_n) \tag{8.11}$$

式中，V为冷间的内净容积，m^3；N为冷间每昼夜所需的换气次数，一般为2~3次；ρ_a为冷间空气的密度，kg/m^3；h_w，h_n分别为室外、内空气的比焓，焓差值参见表8.20，kJ/kg；τ为每昼夜通风机运转时间，s；V_r为每个操作人员每小时需要的新鲜空气量，一般取30 m^3/(h·人)；n为冷间的工作人员数。

表8.20　室外、内空气焓值

冷藏间内温度/℃	引进空气的温度/℃									
	5		10		25		30		35	
	相对湿度/%									
	70	80	70	80	50	60	50	60	50	60
0	0.009 2	0.011 1	0.014 2	0.015 4	0.050 5	0.056 2	0.065 0	0.072 4	0.082 0	0.092 1
-5	0.019 3	0.021 0	0.023 5	0.024 7	0.059 2	0.064 9	0.073 6	0.080 9	0.090 3	0.100 4
-10	0.027 1	0.028 8	0.030 9	0.032 1	0.066 2	0.071 9	0.080 5	0.087 7	0.097 0	0.107 1
-15	0.035 0	0.036 7	0.038 3	0.039 5	0.073 2	0.078 8	0.087 3	0.094 5	0.103 7	0.113 7
-20	0.042 7	0.044 4	0.045 6	0.046 8	0.080 1	0.085 7	0.094 1	0.101 3	0.110 2	0.120 3
-25	0.050 1	0.052 3	0.052 5	0.053 7	0.086 6	0.092 2	0.099 8	0.107 7	0.116 5	0.126 5
-30	0.057 1	0.058 8	0.059 1	0.060 4	0.092 9	0.098 5	0.106 7	0.113 8	0.122 5	0.132 5
-35	0.064 0	0.065 7	0.065 6	0.066 8	0.098 9	0.104 5	0.112 6	0.119 7	0.128 3	0.138 2
-40	0.070 8	0.072 5	0.072 0	0.073 2	0.105 0	0.110 6	0.118 5	0.125 6	0.134 1	0.144 0

4)**电动机运转热量**

电动机安装在库房内时：

$$Q_4 = P \tag{8.12}$$

式中，P 为电动机功率，W 。

若库房内经常用机械运输设备（如堆垛机等），则亦应按此式计算运输设备耗冷量。电动机设置在库房外面的高温、低温穿堂时：

$$Q_4 = \sum P\eta \tag{8.13}$$

式中，η 为电动机有效系数，一般为0.75。

5)**操作热量**

$$Q_5 = Q_{5a} + Q_{5b} + Q_{5c} \tag{8.14}$$

式中，Q_{5a}为照明热量，W；Q_{5b}为库门开启热量，W；Q_{5c}为操作人员热量，W。

（1）操作热量

$$Q_{5a} = q_a A \tag{8.15}$$

式中，q_a 为单位库房面积由照明而引起的热量，W/m²，冷藏间可取1.8~2.3 W/m²，操作人员长时间停留的加工间、包装间等可取5.8 W/m²；A 为库房面积，m²。

（2）库门开启热量

$$Q_{5b} = q_m A \tag{8.16}$$

式中，q_m 为库房面积因库门开启的热量，W/m²，与冷间用途有关，查表8.21。

（3）操作人员热量

$$Q_{5c} = q_r n \tag{8.17}$$

式中，q_r 为每个操作人员产生的热量，见表8.22；n 为该库房内同期操作的人数。

表8.21 库房单位面积因门扇开启热量

冷间名称	库房面积/m²		
	<50	50~100	>100
冷却间/(W·m⁻²)	14.0~28.0	7.0~14.0	5.8~9.3
冻结间/(W·m⁻²)	18.6	9.3	7.0
冷藏间/(W·m⁻²)	9.3~11.6	4.7~5.8	3.5
冻藏间/(W·m⁻²)	7.0	3.5	2.3

表8.22 每个操作工人产生的热量

库房温度/℃	q_r/(W·人⁻¹)	库房温度/℃	q_r/(W·人⁻¹)
+10	215	-12	355
+4	250	-18	383
0	279	-23	412
-7	308		

冷库负荷的计算分为冷却设备负荷和机械负荷。冷库选配冷却风机、冷却排管等冷却设备根据冷却设备负荷选配。根据机械负荷选配制冷压缩机和制冷系统。机械负荷一般小于冷却设备负荷。设备负荷按下式计算:

$$Q_z = Q_1 + \beta Q_2 + Q_3 + Q_4 + Q_5 \tag{8.18}$$

式中,Q_z,Q_1,Q_2,Q_3,Q_4,Q_5 分别为冷间冷却设备负荷、围护结构传热负荷、货物热量、通风换气热量、冷间电动机运转热量、操作热量,W;β 为货物热流量系数,对于冷却间、冻结间和货物不经冷却而直接进入冷藏间的冷却物冷藏间 $\beta = 1.3$,对于其他冷间(包括冻结物冷藏间、冰库和部分冷却物冷藏间)$\beta = 1$。

机械负荷的计算按下式:

$$Q_J = (n_1 \sum Q_1 + n_2 \sum Q_2 + n_3 \sum Q_3 + n_4 \sum Q_4 + n_5 \sum Q_5)R \tag{8.19}$$

式中,n_1 为围护结构传热负荷的季节修正系数,宜取1;n_2 为货物热量的机械负荷折减系数;n_3 为通风换气系数,一般 =0.5 ~1(同时最大换气量与全库每日总换气量的比值大时取最大值);n_4 为冷间电动机运转同期运转系数,见表8.23;n_5 为冷间同期操作系数,见表8.23;R 为制冷装置和管道等冷损耗补偿系数,直接冷却取1.07,间接冷却系统取1.12。

表8.23 冷间电动机同期运转系数 n_4 和冷间同期操作系数 n_5

同一蒸发温度冷间间数	n_4 或 n_5	同一蒸发温度冷间间数	n_4 或 n_5
1	1	≥5	0.4
2 ~4	0.5		

8.4.4 冷库负荷的估算

1)冷间冷负荷的估算

冷间冷负荷也可用估算的方法得到,表8.24和表8.25列出了冻结间和冷藏间及冷却间、制冰间的蒸发器负荷和制冷压缩机负荷估算值。

表8.24 冷加工每吨肉类时的冷负荷

加工类别	冷间温度/℃	肉内温度/℃		冷加工时间/h	冷负荷/($W \cdot t^{-1}$)	
		出库时	入库时		蒸发器负荷	压缩机负荷
冷却加工	-2	4	35	20	3 000	2 300
	-7/-2	4	35	11	5 000	4 000
	-10	12	35	8	6 200	5 000
	-10	10	35	3	13 000	11 000
冻结加工	-23	-15	4	20	5 300	4 500
	-23	-15	12	12	8 200	7 000
	-23	-15	35	20	7 600	5 800
	-30	-15	4	11	9 400	7 600
	-30	-18	-10	16	6 700	5 500

表 8.25 冷藏间、储冰间和制冰的单位质量制冷负荷

冷间名称	冷间温度/℃	单位质量制冷负荷/($W \cdot t^{-1}$)		备 注
		蒸发器负荷	压缩机负荷	
一般冷却物冷藏间	0，-2	88	70	制冷压缩机负荷已包括
<250 t 冻结物冷藏间	-15，-18	82	70	管道等的冷负荷
500～1 000 t 冻结物冷藏间	-18	53	47	—

2）小型冷藏库的冷负荷的估算

对于小型冷藏库，冷负荷的估算可参照表 8.26。

表 8.26 小型冷藏库单位容量制冷负荷估算表

冷间名称	冷间温度/℃	单位容量制冷负荷/($W \cdot t^{-1}$)	
		冷却设备负荷	机械负荷
肉、禽、水产品			
<50 t 冷藏间	-15～-18	390	320
50～100 t 冷藏间		300	260
100～200 t 冷藏间		240	190
200～300 t 冷藏间		164	140
水果、蔬菜			
<100 t 冷藏间	0～2	390	350
100～300 t 冷藏间	0～2	360	320
鲜蛋			
<100 t 冷藏间	0～2	320	290
100～300 t 冷藏间	0～2	280	250

注：①本表内机械负荷，已包括管道等冷损耗补偿系数 7%；

② -15～-18 冷藏间进货温度 -5 ℃、进货量按 10% 计。

3）简单计算法

在某些情况下，食品冷加工或冷藏冷负荷是经常变化的，有的则无法计算，此时可采用一种简单计算法来估算冷负荷。总的冷负荷可分为两部分：

（1）通过围护结构散失的热量（同前所述）

（2）运行冷负荷

$$Q_r = Vf_r\Delta T \tag{8.20}$$

式中，Q_r 为运行冷负荷，W；V 为冷库容积，m^3；f_r 为运行系数，见表 8.27；ΔT 为库内外的温差，K。

表 8.27　运行系数

冷库容积/m^3	f_r/($W \cdot m^{-3} \cdot K^{-1}$)	冷库容积/m^3	f_r/($W \cdot m^{-3} \cdot K^{-1}$)
140	0.31	1 400	0.14
200	0.24	2 100	0.14
280	0.19	2 800	0.13
560	0.16		

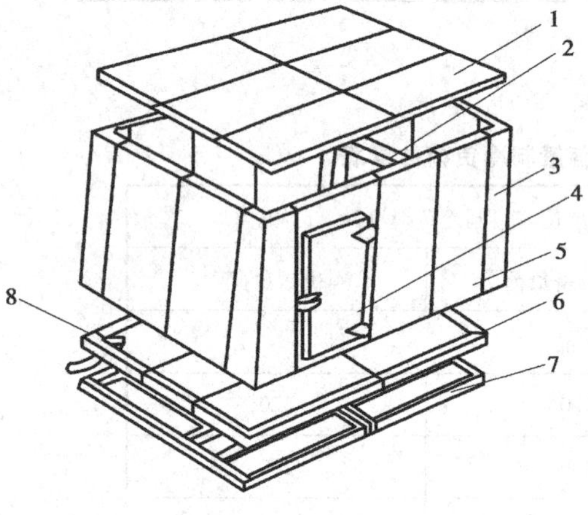

图 8.7　冷库结构图

1—顶板;2—过梁;3—角板;4—门及门框组合;5—立板;6—库板;7—底托;8—地漏组件

8.4.5　装配式冷库

装配式冷藏库又称拼装式冷藏库、组合式冷藏库及活动式冷藏库,具有重量轻、结构紧凑、保温性能好等特点。库体板由工厂预制,制冷设备可成套采购,现场安装,建库周期短、拆装、搬迁、改建极为方便。

库体板由预制成型的内外铝合金(也有用镀锌钢板或不锈钢板),中间夹以导热系数较低的高压发泡硬质聚氨酯或聚苯乙烯成型的夹心板组成,板面有平的或瓦楞型的,库板之间连接采用一定数量的勾销紧固装置或雌雄接口装置等多种方法,库门采用电热防冻,开门灵活方便,库底面与室内地坪之间有地笼或底托空架(见图 8.7)。

装配式冷藏库配有各种成套的压缩机组(带水冷式或风冷式冷凝器)、热力膨胀阀、冷风机和电控箱、库内整套照明等。库内装温度控制器可以自动控制停开压缩机和冷风机,冷风机内装电热丝自动融霜等,操作简便,库温稳定。冷负荷的计算如下:

1)库房冷却设备负荷

装配式冷库冷却设备负荷的计算原理同土建式冷库基本相同,但其中某些项应根据装配式冷库的特点进行修正。

$$Q_z = \frac{1}{\varepsilon}Q_1 + \beta Q_2 + Q_3 + Q_4 + Q_5 \tag{8.21}$$

式中,Q_1,Q_2,Q_3,Q_4,Q_5 分别为围护结构传热负荷、货物热量、通风换气热量、冷间电动机运转热量、操作热量,W;$1/\varepsilon$ 为板缝计算系数,取 1.1;β 为货物热流量系数,对于冷却间、冻结间和货物不经冷却而直接进入冷藏间的冷却物冷藏间 $\beta = 1.3$,对于其他冷间(包括冻结物冷藏间、冰库和部分冷却物冷藏间)$\beta = 1$。

对于室内型装配式冷库,食品均为短期贮藏,通风换气热量可以省略:

$$Q_z = \frac{1}{\varepsilon}Q_1 + PQ_2 + Q_4 + Q_5 \tag{8.22}$$

室内型冷库可以不考虑太阳辐射,Q_1 可按式(8.23)计算:

$$Q_1 = KF(32\ ℃ - t_n) \tag{8.23}$$

对于室外型装配式冷库，Q_1 按式(8.24)计算：

$$Q_1 = KFa(t_w - t_n) \tag{8.24}$$

式中，a 为温差修正系数，对于围护结构的外侧加设通风空气层，外墙 $a=1.3$，屋顶 $a=1.6$，对于外侧不加设通风空气层，外墙 $a=1.53$，屋顶 $a=1.87$。

2）制冷压缩机负荷

对于室内型装配式冷库，由于进出货频繁，进货温度较高，导致了冷负荷变化较大。在负荷计算中对各项热量可不进行折减或修正，并把制冷装置和管道等冷损耗补偿系数设为1.1。因此，制冷压缩机的负荷可按式(8.25)进行计算：

$$Q_J = 1.1\left(\frac{1}{\varepsilon}Q_1 + PQ_2 + Q_4 + Q_5\right) \tag{8.25}$$

8.4.6　小型装配式冷库设计计算实例

【例8.3】　因超市配送中心的需要，在华东某地区设计一座储藏量为200 t、库温为 −18 ℃的装配式冷库，库房建议采用彩钢PU夹芯预制板，设计成两间库房（面积均分），库房高度为4.5 m，并设移动门和铰链门各一扇，库房有金属雨篷和砖墙围护结构；制冷系统采用封闭活塞式风冷压缩冷凝机组和冷风机形式的蒸发器；冷藏间每日进货量按该冷间冷藏吨位的30%计算。冷库的库内平均工作温度为 −18 ℃，按照规定，进货温度应≥ −10 ℃；根据冷库的实际使用情况，冷库因开门及库板间隙引起的换气次数，以每冷间每天考虑为5次计。全自动控制并设置全套安全保护功能；设计环境参照《组合冷库》（JB/T 9061—1999）标准，即温度为32 ℃、相对湿度为55%。

设计依据：JB/T 9061—1999，GB 50072—2001，GB 50274—98，SC/T 9009—1997。

1）计算说明书

(1)确定装配式冷库库板厚度　根据委托书的要求，库体的库板采用硬质聚氨酯泡沫塑料彩钢夹心板材，其性能参数可按工程使用的实际情况选定如下：

①隔热材料导热系数：　　$\lambda = 0.025\ \text{W/(m·K)}$

②钢板厚度选取0.6 mm，其导热系数：　　$\lambda = 45.36\ \text{W/(m·K)}$

③库房围护结构内表面和外表面换热系数：

对于内表面换热系数：　　$h_n = 8.14\ \text{W/(m}^2\text{·K)}$

对于外表面换热系数：　　$h_w = 11.63\ \text{W/(m}^2\text{·K)}$

④围护结构隔热层的校核计算可以按校核该夹心板的传热系数 K 考虑，按照JB/T 9061—1999的要求，低温D系列（库温为 −10 ~ −20 ℃）的冷库，其传热系数 $K \leqslant 0.26\ \text{W/(m}^2\text{·K)}$，设计的隔热层厚度 δ 为：

$$\delta = \left(\frac{1}{K} - \frac{1}{h_n} - \frac{1}{h_w}\right)\lambda = \left(\frac{1}{0.26} - \frac{1}{8.14} - \frac{1}{11.63}\right) \times 0.025\ \text{m} = 0.090\ 9\ \text{m}$$

根据现有的库板生产模具和市场上的库板规格，拟选用100 mm厚的硬质聚氨酯泡沫塑料彩钢夹心库板或裸板加防潮隔气层加钢筋混凝土结构（库底部分），此时库板选型设计的传热系数为：

$$K=\frac{1}{\frac{1}{h_n}+\frac{\delta}{\lambda}+\frac{1}{h_w}}=\frac{1}{\frac{1}{8.14}+\frac{0.1}{0.025}+\frac{1}{11.63}}\ \mathrm{W/(m^2\cdot K)}=0.237\ 6\ \mathrm{W/(m^2\cdot K)}$$

⑤放置冷库库房的地坪处用普通水泥地笼或砖砌地笼水泥沙浆抹平或槽钢地笼找平即可，地笼的方向与库板的方向垂直，但要平整并垫实，避免库体地面受力不均或大面积悬空而使库板产生塑性变形。

⑥冷库库房一间设置一个外开铰链门，一间设置一个移动门，铰链门为右开门。

⑦库内除设置制冷机械设备外，应考虑照明设施，防撞护板和防滑通风地板及泄水地漏等。

⑧库体整体放置在地笼上，库体地板外表面为通风层。

(2)冷库结构尺寸及有关设计参数的确定

①选择库板型号要尽可能少，同时要考虑安装方便。

a.墙板的选择：根据用户的要求，选择的高度为4.5 m，宽度为1.2 m。

b.顶板的选择：以均匀或对称并尽可能使库板的数量最少为原则；吊点的布置按照有关规定设置。

c.地板的选择：裸板加防潮隔气加钢筋混凝土结构；地笼加硬质聚氨酯泡沫塑料彩钢夹心板加垫仓板结构。

②冷库贮藏吨位可按式(8.5)计算。

根据题意，$m_j=200$ t，容积利用系数 $\varphi=0.5\sim0.6$，食品计算密度 $\rho=300\ \mathrm{kg/m^3}$，则：

$$V=\frac{1\ 000\ m_j}{\rho\varphi}=1\ 212\ \mathrm{m^3}$$

a.按照库板的生产尺寸，将整个库房的容积圆整为：1 242 m³，即每间库容为621 m³。

b.设计库房的内尺寸为：长×宽×高=23 m×12 m×4.5 m=1 242 m³，库房在23 m方向上均分为两间，见图8.8。

c.顶板在23 m方向上均匀设置3排吊梁，库房的顶部整长共分4块库板。

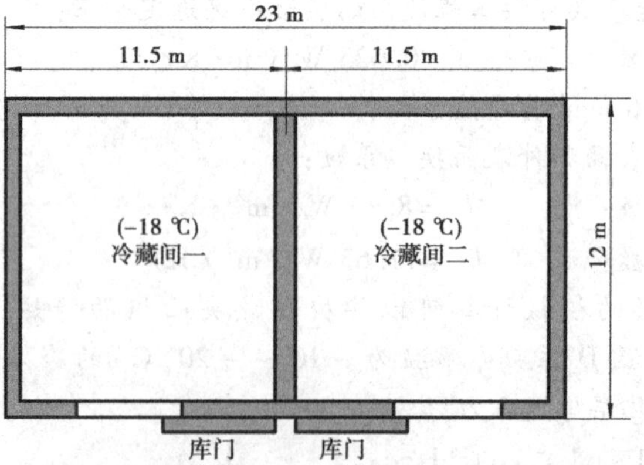

图8.8　冷库平面布置图

③冷藏间每日进货量按该冷间冷藏吨位的30%计算。冷库的库内平均工作温度为-18 ℃，按照规定进货温度应该大于等于-10 ℃。

④冷间中冷却设备的布置应有利于提高库房容积利用系数，且气流的方向与门洞的方向平行。

(3)库房负荷及系统冷量的计算

①库房围护结构的漏热量 Q_1：

a. 库房的围护结构的面积 F：

$$F = (\text{库长} \times \text{库宽} + \text{库宽} \times \text{库高} + \text{库高} \times \text{库长}) \times 2$$
$$= (23 \times 12 + 12 \times 4.5 + 4.5 \times 23) \times 2\ \text{m}^2 = 867\ \text{m}^2$$

b. 库体的传热系数 K：　$K = 0.237\,6\ \text{W/(m}^2 \cdot \text{K)}$

c. 库内外的温差 Δt：　$\Delta t = t_w - t_n = 32\ ℃ - (-18)\ ℃ = 50\ ℃$

库房围护结构漏热量：　$Q_1 = KF\Delta t = 0.236 \times 867 \times 50\ \text{W} = 10\,230\ \text{W}$

②货物热量 Q_2：

a. 货物进入冷藏间之前的温度按 -10 ℃计算，进出货的温差 $\Delta t = 8$ ℃。

b. 货物及其包装材料的平均比热容 c_p 取 1.9 kJ/(kg·K)。

c. 冷藏间每日进货量 m 按该冷间冷藏吨位的30%计算：

$$Q_2 = mc_p\Delta t = \frac{200 \times 1\,000}{24 \times 3\,600} \times 0.3 \times 1.9 \times 8\ \text{kW} = 10.556\ \text{kW}$$

③通风换气热量 Q_3：根据冷库的实际使用情况，冷库因开门及库板间隙引起的换气次数，每冷间每天考虑为5次，每日24 h。

$$Q_3 = \frac{(h_w - h_n)nV\rho_n}{3.6 \times 24} = \frac{78 - (-17) \times 5 \times 1\,242 \times 1.29}{3.6 \times 24}\ \text{W} = 8\,800\ \text{W}$$

④电机运转热量 Q_4：　$Q_4 = 4\,000$ W(经验值)

⑤操作热量 Q_5：照明灯可按2 W/m²，每日工作3 h计；操作人员可考虑每250 m³ 增加1人，合计5人计；操作人员产生的热量按410 W/人计。操作热量为：

$$Q_5 = (276 \times 2 + 5 \times 410) \times \frac{3}{24}\ \text{W} = 325\ \text{W}$$

冷间机械负荷可不考虑各负荷折减系数，冷损耗补偿系数可取1.07。冷间机械负荷为：

$$Q_J = (Q_1 + Q_2 + Q_3 + Q_4 + Q_5)R$$
$$= (10\,230 + 10\,556 + 8\,800 + 4\,000 + 325) \times 1.07\ \text{W}$$
$$= 36\,283\ \text{W}$$

制冷系统的工作时间系数可取50%～75%，制冷系统所需配置的制冷量 Q_0：

$$Q_0 = \frac{Q_J}{0.75} = 48\,373\ \text{W}$$

(4)制冷机选型计算的一般原则

①对于一般用途的包装食品冷库，推荐冷风机内蒸发温度与库内温度的平均温差取7～10 ℃，推荐排管内蒸发温度与库内温度的平均温差取10～15 ℃；水冷凝器的对数平均温差取4～6 ℃，风冷凝器的对数平均温差取12～15 ℃。

②选取制冷压缩机时，建议按理论排气量选取，再按制冷量校核。

a. 计算单级R22制冷压缩机输气系数：

$$\lambda = 0.94 - 0.085\left[\left(\frac{P_1}{P_z - 0.1}\right)^{\frac{1}{0.13}} - 1\right]$$

b. 计算压缩机所需功率时，指示效率：

$$\eta_i = 1 - 0.6\left[1 - \left(\frac{P_1}{P_z}\right)^{-0.3}\right]$$

c. 机械效率推荐取0.9，半封闭制冷压缩机电效率推荐取0.9。

③冷凝器的选型计算：对水冷卧式推荐 $q_1 = 4\ 500 \sim 5\ 000\ W/m^2$；对风冷铜管铝套片式，$K = 22 \sim 35\ W/(m^2 \cdot K)$。

④蒸发器选型计算：对冷风机，$K = 18 \sim 28\ W/(m^2 \cdot K)$；对自然对流的排管，$K = 7 \sim 12\ W/(m^2 \cdot K)$

⑤管径的选择计算可按有关公式计算或可按有关工程手册图表选取。

2）制冷设备选择部分

设备的选型应根据节能环保、经济适用、安全可靠、操作方便和管理简单为原则。本次设计计算及设备的选型是依据用户的任务委托书的要求进行的，由于目前市场上的绝大多数封闭式压缩冷凝机组和冷风机的选型参数较为齐全，对于工程设计和设备的校核非常方便。例如，几乎所有的压缩冷凝机组的供应商，都提供了在不同的冷凝温度和蒸发温度下的制冷量和轴功率的参数值，有的用于冷库的氟利昂机组已经配备了汽液分离器及其相应的干燥过滤器和电磁阀等附件；而冷风机供应商也在大量实验数据和工程经验的基础上，较为详细地提供了在不同蒸发温度和传热温差下的制冷量的参数值。目前，压缩冷凝机组的冷量可按同工况下计算所需的冷量大5%左右；而冷风机的冷量可按同工况下计算所需的冷量大15%左右，目的是为了提高整个系统的能效比；热力膨胀阀容量的选择则可按同工况下计算所需的冷量大25%左右确定。根据用户的要求，本次设计采用R22工质。

（1）压缩冷凝机组的选择　因为冷库的结构为两间均匀布置的，所以按照惯例，将制冷系统设计成两个独立的结构分别向两个库房供冷的形式。由此得到每个独立的制冷系统其压缩冷凝机组的冷量为：

$$\frac{Q_0}{2} \times 1.05 = 25\ 398\ W$$

查比泽尔半封闭压缩机的样本得：型号为6H25.2的机组，在蒸发温度为 −25 ℃/冷凝温度为45 ℃时的机组制冷量为25 800 W，共选择2台机组能满足使用要求。

（2）冷风机的选择　为了提高整个制冷系统的能效比，冷风机的冷量可按同工况下计算所需的冷量大15%左右，由此得到每个独立的制冷系统其冷风机的冷量为：

$$\frac{Q_0}{2} \times 1.15 = 27\ 817\ W$$

查立泽制冷电器有限公司的样本得：型号为DD-30/160，在库温为 −18 ℃/传热温差为7 ℃时的名义制冷量为28 100 W，共选择2台冷风机能满足使用要求。

（3）热力膨胀阀的选择　在以冷风机为蒸发器的制冷系统中，为了提高整个系统的效率，一般均选用外平衡型式的热力膨胀阀，且热力膨胀阀容量的选择可按同工况下计算所需的冷量大25%左右确定，由此得到每个独立的制冷系统其热力膨胀阀的容量为：

$$\frac{Q_0}{2}\times 1.25 = 30\ 236\ \text{W}$$

查 ALCO 的样本资料得:型号为 TCLE7-1/2 的外平衡热力膨胀阀,在蒸发温度为 -25 ℃/冷凝温度为 45 ℃时的最大制冷容量为 30 500 W,共选择两个热力膨胀阀能满足使用要求。

(4)融霜选择　融霜可考虑热氟融霜(有热泵循环或热气直接排入冷风机两种方式)、电融霜或水融霜,使用情况各有特点,中小型系统以电融霜或热气直接排入冷风机融霜的居多;大中型系统以水融霜或热泵融霜的居多;但是不管采用何种方式融霜,都应对库内温度予以控制。

(5)电气控制　氟系统制冷机的控制一般可用温控器自动控制开停,大型系统亦可手动开停。需要时,也可以实现网络化管理。

(6)安全设施　库内的防撞设施和反锁报警系统应按照相关标准予以统一设计、施工。

8.5 汽车空调系统及其设计

8.5.1 汽车空调技术概述

自 1953 年和 1957 年汽车空调先后在美国、欧洲和日本的轿车上使用以来,汽车空调技术得到了快速的发展。目前,在大客车、货车、工程机械和特种车辆上都得到了广泛的应用。

1)汽车空调的任务

(1)通风净化空气　目的在于把车室内污浊的空气排出,同时把净化的新鲜空气补充进来,保持车室内适宜的空气流速,保证车室内空气质量符合卫生标准要求。

(2)采暖　在寒冷季节向车室内供应暖气和对风窗除霜。根据采暖能源分有余热式和独立式两种;根据工作介质分有气暖和水暖两种。

(3)制冷　用机械制冷的方式,对车室内的空气进行降温和除湿,满足司乘人员热舒适的需要;对于具有大量电子设备的特种车辆还要满足仪器设备可靠工作的环境要求。

2)汽车空调的分类

(1)按汽车空调功能划分,有单一功能和全空调　所谓单一功能是指制冷、采暖、通风各自独立,自成体系;全空调是集制冷、采暖和通风功能于一体。

(2)按驱动方式分,有独立式和非独立式　非独立式以汽车发动机直接驱动制冷压缩机工作(常称为直连式),故工况受车速和负荷变化的影响大;独立式由专门设置的辅助发动机驱动,制冷机工况与车速变化无关。无论是独立式还是非独立式,它们都采用开启式压缩机,因而都存在制冷剂泄漏的问题。

(3)按机组形式分,有整体式和分体式　整体式把空调设备的各个组件装在一个专用的机架上,由辅助发动机驱动,自成体系。这种方式的特点是结构紧凑,制冷系统的各组件间的连接管路比较短,制冷剂充灌量少,泄漏问题容易控制。虽然整体式空调可以灵活安装,但是机组尺寸受到限制;同时由于集中安置,设备的质量大,要考虑轴荷的分配要求。分体式是指压缩机、冷凝器和蒸发器各自独立，分散安装在汽车的各个部位。其优点是安装灵活性大，有利于轴荷分配和气流组织，但往往管道较长，阻力损失较大。与整体式相比，分体式应用较为广泛，是大多数大中小型汽车采用的方式。

(4)按送风方式分，有直吹式和风道式　直吹式将空调机处理的空气直接吹出，结构简单，常用于轿车、旅行车等小型车辆；风道式将处理后的空气通过风道吹出，易于气流组织，提高了舒适性，但也带来了零部件增多、风阻力增大等弊端。

3)汽车空调的特点

汽车空调设备在设计、安装、运行和维护方面与其他用途的空调设备相比，有许多特殊的要求需要考虑。例如：汽车的行驶速度、外界环境条件变化无常，难以保证标准的空调工况；汽车直接暴露在太阳下或风雪中，隔热措施困难；汽车行驶时有大量的风沙，废气从各种缝隙钻入车厢，造成车厢内空气污染并增加热负荷等。因此，汽车空调具有以下特点：

①热、湿负荷大，制冷量变化幅度大，在同样的空间容积内配置的容量相对于普通空调要大得多。

②不便采用电力作为动力源，必须用汽车发动机或辅助发动机来驱动压缩机，制冷系统中冷媒的流量变化大，因而在动力源上比房间空调复杂得多。

③冷凝温度高、变化大。冷凝器的通风冷却效果受外界温度变化、汽车行驶速度和路面尘土污染的影响；对于轿车空调，由于前置式冷凝器，还受到发动机水箱辐射热的影响。

④防漏、防振、防腐蚀要求高。制冷剂容易泄漏；汽车在颠簸不平的道路上行驶，振动严重；冷凝器易受尘埃、泥沙、飞石堵塞或冲击损坏；各种器件易受到盐湿或腐蚀气体侵蚀，易产生制冷剂渗漏和器件损坏，设计时要注意“三防”。

⑤车室的容积小，空调设备的重量、安装尺寸和位置等要受到整车的限制。要求空调设备重量轻、尺寸小、结构紧凑。

⑥车室的容积小、高度低、座椅满布，使气流和温度的分布不易均匀。

⑦空调设备的安装位置要考虑汽车轴荷的合理分布。

⑧既要考虑汽车的空气动力学要求，又要考虑整车和车室内的美观和典雅。

4)汽车空调的结构

下面仅部分有代表性汽车空调结构予以说明。

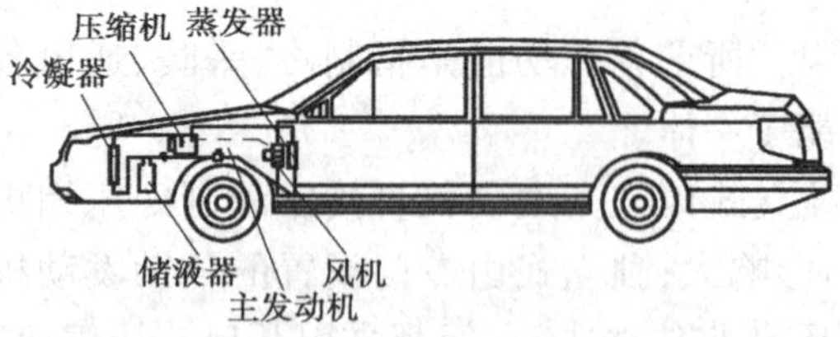

图 8.9　轿车空调系统

轿车和多数客车采用直连式驱动，主发动机的动力由皮带传递给压缩机。压缩机上装有电磁离合器，当不需要空调或怠速、加速、爬坡动力不足时，则电磁离合器脱开。轿车和小型客车(旅行车)的蒸发器通常置于仪表盘下方；另外，小型客车(旅行车)还设置了内顶置式蒸发器。采暖时，制冷压缩机停转，发动机提供的热水通过热水阀进入热交换器(通常与制冷蒸发器并列安装，共用一个风机)。冷凝器置于发动机水箱前，靠冷却风机进行强迫对流换热。行车时还可借助行车风来强化传热。轿车空调系统如图 8.9 所示。

大中型客车空调设备的布置有多种结构形式。高档豪华大型客车部分采用独立式,其他仍较多地采用非独立式的分散布置。非独立式的压缩机布置与轿车大体相同,区别在于两器的布置和风道的设计上。蒸发器和冷凝器组合设备置于车顶的中部(或前部、后部)。这种设置不占用车内有效空间,有利于气流组织,使车室内的温度分布均匀,便于安装和维护。

独立式往往采用整体空调方式。辅助发动机通过皮带传递扭矩来驱动压缩机,并和冷凝器、蒸发器装在一个机架上,形成整体结构。处理后的空气通过风道输送到车室内。整体空调的布置有裙置和后置两种,裙置方式的通风状况良好,有利于散热,风道也较易布置。由于独立式空调设备离驾驶员位置较远,必须要有监控、报警和安全设备。

5)汽车空调制冷系统

汽车空调制冷系统主要由压缩机、蒸发器和冷凝器、膨胀阀、储液干燥器以及空调硬管、软管组成。基本流程和工作原理与8.2.1节基本相同。

(1)制冷压缩机　采用开启式、容积型制冷压缩机。最早的曲轴连杆式压缩机由于结构不紧凑、转速低、振动大、容积效率低,除了在大型客车空调上仍有部分使用外,大多数已被斜盘式、滚动活塞式、叶片式和涡旋式压缩机替代。目前,涡旋式压缩机有可能成为未来汽车空调压缩机的主流机型。

(2)换热器　由于汽车空间容积有限和整车载荷的限制,对汽车空调的换热器(冷凝器和蒸发器)提出了与普通空调器相比更为苛刻的小型轻量化的要求。几十年来,随着材料、设计和制造技术的进步,换热器的传热系数提高了2~3倍、重量减轻了40%~60%,新型的换热器产品得到发展。管片式换热器在大型车辆上仍为主流,而在轿车等小型车辆中已被管带式或其他新型换热器所取代,目前散热性能更佳、结构更为紧凑的平行流冷凝器和层叠式蒸发器的制造和应用技术得到了迅速发展。

(3)节流机构　由于汽车空调负荷变化剧烈和频繁、管路复杂及流动阻力大,宜采用反应敏捷、调节范围大、具有快开阀芯的外平衡式膨胀阀。

(4)制冷剂　汽车空调制冷剂最初使用R12,现已禁用。从热力性质和环保方面考虑,目前汽车空调中普遍使用制冷剂R134a作为过渡型替代制冷剂。CO_2由于具有环境友好及良好的热力性能,在汽车空调中作为制冷剂的应用研究已得到业内人士的关注。

6)汽车空调的发展方向

目前,从市场需求方面来看,汽车空调向着降低成本、提高能源效率和环境保护方向发展。从汽车制造方面来看,需进一步提高汽车空调装置的紧凑性和效率。从乘客和驾驶员需求方面看,车内温度要合理分布、热舒适性佳、操作要便捷。21世纪,汽车空调要向全自动和舒适型,以及节能、环保型方向发展。

8.5.2　汽车空调设计简介

1)汽车空调设计步骤

(1)拟订总体设计方案　根据设计任务和技术经济指标要求调研论证,拟订设计方案:制冷系统流程设计及其总体布局、换热器结构形式、车室内气流组织、空调器自动控制。

(2)冷热负荷计算　汽车空调热负荷主要包括太阳辐射热和空气对流换热、乘员散热、新

风热、发动机等机器仪表散热等。热负荷的大小可由式(8.26)确定:

$$Q_g = Q_t + Q_b + Q_m + Q_a + Q_e + Q_q \tag{8.26}$$

式中,Q_t 为太阳辐射及太阳照射得热量;Q_b 为玻璃窗渗入量;Q_m 为人体散热量;Q_a 为室外空气漏入热量;Q_e 为发动机室传入热量;Q_q 为其他仪器设备换热量。

(3)制冷压缩机选择与热力计算

(4)蒸发器、冷凝器的设计计算

(5)节流机构的设计计算与选择,辅助设备设计与选择

(6)车室内气流组织,风道设计

(7)自动控制系统设计

2)汽车空调设计简介

【例8.4】 设计任务:设计×××型轿车空调系统。

轿车空调制冷系统与8.2.2节及8.2.4节所述不同之处主要有:采用直连驱动的开启式压缩机;轿车空调系统不设四通阀;采用膨胀阀取代毛细管(通常为外平衡式);采用结构更为紧凑的高效换热器。本设计仅对总体规划、冷负荷计算、压缩机选择与热力计算作简要介绍,关于换热器设计、风机和辅助设备选择设计等可参考其他章节,不再赘述。

(1)设计计算工况　冷凝温度 $t_k=63$ ℃,蒸发温度 $t_0=0$ ℃,过冷温度 $t_4=57$ ℃,吸气温度 $t_1=15$ ℃,室外温度 $t_w=35$ ℃,室内温度 $t_n=26$ ℃,压缩机额定转速 $n=1\ 800$ r/min。

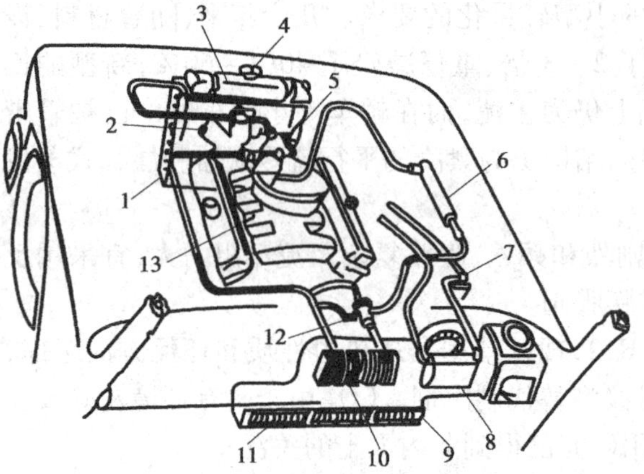

图8.10　轿车空调系统布置示意图

1—冷凝器;2—冷凝器风扇;3—散热器;4—散热器盖;5—压缩机;6—干燥过滤器;7—热水阀;8—热风吹出格栅;9—驾驶室;10—蒸发器;11—冷风吹出格栅;12—膨胀阀;13—主发动机

(2)总体规划　采用直连式驱动,蒸发器置于仪表盘下方,空冷式冷凝器置于发动机水箱前,用冷却风机进行强迫对流换热。利用发动机冷却水作为采暖热源,其热交换器与蒸发器并列布置,共用蒸发器风机。轿车空调系统布置见图8.10。冷凝器和蒸发器分别采用平行流式和层叠式结构。

(3)冷热负荷计算

①太阳辐射及太阳照射得热量 Q_1:可将太阳辐射强度化成相当的温度形式,与室外空气温度叠加在一起,构成太阳照射表面的综合温度 t_m。对车室内的传热由下式计算:

$$Q_1 = FK(t_m - t_n) \tag{8.27}$$

日照表面综合温度 t_m 的近似计算公式为:

$$t_m = \frac{\varepsilon I}{\alpha + K} + t_a \tag{8.28}$$

式中,ε 为表面灰度,取 $\varepsilon=0.90$;α 为室外空气与日照表面对流表面传热系数,W/(m^2·K);K 为车身围护结构对室内的传热系数,K 取4.8 W/(m^2·K);F 为车体外表面积,m^2,实测约为

$8.7\ m^2$;I 为综合表面平均辐射强度,$I=I_G+I_S=940\ W/m^2$。

由于车速变化范围大,车身外表复杂,表面对流表面传热系数难以精确计算。一般采用近似公式计算(以行驶速度 $w_c=60$ km/h),得:

$$\alpha=1.163(4+12\sqrt{w_c})=61.63\ W/(m^2\cdot K) \tag{8.29}$$

将各参数代入计算得 $Q_1=908$ W。

②玻璃窗渗入热量 Q_b:太阳辐射通过玻璃窗时,一部分被玻璃吸收,提高了玻璃本身温度,然后通过温差将热量传入车内;另外,大部分辐射热将通过玻璃窗直接射入室内。玻璃窗的渗入热量由温差传热和辐射传热两部分组成:

$$Q_b=AK(t_b-t_n)+CAq_b\mu \tag{8.30}$$

式中,A 为玻璃窗面积,实测约 $3.6\ m^2$;K 为玻璃窗的传热系数,取 $K=6.4\ W/(m^2\cdot ℃)$;t_b 为玻璃温度,取车室外温度;C 为玻璃窗遮阳系数,$C=0.5$;μ 为非单层玻璃校正系数,$\mu=1$;q_b 为通过单层玻璃的太阳辐射强度,$q_b=\tau_G I_G+\tau_S I_S$,$W/m^2$;$\tau_G$ 为透过窗玻璃的太阳直射透射率,取 $\tau_G=0.70$;τ_S 为透过窗玻璃的太阳散射透射率,取 $\tau_S=0.08$。将以上各参数代入得 $Q_b=1\ 347$ W。

③人体散热量:

$$Q_m=175\ W+116(n-1)\ W \tag{8.31}$$

式中,175 为驾驶员的发热量;116 为乘客的发热量;n 为乘员的总数,$n=5$;将以上各参数代入得 $Q_m=639$ W。

④新风热量:

$$Q_a=G\rho(h_H-h_B) \tag{8.32}$$

式中,G 为进入车室内的新风量,$G=50\ m^3/h$;ρ 为空气的密度,$\rho=1.16\ kg/m^3$;h_H,h_B 分别为车外空气和车内空气的焓值,差值为 35 kJ/kg。将以上各参数代入得 $Q_a=522$ W。

⑤发动机室传入热量:

$$Q_e=KF(t-t_n) \tag{8.33}$$

式中,K 为发动机通过车前围传入车室的传热系数,F 为前围面积,$KF=3.5\ W/℃$;t 为发动机室内温度,$t=70$ ℃。将以上各参数代入得 $Q_e=154.0$ W。

⑥其他仪器及电子设备换热量:$Q_q=100$ W。计算冷负荷:

$$Q_g=Q_t+Q_b+Q_m+Q_a+Q_e+Q_q=3\ 670\ W$$

考虑适当的负荷系数,取机组的设计制冷量 $Q_0=3\ 800$ W。

(4)制冷循环热力计算　根据汽车空调名义工况下的状态参数,查 R134a 热力性质表和图得各工作点热力状态见表 8.28,热力计算见表 8.29。

(5)制冷压缩机选择与热力计算　根据热力计算结果,选用上海奉天空调压缩机制造有限公司的涡旋式汽车空调压缩机,产品型号为 9AP45,压缩机标准转速 1 800 r/min,排量为 $2.94\times10^{-3}\ m^3/s$,制冷剂为 R134a。压缩机的热力性能计算见表 8.30。

表 8.28　热力循环 lg p-h 图及循环状态参数

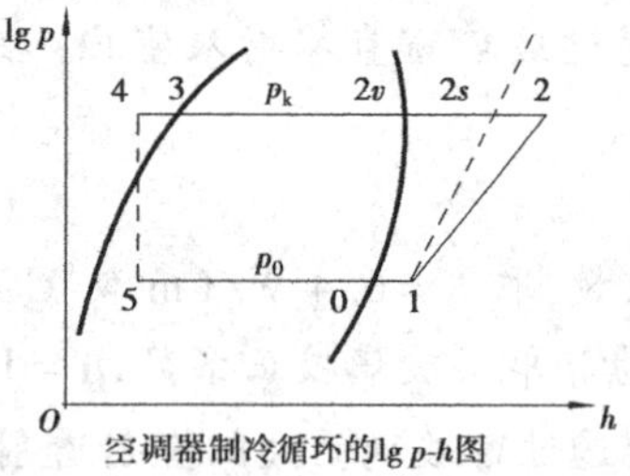

空调器制冷循环的lg p-h图

状态点	参数	单位	R134a	备　注
0	t_0	℃	0	根据 t_0 作等压线 p_0，交饱和气体线得 0 点，查表或图
	p_0	10^2 kPa	2. 92	
	h_0	kJ/kg	396. 8	
1	t_1	℃	15	p_0 的等压线交 t_1，查 lg p-h图
	v_1	m^3/kg	0. 074	
	h_1	kJ/kg	411. 2	
2s	t_{2s}	℃	81	过 1 点作等熵线与等压线 p_2 的交点，查图
	h_{2s}	kJ/kg	452. 1	
2	t_2	℃	88	由式(4. 37)得 h_2
	p_2	10^2 kPa	18. 1	
	h_2	kJ/kg	459. 3	
4	t_4	℃	57	p_k 等压线与 t_4 过冷液体等温线的交点 4，$h_4 = h_5$
	h_4	kJ/kg	282. 5	

表 8.29　热力性能指标计算

项　目	计算公式	单　位	计算值	备　注
单位质量制冷量	$q_0 = h_0 - h_4$	kJ/kg	114. 3	式(4. 34)
单位容积制冷量	$q_v = q_0/v_1$	kJ/m^3	1 544. 6	式(4. 34)
单位指示功	$w_i = h_2 - h_1$	kJ/kg	48. 1	式(4. 34)、式(4. 37)
单位冷凝热	$q_k = h_2 - h_4$	kJ/kg	174. 6	式(4. 36)
制冷剂质量流量	$q_m = Q_0/q_0$	kg/s	33.25×10^{-3}	式(4. 38)
压缩机理论排量	$q_h = q_m v_1/\lambda$	m^3/s	2.895×10^{-3}	取压缩机输气系数 $\lambda = 0.85$
制冷系数	$\varepsilon_i = q_0/w_i$		2. 376	
卡诺循环制冷系数	$\varepsilon_c = T_0/(T_4 - T_0)$		4. 336	
热力完善度	$\eta = \varepsilon_i/\varepsilon_c$		0. 548	

表 8.30　压缩机的热力性能计算

项　目	计算公式	单　位	计算值	备　注
实际质量流量	$q_m = q_h' \lambda/v_1$	kg/s	3.377×10^{-2}	式(4. 42) 取 $\eta_m = 0.90$
实际制冷量	$Q_0 = q_m q_0$	kW	3. 860	
冷凝器负荷	$Q_k = q_m q_k$	kW	5. 896	
压缩机输入轴功率	$P_e = q_m w_i/\eta_m$	kW	1. 805	
能效比	$EER = Q_0/P_e$		2. 14	

通过上述计算，得到 Q_0, Q_k, q_m, P_e 等参数，就可进行蒸发器、冷凝器的设计，风机的选择设计，膨胀阀等辅件的选型设计和动力匹配，从而完成轿车空调制冷系统的设计工作，其基本方法可参考其他章节相关内容。

习 题

8.1 制冷装置设计的主要内容有哪些？应当遵循的基本原则又有哪些？

8.2 常规的制冷装置设计方法有什么特点？它与计算机仿真设计有哪些不同？二者相比，各有何优缺点？

8.3 制冷装置设计的主要内容有哪些？应当遵循的基本原则又有哪些？

8.4 常规的制冷装置设计方法有什么特点？它与计算机仿真设计有哪些不同？二者相比各有何优缺点？

9　制冷系统与装置性能测试

随着制冷空调行业的发展，制冷空调产品的测试技术和试验装置得到了迅速发展，并进一步促进了制冷空调产品质量和性能的提高，制冷系统与装置的性能试验是研究改进和鉴定制冷装置性能的重要手段。在制冷装置及其零部件的设计、研究、改进和试制过程中或产品研制出来后，必须通过试验来判断其性能是否能满足设计要求，研究影响产品性能的各种因素。事实上，在新的制冷系统与装置的试制过程中，设计方案不免要经过若干次改进，试验是获取修改依据的最常用和最重要的手段。

制冷系统测试包括制冷系统整机性能测试以及其各主要零部件的性能测试，如压缩机性能测试、换热器性能测试、膨胀阀性能测试等。目前，我国已经建立了对制冷装置进行性能测试的多项国家标准。本章将结合国家标准对制冷系统与装置的性能测试原理和方法及其相关的性能试验装置进行阐述和介绍。

9.1　制冷系统和装置测试常用仪器仪表

制冷空调产品的性能参数一般由制冷温度、制冷量、输入功率和能效比等主要参数所组成。由于制冷空调产品的性能参数对运行环境条件有强烈的依赖性，必须在人工模拟环境下、在持续稳定的状态中，先测量这些参数的某些相关物理量，经过计算间接得出测试结果，物理量主要包括温度、压力、压差、流量和电参数等。本节将对制冷空调性能试验装置上常用的测量传感器、测量方法和维持人工模拟环境所需的数字控制器进行介绍。

9.1.1　温度测量传感器

在制冷系统和装置测试的平台上，最常用的温度测量传感器是热电偶和铂电阻。

1）热电偶温度传感器

（1）热电偶简介　温差热电偶是目前温度测量中使用最普遍的传感元件之一，具有结构简单，测量范围宽、准确度高、热惯性小，输出信号为电信号便于远传或信号转换等优点。热电偶被广泛用来测量 -100 ~ 1 600 ℃的温度，用特殊材料制成的热电偶还可以测量更高或者更低的温度。

常用的热电偶由热电极（热偶丝）、绝缘材料（绝缘管）和保护套管等部分组成。按照使用范围的大小，热电偶可以分为标准化热电偶和非标准化热电偶。标准化热电偶规定了统一的热电极材料及其化学成分、热电性质和允许偏差，即标准化热电偶具有统一的分度表。对于同一型号的标准化热电偶具有互换性，使用十分方便。非标准化热电偶无论在使用范围或数量上均不及标准化热电偶。但在某些场合，譬如在高温、低温、超低温、高真空和有核辐射等被测对象中，这些热电偶具有某些特别良好的性能。非标准化热电偶一般没有统一的分度表。

目前在制冷装置实验台上最常用的两种热电偶是镍铬-镍硅热电偶（分度号 K）和铜-康铜热电偶（分度号 T），这两种热电偶都是标准化的热电偶。

①镍铬-镍硅热电偶（分度号 K）：贱金属热电偶，热电极直径一般为 0.3～3.2 mm，直径不同，它的最高使用温度也不同；在 500 ℃以下，可在还原性、中性和氧化性气氛中可靠地工作，而在 500 ℃以上只能在氧化或中性气氛中工作；温度和热电势关系接近于直线关系。

②铜-康铜热电偶（分度号 T）：贱金属热电偶，测温范围为 －200～＋400 ℃，热电极直径为 0.2～1.6 mm，它的最高温度与热电极直径有关，适合于在氧化、还原、真空及中性气氛中使用，它在潮湿的气氛中具有抗腐蚀性，特别适合于 0 ℃以下的温度测量，具有测温准确度高、稳定性好、低温时灵敏度高及价格低廉等特点。

（2）热电偶的结构　热电偶按照其构造的不同，可以分为普通型热电偶、铠装热电偶和薄膜热电偶。普通型热电偶本体是一端焊接的两根金属丝（热电极），铠装热电偶是由金属套管、绝缘材料和热电极拉伸加工而成的坚实组合体，薄膜热电偶是由两种金属薄膜连接而成的一种特殊结构的热电偶。铠装热电偶由于具有动态响应快，机械强度高，挠性好，耐高压、强烈震动和冲击及可安装在结构复杂装置上等优点，是目前实验台上使用最多的热电偶（见图 9.1）。

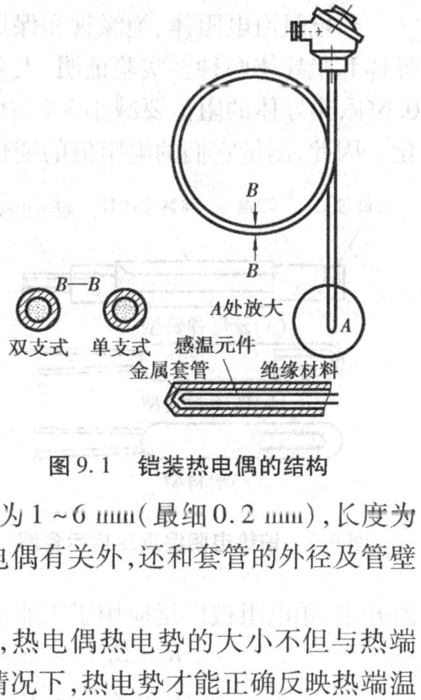

图 9.1　铠装热电偶的结构

铠装热电偶套管材料有铜、不锈钢及镍基高温合金等。热电偶与套管之间填满了绝缘材料的粉末，目前采用的绝缘材料绝大部分为氧化镁。套管中的热电极有单丝的、双丝的和四丝的，彼此之间相互绝缘。其外径一般为 1～6 mm（最细 0.2 mm），长度为 1～20 m（最长可超过 100 m）。它测量的温度上限除和热电偶有关外，还和套管的外径及管壁的厚度有关，外径粗、管壁厚时，测温上限可高些。

（3）热电偶的温度补偿　由热电偶的测温原理可知道，热电偶热电势的大小不但与热端温度有关，而且与冷端温度有关。只有在冷端温度恒定的情况下，热电势才能正确反映热端温度高低。实际应用中，热电偶的冷端装置在距热端很近的大气中，受高温设备和环境温度波动的影响较大，因此冷端温度不可能是恒定值。为消除冷端变化对测量的影响，通常可采用以下的冷端温度补偿法（如冰点槽法、计算修正法、补正系数法、零点迁移法、冷端补偿器法和软件处理法等）。

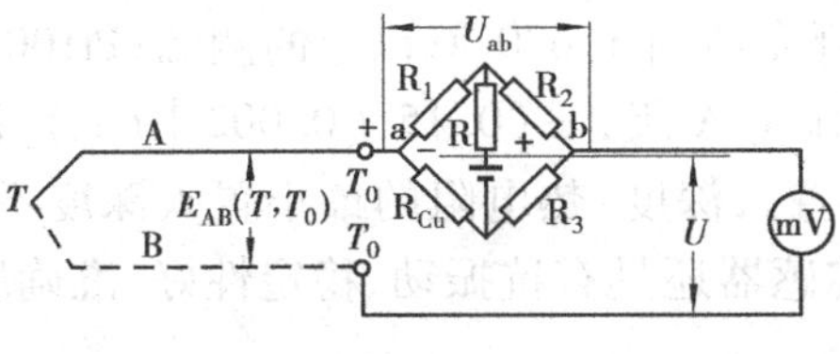

图 9.2　热电偶冷端补偿器法不平衡电桥示意图

在采用数据采集仪或者数据采集模块对热电偶传感器的温度进行采集时，通常采用冷端补偿器法进行补偿，即利用不平衡电桥（见图 9.2）产生的电压来补偿热电偶冷端温度的变化而引起的热电势的变化。

不平衡电桥由 R_1, R_2, R_3（锰铜丝绕制），R_{Cu}（铜丝绕制）4 个桥臂和桥路电源组成。桥臂电阻 R_1, R_2, R_3, R_{Cu} 与热电偶的冷端处于相同的环境温度下。其中，$R_1 = R_2 = R_3 = 1\ \Omega$，$U$（$U = 4$ V）为桥路直流电源，R 是限流电阻，其阻值因热电偶的不同而不同。选择 R_{Cu} 的阻值使桥路在 20 ℃时处于平衡状态，即 $R_{Cu}^{20} = 1\ \Omega$，此时电路输出 $U_{ab} = 0$。当冷端温度升高时，R_{Cu} 随着增大，U_{ab} 也随着增大，而热电偶的热电势 E_{AB} 却随着减小。如果 U_{ab} 的增加量等于 E_{AB} 的减少量，那么 U_{AB}（$U_{AB} = U_{ab} + E_{AB}$）的大小就不随冷端温度变化了。通过改变限流电阻 R 的阻值来改变流过桥臂的电流，可以使得补偿电桥与不同类型的热电偶配合使用。

2）铂电阻温度传感器

（1）热电阻温度传感器　热电阻传感器可以用来测量 −200～500 ℃的温度。在特殊情况下，电阻温度计测量的低温可以达到平衡氢的三相点温度（13.803 3 K），甚至更低；高温可测到 1 000 ℃。热电阻传感器的特点是准确度高，在中低温下（500 ℃以下）测温，其输出信号比热电偶要大得多，灵敏度要高，输出的电信号便于远程输送和实现多点切换测量。

热电阻由电阻体、绝缘管和保护套管等主要部件组成，电阻体是测量温度的敏感元件，有导体和半导体两种。实验证明，大多数的金属导体当温度升高 1 ℃时，气阻值要增加 0.4%～0.6%，半导体的阻值要减小 3%～6%，正是由于导体和半导体的电阻值会随温度的变化而变化。因此，测量它们的电阻值的变化便可达到测温的目的。

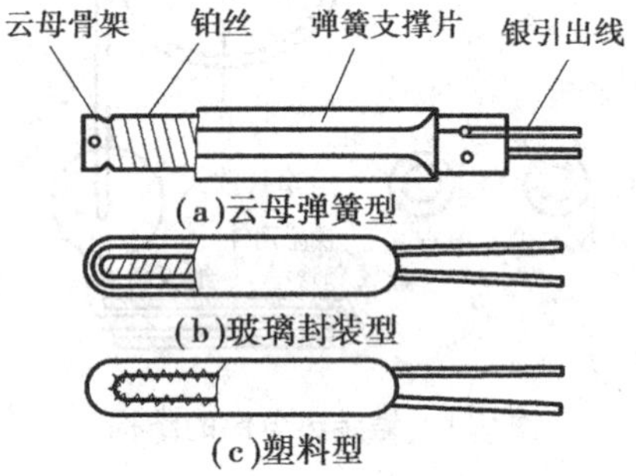

图 9.3　铂热电阻温度结构示意图

（2）铂电阻温度传感器　我国目前主要生产铂、铜、镍 3 种材料的标准化热电阻，其中铂电阻（见图 9.3）是其中最常用的一种，铂电阻的特点是稳定性好、准确度高、性能可靠。这是因为铂在氧化性气体中，甚至在高温下的物理、化学性质都非常稳定，所以在 1990 国际温标（ITS—90）规定在 13.803 3 K～961.78 ℃温域内以铂电阻温度计作为标准仪器。

铂电阻在还原性气体中，特别是在高温下很容易被还原性气体污染，铂丝将变脆，并改变电阻与温度间的关系。因此，必须用保护保管把电阻体与有害的气体隔离开来，铂电阻被广泛应用于工业上和实验室中。

$$R_t = R_0[1 + At + Bt^2 + ct^3(t - 100)] \qquad (-200 \sim 0\ ℃) \tag{9.1}$$

$$R_t = R_0(1 + At + Bt^2) \qquad (0 \sim 85\ ℃) \tag{9.2}$$

式中，R_t 指温度为 t 时的电阻值；R_0 为 0 ℃时的电阻值；A, B, C 分别为常数，对于用工业用铂电阻 $A = 3.908\ 02 \times 10^{-3}$，$B = -5.80 \times 10^{-7}$，$C = 4.273\ 5 \times 10^{-12}$。

铂的纯度常以 R_{100}/R_0 来表示，对于工业用铂电阻，规定其 $R_{100}/R_0 = 1.385$，我国规定铂电阻的分度号为 Pt10 和 Pt100。Pt10 的铂丝较粗，能可靠地用于 600 ℃以上的测温；Pt100 实际应用较多，测量范围：−200～+850 ℃；允许偏差值 Δ：A 级，$\pm(0.15 + 0.002|t|)$，B 级，$\pm(0.30 + 0.005|t|)$；热响应时间小于 30 s；最小置入深度：热电阻的最小置入深度不小于 200 mm；允通电流不大于 5 mA。另外，Pt100 温度传感器还具有抗振动、稳定性好、准确度高、耐高压等优点。

（3）铂电阻的引线形式　在用铂电阻温度传感器进行测温时，经常使用直流电桥作为测

量电路。为满足不同测量精度的要求,热电阻的引出线有两线制、三线制和四线制 3 种形式。其特点如下:

①两线制:在铂阻体的电阻丝两端各连接一根导线的引线方式为两线制。这种铂电阻测量时存在引出线电阻变化所产生的附加误差,适用于不需要较高精度,且测温热电阻与检测仪表距离较远的场合。

②三线制:在热电阻体的电阻丝的一端连接两根引出线,另一端连接一根引出线,此种引线方式为三线制。测温时它可以消除引出线电阻的影响,故测温准确度高于两线制热电阻。

③四线制:在热电阻体的电阻丝的连接两根导线的引线方式为四线制。测温时它不仅可以消除引出线电阻的影响,还可以消除连接导线间接触电阻及其阻值变化的影响,多用在标准铂电阻的引出线上。

9.1.2 压力与差压测量传感器

在制冷系统与装置测试平台上通常采用电测式压力(或差压)仪表,它是利用金属或半导体的物理特性直接将压力转换为电压或者电流信号输出,或是通过电阻应变片等将弹性体的形变转换为电压、电流信号输出。代表性产品有压电式、压阻式、振频式、电容式和应变式等压力传感器所构成的电测式压力测量仪表,其精确度可达 0.02 级,测量范围从几十帕至 700 MPa 不等。目前,在试验台上最常采用的是电容式压力(差压)传感器和压阻式压力传感器。

1)电容式压力(差压)变送器

电容式压力传感器中,以测压弹性膜片为电容器的可动极板,它与固定极板之间形成一可变电容。随被测压力的变化,膜片产生位移,使电容器的可动极板与固定极板之间的距离改变,从而改变了电容器的电容量,这样就完成了压力信号与电容量之间的变换。将激励电压加于电容器,产生的交变电流经整流、调制、放大,输出 4 ~20 mA 直流电流,这就是电容式压力(压差)传感器的基本工作原理。

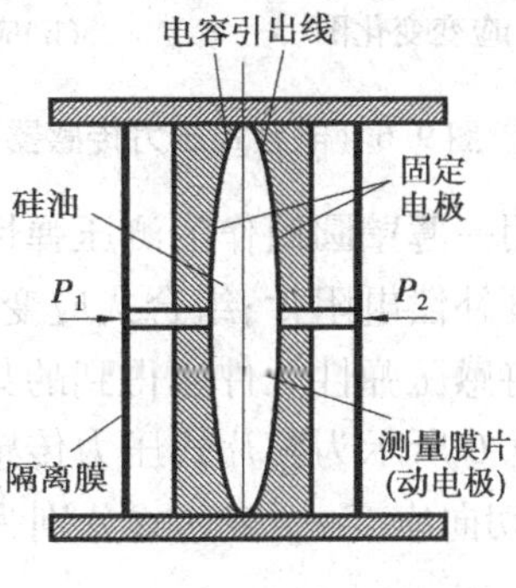

图 9.4 差动电容式压力传感器的结构图

图 9.4 所示为一膜式动电极和两个在凹型玻璃上电镀成的固定电极组成的差动电容器。被测介质的两种压力通入高、低压力室,作用在敏感元件的两隔离膜片上,通过隔离膜片和敏感元件内的填充液传送到预张紧的测量膜片两侧。测量膜片与两侧绝缘体上的电极各组成一个电容器,在无压力通入或两侧压力均等时,测量膜片处于中间位置,两侧电容器的电容量相等。当两侧压力不一致时,致使测量膜片产生位移,其位移量和压力差成正比,故两侧电容量就不等,通过检测此电容极板上的差动电容,再由变送器将差动电容转换放大成 4 ~20 mA DC 的标准电流信号 I_0(见图9.5)。绝对压力变送器的工作原理和差压变送器相同,只是低压室压力是大气压或真空。

2)压阻式压力变送器

物体受压后会产生内应力和弹性变形,在弹性限度内,内应力与变形率(即应变)成正比,

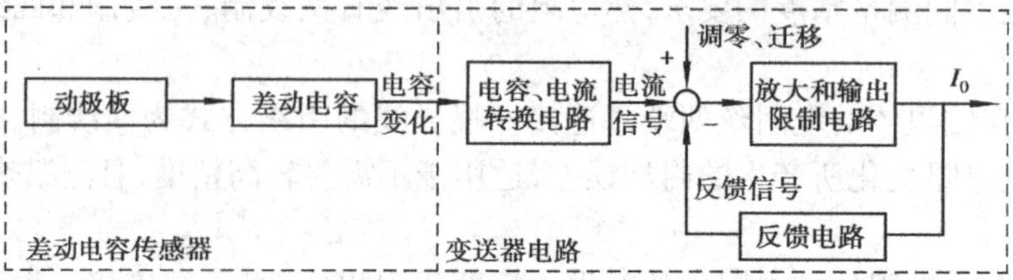

图 9.5　电容式压差变送器构成方框图

于是可以通过测量物体的应变来求得物体所受的压力。压阻式压力变送器是利用半导体材料硅在受压后,电阻率改变与所受压力有一定关系的原理制作的。用集成电路工艺在单晶硅膜片的特定晶向上扩散一组等值应变电阻,并将电阻接成电桥形式。当压力发生变化时,单晶硅产生应变,应变使电阻值发生与被测压力成比例的变化,电桥失去平衡,从而输出一定的电压信号,并将其转换成标准的 4 ~20 mA 信号到数据采集仪。

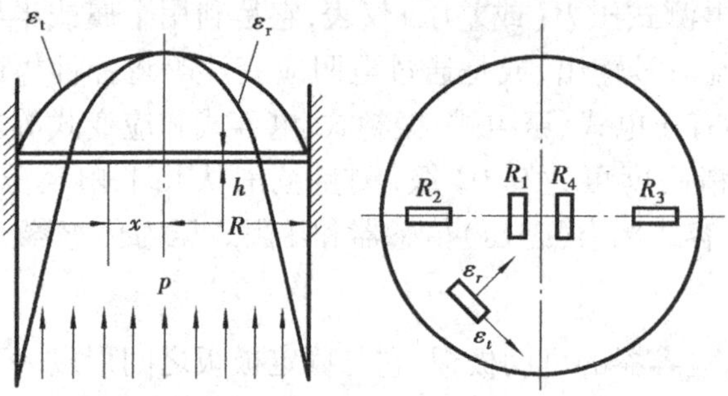

图 9.6　电容式压力传感器结构图

压阻式压力传感器主要用来测量流动介质的动态或静态压力,如设备管道的进出口气体或者流体的压力等。

压阻式压力变送器主要由感压弹性元件和应变片组成。也有将二者结合在一起的,如用硅片作感压弹性元件,其上扩散电阻元件。变送器的结构主要有膜片式、筒式和组合式 3 种:膜片式是以金属或半导体材料的膜片作为弹性元件,当膜片一侧均匀承受压力时,周界固定的膜片发生弯曲变形;筒式是用一薄壁圆筒作为测压弹性元件,应变片贴于筒体外壁,在圆筒端部上还贴有不感受应变的温度补偿电阻片;组合式应变片不是直接贴于弹性元件上,而是贴在悬梁壁上,然后通过传力杆将感压弹性元件所得到的集中力传递到该悬臂梁上。

图 9.6 所示为膜片式压力传感器,应变片贴在膜片内壁,在 p 的作用下,膜片产生径向应变 ε_r 和切向应变 ε_t,表达式分别为:

$$\varepsilon_r = \frac{3p(1-\mu^2)(R^2-3x^2)}{8h^2E} \tag{9.3}$$

$$\varepsilon_t = \frac{3p(1-\mu^2)(R^2-x^2)}{8h^2E} \tag{9.4}$$

式中,p 为膜片上均匀分布的压力;R,h 分别为膜片的半径和厚度;x 为距圆心的径向距离。

由应力分布图可知,膜片弹性元件承受压力 p 时,其应变变化曲线的特点为:当 $x=0$ 时,$\varepsilon_{r,\max}=\varepsilon_{t,\max}$;当 $x=R$ 时,$\varepsilon_t=0$,$\varepsilon_r=-2\varepsilon_{r,\max}$。

9.1.3　流量测量传感器

流体流量就是单位时间内流过某一截面的流体的量,称为瞬时流量。在某一段时间间隔内流过某一截面的流体量,称为流过的总量。显然,流过的总量可以用在该段时间内瞬时流量对时间的积分得到,所以总量通常称为积分流量或者流体流量。总量除以得到的时间间隔就称为该段时间内的平均流量。

目前,工业上常用的流量测量方法大致可分为容积式、速度式和质量式3类,速度式测量方法中又以差压流量测量方法使用最为广泛。在使用流量检测仪表时,既要考虑控制系统容许损失的压力、最大、最小额定流量,使用场所的环境特点及被测流体的性质和状态,也要考虑仪表的精度及显示方式。

1)涡轮流量计

涡轮式流量计一般用来测量液体的流量,其实质上为一零功率输出的涡轮机(见图9.7)。当被测流体通过时冲击涡轮叶片,使涡轮旋转,在一定的流量范围内和一定的流体黏度下,涡轮转速与流速成正比。当涡轮转动时,涡轮上由导磁不锈钢制成的螺旋型叶片顺次接近处于管壁上的检测线圈,周期性地改变检测线圈磁电回路的磁阻,使通过线圈的磁通量发生周期性变化,检测线圈产生与流量成正比的脉冲信号。此信号经前置放大器放大后,可远距离传送至显示仪表。在显示仪表中对输入脉冲进行整形,然后一方面对脉冲信号进行积算以显示总量,另外一方面将脉冲信号转换为电流输出指示瞬时流量。将涡轮的转速转换为脉冲信号的方法,除上述磁阻方法外,还可采用感应方法,这时转子用非导磁材料制成,将一小块磁钢埋在涡轮的内腔,当磁钢在涡轮带动下旋转时,固定于壳体上的检测线圈中感应出电脉冲信号。磁阻方法比较简单,并可提高输出电脉冲频率,有利于提高测量精确度。

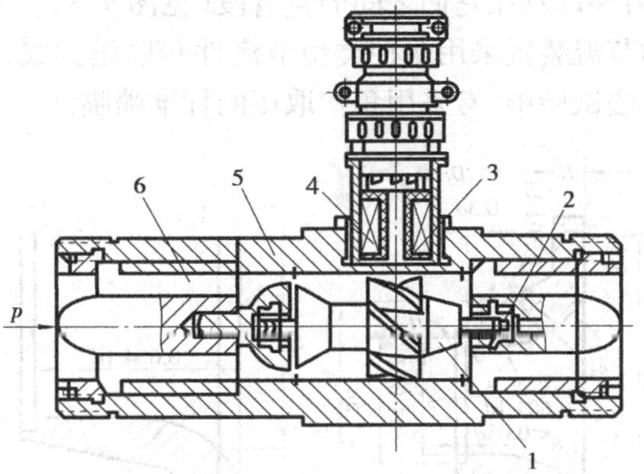

图9.7　涡轮流量计变送器结构

1—紧固件;2—壳体;3—前导向件;4—止推片;5—叶轮;

6—电磁感应式信号检出器;7—轴承;8—后向导件

涡轮流量计具有下列显著优点:

①精度高,可达±0.5%或0.2%(计量用)。

②量程比大,$q_{\max}/q_{\min}=6\sim10$。

③惯性小,反应快,时间常数为1~50 ms。

④耐高压,被测流体静压可达50 MPa。使用温度在-20~120 ℃、最高200 ℃;压力损失小,Δp仅为0.01~0.1 MPa。

⑤电信号输出,便于实现远程监控。

⑥安装维修方便,耐腐蚀,适用流体很多,如水、汽油、煤油、丙烷、天然气、乙烯、氨等。

2)节流变压降流量计

(1)节流变压流量计　差压式是流量或流速测量方法中使用历史最久和应用最为广泛的一种,通过测量流体流动过程中产生的差压来测量流速或者流量。这种差压可能是由于流体滞止造成的,也可能是由于流体流通截面改变引起流速变化而造成的,属于这种测量方法的流量计有:毕托管、均速管、节流变压降流量计。其中,节流变压降流量计是用来进行空气流量测量的比较有效的方法。

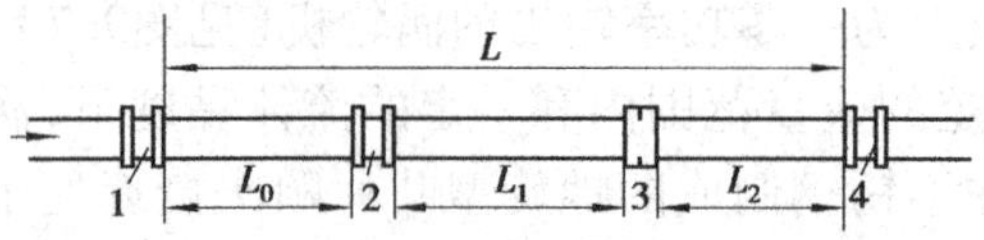

图9.8　整套节流装置示意图

1—上游第二个局部阻力件;
2—上游第一个局部阻力件;
3—节流件;4—下游第一个局部阻力件

(2)标准节流装置　节流件的形式很多,有孔板、喷嘴、文丘利管和1/4圆喷嘴等,使用广泛的节流件是孔板和喷嘴。这两种形式节流件的外形、尺寸已标准化,并同时规定了它们的取压方式和前后直管段要求,总称为"标准节流装置"。标准节流装置只适用于测量圆形截面管道中的单相、均质流体的质量,并要求流体充满管道;在节流前后一定距离内不发生相变或析出杂质;流速小于音速,流动属于非脉动流;流体在流过节流件前,流线与管道轴线平行,不得有旋转流。

标准节流装置除包括节流件及其取压装置外,还包括节流件上游侧第一个阻力件、第二个阻力件,下游侧第一个阻力件以及在它们之间的直管段(见图9.8)。

我国国家标准规定的节流装置采用两种类型节流件和取压方式,即角接取压和法兰取压的标准孔板。在空气焓差法试验中,常采用角接取压的标准喷嘴。

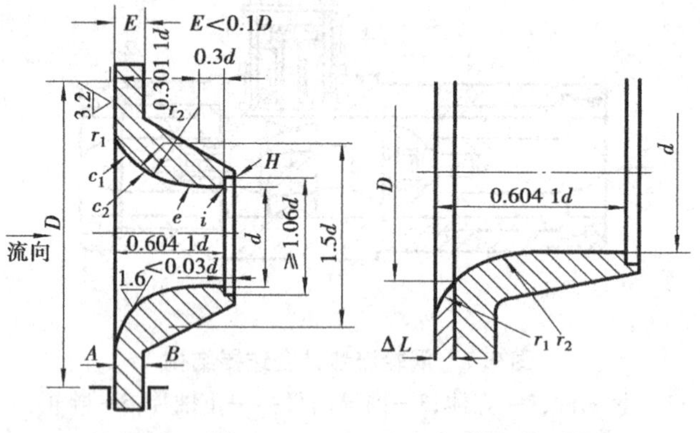

图9.9　标准喷嘴的结构形式

角接取压标准喷嘴适用于$D=50\sim500$ mm,$0.3\leqslant\beta\leqslant0.8$。标准喷嘴的形状见图9.10,其型线由进口端面$A$、收缩部分第一圆弧面$C_1$、第二圆弧面$C_2$、圆筒形喉部$e$和圆筒形出口边缘保护槽$H$组成。喷嘴的特征尺寸是圆筒形喉部的直径$d$,直径比$\beta=d/D$,其中$D$为管道内径。喉部长度为$0.3d$,出口边缘应是直角,无毛刺、无损伤,没有目测可察觉的倒角。

当$\beta>\dfrac{2}{3}$时,由于此时$1.5d$已经大于管道直径D,必须将喷嘴上游端面切去一部分ΔL,使上游进口部分最大直径与管道内径相等以便夹持。

9.1.4 电参数测量仪表

为了获得冷水机组、压缩机和空调器等制冷装置的性能参数,需要实时测量这些装置的电动机输入功率、油泵电动机输入功率等。在选择测量方案时要结合被测信号的特点,选择适当的测量方法和测量仪表,以期达到需要的精确度。目前,在制冷装置测试平台上应用较多的电参数测量仪如艾诺公司提供的7931H和7950H三相数字式电参数测量仪。

1)电参数测量仪的原理

功率的测量原理如图9.10所示,其核心是模拟乘法器,交流信号和电流信号经模拟乘法器相乘后即得瞬时功率信号,再经的低通滤波器得出平均功率值。这是一个直流信号,它代表被测功率的大小,将此直流电压值测量出即可得到被测功率的数值。

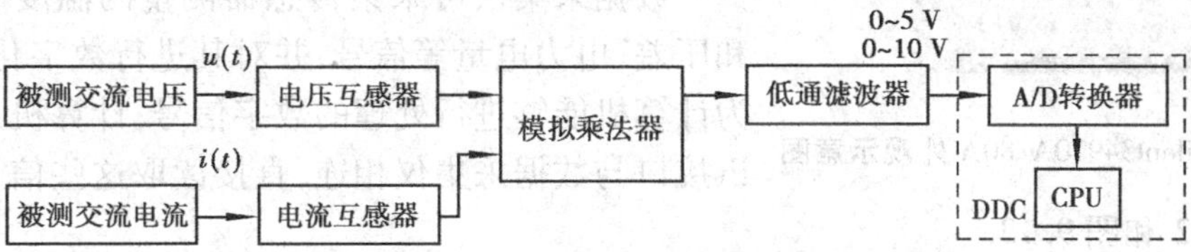

图9.10 电参数测量仪功率测量原理

正弦交流电压、电流测量的常用方法如图9.11所示。被测交流电压、电流经互感器变换到一定的量程范围,然后经交-直流变换电路,将交流信号的有效值转变为一个直流电压值,最终将此直流电压值测量出即可求得被测交流电压、电流的有效值。可见,这是一种间接的方法,并且当交流电压、电流含有谐波时,该方法的测量精度会下降。

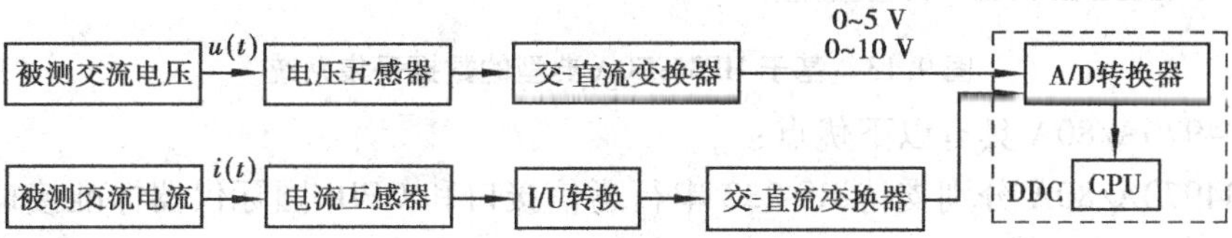

图9.11 电参数测量仪电压、电流测量原理

2)电参数的运算关系

电参数的运算关系,见表9.1和表9.2。

表9.1 三相四线制的运算关系

相 次	电 压	电 流	功 率	功率因数
第一相	U_1	I_1	P_1	$P_1/(U_1I_1)$
第二相	U_2	I_2	P_2	$P_2/(U_2I_2)$
第三相	U_3	I_3	P_3	$P_3/(U_3I_3)$
第$\sum$相	$(U_1+U_2+U_3)/3$	$(I_1+I_2+I_3)/3$	$P_1+P_2+P_3$	$(P_1+P_2+P_3)/(U_1I_1+U_2I_2+U_3I_3)$

表 9.2　三相三线制的运算关系

相　次	电　压	电　流	功　率	功率因数
第一相	U_1	I_1	P_1	$P_1/(U_1I_1)$
第二相	U_2	I_2	0.000	0.00
第三相	U_3	I_3	P_3	$P_3/(U_3I_3)$
第 $\sum$ 相	$(U_1+U_2+U_3)/3$	$(I_1+I_2+I_3)/3$	P_1+P_3	$(P_1+P_3)/\sqrt{[(P_1+P_3)^2+3(P_1-P_3)^2]}$

注：三相三线制负载的功率测量采用二瓦特计法完成，$\sum P=P_1+P_3$ 是代数和，当用户不测第二相参数时间，$\sum$ 相电压、电流分别是第一相和第三相参数的平均值。

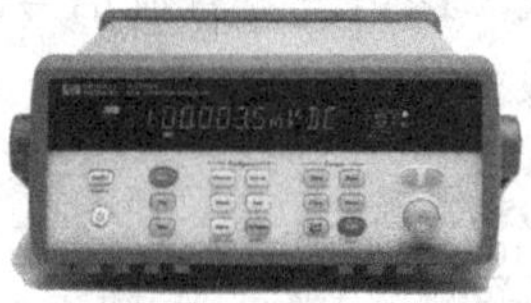

图 9.12　Agilent34970A/80A 外观示意图

9.1.5　数据采集仪表

数据采集仪可采集传感器测量的温度、流量、压力和压差、电力电量等信号，并对其进行数字化处理，转化为计算机能够进行处理的数字信号，计算机通过标准通讯接口与数据采集仪相连，直接读取这些信号的实时数据，见图 9.12 和图 9.13。

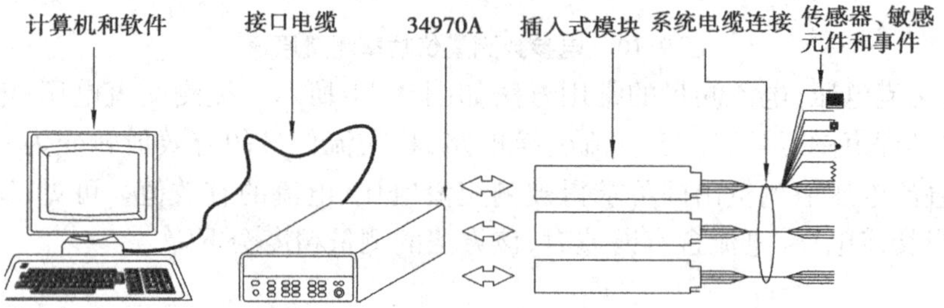

图 9.13　基于 HP34970A 典型的数据采集系统

Agilent34970A/80A 具有以下优点：

Agilent34970A/80A 分别支持 RS-232 串行通信接口和 GPIB 国际仪器标准接口，其具体特点见表 9.3。

表 9.3　通信接口的特点

串行(RS-232)		GPIB(IEEE-488)	
优　点	缺　点	优　点	缺　点
一般内置于计算机中，不需要额外的硬件	电缆长度限制在 15 m	速度：较快的数据和命令传送	电缆长度限制在 20 m
操作系统中通常包含驱动程序	每个串行端口只能连接一台仪器或者设备	附加的系统灵活性：同一 GPIB 端口可连接多台仪器	要求 PC 机中有一个扩充插槽插入卡和相关的驱动程序
电缆很容易找到且价格适中，随 HP34970A 提供有一条串行电缆	电缆易受噪声干扰，有可能导致通信减慢或者中断 有不同的连接器插脚和形式	可实现直接的存储器传送	需要特殊的电缆
	数据传送速度最快为85 000 B/s	数据传送速度最快为 750 000 B/s	

Agilent34970A/80A 提供插入式模块的全部选择,以便得到高质量的测量、切换和控制能力。插入式模块通过内部隔离数字总线与浮地逻辑通信。多路转换模块还通过内部模拟总线连接到内部数字万用表,每个模块都有自己的微处理器为主机处理器卸载并使背板通信降到最低限度以获得更快的处理,表 9.4 说明了每种插入式模块的几种一般用途。

表 9.4 通道模块的特点

型 号	模块名称	一般用途
测量输入		
34901A	具有 T/C 补偿的 20 通道多路转换器	利用数字万用表扫描并直接测量温度、电压电阻、频率和电流(只适用于 34901A)
34902A	具有 T/C 补偿的 16 通道干簧多路转换器	
34908A	具有 T/C 补偿的 40 通道单端多路转换器	利用内部数字万用表扫描和直接测量温度、电压和电阻
34907A	多功能模块	数字输入,时间计数

多路转换器 34901A 模块(见图 9.14)可分为 2 组,每组有 10 个通道,另外有 2 条带保险丝的通道,可供内部数字万用表(不需要外部分路器)进行直接、校准的直流或者交流电流测量。所有 22 个通道均切换 HI 和 LO 输入,因此,为内部数字万用表或者外部仪器提供了完全隔离的输入,为内部数字万用表或者外部仪器提供了完全隔离的输入。当进行四线电阻测量时,仪器自动将通道 n 与通道 $n+10$ 配对以提供源端和检测端的连接,模块有一个内置式绝热块,可在测量热电偶时最大限度地减少因热梯度而产生的误差。

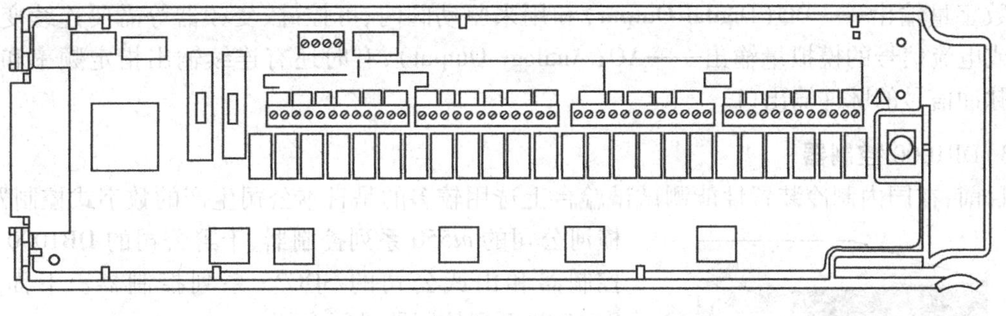

图 9.14 34901A 的 20 通道多路转换器内部装置示意图

9.1.6 数字控制器

为了进行制冷装置性能实验,通常需要对内外部工作环境的温、湿度进行控制,即人工实验环境模拟,数字控制器的选择是其中的一个重要的环节。

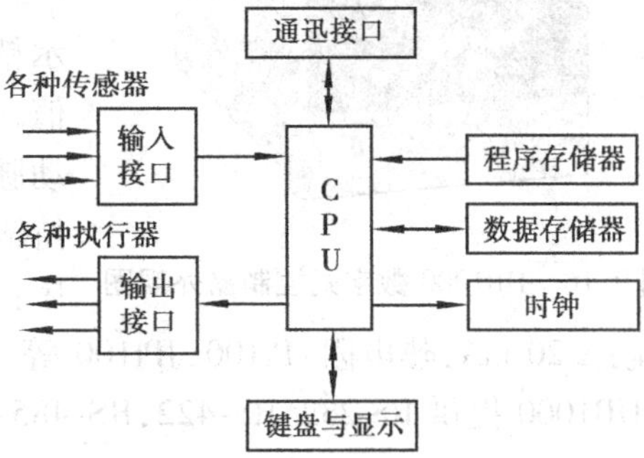

图 9.15 数字控制器的结构框图

1)数字控制器原理

数字控制器又称数字调节器,它以微处理器为控制、运算核心,通常以仪表面目出现。

如图 9.15 所示,中央控制处理单元(CPU,

Central Processing Unit)根据程序储存器存储的程序,逐步执行程序所规定的工作。这些工作包括:

①各种数学运算和逻辑分析判断。运算分析的原始数据可从数据存储器中读出,运算分析的中间结果和最终结果都可以存放在数据存储器中。

②从输入接口中读出经过输入接口进行了信号转换后的各种传感器的输入信号,并将这些信号以数字的形式存放于数据存储器中。由前所述,传感器可以有模拟量、开关量等多种方式的输出信号,输入接口将这些信号都转换为数字信号,随时供 CPU 读出。

③根据控制要求和存于数字存储器的分析计算结果,将对执行器的操作命令送到输出接口,输出接口根据所连接的执行器的种类将这些输出命令转换为相应的信号形式,使执行器产生相应的动作。

④读取键盘状态,得到使用者键操作状态,对它进行分析处理。根据程序要求或使用者的键命令将相应的数据送到显示单元。

⑤从通讯接口读入数据并将其存储于存储器中。根据程序要求,将数据存储器中的有关数据送至通讯接口,实现通讯。

2)数字控制器的输入和输出接口

(1)输入接口　输入接口与传感器或变送器连接,将传感器、变送器发出的反映所测物理量的各种信号转换为 CPU 能够处理的数字信号,被 CPU 读取。传感器、变送器发出的信号可分为:通断状态量(on-off)、连续脉冲的频率信号、电流或电压的模拟量信号 3 类。

(2)输出接口　同输入接口电路一样,现场控制机的输出接口也分为用来带动继电器通断的数字量输出——DO(Digital Output)和用来驱动阀门、可控硅、变频器等需要连续变化的电压或电流信号的模拟量输出——AO(Analogy Output),有时还有连续输出指定频率和占空比的脉冲信号的脉冲输出口。

3)DB1000 控制器

目前,在国内制冷装置性能测试试验台上选用较多的是日本公司生产的数字式控制器,如横河公司的 *ut*550 系列控制器、千野公司的 DB1000 系列控制器和山武公司的 SDC25 系列控制器。下面仅对 DB1000 系列控制器进行介绍。

图 9.16　DB1000 数字式控制器外观图

如图 9.16 所示,DB1000 是一种高性能的控制器,显示精度达到 0.1%,周期为 0.1 s,可设定 8 种调节设定值,具有电流输出形 PID 式、开关脉冲形 PID 式、SSR 驱动脉冲形 PID 式、开关伺服形 PID 式等调节方式。其支持输入信号包括,热电偶:B,R,S,K,E,J,T 等;直流电压:±10 mV,±20 mV,±50 mV,±100 mV,±5 V;直流电流:±20 mA;热电阻:Pt100,JPt100 等。另外,DB1000 具有自整定 PID 控制和模糊控制功能,DB1000 提供 RS-232,RS-422,RS-485 可选配的串行通信接口。

9.2 制冷装置测试的相关标准与常用方法

9.2.1 冷水机组的性能测试

1)国家标准

GB/T 10870—2001 规定了电动机驱动的离心式冷水(热泵)机组的主要性能的有关定义、试验规定、试验方法、校核试验与主要试验的偏差、机组总输入电功率个制冷性能系数的评定,适用于以容积式或离心式制冷压缩机、冷凝器、蒸发器和节流阀所组成的冷水(热泵)机组(以下简称“机组”)的性能试验,盐水机组、乙二醇机组等也可参照使用。

机组的性能测试主要包括以下几个方面:

①机组净制冷量:单位时间制冷剂在机组蒸发器中从冷水处吸取的热量,即冷水质量流量乘以蒸发器进、出口冷水比焓之差的积。

②热泵制热量:单位时间制冷剂在机组冷凝器向热水放出的热量,即热水质量乘以冷凝器出、进口热水比焓之差的积。

③机组总输入功率:机组消耗总输入电功率,包括压缩机电动机、油泵电动机、电加热器和操作控制电路等的总输入电功率。风冷式还包括冷却风机电功率;蒸发冷却式还包括淋水装置水泵用电功率。

④制冷性能系数:在规定工况下,整台机组中以同一单位表示的单位时间内从低温物体移去的热量与总输入能量之比。

2)试验要求

机组的性能试验包括主要试验和校核试验,二者应该同时进行测量。机组性能的主要试验方法为液体载冷剂法,校核试验方法有:机组热平衡法、液体制冷剂流量计法和水冷冷凝器法。校核试验和主要试验额达试验结果之间的偏差载 ±6% 以内,并以主要试验的测量结果为计算依据。

测量应该在机组试验工况稳定 1 h 后进行,每隔 10 min 测量记录 1 次,直至连续 4 次的测量数据符合 JB/T 4329 或者 JB/T 3355 规定为止,第 1 ~ 4 次测量记录的时间称为试验周期,在该周期内允许压力、温度、流量和液面做微小的调节。

3)测试方法

如图 9.17 所示,在机组蒸发器(冷凝器)冷(热)水进(出)口处安装有水量测量装置,进、出口处设置水量调节阀门。试验时,需要提供连续稳定的冷媒水流量、冷却水流量和符合试验工况水温的附加装置。

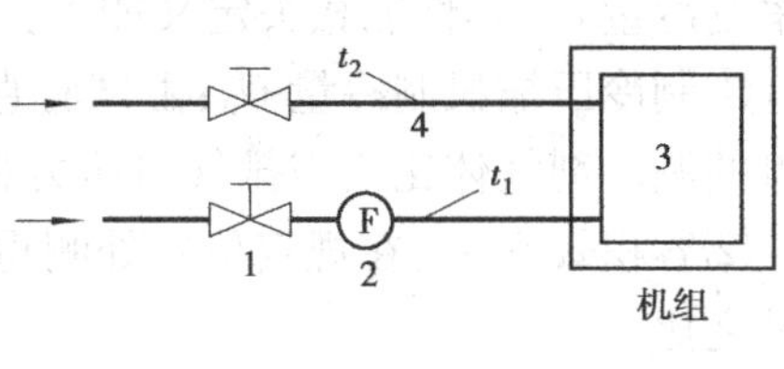

图 9.17 冷水机组的性能试验测试装置

1—流量调节阀;2—流量计;

3—蒸发器(冷凝器);4—温度传感器

以下是各性能参数的计算方法:

①机组净制冷量。机组净制冷量按下式计算：

$$Q_n = cq_m(t_1 - t_2) + Q_c \tag{9.5}$$

②热泵制热量。热泵制冷量按下式计算：

$$Q_h = cq_m(t_2 - t_1) - Q_c \tag{9.6}$$

式中，Q_n 为机组净制冷量，W；c 为平均温度下水的比热容，J/(kg·℃)；q_m 为冷（热）水质量流量，kg/s；t_1 为蒸发器（热泵制热时为冷凝器，下同）冷（热）水进口温度，℃；t_2 为蒸发器（冷凝器）冷（热）水出口温度，℃；Q_h 为热泵制热量，W；Q_c 为环境空气传入干式蒸发器冷水侧的修正项，W。

对于满液式蒸发器，由环境空气传入制冷剂侧的热量不应计入净制冷量。

对于干式蒸发器，当其进行隔热时，式(1)和式(2)中的 Q_c 可忽略不计；无隔热时 Q_c 由下式确定：

$$Q_c = KA(t_s - t_m) \tag{9.7}$$

式中，K 为蒸发器外表面与环境空气之间的传热系数，W/(m^2·℃)，可取 K =20 W/(m^2·℃)；A 为蒸发器外表面积，m^2；t_s 为环境空气温度，℃；t_m 为干式蒸发器（冷凝器）冷（热）水侧进、出口温度的平均值，℃。

③输入功率。压缩机、油泵、风机和淋水装置水泵电动机输入功率应该在电动机输入线端测量，测量三相交流电动机输入功率采用“两功率表”法或“三功率表”法。

电动机的输入功率（机组总输入电功率）由式(9.8)计算：

$$N = \sum P \tag{9.8}$$

式中，N 为电动机输入功率机组总输入电功率，W；P 为每个电动机的功率表测得的功率，W。

④性能系数。机组制冷性能系数 COP 由式(9.9)确定：

$$\mathrm{COP} = \frac{Q_n}{N} \tag{9.9}$$

式中，Q_n 为机组净输入制冷量，W；N 为机组总输入电功率，W。

9.2.2 压缩机的性能测试

1）国家标准

GB/T 5773—2004 适用于单级容积式制冷剂压缩机（以下简称压缩机）的性能试验，所叙述和选择的试验方法，用于测量压缩机的制冷量、功率、容积效率、等熵效率和制冷系数（单位功率制冷量）。其性能相关定义如下：

①制冷压缩机制冷量 Q_0：由试验直接测得的流经压缩机的制冷剂质量流量乘以压缩机吸气口的制冷剂气体比焓与排气口压力相对应饱和温度（或露点温度）下液体比焓之差。

②容积效率 η_v：在规定位置处测得的压缩机吸气状态下的实际体积流量与压缩机理论输入量之比。

③输入功率 P：开启式压缩机为输入压缩机的轴功率，封闭式（包括办封闭式和全封闭式）压缩机为电动机输入功率，以及维持压缩机正常运行所需的其他辅助功率。

④等熵效率 η_i：制冷剂的实际质量流量和压缩机等熵过程比焓变化量的乘积与压缩机输

入功率之比。

⑤制冷系数 ε:压缩机的制冷量与输入功率之比。

2)试验要求

压缩机性能试验包括两种试验方法:X 法和 Y 法,两种方法应同时进行测量。X 法和 Y 法试验结果之间的偏差在 ±4% 以内,并以 X 法和 Y 法测量计算结果的平均值为准。

压缩机试验时,系统应该建立热平衡状态,试验时间一般不少于 1.5 h,测量数据的记录应该在试验工况稳定 30 min 后,每隔 20 min 测量 1 次,直至 4 次的测量数据符合规定为止。第一次测量到第四次测量记录的时间称为试验周期,在该周期内允许对压力、温度、流量和液面做微小的调节。

所有的试验均应包括两种试验方法,在每个试验周期内应测量试验报告所规定的数据。制冷压缩机性能实验的 9 种不同方法:第二制冷剂量热器法,满液式制冷剂量热器法,干式制冷剂量热器法,吸气管制冷剂气体流量计法,排气管制冷剂气体流量计法,制冷剂液体流量计法,水冷冷凝器量热器法,制冷剂的气体冷却法,压缩机排气管道量热器法。下面仅对试验方法中的第二制冷剂量热器测试方法进行介绍。

3)第二制冷剂量热器测试方法

①第二制冷剂量热器法实验系统:如图 9.18 所示,该实验装置由一组直接蒸发盘管作为蒸发器,并被悬置在一个隔热压力容器的上部,电加热器安装在容器底部,且被容器中的第二制冷剂浸没。

制冷剂流量由靠近量热器安装的膨胀阀调节,为了减少外界热量的影响,膨胀阀和量热器之间的管道应隔热。量热器的漏热量应不超过压缩机制冷量的 5%,以 0.005 MPa 分度的压力测量仪表测量第二制冷剂压力,并使第二制冷剂压力按照 GB 9237 的规定不超过量热器的安全限度。

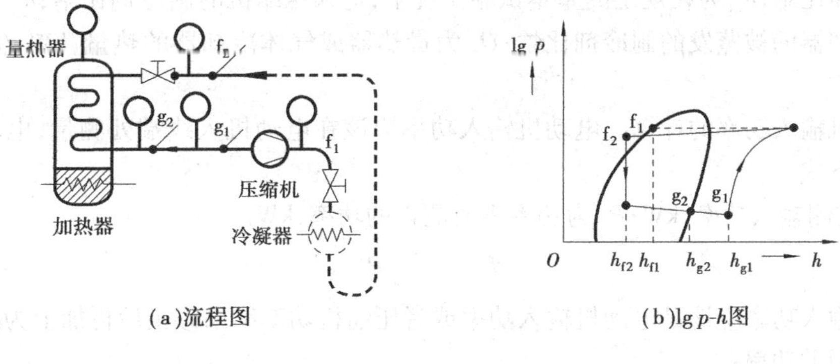

图 9.18　第二制冷剂量热器法

②漏热量的标定:在进行压缩机性能测试以前,必须对试验台的漏热量进行标定;在进行漏热量标定时,必须关闭量热器进、出口截止阀。

调节输入第二制冷剂的电加热量,使第二制冷剂压力所对应的饱和温度比环境温度高 15 ℃左右,并保持其压力不变,环境温度应在 43 ℃以下,保持其温度波动不超过 ±1 ℃,每隔 1 h 测量 1 次第二制冷剂压力,直至连续 4 次相对应的饱和温度(或露点温度)值的波动不超

过 ±0.5 ℃。

采用式(9.10)计算漏热系数：

$$F_1 = \frac{Q_h}{t_p - t_a} \quad (9.10)$$

式中，Q_h 为输入电加热器的电功率；t_p 为对应于第二制冷剂液体压力的饱和温度；t_a 为第二制冷剂饱和温度。

③试验程序：压缩机制冷剂吸气压力通过膨胀阀调节，吸气温度由输入给第二制冷剂的电加热量调节。压缩机制冷剂排气压力通过改变冷凝器冷却水量、换热面积或者冷却水温度进行调节。

在试验周期内，输入电加热量的波动引起压缩机制冷量的变化应该不超过 1%，如果加热器是间断工作的，则与第二制冷剂压力相对应的饱和温度（或者露点温度）的变化应该小于 ± 0.5 ℃。

4）性能计算

①制冷量计算。由试验测得的制冷剂流量：

$$q_{m,f} = \frac{Q_i + F_1(t_a - t_s)}{h_{g2} - h_{f2}} \quad (9.11)$$

规定工况时实测的制冷量：

$$Q_{0a} = q_{m,f}\frac{v_{ga}}{v_{a1}}(h_{g1} - h_{f1}) \quad (9.12)$$

式中，v_{ga}为进入压缩机的制冷剂蒸气的实际比容；v_{g1} 为与规定基本试验工况相对应的吸入工况时制冷剂蒸气的比容；$q_{m,f}$为由试验所测得的制冷剂的质量流量；h_{f1} 为与基本试验工况所规定的压缩机排气压力所对应的饱和温度（或露点温度）下的制冷剂液体比焓；h_{f2}为进入膨胀阀的制冷剂液体比焓；h_{g1}为在规定的基本试验工况下，进入压缩机的制冷剂比焓；h_{g2}为离开量热器或气体冷却器的被蒸发的制冷剂比焓；Q_i 为量热器或气体冷却器的热量，kW；Q_{0a}为压缩机实测制冷量。

②压缩机输入功率的计算。电动机输入功率应该在电动机入线端处测量，电动机输入功率的计算见下式：

式中，P_a 为实测输入功率，kW；P_i 为功率表所测得的功率，kW。

$$P_a = \sum P_i \quad (9.13)$$

压缩机输入功率应该是电动机输入功率或者压缩机功率结果修正后再加上为维持压缩机运转所需的辅助功率：

$$P = P_a \frac{f v_{ga}}{f_a v_{g1}} \quad (9.14)$$

式中，f，f_a 分别为名义频率、实测频率。

若平均吸气温度与规定值偏差小于 ±1.0 ℃，或者平均转速或平均速率与规定值间的偏差小于 ±1.0%，则该项可不进行修正。

③压缩机制冷量的计算。根据实测制冷量再经转速修正或频率修正，即：

$$Q_0 = Q_{0a}\frac{n}{n_a} \quad 或者 \quad Q_0 = Q_{0a}\frac{f}{f_a} \tag{9.15}$$

式中,n,n_a分别为压缩机的名义转速、实测转速;Q_0为压缩机的制冷量。

④制冷系数的计算:

$$\varepsilon = \frac{Q_0}{P} \tag{9.16}$$

9.2.3 热力膨胀阀测试标准和方法

1)国家标准

GB/T 7725—1996 标准规定了房间空气调节器的术语、产品分类、技术要求和检验规则等,它适用于采用空气冷却冷凝器、全封闭型电动机—压缩机、制冷量在 14 kW 以下,以创造舒适环境为目的的家用和类似用途的房间空气调节器。GB/T 7725—1996 规定的房间空调器热工性能试验方法,是参照标准《不带风道的空气调节器和热泵的试验机测定》(ISO 5151—94)和《房间空调器》(JISC 9613)制定的。

(1)主要性能参数　GB/T 7725—1996 标准主要包括的空调器性能参数有:

①制冷量:在规定的制冷能力试验条件下,空调器从封闭空间、房间或区域内除去的热量。

②制冷消耗功率:空调器进行制冷运行时所消耗的总功率。

③制热量:在规定的制热能力试验条件下,空调器向封闭空间、房间或区域送入的热量。

④制热消耗功率:空调器进行制热运行时,空调机所消耗的总功率。

⑤能效比(EER):在额定工况和规定条件下,空调器进行制冷运行时,制冷量与有效输入功率之比,W/W。

⑥性能系数(COP):在额定工况(高温)和规定条件下,空调器进行热泵制热运行时,制热量与有效输入功率之比,W/W。

⑦有效输入功率:在单位时间内输入空调器内的平均电功率,其中包括压缩机运行的输入功率和除霜输入功率(不用除霜辅助电加热装置除外)、所有控制和安全装置的输入功率和热交换传输装置的输入功率(风扇、泵等)。

⑧循环风量:空调器在通风门和排风门完全关闭、并在额定制冷运行条件下,单位时间内向密闭空间、房间或者区域送入的风量,$m^3/s(m^3/h)$。

(2)空调器分类　空调器有多种分类方式,按照使用气候环境(最高温度)可分为 T_1,T_2,T_3(见表 9.5)。

表 9.5　空调器的分类及其相应的工作环境温度

空调器类型	气候类型		
	T_1/℃	T_2/℃	T_3/℃
气候环境最高温度	43	35	52
冷风型	18 ~ 43	10 ~ 35	21 ~ 52
热泵型	-7 ~ 43	-7 ~ 35	-7 ~ 52
电热型	~ 43	~ 35	~ 52

2)试验工况

如表 9.6 规定,按照空调器气候类型分类,选用相应工况进行试验。空调器进行性能试验时(除制冷量、热泵制热量外),试验工况各参数的读数与表 9.6 规定值的允差应符合表 9.7 规定。进行制冷量和热泵制热量试验时,试验工况各参数的读数允差应负荷表 9.8 规定。

表 9.6　空调器的试验工况

<table>
<tr><th colspan="3" rowspan="2">工况条件</th><th colspan="2">室内侧空气状态/℃</th><th colspan="2">室外侧空气状态/℃</th></tr>
<tr><th>干球温度</th><th>湿球温度</th><th>干球温度</th><th>湿球温度</th></tr>
<tr><td rowspan="11">制冷运行</td><td rowspan="3">额定制冷</td><td>T_1</td><td>27</td><td>19</td><td>35</td><td>24</td></tr>
<tr><td>T_2</td><td>21</td><td>15</td><td>27</td><td>19</td></tr>
<tr><td>T_3</td><td>29</td><td>19</td><td>46</td><td>24</td></tr>
<tr><td rowspan="3">最大运行</td><td>T_1</td><td>32</td><td>23</td><td>43</td><td>26</td></tr>
<tr><td>T_2</td><td>27</td><td>19</td><td>35</td><td>24</td></tr>
<tr><td>T_3</td><td>32</td><td>23</td><td>52</td><td>31</td></tr>
<tr><td rowspan="3">冻结</td><td>T_1</td><td rowspan="3">21</td><td rowspan="3">15</td><td>21</td><td>—</td></tr>
<tr><td>T_2</td><td>10</td><td>—</td></tr>
<tr><td>T_3</td><td>21</td><td>—</td></tr>
<tr><td colspan="2">最小运行</td><td>21</td><td>15</td><td colspan="2">制造厂商推荐的最低温度</td></tr>
<tr><td colspan="2">凝露冷暖水排除</td><td>27</td><td>24</td><td>27</td><td>24</td></tr>
<tr><td rowspan="7">制热运行</td><td rowspan="3">热泵额定制热</td><td>高　温</td><td rowspan="3">20</td><td rowspan="3">15(最大)</td><td>7</td><td>6</td></tr>
<tr><td>低　温</td><td>2</td><td>1</td></tr>
<tr><td>超低温</td><td>-7</td><td>-8</td></tr>
<tr><td colspan="2">最大运行</td><td>27</td><td>—</td><td>24</td><td>18</td></tr>
<tr><td colspan="2">最小运行</td><td>20</td><td>—</td><td>-5</td><td>-6</td></tr>
<tr><td colspan="2">自动除霜</td><td>20</td><td>12</td><td>2</td><td>1</td></tr>
<tr><td colspan="2">电热额定制热</td><td>20</td><td>—</td><td>—</td><td>—</td></tr>
</table>

表 9.7　性能试验的读数允差

<table>
<tr><th>试验工况</th><th>测量值</th><th>读数与规定值的偏差/℃</th></tr>
<tr><td rowspan="2">最小运行试验</td><td>空气温度</td><td>+1.0</td></tr>
<tr><td>水　温</td><td>+0.5</td></tr>
<tr><td rowspan="2">最大运行试验</td><td>空气温度</td><td>-1.0</td></tr>
<tr><td>水　温</td><td>-0.6</td></tr>
<tr><td rowspan="2">其他试验</td><td>空气温度</td><td>±1.0</td></tr>
<tr><td>水温</td><td>±0.6</td></tr>
</table>

表 9.8　制冷量和热泵制热量试验的读数允差

读　数		读数的平均值对额定工况的偏差	各读数对额定工况的最大偏差
室内侧空气温度	干球	±0.3 ℃	±1.0 ℃
	湿球	±0.2 ℃	±0.5 ℃
室外侧空气温度	干球	±0.3 ℃	±1.0 ℃
	湿球	±0.2 ℃	±0.5 ℃
电　压		±1.0%	±2.0%
空气体积流量		±5%	±10%
水　温	进口	±0.1 ℃	±0.2 ℃
	出口	±0.1 ℃	±0.2 ℃
液体体积流量		±1.0%	±2.0%
空气流动的外阻力		±5 Pa	±10 Pa

3)试验装置

(1)试验方法简介　GB/T 7725—1996 规定,房间空调器的制冷、制热量可以采用房间型量热计法或空气焓差法进行测量和计算。房间型量热计有标定型和平衡环境型两种形式:标定型量热计室内侧和室外侧均不设空调套间,不控制室外环境的温度和湿度,用标定的方法确定室内围护结构的热损失,因而结构简单,省掉套间及相应的室外调节系统,但这种形式对测定的稳定性和精度有一定的影响;平衡环境型量热计室内侧和室外侧均分别设有受控套间,保证套间内的干球温度分别与室内、外侧的干球温度一致,使围护结构的热损失接近于零,提高了试验的稳定性和精度,但结构复杂,运行时调节较麻烦。

空气焓差法通过对空调器的送风参数、回风参数以及循环风量进行测量,用测出的风量与送风、回风焓差的乘积确定空调器的能力。空气焓差法实验需要两个相邻的房间:一个作为室内侧小室,一个作为室外侧小室。两个试验小室的空气状态在试验机组和空气再调节机组的共同作用下,应能保持在试验条件规定的范围内,通过空气取样装置分别测量房间空调器室内机和室外机送、回风口空气的干球及湿球温度,即可得到取样截面处的空气状态,求出送、回风空气间的焓差。空气测量装置在室内侧与空调器室内机送风口相连接,在室外侧与空调器室外机送风口相连,分别测得通过室内机和室外机的风量。测得的风量与焓差相乘即可得到房间空调器的制冷量或制热量。

(2)空气焓差法试验装置的结构　空气焓差法试验装置的试验布置见图 9.19,空气测量装置安装在室内侧并与空调器送风口相接,空气测量装置应该有良好的保温,保温从空调器送风口开始,直至测温点为止,包括连接风管在内,以使漏热量不超过被测制热量的 5%。试验房间内设有空气再处理机组,以保证空调器的回风参数在规定的干球、湿球温度范围内。

空调其实内侧送风口温度优先采用如图 9.20 所示,也可以在足够多的位置单直接测量,然后确定其平均温度。空调器内侧回风口的温度可用空气取样装置测量,也可在足够多的位置上直接测量,然后确定其平均温度,取样装置测温仪表应位于距空调器室内侧回风口约 0.15 m处。空调器室外侧进风口温度的测量位置应不受空调器排出风的影响,所测得的温度

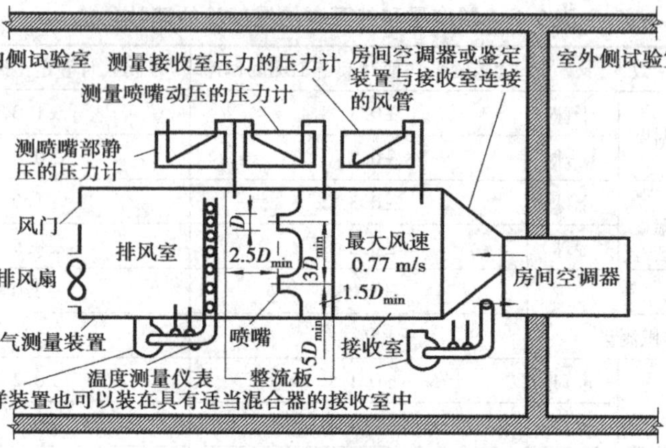

图 9.19　空气焓差法的试验装置的结构图

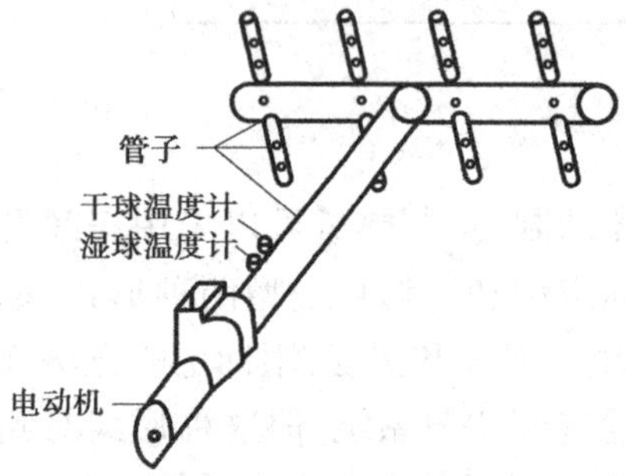

图 9.20　空气取样装置

应能代表空调器周围的温度。

4)试验方法及参数计算(空气焓差法)

(1)稳态热泵热量试验　如果在任一 3 h 的周期内,空调器无除霜工作,并且工况不超过表 9.8 所规定的允许偏差,则应进行稳定状态的热泵制热量试验。调节再处理机组,使室内侧和室外侧的工况满足表 9.6 制热工况的要求,当试验工况达到稳定后 1 h 内,5 min 读值 1 次,连续 7 次,其偏差不得超过表 9.8 规定。

稳定状态的热泵制热量:

$$Q_{\text{hi}} = \frac{L_{\text{mi}} c_{p,\text{a}} (t_{\text{a2}} - t_{\text{a1}})}{v_{\text{a}} (1 + d_{\text{a}})} \tag{9.17}$$

式中,L_{mi} 为空调器室内测点的风量,m^3/s;v_{a} 为测点处湿空气比容,m^3/kg;t_{a1} 为空调器室内侧回风温度,℃;t_{a2} 为空调器室内侧送风温度,℃;$c_{p,\text{a}}$ 为空气比定压热容,J/(kg·℃);d_{a} 为测点处空气湿度,kg/kg。

为保证湿度,室内空气的水蒸气增加,使空调器回风和送风的空气含湿量发生很大的变化,可用下式进行计算:

$$Q_{\text{hi}} = \frac{q_{\text{mi}} (h_{\text{a2}} - h_{\text{a1}})}{v'_{\text{a}} (1 + \text{d}_{\text{a}})} \tag{9.18}$$

式中,h_{a1} 为空调器室内侧回风空气焓值,J/kg;h_{a2} 为空调器室内侧送风空气焓值,J/kg。

(2)空调器制冷量试验　在稳态情况下的制冷量试验可以参考热泵热量试验。

①制冷量由室内侧确定:

$$q_{\text{hi}} = \frac{L_{\text{mi}} (h_{\text{a2}} - h_{\text{a1}})}{v_{\text{a}} (1 + d_{\text{a}})} \tag{9.19}$$

②显冷量(房间显热制冷量):

$$q_{\text{sci}} = \frac{L_{\text{mi}} c_{p,\text{a}} (t_{\text{a1}} - t_{\text{a2}})}{v'_{\text{a}} (1 + d_{\text{a}})} \tag{9.20}$$

③潜冷量(房间除湿量):

$$q_{\text{lci}} = \frac{K_1 q_{\text{mi}}(d_{\text{i1}} - d_{\text{i2}})}{v'_{\text{a}}(1 + d_{\text{a}})} = q_{\text{tci}} - q_{\text{sci}} \tag{9.21}$$

式中,K_1为此值为(15 ±1) ℃时的蒸发潜热,取 2.46×10^6 J/kg;d_{i1}为室内侧回风空气的绝对湿度,kg/kg;d_{i2}为室内侧送风空气的绝对湿度,kg/kg。

9.2.4 空调箱(风机盘管)性能试验

1)国家标准

GB/T 19232—2003 规定了风机盘管机组的分类、基本规格与参数、要求、试验方法和检验规则等,适用于外供冷水、热水由风机和盘管组成的机组,对房间直接送风,具有供冷、供热或者分别供冷和供热功能,其送风量在 2 500 m^3/h 以下,出风口静压小于 100 Pa 的机组。本标准不适用于自带冷、热源和直接蒸发盘管、蒸气盘管、电加热等的风机盘管机组。其主要性能参数包括如下:

①额定风量:在标准空气状态和规定的试验工况下,单位时间内进入机组的空气体积流量。

②额定供冷量:机组在规定的试验工况下的总除热量,即显热和潜热量之和。

③额定供热量:机组在规定的试验工况下供给的总显热量。

2)试验工况

机组额定风量和输入功率的试验工况参数按表 9.9 的要求,机组额定供冷量、供热量的试验工况参数按表 9.10 的要求。在进行试验时,试验读数的允许偏差应符合表 9.11 的要求。

表 9.9 额定风量和输入功率的试验参数

项目			试验参数
机组进口空气干球温度/℃			14 ~ 27
供水状态			不供水
风机转速			高挡
出口静压/Pa	低静压机组	带风口和过滤器等	0
		不带风口和过滤器等	12
	高静压机组	不带风口和过滤器等	30 或者 50
机组电压	电压/V	220	
	频率/Hz	50	

表 9.10 额定供冷量、供热量的试验工况参数

项目		供冷工况	供热工况
进口空气状态	干球温度/℃	27	21
	湿球温度/℃	19.5	—

续表

项　目			供冷工况	供热工况
供水状态	供水温度		7	60
	供回水温度		5	—
	供水量/(kg·h^{-1})		按水温差得出	与供冷工况同
风机转速			高速	
出口静压/Pa	低静压机组	带风口和过滤器等	0	
		不带风口和过滤器等	12	
	高静压机组		30 或者 50	

表 9.11　试验读数允许偏差

项　目		单次读数与规定试验工况最大偏差	读数平均值与规定试验工况的偏差
进口空气状态	干球温度/℃	±0.5	±0.3
	湿球温度/℃	±0.3	±0.2
水　温	供冷/℃	±0.2	±0.1
	供热/℃	±1.0	±0.5
	进出口水温差/℃	±0.2	—
出口静压/Pa		±2.0	—
电源电压/V		±2.0	—

3)试验装置

风机盘管机组供冷量和供热量试验装置如图 9.21 所示,由空气预处理设备、风路系统、水路系统及控制系统组成,整个试验装置应保温。各个子系统组成如下:

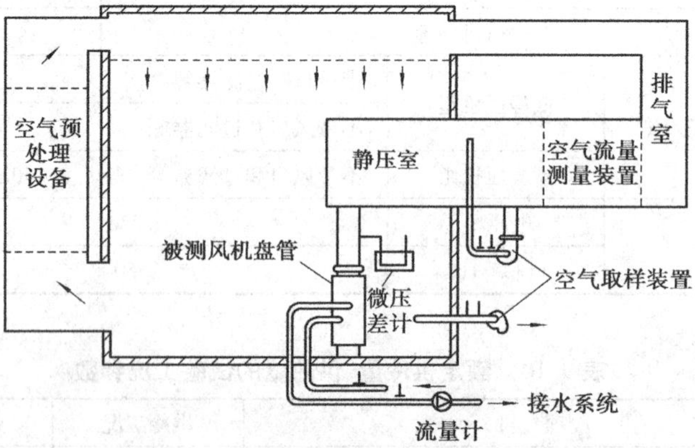

图 9.21　房间空气焓值法测量装置

(1)空气预处理设备　空气预处理设备应包括加热器、加湿器、冷却器及制冷设备等;空气预处理设备要有足够的容量,应能确保被试机组入口空气状态参数的要求。

(2)风路系统　风路系统由测试段、静压室、空气混合室、空气流量测量装置、静压环和空气取样装置等组成。

(3)水路系统　水路系统包括空气预处理设备水路系统和被试机组水路系统。

4)试验步骤

①进行机组供冷量或供热量测量时,只有在试验系统和工况达到稳定 30 min 后,才能进行测量记录。

②连续测量 30 min,按照相等时间间隔(5 min 或 10 min)记录空气和水的各参数,至少记录 4 次数值,在测量期间内,允许对试验工况参数作微量调节。

③取每次记录的平均值作为测量值进行计算。

④应分别计算风侧和水侧的供冷量和供热量,两侧热平衡偏差应该在 5% 以内为有效,取风侧和水侧的算术平均值为机组的供冷量或供热量。

5)测量结果计算

(1)湿工况风量计算

标准空气状态下湿工况的风量按下式计算:

$$L_z = CA_n\sqrt{\frac{2\Delta p}{\rho}} \tag{9.22}$$

$$L_s = \frac{L_z\rho}{1.2} \tag{9.23}$$

式中,L_z为湿工况风量,m^3/s;L_s为标准工况下湿工况的风量,m^3/s;Δp 为喷嘴前后静压差或者喷嘴喉部处的动压,Pa; C 为喷嘴流量系数; A_n为喷嘴面积,m^2;ρ 为湿空气密度,kg/m^3。

$$\rho = \frac{(B + p_t)(1 + d)}{461T(0.622 + d)} \tag{9.24}$$

式中,p_t 为在喷嘴进口处空气的全压,Pa;B 为大气压力;T 为被测机组出后空气绝对温度,K,$T = 273 + t_{a2}$;d 为喷嘴处湿空气的含湿量,kg/kg。

(2)供冷量计算

①风侧供冷量和显冷量按式(9.25)、(9.26)进行计算:

$$Q_a = L_s\rho(H_1 - H_2) \tag{9.25}$$

$$Q_{sa} = L_s\rho c_{pa}(t_{a1} - t_{a2}) \tag{9.26}$$

式中,H_1,H_2 分别为被试机组进、出口空气焓值,kJ/kg;t_{a1},t_{a2}分别为被试机组进、出口空气温度,℃;Q_a 为风侧供冷量,kW;Q_{sa}为风侧显热供冷量,kW。

②水侧供冷量按下式进行计算:

$$Q_w = Gc_{pw}(t_{w2} - t_{w1}) - N \tag{9.27}$$

式中,G 为供水量,kg/s;t_{w1},t_{w2}分别为被试机组进、出口水温,℃;$c_{p,w}$为水的比定压热容,kJ/(kg·℃);N 为输入功率,kW;Q_w 为水侧供冷量,kW。

③实测供冷量按式(9.28)进行计算:

$$Q_L = \frac{1}{2}(Q_a + Q_w) \tag{9.28}$$

式中,Q_L 为被试机组实测供冷量,kW。

④两侧供冷量平衡误差按式(9.29)进行计算:

$$\left|\frac{Q_a - Q_w}{Q_L}\right| \times 100\% \leqslant 5\% \tag{9.29}$$

(3)供热量计算

①风侧供热量按式(9.30)进行计算：

$$Q_{ah} = L_s\rho(t_{a2} - t_{a1}) \tag{9.30}$$

式中，Q_{ah}为风侧供热量，kW。

②水侧供热量：

$$Q_{wh} = Gc_{p,w}(t_{w1} - t_{w2}) + N \tag{9.31}$$

③实测供热量按式(9.32)计算：

$$Q_h = \frac{1}{2}(Q_{ah} + Q_{wh}) \tag{9.32}$$

式中，Q_h 为被试机组实测供热量，kW。

④两侧供热量平衡误差：

$$\left|\frac{Q_{ah} - Q_{wh}}{Q_h}\right| \times 100\% \leqslant 5\% \tag{9.33}$$

9.3 制冷系统性能综合试验装置

如图 9.22 所示，压缩机综合试验台通过阀门的转换，可进行制冷压缩机性能测试实验、冷水机组性能实验和膨胀阀性能实验。另外，该试验台还可以用来进行水-水换热器性能实验和水泵性能试验。

制冷压缩机性能实验系统由压缩机、冷凝器、蒸发器、电子膨胀阀、恒温器电参数仪等设备组成。压缩机吸气压力、吸气温度、排气压力分别控制在国家标准规定的状态下。吸气温度由恒温器 2 调节蒸发器冷媒水进口温度 T_9 控制，吸气压力由电子膨胀阀控制，排气压力由恒温器 1 调节冷凝器冷却水进口温度 T_7 控制。压缩机的实际制冷量由通过蒸发器的冷媒水进出口温度和流量测出，冷凝换热量由通过冷凝器的冷却水进出口温度及流量测得。由此得到压缩机的主辅侧质量流量，进而计算出标准工况下的主辅侧制冷量。压缩机的输入功率由电参数仪测得。在制冷系统内部安装多个压力和温度测点，可以方便地确定系统内部的状态。

冷水机组性能实验系统，由压缩机、冷凝器、蒸发器、热力膨胀阀、恒温器等设备组成。实验时，可以设置不同的冷媒水和冷却水温度。冷水机组冷媒水进口温度通过调节恒温器 2 中的电加热器控制，冷却水进口温度通过调节恒温器 1 中的电加热器控制，而出口温度则通过阀门调节。冷水机组的输入功率通过电参数仪表测得，冷水机组的制冷量由通过蒸发器的冷媒水进出口温度和流量测出，冷凝换热量由通过冷凝器的冷却水进出口温度及流量测得。同时，在系统中加入了相应的温度和压力测点，可以使学生能更加深入地了解冷水机组的工作特性。

膨胀阀性能实验系统，由制冷机组，热力膨胀阀，恒温器水泵等设备组成。通过调节控制测量膨胀阀前后的压力，求得膨胀阀的体积流量。改变膨胀阀前后的压力，可得到不同工况下的流量，从而对膨胀阀性能有个基本的了解。

图9.22 压缩机综合试验台的试验装置

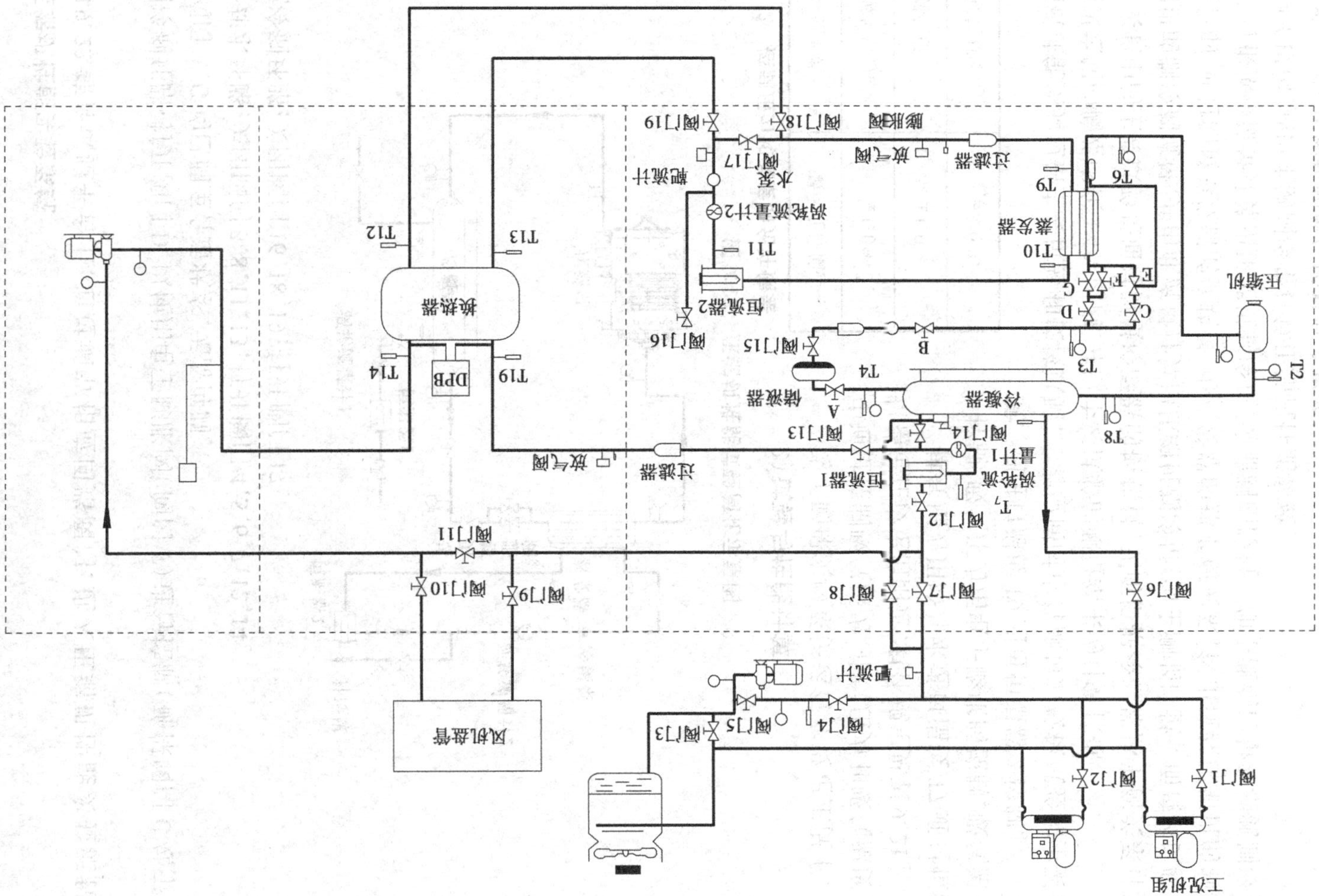

9.3.1　制冷压缩机性能实验

1)压缩机性能实验系统

在图9.22综合试验平台上,通过调节相应回路阀门,进入压缩机性能实验流程(见图9.23)。

①制冷剂环路:打开阀门D,以使用电子膨胀阀(阀门F)进行控制(确保阀门C处于关闭状态)。阀门A,G均已调至合适状态,无需再调。

②冷却水环路:关闭阀门3,8,11,13;打开阀门4,5,6,7,12,14。

③载冷剂环路:关闭阀门16,18,19;打开阀门17。

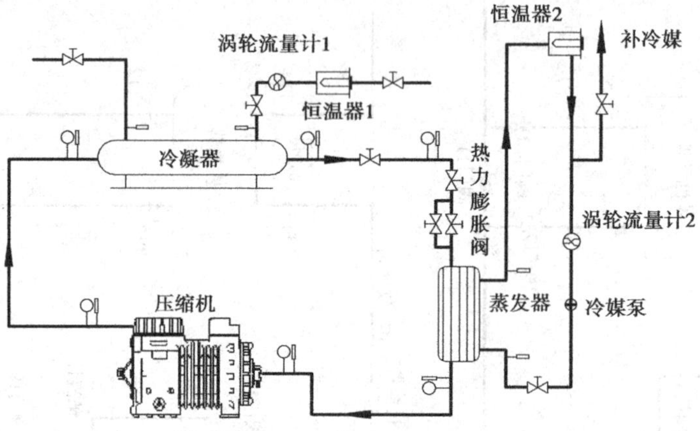

图9.23　压缩机性能试验简化示意图

表9.12　控制压力和温度的允许偏差

实验参数	最大允许偏差
吸气压力	±1.0%
排气压力	±1.0%
吸气温度	±3.0 ℃

2)试验与性能计算

为了确保实验系统运行在设定工况下,实验中通过控制吸气压力、排气压力和吸气温度3个量稳定在设定值附近,具体规定见表9.21。

排气压力用冷却水进口温度T7通过恒温器1控制,吸气压力用电子膨胀阀控制,吸气温度用载冷剂进口温度T9通过恒温器2控制。

压缩机性能实验包括主要试验和校核试验,二者应同时进行测量。校核试验和主要试验的试验结果之间的偏差应在±4%以内,并以主要试验的测量结果为计算依据。

本次实验中的主要试验是通过测量冷凝器的换热量,从而根据冷凝器热平衡关系计算出流经压缩机的制冷剂流量,并由此流量计算出压缩机制冷量,为主测制冷量。而校核试验是对蒸发器进行的,通过测量蒸发器的换热量,由蒸发器的热平衡关系,得出流经压缩机的制冷剂流量,同样可根据该流量计算出压缩机制冷量,为辅测制冷量。如主测制冷量和辅测制冷量的偏差在±4%以内,则以主测制冷量计算压缩机性能参数。

在标准工况下压缩机的单位质量制冷量为:

$$q_0 = h_1^* - h_5^* \tag{9.34}$$

式中,h_1^*,h_5^*分别为标准工况的焓值。

(1)主测制冷量的计算

主测制冷量可由冷凝器冷却水侧的热量变化计算：

$$Q'_1 = c_{p1} G_1 \rho_1 (t_7 - t_8) \tag{9.35}$$

式中，Q'_1 为冷凝器的冷凝换热量，kW；c_{p1} 为冷却水比热容，kJ/(kg·℃)；G_1 为载冷剂流量，m^3/s，由涡轮流量计测得；ρ_1 为冷却水密度，kg/m^3；t_7 为冷却水进口温度，℃；t_8 为冷却水出口温度，℃。

其中，冷却水比热容 c_{p1} 和密度 ρ_1 分别为：

$$c_{p1} = 4.206 - 0.001\,305\,91t - 0.000\,013\,789\,82t^2 \tag{9.36}$$

$$\rho_1 = 1\,000.83 - 0.083\,883\,76t - 0.003\,727\,955t^2 + 0.000\,003\,664\,106t^3 \tag{9.37}$$

由冷凝器热平衡关系计算出主测制冷剂流量 G_{m1} 为：

$$G_{m1} = \frac{Q'_1}{h_3 - h_4} \tag{9.38}$$

式中，G_{m1} 为冷凝器制冷剂质量流量，即主测制冷剂流量；h_3，h_4 分别为冷凝器进、出口制冷剂焓值。

标准工况下主测制冷量 Q'_1 为：

$$Q'_1 = G_{m1} q_0 \frac{v_1}{v_1^*} \tag{9.39}$$

式中，v_1 为测试工况下的压缩机吸气口制冷剂比容；v_1^* 为标准工况下的压缩机吸气口制冷剂比容。

(2)辅测制冷量的计算

根据蒸发器两侧流体的热平衡来计算辅测的制冷剂制冷流量。

蒸发器制冷量由载冷剂的热量变化计算：

$$Q'_2 = c_{p2} G_2 \rho_2 (t_9 - t_{10}) \tag{9.40}$$

式中，Q'_2 为蒸发器制冷量，kW；c_{p2} 为载冷剂比热容，kJ/(kg·℃)；G_2 为由涡轮流量计测得的载冷剂流量，m^3/s；ρ_2 为载冷剂密度，kg/m^3；t_9 为载冷剂进口温度，℃；t_{10} 为载冷剂出口温度，℃。

其中计算某一温度 t 时载冷剂(质量浓度为35%的乙二醇溶液)比热容 c_{p2} 和密度 ρ_2 公式如下：

$$c_{p2} = 4.091\,76 + 0.001\,063\,75t \tag{9.41}$$

$$\rho_2 = 1\,001.44 - 0.194\,91t - 0.002\,43t^2 \tag{9.42}$$

忽略蒸发器"跑冷"损失，由蒸发器热平衡关系计算出辅测制冷剂流量 G_{m2} 为：

$$G_{m2} = \frac{Q'_2}{h_6 - h_5} \tag{9.43}$$

式中，h_5，h_6 分别为取测试工况下对应点的焓值。

再对比标准工况下吸气口制冷剂比容差异，可得到标准工况下辅测制冷量 Q_2 为：

$$Q_2 = G_{m2} q_0 \frac{v_1}{v_1^*} \tag{9.44}$$

机组在标准工况下的净制冷量采用式(9.40)计算；机组在标准工况下的冷凝换热量采用式(9.35)计算。

冷水机组工作性能能效比为:

$$EER = \frac{Q_0}{W} \tag{9.45}$$

式中,W 为机组总输入功率(直接测得)。

9.3.2 冷水机组性能实验

1)冷水机组性能实验系统

在图 9.12 综合试验平台上,通过调节相应回路阀门,进入冷水机组性能实验流程。

①制冷剂环路:打开阀门 C,以使用热力膨胀阀(阀门 E)进行控制(确保阀门 D 处于关闭状态)。阀门 A,G 均已调至合适状态,无需再调。

②冷却水环路:关闭阀门 3,8,11,13;打开阀门 4,5,6,7,12,14。

③载冷剂环路:关闭阀门 16,18,19;打开阀门 17。

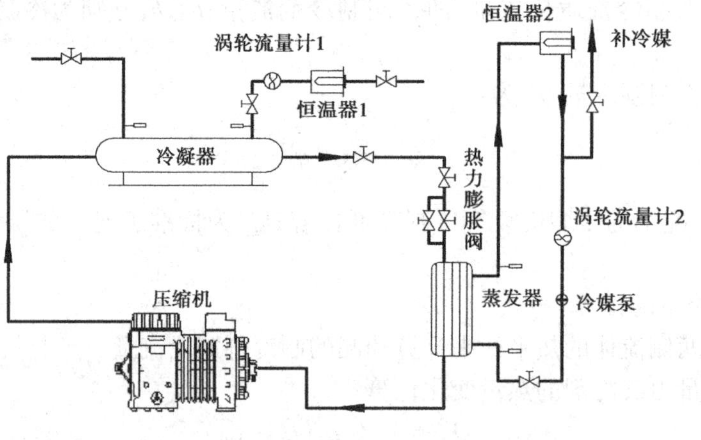

图 9.24 冷水机组性能试验简化示意图

表 9.13 控制温度的允许偏差

实验参数	最大允许偏差/℃
载冷剂进口温度	±0.3
载冷剂出口温度	±0.3
冷却水进口温度	±0.3
冷却水出口温度	±0.3

经过上述调节后,冷水机组性能实验流程示意简图如图 9.24 所示。

2)试验与性能计算

为了确保实验系统运行在特定的工况下,实验中要求载冷剂进、出口温度和冷却水进、出口温度这 4 个量稳定在设定值附近,允许的偏差范围按表 9.13 规定:

其中冷水机组的载冷剂进口温度通过恒温器 2 电加热器控制,冷凝器冷却水进口温度通过恒温器 1 电加热器控制。载冷剂出口温度通过阀门 17 调节载冷剂流量来控制;冷却水出口温度则通过阀门 7 调节冷却水流量来控制。

9.3.3 热力膨胀阀性能试验

1)热力膨胀阀性能试验系统

在图 9.22 综合试验平台上,通过调节相应回路阀门,进入热力膨胀阀性能实验流程。

制冷剂环路:打开阀门C,关闭阀门D,使用电子膨胀阀(阀门E)进行控制。

冷却水环路:关闭阀门3,8,11,13;打开阀门4,5,6,7,12,14。

载冷剂环路:关闭阀门16,18,19;打开阀门17。

经过上述调节后,热力膨胀阀性能流程示意简图如图9.25所示。

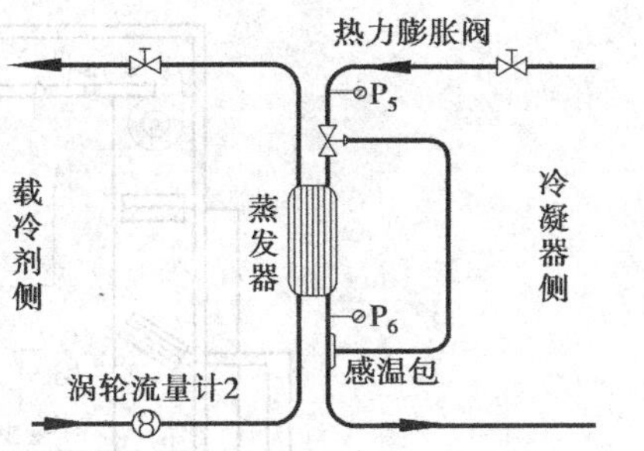

图9.25　热力膨胀阀性能试验简化示意图

2)试验与计算

通过测量阀前阀后的压力及载冷剂的进出口水温及流量等参数,求出膨胀阀的流量。每组测4个数据,计算求平均值。

蒸发器制冷量由载冷剂的热量变化由式(9.40)计算;制冷剂质量流量 G_m 由式(9.43)计算。

根据膨胀阀前进口处的比容,则制冷剂的体积流量 G_v 为:

$$G_v = G_m v_5 \tag{9.46}$$

式中,v_5 为膨胀阀进口处制冷剂比容。

9.4　空气焓差法综合试验装置

空气焓差法是一种测定空调器、单元式空气调节机制冷和制热能力的方法,它对空调器的送风参数、回风参数以及循环风量进行测量,用测出的风量与送风、回风焓差的乘积确定空调器的能力。空气焓差法实验需要两个相邻的房间,一个作为室内侧小室,一个作为室外侧小室,两个试验小室的空气状态在试验机组和空气再调节机组的共同作用下,应该能保持在试验条件规定的范围内,通过空气取样装置分别测量房间空调器室内机和室外机送、回风口空气的干球及湿球温度,即可得到取样截面处的空气状态,求出送、回风空气间的焓差。

通过对空气焓差法试验台的装置匹配,可以用来进行空调器性能的测试,还可以用来进行风机盘管机组、空气-空气换热器和风机的性能测试,以及恒温恒湿的环境试验。本节仅对在该试验台如何进行空调器和风机盘管的性能测试进行阐述。

9.4.1　空调器的性能试验

如图9.26所示,该测试装置由工况机组、表面式冷却器、电加热器、电加湿器、测试本体、风机等设备组成,系统利用通过空调器的空气焓差和空气流量对空调器性能进行测定。室内侧和室外侧环境控制在国家标准规定或自己定义的干球和湿球状态。通过测量空调器进出口的干湿球温度,分别求得空气在空调器进出口的焓差。通过测试本体中喷嘴前后的压差及喷嘴前的压力,求得空气流量,进而得到空调器的制冷(热)量。空调器的输入功率由电参数仪测得。制冷(热)量与空调器的输入功率的比值即是空调器的能效比。

空调器的性能随着室内外空气参数的变化而变化,本实验在标准的试验工况下(即一定的室内外干球温度和室球温度)来测试空调器的性能。

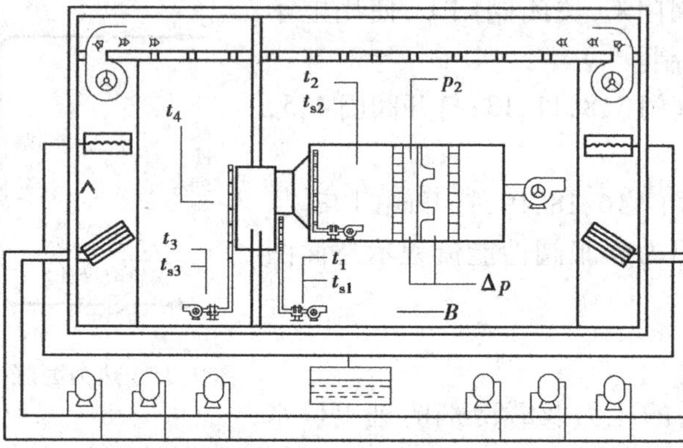

图 9.26　空气焓差法试验台空调器性能试验装置示意图

空调器的性能可由其给定工况的送风量、制冷(热)量、输入功率、能效比等来衡量(9.45)。

空调器的输入功率 W 通过电参数仪直接测量,制冷(热)量 Q_0 不能通过测量直接得到。通过测量室内侧空气进出空调器前后的干球温度、湿球温度以及空气流量等参数计算得到。

室内侧空气在进入空调器之前的干球温度为 t_1、湿球温度为 t_{s1},被空调器处理之后的空气的干球温度为 t_2、湿球温度为 t_{s2},则:

室内侧空气入口焓: $$h_1 = f(t_1, t_{s1}) \tag{9.47}$$

室内侧空气出口焓: $$h_2 = f(t_2, t_{s2}) \tag{9.48}$$

空调在制冷工况下,单位质量流量的空气获得的制冷量为:

$$q_0 = h_1 - h_2 \tag{9.49}$$

空调在制热工况下,单位质量流量的空气获得的制热量为:

$$q_a = h_2 - h_1 \tag{9.50}$$

空气流量 G_m 是通过测量喷嘴前后的压差 Δp、喷嘴前的压力 p_2(单位为 Pa,测量值单位为 kPa),送风温度按式(9.51)和式(9.53)计算。

通过单个喷嘴的空气流量为:

体积流量: $$G_{v,gi} = 1.414 C_i A_{ai} (\Delta p v_n')^{0.5} \tag{9.51}$$

质量流量: $$G_{m,qi} = \frac{G_{v,qi}}{(1+d_n) v_n'} \tag{9.52}$$

其中 $$v_n' = \frac{101\ 325 v_n}{(1+d_n) p_2} \tag{9.53}$$

式中,C_i 为喷嘴的流量系数,对于本实验,可取值为 1;A_{ai} 为喷嘴面积,m^2;v_n 为在喷嘴进口处的干湿球温度下,并在标准大气压时空气的比容,m^3/kg;v_n'为喷嘴处的空气比容,m^3/kg;d_n 为喷嘴处的空气含湿量,g/kg。

依据前面的结果计算出制冷量或者制热量。

制冷工况时的制冷量: $$Q_0 = G_m q_0 = G_m (h_1 - h_2) \tag{9.54}$$

热泵工况时的制热量: $$Q_a = G_m q_a = G_m (h_2 - h_1) \tag{9.55}$$

9.4.2 空调箱(风机盘管)的性能试验

如图9.27所示,该装置由工况机组、表冷器、电加热器、电加湿器、测试本体、风机、冷水机组、恒温器、流量计等设备组成,通过测量空调箱(风机盘管)进出口水温以及水的流量来计算得出水侧换热量,并通过测量空调箱(风机盘管)进出口的干湿球温度,分别求得空气在空调箱(风机盘管)进出口的焓差。通过测试本体中喷嘴前后的压差及喷嘴前的压力,求得空气流量,进而得到空调箱(风机盘管)的空气侧换热量。通过电参数仪测得风机功率,改变水温参数可以获得空调箱的变工况特性曲线。

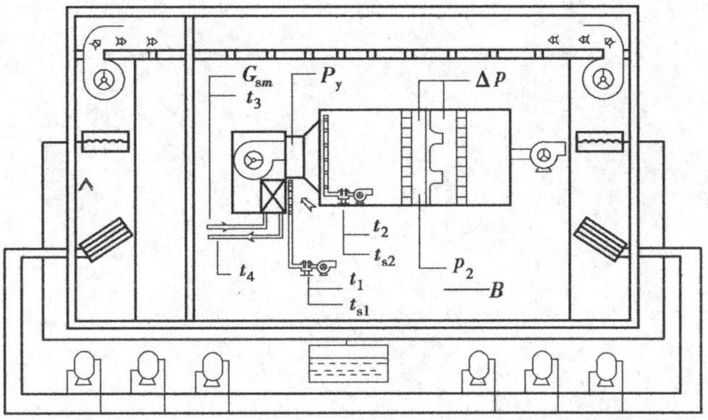

图9.27 空气焓差法试验台空调箱性能试验装置示意图

空调箱是对空气进行热湿处理的设备,空气进入空调箱内通过表面冷却器降温除湿,完成空气调节过程,流经空调箱的冷水吸收了空气的热量温度升高,空调箱的性能随着入口空气的干、湿球温度以及进、出水温度变化而变化。

在一定条件下,空调箱的性能主要由换热效率来衡量:

$$\eta = \frac{Q_g}{Q_s} \tag{9.56}$$

式中,η 为换热效率;Q_g 为空调箱的空气侧热量;Q_s 为空调箱的水侧换热量。

1)空调箱的空气侧热量

设空气在进入空调箱之前的干球温度为 t_1,湿球温度为 t_{s1},被空调箱处理之后的空气的干球温度为 t_2,湿球温度为 t_{s2},则:空气入口焓值见式(9.47),空气出口焓值见式(9.48)。

单位质量流量的空气的换热量为:

$$q_g = h_1 - h_2 \tag{9.57}$$

2)热力膨胀阀性能试验系统

在图9.22综合试验平台上,通过调节相应回路阀门,进入热力膨胀阀性能实验流程。

制冷剂环路:打开阀门C,关闭阀门D,使用电子膨胀阀(阀门E)进行控制。

冷却水环路:关闭阀门3,8,11,13;打开阀门4,5,6,7,12,14。

载冷剂环路:关闭阀门16,18,19;打开阀门17。

经过上述调节后,热力膨胀阀性能流程示意简图如图9.25所示。

流经空调箱的空气流量通过测量喷嘴前后的压差 Δp、喷嘴前的压力 p_2 及送风温度，分别按式(9.51)和式(9.52)计算通过单个喷嘴的空气流量。

依据前面的结果计算出空气侧的换热量：

$$Q_g = G_{m,g}q_g = G_{m,g}(h_1 - h_2) \tag{9.58}$$

3)空调箱的水侧换热量 Q_s

$$Q_s = cG_{m,s}(t_4 - t_3) \tag{9.59}$$

式中，$G_{m,s}$ 为水的质量流量，kg/s；t_3 为空调箱的进口水温；t_4 为空调箱的出口水温；c 为水的比热容，取值为 4.2 kJ/(kg·K)。

10 溶液热力学基础

10.1 溶液的基础知识

10.1.1 溶液、溶液成分

溶液是两种或两种以上的组分组成的均匀稳定的液体。对生活中熟悉的海水、糖水、生理盐水、消毒酒精等，都是溶液，氨水、盐酸、液碱等化工产品也是溶液。在化工生产中，许多化学反应是在溶液里进行的。地球生物活动也离不开溶液，动植物所摄取的养料，都必须将其变为溶液才能被吸收。

溶液生成方法：一是两液体混合，如把乙醇加入水中，这两种不同物质就均匀而且密切地成为一个相同的体系，该体系就是乙醇水溶液；二是固体溶解于液体，如盐溶解于水中为盐水，结晶溴化锂溶解于水中成为溴化锂水溶液；三是气体溶解于液体，如氨蒸气溶解于水成氨水溶液。有时将溶液的组分分为溶剂和溶质，习惯上称占较大比例的组分为溶剂，称占较少比例的组分为溶质。但这种规定不是严格的，对于水溶液一般将水称为溶剂。当气体或固体溶解在液体中时，不管彼此间的相对含量如何，通常把液体当作溶剂，而把气体或固体当作溶质。

根据溶液中组分的多少，溶液可以分成二元溶液与多元溶液。如果溶液系由 2 种纯物质组成，叫做二元溶液，如氨水溶液、溴化锂水溶液。液化天然气及石油气系由 3 种以上物质（主要为碳氢化合物）组成，称为多元溶液。

溶液状态表示除了压力、温度等基本参数外，还与它的溶液组成有关。

1）质量分数

由 k 种组分组成的溶液，则第 i 种组分的质量分数为该组分的质量 m_i 与溶液总质量 m 之比，即：

$$w_i = \frac{m_i}{m} = \frac{m_i}{\sum_{i=1}^{k} m_i} \tag{10.1}$$

$$\sum_{i=1}^{k} w_i = 1 \tag{10.2}$$

对于二元溶液，如用 w_1 和 w_2 分别表示第一组分和第二组分的质量成分，用 m_1 和 m_2 分别表示第一组分和第二组分的质量，则：

$$\left.\begin{aligned} m_1 + m_2 &= m \\ w_1 &= \frac{m_1}{m} = \frac{m_1}{m_1 + m_2} \\ w_2 &= \frac{m_2}{m} = \frac{m_2}{m_1 + m_2} \\ w_1 + w_2 &= 1 \end{aligned}\right\} \tag{10.3}$$

对于二元溶液,只要知道其中一种组分的质量分数,就可以确定另一种组分的质量分数。因而为了方便起见可用 w 表示第二组分的质量分数,则第一组分的质量分数为 $1-w$,所以对于二元溶液有:

$$1 - w = \frac{m_1}{m} \qquad w = \frac{m_2}{m} \tag{10.4}$$

显然,当 $w=0$ 时,为纯第一组分;而当 $w=1$ 时,为纯第二组分。通常用 w 表示溶质的质量分数,称为浓度。

2)摩尔分数

若以 M 表示分子量,$n=m/M$ 表示摩尔数,x 表示摩尔成分,由 k 种组分组成的溶液,则第 i 种组分的摩尔分数为该组分的摩尔数 n_i 与溶液总摩尔数 n 之比,即:

$$x_i = \frac{n_i}{n} = \frac{n_i}{\sum_{i=1}^{k} n_i} \tag{10.5}$$

$$\sum_{i=1}^{k} x_i = 1 \tag{10.6}$$

对于二元溶液,有:

$$\left.\begin{aligned} n_1 + n_2 &= n \\ x_1 &= \frac{n_1}{n} = \frac{n_1}{n_1 + n_2} \\ x_2 &= \frac{n_2}{n} = \frac{n_2}{n_1 + n_2} \\ x_1 + x_2 &= 1 \end{aligned}\right\} \tag{10.7}$$

与质量成分一样,用 x 表示第二组分的摩尔成分,则 $1-x$ 为第一组分的摩尔成分:

$$1 - x = \frac{n_1}{n} \qquad x = \frac{n_2}{n} \tag{10.8}$$

显然,当 $x=0$ 时,为纯第一组分;而当 $x=1$ 时,为纯第二组分。通常用 x 表示溶质的质量分数,称为浓度。

质量分数和摩尔分数之间的换算关系为:

$$x_i = \frac{w_i/M_i}{\sum_{i=1}^{k} w_i/M_i} \tag{10.9}$$

$$w_i = \frac{x_i M_i}{\sum_{i=1}^{k} x_i M_i} \tag{10.10}$$

对于二元溶液换算关系为：

$$x = \frac{w/M_2}{(1-w)/M_1 + w/M_2} \qquad w = \frac{xM_2}{(1-x)M_1 + xM_2} \tag{10.11}$$

不同物质相互之间溶解的难易程度是不相同的，一般可分成完全互溶、部分互溶和完全不互溶。例如，水银和水、水和苯等都是真正互不溶解的；氟利昂和水实际上互不溶解，形成非均匀混合物。某些制冷剂与油为部分互容，如 NH_3，SO_2，CO_2，C_4F_8，C_4F_{10}，以及 R13，R14，R15 等。在此情况下，溶液的液相分成两层：一层为富有层，另一层主要是制冷剂。液态 O_2 和液态 N_2、水和酒精可以以任意比例溶解，某些制冷剂（如 R11，R12，R21，R40，R113 等）与油可以完全互溶，形成均匀溶液。

部分互溶的物质，溶质不能无限地溶解在溶剂里。在开始溶解的时候，单位时间内从溶质表面扩散出去的分子数多于溶质表面的分子数，所以溶质不断溶解。随着溶液里溶质分子数的增多，由溶液里回到溶质表面的分子数也就不断地增多，一段时间以后在单位时间里溶质扩散到溶液里的分子数和它回到溶质表面的分子数就必然会相等，这种状态叫做溶解平衡。在一定温度下，达到溶解平衡状态的溶液，叫做饱和溶液。而在一定温度下，没有达到溶解平衡状态，溶质还可以继续溶解的溶液，叫做不饱和溶液。在一定温度下，溶质在一定量的溶剂里达到平衡状态时所能溶解的量称为该溶质在该种溶剂里的溶解度。如果不指明溶剂，通常所说的溶解度就是溶质在水里的溶解度。

10.1.2 溶解热、溶液的焓

溶解过程中总是伴随着吸热和放热现象。溶解既不是纯粹的物理过程，也不是纯粹的化学过程，而是一种较复杂的物理化学过程。对于水溶液，当物质在溶解时，首先是溶质分子（或离子）在水分子的作用下克服溶质分子（或离子）间的相互吸引力，扩散到水中去，这是一种物理过程，需要吸收热量；与此同时，溶质分子（或离子）在不断地运动，又和水分子相互吸引形成一种水合分子（或水合离子），这个过程是化学过程，有热量放出、体积变化或颜色的变化。例如，把纯酒精倒入有水的容器中，就可以感觉到溶液变热，氯化钙溶解于水中也发生类似现象，这是因为水合过程中所放出的热量大于溶质扩散过程中所吸收的热量，放热成为矛盾的主要方面，则整个溶解过程是放热的。而硝酸铵或氯化铵溶于水会产生冷效应，这是因为溶质在扩散过程中所吸收的热量大于在水合过程中所放出的热量，吸热成为矛盾的主要方面，故整个溶解过程是吸热的。在温度一定时，当两组分溶解而成溶液所吸收或放出的热量称为溶解热，溶解热可以是正值也可以是负值。如果溶解热是正值，即各组分在混合时是吸热的，那么为维持混合过程温度不变，就需要加入热量；反之，就需要放出热量，如水与氨或溴化锂混合时是放热的。

假如溶解前的压力和温度与溶解后的压力和温度相同，则溶解过程中所需加入的热量等于溶液的焓减去溶解前各组分的焓之和。对于二元溶液有：

$$q_t = h - [(1-w)h_1^0 + wh_2^0] \tag{10.12}$$

式中，h 为溶液的比焓；h_1^0，h_2^0 分别为组分 1，2 在给定温度下的比焓；q_t 为积分溶解热；

如果已知溶解热，则可以直接确定溶液的比焓为：

$$h = q_t + [(1-w)h_1^0 + wh_2^0] \tag{10.13}$$

在恒温下,1 kg 纯组分溶于大量溶液时吸收或放出的热量称为该组分的微分溶解热。纯组分 1 及 2 的微分溶解热各以 q_1 及 q_2 表示。溶解热为温度和浓度的函数。积分溶解热与微分溶解热存在着下列关系:

$$q_t = (1-w)q_1 + wq_2 \tag{10.14}$$

对于气体,如压力不太高时,溶解热很小,可忽略不计。对于互相溶解的液体溶液,通常可以不考虑压力的影响,只考虑溶解热与温度的关系。

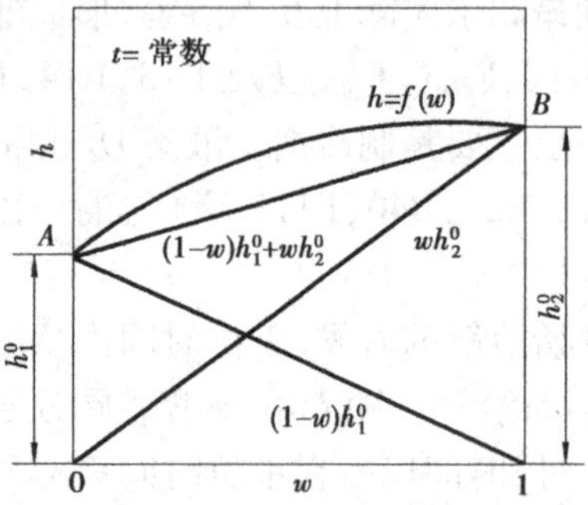

图 10.1　溶液的 h-w 图

从式(10.13)中,如果已知 h_1^0,h_2^0 及溶解热 q_t,即可求出任意 w 时的 h 值。如果将这个关系表示为 h-w 图,则求解更为方便(见图 10.1)。当没有溶解热时有:

$$h = (1-w)h_1^0 + wh_2^0 \tag{10.15}$$

在图 10.1 中,以直线 AB 表示。如果从此直线向上或向下截取溶解热 q_t(视 $q_t>0$ 或 $q_t<0$ 而定),得到 AB 曲线即 $h=f(w)$ 的曲线,有了这条曲线,就可以求得任意 w 时的溶解焓 h 或溶解热 q_t。

10.2　溶液的基本定律

10.2.1　理想溶液及拉乌尔定律

理想溶液:由性质相近的物质构成的,不同物质分子间的相互作用和纯物质分子间的相互作用力是相同的,因此混合成理想溶液时溶解热为零,无热效应,也无容积变化。实际上理想溶液是很少的,而大部分溶液都不是理想溶液。只有当溶液的浓度很小时,溶液才接近于理想溶液,浓度越小,溶液越接近理想溶液。无限稀释的任何溶液都可以当作理想溶液。

单组分液体和它的蒸气处于平衡时,上液面蒸发的分子数和气相回到液体的分子数是相等的,这时蒸气的压力就是该液体的饱和蒸气压。

拉乌尔定律:在给定的温度下,溶液液面上蒸气混合物中,每一组分的蒸气分压等于该组分呈纯净状态并在同一温度下的饱和蒸气压力与该组分在溶液中的摩尔成分的乘积。其数学表达式为:

$$p_i = p_i^0 x_i \tag{10.16}$$

式中,x_i 为溶液里第 i 组分的摩尔成分;p_i 为第 i 组分的蒸气分压力;p_i^0 为相同温度下第 i 纯组分的饱和蒸气压力。

当不挥发的溶质溶入溶剂后,溶剂的一部分表面会被溶质的溶剂合物占据。因此,在单位时间内逸出液面的溶剂分子就相应地减少了,在达到平衡时溶液的蒸气压必然比纯溶剂的饱和蒸气压低。例如,溴化锂的沸点是 1 265 ℃,可以认为它在大气中没有挥发的现象,因此在溴化锂的水溶液中,溴化锂是不挥发的溶质。拉乌尔定律对于不挥发溶质的溶液也是适用的,此时气相中只有溶剂的分子,其压力可表示为:

$$p = p^0(1 - x) \tag{10.17}$$

式中，x 是溶液中溶质的摩尔成分。

拉乌尔定律还可以用来计算溶液的饱和蒸气压力。如果溶质是不挥发的，则按式(10.17)计算得的压力即为溶液的饱和蒸气压力。如果溶质是挥发性的，则溶液的饱和蒸气压力为按式(10.17)计算的各个压力之和。对于二元溶液，其饱和蒸气压力可表示为：

$$p = p_1^0 x_1 + p_2^0 x_2 = p_1^0(1 - x_2) + p_2^0 x_2 \tag{10.18}$$

上式说明，在一定温度下，按拉乌尔定律计算的溶液的饱和蒸气压力与其液相中的成分成直线关系，见图10.2。由图可以看出，溶液蒸气压力的数值是两种纯正组分的压力值之间，当 $x_2 = 0$ 时，$p = p_1^0$；当 $x_2 = 1$ 时，$p = p_2^0$。

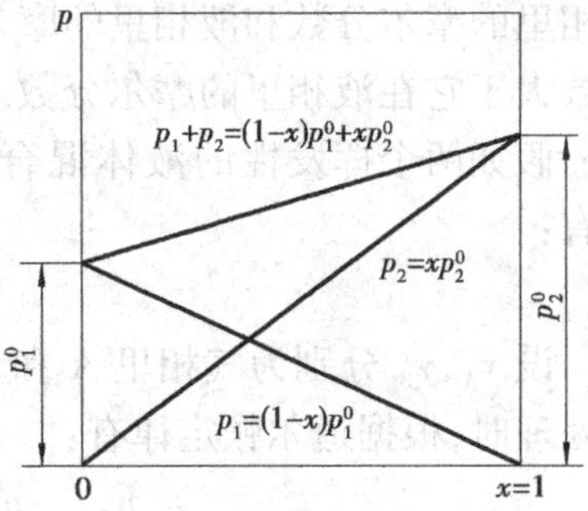

图 10.2　理想溶液的 p-x 图

严格地说，拉乌尔定律只适用于理想溶液。在整个温度范围内都符合拉乌尔定律。苯与甲烷、甲醇与乙醇等溶液，在整个温度范围都符合拉乌尔定律，而氧和氮溶液与理想溶液相近，氧和氮的分压可近似地按拉乌尔定律求得，这在工程应用中精度已足够准确。

实际溶液对拉乌尔定律存在有偏差。这种偏差有两种：

①溶液中各组分的分压大于拉乌尔定律计算的值，叫做正偏差；

②溶液中各组分的分压小于拉乌尔定律计算的值，叫做负偏差。

也有个别溶液在一浓度范围内为正偏差，而在另一浓度范围内为负偏差的。如两种液体的蒸气压对拉乌尔定律的偏差（正或负）不大时，则溶液蒸气压值介于两个纯组分蒸气压值之间，蒸气压曲线略高于或略低于理想溶液的蒸汽压曲线。图10.3为与拉乌尔定律有偏差的溶液的 p-x 图，虚直线为理想溶液，实线为实际溶液。如图10.3a所示，当有不大的负偏差时，曲线略向下凹，氨水溶液与溴化锂水溶液属于这类溶液。如图10.3b所示，如果各组分与拉乌尔定律存在相当大的偏差，若是正偏差则溶液的蒸气压有最高点如图10.3c所示，若是负偏差则溶液的蒸气压有最低点。

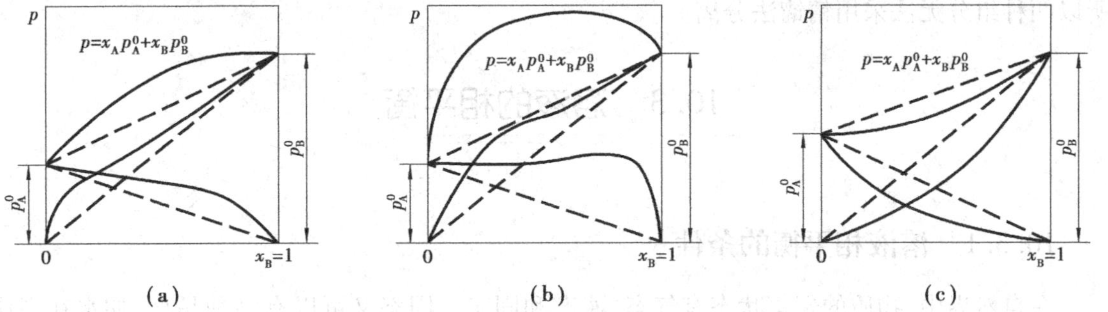

图 10.3　与拉乌尔定理有偏差的 p-x 图

10.2.2　亨利定律（稀溶液定律）

亨利定律是说明理想溶液中气体溶质分压力与溶液中该气体的摩尔成分的关系的定律。在一定温度和平衡状态下，气体溶质的分压力和它在溶液里的摩尔成分成正比：

$$p_i = kx_i \tag{10.19}$$

式中，p_i 为气体溶质的分压力；x_i 为溶液中气体溶质的摩尔成分；k 为享利常数，它为压力和温度的函数，其值由实验测定。

10.2.3 康诺瓦罗夫定律

康诺瓦罗夫定律：在给定温度下，由两种不同蒸气压的挥发性的纯溶液混合成的溶液，则气相里的摩尔分数和液相里的摩尔分数并不相同，对于较高蒸气压的组分，它在气相里的摩尔分数大于它在液相里的摩尔分数。

假如两个挥发性的液体混合成的理想溶液，每种液体的蒸气压都会符合拉乌尔定律，则有：

$$p_A = p_A^0 x_A \qquad p_B = p_B^0 x_B \tag{10.20}$$

设 y_A，y_B 分别为气相里 A 和 B 组的摩尔分数，理想溶液的气相混合物当作理想气体混合物处理时，根据道尔顿定律有：

$$y_A = \frac{p_A}{p} = \frac{p_A^0 x_A}{p} \qquad y_B = \frac{p_B}{p} = \frac{p_B^0 x_B}{p} \qquad \frac{y_A}{y_B} = \frac{p_A^0 x_A}{p_B^0 x_B} \tag{10.21}$$

如果纯 B 组分的蒸气压比纯 A 组分的大，$p_A^0 < p_B^0$，则：

$$\frac{y_A}{y_B} < \frac{x_A}{x_B} \tag{10.22}$$

式(10.22)说明，如果不同蒸气压的纯液体在给定温度下混合成二元溶液，则气相里的成分和液相里的成分并不相同，对于较高蒸气压的组分，它在气相里的成分大于它在液相里的成分。这就是康诺瓦罗夫定律。

康诺瓦罗夫定律的另一说法：对于较低沸点的液体，它在气相里的摩尔分数大于它在液相里的摩尔分数。在二元溶液中，沸点较低的液体的挥发性较大，蒸气压较高，高蒸气压的液体就是低沸点的液体。

康诺瓦罗夫定律是精馏原理的基础，对于共沸溶液，因为溶液成分和气相成分完全相同，所以两种组分无法采用精馏法分离。

10.3 溶液的相平衡

10.3.1 溶液相平衡的条件

在自然界中，物质的聚集状态有气态、液态和固态。固态又可以有多种晶型，如水在高压下可以生成6种不同晶型的冰，固态硫有单斜晶系与正交晶系之分，不同组分还可组成固溶体和各种固态化合物等。每种聚集态内部均匀的部分，热力学上就称为相。

根据热力学原理，对于单组分工质的相平衡条件是系统自由焓最小，或系统中各相的化学势相等，即：

$$\Delta\mu = 0 \qquad \mu_1 = \mu_2 \tag{10.23}$$

对于由多个组分组成的溶液，相平衡的条件是在温度和压力不变的情况下，溶液相平衡的条件是各组分在各相中的化学势均相等。

对于由 N_c 个组分组成，具有 N_p 个相的物系，当处于平衡时，除了各相的温度、压力相同外，还要具备的条件是每种组分在各相的化学势相等，即：

$$\left.\begin{aligned}\mu_1^{(a)} &= \mu_2^{(a)} = \cdots = \mu_{N_p}^{(a)}\\ \mu_1^{(b)} &= \mu_2^{(b)} = \cdots = \mu_{N_p}^{(b)}\\ &\vdots\\ \mu_1^{(N_c)} &= \mu_2^{(N_c)} = \cdots = \mu_{N_p}^{(N_c)}\end{aligned}\right\} \tag{10.24}$$

10.3.2　吉布斯相律

组分数是表示平衡时体系各相中可以独立变动的物质数目，或者是在一定温度及压力下体系中可以任意改变其数量的物质数目。

系统的自由度是它的可变因素（如压力、温度和浓度）的数目。在一定限度内这些因素可以任意改变，而不减少任何原有的相，也不产生任何新的相。

吉布斯相律说明了系统在平衡时自由度与组分数、相数之间的关系。对于一个有 N_c 个组分，N_p 个相的平衡物系，还需要多少条件才能确定其状态，吉布斯相律给出了其数学表达式。

吉布斯相律：只受到外界温度和压力等影响的物系处于相平衡时，其自由度数等于物系的组分数减去相数，再加上 2。数学表达式为：

$$N_f = N_c - N_p + 2 \tag{10.25}$$

要描述一个体系的平衡状态，必须知道体系中每一相的平衡状态；而要知道每一相的平衡状态，就必须知道每一相中每一组分的平衡状态。按照热力学的要求，每一组分的平衡状态是用温度、压力和浓度这三种变量来描述的。假定平衡体系中包含有 N_c 个组分，而这些组分都分布在每一相中，那么每一相中就要有 N_c 个浓度变量。但若用摩尔分数来表示浓度，由于每一相中有摩尔分数总和等于 1 的关系存在，因此只有 $(N_c - 1)$ 个浓度是独立变量，也就是说，只要知道 $(N_c - 1)$ 个浓度数值，就可以求得剩下的一个未知浓度。如果体系中有 N_p 个相存在，则独立的浓度变量应该有 $N_p(N_c - 1)$ 个。其次，体系处在平衡状态时，各相的压力和温度是均匀一致的（假定相与相之间的表面张力效应可以忽略，相与相之间无刚性壁或绝热壁存在），系统可以用统一的温度 T 和压力 p 来描述。要描述整个体系的平衡状态，需要知道 $N_p(N_c - 1)$ 个浓度和 T, p 两个热力学参数，即 $N_p(N - 1) + 2$ 个变量，这个变量不是独立的。根据相平衡条件，共有 $N_c(N_p - 1)$ 个化学势等式。由于化学势是 p, T, x 的函数，因此有一个化学势等式就相当于有一个 p, T, x 的关系式。这样，原来要描述体系状态所需要的 $N_p(N_c - 1) + 2$ 个变量就不是完全独立的，从中减去 $N_c(N_p - 1)$ 个之后，相乘的结果才是独立变量的数目。这些描述体系状态所需要的独立变量的数目就是自由度，以 N_f 表示，有：

$$N_f = N_p(N_c - 1) + 2 - N_c(N_p - 1) = N_c - N_p + 2 \tag{10.26}$$

这就是吉布斯相律。

对于单组分（$N_c = 1$）、单相（$N_p = 1$）系统有两个自由度，即两个可变参数，如压力及温度，它们可以任意选定。对于处于平衡的两相，例如，气液平衡，$N_p = 2$，自由度为 1，因为在饱和状态下压力及温度存在着下列关系:$p=f(t)$,只可以自由选择压力或温度中的任何一个,压力和温度不能自由各自选择。如果处于三相平衡,此时压力及温度都不能任意改变,$N_f=0$。例如,冰、水和水蒸气在三相温度0.009 9 ℃及压力0.61 kPa下处于三相平衡状态,这个系统的温度及压力都是已定数,不能进行任何改变;否则,必有一个相消失,提高温度则冰消失,提高压力则气相消失。

对于均匀二元混合物($N_c=2$)有:$N_f=2-N_p+2=4-N_p$,如果均匀二元混合物单相,则$N_p=1$,故$N_f=3$,即可以任意改变压力、温度和浓度。对于湿空气,在给定温度及压力下可以在广泛范围内变化它的相对湿度,而不会生成新相(指水蒸气的冷凝)。

10.3.3 二元溶液相平衡图

对于二元两相平衡系统从吉布斯相律可知,系统的自由度为2,对于这种系统只要两个参数就可以确定混合物(系统)的状态。一般选择了下列几个组合作为参数,画出相应的相平衡图。即压力-摩尔分数(p-x)图,温度-摩尔分数(T-x)图,温度-质量分数(T-w)图,焓-质量分数(h-w)图。

1)p-x 和 T-x 图

当两个不同的液体A和B混合而成溶液时,气相里的成分和液相里的成分是不相同的。在p-x图上,显然在同一压力p_1下图上可有两点,b_1'是液相成分,b_1''是气相成分,如图10.4所示。从康诺瓦罗夫定律知道,假如液体B的纯组分蒸气压高于液体A的,B组分在气相中的摩尔分数大于液相中的摩尔分数,因而在图10.4上b_1''应在的b_1'右边。同样,在不同压力下即可得不同的b_2',b_2''点。$x_{b''}$始终大于$x_{b'}$。把不同的b'点连接起来的实线为液相饱和曲线,把不同的b''点连接起来的虚线为干饱和蒸气曲线。这两条线把图形分为3个区域:在实线的左上方是液体区,虚线的右下方是过热蒸气区,两条曲线中间为湿蒸气区。

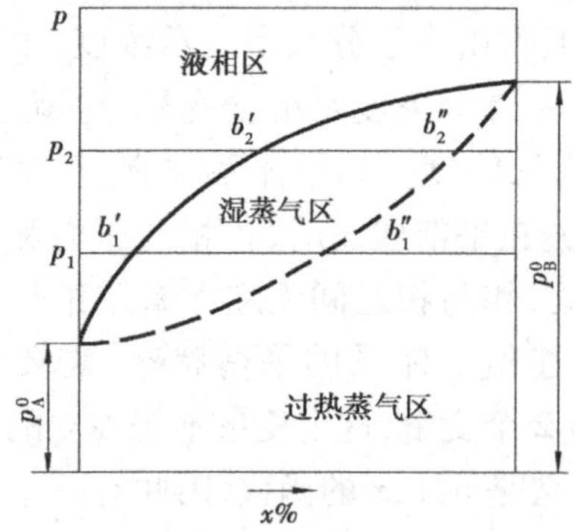

图10.4 溶液的p-x图

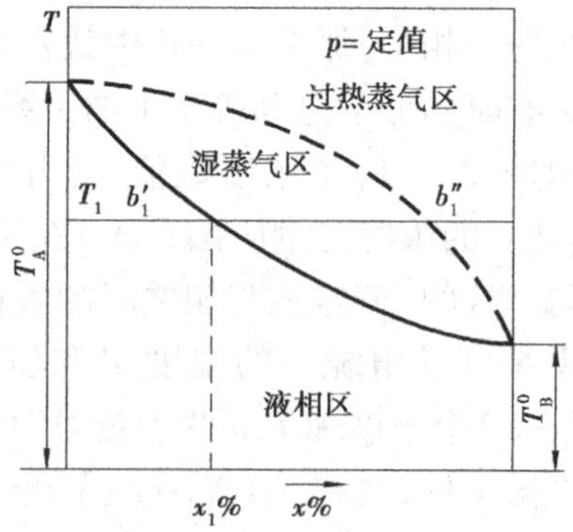

图10.5 溶液的T-x图

通常蒸发过程是在等压下进行的,常用T-x图来研究蒸发过程,图上所表示的区域正好反了过来了,如图10.5所示。纯组分蒸气压较高的应有较低的沸点,按照上面的假设,B组分的沸点较A组分的为低,因此B组分的气相成分大于它的液相成分。这样,在图10.5中虚线为干饱和蒸气线,实线为液相饱和曲线,相应分为3个区域。根据曲线形状,这种曲线又称为鱼形曲线。

从图 10.5 可以看出,当浓度为 x_1 时,溶液的沸点是 T_1,即不等于 T_A^0,也不等于 T_B^0,而是介于二者之间。

溶液在不同的压力下的 T-x 曲线图,见图 10.6。溶液在 T-x 图上的曲线当压力愈高时,液相饱和线和干饱和蒸气线之间的距离愈窄,即液相与气相的浓度差愈小,两组分分离愈不容易。

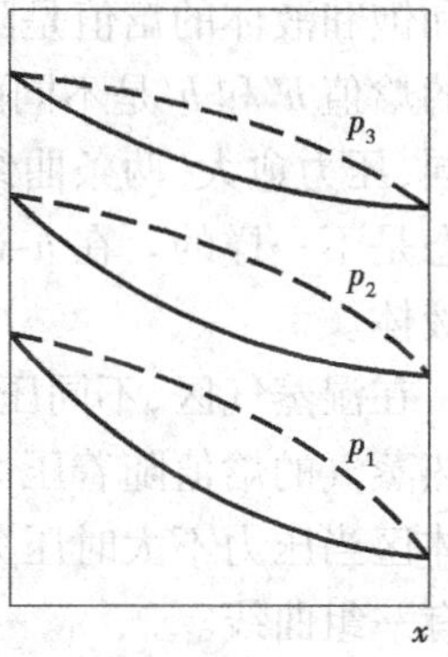

图 10.6　溶液不同压力下的 T_9-x 图

2) h-x 图和 h-w 图

在溶液的工程应用中,大量涉及的是溶液的热量交换现象的问题,在进行分析计算时通常应用溶液 h-x 图和 h-w 图来解决问题。这两种图都称为焓-浓度图,它们的结构和特性都是一样的,只是所使用的单位不同。

溶液的 h-x 图(h-w 图也一样),可以利用 T-x 图和已知的纯组分在气相和液相时的焓值来作出。根据式(10.13)饱和溶液的焓 h' 和饱和蒸气的焓 h'' 的计算公式可以摩尔成分 x 分别表示如下:

$$h'' = q''_1 + (1 - x)h''_A + xh''_B \tag{10.27}$$

$$h' = q'_1 + (1 - x)h'_A + xh'_B \tag{10.28}$$

式中,q''_1,q'_1 分别为溶液干饱和蒸气和饱和液体的熔解热,J/mol;h''_A,h''_B 分别为 A,B 两组分的干饱和蒸气的焓,J/mol;h'_A,h'_B 分别为 A,B 两组分的饱和液体的焓,kJ/kmol。

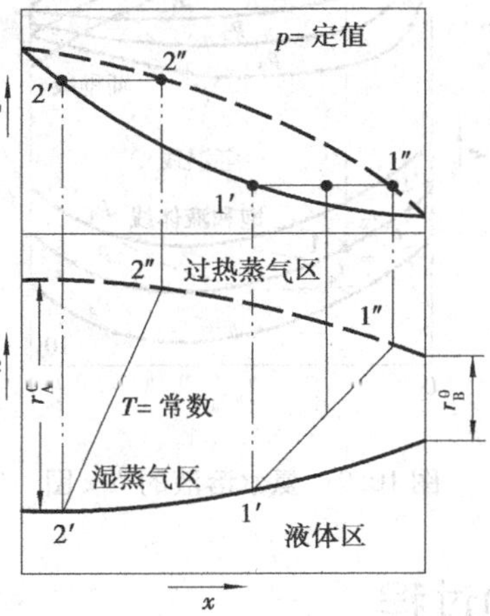

图 10.7　溶液的 h-x 图

图 10.7 是将 T-x 图转化成 h-x 图的方法。这张图是相对于某一给定压力 p,在 T-x 图上 1′-1″为某一等温线,1″是饱和蒸气态,相应的成分为 x''_1,1′是饱和液体态,相应的成分为 x'_1。由给定的压力、温度和成分,根据式(10.27)和式(10.28)就可以分别计算出 h''_1 和 h'_1,然后在 h-x 图上找出相应点 1″(干饱和蒸气)和 1′(饱和液体)。对于不同的温度,用相同的方法,即可得到 h-x 图上干饱和蒸气线和饱和液体线。相应地在 h-x 图上也分成 3 个区,见图 10.7。

在给定的压力下,与纯物质不同,溶液湿蒸气区的温度是变化的,利用 T-x 图上的等温线,利用已有的饱和蒸气线和饱和液体线,可以作出 h-x 图上湿蒸气区的等温线,见图 10.7。在 T-x 图上湿蒸气区中 1″—1′代表等温线,然后从点 1″引等 x 线与 h-x 图上的饱和蒸气线的交点即是 1″的状态;同样,从点 1′作等 x 线与 h-x 图上的饱和液体线的交点即是 1′的状态。用直线连接 1′,1″,则 1″—1′线即为 h-x 图湿蒸气区的等温线,而湿蒸气状态必在点 1″和点 1′连接线上。用类似方法可以得到一系列湿蒸气区的等温线。

从图 10.7 可以看出溶液的 h-x 图上,饱和液体线和饱和蒸气线不相交,在摩尔分数分别为 0 和 1 时,饱和液体和饱和蒸气的焓差即为两个纯组分的汽化潜热。h-x 图上还有一个特点,在湿蒸气区等温线不平行,在横坐标两端与纵坐标重合。

图 10.7 是在给定压力下溶液的焓与浓度的关系,当压力改变时,由于纯组分的干饱和蒸

气和饱和液体的焓值是随压力而变化的,所以在同温度、同浓度下溶液的干饱和蒸气和饱和液体的焓值 h'' 和 h' 是不同的。这样在 h-x 图上对不同的压力干饱和蒸气与饱和液体线的位置就不同,压力愈大,两条曲线愈向上移。这样在 h-x 图上同一状态点的溶液对于不同的压力其聚集态是不一样的。在 h-x 图上,对于压力 p_1 讲,状态为湿蒸气;而对于压力 p_2 来讲,可能为过冷液体。

在湿蒸气区,不同压力下同一温度的等温线是不相同的,见图 10.8。在过热蒸气区由于过热蒸气的焓值随着压力和温度而变,所以不同的压力时同一温度的等温线也不相同。而在液体区当压力不大时压力对焓和熔解热的影响很小,所以在液体区不同压力下的等温线簇就只有一组曲线。

图 10.8 看起来比较模糊,不易查看。在实际应用上,h-x 图的湿蒸气区及过热蒸气区的等温线全不画出,而用一组辅助曲线来解决(见图 10.9)。例如,对于浓度为 w 及压力 p_2 下湿蒸气的等温线,可自点 1 引垂线与同一压力下的辅助线相交于点 3,自点 3 画水平线与同一压力下的干饱和蒸气线相交于点 2,连接点 1,2,则直线 1—2 即为压力 p_2 下的湿蒸气的等温线。从图上也可以求出饱和蒸气中某一组分的浓度。

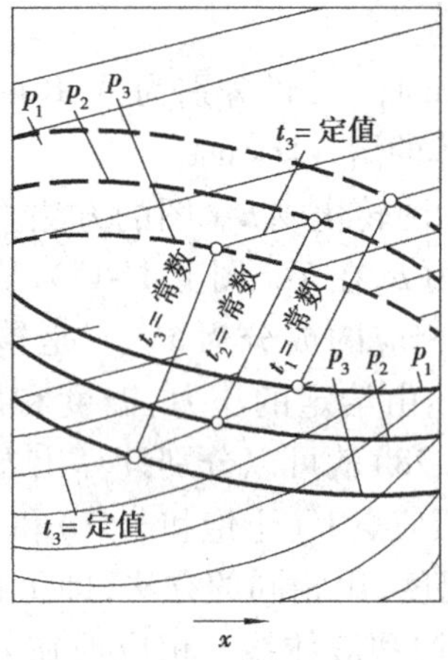

图 10.8　不同压力下溶液的 h-x 图

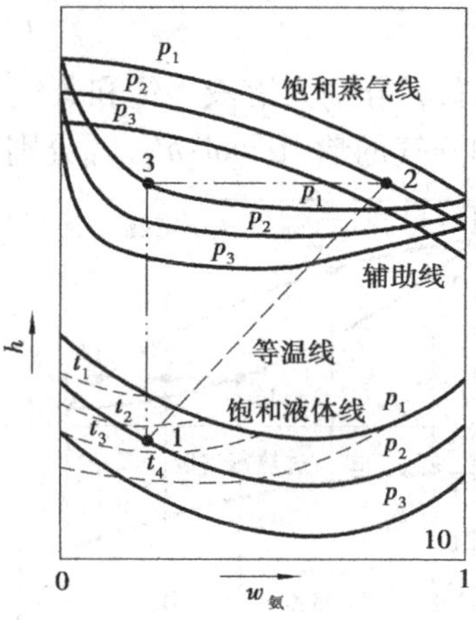

图 10.9　氨水溶液的 h-x 图

10.4　溶液的基本热力过程

10.4.1　溶液的混合

溶液最常见的热力过程是:混合—蒸发—冷凝—节流—吸收。具有相同组分,但是成分不同的两种溶液混合时,混合后溶液的状态可以利用 h-w 图求得,见图 10.10。设有质量为 m_1,状态为 t_1,h_1,w_1 的第一种溶液与质量为 m_2,状态为 t_2,h_2,w_2 的第二种溶液在相同压力下混合成 m 混合溶液,其状态参数为 t,h,w。

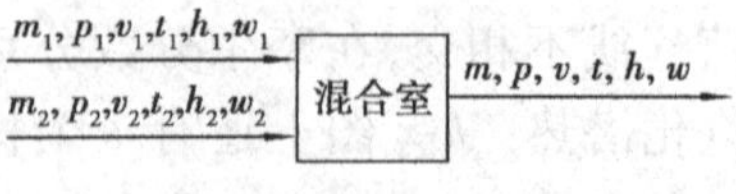

图 10.10　混合过程示意图

根据质量守恒定律有：

$$m_1 + m_2 = m \tag{10.29}$$

对于第二组分根据质量守恒定律可写出：

$$w_1 m_1 + w_2 m_2 = wm \tag{10.30}$$

$$w = \frac{w_1 m_1 + w_2 m_2}{m_1 + m_2} \tag{10.31}$$

以 $m_2 = m - m_1$ 代入上式，并整理得到：

$$\frac{m_1}{m} = \frac{w_2 - w}{w_2 - w_1} \tag{10.32}$$

同样以 $m_1 = m - m_2$ 代入，可得到：

$$\frac{m_2}{m} = \frac{w - w_1}{w_2 - w_1} \tag{10.33}$$

当系统处于绝热，不做外功的条件下，根据热力学第一定律可以写出混合过程的能量方程式为：

$$m_1 h_1 + m_2 h_2 = mh \tag{10.34}$$

将式(10.32)和式(10.33)代入式(10.34)，并整理可得：

$$h = h_1 + \frac{w - w_1}{w_2 - w_1}(h_2 - h_1) \tag{10.35}$$

式(10.35)是图10.11上通过点1及2的直线公式，绝热混合点（混合溶液状态）在 h-w 图上位置将处在两个初态点的连线上，这条直线称为混合过程线。根据式(10.31)得到混合溶液的 w 后，即可在混合直线上确定混合点 M。

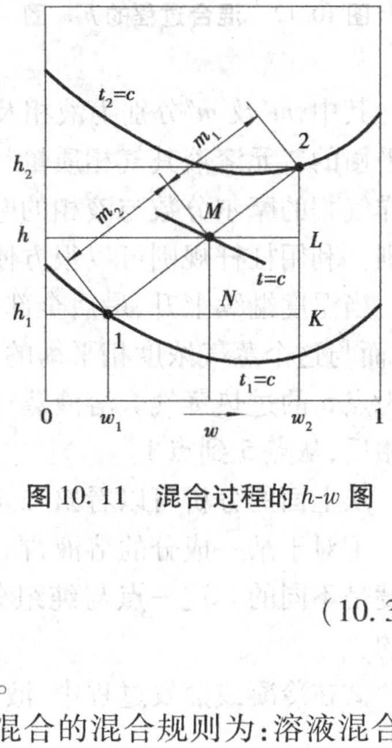

图10.11 混合过程的 h-w 图

从图10.11可看出三角形△1MN和三角形△M2L相似，因此：

$$\frac{1M}{M2} = \frac{1N}{ML} = \frac{m_2}{m_1} = \frac{w - w_1}{w_2 - w} \tag{10.36}$$

点 M 与两个起始状态点的距离与混合前两溶液的质量成反比。

这样对于两种相同组分、不同成分的溶液，在绝热情况下混合的混合规则为：溶液混合后状态点在 h-w 图上总是位于通过混合前两种溶液状态点的混合直线上，混合点所割线段与混合前溶液的质量成反比。

因此，根据混合规则，可以利用 h-w 图或 h-x 图很快地确定出混合状态点 M，从而读出混合后溶液的状态参数。

如果在混合过程中有热量的吸入或放出，则能量平衡式为：

$$h = h_1 + \frac{w - w_1}{w_2 - w_1}(h_2 - h_1) + q \tag{10.37}$$

式中，q 为吸入或放出的热量。

根据式(10.35)，式(10.37)可写成：

$$h = h_M + q \tag{10.38}$$

10.4.2 溶液的蒸发和冷凝

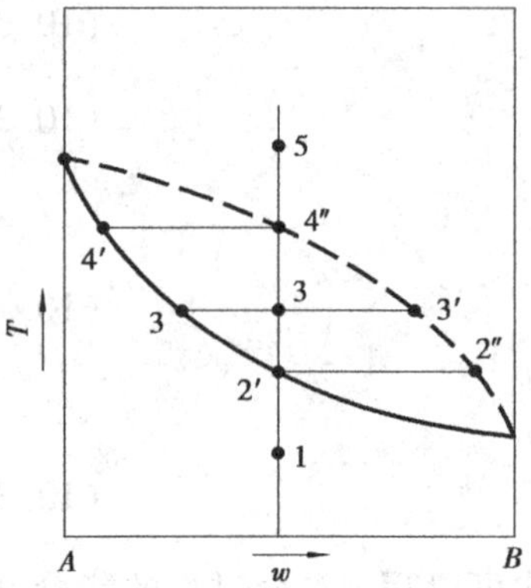

图 10.12 混合过程的 h-w 图

溶液在等压下的蒸发过程如图 10.12 所示。状态 1 的溶液质量分数为 w_1，在一定压力下蒸发，开始为过冷状态，位于图 10.12 上的点 1，当溶液从外界吸入热量以后，溶液的温度就逐渐升高，达到饱和状态时 2′，开始产生蒸气，最初产生的蒸气在图中用点 2″表示，其质量分数为 w''_2，溶液在这瞬间的液相质量分数为 w'_1。当温度继续升高到点 3 时，蒸汽量不断增加，同时液相中 B 的质量分数逐渐下降到点 3′，相应蒸汽质量分数为点 3″也逐渐下降，溶液的总质量及平衡质量分数是不变的，所以：

$$m' + m'' = m \tag{10.39}$$

$$m'w' + m''w'' = mw \tag{10.40}$$

$$\frac{m''}{m'} = \frac{w - w'}{w'' - w} \tag{10.41}$$

其中，m'及 m''分别为液相及气相的质量。溶液为饱和蒸气和饱和液体的混合物，处于两相平衡的二元溶液其气相质量与液相质量之比，等于$(w-w')$与$(w''-w)$之比。在 h-w 图上，同样气相的摩尔分数与液相的摩尔分数之比等于$(x-x')$与$(x''-x)$之比，这一关系称为杠杆规则。利用杠杆规则可以很方便地按 h-w 图或 h-x 图来确定溶液汽化的数量。

当温度继续上升，最后全部变为蒸气，到达点 4，这时蒸气的浓度就是开始时溶液的浓度 w_1，而与这个蒸气浓度相平衡的是最后一滴溶液，其浓度为 w'_4。再加热溶液进入过热蒸气区，成为点 5 的过热蒸气。溶液蒸气的凝结过程也一样，与上面所述的溶液蒸发过程相类似，但方向相反，从点 5 到点 1。

从上面的分析可以看出二元溶液气液相变过程的主要特性如下：

①对于某一成分的溶液，在一定压力下，开始冷凝或开始蒸发与冷凝结束或蒸发结束时的温度是不同的。这一点与纯组分不同，一定压力下纯组分在蒸发或冷凝过程中的温度是不变的。

②在冷凝或蒸发过程中，液相和汽相的成分是连续变化的。

10.4.3 溶液的节流

如图 10.13 所示，当溶液从状态 1 节流到终态 2 时，其焓值与浓度均不变。所以，节流前后的两个状态在 h-w 图上是同一个点，但是它们的压力不同，节流前的压力为 p_1，节流后的压力为 p_2。溶液的节流过程在图上，应画出压力为 p_1 及 p_2 时的饱和蒸气线及饱和液体线，以及湿蒸汽区的等温线。从图 10.14 上可以看出，节流前状态 1 在等温线 t_1 上，处于液体区，而节流后终了状态 2 在等温线 t_2 上，处于湿蒸气区，而且 $t_2 < t_1$。

节流过程是前后焓值相等的不可逆过程，节流后溶液的熵增大，因此有工作能力的损失。可以利用溶液的 s-w 图求出节流过程的熵增 Δs_{1-2}。

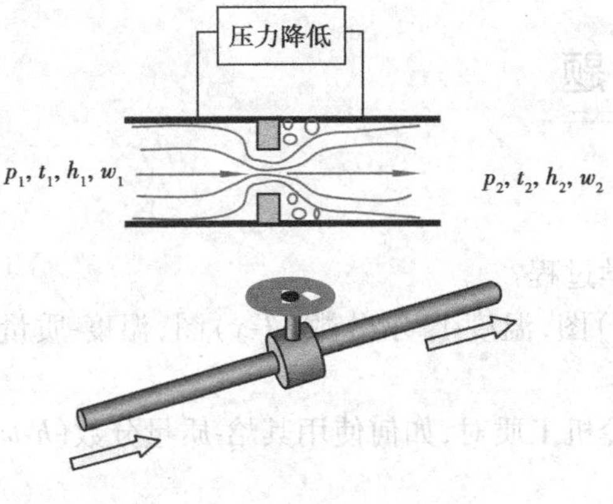

图 10.13　溶液的节流

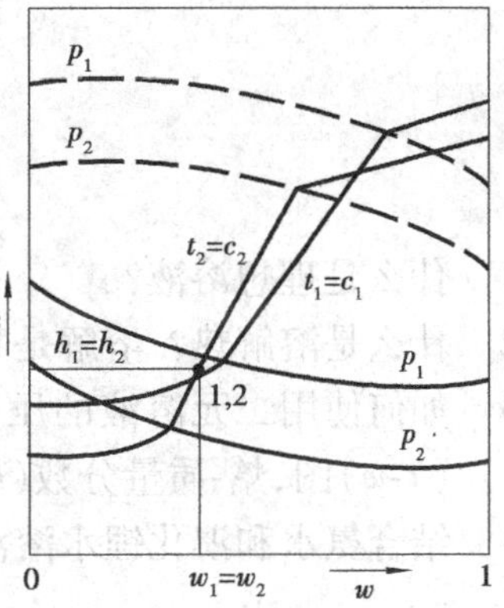

图 10.14　溶液的节流 h-w 图

10.4.4　溶液的吸收

吸收是溶液的某一组分的蒸气冷凝于该溶液的过程，如溴化锂水溶液吸收水蒸气。对于纯物质来说，只有当液体的温度低于蒸气的温度时，纯物质的蒸气才可以被其液体冷凝。但是，对于由多种组分组成的溶液来说，它和纯物质不同，当溶液的温度高于蒸气的温度时也可以实现吸收过程，只要被吸收的蒸气的压力高于多种组分溶液的饱和蒸气压力即可。吸收式制冷机就是利用溶液的这一性质而工作的。

最简单的吸收过程可以按混合过程来研究。如图 10.15 所示，设有 D 状态为 t 及 h 的蒸气被状态为 w_1，t_1 及 h_1 的液体 m_1 吸收，吸收后溶液的参数为 w_2，t_2 及 h_2 的液体 m_2。

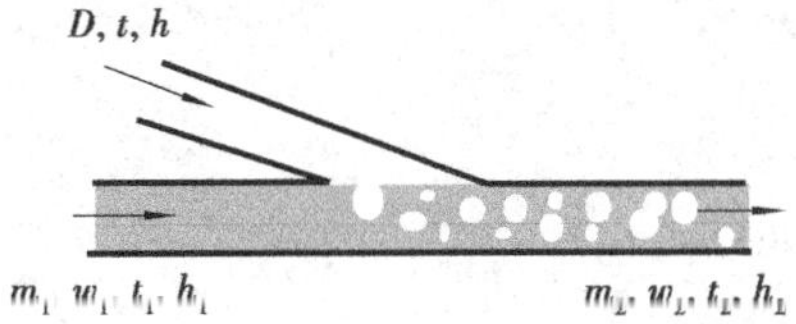

图 10.15　溶液的吸收过程

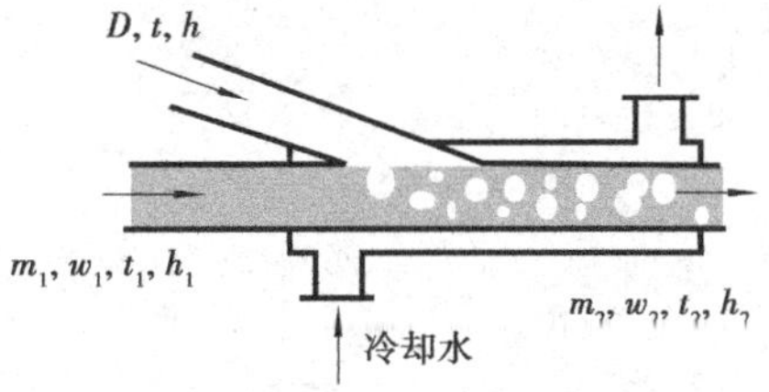

图 10.16　有冷却的吸收过程

由于上述吸收过程没有考虑热交换，因此决定吸收效果的主要为每吸收 1 kg 蒸气需要多少液体溶液，即：

$$g = \frac{m_1}{D} \tag{10.42}$$

通常吸收 D 的蒸汽需要大量的溶液，所以 $g \ll 1$。因此，在无热交换的情况下每吸收 1 kg 蒸气需要较多的液体溶液，这种情况下只有过冷液体才具有吸收能力。所以，考虑为了提高吸收效果，必须将吸收过程中排出热量带走，这样可以大大减少吸收时需要消耗的溶液量。图 10.16 是带有冷却的吸收过程示意图。

习 题

10.1 什么是理想溶液?

10.2 什么是溶解热? 溶解是物理过程还是化学过程?

10.3 如何使用二元溶液的压力-摩尔分数(p-x)图,温度-摩尔分数(T-x)图,温度-质量分数(T-w)图,焓-质量分数(h-w)图?

10.4 结合氨水和溴化锂水溶液两种吸收式制冷机工质对,如何使用其焓-质量分数(h-w)图?

11 溴化锂吸收式制冷机

11.1 溴化锂吸收式制冷的工作原理

与蒸气压缩式制冷机相同，吸收式制冷机是利用高压液体制冷剂经节流阀节流降压，在低压低温下液体蒸发来制取冷量，因此也具有冷凝器、节流阀和蒸发器，它是蒸发制冷的另一种形式。与压缩式制冷不同的是，它们将低压蒸气变为高压蒸气的方法不同。

压缩式制冷机是通过压缩机消耗机械功来实现的，而吸收式制冷机则是通过吸收器、溶液泵、发生器和溶液节流阀消耗热能来实现的(见图 11.1)。因此，它是一种以热能为动力的制冷机。

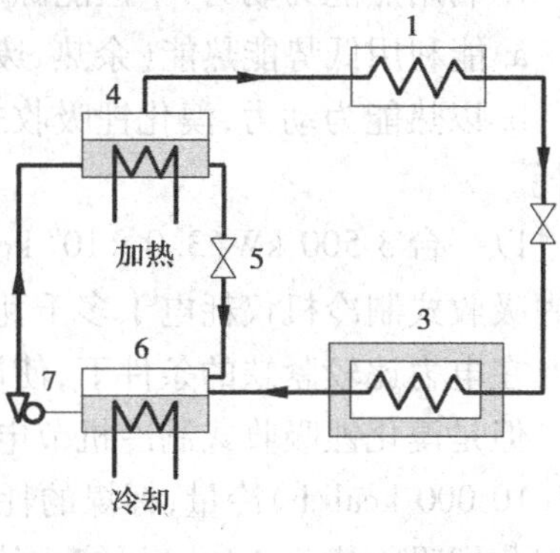

图 11.1 吸收式制冷机原理图

1—冷凝器；2—节流阀；3—蒸发器；
4—发生器；5—溶液节流阀；
6—吸收器；7—溶液泵

吸收式制冷机利用的是低温热源，如 0.03～0.8 MPa 的低压蒸气、高于 75 ℃的热水、燃气、废烟气、化学反应热、太阳能等。吸收式制冷机的制冷量可大可小，小到几十瓦的冰箱，大到几百万瓦的大型制冷装置。

吸收式制冷机的工作原理是利用吸收剂对制冷剂的吸收性能和解吸性能来工作的。根据溶液热力学原理，对于多种组分溶液，溶液各组分的蒸气压力总是小于相同温度下该组分的纯物质的饱和蒸气压力。也就是说，当多种组分溶液温度高于纯物质的温度时，溶液各组分的蒸气压也可以小于该组分的纯物质的饱和蒸气压，多种组分溶液仍然可以吸收纯物质的蒸气。

所以，对于纯物质只有当液体的温度低于蒸气的温度时，纯物质的蒸气才可以转变为液体。但是，对于由多种组分组成的溶液来说，它和纯物质不同，当溶液的温度高于蒸气的温度时，也可以实现吸收过程，只要被吸收的蒸气的压力高于多种组分溶液的饱和蒸气压即可。因此，吸收式制冷机就是利用溶液的这一性质而工作的。

吸收式制冷机的工作介质除了制取冷量的制冷剂外，还有吸收、解吸制冷剂的吸收剂，二者组成工质对。其中低沸点的工质(或称组分)为制冷剂，高沸点的工质为吸收剂，如果还有第 3 种工质，那它属于扩散剂。使用双组分工质的制冷机称为吸收式制冷机；使用 3 组分工质的则称为吸收-扩散式制冷机，一般用作冰箱制冷机。通常，把两种沸点相差很大的工质组成为工质对，如氨-水工质对、水-溴化锂工质对等。

吸收式制冷机工质对应具有如下特征：

①两种组分的沸点相差要大，当溶液沸腾时，被蒸发出来的只能是制冷剂。

②吸收剂必须具备强的吸收能力，既在相同压力下能强烈吸收温度比它低的制冷剂。

③制冷剂的蒸发潜热要大，而吸收剂的比热要小。

④成本低，容易得，对金属腐蚀小。

目前，吸收式制冷机主要应用的工质对有：用于低温制冷装置中的氨-水，用于空调工程中的水-溴化锂。

吸收式制冷机的经济性通常用热力系数 ζ 表示，即吸收式制冷机的制冷量 Q_0 与耗热量 Q_1 之比：

$$\zeta = \frac{Q_0}{Q_1} \tag{11.1}$$

采用水-溴化锂为工质对的吸收式制冷机称为溴化锂吸收式制冷，溴化锂吸收式制冷的特点：

1）主要优点

①利用热能为动力，不但能源利用范围广，而且有两个重要特点：

a. 能利用低势能热能（余热、废热），使溴化锂吸收式制冷机大大节约能耗；

b. 以热能为动力，溴化锂吸收式制冷机比利用电能为动力的压缩式制冷机可以明显节约电耗。

以一台 3 500 kW（3.0×10^6 kcal/h）的制冷机组为例，压缩式制冷机耗电约 900 kW，而溴化锂吸收式制冷机仅耗电十多千瓦。

在电力比较紧缺的条件下，使用这种机型更有现实意义。

但是溴化锂吸收式制冷机节电不节能。若以一次能源（煤）的消耗率来作比较，制取 11.6 kW（10 000 kcal/h）冷量，标煤的耗量是：电动压缩式为 1.42 kg；双效溴化锂吸收式为 2 kg；单效溴化锂吸收式为 4 kg。压缩式的标煤耗量低于吸收式，但如吸收式制冷机的加热源是余热、废热、排热，则从总体考虑其节能特性优于压缩式。因此，溴化锂吸收式制冷机应尽量利用低势能热源，做到物尽其用。

②整个机组除功率较小的屏蔽泵外，无其他运动部件，运转安静，噪声值仅 75 ~ 80 dB。

③以溴化锂水溶液为工质，无毒、无臭，环境友好。

④制冷机在真空状态下运行，无高压爆炸危险，安全可靠。

⑤制冷量调节范围广，在 20% ~ 100% 的负荷内可进行冷量的无级调节。

⑥对外界条件变化的适应性强，可在加热蒸气压力 0.2 ~ 0.8 MPa（表压），冷却水温度 20 ~ 35 ℃，冷媒水出水温度 5 ~ 15 ℃内稳定运转。

⑦对安装基础的要求低，无需特殊的机座，可安装在室内、室外，甚至地下室、屋顶上。

2）主要缺点

①腐蚀性强：溴化锂水溶液对普通碳钢有较强的腐蚀性，不仅影响到机组的性能与正常运行，而且影响到机组的寿命。

②气密性要求高：实践证明，即使漏入微量的空气也会影响机器的性能。这就对制造有严

格的要求,国外以制造原子能工业中的技术,用于这种机器的制造工艺,对其气密性的严格要求是可想而知的。

3)直燃式溴化锂制冷机冷热水机组的其他特点

①燃烧效率高,对大气环境污染小:燃气与燃油在高压发生器中直接燃烧,燃烧完全,传热损失小,燃烧产物中所含的 HO_x 和 NO_x 低,允许在闹市区对环保有严格要求的场合使用。

②一机多用:夏季制冷、冬季采暖,兼顾提供生活热水之用,使用方便。

③体积小,用地省:与蒸气型冷水机组相比,可省去锅炉房,机房体积小,减少了基建费用。

④可实现能源消耗的季节平衡:夏天空调用电紧缺而煤气消耗降低,采用燃气型冷热水机组,可减少夏季的电耗,增加煤气耗量,弥补季节能耗的不平衡。

11.2 溴化锂水溶液的性质及焓浓度图

溴化锂水溶液是溴化锂溶与水形成的多组分溶液,其中水为制冷剂,溴化锂溶液为吸收剂。

1)水

水是人们在生活中接触最多的物质,具有无毒、不燃烧、不爆炸、价格低、汽化潜热大(比R22大16倍)、比容大等特点。标准状态下,水在0 ℃时结冰,因此溴化锂制冷机只能制取0 ℃以上的冷量,这也大大限制了它的应用范围,使其主要用于空调工程中。

2)溴化锂

①溴化锂(LiBr)分别属碱和卤素元素,其性质与食盐(NaCl)相似,属于盐类,有咸味,呈无色粒状晶体,熔点为549 ℃。

②沸点高,在一个物理大气压下沸点为1 265 ℃,所以一般认为在常温和通常高温下是不挥发的。

③极易溶解于水。

④性能稳定,在大气中不易变质、不易分解。

⑤它是由浓度(质量分数)为92.01%的溴和浓度(质量分数)为7.99%的锂组成的,分子量为86.856,密度为3.464 kg/L(25 ℃)。

3)溴化锂水溶液

①无色液体,有咸味,无毒,加入铬酸锂后呈淡黄颜色。

②溴化锂在水中的溶解度随温度的降低而降低。如图11.2所示,图中曲线为结晶线,曲线上的点表示溶液处于饱和状态,它的左上方表示有固体溴化锂晶体析出,右下方表示溶液中没有结晶存在。溶解度是指饱和溶液中所含溴化锂无水化合物的质量成分,也即是溴化锂水溶液的质量浓度。由图中曲线可知,溴化锂制冷机的溴化锂水溶液的质量浓度不宜超过66%,否则运行中当溶液温度降低时溴化锂将会结晶,破坏循环的正常运行。

③溴化锂水溶液的水蒸气分压很小,它比同温度下纯水的饱和蒸气压要小得多,所以具有很强的吸收水分的能力。

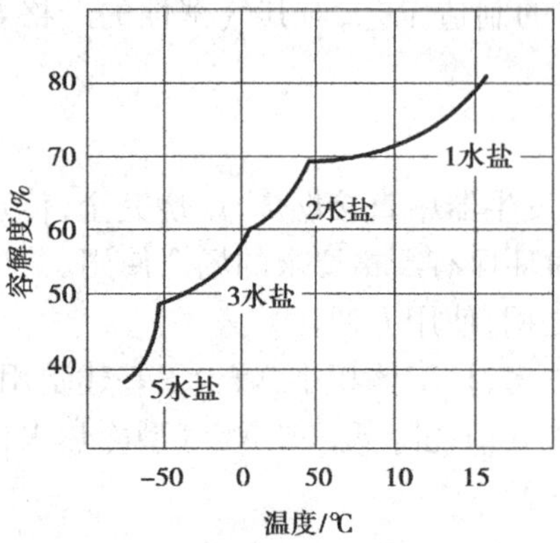

图 11.2 溴化锂在水中的溶解度

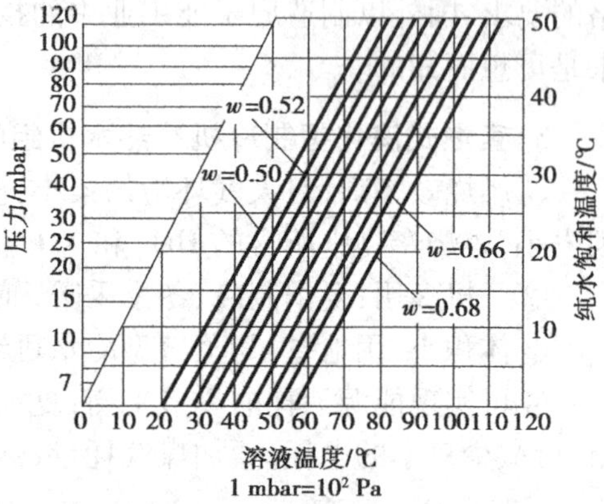

图 11.3 溴化锂溶液的 p-t 图

溶液和水蒸气之间的平衡是动平衡，此时，分子穿过液体表面到蒸气中去的速度等于分子从蒸气中返回到溶液的速度。因为溴化锂溶液中的溴化锂分子对水分子的吸引力比水分子之间的吸引力要强，也因为在单位液体容积内溴化锂分子的存在而使水分子数目减少，所以在相同温度条件下液面上单位蒸气容积内水分子的数目比纯水表面上的水分子数目少。由于溴化锂的沸点很高，在工作温度范围内不会挥发，因此和溶液处于平衡状态的蒸汽的总压力就是水蒸气的压力由上可知温度相同时，溴化锂溶液液面上的水蒸气分压小于纯水的饱和蒸气压，并且浓度越高或温度越低时水蒸气的分压越低。图 11.3 是溴化锂溶液的温度、浓度与压力之间的关系。由图可知当浓度为 50%、温度为 25 ℃时，饱和蒸气压为 0. 85 kPa，而水在相同温度下的饱和蒸气压为 3. 17 kPa。如果水的饱和蒸汽压大于 0. 85 kPa，如压力为 1 kPa（相当于饱和温度为 7 ℃）时，上述的溴化锂溶液就具有吸收这个水蒸气的能力，也就是说溴化锂溶液具有吸收温度比它低的多的水蒸气的能力，这正是溴化锂吸收式制冷机工作原理之一。反之，当压力相同时，溶液的饱和温度一定大于水的饱和温度，所以由溴化锂溶液产生的水蒸气总是处于过热状态的。

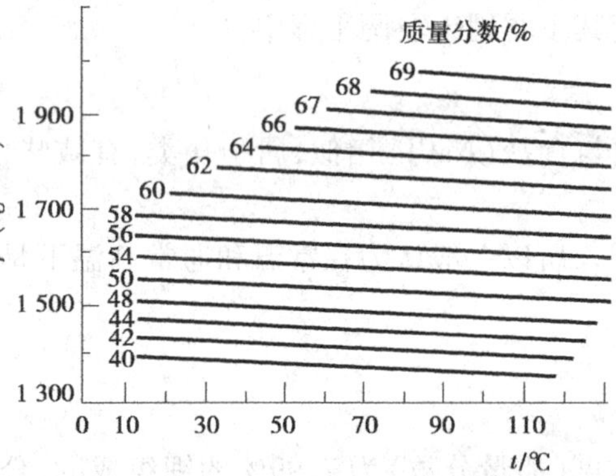

图 11.4 溴化锂溶液的密度

④密度比水大，并随溶液的浓度和温度而变（见图 11.4 所示）。

⑤比热容较小。当温度为 150 ℃、质量分数为55%时，其比热容为 2 kJ/(kg · K)，这意味着发生过程中加给溶液的热量比较小，再加上水的蒸发潜热比较大这一特点，使得溴化锂制冷机的热力系数较大。

⑥黏度大。黏度的大小对溶液在吸收式制冷机中的流动状态和传热有较大的影响。当温度为 40 ℃时，溴化锂的质量分数为60%时，其动力黏度为 6.01×10^{3} Pa · s，而水在 40 ℃时的动力黏度为 6.53×10^{4} Pa · s。

⑦表面张力较大。当温度为 40 ℃时，溴化锂的质量分数为60%时，其表面张力为 9.32×10^{2} N/m，而水在 40 ℃时的表面张力为 6.96×10^{2} N/m。

⑧对碳钢和紫铜等金属材料有腐蚀性,有空气存在时腐蚀更为严重,因此腐蚀性对溴化锂制冷机运行性能有较大的影响。通常在溴化锂溶液中添加缓蚀剂来减缓溴化锂溶液对金属材料的腐蚀。常用的缓蚀剂有铬酸锂、钼酸锂、苯并三唑、氧化铅和三氧化二砷等。同时,在操作和维护保养中要防止空气漏入系统中。

⑨溴化锂水溶液的导热系数随溴化锂的质量分数的增大而降低,随温度的升高而增大,见表11.1。

表11.1 溴化锂溶液的导热系数λ随温度和质量分数变化关系 单位:W/(m·K)

质量分数/% \ t/℃	0	25	50	75	100
20	0.50	0.55	0.57	0.60	0.62
40	0.45	0.49	0.51	0.53	0.55
50	—	0.45	0.49	0.51	0.52
60	—	0.43	0.45	0.48	0.50
65	—	—	0.43	0.45	0.48

4)**溴化锂水溶液的物性计算公式**

为了编制计算机程序在计算机上进行计算、模拟、优化设计以及实验数据的处理,下面是溴化锂水溶液的物性计算公式:

(1)溴化锂水溶液的温度平衡计算公式

$$t = t'\sum_{n=0}^{3} A_n x_{\mathrm{LiBr}}^n + \sum_{n=0}^{3} B_n x_{\mathrm{LiBr}}^n \tag{11.2}$$

$A_0 = 0.770\ 033$　　$B_0 = 140.877$

$A_1 = 1.454\ 55\times10^2$　　$B_1 = -8.557\ 49$

$A_2 = -2.639\ 06\times10^4$　　$B_2 = 0.167\ 09$

$A_3 = 2.276\ 09\times10^0$　　$B_3 = -8.826\ 41\times10^4$

式中,t为压力为p时,溶液的饱和温度,℃;t'为压力为p时,水的饱和温度,℃;x_{LiBr}为100 kg溴化锂水溶液中含溴化锂的质量,kg。

(2)溴化锂水溶液的比定压热容计算公式

$$c_p = 4.186\ 8\times\left[\sum_{n=0}^{2}(A_n + B_n t + C_n t^2)\left(\frac{x_{\mathrm{LiBr}}}{100}\right)^n\right] \tag{11.3}$$

$A_0 = 0.992\ 828\ 5$　　$B_0 = -3.18742\times10^5$　　$C_0 = -3.010\ 5\times10^6$

$A_1 = -1.316\ 917\ 9$　　$B_1 = 2.985\ 6\times10^3$　　$C_1 = -1.717\ 2\times10^6$

$A_2 = 0.648\ 100\ 6$　　$B_2 = -4.019\ 8\times10^3$　　$C_2 = 8.364\ 1\times10^6$

(3)溴化锂水溶液的密度计算公式

$$\rho = a_0 + a_1 t + a_2 t^{1.2} + a_3 t^{1.5} + b_1 x_{\mathrm{LiBr}} + b_2 x_{\mathrm{LiBr}}^{1.2} + b_3 x_{\mathrm{LiBr}}^{1.5} \tag{11.4}$$

$a_0 = 1.637\ 442$

$a_1 = -2.725\ 975\times10^3$　　$b_1 = -3.747\ 908\times10^2$

$a_2 = 1.358\ 832\times10^3$　　$b_2 = -1.078\ 937\times10^3$

$a_3 = -1.319\ 372 \times 10^4$　　　　$b_3 = 5.379\ 461 \times 10^3$

(4)溴化锂水溶液的质量分数计算公式

$$w = a_0 + a_1 t + a_2 t^2 + a_3 t^3 + b_1 \rho + b_2 \rho^2 + b_3 \frac{\rho^3}{100} \tag{11.5}$$

$a_0 = -54.267\ 07$

$a_1 = 3.609\ 289 \times 10^2$　　　　$b_1 = 24.603\ 76$

$a_2 = 2.807\ 792 \times 10^6$　　　　$b_2 = 60.997\ 63$

$a_3 = -1.551\ 979 \times 10^7$　　　　$b_3 = -21.546\ 62$

(5)溴化锂水溶液的导热系数计算公式

$$\lambda = a_0 + a_1 t + a_2 t^2 + a_3 t^3 + b_1 x_{\text{LiBr}} + b_2 x_{\text{LiBr}}^2 + b_3 x_{\text{LiBr}}^3 \tag{11.6}$$

$a_0 = 0.521\ 898\ 8$

$a_1 = 1.412\ 948 \times 10^3$　　　　$b_1 = -5.514\ 559 \times 10^3$

$a_2 = -6.741\ 987 \times 10^6$　　　　$b_2 = 7.640\ 728 \times 10^5$

$a_3 = -1.729\ 977 \times 10^8$　　　　$b_3 = -6.098\ 338 \times 10^7$

(6)溴化锂水溶液的动力黏度计算公式

$$\mu = \left(\sum_{n=0}^{3} A_n x_{\text{LiBr}} + t \sum_{n=0}^{3} B_n x_{\text{LiBr}} + t^2 \sum_{n=0}^{3} C_n x_{\text{LiBr}} \right) \times 10^{-3} \tag{11.7}$$

$A_0 = 1.704\ 152$　　　　$B_0 = -5.783\ 394 \times 10^2$　　　　$C_0 = -1.105\ 483 \times 10^4$

$A_1 = 0.108\ 406\ 7$　　　　$B_1 = 4.951\ 459 \times 10^4$　　　　$C_1 = 5.288\ 185 \times 10^6$

$A_2 = -2.735\ 067 \times 10^3$　　　　$B_2 = 7.123\ 706 \times 10^5$　　　　$C_2 = -2.111\ 622 \times 10^7$

$A_3 = -5.649\ 458 \times 10^5$　　　　$B_3 = -1.907\ 971 \times 10^6$　　　　$C_2 = 8.204\ 797 \times 10^9$

(7)溴化锂水溶液的表面张力计算公式

$$\sigma = (a_0 + a_1 t + a_2 t^2 + a_3 t^3 + b_1 x_{\text{LiBr}} + b_2 x_{\text{LiBr}}^2 + b_3 x_{\text{LiBr}}^3) \times 10^{-3} \tag{11.8}$$

$a_0 = 49.483\ 95$

$a_1 = -1.462\ 354 \times 10$　　$b_1 = 1.750\ 322$

$a_2 = 6.750\ 326 \times 10^4$　　$b_2 = -3.078\ 061 \times 10^2$

$a_3 = -2.023\ 934 \times 10^6$　　$b_3 = 2.477\ 215 \times 10^4$

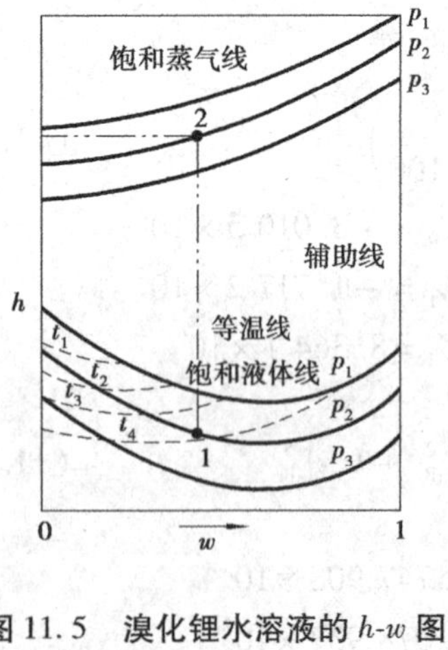

图 11.5　溴化锂水溶液的 h-w 图

5)溴化锂水溶液的焓浓度图

如图 11.5 所示,表示了溴化锂溶液比焓、质量分数、温度、水蒸气分压 4 个参数之间的关系。通过使用溴化锂溶液的 h-w 图可以得到溴化锂溶液各状态的参数,也可以将溴化锂溶液在溴化锂吸收式制冷机中的热力过程清楚地表示出来。如同蒸气压缩式制冷中使用的 lg p-h 图的用途相同,溴化锂溶液的 h-w 图是溴化锂吸收式制冷机在过程和循环计算、运行特性的分析的重要工具。

溴化锂溶液的 h-w 图中,纵坐标表示比焓 h,横坐标表示溴化锂溶液的质量分数 w。

水的比焓通常规定为:当温度为0 ℃时,水的比焓为0。在这里对于溴化锂溶液,为了计算方便,则规定为:质量分数 $w=0$、温度 $t=0$ ℃时溴化锂溶液的比焓为418.6 kJ/kg(100 kcal/kg)。

在 *h-w* 图上只要知道比焓、质量分数、温度、水蒸气压力4个参数中的任意2个,就可以确定另外2个参数。需要说明的是,这里的等压线是一定温度和质量分数的溶液所具有的水蒸气分压,而不是溶液的压力。只有在处于相平衡时,溶液的压力才等于其水蒸气分压。

11.3 单效溴化锂吸收式制冷机结构及流程图

11.3.1 单效溴化锂吸收式制冷机工作原理

如图11.6所示,单效溴化锂制冷机由热源回路、溶液回路、冷却水回路、制冷剂回路和冷媒水回路构成。工作时,发生器、疏水器、凝水箱、凝水泵等构成热源回路,向溴化锂制冷机提供热源蒸汽;由蒸发器、冷媒水泵等构成冷媒水回路;由吸收器、冷凝器、冷却塔和冷却水泵构成冷却水回路向环境排放溴化锂制冷机排放的热量;由发生器、吸收器和溶液热交换器构成溶液回路;由发生器、冷凝器、蒸发器、吸收器和溶液热交换器构成制冷剂回路。热源回路中的蒸汽锅炉改成热水锅炉,溴化锂制冷机就是热水型溴化锂制冷机组,若热源回路由发生器和燃烧装置组成,则溴化锂制冷机就是一个单效的直燃型溴化锂制冷机组。

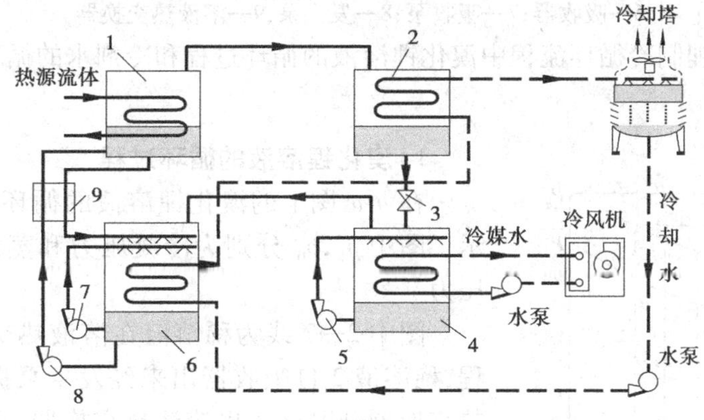

图11.6 单效溴化锂吸收式制冷机工作原理图

1—发生器;2—冷凝器;3—节流阀;4—蒸发器;5—蒸发泵;
6—吸收器;7—吸收泵;8—发生泵;9—溶液热交换器

机组工作时,热源回路将热量输送到发生器1中,在发生器1中溴化锂溶液被加热后,水蒸气流入冷凝器2,在冷凝器中向冷却水放热,凝结成冷剂水,冷剂水经节流装置3节流后流入蒸发器4,在蒸发器中蒸发制冷,并将冷量传递给冷媒水,在蒸发器3中产生的冷剂蒸气进入吸收器6被从发生器1来的溴化锂浓溶液吸收,同时溴化锂浓溶液变成稀溶液,这样完成了制冷剂回路。从吸收器6流出的稀溶液经发生泵8升压流经溶液热交换器9,同时被从发生器1流出来的浓溶液加热,然后进入发生器1被加热浓缩成浓溶液,溴化锂浓溶液在压差的作用下经溶液热交换器9进入吸收器6去吸收冷剂蒸气,这样就完成了溶液回路。

图 11.7 是一台双筒单效溴化锂制冷机组。由于发生器和冷凝器的压力较高,所以它将发生器 1 和冷凝器 2 做在一个筒体内,称为高压筒;而蒸发器和吸收器的压力较低,将蒸发器 3 和吸收器 6 做在另一个筒体内,称为低压筒。高压筒内冷凝器的冷凝水通过 U 形管或其他节流装置节流流入低压筒内的蒸发器。当然也可以将发生器、吸收器、冷凝器和蒸发器做在一个筒体内,称为单筒单效溴化锂制冷机。单效溴化锂制冷机的热力系数一般在 0.7 左右。

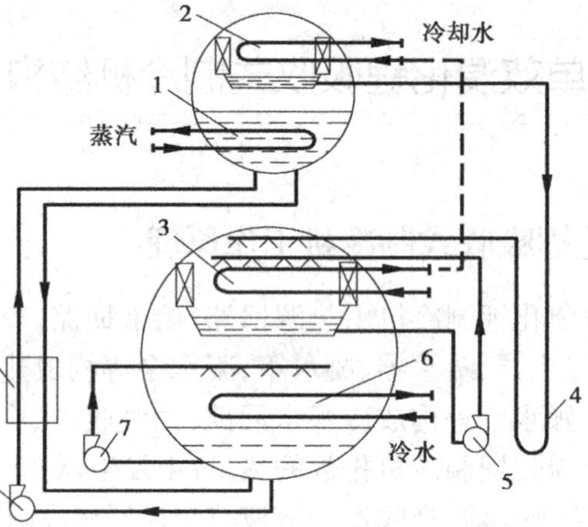

图 11.7 双筒单效溴化锂吸收式制冷机组流程图

1—发生器;2—冷凝器;3—蒸发器;4—U 形管;5—蒸发泵;
6—吸收器;7—吸收泵;8—发生泵;9—溶液热交换器

现将单效溴化锂制冷循环流程中溴化锂溶液的循环过程和冷剂水的循环过程结合图进行说明。

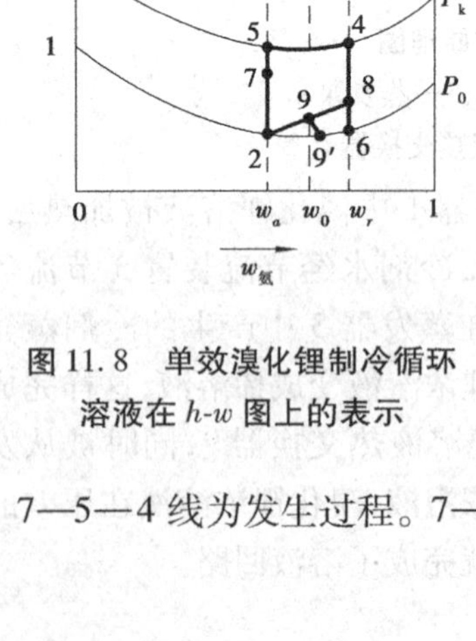

图 11.8 单效溴化锂制冷循环溶液在 h-w 图上的表示

1)溴化锂溶液的循环过程

在 h-w 图上的溴化锂溶液的循环过程如图 11.8 所示。图中 p_k,p_0 分别为冷凝压力和蒸发压力,p_a 为吸收压力。

图中 2—7 线为稀溶液在溶液热交换器内的升温过程,稀溶液 2 自吸收器出来经发生泵提升压力进入溶液热交换器升温至 7 出溶液热交换器,在这里溶液的温度升高,质量分数不变。溶液热交换器的作用是提高溴化锂制冷机组的效率,自吸收器出来的稀溶液温度较低,为了使其在发生器中生产冷剂蒸气,必须要加热升温,而同时,从发生器出来的浓溶液温度较高,为了使其到吸收器后能吸收冷剂蒸气,必须要降低温度。通过溶液热交换器稀溶液得到加热,浓溶液得到冷却,这样可以减少吸收器的冷却负荷,同时也减少发生器的加入的热量,这样机组效率得到提高。

7—5—4 线为发生过程。7—5 线为稀溶液在发生器中被发生器的驱动热源的加热升温过程，在 p_k 压力下稀溶液被加热至汽液相平衡状态点 5。5—4 线为稀溶液在发生器中的发生过程。达到汽液相平衡状态点 5 的稀溶液在发生器中被驱动热源加热，蒸气在 p_k 压力下不断的发生，溶液的温度和质量分数不断升高，最终达到点 4 状态，由于在发生过程中溶液的温度和质量分数都是在不断的变化的，所以发生过程产生的水蒸气的状态也是在不断变化的，由发生过程开始 5′至发生过程终了 4′，通常用 t_5 和 t_4 的平均温度 t_3' 作为发生器发生的冷剂蒸气温度，3′点为发生器出来的冷剂蒸气的状态。

4—8 线为浓溶液在溶液热交换器中的降温过程，在这里浓溶液温度降低，质量分数不变，所以也是最容易发生结晶的过程。

8/2—9 线为浓溶液和稀溶液混合成 9 点的过程，若采用浓溶液直接进入吸收器进行喷淋的，则无此过程。

9—9′—2 线为吸收过程。其中，9—9′线为溶液进入吸收器的闪发过程，溶液温度降低，质量分数略有升高，达到点 9′状态。9′—2 线为点 9′状态的溶液在吸收器中的吸收过程，溶液吸收冷剂蒸气，同时被冷却水冷却至温度 t_2，溶液的质量分数和温度都不断的降低至 2 点状态。

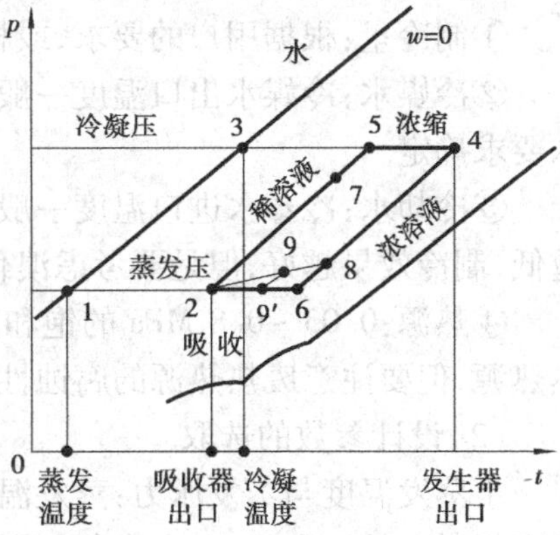

图 11.9　单效溴化锂制冷循环在 p-t 图上的表示

单效溴化锂制冷溴化锂溶液的循环过程在 p-t 图上的表示，见图 11.9。图中溴化锂溶液循环的各过程和各个点与 h-w 图上的点相对应，这里不再赘述。

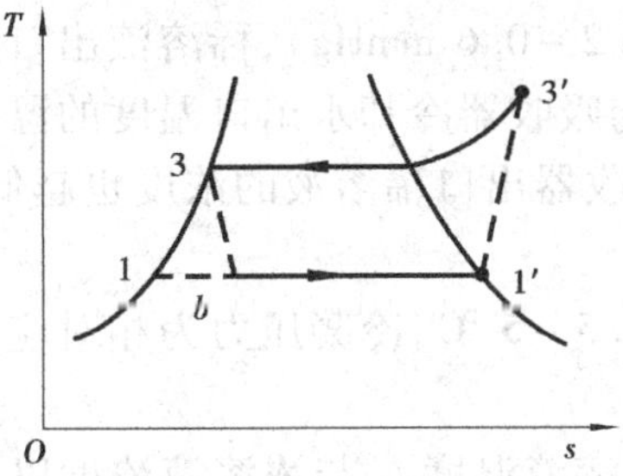

图 11.10　冷剂水冷凝和蒸发过程在 T-s 图上的表示

2）冷剂水的循环过程

冷剂水在 h-w 图上状态都在纵坐标上，无法清楚的表示冷剂水冷凝和蒸发的状态变化过程，而在 T-s 图上则更容易、更清楚的反映冷剂水冷凝和蒸发的状态变化过程。如图 11.10 所示，发生器中发生出来的过热蒸气的状态为 3′，在冷凝器中被冷却成饱和蒸气后进一步被冷却成状态 3 的饱和液体水 3′—3 过程线为冷剂水的冷凝过程，3—b 过程为节流过程，冷剂水由冷凝器经节流后进入蒸发器，然后喷淋到换热管束上，吸收载冷剂水的热量而蒸发，载冷剂水被冷却，温度降低，过程 b—1′为蒸发过程，状态点 1 为节流后冷剂水闪蒸后的液体冷剂水。由于节流过程焓值不变，所以节流过程 3—b 在 h-w 图上表示为同一个点。

11.3.2　单效溴化锂吸收式制冷循环的计算

溴化锂吸收式制冷循环的计算包括有热力计算、传热计算、结构计算和强度计算等。

热力计算是根据用户所能提供的热源、制冷量和冷却水条件的要求，合理的选取设计参数，进行制冷循环计算，确定各换热设备的热负荷、各种介质的流量和进出口的状态。

传热计算是在热力计算的基础上，计算各换热设备需要的换热面积，并根据结构要求布置换热面积。

结构计算是对各换热设备的结构、配管、换热管的排管流体的流速、阻力的计算。

强度计算是对各设备进行强度计算和稳定性计算。

以下主要针对热力计算和传热计算进行介绍。

1)热力计算

(1)已知参数

①制冷量:根据用户的要求,或根据企业的产品规格。

②冷媒水:冷媒水出口温度一般为7 ℃,我国现行标准有7,10,13 ℃,也可以根据用户特殊要求确定。

③冷却水:冷却水进口温度一般32 ℃,亦可根据用户要求和当地的自然条件,冷却水温度越低,制冷效果越好,但是要考虑溴化锂溶液结晶这个问题,在冬季运行,尤其需要注意。

④热源:0.03 ~0.8 MPa的饱和蒸汽,高于75 ℃的热水作为热源比较合理,也可以使用废热热源,但要注意废热热源的腐蚀性的防腐问题。

(2)设计参数的选取

①蒸发温度与蒸发压力:蒸发温度一般较冷媒水出口温度低2 ~3 ℃,蒸发压力是与蒸发温度相对应的饱和压力,由水蒸气图表查得。

②冷却水:由于吸收式制冷机是由热能驱动的,所以冷却水需要带走的热量远比压缩式制冷机要大,为了减少冷却水消耗量,通常将冷凝器和吸收器的冷却水布置成串联形式,考虑吸收器的吸收效果和允许的冷凝压力较高,通常将冷却水布置为先流入吸收器,后进入冷凝器。冷却水总温升7.5 ~8 ℃,吸收器与冷凝器的温升之比,单效机组为1.3∶1,双效机组为2∶1。

③吸收器:吸收器压力一般低于蒸发压力27 ~80 Pa(0.2 ~0.6 mmHg),稀溶液出口温度 t_2 与吸收器冷却水出口温度有关,通常稀溶液出口温度 t_2 与吸收器冷却水出口温度的温差为3 ~6 ℃,当吸收器压力确定后,稀溶液出口温度 t_2 越低,吸收器出口稀溶液的浓度也越低,反之越高,一般稀溶液浓度在56% ~60%。

④冷凝器:冷凝温度一般高于冷凝器冷却水出口温度2.5 ~5 ℃,冷凝压力为相对应的饱和蒸汽压力。

⑤发生器:发生器压力近似为冷凝压力,发生器出口浓溶液温度 t_4 与浓溶液浓度以及热源的温度有关,t_4 高浓溶液浓度也高,一般浓溶液浓度在60% ~65%,发生器出口浓溶液温度 t_4 与热源的温差根据具体情况而定,对于以蒸汽为驱动热源可根据蒸汽温度来确定,通常取温差10 ~40 ℃。

⑥放气范围:放汽范围小,溶液循环量就大,加热损失就大,热效率低;反之,放气范围大,溶液循环量小,机组热效率高。但是,由于浓溶液浓度高,所以容易发生结晶。所以,放气范围 $(w_r - w_a)$ 最好在4% ~5%。

⑦溶液热交换器:溶液热交换器的浓溶液出口温度 t_8 的选定要考虑比结晶温度高10 ℃,选定由稀溶液温度 t_2 确定,浓溶液出口温度 t_8 的选定通常比稀溶液温度 t_2 高15 ~25 ℃;

⑧吸收器喷淋溶液的状态:由于进入吸收器的浓溶液量有限,为了避免结晶,保证喷淋密度,通常将浓溶液与稀溶液混合作为吸收器的喷淋溶液,这样虽然喷淋溶液的浓度尽管降低了,但是喷淋量增加使得吸收效果得到改善。吸收器喷淋溶液的焓和浓度的计算可以由吸收

器的能量和质量平衡方程求得：

$$(G_a - D)h_8 + f_a Dh_2 = [(G_a - D) + f_a D]h_9$$

$$(G_a - D)w_r + f_a Dw_a = [(G_a - D) + f_a D]w_9$$

式中，G_a 为去发生器的稀溶液量，kg/h；D 为发生器中发生的冷媒水量，kg/h；f_a 为吸收器的在循环倍率，物理意义为吸收 1 kg 的冷剂水需要的稀溶液量，f_a 大，则溶液喷淋量大，对传热和传质有利，但吸收泵消耗功率大，通常取 $f_a = 20 \sim 50$，采用浓溶液喷淋时 $f_a = 0$。

由上面两式整理得：

$$h_9 = \frac{f_a h_2 + (a-1)h_8}{f_a + a - 1} \tag{11.9}$$

$$w_9 = \frac{f_a w_a + (a-1)w_r}{f_a + a - 1} \tag{11.10}$$

式中，a 为溶液循环的倍率，$a = \frac{G_a}{D} = \frac{w_r}{w_r - w_a}$。

(3)各设备热负荷计算

①发生器。如图 11.11 所示，进入发生器的稀溶液流量为 G_a，浓度质量分数为 w_a，比焓为 h_7，在其中被驱动热源加热，热源的加热量为 Q_g，离开发生器的冷剂蒸气量为 D，比焓 h'_3 流出发生器的浓溶液的量为 $(G_a - D)$，质量分数为 w_r，比焓为 h_4。其能量平衡方程：

$$Q_g + G_a h_7 = Dh'_3 + (G_a - D)h_4 \tag{11.11}$$

两边除 D，且：$\frac{G_a}{D} = a$，为发生器发生 1 kg 冷剂蒸气需要的稀溶液流量；$\frac{Q_g}{D} = q_g$，发生器的单位热负荷，即发生器发生 1 kg 冷剂蒸气需要的热量。

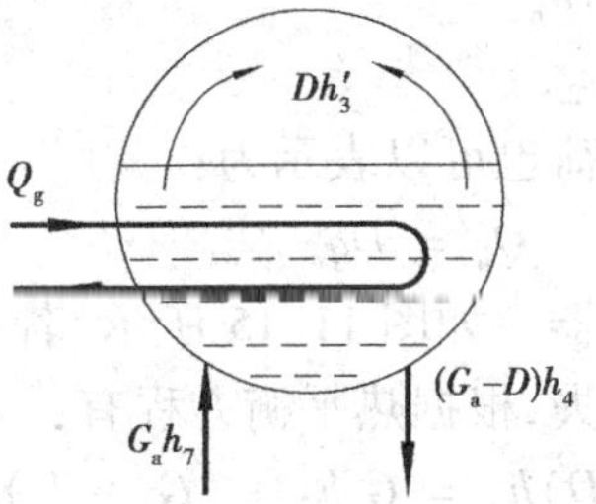

图 11.11　发生器

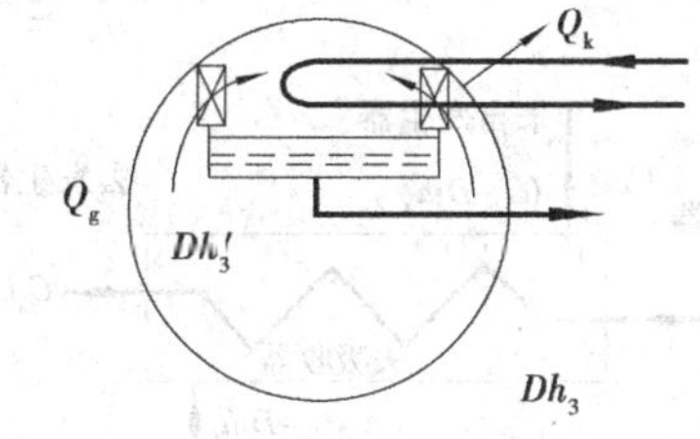

图 11.12　冷凝器

上式可写为：

$$q_g = h'_3 + (a-1)h_4 - ah_7 \tag{11.12}$$

如图 11.10 所示，流入发生器的溴化锂质量为 $G_a w_a$，流出发生器的溴化锂质量为 $(G_a - D)w_r$，根据质量平衡方程：

$$G_a w_a = (G_a - D)w_r$$

②冷凝器。如图 11.12 所示，由发生器发生的状态为 3′的冷剂蒸气量为 D，比焓为 h'_3，在冷凝器中被冷却水冷却后冷凝为冷剂水，冷却水带走热量 Q_k。根据热平衡方程有：

$$Q_k = Dh'_3 - Dh_3 \tag{11.13}$$

$$q_k = h'_3 - h_3 \tag{11.14}$$

$$Q_k = Dq_k \tag{11.15}$$

③蒸发器。如图 11.13 所示，状态为 3 的冷剂水由冷凝器出来的进入蒸发器，冷剂水量为 D，冷剂水在蒸发器中被载冷剂加热而蒸发，状态为 3′，在稳定运行的情况下，蒸发的冷剂水量应与进入的冷剂水量相等为 D。根据热平衡方程有：

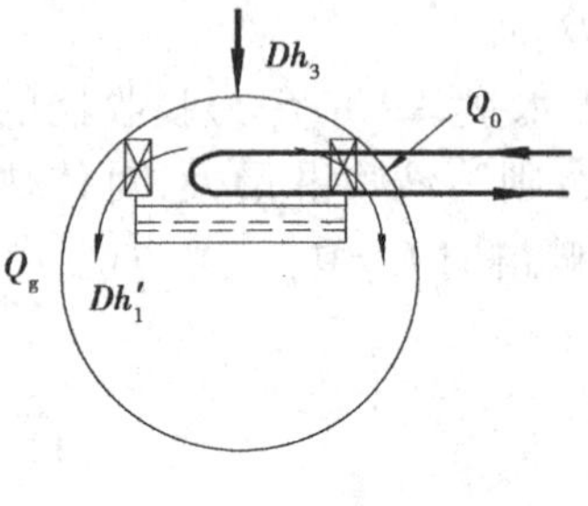

图 11.13　蒸发器

$$Q_0 + Dh_3 = Dh'_1 \tag{11.16}$$

$$q_0 = h'_1 - h_3 \tag{11.17}$$

$$Q_0 = Dq_0$$

$$D = \frac{Q_0}{q_0} \tag{11.18}$$

通常制冷机组的制冷量已知，为基本参数，可根据(11.18)式计算出冷剂水量。

④吸收器。如图 11.14 所示，尽管吸收器采用中间溶液喷淋的方式，但在稳定工况下，浓溶液和稀溶液的混合过程及混合溶液的闪发、喷淋过程均是吸收器的内部过程，不影响设备的热平衡，所以图中没有表示。状态 1′的冷剂蒸汽流量为 D，比焓为 h'_1，进入吸收器，在吸收器中被来自发生器经溶液热交换器冷却后的浓溶液吸收，浓溶液的流量为($G_a - D$)，比焓为 h_8，吸收过程中放出的热量 Q_a 被冷却水带走，量为($G_a - D$)的浓溶液吸收了 D 的冷剂水后变为稀溶液，量为 G_a，比焓为 h_2，由吸收器流出，进入溶液热交换器被加热后进入发生器。根据热平衡方程有：

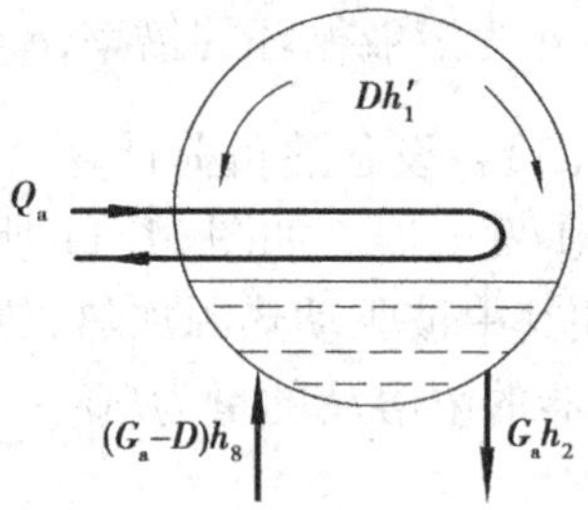

图 11.14　吸收器

$$Q_a + G_a h_2 = Dh'_1 + (G_a - D)h_8 \tag{11.19}$$

$$q_a = Dh'_1 + (a-1)h_8 - ah_2 \tag{11.20}$$

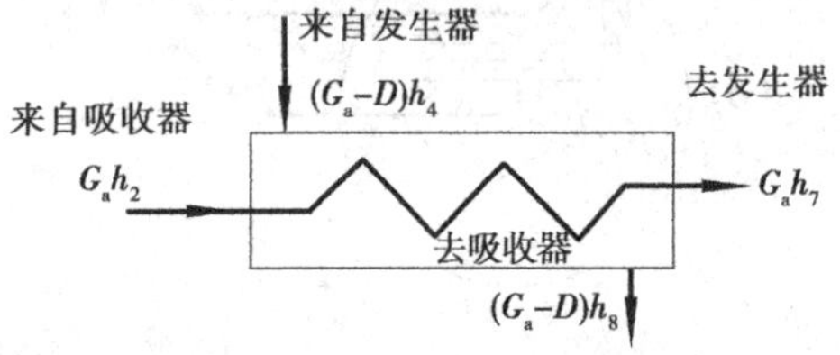

图 11.15　溶液热交换器

吸收器的热负荷也可以表示为：

$$Q_a = Dq_a \tag{11.21}$$

⑤溶液热交换器。如图 11.15 所示，若不考虑溶液热交换器的热损失，根据热平衡方程有：

$$G_a h_2 + (G_a - D)h_4 = G_a h_7 + (G_a - D)h_8 \tag{11.22}$$

溶液热交换器的热负荷为 Q_t，则热负荷为：

$$Q_t = (G_a - D)(h_4 - h_8) = G_a(h_7 - h_2) \tag{11.23}$$

$$q_t = (a-1)(h_4 - h_8) = a(h_7 - h_2) \tag{11.24}$$

⑥制冷系统总热平衡。若忽略机组泵消耗功率的影响，以及机组与外界环境热损失的影响，将整个机组作为分析对象(一个热力系统)，则发生器和蒸发器是从外界吸收热量分别为 Q_g 和 Q_0，冷凝器和吸收器向外界放出热量分别为 Q_k 和 Q_a。系统热平衡方程：

$$Q_g + Q_0 = Q_k + Q_a \tag{11.25}$$

$$q_g + q_0 = q_k + q_a \tag{11.26}$$

制冷机组的热力系数用于评价机组运行性能和经济性，为消耗的单位驱动热源所能生产的冷量，由式(11.1)得：

$$\zeta = \frac{Q_0}{Q_g}$$

(4)各流体的流量

①驱动热源。驱动热源的形式有很多种，可以是蒸汽、燃气、热水（高于 75 ℃）、废烟气等。驱动热源计算公式为：

$$q_{m,g} = A\frac{3\ 600Q_g}{h_{in} - h_{out}} \tag{11.27}$$

式中，h_{in}为驱动热源进口的焓值，kJ/kg；h_{out}为驱动热源出口的焓值，kJ/kg；A 为热损失的附加系数；

对于使用蒸汽为驱动热源，又有：

$$q_{m,g} = A\frac{3\ 600Q_g}{h'' - h'} = A\frac{3\ 600Q_g}{r}$$

式中，h''为进口蒸汽的焓值，kJ/kg；h'为出口冷凝水的焓值，kJ/kg；r 为加热蒸汽的潜热，kJ/kg；A 为热损失的附加系数为 1.05 ~ 1.10；

②冷却水的体积流量。

通过吸收器的冷却水流量为：

$$G_{v,w1} = \frac{Q_a}{1\ 000c_p(t_{w1} - t_w)} \times 3\ 600 \tag{11.28}$$

通过冷凝器的冷却水流量为：

$$G_{v,w2} = \frac{Q_k}{1\ 000c_p(t_{w2} - t_{w1})} \times 3\ 600 \tag{11.29}$$

式中，c_p 为冷却水的比定压热容，kJ/(kg·℃)；t_w 为冷却水的进口温度，℃；t_{w2}为冷却水的出口温度，℃；t_{w1}为冷却水的出吸收器进冷凝器的温度，℃；

通过吸收器和冷凝器的冷却水流量二者计算结果应相等；若不等，则说明前面假设的冷却水温升在这两个设备的分配不合理，需要重新分配，直至二者相等。

③蒸发器冷媒水的体积流量。在蒸发器冷媒水是输送冷量的载体，其体积流量的计算为：

$$G_{v,0} = \frac{Q_0}{1\ 000 \times c_p(t_{c1} - t_{c2})} \times 3\ 600 \tag{11.30}$$

式中，c_p 为冷媒水的比定压热容，kJ/(kg·℃)；t_{c1}为冷媒水的进口温度，℃；t_{c2}为冷媒水的出口温度，℃；

④吸收泵的体积流量。吸收泵为制冷系统内部用于强化吸收的喷淋循环泵，其体积流量取决于再循环量，为：

$$G_{v,a} = \frac{(a + f - 1)D}{1\ 000\rho_p} \times 3\ 600 \tag{11.31}$$

式中，ρ_p 为喷淋溶液的密度，kg/m³。

⑤发生泵的体积流量。发生泵的体积流量是稀溶液的循环流量：

$$G_{m,g} = \frac{aD}{1\ 000\rho_a} \times 3\ 600 \tag{11.32}$$

式中，ρ_a 为喷淋溶液的密度，kg/m³；

⑥蒸发泵的体积流量。蒸发泵的体积流量是蒸发器冷剂水的喷淋量：

$$V_{m,0} = \frac{a_0 D}{1\ 000} \times 3\ 600 \tag{11.33}$$

式中，a_0 为蒸发器中冷剂水的喷淋量与蒸发量之比，称为再循环倍率，通常在 10～20。

2)传热计算

(1)传热计算公式　溴化锂制冷系统主要由换热设备组成，传热计算公式可以简化为：

$$A = \frac{Q}{K(\Delta - b_1 \Delta t_a - b_2 \Delta t_b)} \tag{11.34}$$

式中，A 为换热面积，m^2；Q 为换热器的热负荷，W；K 为传热系数，W/(m^2·K)；Δ 为换热器中的最大温差，即冷热流体进口温度之差，℃；b_1，b_2 分别为常数，与换热器中换热流体流动方式有关，具体见表 11.2；Δt_a 为流体 a 在换热器中的温度变化，℃；Δt_b 为流体 b 在换热器中的温度变化，要求 $\Delta t_a < \Delta t_b$，℃。

表 11.2　换热流体不同布置方式 b_1，b_2 的取值

流体布置方式	b_1	b_2	应用范围
逆　流	0.35	0.65	
顺　流	0.65	0.65	
叉　流	0.425	0.65	两流体均作交叉流动
	0.50	0.65	一流体作交叉流动

在冷凝器和蒸发器中冷剂水是相变换热，其温度变化为 0，$\Delta t_a = 0$，故(11.30)可以简化为：

$$A = \frac{Q}{K(\Delta - b_2 \Delta t_b)} \tag{11.35}$$

(2)各换热设备换热面积的计算

①发生器的换热面积。

蒸汽型发生器：蒸汽型发生器的传热面积 A_g 的计算要考虑传热介质的传热温差，由于进入发生器的稀溶液为过冷液体，过冷溶液加热至饱和溶液需要的显热与蒸发潜热相比较很小，可以忽略不计。同样，加热蒸汽也按饱和蒸气计算。因为蒸汽在发生器加热过程中有相变，所以 $\Delta t_a = 0$，发生器的传热面积计算：

$$A_g = \frac{Q_g}{K_g(\Delta - b_2 \Delta t_b)} = \frac{Q_g}{K_g[(t_h - t_5) - 0.65(t_4 - t_5)]} \tag{11.36}$$

式中，K_g 为发生器的导热系数，W/(m^2·K)。

热水型发生器：热水型发生器与蒸汽型发生器不同，其驱动热源为 80～150 ℃的热水，传热过程中没有相变，由于温度比较低，所以热水型机组通常为单效机组。热水在发生器管内进行强制对流换热，热水型发生器的换热面积计算：

$$A_g = \frac{Q_g}{K_g(\Delta - b_1 \Delta t_a - b_2 \Delta t_b)} = \frac{Q_g}{K_g[(t_{h1} - t_5) - b_1(t_{h1} - t_{h2}) - b_2(t_4 - t_5)]} \tag{11.37}$$

②冷凝器的换热面积。进入冷凝器的冷剂水为过热蒸气，由于它冷却到饱和蒸汽放出的

显热远小于冷凝过程中的潜热,所以计算按冷凝温度计算。由于冷凝过程中冷剂水有相变发生,所以 $\Delta t_a=0$,冷凝器的传热面积计算:

$$A_k=\frac{Q_k}{K_k(\Delta-b_2\Delta t_b)}=\frac{Q_k}{K_k[(t_k-t_{w1})-0.65(t_{w2}-t_{w1})]} \tag{11.38}$$

式中,K_k 为冷凝器的导热系数,$W/(m^2\cdot K)$

③吸收器的换热面积。吸收器中既有传热,又有传质过程。吸收器的传热面积:

$$\begin{aligned}A_a&=\frac{Q_a}{K_a(\Delta-b_1\Delta t_a-b_2\Delta t_b)}\\&=\frac{Q_a}{K_a[(t_9-t_w)-0.5(t_{w1}-t_w)-0.65(t_9-t_2)]}\end{aligned} \tag{11.39}$$

式中,K_a 为吸收器的导热系数,$W/(m^2\cdot K)$。

④蒸发器的换热面积。进入蒸发器的冷剂水由于蒸发过程中冷剂水有相变发生,所以 $\Delta t_a=0$,蒸发器的传热面积计算:

$$A_0=\frac{Q_0}{K_0(\Delta-b_2\Delta t_b)}=\frac{Q_0}{K_0[(t_{02}-t_0)-0.65(t_{02}-t_{01})]} \tag{11.40}$$

式中,K_0 为冷凝器的导热系数,$W/(m^2\cdot K)$;t_{01},t_{02}分别为冷冻水的进、出口温度,℃。

⑤溶液热交换器的换热面积。溶液热交换器中稀溶液的流量大,所以其水当量大,所以稀溶液的温度变化为 Δt_a。浓溶液和稀溶液在换热器中的流动布置通常采用逆流布置,所以溶液热交换器的传热面积:

$$\begin{aligned}A_t&=\frac{Q_t}{K_t(\Delta-b_1\Delta t_a-b_2\Delta t_b)}\\&=\frac{Q_t}{K_t[(t_4-t_2)-0.35(t_7-t_2)-0.65(t_4-t_8)]}\end{aligned} \tag{11.41}$$

式中,K_t 为溶液热交换器的导热系数,$W/(m^2\cdot K)$。

(3)换热设备传热系数的选取　在传热学中,流体介质的热物性、流速、喷淋密度、换热管材料等对传热系数的影响都比较大。在发生器和吸收器中是传热、传质同时进行的,过程比较复杂,因此在传热计算中通常使用经验数据或同类型机组试验数据作为选择传热系数的依据,见表 11.3。

表 11.3　溴化锂制冷机各设备传热系数的取值范围　　单位:$W/(m^2\cdot K)$

换热管材料＼设备	单效发生器	蒸发器	冷凝器	吸收器	溶液热交换器
铜　管	900 ~ 1 200	2 000 ~ 2 800	3 500 ~ 5 200	800 ~ 1 200	230 ~ 600
钢　管	600 ~ 800	2 000 ~ 2 300	1 700 ~ 3 000	400 ~ 800	

3)热力计算和传热计算实例

(1)已知参数

①制冷量:$Q_0=2\ 326\ kW(200\times10^4\ kcal/h)$。

②冷水进口温度:$t_{c1}=12$ ℃。

③冷水出口温度：$t_{c2}=7$ ℃。

④冷却水进口温度：$t_w=32$ ℃。

⑤加热工作蒸汽压力：$p_h=0.196$ MPa（绝对压力）。

⑥加热蒸汽温度：$t_h=119.62$ ℃。

(2)设计参数的选定

①蒸发温度 t_0 及蒸发压力 p_0：$t_0=t_{c2}-\Delta t_0$，故 $t_0=7$ ℃ -2 ℃ $=5$ ℃，$p_0=872$ Pa（6.54 mmHg）。

②吸收器压力 p_a：$p_a=p_0-\Delta p_a$，取 $\Delta p_a=72$ Pa，则 $p_a=(872-72)$ Pa $=800$ Pa

③吸收器出口冷却水温度 t_{w1} 和冷凝器出口冷却水温度 t_{w2}：取冷却水的总温升 $\Delta t_w=8$ ℃，采用串联流动方式，根据单效机组吸收器和冷凝器热负荷之比，一般为 1.3∶1，取 $\Delta t_{w1}=4.5$ ℃，$\Delta t_{w2}=3.5$ ℃，则 $t_{w1}=(32+4.5)$℃ $=36.5$ ℃，$t_{w2}=(36.5+3.5)$℃ $=40$ ℃。

Δt_{w1} 和 Δt_{w2} 的选取是否合适，最后还要由吸收器和冷凝器热负荷计算出来的冷却水量是否相近来确定。

④冷凝温度和冷凝压力：$t_k=t_{w2}+\Delta t_k$，取 $\Delta t_k=5$ ℃，则 $t_k=(40+5)$℃ $=45$ ℃，$p_k=9\ 586$ Pa。

⑤吸收器出口稀溶液温度 t_2：$t_2=t_{w1}+\Delta t_2$，取 $\Delta t_2=5.5$ ℃，则 $t_2=(36.5+5.5)$℃ $=42$ ℃。

⑥发生器出口浓溶液温度 t_4：$t_4=t_h-\Delta t_4$，取 $\Delta t_4=18.62$ ℃，则 $t_4=(119.62-18.62)$℃ $=101$ ℃。

⑦放气范围（w_r-w_a）：由 $p_k=9.6$ kPa（71.9 mmHg），$t_4=101$ ℃，$p_a=0.8$ kPa（6 mmHg），$t_2=42$ ℃，查 h-w 图可得 $w_r=64.0\%$，$w_a=59.5\%$；由此可得 $w_r-w_a=64.0\%-59.5\%=4.5\%$。

⑧溶液热交换器出口浓溶液温度 t_8：$t_8=t_2+\Delta t_8$，取 $\Delta t_8=15$ ℃，则 $t_8=(42+15)$℃ $=57$ ℃。

由 $w_r=64\%$，查溴化锂溶液的结晶曲线，其结晶温度 t_s 约为 40 ℃。$t_8-t_s=(57-40)$℃ $=17$ ℃，因此选取 $\Delta t_8=15$ ℃是可行的。

(3)各状态点参数值　根据上述所选取的参数，查 c-1 溴化锂溶液的 h-w 图，可确定制冷循环中各状态点的比焓值以及温度、压力和质量分数。循环中各状态点号见图 11.8。

①蒸发器出口冷剂蒸气，点 1′：由 $w=0$，$p_a=0.87$ kPa（6.54 mmHg）查 h-w 图气相等压线，得 $h_1'=2\ 928.67$ kJ/kg。

②蒸发器中冷剂水，点 1：由 $w=0$，$p_a=0.87$ kPa（6.54 mmHg）查液相等压线，得 $h_1=439.74$ kJ/kg。

③吸收器出口稀溶液，点 2：根据 $t_2=42$ ℃，$p_a=0.8$ kPa（6.0 mmHg）查液相等压线，得 $h_2=279.47$ kJ/kg。

④冷凝器出口冷剂水，点 3：由 $w=0$，$p_k=9.6$ kPa（71.9 mmHg）查液相等压线，得 $h_3=607.09$ kJ/kg。

⑤冷凝器进口冷剂蒸气，点 3′：由 $w=0$，$p_k=9.6$ kPa（71.9 mmHg）查气相等压线，得 $h_3'=3\ 098.23$ kJ/kg。

⑥发生器出口浓溶液，点 4：由 $w_r=64\%$，$p_k=9.6$ kPa（71.9 mmHg），查液相等压线，得

$h_4 = 391.05$ kJ/kg。

⑦发生器中开始沸腾溶液,点 5:由 $w_a = 59.5\%$, $p_k = 9.6$ kPa(71.9 mmHg),查液相等压线,得 $h_5 = 372.42$ kJ/kg。

⑧溶液热交换器出口浓溶液,点 8:由 $w_r = 64\%$, $t_8 = 57$ ℃,查液相等压线,得 $h_8 = 311.92$ kJ/kg。

⑨溶液热交换器出口稀溶液,点 7:由式(11.24)

得:
$$h_7 = \frac{a-1}{a}(h_1 - h_8) + h_2$$

式中,$a = \frac{w_r}{w_r - w_a} = \frac{64\%}{64\% - 59.5\%} = 14.2$,将 h_2, h_4, h_8 的值代入上式,可得 h_7:

$$h_7 = \left[\frac{14.2-1}{14.2}(391.05 - 311.92) + 279.47\right] \text{kJ/kg} = 353.03 \text{ kJ/kg}$$

由 $w_a = 59.5\%$, $h_7 = 353.03$ kJ/kg,查液相等压线,得 $t_7 = 82.9$ ℃。

⑩吸收器喷淋溶液,点 9′:根据式(11.9)和式(11.10)求混合溶液的比焓值 h_9 和质量分数 w_9,取 $f_a = 17.2$,则

$$h_9 = \frac{f_a h_2 + (a-1)h_8}{f_a + a - 1} = \frac{17.2 \times 279.47 + (14.2-1) \times 311.92}{17.2 + 14.2 - 1} \text{kJ/kg} = 293.08 \text{ kJ/kg}$$

$$w_9 = \frac{f_a w_a + (a-1)w_r}{f_a + a - 1} = \frac{17.2 \times 59.5 + (14.2-1) \times 64}{17.2 + 14.2 - 1} \times 100\% = 61.5\%$$

由 h_9 和 w_9 查 h-w 图的液相等压线,得 $t_9 = 48.5$ ℃。

将上述各状态点的参数值列表,见表 11.4。

表 11.4 各状态点参数表

序号	名 称	状态点号	温度/℃	压力/kPa[mmHg]	质量分数/%	比焓/(kJ·kg^{-1})
1	蒸发器中冷剂水	1	5	0.87[6.54]	0	439.74
2	蒸发器中冷剂蒸气	1′	5	0.87[6.54]	0	2 928.67
3	吸收器出口稀溶液	2	42	0.8[6.0]	59.5	279.47
4	冷凝器中冷剂水	3	45	9.6[71.9]	0	607.09
5	冷凝器中冷剂蒸气	3′	96	9.6[71.9]	0	3 098.23
6	发生器出口浓溶液	4	101	9.6[71.9]	64	391.05
7	发生器中开始沸腾溶液	5	90.9	9.6[71.9]	59.5	372.42
8	吸收器出口浓溶液	6	51	0.8[6]	64	301.45
9	溶液热交换器出口稀溶液	7	82.9	—	59.5	353.03
10	溶液热交换器出口浓溶液	8	57	—	64	311.92
11	吸收器中喷淋溶液	9	48.5	—	61.5	293.08

(4)各换热设备的单位热负荷计算

①发生器的单位热负荷:

$$q_g = h_3' + (a-1)h_4 - h_7 = [3\,098.23 + (14.2-1) \times 391.05 - 14.2 \times 353.03] \text{kJ/kg}$$

$$=3\ 235.06\ \mathrm{kJ/kg}$$

②冷凝器的单位热负荷：

$$q_{\mathrm{k}} = h'_3 - h_3 = (3\ 098.23 - 607.09)\mathrm{kJ/kg} = 2\ 491.14\ \mathrm{kJ/kg}$$

③蒸发器的单位热负荷：

$$q_0 = h'_1 - h_3 = (2\ 928.67 - 607.09)\mathrm{kJ/kg} = 2\ 321.58\ \mathrm{kJ/kg}$$

④吸收器的单位热负荷：

$$q_a = (a-1)h_8 + h'_1 - ah_2 = [(14.2-1)\times 311.92 + 2\ 928.67 - 14.2\times 279.47]$$

$$=3\ 074.79\ \mathrm{kJ/kg}$$

⑤溶液热交换器的单位热负荷：

$$q_{\mathrm{t}} = a(h_7 - h_2) = 14.2\times(353.03 - 279.27)\mathrm{kJ/kg} = 1\ 044.55\ \mathrm{kJ/kg}$$

(5)热平衡计算

$$q_{\mathrm{g}} + q_0 = (3\ 235.06 + 2\ 321.58)\mathrm{kJ/kg} = 5\ 556.64\ \mathrm{kJ/kg}$$

$$q_{\mathrm{k}} + q_{\mathrm{a}} = (2\ 491.14 + 3\ 074.79)\mathrm{kJ/kg} = 5\ 565.93\ \mathrm{kJ/kg}$$

$$\frac{(5\ 565.93 - 5\ 556.64)\mathrm{kJ/kg}}{5\ 565.93\ \mathrm{kJ/kg}} = \frac{9.29\ \mathrm{kJ/kg}}{5\ 565.93\ \mathrm{kJ/kg}} = 0.001\ 67 < 1\%$$

(6)热力系数计算

$$\zeta = \frac{q_0}{q_{\mathrm{g}}} = 0.72$$

(7)各换热设备的热负荷计算　由蒸发器的单位热负荷 q_o，可求得冷剂水的循环量：

$$D = \frac{Q_0}{q_0} = \frac{2\ 326}{2\ 321.58}\ \mathrm{kg/s} = 1\ \mathrm{kg/s} = 3\ 600\ \mathrm{kg/h}$$

①发生器的热负荷：

$$Q_{\mathrm{g}} = Dq_{\mathrm{g}} = 1\times 3\ 235.06\ \mathrm{kW} = 3\ 235.06\ \mathrm{kW}$$

②冷凝器的热负荷：

$$Q_{\mathrm{k}} = Dq_{\mathrm{k}} = 1\times 2\ 491.14\ \mathrm{kW} = 2\ 491.14\ \mathrm{kW}$$

③吸收器的热负荷：

$$Q_{\mathrm{a}} = Dq_{\mathrm{a}} = 1\times 3\ 074.79\ \mathrm{kW} = 3\ 074.79\ \mathrm{kW}$$

④蒸发器的热负荷：

$$Q_0 = Dq_0 = 1\times 2\ 321.58\ \mathrm{kW} = 2\ 321.58\ \mathrm{kW}$$

⑤溶液热交换器的热负荷：

$$Q_{\mathrm{t}} = Dg_{\mathrm{t}} = 1\times 1\ 044.55\ \mathrm{kW} = 1\ 044.55\ \mathrm{kW}$$

(8)各工作介质的流量计算

①加热蒸汽流量：

$$q_{m,\mathrm{g}} = A\frac{3\ 600Q_{\mathrm{g}}}{r} = 1.05\times\frac{3\ 600\times 3\ 235.06}{2\ 202.68}\ \mathrm{kg/h} = 5\ 544\ \mathrm{kg/h}$$

式中，r 为0.196 MPa(表压)饱和蒸汽的潜热，r =2 202.68 kJ/kg。

②冷水量：

$$V_a = \frac{Q_0}{1\ 000\times 4.186(t_{c1} - t_{c2})} = \frac{2\ 321.58}{1\ 000\times 4.186\times(12-7)}\ \mathrm{m^3/h} = 400\ \mathrm{m^3/h}$$

③冷却水量：

吸收器冷却水量

$$V_{w1} = \frac{Q_a}{1\ 000 \times 4.186(t_{w1} - t_w)} = \frac{3\ 074.79}{1\ 000 \times 4.186 \times (36.5 - 32)}\ m^3/h = 588\ m^3/h$$

冷凝器冷却水量

$$V_{w2} = \frac{Q_k}{1\ 000 \times 4.186(t_{w2} - t_{w1})} = \frac{2\ 491.14}{1\ 000 \times 4.186 \times (40 - 36.5)}\ m^3/h = 612\ m^3/h$$

V_{w1}与V_{w2}相差不大，说明上述冷却水温升的分配是合适的。

④稀溶液循环量：

$$V_g = \frac{G_a}{\rho_a} = \frac{aD}{\rho_a} = \frac{14.2 \times 3\ 600}{1.7 \times 10^3}\ m^3/h = 30\ m^3/h$$

式中，ρ_a 为稀溶液的密度，由 $w_a = 59.5\%$，$t_2 = 42$ ℃，查溴化锂溶液的密度图得 $\rho_a = 1.7 \times 10^3$ kg/m^3。

⑤吸收器喷淋溶液量：

$$V_p = \frac{(f_a + a - 1)D}{\rho_v} = \frac{(17.2 + 14.2 - 1) \times 3\ 600}{1.728 \times 10^3}\ m^3/h = 63.3\ m^3/h$$

式中，ρ_p 为喷淋溶液的密度，由 $w_9 = 61.5\%$，$t_9 = 48.5$ ℃，查得 $\rho_p = 1.728 \times 10^3$ kg/m^3；f_a 为吸收器的再循环倍数，取 $f_a = 17.2$。

⑥溶液泵流量：

$$V_s = V_g + \frac{f_a \times 3\ 600}{1.728 \times 10^3} = 65.8\ m^3/h$$

⑦蒸发器冷剂水喷淋量（冷剂泵流量）：

$$V_0 = \frac{f_0 D}{1\ 000} = \frac{10 \times 3\ 600}{1\ 000}\ m^3/h = 36\ m^3/h$$

式中，f_0 为蒸发器的再循环倍数，取 $f_0 = 10$。

⑧热源单耗计算：

$$d = \frac{G_g}{Q_0} = \frac{5\ 544}{2\ 321.58}\ kg/(kW \cdot h) = 2.39\ kg/(kW \cdot h)$$

(9)传热面积计算

①K 值的选取。传热管的材料，除发生器采用不锈钢管外，其余换热设备均采用紫铜管。故取发生器 $K_g = 1\ 163$ W/(m^2·K)；冷凝器 $K_k = 4\ 650$ W/(m^2·K)；蒸发器 $K_0 = 2\ 326$ W/(m^2·K)；吸收器 $K_a = 1\ 163$ W/(m^2·K)；溶液热交换器 $K_t = 582$ W/(m^2·K)。

②各设备的传热面积计算：

发生器：

$$A_g = \frac{Q_g}{K_g[(t_h - t_5) - 0.65(t_4 - t_5)]} = \frac{3\ 235.06}{1.163[(119.62 - 90.9) - 0.65(101 - 90.9)]}\ m^2 = 123.2\ m^2$$

冷凝器：$A_k = \dfrac{Q_k}{K_k[(t_k - t_{w1}) - 0.65(t_{w2} - t_{w1})]}$

$= \dfrac{2\ 491.14}{4.65[(45 - 36.5) - 0.65(40 - 36.5)]}\ m^2$

$= 85.8\ m^2$

蒸发器：$A_0 = \dfrac{Q_0}{K_0[(t_{c1} - t_0) - 0.65(t_{c1} - t_{c2})]}$

$= \dfrac{2\ 321.58}{2.326[(12 - 5) - 0.65(12 - 7)]}\ m^2$

$= 265.4\ m^2$

吸收器：$A_a = \dfrac{Q_a}{K_a[(t_9 - t_w) - 0.50(t_{w1} - t_w) - 0.65(t_9 - t_2)]}$

$= \dfrac{3\ 074.79}{1.163[(48.5 - 32) - 0.50(36.5 - 32) - 0.65(48.5 - 42)]}\ m^2$

$= 263.6\ m^2$

溶液热交换器：$A_t = \dfrac{Q_t}{K_t[(t_4 - t_2) - 0.35(t_7 - t_2) - 0.65(t_4 - t_8)]}$

$= \dfrac{1\ 044.55}{0.582[(101 - 42) - 0.35(82.9 - 42) - 0.65(101 - 57)]}\ m^2$

$= 111.2\ m^2$

11.4 双效溴化锂吸收式制冷机结构及流程

11.4.1 双效溴化锂吸收式制冷机工作原理

如图 11.16 所示，双效溴化锂吸收式制冷机需要较高温度的热源来驱动，通常用 0.25 ~ 0.8 MPa 表压的水蒸气或其他 150 ℃以上的燃气等热源。

双效溴化锂制冷机组同单效溴化锂制冷机组一样，也是由热源回路、溶液回路、冷剂水回路、冷却水回路和冷媒水回路构成。所不同的是，其热源回路由凝水器、高压发生器、低压发生器和热源组成，而溶液回路又多了一个溶液热交换器。

双效溴化锂制冷机组工作时，在高压发生器中 1 稀溶液被热源加热，在较高的压力下产生冷剂蒸气，因为该蒸气具有较高的饱和温度，冷凝放出的潜热还可以继续使用，所以该蒸气又被通入低压发生器 2 中作为热源来加热低压发生器中的溶液，在较低的压力下产生冷剂蒸气，然后与低压冷剂蒸气一起送入冷凝器 3 中冷凝成冷剂水，冷剂水经节流装置 4 节流后进入蒸发器 5 进行蒸发制冷，蒸发出来的冷剂蒸气在吸收器 7 中被从高低压发生器 1,2 来的浓溶液吸收变为稀溶液，然后再由发生泵 9 通过高低温溶液热交换器 10,11 和凝水器 12 分别送入高低压发生器 1,2。由于热源的热量在高压发生器和低压发生器中得到了二次利用，所以称其为双效溴化锂制冷机。与单效溴化锂制冷机相比，双效溴化锂制冷机所需要的热量要小，所以热力系数要高在1.1～1.2,冷却水量也大大减少。

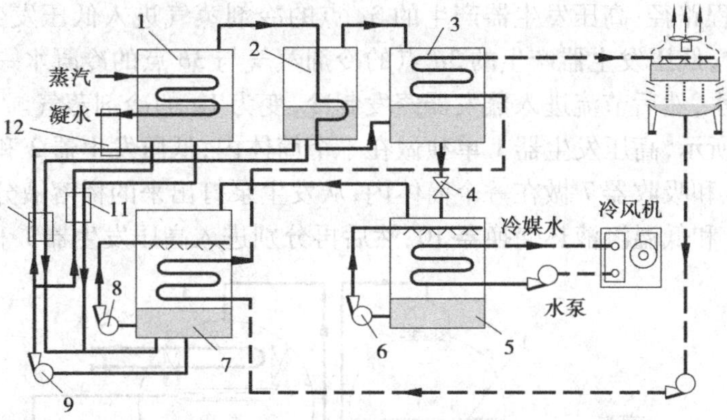

图11.16　并联双效溴化锂吸收式制冷机工作原理图

1—高压发生器;2—低压发生器;3—冷凝器;4—节流阀;5—蒸发器;6—蒸发泵;7—吸收器;8—吸收泵;9—发生泵;10—低温溶液热交换器;11—高温溶液热交换器;12—凝水器

11.4.2　双效溴化锂吸收式制冷机循环流程

在双效溴化锂制冷机中,由于有两个发生器、两个溶液热交换器和一个凝水器,所以它的流程比单效溴化锂制冷机要复杂。根据稀溶液进入高、低温热交换器的方式,双效溴化锂制冷机又可分为串联流程和并联流程两种。

1)并联流程

如图11.16所示,并联流程的双效溴化锂制冷机溶液的路程是从吸收器出来的稀溶液分路同时进入低温溶液热交换器、高温溶液热交换器,然后分路同时进入高压发生器 、低压发生器 ,分别从高压发生器和低压发生器出来的浓溶液分别进入高温溶液热交换器和低温溶液热交换器,最后两股浓溶液一起进入吸收器。

图11.17是并联流程双效溴化锂制冷机的焓浓度图。

在高压发生器溶液流程路径为:点2的低压稀溶液发生泵压力提升为p_r,经高温溶液热交换器变为点10,然后进入高压发生器,被加热产生冷剂蒸气,溶液变为点12的浓溶液,浓溶液在高温溶液热交换器被冷却至13点,然后与低温溶液热交换器出来的浓溶液混合进入吸收器,再与吸收器中的部分稀溶液混合变为9点,闪发至9′点。

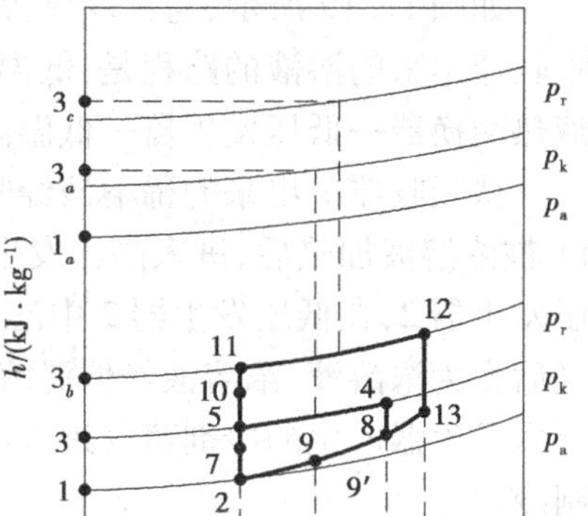

图11.17　并联双效溴化锂吸收式制冷机的溶液流程图

在低压发生器溶液流程路径为:点2的低压稀溶液经发生泵压力提升为p_k,经低温溶液热交换器变为点7,再经凝水器和低压发生器的加热,在低压发生器中被高压发生器产生的冷剂水冷凝放出的热量加热又产生冷剂蒸气,溶液变为点4的浓溶液,浓溶液在低温溶液热交换器中被冷却至8点,然后与高温溶液热交换器出来的浓溶液混合进入吸收器,再与吸收器中的部分稀溶液混合变为9点,闪发至 9′点。

冷剂水的流程路径:高压发生器产生的 3c 点的冷剂蒸气进入低压发生器中冷凝放热,变为 3b 点的冷凝水,低压发生器产生的 3a 点的冷剂蒸气与 3b 点的冷凝水一起在冷凝器中冷却变为 3 点的冷凝水,然后节流进入蒸发器蒸发制冷,变为 1a 的冷剂蒸气。

如图 11.18 所示,高压发生器 1 单独做在一个筒体内,低压发生器 2 和冷凝器 3 做在一个筒体内,蒸发器 5 和吸收器 7 做在一个筒体内,从发生泵打出来的稀溶液分两路分别进入高温溶液热交换器 11 和低温溶液热交换器 10,然后再分别进入高压发生器 1 和低压发生器 2。

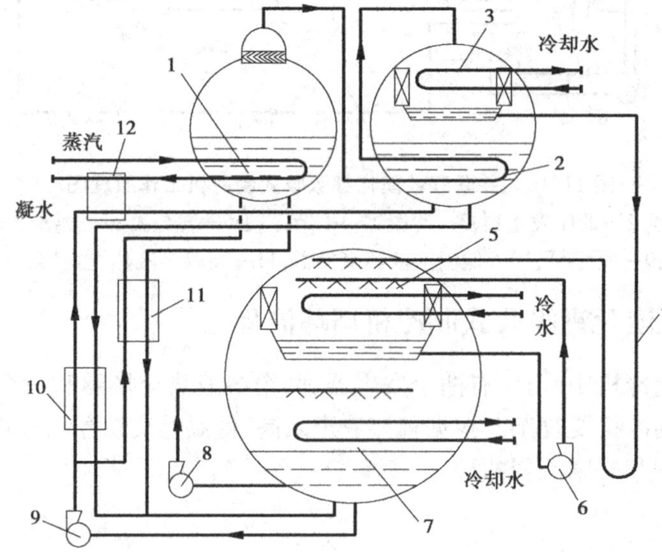

图 11.18　三筒并联流程双效溴化锂制冷机组

1—高压发生器;2—低压发生器;3—冷凝器;4—U 形管;5—蒸发器;6—蒸发泵;7—吸收器;8—吸收泵;9—发生泵;10—低温溶液热交换器;11—高温溶液热交换器;12—凝水器

2)**串联流程**

如图 11.19 所示,与并联流程的双效溴化锂制冷机所不同,串联流程双效溴化锂制冷机从吸收器出来的溶液的路程是:低温溶液热交换器—高温溶液热交换器—高压发生器—高温溶液热交换器—低压发生器—低温溶液热交换器—吸收器。

从吸收器 7 出来的稀溶液经吸收泵 9 输送至低温溶液热交换器 10 和高温溶液热交换器 11 被浓溶液加热后,进入高压发生器 1,较浓的溶液在高温溶液热交换器 11 被冷却后进入低压发生器 2,在低压发生器 2 中溶液被来自高压发生器的高温冷剂蒸气加热再次产生冷剂蒸气后变为浓溶液,浓溶液经低温溶液热交换器 10 冷却后进入吸收器 7 以吸收蒸气,由高压和低压发生器产生的冷剂蒸气进入冷凝器 3 中被冷凝,经节流装置 4 节流后进入蒸发器 5 蒸发制冷。

图 11.20 是串联流程双效溴化锂制冷机的焓浓度图。

在高压发生器溶液流程路径为:点 2 的低压稀溶液经发生泵压力提升为 p_r,经高温溶液热交换器变加热为点 7,再经低压溶液热交换器加热变为点 10,,然后进入高压发生器,被加热产生冷剂蒸气,溶液变为点 12 的较浓溶液,较浓溶液在高温溶液热交换器被冷却至 13 点进入低

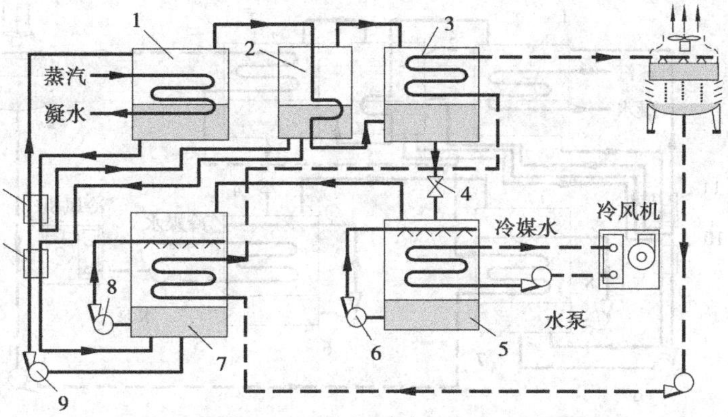

图 11.19　串联双效溴化锂吸收式制冷机工作原理图

1—高压发生器;2—低压发生器;3—冷凝器;4—节流阀;5—蒸发器;6—蒸发泵;7—吸收器;8—吸收泵;9—发生泵;10—低温溶液热交换器;11—高温溶液热交换器

压发生器,溶液在低压发生器被来自高压发生器的冷剂蒸气加热继续产生冷剂蒸气,溶液被进一步浓缩至4点,4 点的浓溶液加入低温溶液热交换器被冷却为 8点,然后与吸收器中的部分稀溶液混合变为 9 点,闪发至 9′点,吸收来自蒸发器的蒸气后变为低压稀溶液。

冷剂水的流程路径:高压发生器产生的 3c 点的冷剂蒸气进入低压发生器中冷凝放热,变为 3b 点的冷凝水,低压发生器产生的 3a 点的冷剂蒸气与 3b 点的冷凝水一起在冷凝器中冷却变为 3 点的冷凝水,然后节流进入蒸发器蒸发制冷,变为 1a 的冷剂蒸气。

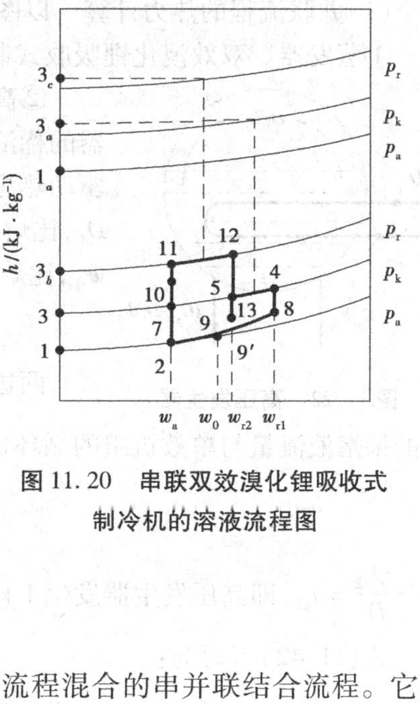

图 11.20　串联双效溴化锂吸收式制冷机的溶液流程图

采用并联流程的溴化锂制冷机的热力系数较高,国内产品采用并联流程的多一些。而采用串联流程的溴化锂制冷机的体积小、操作方便、调节稳定,为国外大部分产品所采用。

3)其他流程

除了上面介绍的并联流程和串联流程外,还有将两种流程混合的串并联结合流程。它具有并联流程和串联流程共同的特点。

图 11.21 是串并联混合流程的双效溴化锂制冷机工作原理图。

11.4.3　双效溴化锂吸收式制冷机的设计计算

1)热力计算

双效溴化锂吸收式制冷机组的热力计算与单效溴化锂吸收式制冷机组的热力计算基本上是相同的,都是基于热力学第一定律的基础上建立热平衡的方法。但是双效溴化锂吸收式制冷机组的流程形式比较多,各种流程和各种设备的建立的热平衡方程也不同。本书仅就应用得较多的并联和串联流程进行介绍。

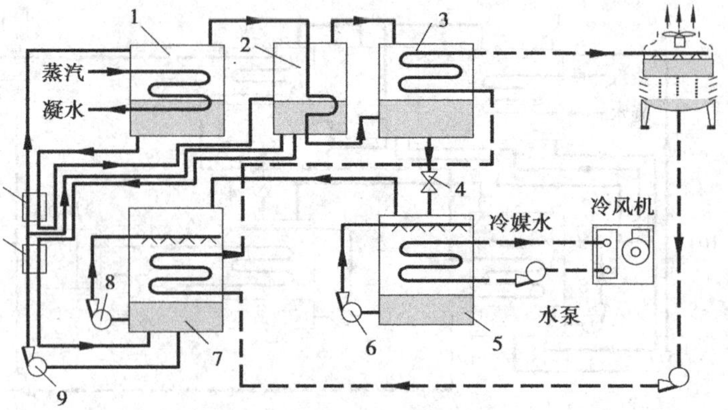

图 11.21　串并联混合双效溴化锂吸收式制冷机工作原理图

1—高压发生器;2—低压发生器;3—冷凝器;4—节流阀;5—蒸发器;6—蒸发泵;
7—吸收器;8—吸收泵;9—发生泵;10—低温溶液热交换器;11—高温溶液热交换器

(1)并联流程的热力计算　以图 11.16 和图 11.17 为进行热力计算。

①蒸发器。双效溴化锂吸收式制冷机组蒸发器的计算与单效机组完全相同。

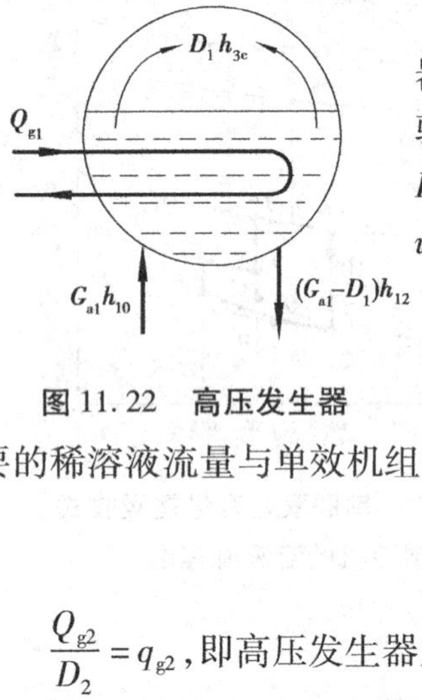

图 11.22　高压发生器

②高压发生器。高压发生器的热平衡图见图 11.22,进入发生器的稀溶液流量为 G_{a2},浓度质量分数为 w_a,比焓为 h_{10},在其中被驱动热源加热,热源的加热量为 Q_{g2},离开发生器的冷剂蒸气量为 D_1,比焓 h_{3c} 流出发生器的浓溶液的量为$(G_{a1}-D_1)$,质量分数为 w_{r1},比焓为 h_{12},能量平衡方程为:

$$Q_{g2}+G_{a2}h_{10}=D_2h_{3c}+(G_{a2}-D_2)h_{12} \tag{11.42}$$

两边除以 D_2,且 $\frac{G_{a2}}{D_2}=a_2$ 即高压发生器发生 1 kg 冷剂蒸气需要的稀溶液流量与单效机组的循环倍率类似,也可以由质量守恒来计算:

$$a_2=\frac{w_{r2}}{(w_{r2}-w_a)};$$

$\frac{Q_{g2}}{D_2}=q_{g2}$,即高压发生器发生 1 kg 冷剂蒸气需要的热量;

式(11.42)可写为:

$$q_{g2}=(a_2-1)h_{12}-a_2h_{10}+h_{3c} \tag{11.43}$$

由于目前高温区域的溴化锂溶液的 h-w 图不全,所以 h_{7H} 和 h_{4H} 无法由查图的方式求得。因此,温度为 120 ℃以上的高温溴化锂溶液的焓值可以先根据质量分数和压力在溴化锂溶液的 p-t 图上确定温度,以 70 ℃的焓值为基准值,然后按下式计算:

$$h_w^t=h_w^{70}+c_{p,w}^t\int_{70\ ℃}^{t}\mathrm{d}t=h_w^{70}+c_{p,w}^t(t-70) \tag{11.44}$$

近似地认为,D_1 与机组总冷剂水量 D 之比近似等于高压发生器中放气范围与机组总放气范围之比,有:

$$\frac{D_2}{D}=\frac{w_{r2}-w_a}{(w_{r2}-w_a)+(w_{r1}-w_a)} \tag{11.45}$$

③低压发生器。低压发生器的热平衡与单效机组的发生器类似(见图11.11)。进入低压发生器的稀溶液是经过低温溶液热交换器和凝水换热器两个设备加热后的溶液,流量为G_{a1},质量分数为w_a,比焓为h_7,加热热源则是高压发生器产生的冷剂蒸气,其流量为D_2,比焓为h_{3c},在管内冷凝放热,热量为Q_{g1},低压发生器产生的冷剂蒸气,其流量为D_1,比焓为h_{3a},流出低压发生器的浓溶液量为$(G_{a1}-D_1)$,质量分数为w_{r1},比焓为h_4,热平衡方程为:

$$Q_{g1} + G_{a1}h_7 = D_1 h_{3a} + (G_{a1} - D_1)h_4 \tag{11.46}$$

式中,$G_{a1}/D_1 = a_1$,$Q_{g1}/D_1 = q_{g1}$,则上式可写为:

$$q_{g1} = (a_1 - 1)h_4 + h_{3a} - a_1 h_7 \tag{11.47}$$

$$Q_{g1} = q_{g1}D_1 \tag{11.48}$$

$$a_1 = \frac{w_{r1}}{w_{r1} - w_a} \tag{11.49}$$

$$D_1 = D - D_2 \tag{11.50}$$

低压发生器的热负荷应满足下式:

$$Q_{g1} \approx D_2(h_{3c} - h_{3c'})/105\% \tag{11.51}$$

否则应考虑重新设定高压发生器和低压发生器的放气范围,调整它们各自的冷剂水流量。

④吸收器。双效机组的吸收器的热力计算与单效机组不同(见图11.23)。进入吸收器的浓溶液由两部分组成:一部分是从高压发生器经高温溶液热交换器过来的浓溶液,其流量为$(G_{a2}-D_2)$,比焓为h_{13},质量分数为w_{r2};另一部分是从低压发生器经低温溶液热交换器过来的浓溶液,其流量为$(G_{a1}-D_1)$,比焓为h_8,质量分数为w_{r1}。流出吸收器的稀溶液的流量为$(G_{a1}+G_{a2})$,比焓为h_2,质量分数为w_a,热平衡方程为:

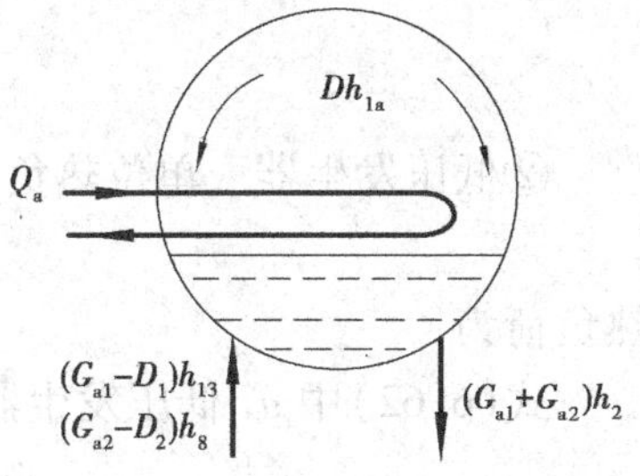

图11.23 双效机组吸收器

$$Q_a + (G_{a1} + G_{a2})h_2 = Dh_{1a} + (G_{a2} - D_2)h_{13} + (G_{a1} - D_1)h_8 \tag{11.52}$$

吸收器的热负荷为:

$$Q_a = Dh_{1a} + D_2(a_2 - 1)h_{13} + D_1(a_1 - 2)h_8 - (D_1a_1 + D_2a_2)h_2 \tag{11.53}$$

⑤冷凝器。对于双效机组的冷凝器的热负荷由高压发生器产生的经低压发生器冷凝后的冷剂水的冷却热量Q_{k2}和低压发生器产生的冷剂蒸气冷凝热量Q_{k1}组成,为:

$$Q_k = Q_{k1} + Q_{k2} \tag{11.54}$$

$$Q_{k2} = D_2(h_{3c} - h_{3b}) - Q_{g1}$$

$$Q_{k1} = D_1(h_{3a} - h_{3b})$$

所以,冷凝器的热负荷为:

$$Q_k = D_2(h_{3c} - h_{3b}) + D_1(h_{3a} - h_{3b}) - Q_{g1} \tag{11.55}$$

⑥高温溶液热交换器。高温溶液热交换器与单效机组的溶液热交换器的热力计算相似,可以通过浓溶液侧或稀溶液侧进行计算,其热平衡方程为:

$$Q_{t2} = G_{a2}(h_{10} - h_2) = (G_{a2} - D_1)(h_{12} - h_{13}) \tag{11.56}$$

⑦低温溶液热交换器。与高温溶液热交换器的计算类似,其热平衡方程为:

$$Q_{t1} = G_{a1}(h_7 - h_2) = (G_{a1} - D_2)(h_4 - h_8) \tag{11.57}$$

⑧凝水换热器。其热平衡方程为:

$$Q_{t3} = G_{a1}(h_5 - h_7) \tag{11.58}$$

(2)串联流程的热力计算　串联流程各设备的热力计算与并联流程的计算基本相同，以图11.19的串联流程和 h-w 图11.20为计算流程。

①高压发生器。其热平衡方程同并联流程相似，单位热负荷可由式(11.44)：

$$q_{g2} = (a_2 - 1)h_{12} - a_2 h_{10} + h_{3c}$$

总热负荷为：

$$Q_{g2} = q_{g2} D_2$$

高压发生器的循环被率为：

$$a_2 = \frac{G_a}{D_2} = \frac{w_0}{w_0 - w_a} \tag{11.59}$$

式中，G_a 为高压发生器进口稀溶液的循环量；w_0 为高压发生器出口的中间溶液的质量分数。

与(11.46)式相类似，高压发生器产生的冷剂蒸气量为：

$$\frac{D_2}{D} = \frac{w_{r0} - w_a}{(w_{r0} - w_a) + (w_r - w_a)} \tag{11.60}$$

②低压发生器。单位热负荷为：

$$q_{g1} = (a_1 - 1)h_4 - a_1 h_{13} + h_3 \tag{11.61}$$

热负荷为：

$$Q_{g1} = D_1 q_{g1}$$

式(6.62)中 a_1 低压发生器的循环倍率，即：

$$a_1 = \frac{w_r}{w_r - w_0} \tag{11.62}$$

③吸收器。吸收器的热平衡方程与单效机组相同，见式(11.20)~式(11.22)。

(3)系统总的热平衡计算

①系统总的热平衡。系统有凝水换热器时：

$$Q_{g1} + Q_0 + Q_{t3} = Q_k + Q_a \tag{11.63}$$

系统无凝水换热器时：

$$Q_{g1} + Q_0 = Q_k + Q_a \tag{11.64}$$

热平衡的相对误差应控制在1%以下。

②热力系数。对于双效溴化锂吸收式制冷机组的热力系数为：

$$\zeta = \frac{Q_0}{Q_{g1} + Q_{t3}} \tag{11.65}$$

③热源单耗。对于使用蒸汽为驱动热源的双效溴化锂吸收式制冷机组，其单位能耗为：

$$d = \frac{G_{g2}}{Q_0} \tag{11.66}$$

2)传热计算

对于双效溴化锂吸收式制冷机组各传热传质设备的传热计算与单效机组各设备的传热计算一样，使用(11.35)式进行计算，其中冷凝器、蒸发器和吸收器的传热计算完全相同。

(1)蒸汽型发生器的换热面积　高压发生器：同单效机组的蒸汽型发生器相同，因为蒸汽在发生器加热过程中有相变，所以 $\Delta t_a = 0$，高压发生器的传热面积计算：

$$A_{g2}=\frac{Q_{g2}}{K_{g2}(\Delta-b_2\Delta t_b)}=\frac{Q_{g2}}{K_{g2}[(t_h-t_{10})-0.65(t_{12}-t_{10})]} \tag{11.67}$$

低压发生器：同样蒸汽在发生器加热过程中有相变，所以 $\Delta t_a=0$，低压发生器的传热面积计算：

$$A_{g1}=\frac{Q_{g1}}{K_{g1}(\Delta-b_2\Delta t_b)}=\frac{Q_{g1}}{K_{g1}[(t_{3c}-t_7)-0.65(t_4-t_7)]} \tag{11.68}$$

(2)冷凝器的换热面积　进入冷凝器的冷剂水为过热蒸汽，同单效机组，由于冷凝过程中冷剂水有相变发生，所以 $\Delta t_a=0$，冷凝器的传热面积计算：

$$A_k=\frac{Q_k}{K_k(\Delta-b_2\Delta t_b)}=\frac{Q_k}{K_k[(t_k-t_{w1})-0.65(t_{w2}-t_{w1})]} \tag{11.69}$$

(3)吸收器的换热面积　吸收器中既有传热又有传质过程，同单效机组相同，吸收器的传热面积：

$$A_a=\frac{Q_a}{K_a(\Delta-b_1\Delta t_a-b_2\Delta t_b)}=\frac{Q_a}{K_a[(t_9-t_w)-0.5(t_{w1}-t_w)-0.65(t_9-t_2)]} \tag{11.70}$$

(4)蒸发器的换热面积　同单效机组相同，进入蒸发器的冷剂水由于蒸发过程中冷剂水有相变发生，所以 $\Delta t_a=0$，蒸发器的传热面积计算：

$$A_0=\frac{Q_0}{K_0(\Delta-b\Delta t_b)}=\frac{Q_0}{K_0[(t_{02}-t_0)-0.65(t_{02}-t_{01})]} \tag{11.71}$$

式中，t_{01}，t_{02}分别为冷冻水的进、出口温度，℃。

(5)溶液热交换器的换热面积　同单效机组相同，浓溶液和稀溶液在换热器中的流动布置通常采用逆流布置。

高温溶液热交换器的传热面积：

$$A_{t2}=\frac{Q_{t2}}{K_{t2}(\Delta-b_1\Delta t_a-b_2\Delta t_b)}=\frac{Q_{t2}}{K_{t2}[(t_{12}-t_2)-0.35(t_{10}-t_2)-0.65(t_{12}-t_{13})]} \tag{11.72}$$

式中，K_{t1}为高温溶液热交换器的传热系数，W/(m^2·K)。

低温溶液热交换器的传热面积：

$$A_{t1}=\frac{Q_{t1}}{K_{t1}(\Delta-b_1\Delta t_a-b_2\Delta t_b)}=\frac{Q_{t1}}{K_{t1}[(t_4-t_2)-0.35(t_7-t_2)-0.65(t_4-t_8)]} \tag{11.73}$$

式中，K_{t2}为高温溶液热交换器的传热系数，W/(m^2·K)。

(6)凝水换热器的换热面积　凝水换热器是利用驱动热源蒸汽的凝水来加热进入发生器的稀溶液的换热器，在这里两种流体都没有相变，换热器中的流动布置通常采用逆流流动布置。凝水换热器的传热系数一般比溶液热交换器的传热系数要稍微高一些。凝水换热器传热面积的计算：

$$A_{t3}=\frac{Q_{t3}}{K_{t3}(\Delta-b_1\Delta t_a-b_2\Delta t_b)}=\frac{Q_{t3}}{K_{t3}[(t'_s-t_7)-0.35(t_5-t_7)-0.65(t'_s-t''_s)]} \tag{11.74}$$

式中，K_{t3}为凝水换热器的传热系数，W/(m^2·K)；Q_{t3}为凝水换热器的热负荷，W；t'_s，t''_s分别为凝水的进出口温度,℃。

蒸汽型双效溴化锂制冷机各设备传热系数的取值范围,见表 11.5。

表 11.5　双效溴化锂制冷机各设备传热系数 K 的取值范围　单位:$W/(m^2 \cdot K)$

K 值 设备 / 换热管材料	高压发生器	低压发生器	蒸发器	冷凝器	吸收器	高低温溶液热交换器	凝水换热器
铜　管	1 200 ~ 1 600	900 ~ 1 300	2 000 ~ 2 800	3 500 ~ 5 200	800 ~ 1 200	230 ~ 600	300 ~ 600
钢　管	700 ~ 900	600 ~ 800	2 000 ~ 2 300	1 700 ~ 3 000	400 ~ 800		

3)计算实例

(1)基本参数

①制冷量:2 326 kW;

②加热蒸汽温度:164 ℃;

③加热蒸汽压力:0.684 MPa;

④冷却水进口温度:32 ℃;

⑤冷却水出口温度:38 ℃;

⑥冷媒水进口温度:13 ℃;

⑦冷媒水出口温度:8 ℃。

(2)各点参数的确定　如图 11.16 和图 11.17 所示,确定 h-w 图上各点的参数。溴化锂吸收式制冷机的蒸发温度应比冷媒水出口温度低,本例取 2 ℃。则蒸发温度 $t_0=(8-2)℃=6$ ℃;蒸发压力 $p_0=934.6$ Pa。

①点 1:压力为 p_1 的饱和水。

p_1:吸收器内的压力 p_a。由于水蒸气从蒸发器流入吸收器的流动阻力损失,所以 p_1 略低于蒸发压力 p_0,本例中取降低值为 13 Pa。则

$$p_1=p_0-13\ \text{Pa}=(9.346\times10^2-13)\text{Pa}=9.216\times10^2\ \text{Pa}$$

t_1:t_1 和 t_0 十分接近,即 $t_1\approx t_0\approx 6$ ℃。

h_1:查 h-w 图,得 $h_1=444.2$ kJ/kg。由于 $t_1\approx t_0$,$p_1\approx p_0$。因此,h_1 可以看成是蒸发器内饱和水的焓。

②点 $1a$:压力为 $p_1(p_a)$ 的饱和蒸气。

t_{1a}:$t_{1a}=t_1\approx 6$ ℃;

p_{1a}:$p_{1a}=p_1=9.216\times10^2$ Pa;

h_{1a}:$h_{1a}=2\,930.8$ kJ/kg(查 h-w 图)。

③点 3:压力为 p_3 的饱和水。冷凝器和低压发生器内的压力几乎相同,即:

$$p_3=p_k\qquad t_3=t_k$$

t_3:冷凝温度应高于冷却水出口温度,取为 2.5 ℃,则 $t_3=t_k=(38+2.5)℃=40.5$ ℃;

p_3:$p_3=7.576$ kPa (查水蒸气表);

h_3:$h_3=586.2$ kJ/kg(查 h-w 图)。

④点 $3b$:压力为 p_3 的饱和水。p_{3b} 即高压发生器内的压力 p_r,由加热蒸汽温度决定。加热

蒸汽温度高，高压发生器内的压力也高。通常 $p_r = 46.66 \sim 93.33$ kPa。

p_{3b}：本例中取 $p_{3b} = p_r = 80.56$ kPa；

t_{3b}：$t_{3b} = 93.5$ ℃（查水蒸气表）；

h_{3b}：$h_{3b} = 808.9$ kJ/kg（查 h-w 图）。

⑤点 2：吸收器出口处的稀溶液。

t_2：t_2 应高于流出吸收器的冷却水温度，为 3 ~ 6 ℃。按经验双效溴化锂吸收式制冷机的吸收器中冷却水的温升约为冷却水总温升的 70%，据此推测流出吸收器的冷却水温度 $t_{w1} = [32 + (38 - 32) \times 0.7]$ ℃ $= 36.2$ ℃。本例中所取的 t_2 比 t_{w1} 高 4.3 ℃，则：

$$t_2 = (36.2 + 4.3)℃ = 40.5 ℃$$

p_2：$p_2 = p_a = 9.216 \times 10^2$ Pa；

w_2：w_2 即稀溶液的质量浓度，$w_2 = w_a$。已知 p_2，t_2 后，从 h-w 图上查到 $w_2 = w_a = 0.575$；

h_2：$h_2 = 277.0$ kJ/kg（查 h-w 图）。

⑥点 4：低压发生器出口处浓溶液。

p_4：$p_4 = p_k = 7.576$ kPa；

w_4：w_4 即 w_{r1}。低压发生器的放气范围（$w_{r1} - w_a$）为 0.04 ~ 0.05。本例中取放气范围为 0.045，则 $w_4 = w_{r1} = 0.575 + 0.045 = 0.62$；

t_4：$t_4 = 90.0$ ℃（查 h-w 图）；

h_4：$h_4 = 370.5$ kJ/kg（查 h-w 图）。

⑦点 $3a$：低压发生器产生的水蒸气。

p_{3a}：$p_{3a} = p_k = 7.576$ kPa；

h_{3a}：$h_{3a} = 3\ 100.0$ kJ/kg（查 h-w 图）。

⑧点 12：高压发生器出口处浓溶液。

p_{12}：$p_{12} = p_r = 80.56$ kPa；

w_{12}：w_{12} 即为 w_{r2}，高压发生器的放气范围（$w_{r2} - w_a$）为 0.045 ~ 0.055，本例取 0.05，则 $w_{12} = w_{r2} = (w_a + 0.05) = 0.575 + 0.05 = 0.625$；

t_{12}：从 $p_{12} = 80.56$ kPa 查水蒸气表，得到水的饱和温度 $t' = 93.85$ ℃。将 t' 和 w_{12} 的数值代入式（11.2）中，求得 $t_{12} = 156.0$ ℃；

h_{12}：由于 t_{12} 超过了 130 ℃，已不能从 h-ξ 图上查取 h_{12}，因而需要用下式计算

$$h_{12} = h_{(w=0.625,t=130\ ℃)} + \int_{130}^{156} c_{p(w=0.625)} \mathrm{d}t$$

式中，$h_{(w=0.625,t=130\ ℃)} = 444.6$ kJ/kg（查 h-w 图），c_p 用式（11.3）计算。从上式求得

$$h_{12} = 488.1 \text{ kJ/kg}$$

⑨点 $3c$：高压发生器产生的水蒸气。

p_{3c}：$p_{3c} = p_r = 80.56$ kPa；

h_{3c}：$h_{3c} = 3\ 220.4$ kJ/kg。

⑩点 8：低温热交换器出口处的浓溶液（过冷溶液）。

t_8：浓溶液在低温时易结晶，这一点需在选取予以考虑，t_8 比稀溶液入口温度 t_2 高 15 ~ 25 ℃。本例取 19.5 ℃，则 $t_8 = t_2 + 19.5$ ℃ $= (40.5 + 19.5)$ ℃ $= 60.0$ ℃；

p_8：$p_8=p_k=7.576$ kPa；

w_8：$w_8=w_{r1}=0.62$；

h_8：$h_8=314.0$ kJ/kg（查 h-w 图）。

⑪低压发生器的循环倍率 a_1：

$$a_1=\frac{w_{r1}}{w_{r1}-w_a}=\frac{0.62}{0.62-0.575}=13.78$$

⑫点 7：点 7 代表低温热交换器的稀溶液出口状况。

p_7：$p_7=p_k=7.576$ kPa；

w_7：$w_7=w_a=0.575$；

h_7：$h_7=h_2+\frac{a_1-1}{a_1}(h_4-h_8)=\left[277.0+\frac{13.78-1}{13.78}(370.5-314.0)\right]\text{kJ/kg}=329.4$ kJ/kg；

t_7：$t_7=67.2$ ℃（查 h-w 图）。

⑬凝结水在凝结水换热器内放出的热量 Q_v（单位时间）。在计算 Q_v 前，先参照已有产品的数值假设一个流量，待后面的计算中求出水蒸气流量后，与此假定值比较，二者若不相符，需重新假设，并再次进行计算，直至二者相符为止。

取水蒸气质量流量 $q_{m,v}=0.92$ kg/s；凝结水进入凝结水换热器的温度为 $t_{in}=164$ ℃，离开换热器时的温度为 $t_{out}=127$ ℃。查水蒸气表，得到 1 kg 凝结水的放热量 $\Delta h_v=163.7$ kJ/kg。

凝结水总放热量：

$$Q_v=q_{m,h}\Delta h_v=(0.92\times163.7)\text{kW}=150.6\text{ kW}$$

⑭冷剂水质量流量 $q_{m,d}$。

1 kg 冷剂水的制冷量 q_0：$q_0=(h_{1a}-h_3)=(2\,930.8-586.2)$ kJ/kg $=2\,344.6$ kJ/kg；

$q_{m,d}$：$q_{m,d}=\frac{Q_0}{q_0}=\frac{2\,326}{2\,344.6}$ kg/s $=0.992$ kg/s。

⑮高压发生器的循环倍率 α_h：

$$\alpha_h=\frac{w_{r2}}{w_{r2}-w_a}=\frac{0.625}{0.625-0.575}=12.5$$

⑯点 13：高温热交换器出口处浓溶液（过冷溶液）。

t_{13}：因为高温热交换器入口处浓溶液的温度较高，所以在热交换器中温降大于低温热交换器中浓溶液的温升。通常浓溶液的出口温度在 60～70 ℃，本例取 $t_{13}=65$ ℃。

p_{13}：$p_{13}=p_r=80.56$ kPa；

w_{13}：$w_{13}=w_{r2}=0.625$；

h_{13}：$h_{13}=324.2$ kJ/kg（查 h-w 图）。

⑰点 10：离开高温热交换器的稀溶液。

h_{10}：$h_{10}=h_2+\frac{a_h-1}{a_h}(h_{12}-h_{13})=\left[277.0+\frac{12.5-1}{12.5}(488.1-324.2)\right]\text{kJ/kg}=427.8$ kJ/kg；

p_{10}：$p_{10}=p_r=80.56$ kPa；

$w_{10}:w_{10}=w_a=0.575$;

$t_{10}:t_{10}=116.8$ ℃（查 h-w 图）。

⑱单位时间在高压发生器中产生的水蒸气 $q_{m,\text{dh}}$ 和低压发生器中产生的水蒸气量 $q_{m,\text{dl}}$。单位时间高压发生器产生的水蒸气凝结时，放出的热量传递给低压发生器的溴化锂溶液为

$$q_{m,\text{dh}}(h_{3c}-h_{3b})=q_{m,\text{dl}}q_{\text{gl}}$$

$$q_{\text{gl}}=[(a_1-1)h_4-a_1h_7+h_{3a}]-\frac{Q_\text{v}}{q_{m,\text{dl}}}$$

式中，$[(a_1-1)h_4-a_1h_7+h_{3a}]$ 表示产生 1 kg 水蒸气时，低压发生器的溴化锂溶液从点 7 加热至点 4 时吸收的热量；$Q_\text{v}/q_{m,\text{dl}}$ 表示低压发生器产生 1 kg 水蒸气时，凝结水放出的热量。二者之差表示低压发生器内产生 1 kg 水蒸气时，从高压发生器蒸汽中吸收的热量。即 q_{gl}。

上述两式合并后成为：

$$\frac{q_{m,\text{dh}}}{q_{m,\text{dl}}}=\left\{[(a_1-1)h_4-a_1h_7+h_{3a}]-\frac{Q_\text{v}}{q_{m,\text{dl}}}\right\}/(h_{3c}-h_{3b})$$

此外，按质量平衡：

$$q_{m,\text{d}}=q_{m,\text{dh}}+q_{m,\text{dl}}$$

将此前的数据代入后，得：

$$\frac{q_{m,\text{dh}}}{q_{m,\text{dl}}}=\left\{[(13.78-1)\times370.5-13.7\times329.4+3\,100.0]-\frac{150.6}{q_{m,\text{dl}}}\right\}/(3\,220.4-808.9)$$

以及

$$q_{m,\text{dh}}+q_{m,\text{dl}}=0.992\text{ kg/s}$$

联立求解，得到：

$$q_{m,\text{dl}}=0.445\,5\text{ kg/s}\qquad q_{m,\text{dh}}=0.546\,5\text{ kg/s}$$

⑲单位时间进入高压发生器的稀释溶液质量 $q_{m,\text{h}}$ 和进入低压发生器的稀释溶液质量 $q_{m,\text{l}}$

$$q_{m,\text{h}}=a_\text{h}q_{m,\text{dh}}=12.5\times0.546\,5\text{ kg/s}=6.831\text{ kg/s}$$

$$q_{m,\text{l}}=a_\text{l}q_{m,\text{dl}}=13.78\times0.445\,5\text{ kg/s}=6.139\text{ kg/s}$$

⑳点 9：它代表吸收器的喷淋溶液。前面已经提及，进入喷淋器的溶液，除了来自发生器的浓溶液，还要补充 $fq_{m,\text{d}}$ 的稀溶液，f 称为吸收器的再循环倍数，$f=20\sim50$（采用浓溶液直接喷淋时，$f=0$）。本例中采用 $f=20$，则单位时间喷淋溶液的质量为 $[(q_{m,\text{h}}+q_{m,\text{l}})-q_{m,\text{d}}]+fq_{m,\text{d}}$。

h_9：按能量平衡式 $(q_{m,\text{l}}-q_{m,\text{dl}})h_8+(q_{m,\text{h}}-q_{m,\text{dh}})h_{13}+fq_{m,\text{d}}h_2=\{[(q_{m,\text{h}}+q_{m,\text{l}})-q_{m,\text{d}}]+fq_{m,\text{d}}\}h_9$，将前面的数据代入后，有：

$$(6.139-0.445\,5)\times314.0+(6.831-0.546\,5)\times324.2+20\times0.992\times271.0$$
$$=\{[(6.837+6.139)-0.992]+20\times0.992\}h_9$$

则 $$h_9=289.2\text{ kJ/kg}$$

w_9：按质量平衡

$$(q_{m,\text{h}}-q_{m,\text{hd}})w_{13}+(q_{m,\text{l}}-q_{m,\text{dl}})w_8+fq_{m,\text{d}}w_2=\{[(q_{m,\text{h}}+q_{m,\text{l}})q_{m,\text{d}}-q_{m,\text{d}}]+fq_{m,\text{d}}\}w_9$$

代入已知的数据后，得：

$$(6.837-0.546\,5)\times0.625+(6.139-0.445\,5)\times0.62+20\times0.992\times0.575$$

$$= \{[(6.837+6.139)-0.992]+20\times 0.992\}w_2$$

则 $$w_9 = 0.593$$

㉑循环过程中各点的参数:见表 11.6。

表 11.6 循环过程中各点的参数

点号	温度/℃	压力/kPa	浓度	比焓/(kJ·kg⁻¹)
1	6.0	0.921	0	444.2
1*a*	6.0	0.921	0	2 930.8
2	40.5	0.921	0.575	277.0
3	40.5	7.576	0	586.0
3*a*		7.576	0	3 100.0
3*b*	93.5	80.56	0	808.9
3*c*		80.56	0	3 220.4
4	90.0	7.576	0.620	370.5
7	67.2	7.576	0.575	329.4
8	60.0	7.576	0.620	314.0
9			0.593	289.2
10	116.8	80.56	0.575	427.8
12	156.0	80.56	0.625	488.1
13	65.0	80.56	0.625	324.2

(3)各设备的单位热负荷

①蒸发器:

$$q_0 = h_{1a} - h_3 = (2\,930.8 - 586.2)\text{kJ/kg} = 2\,344.6\ \text{kJ/kg}$$

②吸收器:

高压发生器产生 1 kg 水蒸气时,在吸收器内产生的热负荷 q_{ah}:

$$q_{\text{ah}} = (a_h - 1)h_{13} - a_{\text{h}}h_{12} + h_{1a}$$
$$= [(12.5-1)\times 324.2 - 12.5\times 277.0 + 2\,930.8]\text{kJ/kg} = 3\,196.6\ \text{kJ/kg}$$

低压发生器产生 1 kg 水蒸气时,在吸收器内的热负荷 q_{al}:

$$q_{\text{al}} = (a_1 - 1)h_8 - a_1h_2 + h_{1a}$$
$$= [(13.78-1)\times 314.0 - 13.78\times 277.0 + 293.08]\text{kJ/kg}$$
$$= 3\,126.6\ \text{kJ/kg}$$

③发生器:

高压发生器产生 1 kg 水蒸气时的热负荷 q_{gh}:

$$q_{\text{gh}} = (a_{\text{h}} - 1)h_{12} - a_{\text{h}}h_{10} + h_{3c}$$
$$= (12.5-1)\times 488.1 - 12.5\times 427.8 + 3\,220.4\ \text{kJ/kg}$$
$$= 3\,486.1\ \text{kJ/kg}$$

低压发生器产生 1 kg 水蒸气时的热负荷 q_{gl}:

$$q_{\text{gl}} = (a_1 - 1)h_4 - a_1h_7 + h_{3a} - \frac{Q_v}{q_{m,\text{dl}}}$$

$$= \left[(13.78-1)\times 370.5 - 13.78\times 329.4 + 3\,100 - \frac{150.6}{0.445\,5}\right]\text{kJ/kg}$$

$=2\ 957.8\ \text{kJ/kg}$

(4)各设备的总负荷

①蒸发器的总热负荷 Q_0：$Q_0=2\ 326\ \text{kW}$

②吸收器的总热负荷 Q_a：

$$Q_a=q_{m,\text{dh}}q_{\text{ah}}+q_{m,\text{dl}}q_{\text{al}}$$
$$=(0.546\ 5\times3\ 196.6+0.445\ 5\times3\ 126.6)\text{kW}=3\ 139.8\ \text{kW}$$

③高压发生器的总热负荷 Q_{gh}：

$$Q_{\text{gh}}=q_{m,\text{dh}}q_{\text{gh}}=0.546\ 5\times3\ 486.1\ \text{kW}=1\ 905.2\ \text{kW}$$

④低压发生器的总热负荷 Q_{gl}：

$$Q_{\text{gl}}=q_{m,\text{dh}}q_{\text{gh}}=0.445\ 5\times2\ 957.8\ \text{kW}=1\ 317.7\ \text{kW}$$

⑤冷凝器的总热负荷 Q_{k}：

$$Q_{\text{k}}=q_{m,\text{dh}}(h_{3b}-h_3)+q_{m,\text{dl}}(h_{3a}-h_3)$$
$$=[0.546\ 5\times(808.9-586.2)+0.445\ 5\times(3\ 100-586.2)]\text{kW}$$
$$=1\ 241.6\ \text{kW}$$

⑥高压溶液热交换器的总热负荷 Q_{exh}：

$$Q_{\text{exh}}=q_{m,\text{h}}(h_{10}-h_2)=6.831\times(427.8-277.0)\text{kW}=1\ 030.1\ \text{kW}$$

⑦低压溶液热交换器的总热负荷 Q_{exl}：

$$Q_{\text{exl}}=q_{m,1}(h_7-h_2)=6.139\times(329.4-277.0)\text{kW}=321.7\ \text{kW}$$

⑧凝结水热交换器的总热负荷 Q_{exv}：

$$Q_{\text{exv}}=Q_{\text{v}}=150.6\ \text{kW}$$

⑨热平衡计算

吸收量 Q_1：$Q_1=Q_0+Q_{\text{gh}}+Q_{\text{exv}}=(2\ 326+1\ 905.2+150.6)\text{kW}=4\ 381.8\ \text{kW}$

放热量 Q_2：$Q_2=Q_{\text{a}}+Q_{\text{k}}=(3\ 139.8+1\ 241.6)\text{kW}=4\ 381.4\ \text{kW}$

相对偏差 δ．$\delta=\dfrac{Q_1-Q_2}{Q_1}=\dfrac{4\ 381.8-4\ 381.4}{4\ 381.8}=0.01\%$

(5)热力系数 ζ

$$\zeta=\frac{Q_0}{Q_{\text{gh}}+Q_{\text{exv}}}=\frac{2\ 326}{1\ 905.2+150.6}=1.13$$

(6)加热蒸汽量 $q_{m,\text{v}}$　加热蒸汽的饱和压力为0.684 MPa，相应的饱和温度为164 ℃。

$$q_{m,\text{v}}=a\frac{Q_{\text{gh}}}{r}=1.06\times\frac{1\ 905.2}{2\ 069.0}\text{kg/s}=0.976\ \text{kg/s}=3.514\times10^3\ \text{kg/h}$$

式中，r 为汽化潜热，$\dfrac{Q_{\text{gh}}}{r}$为理论上需要的水蒸气量，a 为附加系数，用以考虑加热蒸汽的热损失，通常 $a=1.05\sim1.10$，本例取1.06。

$\dfrac{Q_{\text{gh}}}{r}=0.921$ kg/s，它与本例中假定值 $q_{m,\text{v}}=0.92$ kg/s 相同，表明该假定是正确的。

(7)各种流量

①冷媒水流量 V_{v0}。冷媒水在蒸发器内降低温度，从13 ℃降至8 ℃，则：

$$V_{v0}=\frac{Q_0}{1\ 000c_p\Delta t_c}=\frac{2\ 326}{1\ 000\times 4.186\ 8\times(13-8)}\ \text{m}^3/\text{s}=0.111\ 1\ \text{m}^3/\text{s}=400\ \text{m}^3/\text{h}$$

②冷却水泵流量 V_{vb}。冷却水在吸收器在吸收器和冷凝器内以串联方式流动，温度从32 ℃升高至38 ℃，则：

$$V_{vb}=\frac{Q_2}{1\ 000c_p\Delta t_w}=\frac{4\ 381.4}{1\ 000\times 4.186\ 8\times(38-32)}\ \text{m}^3/\text{s}=0.174\ 4\ \text{m}^3/\text{s}=627.8\ \text{m}^3/\text{h}$$

③蒸发器泵的流量 V_{vd}：

$$V_{vd}=\frac{f_0 q_{m,d}}{1\ 000}=\frac{10\times 0.992}{1\ 000}\ \text{m}^3/\text{s}=9.92\times 10^{-3}\ \text{m}^3/\text{s}=25.72\ \text{m}^3/\text{h}$$

式中，f_0 为蒸发器的再循环倍率，通常 $f_0=8\sim15$，本例 $f_0=10$。

④发生器泵的流量 V_{vg}：

$$V_{vg}=\frac{q_{m,1}+q_{m,h}}{\rho_a}=\frac{6.831+6.139}{1.66\times 10^3}\ \text{m}^3/\text{s}=7.813\times 10^{-3}\ \text{m}^3/\text{s}=28.13\ \text{m}^3/\text{h}$$

式中，ρ_a 为进入发生器的稀溶液密度。

⑤吸收器泵的流量 V_{va}：

$$\begin{aligned}V_{va}&=\frac{(q_{m,1}+q_{m,h}-q_{m,d})+fq_{m,d}}{\rho_9}\\&=\frac{(6.831+6.139-0.992)+20\times 0.992}{1.69\times 10^3}\ \text{m}^3/\text{s}\\&=1.883\times 10^{-2}\ \text{m}^3/\text{s}\end{aligned}$$

式中，f 为吸收器溶液再循环倍率，一般 $f=20\sim50$，本例 $f=20$；ρ_9 为浓溶液和稀溶液混合后的溶液密度。

(8)传热面积计算

①K 值的选取：传热管的材料，除发生器采用不锈钢管外，其余换热设备均采用紫铜管。故取高压发生器 $K_{g2}=1\ 163\ \text{W}/(\text{m}^2\cdot\text{K})$；低压发生器 $K_{g1}=1\ 163\ \text{W}/(\text{m}^2\cdot\text{K})$；冷凝器 $K_k=4\ 650\ \text{W}/(\text{m}^2\cdot\text{K})$；蒸发器 $K_0=2\ 326\ \text{W}/(\text{m}^2\cdot\text{K})$；吸收器 $K_a=1\ 163\ \text{W}/(\text{m}^2\cdot\text{K})$；溶液热交换器 $K_t=582\ \text{W}/(\text{m}^2\cdot\text{K})$。

②各设备的传热面积计算：

高压发生器：

$$\begin{aligned}A_{g2}&=\frac{Q_{g2}}{K_{g2}(\Delta-b_2\Delta t_b)}=\frac{Q_{g2}}{K_{g2}[(t_h-t_{11})-0.65(t_{12}-t_{11})]}\\&=\frac{1\ 905.2}{1.554[(164-116.8)-0.65(156-116.8)]}\ \text{m}^2\\&=56.45\ \text{m}^2\end{aligned}$$

低压发生器：

$$\begin{aligned}A_{g1}&=\frac{Q_{g1}}{K_{g1}(\Delta-b_2\Delta t_b)}=\frac{Q_{g1}}{K_{g1}[(t_{3c}-t_7)-0.65(t_4-t_7)]}\\&=\frac{1\ 317.7}{1.554[(93.5-67.2)-0.65(90-67.2)]}\ \text{m}^2\end{aligned}$$

$$= 73.86\ \mathrm{m}^2$$

冷凝器：

$$A_k = \frac{Q_k}{K_k(\Delta - b_2\Delta t_b)} = \frac{Q_k}{K_k[(t_k - t_{w1}) - 0.65(t_{w2} - t_{w1})]}$$

$$= \frac{1\ 241.6}{4.65[(40.5 - 36.2) - 0.65(38 - 36.2)]}\ \mathrm{m}^2$$

$$= 83.45\ \mathrm{m}^2$$

吸收器：

$$A_a = \frac{Q_a}{K_a(\Delta - b_1\Delta t_a - b_2\Delta t_b)} = \frac{Q_a}{K_a[(t_9 - t_w) - 0.5(t_{w1} - t_w) - 0.65(t_9 - t_2)]}$$

$$= \frac{3\ 139.8}{1.163[(48 - 32) - 0.5(36.2 - 32) - 0.65(48 - 40.5)]}\ \mathrm{m}^2$$

$$= 299.14\ \mathrm{m}^2$$

蒸发器：

$$A_0 = \frac{Q_0}{K_0(\Delta - b_2\Delta t_b)} = \frac{2\ 326}{2.326[(13 - 6) - 0.65(13 - 8)]}\ \mathrm{m}^2 = 266.67\ \mathrm{m}^2$$

高温溶液热交换器：

$$A_{t2} = \frac{Q_{t2}}{K_{t2}(\Delta - b_1\Delta t_a - b_2\Delta t_b)} = \frac{Q_{t2}}{K_{t2}[(t_{12} - t_2) - 0.35(t_{10} - t_2) - 0.65(t_{12} - t_{13})]}$$

$$= \frac{1\ 030.1}{0.582[(156 - 40.5) - 0.35(116.8 - 40.5) - 0.65(156 - 65)]}\ \mathrm{m}^2$$

$$= 59.7\ \mathrm{m}^2$$

低温溶液热交换器：

$$A_{t1} = \frac{Q_{t1}}{K_{t1}(\Delta - b_1\Delta t_a - b_2\Delta t_b)} = \frac{Q_{t1}}{K_{t1}[(t_4 - t_2) - 0.35(t_7 - t_2) - 0.65(t_4 - t_8)]}$$

$$= \frac{321.7}{0.582[(90 - 40.5) - 0.35(67.2 - 40.5) - 0.65(90 - 60)]}\ \mathrm{m}^2$$

$$= 26.76\ \mathrm{m}^2$$

凝水换热器的换热面积：

$$A_{t3} = \frac{Q_{t3}}{K_{t3}(\Delta - b_1\Delta t_a - b_2\Delta t_b)} = \frac{Q_{t3}}{K_{t3}[(t'_s - t_7) - 0.35(t_5 - t_7) - 0.65(t'_s - t''_s)]}$$

$$= \frac{150.6}{0.566[(164 - 67.2) - 0.35(82 - 67.2) - 0.65(164 - 127)]}\ \mathrm{m}^2$$

$$= 3.94\ \mathrm{m}^2$$

11.5 直燃溴化锂吸收式制冷机流程

11.5.1 直燃溴化锂冷吸收式热水机组

直燃式溴化锂吸收式冷热水机组以燃油和燃气为驱动能源，直接驱动溴化锂吸收式冷热水机组，称为直燃溴化锂吸收制冷机。这种机组具有燃烧效率高、对大气污染小、体积小、占地省等优点，既可以用于夏季供冷，又可以用于冬季供热，为用户提供了方便。

直燃溴化锂吸收式冷热水机组的制冷原理同蒸汽型溴化锂吸收制冷机，基本相同，所不同的是热源驱动的发生器的加热方式不同。对于直燃双效溴化锂吸收式冷热水机组的制冷原理同蒸汽双效溴化锂吸收制冷机一样，所不同的是高压发生器的加热方式不同，采用燃料在发生器中直接燃烧产生的高温烟气为加热热源，具有热源温度高，传热温差大等特点。溶液流程也有并联、串联和混联之分。

直燃溴化锂吸收式冷热水机组通常除了要求供冷外，同时要求具有供热功能，具备制冷和供热功能的直燃溴化锂吸收式机组，常称为直燃溴化锂吸收式冷热水机组。根据直燃溴化锂吸收式冷热水机组的供热方式有 3 种方式：

①冷却水回路切换成热水回路：以吸收器、冷凝器和加热设备构成热水回路。

②冷媒水回路切换成热水回路：以蒸发器和加热设备构成热水回路。

③在高压发生器上专门设置热水换热器：以热水换热器和加热设备构成热水回路。

11.5.2 冷却水回路切换的直燃溴化锂冷吸收式热水机组

如图 11.24 所示，这里冷风机盘管兼作热风机盘管，通过阀门的切换来制取冷水和热水，冷却水泵冬季兼作热水循环泵。

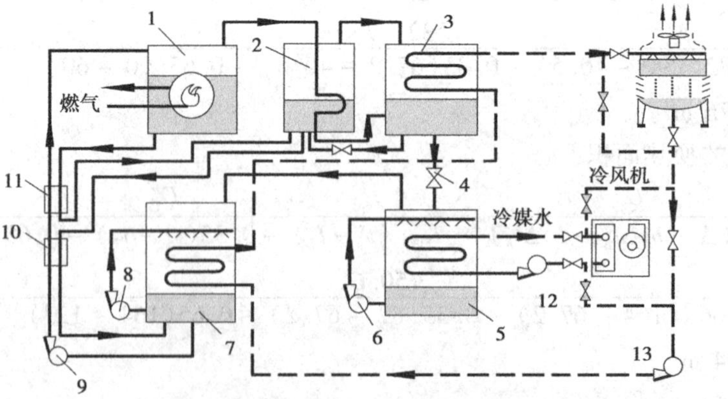

图 11.24 冷却水回路切换的直燃溴化锂冷热水机工作原理图

1—直燃高压发生器；2—低压发生器；3—冷凝器；4—节流阀；5—蒸发器；6—蒸发泵；7—吸收器；8—吸收泵；9—发生泵；10—低温溶液热交换器；11—高温溶液热交换器；12—冷媒水泵；13—冷却水泵

制冷水循环时:循环同蒸汽加热的串联流程一样,这里不再进行介绍。

制热水循环时:吸收器7、冷凝器3与冷却塔断开,冷水回路停止工作,冷却水回路与热水盘管连接供热。从冷凝器3出来的冷剂水不进入蒸发器5,而直接进入低压发生器2中稀释溴化锂溶液,然后喷淋到吸收器7的热水管路上加热供热热水,供热热水在冷凝器3内被来自低压发生器2的冷剂蒸气进行第二次加热升温后机组向外供热。这种机组外部接管较复杂,阀门切换较多。

11.5.3 冷媒水回路切换的直燃溴化锂冷吸收式热水机组

如图11.25所示,在这里冷风机盘管兼作热风机盘管,通过阀门的切换来制取冷水和热水,冷媒水泵冬季兼作热水循环泵。

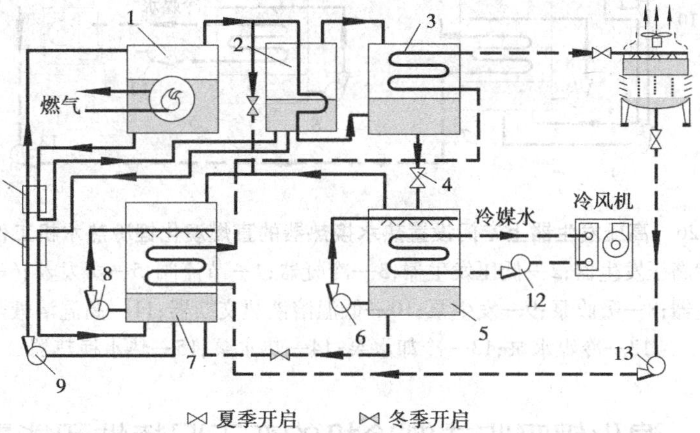

图11.25　冷媒水回路切换的直燃溴化锂冷热水机工作原理图

1—直燃高压发生器;2—低压发生器;3—冷凝器;4—节流阀;5—蒸发器;6—蒸发泵;7—吸收器;8—吸收泵;9—发生泵;10—低温溶液热交换器;11—高温溶液热交换器;12—冷媒水泵;13—冷却水泵

制冷水循环时:循环同蒸汽加热的串联流程一样,这里不再进行介绍。

制热水循环时:低压发生器2和冷却水回路停止工作,供热热水回路与冷媒水回路相同。从高压发生器1出来的冷剂蒸气不进入冷凝器3,而是直接入蒸发器5加热蒸发器换热管内的热水,在蒸发器5内冷凝的冷剂水然后进入吸收器8中稀释溴化锂浓溶液。机组工况的变换通过高压发生器与蒸发器之间的连通管路上的阀门,以及蒸发器底部与吸收器之间连接管路上的阀门来切换。

11.5.4 设置热水换热器的直燃溴化锂冷吸收式热水机组

如图11.26所示,在这里热水换热器、热风机盘管和热水循环泵单独组成了专门的热水循环回路,可以提供供暖热水和卫生热水,还可以在制冷时同时提供热水。

在高压发生器产生的冷剂蒸气分为两路:一路作为制冷用的冷剂水进入低压发生器,其工作原理同前面制冷机原理相同;另一路冷剂蒸气进入热水换热器加热热水,冷凝后的冷剂水自动回流到高压发生器,这种形式的高压发生器负荷比较大,它要考虑制冷和制热两部分的负荷。为了提高能源利用率,也可以将热水冷凝器中冷凝的冷剂水流入冷凝器中作为制冷用冷剂水，减少高压发生器的负荷。采用高压发生器上专门设置热水换热器的直燃溴化锂吸收式冷热水机组的优点是运行简单，热水提供方便，其缺点是多了一个热水换热器，设备体积增大，增加了制造成本。

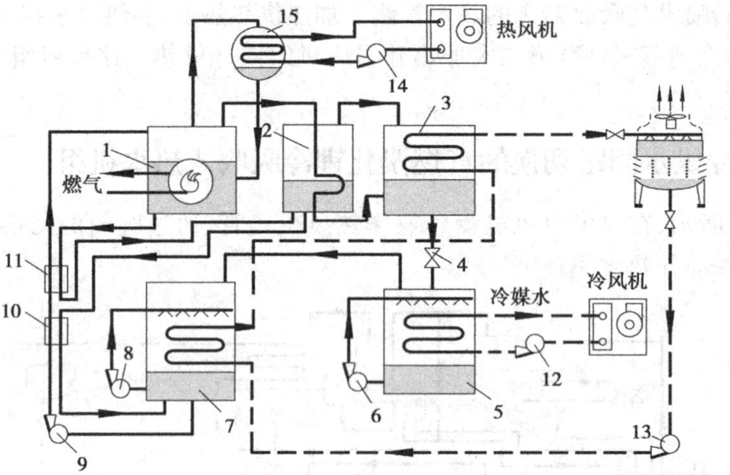

图 11.26　高压发生器上专门设置热水换热器的直燃溴化锂冷热水机工作原理图

1—直燃高压发生器；2—低压发生器；3—冷凝器；4—节流阀；5—蒸发器；6—蒸发泵；7—吸收器；8—吸收泵；9—发生泵；10—低温溶液热交换器；11—高温溶液热交换器；12—冷媒水泵；13—冷却水泵；14—热水泵；15—热水换热器

11.6　溴化锂吸收式制冷机的变工况特性和能量调节

溴化锂吸收式制冷机在实际的运行中不可能始终保持在设计工况下工作，机组经常由于环境条件的变化，驱动热源、用户负荷等外界条件，以及机组内部循环条件变化而受到影响，制冷机组的制冷量、热源热量的消耗和热力系数等性能指标也随之变化。了解这些因素对机组的影响有利于掌握溴化锂吸收式制冷机的设计、操作、选型。

11.6.1　热源温度对制冷量的影响

1）蒸汽型机组

对于蒸汽型溴化锂吸收式制冷机其驱动热源为蒸汽（水蒸气），热源温度的变化就是蒸汽压力的变化。当蒸汽压力变化时，溶液循环的变化见图 11.27。实线 2—5—4—6—2 表示设计工况溶液循环，当蒸汽压力即蒸汽温度降低时，发生器出口浓溶液的温度 t_4 降低为 t'_4，溴化锂溶液的质量分数由 w_r 降为 w'_r，发生器产生的冷剂蒸气量减少，制冷量相应减少，同时相应冷凝器和吸收器的热负荷也减少，冷凝压力由 p_k 降为 $p_k-\Delta p_k$，离开吸收器的稀溶液的温度由 t_2 降低为 t'_2，蒸发压力由 p_0 升高为 $p_0+\Delta p_0$，虚线 2′—5′—4′—6′—2′表示温度变化后溶液的实际循环。

如图 11.27 所示，蒸汽压力变化后，浓溶液和稀溶液的浓度有变化，但是浓溶液的浓度变化比稀溶液的浓度变化要大,即 $\Delta w_r > \Delta w_a$。根据式(11.13)和式(11.20)制冷量为:

$$Q_0 = Dq_0 = q_0 G_a \frac{w_r - w_a}{w_r} \tag{11.75}$$

水蒸气压力降低后的冷量为:

$$Q_0' = q_0 G_a \left(1 - \frac{w_a - \Delta w_a}{w_r - \Delta w_r}\right) \tag{11.76}$$

$$Q_0' < Q_0$$

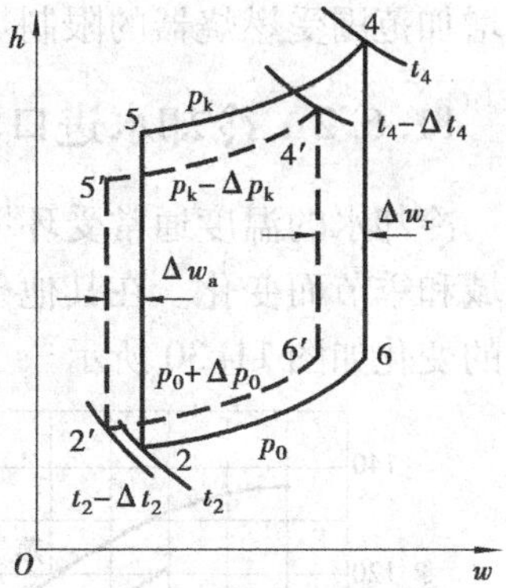

图11.27 蒸汽压力变化时溶液循环的变化

对于双效溴化锂吸收式制冷机组,系统有高、低压两个发生器,分析方法同上一样。但是,热源温度的变化对双效溴化锂吸收式制冷机组的影响比对单效机组的影响更大,热源温度的变化不仅发生器出口溶液的温度,而且影响高压发生器产生的冷剂蒸气的压力和温度,进一步影响到低压发生器的热源温度(见图11.28)。

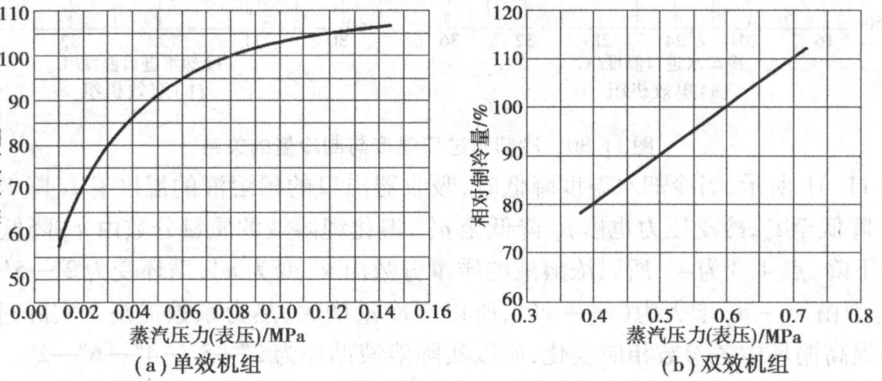

图11.28 蒸汽压力与制冷量的关系

通过改变蒸汽压力是调整机组制冷量的方法之一。但是加热蒸气压力过高,浓溶液的浓度增大,机组在运行中容易发生结晶,为了保证机组安全运行,蒸汽压力的变化幅度要求单效溴化锂吸收式制冷机组为±0.02 MPa,对双效溴化锂吸收式制冷机组为±0.05 MPa。

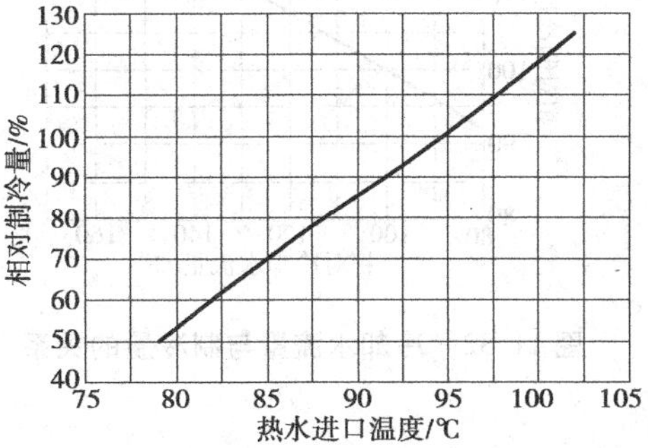

图11.29 热水进口温度与制冷量的关系

2)热水型机组与直燃型机组

对于热水型溴化锂吸收式制冷机组,热水温度对机组制冷量的影响与蒸汽型溴化锂吸收式制冷机组蒸汽压力对机组的影响一样(见图11.29)。可以看出,在其他条件不变的情况下,热水进口温度降低5 ℃,机组制冷量则要降低10%~15%。

对于直燃式溴化锂吸收式制冷机组,机组的性能与燃料消耗量及直燃式发生器的效率有关,燃料的供应又与燃烧器的匹配有关。

对于一定型号的直燃式溴化锂吸收式制冷机燃料的消耗是受燃烧器的影响的,因此机组制冷量的增加范围受燃烧器的限制。

11.6.2 冷却水进口温度和流量对制冷量的影响

冷却水的温度通常受环境温度、环境湿度和冷却塔的工作状况的影响，所以冷却水温度随地域和季节而变化。在其他条件不变的情况下，溴化锂吸收式制冷机制冷量随冷却水进口温度的变化如图 11.30 所示。

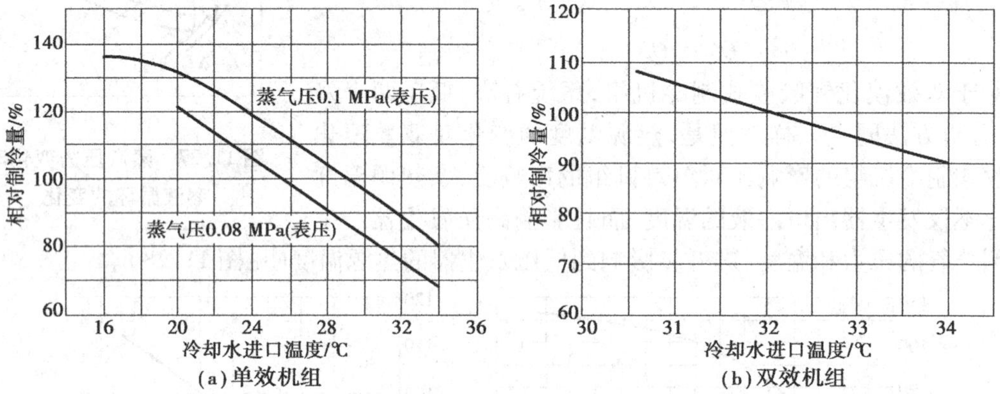

图 11.30 冷却水进口温度与制冷量的关系

如图 11.31 所示，当冷却水温度降低时，吸收器出口的稀溶液的温度有 t_2 降低至 t'_2，冷凝温度由 t_k 降低至 t'_k，冷凝压力也由 p_k 降低至 p'_k，溴化锂溶液的质量分数由 w_a 降低为 w'_a，由于冷凝压力下降，点 4 变为 4′，所以浓溶液的质量分数由 w_r 变为 w'_r，循环变为 2′—5′—4′—6′—2′，放气范围由 $w_a - w_r$ 增大为 $(w'_a - w'_r)$，所以制冷量增大，热力系数提高。实际过程中，随着制冷量的提高循环中各参数相应变化，所以实际溶液循环为 2″—5″—4″—6″—2″。

如图 11.32 所示，冷却水流量的变化对制冷量的影响与冷却水进口温度变化对制冷量的影响相似，在其他参数不变的情况下冷却水量减少 10%，制冷量降低 3%；反之，制冷量增加。

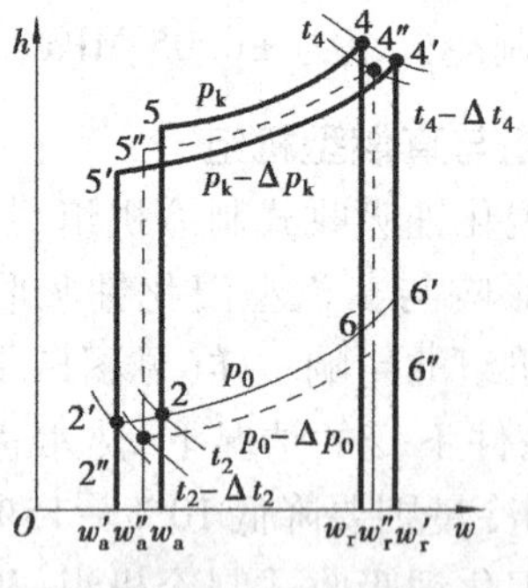

图 11.31 冷却水进口温度变化时的溶液循环图关系

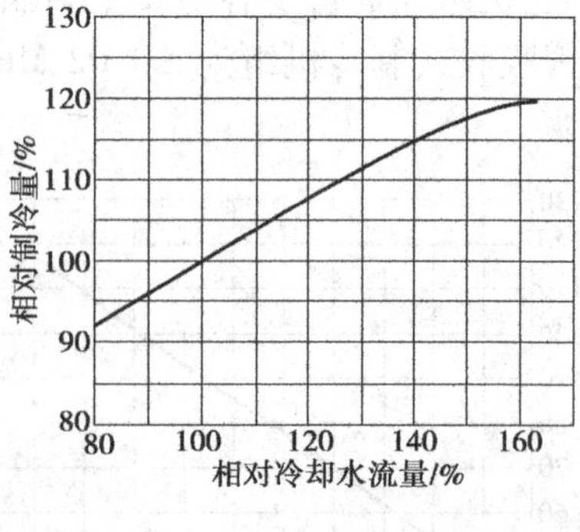

图 11.32 冷却水流量与制冷量的关系

11.6.3 冷媒水出口温度和流量对制冷量的影响

如图 11.33 所示，机组制冷量随冷媒水出口温度的增加而增加。图 11.34 是冷媒水出口温度降低时,溴化锂溶液循环变化在焓浓度图上的表示。实线2—5—4—6—2表示设计工况时的溴化锂溶液循环,当冷媒水温度降低时,由于蒸发器的蒸发温度取决于冷媒水出口温度,蒸发温度也随之降低,因此蒸发压力由 p_0 降低至 p_0',稀溶液的浓度由 w_a 升高为 w_a',稀溶液质量分数变化为 $w_a'-w_a$,由于热源温度不变,浓溶液质量分数 w_r 略有增加,可以近似认为不变,所以溶液放气范围减小,制冷量 Q_0 降低,同时由于冷媒水流量不变,所以制冷量 Q_0 的减少使冷媒水出口温度稍有回升,蒸发压力由 p_0' 升至 p_0'',同时冷凝器、发生器、吸收器的热负荷也随之减小,这样稀溶液温度由 t_2 降低至 $t_{2''}$,稀溶液实际质量分数差变化为 $w_{a''}-w_a$,溶液循环变为虚线2″—5″—4″—6″—2″,因为 $\Delta w_a > \Delta w_r$,所以溶液实际放气范围减小,制冷量下降,热力系数降低。

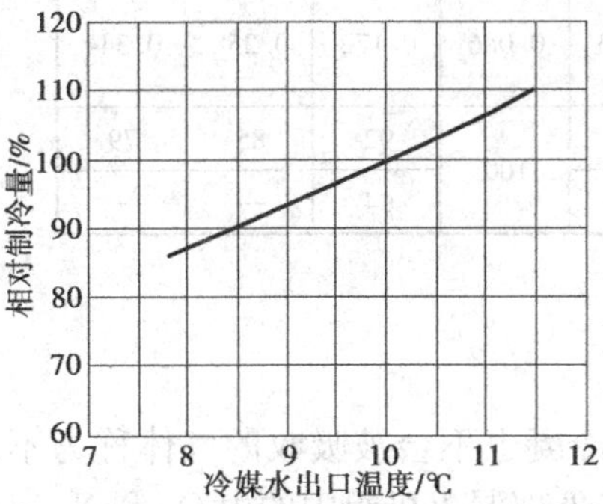

图11.33 冷媒水出口温度与制冷量的关系

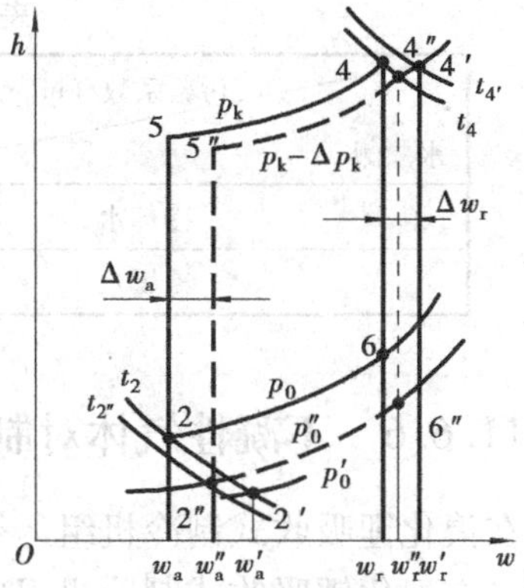

图11.34 冷媒水出口温度变化时的溶液循环图关系

冷媒水温度对冷量的影响是在一定范围的,因为冷媒水温度过低会导致蒸发温度过低,容易造成冷剂水结冰。另外,冷媒水温度过低稀溶液的质量分数升高,造成溶液泵吸空,引起浓溶液质量分数过高而发生结晶;冷媒水温度过高,使蒸发器冷剂水的水位下降,容易造成冷剂泵吸空。

若外界负荷不变,当冷媒水温度保持不变时,冷媒水流量增大,冷媒水回水温度降低,传热温差减少,制冷量下降;另一方面,冷媒水流量增大,换热管内冷剂水的流速增加,传热系数升高,制冷量增大,二者变化相反,作用基本抵消。所以,冷媒水流量的变化对制冷量基本上没有影响(见图11.35)。

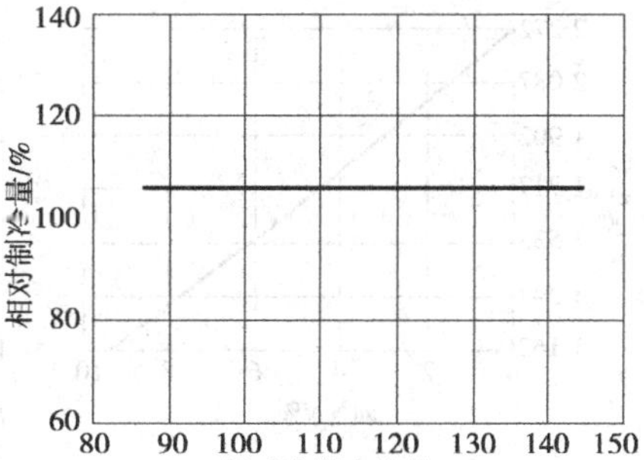

图11.35 冷媒水流量变化对制冷量的影响

11.6.4 溶液循环量对制冷量的影响

溶液循环量的变化对溴化锂吸收式制冷机的运行和性能都有影响。当制冷机组的驱动热源的热量不变时,溶液循环量 G_a 增大,送入发生器的溶液量也增大,但是放气范围(w_r-w_a)减小,发生效率降低,造成制冷量降低,热力系数下降;反之,当溶液循环量 G_a 减小,送入发生器的溶液量也减少,尽管放气范围(w_r-w_a)增大,但是容易发生结晶的危险,造成制冷量降低,热力系数下降。因此,合理的调节溶液循环量对溴化锂吸收式制冷机的运行的经济性,获得最佳制冷效果有着重要的影响。

11.6.5 换热管中污垢对制冷量的影响

溴化锂吸收式制冷机在运行一段时间后,在机组换热管的冷却水和冷媒水侧会形成一层污垢,影响传热系数,通常用污垢系数来衡量:污垢系数越大,则热阻也越大。传热系数越小,传热性能越差,溴化锂吸收式机组制冷量下降。按国家标准规定,机组在出厂时由于管内水侧比较清洁,污垢系数定为 $0.043\ m^2 \cdot K/kW$,而产品样本中标出的制冷量通常是指水侧污垢系数为 $0.086\ m^2 \cdot K/kW$ 的制冷量,见表 11.7。

表 11.7 污垢系数对制冷量的影响(相对制冷量) 单位:%

水侧 \ 污垢系数/($m^2 \cdot K \cdot kW^{-1}$)	0	0.043	0.086	0.172	0.258	0.344
冷却水	108	104	100	92	85	79
冷媒水	106	103		94	—	—

11.6.6 不凝性气体对制冷量的影响

在溴化锂吸收式制冷机组运行时,机组中既不会被冷凝也不会被吸收的气体称为不凝性气体。在溴化锂吸收式制冷机组中主要的不凝性气体有外部漏入机组中的由 O_2 和 N_2 组成的空气,还有内部由于腐蚀而产生的 H_2。

不凝性气体在换热管表面会形成气膜,影响传热效果;另外,由于不凝性气体的存在,阻碍了溴化锂对冷剂蒸汽吸收的传质过程,降低传质效果。二者造成制冷量下降。

图 11.36 是一台溴化锂制冷机用氮气作为不凝性气体对制冷量影响的试验结果。在标准制冷量为 2 270 kW 的溴化锂制冷机组中加入 30 g 的 N_2 后(质量分数 $w(N_2)=0.095$),制冷量降低为 1 162 kW。因此,在机组运行和维护保养中,应严格隔绝外界空气的漏入,并随时保证机组中不凝性气体的排除,以确保机组运行性能的稳定。

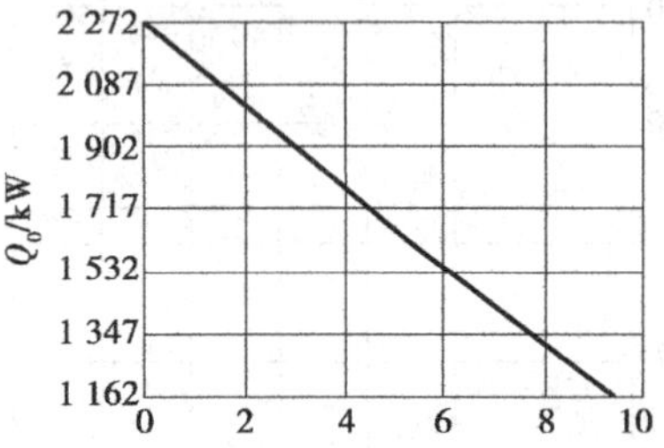

图 11.36 不凝性气体对制冷量的影响

习 题

11.1 溴化锂制冷机溴化锂溶液对中哪一个是制冷剂?哪一个是吸收剂?

11.2 工程应用中如何利用溴化锂溶液的物性来测量溴化锂溶液的浓度?

11.3 请问溴化锂吸收式制冷机发生器中产生的水蒸气是处于过热状态还是处于饱和状态？为什么？

11.4 溴化锂制冷机的驱动热源有哪些？

11.5 双效溴化锂制冷机热力系数为什么单效溴化锂制冷机要高？

11.6 溶液热交换器在溴化锂制冷机中的作用是什么？

11.7 请实际设计计算一台冷量为 60 kW 蒸汽型或直燃式双效溴化锂制冷机组。

12 氨水吸收式制冷机

氨水吸收式制冷机以氨为制冷剂,水为吸收剂。氨水吸收式制冷机广泛应用于石油、化工和食品加工冷藏等冷量需求较大、温度要求较低的行业,并且发展了多种形式。如可以使用各种类型热源;吸收、发生的级数和制冷装置具体的工作流程也可各不相同。但是任何形式的氨水吸收式制冷机都是以单级氨水吸收式制冷机为基础的,因此本章重点讨论单级氨水吸收式制冷机。此外,本章也将简单介绍适用于小型吸收式冰箱的扩散-吸收式制冷机的工作原理和特点。

12.1 氨水吸收式制冷原理

氨水吸收式制冷以氨水溶液的热力学特性为基础,即在常温下它能够强烈地吸收氨蒸气,而在高温下又可以将氨蒸气释放出来。它与溴化锂吸收式制冷一样,是以消耗热能为补偿的一种液体汽化制冷方式。所不同的是,由氨作为制冷剂可以获得0 ℃以下的低温;此外,由于氨与水的沸点不如溴化锂与水的沸点相差大,在发生器中蒸发出来的氨蒸气中含有较多的水分,直接影响到整个装置的制冷效率和使用寿命,因此氨水吸收式制冷循环中必须设置精馏过程,以获得较纯的氨蒸气。

为了让氨在蒸发器中连续地蒸发吸热,实现制冷,必须不断地补充液氨进入蒸发器;同时,为了维持蒸发器中一定的压力,又需要不断地带走蒸发形成的氨蒸气。在氨压缩式制冷机中采用压缩机实现这一功能,压缩机不断地吸入低压蒸气,然后将其压缩到高温高压状态,排放到冷凝器中在常温下冷凝成液氨,再通过节流阀送入蒸发器实现连续制冷。在氨水吸收式制冷机中,利用氨水溶液循环完成压缩机的功能,即利用氨水溶液吸收氨蒸气的特性,让它在吸收器中将蒸发器中低压氨蒸气吸收掉。因吸收了氨蒸气而变浓的氨水溶液被泵送入高压发生器中,受到高温热源的加热,溶液中的氨蒸气(含有水蒸气)又重新汽化出来,经过精馏过程后得到较纯的氨蒸气,然后在冷凝器中被冷却,放出汽化潜热凝结成液氨,液氨制冷剂通过节流装置,又回到蒸发器中蒸发吸热。如此周而复始,实现连续制冷。

12.2 氨水溶液的性质和焓浓度图

氨-水是吸收式制冷机最早使用的一种传统工质对,至今仍被广泛应用。无论是工业用的大型低温吸收式制冷机,还是充有氢气的小型扩散-吸收式冰箱都采用氨-水工质对。

氨作为制冷剂具有诸多热力性质方面的优点：汽化潜热很大，在通常蒸发温度下可达1 300 kJ/kg左右，约为制冷剂R22的7倍；在制冷机工作温度范围内压力适中；标准沸点为-33.4 ℃，常用制冷温度下能使制冷机的低压部分保持在大气压力上下；凝固点为-77.7 ℃，因而制冷温度大约可达到-60 ℃。此外，它的价格低廉，容易获得，是环境"友好"的制冷剂。但氨具有强烈刺激性气味，对人体具有较大的毒性，有爆炸危险。当空气中氨的容积浓度达0.5%～0.6%时，30 min内人会中毒；当氨容积浓度达16%～27%时，可引起爆炸。而且氨在高温时有分解的危险，所以在吸收式制冷机中发生温度不宜超过160～170 ℃。

水作为吸收剂可以强烈的吸收氨蒸气，组成氨水溶液。在常温下，一个体积的水可溶解700倍体积的氨。因此，氨水溶液也是一种很理想的吸收剂。

12.2.1 氨水溶液的物理化学性质

氨溶于水后大部分是以氨分子状态存在的，只有少量氨分子与水结合生成NH_4OH，产生离子化现象，故氨水溶液呈弱碱性。氨水溶液与氨液的性质相似，无色、有刺激性臭味，对有色金属材料（磷青铜除外）有腐蚀作用。所以，氨水吸收式制冷系统中不能采用铜及铜合金材料。

在常温下水和氨能以任意比例完全互溶，在制冷机的工作范围内没有结晶析出；但在低温下，溶液的浓度受到纯水冰、纯氨冰或氨的水合物$NH_3 \cdot H_2O$和$2NH_3 \cdot H_2O$析出的限制。

纯氨液在0 ℃时的密度为0.64 kg/L，对氨水溶液而言，它的密度随温度和浓度的变化而变化（见图12.1）。在制冷系统中，由于溶液泵所消耗的功较之总能耗很小，所以在计算比容时通常不考虑温度的影响：

$$\rho = 1 - 0.35w \tag{12.1}$$

式中，ρ为氨水溶液的密度，kg/L；w为氨水溶液的浓度。

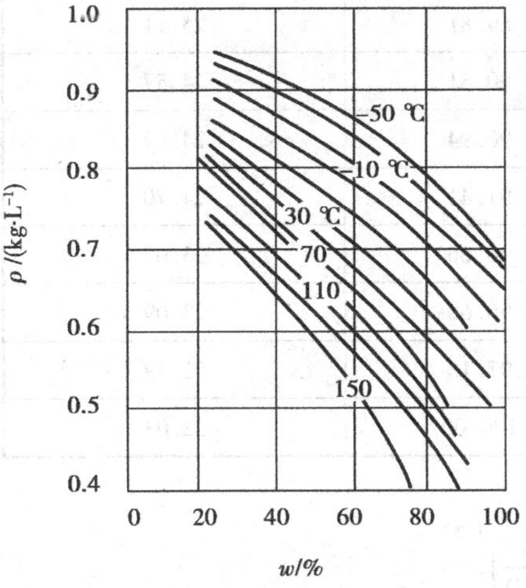

图12.1 氨水溶液的密度

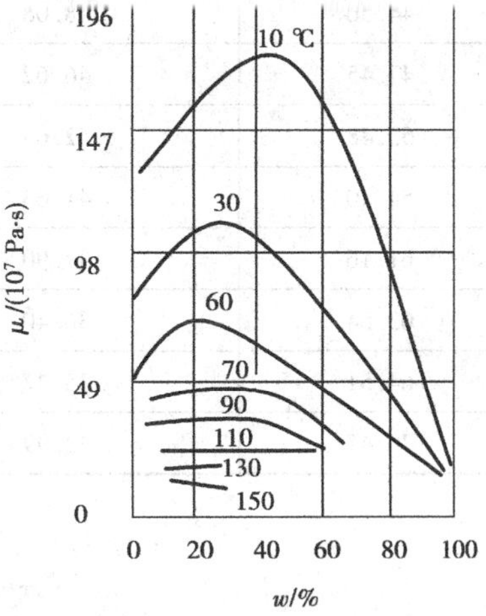

图12.2 氨水溶液的动力黏度

图 12.2 ~ 图 12.4 分别给出了氨水溶液的动力黏度、比热容、热导率的曲线图,供作传热计算时查用。由于纯氨和纯水的热导率相差不大,所以图 12.4 中氨水溶液的数值是在一定温度下根据浓度将两种组分的数值相加而得到的。

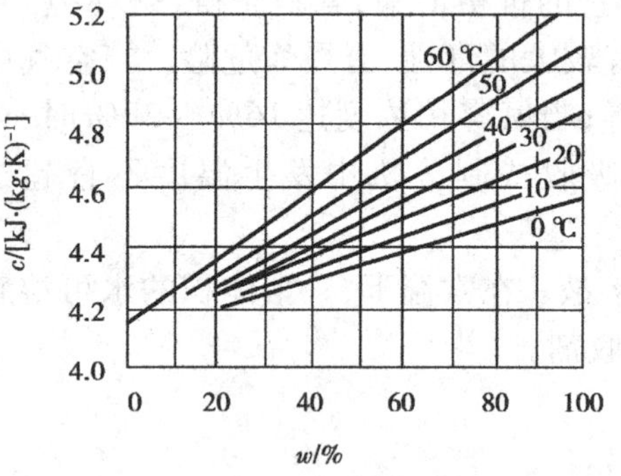

图 12.3 氨水溶液的比热容

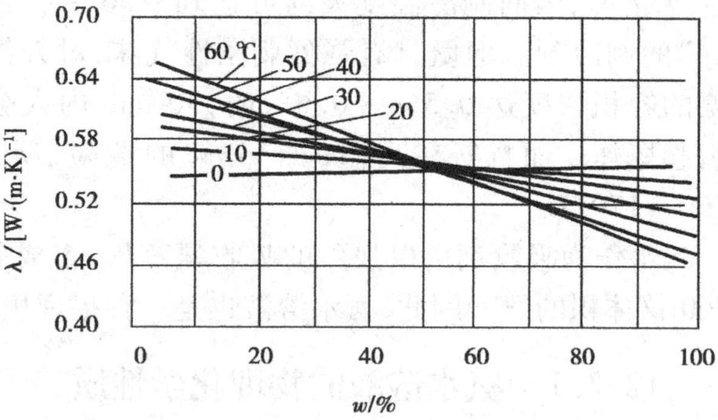

图 12.4 氨水溶液的热导率

表 12.1 列出了氨水溶液 20 ℃时的表面张力值。其余温度下的表面张力用式(12.2)推算:

表 12.1 氨水溶液 20 ℃时的表面张力

氨水溶液浓度/%	表面张力/(10^5 N · cm^{-1})	氨水溶液浓度/%	表面张力/(10^5 N · cm^{-1})
0.45	72.55	72.49	31.84
7.72	65.72	72.56	31.44
14.61	62.15	75.07	30.57
24.14	58.02	78.38	29.34
29.70	55.85	80.95	28.11
35.98	52.29	89.72	25.22
44.56	48.08	89.81	25.11
47.45	46.62	90.81	24.57
53.48	42.63	90.94	24.42
54.40	41.63	91.41	24.70
61.16	37.90	96.66	23.02
63.64	36.40	96.68	23.09
64.51	35.37	97.18	22.78
70.47	32.99	100.00	22.03

$$\sigma = \sigma_{20}\tau\left(\frac{t_{cr} - t}{t_{cr} - 20}\right)^{1.2} \tag{12.2}$$

式中,σ_{20} 为 20 ℃时溶液的表面张力,N/cm;t_{cr} 为溶液的临界温度,℃;t 为溶液的温度,℃。

12.2.2　氨水溶液的热力性质

氨水溶液的蒸气压是溶液温度和浓度的函数。如图 12.5 所示,溶液压力 p 为纵坐标,溶液温度 t 为横坐标,图中标出了等浓度线簇,最左侧的 $w=1$ 线表示纯氨的特性,最右侧 $w=0$ 线表示纯水的特性,并在图的右侧标出了氨的饱和温度 t'。可以看出,同一温度下,纯氨的蒸气压远高于纯水的蒸气压,溶液中氨的浓度越大,它的蒸气压越大;反之,当系统中的蒸气压低于应有值时,也就意味着溶液的浓度已变小。例如,−33 ℃时,纯氨的蒸气压为 1 atm,而 30%浓度的氨水溶液蒸气压为 0.045 atm,这时氨蒸气的分压力就更小,仅为 0.014 atm,因而氨水溶液具有强烈吸收氨蒸气的能力。

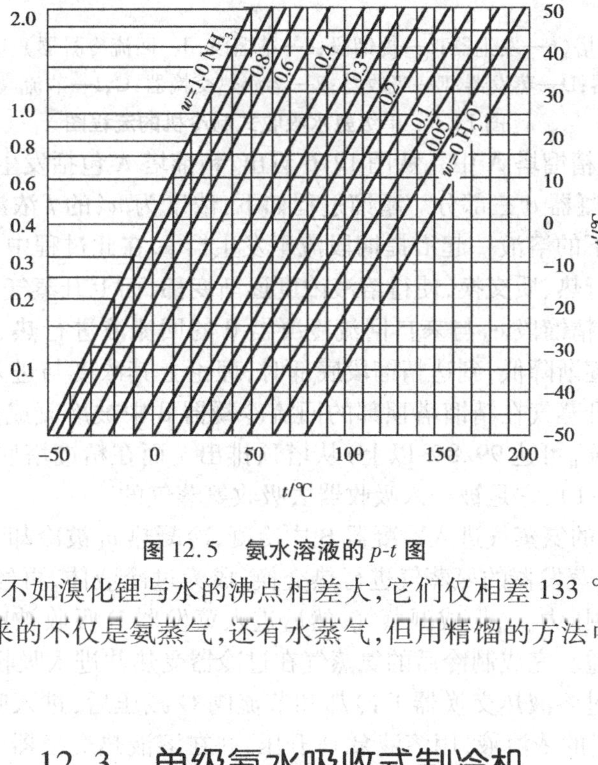

图 12.5　氨水溶液的 p-t 图

由于氨与水的沸点不如溴化锂与水的沸点相差大,它们仅相差 133 ℃。当氨水被加热沸腾时,从溶液中蒸发出来的不仅是氨蒸气,还有水蒸气,但用精馏的方法可以使氨蒸气浓度达到 99.8%。

12.3　单级氨水吸收式制冷机

12.3.1　单级氨水吸收式制冷机的工作循环

图 12.6 为单级氨水吸收式制冷机的流程图。与溴化锂吸收式制冷机相比较,它同样包括发生、冷凝、节流、蒸发和吸收 5 个主要过程;并且都利用溶液热交换器进行回热,提高热力系数。所不同的是,氨水吸收式制冷循环中设有精馏过程,以获得较纯的氨蒸气送入冷凝器。

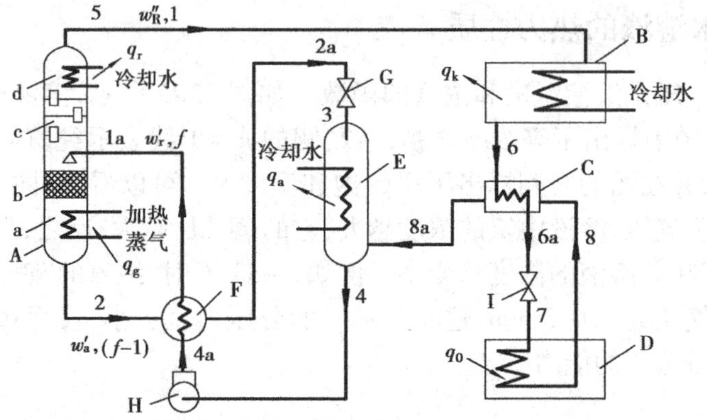

A—精馏塔(a—发生器;b—提馏段;c—精馏段;d—回流冷凝器);B—冷凝器;

C—过冷器;D—蒸发器;E—吸收器;F—溶液热交换器;G,I—节流阀;H—溶液泵

图 12.6 单级氨水吸收式制冷机的流程图

精馏过程发生在精馏塔 A 中。从图 12.6 看出,精馏塔 A 包括发生器 a、精馏器(提馏段 b 和精馏段 c)、回流冷凝器 d 三部分。精馏过程如下:浓度为 w'_r的 f 浓溶液由提馏段 b 进入精馏塔,与精馏段 c 流下的溶液一起沿提馏段流至发生器 a,在此过程中与发生器中溶液蒸发出来的蒸气相接触,进行热、质交换,使得溶液浓度逐渐变稀,而上升蒸气的浓度逐渐变浓。产生的氨蒸气继续上升至精馏段 c,与来自回流冷凝器 d 的回流液进行热、质交换,浓度进一步提高,同时回流液浓度逐渐降低,到达精馏段底部时,理论上其浓度与进入精馏塔的浓溶液浓度相同。最后,部分上升蒸气在精馏塔顶部的回流冷凝器 d 中被冷凝成回流液后,产生 1 kg 比较纯的氨蒸气(浓度 w''_R可达 99.8% 以上)从塔顶排出。而在精馏塔底部则排出浓度为 w'_a的稀溶液,其质量为$(f-1)$,它是被送入吸收器去吸收氨蒸气的。

从精馏塔顶排出的氨蒸气进入冷凝器 B 中冷凝,冷凝热 q_k 被冷却水带走。冷凝后的氨液在过冷器 C 中与来自蒸发器的氨蒸气进行热交换,成为过冷液体,再经节流阀 I 节流,压力由冷凝压力 p_k降至蒸发压力 p_0,形成湿蒸气,然后进入蒸发器 D 吸收被冷却物体的热量 q_0而蒸发,于是产生制冷效益。完成制冷后的氨蒸气在过冷器受热并进入吸收器 E,同时从精馏塔底部出来的稀溶液,经过溶液热交换器 F 冷却和节流阀 G 减压后,进入吸收器。稀溶液吸收氨蒸气后成为浓度为 w'_r的浓溶液,用溶液泵 H 升压,并在溶液热交换器中与来自精馏塔的稀溶液换热,最后再送入精馏塔进行发生、精馏,如此进行循环。

12.3.2 单级氨水吸收式制冷循环在 h-w 图上的表示

上述循环的各工作过程在氨水溶液的 h-w 图上表示(见图 12.7)。图中各状态点的数字与图 12.6 上各点相对应。

1)发生、精馏过程

发生过程是在等压下进行的(发生压力 p_g略高于冷凝压力 p_k,近似认为 $p_g = p_k$)。浓度为 w'_r的浓溶液 f,进入精馏塔的初始状态(点 1a)为发生压力 p_k下的过冷状态。浓溶液与回流液混合后沿提馏段流至发生器。这段过程中,溶液不断被加热升温,首先达到饱和状态(点 1),然后在等压下不断蒸发,溶液浓度逐渐变稀,发生终了到达精馏塔底部时,稀溶液的状态用点

2 表示，浓度为 w'_a。产生的蒸气（与溶液点 1 相平衡的状态点 1″）随后经过精馏段和回流冷凝器，得到进一步的精馏和分凝，浓度提高到 w''_R（点 5），由塔顶排出，排出的蒸气质量为 1 kg。因而蒸气的精馏过程在图中表示为过程 1″—5。

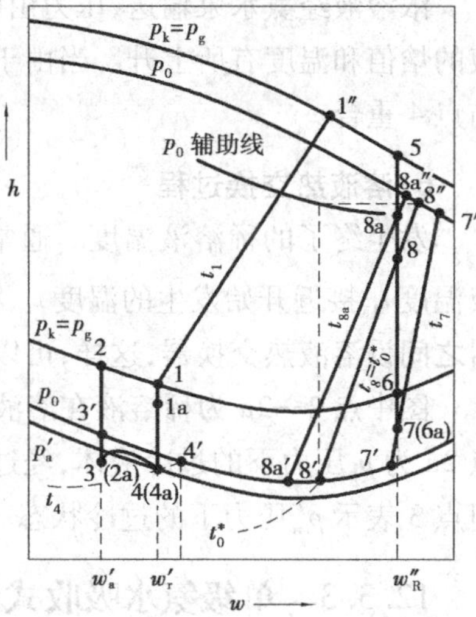

图 12.7 单级氨水吸收式制冷循环在 h-w 图上的表示

2）冷凝和节流过程

点 5—6 为冷凝过程。从精馏塔顶排出的氨蒸气进入冷凝器 B 中，在等压、等浓度下冷凝成液体（点 6），冷凝时放出的热量 q_k 由冷却水带走。纯氨蒸气在 p_k 压力下冷凝，温度不变，而当氨气中含有水时，冷凝温度变化，由开始时的冷凝温度 t_5 变为终了时的 t_6。如果系统中设有过冷器，则液氨经过冷器到达状态点 6a，点 6a 位于 w''_R 的等浓度线上，且位于液相 p_k 等压线下方，为过冷液体。

液氨经节流阀 I，压力由 p_k 降到 p_0，形成湿蒸气（点 7）。节流过程焓值不变，因此节流过程不改变 h-w 图上坐标位置，点 7 与点 6a 重合。但是点 7 是位于 p_0 压力下的湿蒸气区，表示湿蒸气状态。其液相、汽相状态点可通过三角形试凑法得出，分别为点 7′和点 7″。连线 7′—7″即为 t_7 等温线。

3）蒸发过程

完成制冷后的氨由蒸发器 D 排出（点 8）。点 8 的状态可以是湿蒸气，也可以是饱和蒸气，甚至是过热蒸气，它取决于被冷却物体所要求的温度。纯液氨在等压下蒸发时，蒸发温度不变，而当氨液中含有水时，蒸发温度要上升。图中氨液在 p_0 压力下蒸发，由点 7 至点 8，温度由 t_7 上升到 t_8。蒸发过程中总浓度不变，因此状态点 8 位于 w''_R 的等浓度线上。

选定蒸发最终的蒸发温度 t_0^* 和蒸发压力 p_0，可得出蒸发后溶液状态点 8′，借助压力辅助线求得相应的平衡蒸气状态点 8″，点 8′和 8″连接线与 w''_R 等浓度线的交点即为状态点 8。

设有过冷器时，湿蒸气再被加热至点 8a 状态后进入吸收器。

4）吸收过程

理想的吸收过程是在 p_0 压力下进行的，即如图中 3′—4′过程。然而，实际上氨蒸气被溶液吸收要具有一个推动力，这就必须使被吸收氨气和溶液表面具有一定的压差。因而溶液的饱和蒸气压，即吸收压力 p'_a 应低于被吸收氨气的压力，即低于吸收器压力 p_a。同时，由于蒸发器到吸收器间存在的压力损失，吸收器压力也低于蒸发压力。因此，实际的吸收过程为点 3—4，点 4 在 w'_r 等浓度线上。

稀溶液（状态点 3）进入吸收器后，与蒸发器来的氨气（状态点 8a）接触，产生剧烈地吸收。这时溶液的蒸气压要升高，当吸收作用逐渐缓慢下来时，由于冷却水的冷却，溶液的蒸气压也逐渐下降。因此，实际的吸收过程是图中 3—4 所示的曲线。

5）溶液泵输送溶液过程

图中点 4—4a 为溶液泵输送过程。

浓溶液经氨水泵输送，压力由吸收压力 p'_a 提高到发生压力 p_g。由于溶液泵做功，使浓溶液的焓值和温度有所上升。当由于焓差及温升都很小，一般可忽略不计，所以在图上认为 4a 与点 4 重合。

6）溶液热交换过程

发生终了的稀溶液温度 t_2 通常高于吸收终了的浓溶液温度 t_4，为使出热交换器后的浓溶液温度 t_{1a} 接近开始发生的温度 t_1，稀溶液温度 t_{2a} 接近吸收终了温度 t_4，制冷机在发生器和吸收器之间设溶液热交换器，这样，可以减少消耗的冷却水量和蒸气量。

图中点 2—2a 为稀溶液在溶液热交换器中的冷却过程，点 4a—1a 为浓溶液的加热过程。点 2a 为 p_g 压力下的过冷液体，经过节流阀膨胀至状态 3 点后进入吸收器，点 3 与点 2a 重合，但点 3 表示 p'_a 压力下的过冷状态。

12.3.3 单级氨水吸收式制冷循环的热力计算

1）发生、精馏过程

在精馏塔中，浓溶液送入发生器，消耗热源供给热量 q_g 后，产生蒸气并在回流冷凝器放出热量 q_R 形成回流液，最终得到 1 kg 浓度为 w''_R 的蒸气和 $(f-1)$ 浓度为 w'_a 的稀溶液。

在稳定工况下，精馏塔（即回流冷凝器、精馏段、提馏段、发生器）内物料平衡如下：

$$fw'_r = (f-1)w'_a + w''_R \tag{12.3}$$

计算可得：

$$f = \frac{w''_R - w'_a}{w'_r - w'_a} \tag{12.4}$$

式中，f 称为溶液的循环倍率，即氨吸收式制冷机产生 1 kg 氨气循环制冷，需要 f 浓溶液和 $(f-1)$ 稀溶液进行循环。

精馏塔内的热平衡为：

$$q_g + fh_{1a} = h_5 + (f-1)h_2 + q_R \tag{12.5}$$

则发生器的单位热负荷：

$$q_g = (h_5 - h_2) + f(h_2 - h_{1a}) + q_R \tag{12.6}$$

式中，h_5 为出精馏塔的氨气的比焓，kJ/kg；h_2 为出精馏塔的稀溶液的比焓，kJ/kg；h_{1a} 为进精馏塔的浓溶液的比焓，kJ/kg；q_R 为回流冷凝器单位热负荷，kJ/kg。

与溴化锂吸收式制冷机相比，氨水吸收式制冷机的发生器热负荷多了一项精馏热 q_R，这也是氨水吸收式制冷机的热力系数相比偏低的主要原因之一。

2）冷凝、过冷、节流过程

图中点 5—6 为冷凝过程。冷凝热负荷为：

$$q_k = h_5 - h_6 \tag{12.7}$$

若设有过冷器，则冷凝器出来的氨液与蒸发器出来的氨蒸气进行热交换，使氨液过冷，从而提高制冷量。一般情况液氨过冷 1 ℃，制冷量可提高 0.4%。此时，虽然吸收器负荷增大了，但由于制冷量的增大，热力系数仍有所增大。

过冷器热负荷为：

$$q_N = h_6 - h_{6a} = h_{8a} - h_8 \tag{12.8}$$

节流过程焓值不变，即 $h_7 = h_{6a}$，溶液节流后产生的蒸气干度为：

$$x = \frac{\overline{7'7}}{\overline{7'7''}} \tag{12.9}$$

3）**蒸发过程**

图中点 7—8 为蒸发过程。氨液在 p_0压力下蒸发，温度由 t_7上升到 t_8，若仍要求获得蒸发温度 t_7，蒸发压力就要下降。

当设有过冷器时，氨水溶液在 p_0压力下蒸发的单位制冷量：

$$q_0 = h_8 - h_7 = h_8 - h_{6a} = h_{8a} - h_6 \tag{12.10}$$

4）**吸收过程**

吸收器的热平衡为：

$$q_a + fh_4 = h_{8a} + (f-1)h_3 \tag{12.11}$$

则吸收器的单位热负荷：

$$q_a = h_{8a} - h_3 + f(h_3 - h_4) \tag{12.12}$$

式中，h_{8a}为进吸收器的氨蒸气的焓，kJ/kg；h_3为进吸收器的稀溶液的焓，kJ/kg；h_4为吸收终了浓溶液的焓，kJ/kg。

5）**溶液泵输送溶液过程**

浓溶液经氨水溶液泵输送，压力由吸收压力提高到发生压力。溶液泵所消耗的功为：

$$w = 23.4\frac{f}{\rho_r}(p_g - p_a + \Delta p) \tag{12.13}$$

式中，ρ_r 为泵吸入状态下浓溶液的密度，kg/m³；Δp 为浓溶液经设备及管道阻力的压损。

溶液泵出口浓溶液的比焓为：

$$h_{4a} = h_4 + \frac{w}{f} \tag{12.14}$$

式中，h_{4a}为进溶液热交换器浓溶液的比焓，kJ/kg。不过，计算中一般忽略焓的差值，认为 $h_{4a} = h_4$。

6）**溶液热交换过程**

当不考虑热损失时，溶液热交换器的热平衡为：

$$f(h_{1a} - h_{4a}) = (f-1)(h_2 - h_{2a}) \tag{12.15}$$

式中，h_{2a}为出溶液热交换器稀溶液的比焓，kJ/kg。

7）**循环热力计算**

在稳定工况下，整个系统的热平衡如下：

$$q_0 + q_g + w = q_k + q_R + q_a \tag{12.16}$$

溶液泵消耗的功 w 一般可忽略不计。因此：

$$q_0 + q_g = q_k + q_R + q_a \tag{12.17}$$

制冷机获得的制冷量 q_0 与补偿过程消耗的热量 q_g 之比值，即：

$$\zeta = \frac{q_0}{q_g} \tag{12.18}$$

可逆循环时吸收式制冷机热力系数，亦即最大热力系数：

$$\zeta_{max} = \frac{T_r - T_h}{T_r} \frac{T_l}{T_h - T_l} \tag{12.19}$$

式中，T_r，T_h，T_l 分别为高温热源温度、环境温度、冷源温度，K。

制冷机的热力完善度为实际循环的热力系数与最大热力系数的比值，

$$\eta = \frac{\zeta}{\zeta_{max}} \tag{12.20}$$

使用热力完善度可以衡量制冷机性能的好坏，从而选择合理的参数，确定机组的热力循环过程。

12.3.4　氨水吸收式制冷机性能的外界影响因素

氨水吸收式制冷机实际运行时，外界条件（如热源温度、冷却水温、冷负荷等）常常发生变化，这就使制冷机装置的运行参数产生变化，其性能也随之改变。在了解各种条件变化时系统运行特性的基础上，才能进行正确的调节，对运行参数进行控制，从而优化系统运行。

1）热源温度的影响

当冷却水温和制冷装置的蒸发温度 t_0 一定时，蒸发压力 p_0 和吸收终了浓溶液温度 t_4 是确定的。热源温度 t_g 决定发生终了稀溶液的温度 t_2 和浓度 w'_a。随着热源温度升高，稀溶液的浓度 w'_a 降低，放气范围增大，而循环倍率 f 降低，溶液循环量减少。同时，随着热源温度升高，精馏热负荷 Q_R 略为增加；而发生热负荷 Q_g 和吸收热负荷 Q_a 是先降低，使得热力系数增大，当热源温度继续升高时又会上升，使得热力系数下降。因此，存在一最佳发生终温，制冷装置在此条件下工作最经济。

2）冷却水温的影响

当热源温度 t_g 和蒸发温度 t_0 不变时，随着冷却水温度的降低，发生压力降低，吸收终了浓溶液温度 t_4 降低，浓度 w'_r 升高。因而放气范围增大，循环倍率降低，同时所有设备热负荷（发生器、吸收器和冷凝器热负荷）均相应降低，这是对制冷机工作有利的。

3）蒸发温度的影响

用户冷负荷的变化体现在蒸发温度 t_0 或冷媒水温度的变化上。当冷却水温和热源温度 t_g 不变时，蒸发温度 t_0 降低，使蒸发器和吸收器压力降低，吸收终了浓溶液浓度 w'_r 降低，放气范围减小，循环倍率增大，并且所有设备热负荷都相应增大，装置的热力系数降低。

12.4 扩散-吸收式制冷

前面介绍的氨水吸收式制冷机适用于大、中型设备,它采用二元吸收工质对进行循环。而主要适用小型冰箱的吸收式制冷机则是采用三组分工质,循环中除了制冷剂-氨和吸收剂-水(实际是氨水溶液吸收氨蒸气)外,还充有惰性气体-氢气作为辅助工质。氢气在系统中不发生任何化学变化和相变,只是在吸收器和发生器之间和氨气混合,通过扩散作用平衡系统内压力,因此这种吸收式制冷机称为扩散-吸收式制冷机。

扩散-吸收式制冷机与其他形式的吸收式制冷机不同之处是:整个系统处于同一压力下,它利用氢气的扩散作用省略了节流过程,制冷系统不用设置任何阀门;利用热虹吸原理输送溶液,系统中不设置机械泵。因此,这种制冷机结构简单,无任何运动机械,各设备之间全部用管道焊接,系统运行无噪声,寿命长。尽管它的热效率较低,热力系数一般在0.3~0.5,但由于它能够使用多种热源,如电、燃油、燃气和工业废热等,在小型冰箱(制冷量100 W左右)等方面仍然具有很好的应用前景。

12.4.1 扩散-吸收式制冷机的工作循环

如图12.8所示,其工作循环主要包括发生、精馏、冷凝、蒸发和吸收过程。

1)发生、精馏过程

从储液器A流出的浓氨水溶液在溶液热交换器B中加热后,通过热虹吸泵C,沿着上升管D,进入发生器E。这种利用热虹吸过程代替机械泵输送溶液的原理如下:浓溶液首先进入热虹吸泵加热盘管C,受到热源加热,温度逐渐上升至沸腾温度时,溶液开始沸腾;等到发生的气泡达到一定数量时,借助气泡向上运动的推力,溶液沿上升管D被提升到一定高度(这一高度足以克服溶液循环阻力进行再循环),并进入发生器。这就是所谓的热虹吸泵的作用。溶液在发生器中再次经过加热蒸发,产生的氨蒸气上升到精馏器F,这样含有少量水蒸气的氨蒸气在沿精馏器上升的过程中受壁面的冷却而部分冷凝,氨蒸气浓度不断提高,最后得到较纯的氨蒸气进入冷凝器。而发生器中产生的稀溶液,借助发生器溶液顶部和吸收器G之间的高度差,经溶液热交换器B,进入吸收器G的上部。

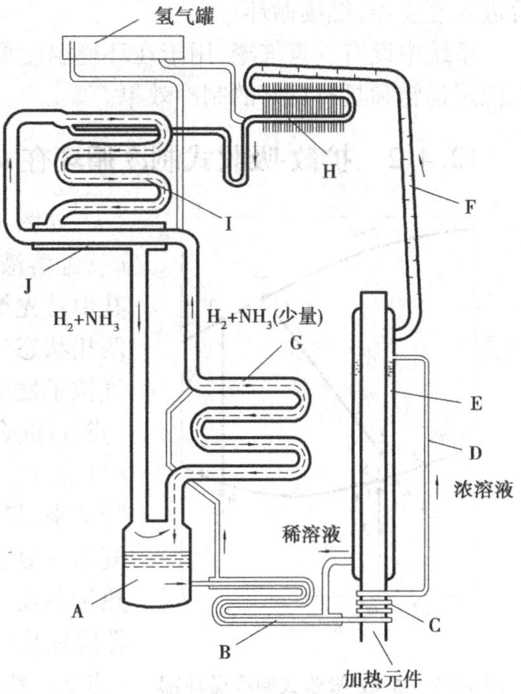

A—储液器;B—溶液热交换器;C—热虹吸泵;D—上升管;E—发生器;F—精馏器;G—吸收器;H—冷凝器;I—蒸发器;J—气体热交换器

图12.8 扩散-吸收式制冷机的系统图

2)冷凝过程

氨蒸气进入冷凝器 H 后,经自然对流的空气冷却,在压力 p_k 下凝结成氨液。

3)蒸发过程

从冷凝器流出的氨液进入蒸发器 I 的上部入口,同时另一股来自吸收器的氨氢混合气体(含有少量氨气)也从蒸发器上部进入,使蒸发器内充满了氨和氢气的混合物。虽然蒸发器的总压力仍然等于冷凝压力 p_k,但根据道尔顿定律,氨的分压力 p_{NH_3} 小于总压力 p,因而氨液可以不断蒸发,实现制冷。这里,氢气就起到了平衡系统压力的作用。在蒸发器中,氨和氢气之间的不断扩散使不同截面处氨的分压力不同。在蒸发器入口处,气体中氢气含量较多,氨蒸气分压力较低,相应的氨液蒸发温度也较低;而随着氨液的不断蒸发,氨蒸气分压力不断升高,使得相应蒸发温度也不断升高,在蒸发器出口处构成蒸发温度较高的区域。

4)吸收过程

从蒸发器底部流出的这一氨浓度很高的混合气体,经过气体热交换器 J 进入储液器 A 的上部空间,然后沿着吸收器 G 的管道向上流动,其中的氨气逐渐被从上而下流动的稀溶液吸收,吸收热依靠管外空气的自然对流带走。稀溶液吸收了大部分氨蒸气后,成为浓溶液,流入储液器中。而混合气体中氨不断被吸收,氢气含量逐渐增大,气体密度逐渐降低,从而产生向上的浮力,使得混合气体有足够的流速流出吸收器。然后,这股气体在气体热交换器 J 中冷却后进入蒸发器,继续循环。

系统中设有一氢气罐,用于在环境温度变化时平衡内部系统所需的氢气分压力,保证制冷机稳定运转和具有良好的制冷效果。

12.4.2 扩散-吸收式制冷循环在 h-w 图上的表示

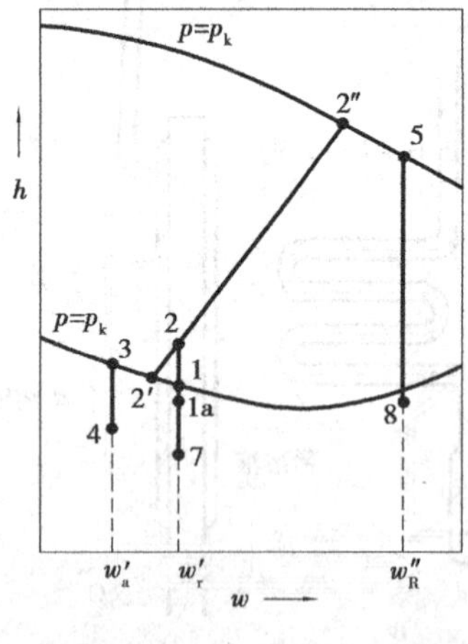

图 12.9 扩散-吸收式制冷循环部分工作过程在氨水 h-w 图上的表示

如图 12.9 所示,来自储液器的浓溶液(点 7),浓度为 w'_r,经溶液热交换器升温后,以点 1a 状态进入热虹吸泵,在其中首先被加热到饱和状态(点 1),再发生汽化,到达汽、液两相状态(点 2)。溶液被提升到发生器后,状态为点 2″的蒸气位于发生器上部,点 2′状态的溶液与精馏器中的回流液(点 6)混合后在发生器内继续被加热,氨水溶液浓度降低到 w'_a(点 3)。而产生的蒸气(点 2″)则进入精馏器将水蒸气分凝下来,最后浓度达到 w''_R(点 5),然后离开精馏器,进入冷凝器。氨蒸气在冷凝器中液化(点 8),然后进入蒸发器吸收热量蒸发。从发生器流出的稀溶液(点 3),经过溶液热交换器降温后(点 4),再进入吸收器吸收氨蒸气,成为浓溶液(点 7),然后再重复上述过程。

由于蒸发器和吸收器中的混合气体中含有氢气,因此蒸发过程和气体被吸收过程在氨水溶液的 h-w 图上无法表示出来,而需要利用氨、氢混合气体的焓-浓度图来表示。

目前,扩散-吸收式制冷机具有各种不同的结构形式,如在使用热源种类、发生器结构以及蒸发器气体流向等方面,这些对制冷机性能具有很大的影响。由于扩散-吸收式制冷机中工质的运动完全依靠密度的差异、设备位置的高低、管路的倾斜以及分压力不同引起的扩散,所以对各设备的相对位置及管道的倾斜度均有严格要求,而系统中溶液循环依赖于热虹吸作用,这就要求尽可能地减少系统阻力。因此,制造工艺的好坏极为重要。如果对弯管、焊接等工艺不注意质量,或因机组水平位置放置不正确,都有可能产生制冷效果下降,甚至造成无法运转的后果。

习 题

12.1　氨水吸收式制冷系统中为什么要设置精馏装置?

12.2　氨水吸收式制冷系统与溴化锂吸收式制冷的应用场合有何不同?

12.3　请说出单级氨水吸收式制冷机的工作流程。

12.4　氨水吸收式制冷系统中有哪些热回收过程?各有何作用?实际应用中,这些过程可以取消吗?

12.5　请说出扩散-吸收式制冷机的工作原理?它和氨水吸收式制冷机有什么不同?

附录

附表1 R22饱和液体与气体物性表

温度 t/℃	绝对压力 p/MPa	密度 ρ /(kg·m^{-3})	比容 v /(m^3·kg^{-1})	比焓 h /(kJ·kg^{-1})		比熵 s /[kJ·(kg·℃)$^{-1}$]		质量热容 c_p /[kJ·(kg·℃)$^{-1}$]	
		液体	气体	液体	气体	液体	气体	液体	气体
-100.00	0.002 01	1 571.3	8.266 0	90.71	358.97	0.505 0	2.054 3	1.061	0.497
-90.00	0.004 81	1 544.9	3.644 8	101.32	363.85	0.564 6	1.998 0	1.061	0.512
-80.00	0.010 37	1 518.2	1.778 2	111.94	368.77	0.621 0	1.950 8	1.062	0.528
-70.00	0.020 47	1 491.2	0.943 42	122.58	373.70	0.674 7	1.910 8	1.065	0.545
-60.00	0.037 50	1 463.7	0.536 80	133.27	378.59	0.726 0	1.877 0	1.071	0.564
-50.00	0.064 53	1 435.6	0.323 85	144.03	383.42	0.775 2	1.848 0	1.079	0.585
-48.00	0.071 45	1 429.9	0.294 53	146.19	384.37	0.784 9	1.842 8	1.081	0.589
-46.00	0.078 94	1 424.2	0.268 37	148.36	385.32	0.794 4	1.837 6	1.083	0.594
-44.00	0.087 05	1 418.4	0.244 98	150.53	386.26	0.803 9	1.832 7	1.086	0.599
-42.00	0.095 80	1 412.6	0.224 02	152.70	387.20	0.813 4	1.827 8	1.088	0.603
-40.81b	0.101 32	1 409.2	0.212 60	154.00	387.75	0.818 9	1.825 0	1.090	0.606
-40.00	0.105 23	1 406.8	0.205 21	154.89	388.13	0.822 7	1.823 1	1.091	0.608
-38.00	0.115 38	1 401.0	0.188 29	157.07	389.06	0.832 0	1.818 6	1.096	0.613
-36.00	0.126 28	1 395.1	0.173 04	159.27	389.97	0.841 3	1.814 1	1.096	0.619
-34.00	0.137 97	1 389.1	0.159 27	161.47	390.89	0.850 5	1.809 8	1.099	0.624
-32.00	0.150 50	1 383.2	0.146 82	163.67	391.79	0.859 6	1.805 6	1.102	0.629
-30.00	0.163 89	1 377.2	0.135 53	165.88	392.69	0.868 7	1.801 5	1.105	0.635
-28.00	0.178 19	1 371.1	0.125 28	168.10	393.58	0.877 8	1.797 5	1.108	0.641
-26.00	0.193 44	1 365.0	0.115 97	170.33	394.47	0.886 8	1.793 7	1.112	0.646
-24.00	0.209 68	1 358.9	0.107 49	172.56	395.34	0.895 7	1.789 9	1.115	0.653
-22.00	0.226 96	1 352.7	0.099 75	174.80	396.21	0.904 6	1.786 2	1.119	0.659
-20.00	0.245 31	1 346.5	0.092 68	177.04	397.06	0.913 5	1.782 6	1.123	0.665

续表

温度	绝对压力	密度 ρ /(kg·m^{-3})	比容 v /(m^3·kg^{-1})	比焓 h /(kJ·kg^{-1})		比熵 s /[kJ·(kg·℃)$^{-1}$]		质量热容 c_p /[kJ·(kg·℃)$^{-1}$]	
t/℃	p/MPa	液体	气体	液体	气体	液体	气体	液体	气体
-18.00	0.264 79	1 340.3	0.086 21	179.30	397.91	0.922 3	1.779 1	1.127	0.672
-16.00	0.285 43	1 334.0	0.080 29	181.56	398.75	0.931 1	1.775 7	1.131	0.678
-14.00	0.307 28	1 327.6	0.074 85	183.83	399.57	0.939 8	1.772 3	1.135	0.685
-12.00	0.330 38	1 321.2	0.069 86	186.11	400.39	0.948 5	1.769 0	1.139	0.692
-10.00	0.354 79	1 314.7	0.065 27	188.40	401.20	0.957 2	1.765 8	1.144	0.699
-8.00	0.380 54	1 308.2	0.061 03	190.70	401.99	0.965 8	1.762 7	1.149	0.707
-6.00	0.407 69	1 301.6	0.057 13	193.01	402.77	0.974 4	1.759 6	1.154	0.715
-4.00	0.436 28	1 295.0	0.053 52	195.33	403.55	0.983 0	1.756 6	1.159	0.722
-2.00	0.466 36	1 288.3	0.050 19	197.66	404.30	0.991 5	1.753 6	1.164	0.731
0.00	0.497 99	1 281.5	0.047 10	200.00	405.05	1.000 0	1.750 7	1.169	0.739
2.00	0.531 20	1 274.7	0.442 4	202.35	405.78	1.008 5	1.747 8	1.175	0.748
4.00	0.566 05	1 267.8	0.041 59	204.71	406.50	1.016 9	1.745 0	1.181	0.757
6.00	0.602 59	1 260.8	0.039 13	207.09	407.20	1.025 4	1.742 2	1.187	0.766
8.00	0.640 88	1 253.8	0.036 83	209.47	407.89	1.033 8	1.739 5	1.193	0.775
10.00	0.680 95	1 246.7	0.347 0	211.87	408.56	1.042 2	1.736 8	1.199	0.785
12.00	0.722 86	1 239.5	0.032 71	214.28	409.21	1.050 5	1.734 1	1.206	0.795
14.00	0.766 68	1 232.2	0.030 86	216.70	409.85	1.058 9	1.731 5	1.213	0.806
16.00	0.812 44	1 224.9	0.029 12	219.14	410.47	1.067 2	1.728 9	1.220	0.817
18.00	0.860 20	1 217.4	0.027 50	221.59	411.07	1.075 5	1.726 3	1.228	0.828
20.00	0.910 02	1 209.9	0.025 99	224.06	411.66	1.083 8	1.723 8	1.236	0.840
22.00	0.961 95	1 202.3	0.024 57	226.54	412.22	1.092 1	1.721 2	1.244	0.853
24.00	1.016 0	1 194.6	0.023 24	229.04	412.77	1.100 4	1.718 7	1.252	0.866
26.00	1.072 4	1 186.7	0.021 99	231.55	412.29	1.108 6	1.716 2	1.261	0.879
28.00	1.130 9	1 178.8	0.020 82	234.08	413.79	1.116 9	1.713 6	1.271	0.893
30.00	1.191 9	1 170.7	0.019 72	236.62	414.26	1.125 2	1.711 1	1.281	0.908
32.00	1.255 2	1 162.6	0.018 69	239.19	414.71	1.133 4	1.708 6	1.291	0.924
34.00	1.321 0	1 154.3	0.017 71	241.77	415.14	1.141 7	1.706 1	1.302	0.940
36.00	1.389 2	1 145.8	0.016 79	244.38	415.54	1.149 9	1.703 6	1.314	0.957
38.00	1.460 1	1 137.3	0.015 93	247.00	415.91	1.158 2	1.701 0	1.326	0.976
40.00	1.533 6	1 128.5	0.015 11	249.65	416.25	1.166 5	1.698 5	1.339	0.995
42.00	1.609 8	1 119.6	0.014 33	252.32	416.55	1.744 7	1.695 9	1.353	1.015
44.00	1.688 7	1 110.6	0.013 60	255.01	416.83	1.183 0	1.693 3	1.368	1.037
46.00	1.770 4	1 101.4	0.012 91	257.73	417.07	1.191 3	1.690 6	1.384	1.061

续表

温度 t /℃	绝对压力 p/MPa	密度ρ /(kg·m⁻³)	比容v /(m³·kg⁻¹)	比焓h /(kJ·kg⁻¹)		比熵s /[kJ·(kg·℃)⁻¹]		质量热容 c_p /[kJ·(kg·℃)⁻¹]	
		液体	气体	液体	气体	液体	气体	液体	气体
48.00	1.855 1	1 091.9	0.012 26	260.47	417.27	1.199 7	1.687 9	1.401	1.086
50.00	1.942 7	1 082.3	0.011 63	263.25	417.44	1.208 0	1.685 2	1.419	1.113
52.00	2.033 3	1 072.4	0.011 04	266.05	417.56	1.216 4	1.682 4	1.439	1.142
54.00	2.127 0	1 062.3	0.010 48	268.89	417.63	1.224 8	1.679 5	1.461	1.173
56.00	2.223 9	1 052.0	0.009 95	271.76	417.66	1.233 3	1.676 6	1.485	1.208
58.00	2.324 0	1 041.3	0.009 44	274.66	417.63	1.241 8	1.673 6	1.511	1.246
60.00	2.427 5	1 030.4	0.008 96	277.61	417.55	1.250 4	1.670 5	1.539	1.287
65.00	2.701 2	1 001.4	0.007 85	285.18	417.06	1.272 2	1.662 2	1.626	1.413
70.00	2.997 4	969.7	0.006 85	293.10	416.09	1.294 5	1.652 9	1.743	1.584
75.00	3.317 7	934.4	0.005 95	301.46	414.49	1.317 7	1.642 4	1.913	1.832
80.00	3.663 8	893.7	0.005 12	310.44	412.01	1.342 3	1.629 9	2.181	2.231
85.00	4.037 8	844.8	0.004 34	320.38	408.19	1.369 0	1.614 2	2.682	2.984
90.00	4.442 3	780.1	0.003 56	332.09	401.87	1.400 1	1.592 2	3.981	4.975
95.00	4.882 4	662.9	0.002 62	349.56	387.28	1.446 2	1.548 6	17.31	25.29
96.15c	4.990 0	523.8	0.001 91	366.90	366.90	1.492 7	1.492 7	—	—

注:b 表示 1 个标准大气压下的沸点;c 表示临界点。

附表 2　R123 饱和液体与饱和气体物性表

温度 t /℃	绝对压力 p/MPa	密度ρ /(kg·m⁻³)	比容v /(m³·kg⁻¹)	比焓h /(kJ·kg⁻¹)		比熵s /[kJ·(kg·℃)⁻¹]		质量热容 c_p /[kJ·(kg·℃)⁻¹]	
		液体	气体	液体	气体	液体	气体	液体	气体
-80.00	0.000 13	1 709.6	83.667 00	123.92	335.98	0.671 2	1.769 1	0.924	0.520
-70.00	0.000 34	1 687.4	32.842 00	133.17	341.25	0.717 9	1.742 2	0.927	0.537
-60.00	0.000 81	1 665.1	14.333 00	142.46	346.66	0.762 5	1.720 6	0.932	0.553
-50.00	0.001 77	1 642.6	6.846 00	151.81	352.21	0.805 4	1.703 4	0.939	0.569
-40.00	0.003 58	1 620.0	3.531 90	161.25	357.88	0.846 8	1.690 1	0.948	0.585
-30.00	0.006 75	1 597.0	1.947 00	170.78	363.65	0.886 8	1.680 0	0.958	0.601
-20.00	0.012 00	1 573.8	1.136 40	180.41	369.52	0.925 6	1.672 6	0.968	0.617
-10.00	0.020 25	1 550.1	0.696 90	190.15	381.57	0.963 3	1.667 5	0.979	0.634
0.00	0.032 65	1 526.1	0.446 09	200.00	381.44	1.000 0	1.664 2	0.990	0.651
2.00	0.035 74	1 521.3	0.409 91	201.98	382.64	1.007 2	1.663 8	0.993	0.654

续表

温度 t/℃	绝对压力 p/MPa	密度 ρ /(kg·m^{-3})	比容 v /(m^3·kg^{-1})	比焓 h /(kJ·kg^{-1})		比熵 s /[kJ·(kg·℃)$^{-1}$]		质量热容 c_p /[kJ·(kg·℃)$^{-1}$]	
		液体	气体	液体	气体	液体	气体	液体	气体
4.00	0.039 07	1 516.4	0.377 20	203.97	383.84	1.014 4	1.663 4	0.995	0.658
6.00	0.042 64	1 511.5	0.347 59	205.97	385.05	1.021 6	1.663 1	0.997	0.661
8.00	0.046 47	1 506.6	0.320 75	207.96	386.25	1.028 7	1.662 8	0.999	0.665
10.00	0.050 57	1 501.6	0.296 37	209.97	387.46	1.035 8	1.662 6	1.002	0.668
12.00	0.054 95	1 496.7	0.274 20	211.97	388.66	1.042 8	1.662 5	1.004	0.672
14.00	0.059 63	1 491.7	0.254 01	213.99	389.87	1.049 9	1.662 4	1.006	0.675
16.00	0.064 63	1 486.7	0.235 59	216.00	391.08	1.056 9	1.662 3	1.009	0.679
18.00	0.069 95	1 481.7	0.218 77	218.02	392.29	1.063 8	1.662 3	1.011	0.682
20.00	0.075 61	1 476.6	0.203 38	220.05	393.49	1.070 7	1.662 4	1.014	0.686
22.00	0.081 63	1 471.5	0.189 29	222.08	394.70	1.077 6	1.662 5	1.016	0.690
24.00	0.088 02	1 466.4	0.176 37	224.12	395.91	1.084 5	1.662 6	1.018	0.693
26.00	0.094 80	1 461.3	0.164 51	226.16	397.12	1.091 3	1.662 8	1.021	0.697
27.82b	0.101 33	1 456.6	0.154 53	228.03	398.22	1.097 5	1.663 0	1.023	0.701
28.00	0.101 98	1 456.2	0.153 60	228.21	398.32	1.098 1	1.663 0	1.023	0.701
30.00	0.109 58	1 451.0	0.143 56	230.26	399.53	1.104 9	1.663 3	1.026	0.705
32.00	0.117 62	1 445.8	0.134 31	232.31	400.73	1.111 6	1.663 5	1.028	0.709
34.00	0.126 11	1 440.6	0.125 77	234.38	401.93	1.118 3	1.663 9	1.031	0.712
36.00	0.135 07	1 435.4	0.117 89	236.44	403.14	1.125 0	1.664 2	1.033	0.716
38.00	0.144 52	1 430.1	0.110 60	238.51	404.34	1.131 7	1.664 6	1.036	0.720
40.00	0.154 47	1 424.8	0.103 85	240.59	405.54	1.138 3	1.665 1	1.038	0.724
42.00	0.164 95	1 419.4	0.097 59	242.67	406.73	1.144 9	1.665 5	1.041	0.728
44.00	0.175 97	1 414.1	0.091 79	244.76	407.93	1.151 5	1.666 0	1.044	0.732
46.00	0.187 55	1 408.7	0.086 41	246.86	409.12	1.158 1	1.666 5	1.046	0.736
48.00	0.199 71	1 403.3	0.081 40	248.95	410.31	1.164 6	1.667 0	1.049	0.741
50.00	0.212 46	1 397.8	0.076 74	251.06	411.50	1.171 1	1.667 6	1.052	0.745
52.00	0.225 84	1 392.3	0.072 40	253.17	412.69	1.177 6	1.668 2	1.055	0.749
54.00	0.239 85	1 386.8	0.068 36	255.28	413.87	1.184 0	1.668 8	1.058	0.753
56.00	0.251 51	1 381.2	0.064 58	257.41	415.05	1.190 5	1.669 4	1.060	0.758
58.00	0.269 85	1 375.6	0.061 06	259.53	416.23	1.196 9	1.670 1	1.063	0.762
60.00	0.285 89	1 370.0	0.057 77	261.67	417.40	1.203 3	1.670 7	1.066	0.767
62.00	0.302 64	1 364.3	0.054 69	263.81	418.57	1.209 6	1.671 4	1.069	0.771
64.00	0.320 13	1 358.6	0.051 80	265.95	419.73	1.216 0	1.672 1	1.072	0.776
66.00	0.338 38	1 352.8	0.049 10	268.10	420.89	1.222 3	1.672 8	1.076	0.781
68.00	0.357 40	1 347.0	0.046 56	270.26	422.05	1.228 6	1.673 5	1.079	0.785
70.00	0.377 22	1 341.2	0.044 18	272.42	423.20	1.234 9	1.674 3	1.082	0.790
72.00	0.397 87	1 335.3	0.041 95	274.60	424.35	1.241 1	1.675 0	1.085	0.795
74.00	0.419 36	1 329.3	0.039 85	276.77	425.50	1.247 4	1.675 8	1.089	0.800
76.00	0.441 71	1 323.4	0.037 87	278.96	426.63	1.253 6	1.676 6	1.092	0.806
78.00	0.464 94	1 317.3	0.036 01	281.15	427.77	1.259 8	1.677 4	1.096	0.811
80.00	0.489 09	1 311.2	0.034 26	283.35	428.89	1.266 0	1.678 1	1.100	0.816
82.00	0.514 16	1 305.1	0.032 61	285.55	430.01	1.272 2	1.678 9	1.103	0.822
84.00	0.540 19	1 298.9	0.031 05	287.77	431.13	1.278 3	1.679 7	1.107	0.827
86.00	0.567 20	1 292.6	0.029 58	289.99	432.23	1.284 5	1.680 6	1.111	0.833
88.00	0.595 20	1 286.3	0.028 19	292.22	433.33	1.290 6	1.681 4	1.115	0.839
90.00	0.624 23	1 279.9	0.026 87	294.45	434.43	1.296 7	1.682 2	1.120	0.845

续表

温度 t /℃	绝对压力 p/MPa	密度 ρ /(kg·m⁻³)	比容 v /(m³·kg⁻¹)	比焓 h /(kJ·kg⁻¹)		比熵 s /[kJ·(kg·℃)⁻¹]		质量热容 c_p /[kJ·(kg·℃)⁻¹]	
		液体	气体	液体	气体	液体	气体	液体	气体
92.00	0.654 30	1 273.5	0.025 63	296.70	435.51	1.302 8	1.683 0	1.124	0.851
94.00	0.685 44	1 266.9	0.024 45	298.95	436.59	1.308 9	1.683 8	1.129	0.858
96.00	0.717 68	1 260.3	0.023 34	301.21	437.66	1.315 0	1.684 6	1.133	0.864
98.00	0.751 03	1 253.7	0.022 28	303.49	438.72	1.321 1	1.685 4	1.138	0.871
100.00	0.785 53	1 246.9	0.021 28	305.77	439.77	1.327 1	1.686 2	1.143	0.878
110.00	0.976 03	1 211.9	0.016 97	317.32	444.88	1.357 2	1.690 2	1.172	0.917
120.00	1.199 00	1 174.4	0.013 61	329.15	449.67	1.387 2	1.693 8	1.207	0.964
130.00	1.457 80	1 133.6	0.010 94	341.32	454.07	1.417 3	1.696 9	1.254	1.026
140.00	1.756 30	1 088.3	0.008 79	353.92	457.94	1.447 5	1.699 2	1.318	1.111
150.00	2.098 70	1 036.8	0.01	367.10	461.05	1.478 2	1.700 3	1.415	1.240
160.00	2.490 10	975.7	0.005 55	381.13	463.01	1.510 1	1.699 1	1.584	1.473
170.00	2.937 20	896.9	0.004 25	396.61	462.89	1.544 3	1.693 9	1.979	2.033
180.00	3.450 60	765.9	0.002 92	416.22	456.82	1.586 7	1.676 3	4.549	5.661
183.68c	3.661 80	550.0	0.001 82	437.39	437.39	1.632 5	1.632 5	—	—

注:b 表示 1 个标准大气压下的沸点;c 表示临界点。

附表 3　R134a 饱和液体与饱和气体物性表

温度 t /℃	绝对压力 p/MPa	密度 ρ /(kg·m⁻³)	比容 v /(m³·kg⁻¹)	比焓 h /(kJ·kg⁻¹)		比熵 s /[kJ·(kg·℃)⁻¹]		质量热容 c_p /[kJ·(kg·℃)⁻¹]	
		液体	气体	液体	气体	液体	气体	液体	气体
-103.30a	0.000 39	1 591.1	35.496 00	71.46	334.94	0.412 6	1.963 9	1.184	0.585
-100.00	0.000 56	1 582.4	25.193 00	75.36	336.85	0.435 4	1.945 6	1.184	0.593
-90.00	0.001 52	1 555.8	9.769 80	87.23	342.76	0.502 0	1.897 2	1.189	0.617
-80.00	0.003 67	1 529.0	4.268 20	99.16	348.83	0.565 4	1.858 0	1.198	0.642
-70.00	0.007 98	1 501.9	2.059 00	111.20	355.02	0.626 2	1.826 4	1.210	0.667
-60.00	0.015 91	1 474.3	1.079 00	123.36	361.31	0.684 6	1.801 0	1.223	0.692
-50.00	0.029 45	1 446.3	0.606 20	135.67	367.65	0.741 0	1.780 6	1.238	0.720
-40.00	0.051 21	1 417.7	0.361 08	148.14	374.00	0.795 6	1.764 3	1.255	0.749
-30.00	0.084 38	1 388.4	0.225 94	160.79	380.32	0.848 6	1.751 5	1.273	0.781
-28.00	0.092 70	1 382.4	0.206 80	163.34	381.57	0.859 1	1.749 2	1.277	0.788
-26.07b	0.101 33	1 376.7	0.190 18	165.81	382.78	0.869 0	1.747 2	1.281	0.794
-26.00	0.101 67	1 376.5	0.189 58	165.90	382.82	0.869 4	1.747 1	1.281	0.794
-24.00	0.111 30	1 370.4	0.174 07	168.47	384.07	0.879 8	1.745 1	1.285	0.801

续表

温度 t /℃	绝对压力 p/MPa	密度 ρ /(kg · m^{-3})	比容 v /(m^3 · kg^{-1})	比焓 h /(kJ · kg^{-1})		比熵 s /[kJ · (kg · ℃)$^{-1}$]		质量热容 c_p /[kJ · (kg · ℃)$^{-1}$]	
		液体	气体	液体	气体	液体	气体	液体	气体
-22.00	0.121 65	1 364.4	0.160 06	171.05	385.32	0.890 0	1.743 2	1.289	0.809
-20.00	0.132 73	1 358.3	0.147 39	173.64	386.55	0.900 2	1.741 3	1.293	0.816
-18.00	0.144 60	1 352.1	0.135 92	176.23	387.79	0.910 4	1.739 6	1.297	0.823
-16.00	0.157 28	1 345.9	0.125 51	178.83	389.02	0.920 5	1.737 9	1.302	0.831
-14.00	0.170 82	1 339.7	0.116 05	181.44	390.24	0.930 6	1.736 3	1.306	0.838
-12.00	0.185 24	1 333.4	0.107 44	184.07	391.46	0.940 7	1.734 8	1.311	0.846
-10.00	0.200 60	1 327.1	0.099 59	186.70	392.66	0.950 6	1.733 4	1.316	0.854
-8.00	0.216 93	1 320.8	0.092 42	189.34	393.87	0.960 6	1.732 0	1.320	0.863
-6.00	0.234 28	1 314.3	0.085 87	191.99	395.06	0.970 5	1.730 7	1.325	0.871
-4.00	0.252 68	1 307.9	0.079 87	194.65	396.25	0.980 4	1.729 4	1.330	0.880
-2.00	0.272 17	1 301.4	0.074 36	197.32	397.43	0.990 2	1.728 2	1.336	0.888
0.00	0.292 80	1 294.8	0.069 31	200.00	398.60	1.000 0	1.727 1	1.341	0.897
2.00	0.314 62	1 288.1	0.064 66	202.69	399.77	1.009 8	1.726 0	1.347	0.906
4.00	0.337 66	1 281.4	0.060 39	205.40	400.92	1.019 5	1.725 0	1.352	0.916
6.00	0.361 98	1 274.7	0.056 44	208.11	402.06	1.029 2	1.724 0	1.358	0.925
8.00	0.387 61	1 267.9	0.052 80	210.84	403.20	1.038 8	1.723 0	1.364	0.935
10.00	0.414 61	1 261.0	0.049 44	213.58	404.32	1.048 5	1.722 1	1.370	0.945
12.00	0.443 01	1 254.0	0.046 33	216.33	405.43	1.058 1	1.721 2	1.377	0.956
14.00	0.472 88	1 246.9	0.043 45	219.09	406.53	1.067 7	1.720 4	1.383	0.967
16.00	0.504 25	1 239.8	0.040 78	221.87	407.61	1.077 2	1.719 6	1.390	0.978
18.00	0.537 18	1 232.6	0.038 30	224.66	408.69	1.086 7	1.718 8	1.397	0.989
20.00	0.571 71	1 225.3	0.036 00	227.47	409.75	1.096 2	1.718 0	1.405	1.001
22.00	0.607 89	1 218.0	0.033 83	230.29	410.79	1.105 7	1.717 3	1.413	1.013
24.00	0.645 78	1 210.5	0.031 86	233.12	411.82	1.115 2	1.716 6	1.421	1.025
26.00	0.685 43	1 202.9	0.030 00	235.97	412.84	1.124 6	1.715 9	1.429	1.038
28.00	0.726 88	1 195.2	0.028 26	238.84	413.84	1.134 1	1.715 2	1.437	1.052
30.00	0.770 20	1 187.5	0.026 64	241.72	414.82	1.143 5	1.714 5	1.446	1.065
32.00	0.815 43	1 179.6	0.025 13	244.62	415.78	1.152 9	1.713 8	1.456	1.080
34.00	0.862 63	1 171.6	0.023 71	247.54	416.72	1.162 3	1.713 1	1.466	1.095
36.00	0.911 85	1 163.4	0.022 38	250.48	417.65	1.171 7	1.712 4	1.476	1.111
38.00	0.963 15	1 155.1	0.021 13	253.43	418.55	1.181 1	1.711 8	1.487	1.127
40.00	1.016 60	1 146.7	0.019 97	256.41	419.43	1.190 5	1.711 1	1.498	1.145
42.00	1.072 20	1 138.2	0.018 87	259.41	420.28	1.199 9	1.710 3	1.510	1.163
44.00	1.130 10	1 129.5	0.017 84	262.43	421.11	1.209 2	1.709 6	1.523	1.182
46.00	1.190 30	1 120.6	0.016 87	265.47	421.92	1.218 6	1.708 9	1.537	1.202
48.00	1.252 90	1 111.5	0.015 95	268.53	422.69	1.228 0	1.708 1	1.551	1.223
50.00	1.317 90	1 102.3	0.015 09	271.62	423.44	1.237 5	1.707 2	1.566	1.246

续表

温度 t/℃	绝对压力 p/MPa	密度ρ /(kg·m^{-3})	比容v /(m^3·kg^{-1})	比焓h /(kJ·kg^{-1})		比熵s /[kJ·(kg·℃)$^{-1}$]		质量热容c_p /[kJ·(kg·℃)$^{-1}$]	
		液体	气体	液体	气体	液体	气体	液体	气体
52.00	1.385 40	1 092.9	0.014 28	274.74	424.15	1.246 9	1.706 4	1.582	1.270
54.00	1.455 50	1 083.2	0.013 51	277.89	424.83	1.256 3	1.705 5	1.600	1.296
56.00	1.528 20	1 073.4	0.012 78	281.06	425.47	1.265 8	1.704 5	1.618	1.324
58.00	1.603 60	1 063.2	0.012 09	284.27	426.07	1.275 3	1.703 5	1.638	1.354
60.00	1.681 80	1 052.9	0.011 44	287.50	426.63	1.284 8	1.702 4	1.660	1.387
62.00	1.762 80	1 042.2	0.010 83	290.78	427.14	1.294 4	1.701 3	1.684	1.422
64.00	1.846 70	1 031.2	0.010 24	294.09	427.61	1.304 0	1.700 0	1.710	1.461
66.00	1.933 70	1 020.0	0.009 69	297.44	428.02	1.313 7	1.698 7	1.738	1.504
68.00	2.023 70	1 008.3	0.009 16	300.84	428.36	1.323 4	1.697 2	1.769	1.552
70.00	2.116 80	996.2	0.008 65	304.28	428.65	1.333 2	1.695 6	1.804	1.605
72.00	2.213 20	983.8	0.008 17	307.78	428.86	1.343 0	1.693 9	1.843	1.665
74.00	2.313 00	970.8	0.007 71	311.33	429.00	1.353 0	1.692 0	1.887	1.734
76.00	2.416 10	957.3	0.007 27	314.94	429.04	1.363 1	1.689 9	1.938	1.812
78.00	2.522 80	943.1	0.006 85	318.63	428.98	1.373 3	1.687 6	1.996	1.904
80.00	2.633 20	928.2	0.006 45	322.39	428.81	1.383 6	1.685 0	2.065	2.012
85.00	2.925 80	887.2	0.005 50	332.22	427.76	1.410 4	1.677 1	2.306	2.397
90.00	3.244 20	837.8	0.004 61	342.93	425.42	1.439 0	1.666 2	2.756	3.121
95.00	3.591 20	772.7	0.003 74	355.25	420.67	1.471 5	1.649 2	3.938	5.020
100.00	3.972 40	651.2	0.002 68	373.30	407.68	1.518 8	1.610 9	17.590	25.350
101.06c	4.059 30	511.9	0.001 95	389.64	389.64	1.562 1	1.562 1	—	—

注：a 表示三相点；b 表示 1 个标准大气压下的沸点；c 表示临界点。

附表 4　R717 饱和液体与饱和气体物性表

温度 t/℃	绝对压力 p/MPa	密度ρ /(kg·m^{-3})	比容v /(m^3·kg^{-1})	比焓h /(kJ·kg^{-1})		比熵s /[kJ·(kg·℃)$^{-1}$]		质量热容c_p /[kJ·(kg·℃)$^{-1}$]	
		液体	气体	液体	气体	液体	气体	液体	气体
-77.65a	0.006 09	732.9	15.602 00	-143.15	1 341.23	-0.471 6	7.121 3	4.202	2.063
-70.00	0.010 94	724.7	9.007 90	-110.81	1 355.55	-0.309 4	6.908 8	4.245	2.086
-60.00	0.021 89	713.6	4.705 70	-68.06	1 373.73	-0.104 0	6.660 2	4.303	2.125
-50.00	0.040 84	702.1	2.627 70	-24.73	1 391.19	0.094 5	6.439 6	4.360	2.178
-40.00	0.071 69	690.2	1.553 30	19.17	1 407.76	0.286 7	6.242 5	4.414	2.244
-38.00	0.079 71	687.7	1.406 80	28.01	1 410.96	0.324 5	6.205 6	4.424	2.259
-36.00	0.088 45	685.3	1.276 50	36.88	1 414.11	0.361 9	6.169 4	4.434	2.275

续表

温度	绝对压力	密度 ρ /(kg·m^{-3})	比容 v /(m^3·kg^{-1})	比焓 h /(kJ·kg^{-1})		比熵 s /[kJ·(kg·℃)$^{-1}$]		质量热容 c_p /[kJ·(kg·℃)$^{-1}$]	
t/℃	p/MPa	液体	气体	液体	气体	液体	气体	液体	气体
-34.00	0.097 95	682.8	1.160 40	45.77	1 417.23	0.399 2	6.133 9	4.444	2.291
-33.33b	0.101 33	682.0	1.124 20	48.76	1 418.26	0.411 7	6.122 1	4.448	2.297
-32.00	0.108 26	680.3	1.056 70	54.67	1 420.29	0.436 2	6.099 2	4.455	2.308
-30.00	0.119 43	677.8	0.963 96	63.60	1 423.31	0.473 0	6.065 1	4.465	2.326
-28.00	0.131 51	675.3	0.880 82	72.55	1 426.28	0.509 6	6.031 7	4.474	2.344
-26.00	0.144 57	672.8	0.806 14	81.52	1 429.21	0.546 0	5.998 9	4.484	2.363
-24.00	0.158 64	670.3	0.738 96	90.51	1 432.08	0.582 1	5.966 7	4.494	2.383
-22.00	0.173 79	667.7	0.678 40	99.52	1 434.91	0.618 0	5.935 1	4.504	2.403
-20.00	0.190 08	665.1	0.623 73	108.55	1 437.68	0.653 8	5.904 1	4.514	2.425
-18.00	0.207 56	662.6	0.574 28	117.60	1 440.39	0.689 3	5.873 6	4.524	2.446
-16.00	0.226 30	660.0	0.529 49	126.67	1 443.06	0.724 6	5.843 7	4.534	2.469
-14.00	0.246 37	657.3	0.488 85	135.76	1 445.66	0.759 7	5.814 3	4.543	2.493
-12.00	0.267 82	654.7	0.451 92	144.88	1 448.21	0.794 6	5.785 3	4.553	2.517
-10.00	0.290 71	652.1	0.418 30	154.01	1 450.70	0.829 3	5.756 9	4.564	2.542
-8.00	0.315 13	649.4	0.387 67	163.16	1 453.14	0.863 8	5.728 9	4.574	2.568
-6.00	0.341 14	646.7	0.359 70	172.34	1 455.51	0.898 1	5.701 3	4.584	2.594
-4.00	0.368 80	644.0	0.334 14	181.54	1 457.81	0.932 3	5.674 1	4.595	2.622
-2.00	0.398 19	641.3	0.310 74	190.76	1 460.06	0.966 2	5.647 4	4.606	2.651
0.00	0.429 38	638.6	0.289 30	200.00	1 462.24	1.000 0	5.621 0	4.617	2.680
2.00	0.462 46	635.8	0.269 62	209.27	1 464.35	1.033 6	5.595 1	4.628	2.710
4.00	0.497 48	633.1	0.251 53	218.55	1 466.40	1.067 0	5.569 5	4.639	2.742
6.00	0.534 30	630.3	0.234 89	227.87	1 468.37	1.100 3	5.544 2	4.651	2.774
8.00	0.573 70	627.3	0.219 36	237.20	1 470.28	1.133 4	5.519 2	4.663	2.807
10.00	0.615 05	624.6	0.205 43	246.57	1 472.11	1.166 4	5.494 6	4.476	2.841
12.00	0.658 66	621.8	0.192 37	255.95	1 473.88	1.199 2	5.470 3	4.689	2.877
14.00	0.704 63	618.9	0.180 31	265.37	1 475.56	1.231 8	5.446 3	4.702	2.913
16.00	0.753 03	616.0	0.169 14	274.81	1 477.17	1.264 3	5.422 6	4.716	2.951
18.00	0.803 95	613.1	0.158 79	284.28	1 478.70	1.296 7	5.399 1	4.730	2.990
20.00	0.857 48	610.2	0.149 20	293.78	1 480.16	1.328 9	5.375 9	4.745	3.030
22.00	0.913 69	607.2	0.140 29	303.31	1 481.53	1.361 0	5.352 9	4.760	3.071
24.00	0.972 68	604.3	0.132 01	312.87	1 482.82	1.392 9	5.330 1	4.776	3.113
26.00	1.034 50	601.3	0.124 31	322.47	1 484.02	1.424 8	5.307 6	4.793	3.158
28.00	1.099 30	598.2	0.117 14	332.09	1 485.14	1.456 5	5.285 3	4.810	3.203
30.00	1.167 20	595.2	0.110 46	341.76	1 486.17	1.488 1	5.263 1	4.828	3.250
32.00	1.238 20	592.1	0.104 22	351.45	1 487.11	1.519 6	5.241 2	4.847	3.299
34.00	1.312 40	589.0	0.098 40	361.19	1 487.95	1.550 9	5.219 4	4.867	3.349
36.00	1.390 00	585.8	0.092 96	370.96	1 488.70	1.582 2	5.197 8	4.888	3.401

续表

温度 t /℃	绝对压力 p/MPa	密度 ρ /(kg · m^{-3})	比容 v /(m^3 · kg^{-1})	比焓 h /(kJ · kg^{-1})		比熵 s /[kJ · (kg · ℃)$^{-1}$]		质量热容 c_p /[kJ · (kg · ℃)$^{-1}$]	
		液体	气体	液体	气体	液体	气体	液体	气体
38.00	1.470 90	582.6	0.087 87	380.78	1 489.36	1.613 4	5.176 3	4.909	3.455
40.00	1.555 40	579.4	0.083 10	390.64	1 489.91	1.644 6	5.154 9	4.932	3.510
42.00	1.643 50	576.2	0.078 63	400.54	1 490.36	1.675 6	5.133 7	4.956	3.568
44.00	1.735 30	572.9	0.074 45	410.48	1 490.70	1.706 5	5.112 6	4.981	3.628
46.00	1.831 00	569.6	0.070 52	420.48	1 490.94	1.737 4	5.091 5	5.007	3.691
48.00	1.930 50	566.3	0.066 82	430.52	1 491.06	1.768 3	5.070 6	5.034	3.756
50.00	2.034 00	562.9	0.063 35	440.62	1 491.07	1.799 0	5.049 7	5.046	3.823
55.00	2.311 10	554.2	0.055 54	466.10	1 490.57	1.875 8	4.997 7	5.143	4.005
60.00	2.615 60	545.2	0.048 80	491.97	1 489.27	1.952 3	4.945 8	5.235	4.208
65.00	2.949 10	536.0	0.042 96	518.26	1 487.09	2.028 8	4.893 9	5.341	4.438
70.00	3.313 50	526.3	0.037 87	545.04	1 483.94	2.105 4	4.841 5	5.465	4.699
75.00	3.710 50	516.2	0.033 42	572.37	1 479.72	2.182 3	4.788 5	5.610	5.001
80.00	4.142 00	505.7	0.029 51	600.34	1 474.31	2.259 6	4.734 4	5.784	5.355
85.00	4.610 00	494.5	0.036 06	629.04	1 467.53	2.337 7	4.678 9	5.993	5.777
90.00	5.116 70	482.8	0.023 00	658.61	1 459.19	2.416 8	4.621 3	6.250	6.291
95.00	5.664 30	470.2	0.020 27	689.19	1 449.01	2.497 3	4.561 2	6.573	6.933
100.00	6.255 30	456.6	0.017 82	721.00	1 436.63	2.579 7	4.497 5	6.991	7.762
105.00	6.892 30	441.9	0.015 61	754.35	1 421.57	2.664 7	4.429 1	7.555	8.877
110.00	7.578 30	425.6	0.013 60	789.68	1 403.08	2.753 3	4.354 2	8.360	10.460
115.00	8.317 00	407.2	0.011 74	827.74	1 379.99	2.847 4	4.270 2	9.630	12.910
120.00	9.112 50	385.5	0.009 99	869.92	1 350.23	2.950 2	4.171 9	11.940	17.210
125.00	9.970 20	357.8	0.008 28	919.68	1 309.12	3.070 2	4.048 3	17.660	27.000
130.00	10.897 70	312.3	0.006 38	992.02	1 239.32	3.243 7	3.857 4	54.210	76.490
132.25c	11.333 00	225.0	0.004 44	1 119.22	1 119.22	3.554 2	3.554 2	—	—

注:a 表示三相点;b 表示 1 个标准大气压下的沸点;c 表示临界点。

附表 5　R407C[R32/125/134a(23/25/52)]沸腾状态液体与结露状态气体物性表

绝对压力 p/MPa	温度 t /℃		密度 ρ /(kg · m^{-3})	比容 v /(m^3 · kg^{-1})	比焓 h /(kJ · kg^{-1})		比熵 s /[kJ · (kg · ℃)$^{-1}$]		质量热容 c_p /[kJ · (kg · ℃)$^{-1}$]	
	泡点	露点	液体	气体	液体	气体	液体	气体	液体	气体
0.010 00	-82.82	-74.96	1 496.6	1.896 11	91.52	365.89	0.530 2	1.943 7	1.246	0.667
0.020 00	-72.81	-65.15	1 468.1	0.989 86	104.03	371.89	0.594 2	1.907 1	1.255	0.692

续表

绝对压力 p/MPa	温度 t /℃		密度 ρ /(kg·m^{-3})	比容 v /(m^3·kg^{-1})	比焓 h /(kJ·kg^{-1})		比熵 s /[kJ·(kg·℃)$^{-1}$]		质量热容 c_p /[kJ·(kg·℃)$^{-1}$]	
	泡点	露点	液体	气体	液体	气体	液体	气体	液体	气体
0.040 00	−61.51	−54.07	1 435.2	0.516 99	118.30	378.64	0.663 5	1.873 0	1.268	0.725
0.060 00	−54.18	−46.89	1 413.5	0.353 46	127.63	382.97	0.706 8	1.854 3	1.278	0.748
0.080 00	−48.61	−41.44	1 396.8	0.269 76	134.78	386.21	0.738 9	1.841 6	1.287	0.767
0.100 00	−44.06	−36.98	1 382.9	0.218 67	140.65	388.83	0.764 8	1.832 1	1.295	0.783
0.101 32b	−43.79	−36.71	1 382.1	0.215 97	141.01	388.99	0.766 3	1.831 5	1.295	0.784
0.120 00	−40.19	−33.19	1 371.0	0.184 13	145.69	391.04	0.786 5	1.824 5	1.302	0.798
0.140 00	−36.80	−29.87	1 360.4	0.159 18	150.12	392.95	0.805 3	1.818 3	1.308	0.811
0.160 00	−33.77	−26.90	1 350.9	0.140 27	154.10	394.64	0.822 0	1.813 0	1.314	0.823
0.180 00	−31.02	−24.21	1 342.2	0.125 44	157.73	396.15	0.837 0	1.808 4	1.320	0.835
0.200 00	−28.50	−21.74	1 334.1	0.113 48	161.07	397.52	0.850 7	1.804 3	1.326	0.845
0.220 00	−26.17	−19.46	1 326.6	0.103 63	164.17	398.78	0.863 2	1.800 7	1.331	0.856
0.240 00	−24.00	−17.34	1 319.5	0.095 37	167.07	399.94	0.874 8	1.797 4	1.336	0.865
0.260 00	−21.96	−15.35	1 312.8	0.088 34	169.80	401.01	0.885 7	1.794 5	1.341	0.875
0.280 00	−20.05	−13.47	1 306.5	0.082 28	172.38	402.01	0.895 9	1.791 8	1.346	0.884
0.300 00	−18.23	−11.70	1 300.4	0.077 00	174.83	402.95	0.905 5	1.789 3	1.351	0.892
0.320 00	−16.51	−10.01	1 294.6	0.072 36	177.17	403.83	0.914 5	1.786 9	1.355	0.901
0.340 00	−14.86	−8.41	1 289.0	0.068 24	179.41	404.67	0.923 2	1.784 8	1.360	0.909
0.360 00	−13.29	−6.87	1 283.7	0.064 57	181.55	405.45	0.931 4	1.782 7	1.364	0.917
0.380 00	−11.79	−5.40	1 278.5	0.061 27	183.61	406.20	0.939 2	1.780 8	1.369	0.925
0.400 00	−10.34	−3.99	1 273.5	0.058 29	185.60	406.91	0.946 8	1.779 0	1.373	0.932
0.420 00	−8.95	−2.63	1 268.7	0.055 59	187.52	407.59	0.954 0	1.777 3	1.377	0.940
0.440 00	−7.61	−1.32	1 264.0	0.053 12	189.37	408.24	0.960 9	1.775 7	1.382	0.947
0.460 00	−6.31	−0.05	1 259.4	0.050 86	191.17	408.85	0.967 6	1.774 1	1.386	0.951
0.480 00	−5.06	1.17	1 255.0	0.048 78	192.91	409.44	0.974 1	1.772 6	1.390	0.961
0.500 00	−3.84	2.36	1 250.6	0.046 87	194.61	410.01	0.980 3	1.771 2	1.394	0.968
0.550 00	−0.96	5.17	1 240.2	0.042 66	198.65	411.33	0.995 1	1.767 9	1.404	0.985
0.600 00	1.73	7.79	1 230.4	0.039 13	202.45	412.54	1.008 8	1.764 9	1.414	1.002
0.650 00	4.26	10.25	1 221.0	0.036 13	206.04	413.64	1.021 7	1.762 2	1.423	1.018
0.700 00	6.65	12.58	1 212.0	0.033 55	209.45	414.64	1.033 8	1.759 6	1.433	1.034
0.750 00	8.91	14.78	1 203.3	0.031 29	212.71	415.57	1.045 2	1.757 2	1.443	1.050
0.800 00	11.06	16.87	1 195.0	0.029 31	215.82	416.43	1.056 1	1.754 9	1.452	1.066
0.850 00	13.11	18.86	1 186.9	0.027 55	218.81	417.23	1.066 4	1.752 8	1.462	1.081
0.900 00	15.07	20.77	1 179.1	0.025 98	221.69	417.97	1.076 3	1.750 7	1.471	1.097
0.950 00	16.95	22.59	1 171.5	0.024 57	224.47	418.65	1.085 7	1.748 8	1.481	1.112
1.000 00	18.76	24.35	1 164.1	0.023 30	227.15	419.29	1.094 8	1.746 9	1.490	1.127
1.100 00	22.19	27.67	1 149.8	0.021 09	232.28	420.44	1.112 0	1.743 3	1.510	1.158
1.200 00	25.39	30.77	1 136.0	0.019 23	237.13	421.44	1.128 1	1.740 0	1.530	1.190

续表

绝对压力 p/MPa	温度 t /℃		密度 ρ /(kg·m⁻³)	比容 v /(m³·kg⁻¹)	比焓 h /(kJ·kg⁻¹)		比熵 s /[kJ·(kg·℃)⁻¹]		质量热容 c_p /[kJ·(kg·℃)⁻¹]	
	泡点	露点	液体	气体	液体	气体	液体	气体	液体	气体
1.300 00	28.40	33.68	1 122.8	0.017 65	241.74	422.30	1.143 1	1.736 7	1.550	1.222
1.400 00	31.24	36.42	1109.9	0.016 29	246.15	423.04	1.157 4	1.733 7	1.571	1.255
1.500 00	33.94	39.02	1 097.4	0.015 10	250.38	423.68	1.170 9	1.730 7	1.592	1.289
1.600 00	36.50	41.49	1 085.1	0.014 05	254.44	424.21	1.183 8	1.727 7	1.615	1.324
1.700 00	38.95	43.84	1 073.1	0.013 12	258.38	424.66	1.196 1	1.724 8	1.638	1.360
1.800 00	41.29	46.09	1 061.3	0.012 29	262.18	425.02	1.208 0	1.722 0	1.662	1.398
1.900 00	43.54	48.25	1 049.6	0.011 54	265.88	425.31	1.219 4	1.719 1	1.688	1.438
2.000 00	45.70	50.31	1 038.1	0.010 87	269.48	425.51	1.230 4	1.716 3	1.715	1.481
2.100 00	47.79	52.30	1 026.7	0.010 25	273.00	425.65	1.241 1	1.713 5	1.743	1.526
2.200 00	49.80	54.22	1 015.3	0.009 69	276.43	425.71	1.251 5	1.710 6	1.774	1.573
2.300 00	51.74	56.07	1 004.0	0.009 17	279.80	425.70	1.261 6	1.707 7	1.806	1.624
2.400 00	53.63	57.86	992.7	0.008 69	283.10	425.63	1.271 4	1.704 8	1.841	1.679
2.500 00	55.45	59.58	981.4	0.008 25	286.35	425.48	1.281 0	1.701 8	1.878	1.738
2.600 00	57.22	61.26	970.0	0.007 84	289.55	425.27	1.290 4	1.698 8	1.918	1.802
2.700 00	58.94	62.88	958.6	0.007 46	292.71	425.00	1.299 6	1.695 7	1.962	1.872
2.800 00	60.62	64.45	947.1	0.007 10	295.83	424.65	1.308 7	1.692 5	2.009	1.948
2.900 00	62.25	65.98	935.5	0.006 76	298.92	424.23	1.317 6	1.689 2	2.062	2.032
3.000 00	63.84	67.47	923.8	0.006 44	301.99	423.74	1.326 4	1.685 8	2.120	2.125
3.200 00	66.90	70.32	899.7	0.005 86	308.08	422.52	1.343 8	1.678 6	2.258	2.345
3.400 00	69.83	73.02	874.5	0.005 33	314.14	420.96	1.360 9	1.670 9	2.435	2.628
3.600 00	72.63	75.57	847.8	0.004 84	320.25	419.00	1.377 9	1.662 3	2.673	3.007
3.800 00	75.31	78.00	819.0	0.004 39	326.49	416.54	1.395 2	1.652 6	3.013	3.543
4.000 00	77.90	80.30	787.0	0.003 96	332.98	413.42	1.413 0	1.641 4	3.544	4.363
4.200 00	80.40	82.46	749.8	0.003 54	339.95	409.31	1.432 1	1.627 7	4.497	5.782
4.635c	86.1	86.1	506.0	0.001 98	375.0	375.0	1.528	1.528	—	—

注:b 表示 1 个标准大气压下的泡点和露点;c 表示临界点。

附表 6　R410A[R32/125(50/50)]沸腾状态液体与结露状态气体物性表

绝对压力 p/MPa	温度 t /℃		密度 ρ /(kg·m⁻³)	比容 v /(m³·kg⁻¹)	比焓 h /(kJ·kg⁻¹)		比熵 s /[kJ·(kg·℃)⁻¹]		质量热容 c_p /[kJ·(kg·℃)⁻¹]	
	泡点	露点	液体	气体	液体	气体	液体	气体	液体	气体
0.010 00	-88.54	-88.50	1 462.0	2.095 50	78.00	377.63	0.465 0	2.087 9	1.313	0.666
0.020 00	-79.05	-79.01	1 434.3	1.095 40	90.48	383.18	0.530 9	2.038 8	1.317	0.695

续表

绝对压力 p/MPa	温度 t /℃		密度 ρ /(kg·m^{-3})	比容 v /(m^3·kg^{-1})	比焓 h /(kJ·kg^{-1})		比熵 s /[kJ·(kg·℃)$^{-1}$]		质量热容 c_p /[kJ·(kg·℃)$^{-1}$]	
	泡点	露点	液体	气体	液体	气体	液体	气体	液体	气体
0.040 00	−68.33	−68.29	1 402.4	0.572 78	104.64	389.31	0.601 8	1.991 6	1.325	0.733
0.060 00	−61.39	−61.35	1 381.4	0.391 84	113.86	393.17	0.646 1	1.965 0	1.333	0.761
0.080 00	−56.13	−56.08	1 365.1	0.299 18	120.91	396.04	0.678 9	1.946 5	1.340	0.785
0.100 00	−51.83	−51.78	1 351.7	0.242 59	126.69	398.33	0.705 2	1.932 4	1.347	0.805
0.101 32b	−51.57	−51.52	1 350.9	0.239 61	127.04	398.47	0.706 8	1.931 6	1.348	0.806
0.120 00	−48.17	−48.12	1 340.1	0.204 33	131.64	400.24	0.727 3	1.921 1	1.353	0.823
0.140 00	−44.96	−44.91	1 329.9	0.176 68	136.00	401.89	0.746 4	1.911 6	1.359	0.839
0.160 00	−42.10	−42.05	1 320.7	0.155 72	139.90	403.33	0.763 4	1.903 4	1.365	0.854
0.180 00	−39.51	−39.45	1 312.2	0.139 28	143.46	404.62	0.778 6	1.896 3	1.371	0.868
0.200 00	−37.13	−37.07	1 304.4	0.126 02	146.73	405.78	0.792 5	1.890 0	1.376	0.881
0.220 00	−34.93	−34.87	1 297.1	0.115 10	149.76	406.84	0.805 2	1.884 3	1.381	0.894
0.240 00	−32.89	−32.83	1 290.3	0.105 93	152.60	407.81	0.817 0	1.879 1	1.386	0.906
0.260 00	−30.97	−30.90	1 283.9	0.098 13	155.27	408.71	0.828 0	1.874 4	1.391	0.917
0.280 00	−29.16	−29.10	1 277.7	0.091 41	157.79	409.54	0.838 3	1.870 0	1.396	0.928
0.300 00	−27.45	−27.38	1 271.9	0.085 56	160.19	410.31	0.848 1	1.865 9	1.401	0.938
0.320 00	−25.83	−25.76	1 266.3	0.080 41	162.47	411.04	0.857 3	1.862 2	1.405	0.948
0.340 00	−24.28	−24.21	1 260.9	0.075 84	164.66	411.72	0.866 0	1.858 6	1.410	0.958
0.360 00	−22.80	−22.73	1 255.8	0.071 77	166.75	412.36	0.874 3	1.855 3	1.414	0.968
0.380 00	−21.39	−21.31	1 250.8	0.068 11	168.76	412.96	0.882 3	1.852 1	1.419	0.977
0.400 00	−20.03	−19.95	1 246.0	0.064 81	170.70	413.54	0.889 9	1.849 1	1.423	0.986
0.420 00	−18.72	−18.64	1 241.3	0.061 80	172.57	414.08	0.897 2	1.846 3	1.427	0.995
0.440 00	−17.45	−17.38	1 236.8	0.059 07	174.38	414.60	0.904 2	1.843 6	1.432	1.004
0.460 00	−16.24	−16.16	1 232.4	0.056 56	176.13	415.09	0.911 0	1.841 0	1.436	1.012
0.480 00	−15.06	−14.98	1 228.1	0.054 25	177.83	415.56	0.917 5	1.838 5	1.440	1.021
0.500 00	−13.91	−13.83	1 223.9	0.052 12	179.48	416.00	0.923 8	1.836 1	1.444	1.029
0.550 00	−11.20	−11.12	1 214.0	0.047 46	183.41	417.04	0.938 8	1.830 5	1.455	1.049
0.600 00	−8.68	−8.59	1 204.5	0.043 54	187.11	417.96	0.952 7	1.825 4	1.465	1.068
0.650 00	−6.30	−6.22	1 195.5	0.040 21	190.60	418.80	0.965 7	1.820 7	1.475	1.088
0.700 00	−4.07	−3.98	1 186.9	0.037 34	193.92	419.56	0.977 9	1.816 3	1.485	1.106
0.750 00	−1.95	−1.86	1 178.6	0.034 84	197.08	420.25	0.989 4	1.812 2	1.495	1.125
0.800 00	0.07	0.16	1 170.6	0.032 64	200.10	420.88	1.000 4	1.808 3	1.505	1.143
0.850 00	1.99	2.08	1 162.9	0.030 69	203.00	421.45	1.010 8	1.804 6	1.515	1.161
0.900 00	3.83	3.92	1 155.5	0.028 94	205.79	421.97	1.020 7	1.801 1	1.525	1.179

续表

绝对压力 p/MPa	温度 t /℃		密度 ρ /(kg·m^{-3})	比容 v /(m^3·kg^{-1})	比焓 h /(kJ·kg^{-1})		比熵 s /[kJ·(kg·℃)$^{-1}$]		质量热容 c_p /[kJ·(kg·℃)$^{-1}$]	
	泡点	露点	液体	气体	液体	气体	液体	气体	液体	气体
0.950 00	5.59	5.69	1 148.2	0.027 38	208.49	422.45	1.030 3	1.797 8	1.535	1.197
1.000 00	7.28	7.38	1 141.2	0.025 97	211.09	422.89	1.039 4	1.794 6	1.545	1.215
1.100 00	10.48	10.59	1 127.6	0.023 51	216.06	423.64	1.056 8	1.788 5	1.565	1.251
1.200 00	13.48	13.58	1 114.5	0.021 45	220.76	424.27	1.072 9	1.782 8	1.586	1.287
1.300 00	16.28	16.39	1 102.0	0.019 70	225.22	424.78	1.088 1	1.777 4	1.607	1.324
1.400 00	18.93	19.04	1 089.8	0.018 18	229.48	425.18	1.102 4	1.772 3	1.629	1.362
1.500 00	21.44	21.55	1 078.0	0.016 86	233.56	425.49	1.116 0	1.767 4	1.651	1.402
1.600 00	23.83	23.94	1 066.5	0.015 70	237.49	425.72	1.129 0	1.762 7	1.675	1.442
1.700 00	26.11	26.22	1 055.3	0.014 67	241.29	425.86	1.141 4	1.758 1	1.699	1.485
1.800 00	28.29	28.40	1 044.2	0.013 75	244.96	425.93	1.153 3	1.753 6	1.725	1.529
1.900 00	30.37	30.49	1 033.3	0.012 92	248.52	425.93	1.164 8	1.749 2	1.751	1.576
2.000 00	32.38	32.49	1 022.6	0.012 17	251.99	425.87	1.175 9	1.744 8	1.779	1.625
2.100 00	34.31	34.43	1 012.0	0.011 49	255.37	425.74	1.186 6	1.740 6	1.809	1.677
2.200 00	36.18	36.29	1 001.4	0.010 87	258.68	425.54	1.197 0	1.736 3	1.840	1.732
2.300 00	37.98	38.09	991.0	0.010 30	261.91	425.29	1.207 1	1.732 1	1.874	1.790
2.400 00	39.72	39.83	980.5	0.009 77	265.08	424.98	1.216 9	1.727 9	1.909	1.853
2.500 00	41.40	41.51	970.1	0.009 28	268.20	424.61	1.226 5	1.723 7	1.947	1.920
2.600 00	43.04	43.15	959.7	0.008 83	271.27	424.18	1.235 9	1.719 4	1.988	1.993
2.700 00	44.62	44.73	949.3	0.008 40	274.29	423.69	1.245 1	1.715 2	2.032	2.072
2.800 00	46.17	46.27	938.8	0.008 01	277.27	423.14	1.254 1	1.710 9	2.080	2.158
2.900 00	47.67	47.77	928.3	0.007 64	280.23	422.53	1.263 0	1.706 5	2.133	2.252
3.000 00	49.13	49.23	917.7	0.007 29	283.15	421.85	1.271 8	1.702 1	2.190	2.356
3.200 00	51.94	52.04	896.0	0.006 65	288.94	420.30	1.289 0	1.693 0	2.323	2.598
3.400 00	54.61	54.71	873.7	0.006 07	294.67	418.47	1.305 9	1.683 5	2.490	2.904
3.600 00	57.17	57.26	850.4	0.005 55	300.41	416.29	1.322 6	1.673 4	2.707	3.305
3.800 00	59.61	59.69	825.8	0.005 06	306.20	413.72	1.339 4	1.662 4	3.002	3.855
4.000 00	61.94	62.02	799.1	0.004 61	312.13	410.64	1.356 4	1.650 3	3.431	4.661
4.200 00	64.18	64.25	769.5	0.004 17	318.33	406.86	1.374 1	1.636 5	4.129	5.970
4.790c	70.2	70.2	548.0	0.001 83	352.5	352.5	1.472	1.472	—	—

注:b 表示 1 个标准大气压下的泡点和露点;c 表示临界点。

附表7 氯化钠水溶液物性表

质量分数 w/%	凝固点 t_f/℃	15 ℃时的密度 ρ /(kg·m^{-3})	温度 t/℃	比定压热容 c_p/[kJ·(kg·K)$^{-1}$]	导热系数 λ /[W·(m·K)$^{-1}$]	动力黏度 μ /(10^3Pa·s)	运动黏度 ν /(10^6m^2·s^{-1})	热扩散率 a /(10^7m^2·s^{-1})	普朗特数 $Pr=\frac{a}{v}$
7	−4.4	1 050	20	3.843	0.593	1.08	1.03	1.48	6.9
			10	3.835	0.576	1.41	1.34	1.43	9.4
			0	3.827	0.559	1.87	1.78	1.39	12.7
			−4	3.818	0.556	2.16	2.06	1.39	14.8
11	−7.5	1 080	20	3.697	0.593	1.15	1.06	1.48	7.2
			10	3.684	0.57	1.52	1.41	1.43	9.9
			0	3.676	0.556	2.02	1.87	1.4	13.4
			−5	3.672	0.549	2.44	2.26	1.38	16.4
			−7.5	3.672	0.545	2.65	2.45	1.38	17.8
13.6	−9.8	1 100	20	3.609	0.593	1.23	1.12	1.5	7.4
			10	3.601	0.568	1.62	1.47	1.43	10.3
			0	3.588	0.554	2.15	1.95	1.42	13.9
			−5	3.584	0.547	2.61	2.37	1.39	17.1
			−9.8	3.58	0.51	3.43	3.13	1.37	22.9
16.2	−12.2	1 120	20	3.534	0.573	1.31	1.2	1.45	8.3
			10	3.525	0.569	1.73	1.57	1.44	10.9
			−5	3.508	0.544	2.83	2.58	1.39	18.6
			−10	3.504	0.535	3.49	3.18	1.37	23.2
			−12.2	3.5	0.533	4.22	3.84	1.36	28.3
18.8	−15.1	1 140	20	3.462	0.582	1.43	1.26	1.48	8.5
			10	3.454	0.566	1.85	1.63	1.44	11.4
			0	3.442	0.55	2.56	2.25	1.4	16.1
			5	3.433	0.542	3.12	2.71	1.39	19.8
			−10	3.429	0.533	3.87	3.4	1.37	24.8
			−15	3.425	0.524	4.78	4.19	1.35	31
21.2	−18.2	1 160	20	3.395	0.579	1.55	1.33	1.46	9.1
			10	3.383	0.563	2.01	1.73	1.44	12.1
			0	3.374	0.547	2.82	2.44	1.4	17.5
			−5	3.366	0.538	3.44	2.96	1.38	21.5
			−10	3.362	0.53	4.3	3.7	1.36	27.1
			−15	3.358	0.522	5.28	4.55	1.35	33.9
			−18	3.358	0.518	6.08	5.24	1.33	39.4
23.1	−21.2	1 175	20	3.345	0.565	1.67	1.42	1.47	9.6
			10	3.333	0.549	2.16	1.84	1.4	13.1
			0	3.324	0.544	3.04	2.59	1.39	18.6
			−5	3.32	0.536	3.75	3.2	1.38	23.3
			−10	3.312	0.528	4.71	4.02	1.36	29.5
			−15	3.308	0.52	5.75	4.9	1.34	36.5
			−21	3.303	0.514	7.75	6.6	1.32	50

附表 8　氯化钙水溶液物性表

质量分数 w/%	凝固点 t_f/℃	15 ℃时的密度 ρ /(kg·m^{-3})	温度 t/℃	比定压热容 c_p/[kJ·(kg·K)$^{-1}$]	导热系数 λ /[W·(m·K)$^{-1}$]	动力黏度 μ /(10^3 Pa·s)	运动黏度 ν /(10^6 m^2·s^{-1})	热扩散率 a /(10^7 m^2·s^{-1})	普朗特数 $Pr=\frac{a}{v}$
9.4	-5.2	1 080	20	3.642	0.584	1.24	1.15	1.49	7.8
			10	3.634	0.570	1.55	1.44	1.45	9.9
			0	3.626	0.556	2.16	2.00	1.42	14.1
			5	3.601	0.549	2.55	2.36	1.41	16.7
14.7	-10.2	1 130	20	3.362	0.576	1.49	1.32	1.52	8.7
			10	3.349	0.563	1.86	1.64	1.49	11.0
			0	3.328	0.549	2.56	2.27	1.46	15.6
			-5	3.316	0.542	3.04	2.70	1.44	18.7
			-10	3.308	0.534	4.06	3.60	1.43	25.3
18.9	-15.7	1 170	20	3.148	0.572	1.80	1.54	1.56	9.9
			10	3.140	0.558	2.24	1.91	1.52	12.6
			0	3.128	0.544	2.99	2.56	1.49	17.2
			-5	3.098	0.537	3.43	2.94	1.48	19.8
			-10	3.086	0.529	4.67	4.00	1.47	27.3
			-15	3.065	0.523	6.15	5.27	1.47	35.9
20.9	-19.2	1 190	20	3.077	0.569	2.00	1.68	1.55	10.9
			10	3.056	0.555	2.45	2.06	1.53	13.4
			0	3.044	0.542	3.28	2.76	1.49	18.5
			-5	3.014	0.535	3.82	3.22	1.49	21.5
			-10	3.014	0.527	5.07	4.25	1.47	28.9
			-15	3.014	0.521	6.59	5.53	1.45	38.2
23.8	-25.7	1 220	20	2.973	0.565	2.35	1.94	1.56	12.5
			10	2.952	0.551	2.87	2.35	1.53	15.4
			0	2.931	0.538	3.81	3.13	1.51	20.8
			-5	2.910	0.530	4.41	3.63	1.49	24.4
			-10	2.910	0.523	5.92	4.87	1.48	33.0
			-15	2.910	0.518	7.55	6.20	1.46	42.5
			-20	2.889	0.510	9.47	7.77	1.44	53.8
			-25	2.889	0.504	11.57	9.48	1.43	66.5
25.7	-31.2	1 240	20	2.889	0.562	2.63	2.12	1.57	13.5
			10	2.889	0.548	3.22	2.51	1.53	16.5
			0	2.868	0.535	4.26	3.43	1.51	22.7
			-10	2.847	0.521	6.68	5.40	1.48	36.6
			-15	2.847	0.514	8.36	6.75	1.46	46.3
			-20	2.805	0.508	10.56	8.52	1.46	58.5
			-25	2.805	0.501	12.90	10.40	1.44	72.0
			-30	2.763	0.494	14.81	12.00	1.44	83.0

续表

质量分数 w/%	凝固点 t_f/℃	15 ℃时的密度 ρ/(kg · m^{-3})	温度 t/℃	比定压热容 c_p/[kJ · (kg · K)$^{-1}$]	导热系数 λ/[W · (m · K)$^{-1}$]	动力黏度 μ/(10^3 Pa · s)	运动黏度 ν/(10^6 m^2 · s^{-1})	热扩散率 a/(10^7 m^2 · s^{-1})	普朗特数 $Pr=\frac{a}{v}$
27.5	-38.6	1 260	20	2.847	0.558	2.93	2.33	1.56	14.9
			10	2.826	0.545	3.61	2.87	1.53	18.8
			0	2.809	0.531	4.80	3.81	1.50	25.3
			-10	2.784	0.519	7.52	5.97	1.48	40.3
			-20	2.763	0.506	11.87	9.45	1.46	65.0
			-25	2.742	0.499	14.71	11.70	1.44	80.7
			-30	2.742	0.492	17.16	13.60	1.42	95.5
			-35	2.721	0.486	21.57	17.10	1.42	120.0
28.5	-43.5	1 270	20	2.805	0.557	3.14	2.17	1.56	15.8
			0	2.780	0.529	5.12	4.02	1.50	26.7
			-10	2.763	0.518	8.02	6.32	1.48	42.7
			-20	2.721	0.505	12.65	10.00	1.46	68.8
			-25	2.721	0.500	15.98	12.60	1.44	87.5
			-30	2.700	0.491	18.83	14.90	1.43	103.5
			-35	2.700	0.484	24.52	19.30	1.42	136.5
			-40	2.680	0.478	30.40	24.00	1.41	171.0
29.4	-50.1	1 280	20	2.805	0.555	3.33	2.65	1.55	17.2
			0	2.755	0.528	5.49	4.30	1.50	28.7
			-10	2.721	0.576	8.63	6.75	1.49	45.5
			-20	2.680	0.504	13.83	10.80	1.47	73.4
			-30	2.659	0.490	21.28	16.60	1.44	115.0
			-35	2.638	0.483	25.50	19.90	1.43	139.0
			-40	2.638	0.477	32.36	25.30	1.42	179.0
			-45	2.617	0.470	40.21	31.40	1.40	223.0
			-50	2.617	0.464	49.03	38.30	1.30	295.0
29.9	-55	1 286	20	2.784	0.554	3.51	2.75	1.55	17.8
			0	2.738	0.528	5.69	4.43	1.50	29.5
			-10	2.700	0.515	9.04	7.04	1.48	47.5
			-20	2.680	0.502	14.42	11.23	1.46	77.0
			-30	2.659	0.488	22.56	17.60	1.43	123.0
			-35	2.638	0.483	28.44	22.10	1.42	156.0
			-40	2.638	0.576	35.30	27.50	1.40	196.0
			-45	2.617	0.470	43.15	33.50	1.39	240.0
			-50	2.617	0.463	50.99	39.70	1.38	290.0

附表9　乙二醇水溶液物性表

质量分数 $w/\%$	凝固点 $t_f/℃$	15 ℃时的密度 ρ /(kg·m^{-3})	温度 $t/℃$	比定压热容 c_p/[kJ·(kg·K)$^{-1}$]	导热系数 λ /[W·(m·K)$^{-1}$]	动力黏度 μ /(10^3Pa·s)	运动黏度 ν /(10^6m^2·s^{-1})	热扩散率 a /(10^7m^2·s^{-1})	普朗特数 $Pr=\frac{a}{v}$
4.6	−2	1 005	50	4.14	0.62	0.58	0.58	1.54	3.96
			20	4.14	0.58	1.08	1.07	1.39	7.7
			10	4.12	0.57	1.37	1.39	1.37	9.9
			0	4.1	0.56	1.96	1.95	1.35	14.4
12.2	−5	1 015	50	4.1	0.58	0.69	0.677	1.41	4.8
			20	4.0	0.55	1.37	1.35	1.33	10.1
			0	4.0	0.53	2.54	2.51	1.33	18.9
19.8	−10	1 025	50	3.95	0.55	0.78	0.76	1.33	5.7
			10	3.87	0.51	2.25	2.20	1.29	17
			−5	3.85	0.49	3.82	3.73	1.25	30
27.4	−15	1 035	50	3.85	0.51	0.88	0.855	1.28	6.7
			20	3.77	0.49	1.96	1.90	1.25	15.2
			0	3.73	0.48	3.93	3.80	1.24	31
			−10	3.68	0.48	5.68	5.50	1.25	44
			−15	3.66	0.47	7.06	6.83	1.24	35
35	−21	1 045	50	3.73	0.48	1.08	1.03	1.22	8.4
			20	3.64	0.47	2.45	2.35	1.22	19.2
			0	3.59	0.46	4.90	4.70	1.22	37.7
			−10	3.56	0.45	7.64	7.35	1.22	60
			−20	3.52	0.45	11.80	11.30	1.24	92
38.8	−26	1 050	50	3.68	0.47	1.18	1.12	1.21	9.3
			20	3.56	0.45	2.74	2.63	1.21	21.6
			−10	3.48	0.45	8.62	8.25	1.24	67
			−25	3.41	0.45	18.60	17.80	1.26	144
42.6	−29	1 055	50	3.6	0.44	1.37	1.30	1.16	11.2
			20	3.48	0.44	2.94	2.78	1.21	23
			−10	3.39	0.44	9.60	9.10	1.24	73
			−25	3.33	0.44	21.60	20.50	1.26	162
46.4	−33	1 060	50	3.52	0.43	1.57	1.48	1.15	12.8
			20	3.39	0.43	3.43	3.24	1.19	27
			−10	3.31	0.43	10.8	10.2	1.22	84
			−20	3.27	0.43	18.1	17.2	1.24	140
			−30	3.22	0.43	32.3	30.5	1.26	242

附表10　几种常用载冷剂的物性比较

使用温度 t/℃	载冷剂名称	质量分数 w/%	密度 ρ /(kg·m^{-3})	比定压热容 c_p /[kJ·(kg·K)$^{-1}$]	导热系数 λ /[W·(m·K)$^{-1}$]	动力黏度 μ /(10^3 Pa·s)	凝固点 t_f/℃
0	氯化钠水溶液	11	1 080	3.676	0.556 0	2.02	-7.50
	氯化钙水溶液	12	1 111	3.465	0.528 0	2.5	-7.20
	甲醇溶液	15	979	4.187	0.494 0	6.9	-10.50
	乙二醇溶液	25	1 030	3.834	0.511 0	3.8	-10.60
-10	氯化钠水溶液	18.8	1140	3.494	0.533 0	3.87	-15.10
	氯化钙水溶液	20	1 188	3.041	0.501 0	4.9	-15.00
	甲醇溶液	22	970	4.066	0.461 0	7.7	-17.80
	乙二醇溶液	35	1 063	3.561	0.472 6	7.3	-17.80
-20	氯化钙水溶液	25	1 253	2.818	0.475 5	10.6	-29.40
	甲醇溶液	30	949	3.813	0.387 8	—	-23.00
	乙二醇溶液	45	1 080	3.312	0.441 0	21	-26.60
-35	氯化钙水溶液	30	1 312	2.641	0.441 0	27.2	-50.00
	甲醇溶液	40	963	3.500	0.326 0	12.2	-42.00
	乙二醇溶液	55	1 097	2.975	0.37 25	90	-41.60

附表11 主要单位换算表

度量名称	国际单位	迄今使用的单位	迄今使用的单位	国际单位
力	1 N=1 kg·m/s^2	0.101 97 kgf	1 kgf	9.806 65 N
		10^5 dyn(达因)	1 dyn	10^{-5} N
压 力	1 Pa=1 N/m^2	0.101 97 kgf/m^2	1 kgf/m^2	9.806 65 Pa
	1 bar=0.1 MPa	1.019 7 kgf/cm^2	1 kgf/cm^2	0.980 665 bar
		750.06 mmHg	1 mmHg	1.333 22×10^{-3} bar
		10.197 mWS	1 mWS	0.098 066 5 bar
		0.986 92 atm	1 atm	1.013 25 bar
		14.503 8 lb/in^2	1 lb/in^2	0.068 947 6 bar
功、热量	1 J=1 N·m	0.238 85 cal	1 cal	4.186 8 J
		0.101 97 kgf·m	1 kgf·m	9.806 65 J
功率、热流量	1 W=1 J/s	0.238 85 cal/s	1 cal/s	4.186 8 W
		0.101 97 kgf·m/s	1 kgf·m/s	9.806 65 W
	1 kW=1 kJ/s	859.85 kcal/h	1 kcal/h	1.163 W
		1.359 HP	1 HP	0.735 5 kW
导热系数	1 W/(m·K)	0.859 85 kcal/(m·h·℃)	1 kcal/(m·h·℃)	1.163 W/(m·K)
传热系数	1 W/(m^2·K)	0.859 85 kcal/(m^2·h·℃)	1 kcal/(m^2·h·℃)	1.163 W/(m^2·K)
比 热	1 kJ/(kg·K)	0.238 85 kcal/(kg·℃)	1 kcal/(kg·℃)	4.186 8 kJ/(kg·K)
	1 kJ/(m^3·K)	0.238 85 kcal/(m^3·K)	1 kcal/(m^3·K)	4.186 8 kJ/(m^3·K)
动力黏度	1 Pa·s	10 P	1 P	0.1 Pa·s
		0.101 97 kgf·s/m	1 kgf·s/m	9.806 65 Pa·s
运动黏度	1 m^2/s	10^4 St	1 St	10^{-4} m^2/s

附表12　主要国际单位制与迄今使用单位名称对照表

度量名称	国际单位制	符　号	与基本单位的关系	迄今使用的单位	符号
长　度	米	m	基本单位	米	m
质　量	千克(公斤)	kg	基本单位	千克(公斤)	kg
时　间	秒	s	基本单位	秒	s
温　度	绝对温度,摄氏温度	K,℃	T = 273.15 + t	摄氏温度	℃
力	牛　顿	N	$1\ N = 1\ kg \cdot m/s^2$	公斤力	kgf
力　矩	牛顿·米	N·m	$1\ N = 1\ kg \cdot m^2/s^2$	公斤力·米	kgf·m
机械应力	牛顿/毫米^2	N/mm^2	$1\ N/mm^2 = 10^6\ kg \cdot m/s^2 m^2$	公斤力/毫米^2	kgf/mm^2
压　力	帕斯卡	Pa	$1\ Pa = 1\ N \cdot m = 1\ kg \cdot m/s^2 m^2$	公斤力/厘米^2	kgf/cm^2
				大气压	atm
	巴	bar	$1\ bar = 10^5\ Pa = 0.1\ MPa$	米水柱	mWS
				毫米汞柱(托)	mmHg(torr)
功,能量,热量	焦耳	J	$1\ J = 1\ N \cdot m = 1\ kg \cdot m^2/s^2$	公斤力·米	kgf·m
				卡	cal
功　率	瓦	W		千　瓦	kW
			$1\ W = 1\ J/s = 1\ kg \cdot m^2/s^2$	马　力	HP
			1 W = 0.859 8 kcal/h	公斤力·米/秒	kgf·m/s
			1 kW = 1.34 HP	千卡/时	kgf/h
热流量	瓦	W	1 W = 0.859 8 kcal/h	千卡/时	kcal/h
			3 517 W = 1 Rt(US)	冷吨(美国)	Rt(US)
导热系数	瓦/(米^2·度)	$W/(m^2 \cdot K)$	1 W/(m·K) = 0.859 8 kcal/(m·h·℃)	千卡/(米·小时·度)	kcal/(m·h·℃)
放热系数	瓦/(米^2·度)	$W/(m^2 \cdot K)$	$1\ W/(m^2 \cdot K) = 0.859\ 8$ kcal/(m^2·h·℃)	千卡/(米^2·小时·度)	kcal/(m^2·h·℃)
比　热	焦耳/(千克·度)	J/(kg·K)	1 J/(kg·K) = 0.238 8 kcal/(kg·℃)	千卡/(千克·度)	kcal/(kg·℃)
动力黏度	帕斯卡·秒	Pa·s	$1\ Pa \cdot s = 1\ kg \cdot s/m^2 = 10\ P$	公斤力·秒/米^2	$kgf \cdot s/m^2$
				泊	P
运动黏度	米^2/秒	m^2/s	$1\ St = 10^{-4}\ m^2/s$	斯托克斯	St

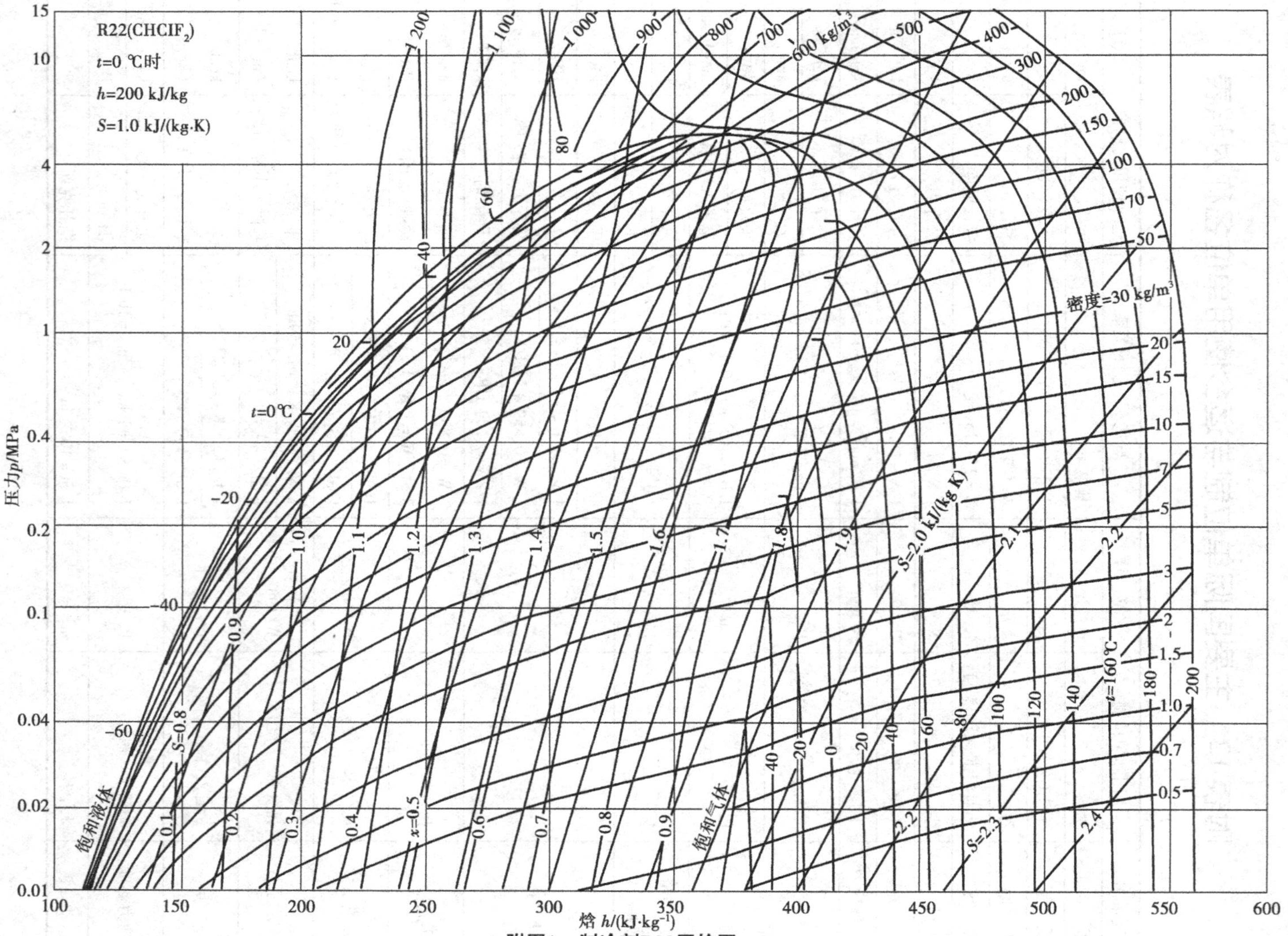

附图1　制冷剂R22压焓图

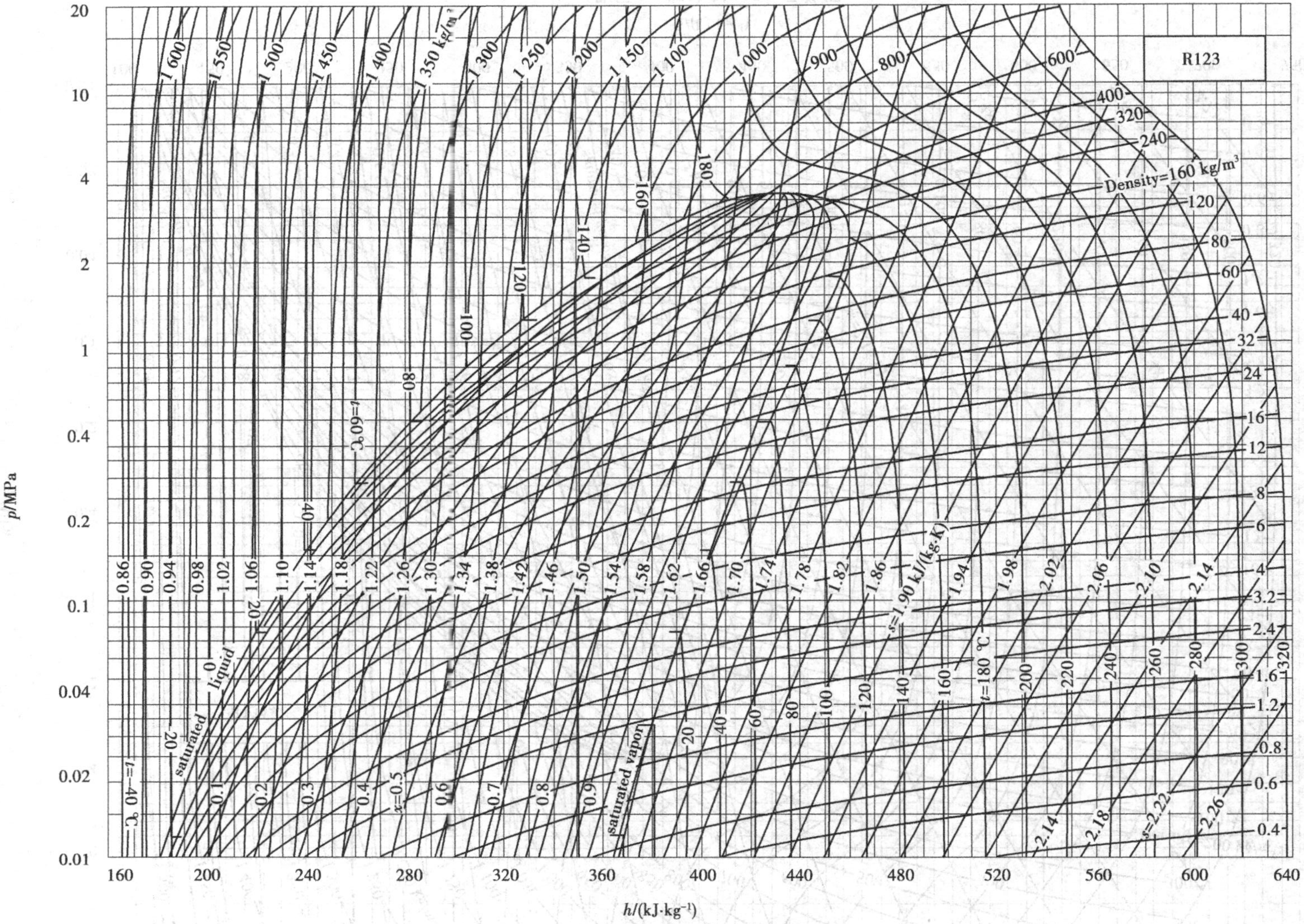

附图2　制冷剂R123压焓图

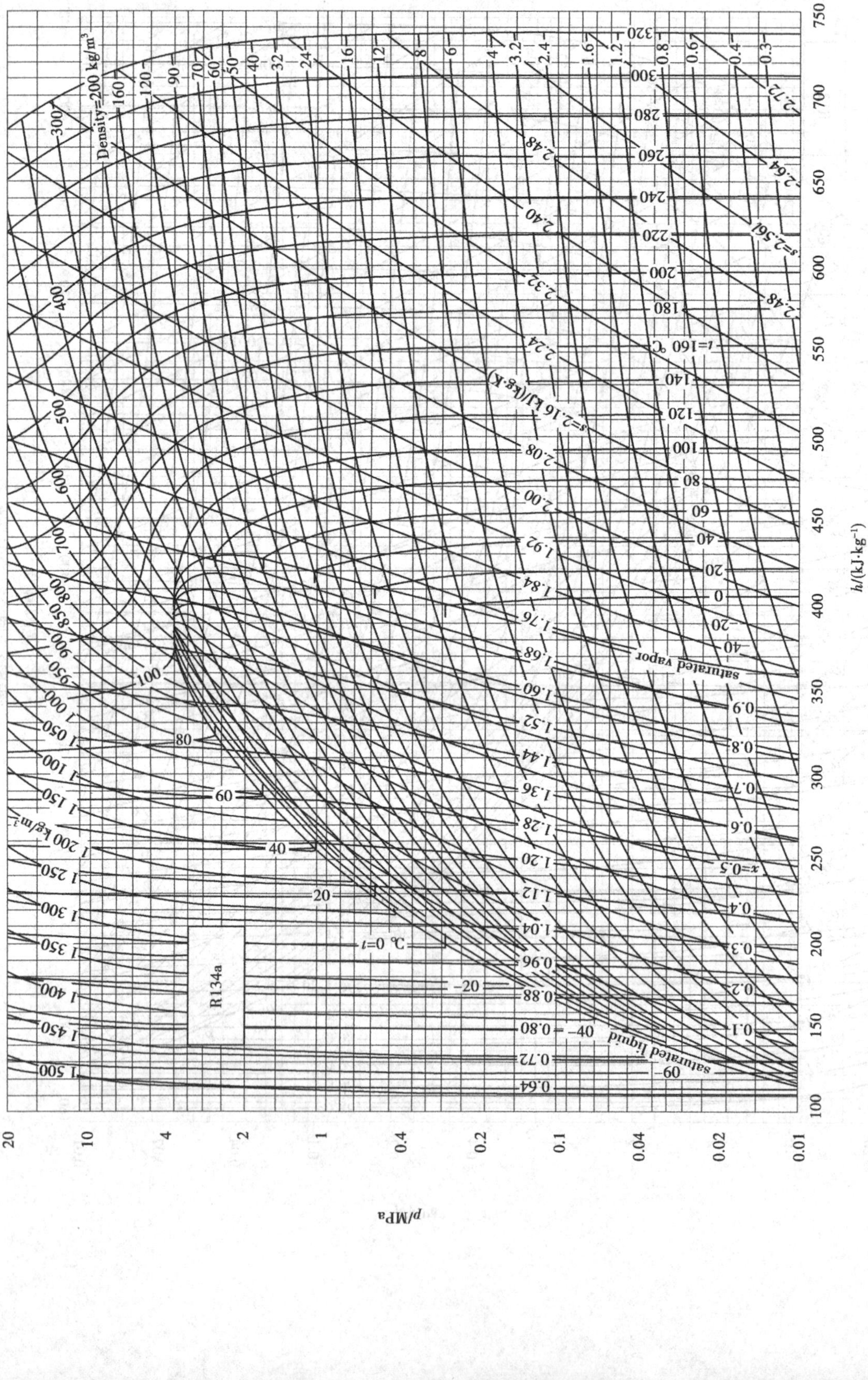

附图3　制冷剂R134a压焓图

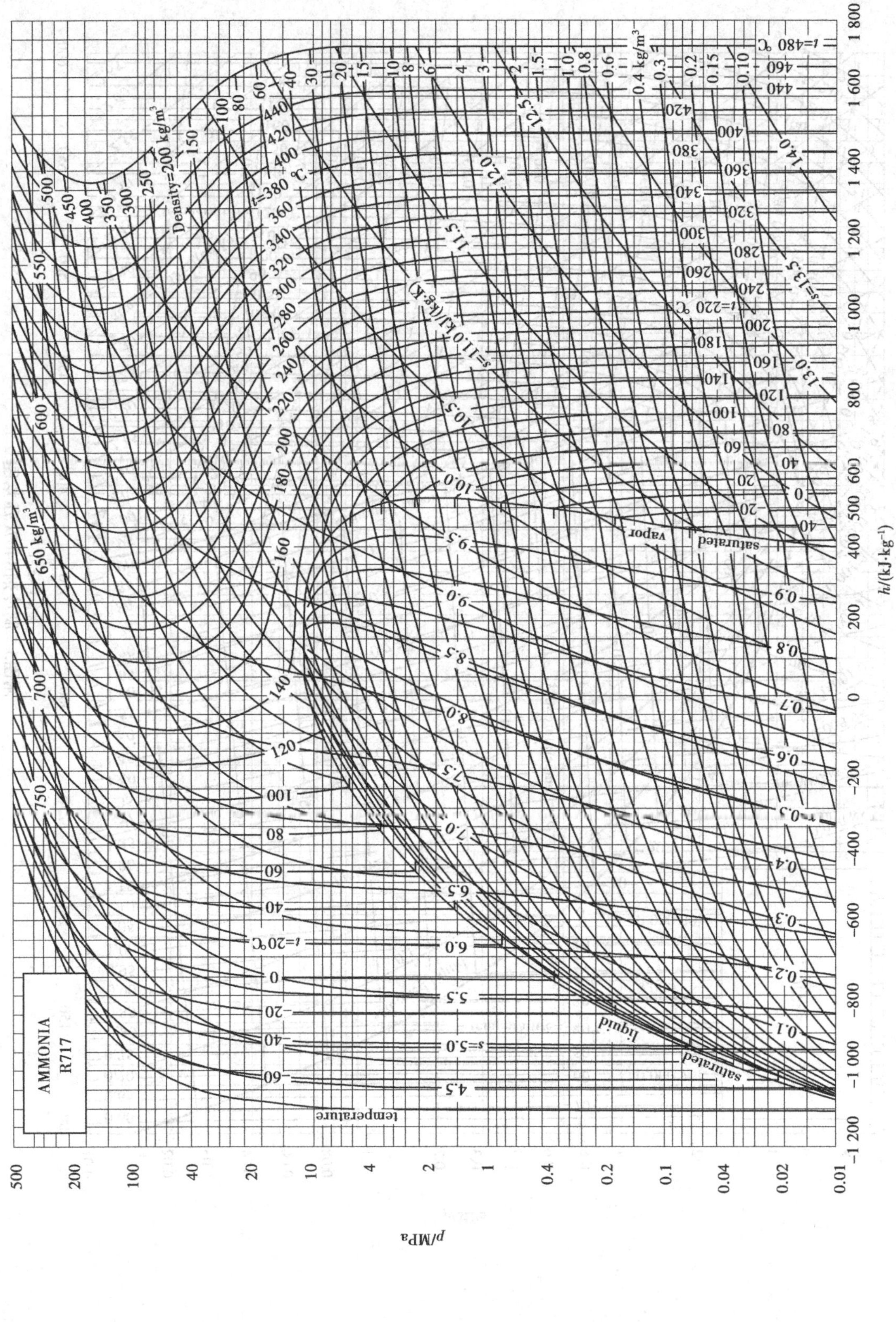

附图4　制冷剂R717压焓图

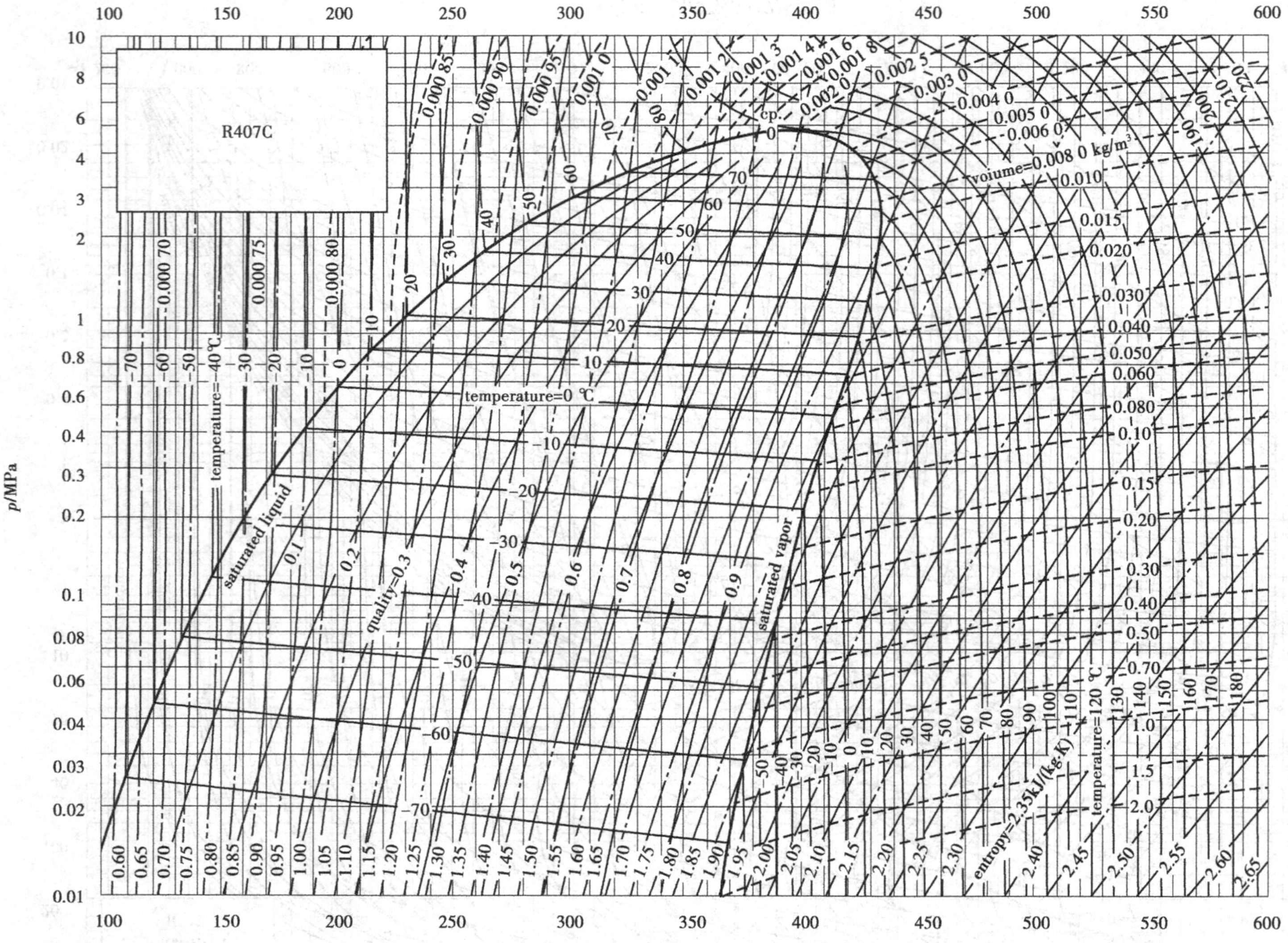

附图5　制冷剂R407C压焓图

参考文献

[1] 张祉佑. 制冷原理与设备. 北京:机械工业出版社,1987.
[2] 吴业正,韩宝琦. 制冷原理与设备. 西安:西安交通大学,1997.
[3] 杨世铭,陶文铨. 传热学(第三版). 北京:高等教育出版社,1999.
[4] 武淑萍. 工程热力学. 重庆:重庆大学出版社,2006.
[5] 沈志光. 制冷工质热物理性质表和图. 北京:机械工业出版社,1983.
[6] 将能照,等. 新制冷工质热力性质图和表. 上海:上海交通大学出版社,1992.
[7] 茅以惠,余国和. 吸收式与蒸气喷射式制冷装置. 北京:机械工业出版社,1985.
[8] 戴永庆. 溴化锂吸收式制冷技术及其应用. 北京:机械工业出版社,1996.
[9] 小型活塞式单级制冷压缩装置形式与基本参数. GB 10861—89.
[10] 小型活塞式单级制冷压缩装置技术条件. GB 10872—89.
[11] 中型活塞式单级制冷压缩装置形式与基本参数. GB 10874—89.
[12] 中型活塞式单级制冷压缩装置技术条件. GB 10875—89.
[13] 中型活塞式单装置双级制冷压缩装置技术条件. ZBJ 73.
[14] 机械工业部冷冻设备标准化技术委员会编制. 冷空调技术标准应用手册. 北京:机械工业出版社,1998.
[15] 吴业正. 小型制冷装置设计指导. 北京:机械工业出版社,1998.
[16] 陈芝久. 制冷系统热动力学. 北京:机械工业出版社,1998.
[17] 陈芝久. 制冷装置自动化. 北京:机械工业出版社,1998.
[18] 余炳丰. 制冷与空调应用新技术. 北京:化学工业出版社,2002.
[19] 郭庆堂,吴进发. 实用制冷工程设计手册. 北京:中国建筑工业出版社,1994.
[20] 黄素逸,等. 采暖空调制冷手册. 北京:机械工业出版社,1996.
[21] ASHRAE. ASHRAE Handbook Fundamentals. 3rd ed. Atlanta GA:ASHRAE,Inc,1993.
[22] 张兴娟,等. 中国替代制冷剂技术现状与展望. 制冷学报,2001(3):58-63.
[23] 朱明善,等. 制冷剂的过去、现状和未来. 制冷学报,2002(1):14-20.
[24] 吴献忠,李美玲,孔毅. HFCs 混合制冷剂热力性质研究. 制冷学报,2003(2):16-21.
[25] 高强,余炳丰,等. 室温磁制冷研究进展. 制冷学报,2003(1):33-38.
[26] Dr. F. BILLIARD. 制冷与可持续发展. 制冷学报,2003(2):22-26.
[27] 潘秋生. 新世纪中国制冷科学技术发展趋势. 制冷学报,2003(3):31-37.
[28] 李革,曲晓萍. 住宅空调的发展及新型节能系统的应用研究. 制冷学报,2003(4):59-62.

[29] 陈颖,等. 房间空调器中换热器的研究概况及进展[J]. 制冷学报, 2002(4):34-39.
[30] 周彬. 房间空调器高效节能技术分析[J]. 制冷与空调, 2003(4):44-46.
[31] 徐百平,等. 管外翅片强化传热途径与研究进展[J]. 石油化工设备, 2004(5):41-44.
[32] 欧阳琴,等. 空调器蒸发器强化传热的研究概况[J]. 建筑热能通风空调,2006(3):27-30.
[33] 谭盈科,等. 强化传热与节能技术的研究与开发[J]. 华北电力大学学报,1998(1):101-106.
[34] 王志刚,俞炳丰. 内外制冷空调用换热器的研究进展[J]. 制冷学报, 1997(3):16-22.
[35] 李革,等. 强化翅片管式换热器换热性能的方法及应用[J]. 制冷与空调, 2005(4):79-82.
[36] 陈颖,等. 房间空调器中换热器的研究概况及进展[J]. 制冷学报, 2002(4):34-39.
[37] 陈剑波,等. R134a 表面增强型蒸发强化传热管的实验研究[J]. 制冷学报, 2004(1):1-5.
[38] 段芮,等. 表面增强型强化传热管换热特性实验研究[J]. 上海电力学院学报, 2006(1):84-92.
[39] 张木全,彭金典. 换热器的强化传热[J]. 广东轻工职业技术学院学报, 2005(3):1-3.
[40] 张立强,等. 高效传热设备发展现状[J]. 无机盐工业, 2003(6):12-14.
[41] 方书起,等. 强化传热技术与新型高效换热器研究进展[J]. 化工机械, 2004(4):249-253.
[42] 张祉佑,石秉三. 制冷及低温技术(上册). 北京:机械工业出版社,1981.
[43] 杨思文,金六一,等. 高等热力学. 北京:高等教育出版社,1988.
[44] 陈光明,陈国帮. 制冷与低温原理. 北京:机械工业出版社,2002.
[45] 马沛生. 化工热力学. 北京:化学工业出版社,2005.
[46] Poling B E, et al. The properties of Gases and Liquids. 5th ed. New York:MeGraw,2000.
[47] Kenneth Wark, Jr & Donald E. Richards. Thermodynamics. New York:McGraw-Hill,1999.
[48] Yunus A Cengel & Michael A Boles. Thermodynamics. New York:McGraw-Hill,2004.